环保公益性行业科研专项经费项目系列丛书

污染源自动监控信息交换机制与技术研究

徐富春　刘　定　刘　伟　等 编著

中国环境出版社 · 北京

图书在版编目（CIP）数据

污染源自动监控信息交换机制与技术研究 / 徐富春等编著. —北京：中国环境出版社，2013.12
ISBN 978-7-5111-1682-6

Ⅰ. ①污… Ⅱ. ①徐… Ⅲ. ①污染源—污染控制—信息技术—研究 Ⅳ. ①X506-39

中国版本图书馆 CIP 数据核字（2013）第 300573 号

出 版 人 王新程
责任编辑 张维平
封面设计 宋 瑞

出版发行 中国环境出版社
（100062 北京市东城区广渠门内大街 16 号）
网 址：http://www.cesp.com.cn
电子邮箱：bjgl@cesp.com.cn
联系电话：010-67112765（编辑管理部）
010-67112738（管理图书出版中心）
发行热线：010-67125803，010-67113405（传真）
印 刷 北京中科印刷有限公司
经 销 各地新华书店
版 次 2015 年 2 月第 1 版
印 次 2015 年 2 月第 1 次印刷
开 本 787×1092 1/16
印 张 29.25
字 数 700 千字
定 价 120.00 元

环保公益性行业科研专项经费项目系列丛书

编委会

编写人员名单

第 1 章　徐富春　王亚平　吴向培　王进孝

第 2 章　韩季奇　王亚平　刘　伟　郭家义　徐富春

第 3 章　刘　伟　刘　定　王利强　朱　琦

第 4 章　虞朝晖　郭家义　阚　静　徐富春

第 5 章　刘　定　李　顺　茅晶晶　崔亚红

第 6 章　徐　洁　刘坤娇　时　宏　徐劲松

第 7 章　李旭文　李宏奇　陈良博　骆安盛　刘　定

环保公益性行业科研专项经费项目系列丛书

序　言

我国作为一个发展中的人口大国，资源环境问题是长期制约经济社会可持续发展的重大问题。党中央、国务院高度重视环境保护工作，提出了建设生态文明、建设资源节约型与环境友好型社会、推进环境保护历史性转变、让江河湖泊休养生息、节能减排是转方式调结构的重要抓手、环境保护是重大民生问题、探索中国环保新道路等一系列新理念和新举措。在科学发展观的指导下，“十一五”环境保护工作成效显著，在经济增长超过预期的情况下，主要污染物减排任务超额完成，环境质量持续改善。

随着当前经济的高速增长，资源环境约束进一步强化，环境保护正处于负重爬坡的艰难阶段。治污减排的压力有增无减，环境质量改善的压力不断加大，防范环境风险的压力持续增加，确保核与辐射安全的压力继续加大，应对全球环境问题的压力急剧加大。要破解发展经济与保护环境的难点，解决影响可持续发展和群众健康的突出环境问题，确保环保工作不断上台阶出亮点，必须充分依靠科技创新和科技进步，构建强大坚实的科技支撑体系。

2006 年，我国发布了《国家中长期科学和技术发展规划纲要（2006—2020 年）》（以下简称《规划纲要》），提出了建设创新型国家战略，科技事业进入了发展的快车道，环保科技也迎来了蓬勃发展的春天。为适应环境保护历史性转变和创新型国家建设的要求，原国家环境保护总局于 2006 年召开了第一次全国环保科技大会，出台了《关于增强环境科技创新能力的若干意见》，确立了科技兴环保战略，建设了环境科技创新体系、环境标准体系、环境技术管理体系三大工程。五年来，在广大环境科技工作者的努力下，水体污染控制与治理科技重大专项启动实施，科技投入持续增加，科技创新能力显著增强；发布了 502 项新标准，现行国家标准达 1 263 项，环境标准体系建设实现了跨越式发展；完成了 100 余项环保技术文件的制修订工作，初步建成以重点行业污染防治技术政策、技术指南和工程技术规范为主要内容的国家环境技术管理体系。环保科技为全面完成“十一五”环保规划的各项任务起到了重要的引领和支撑作用。

为优化中央财政科技投入结构，支持市场机制不能有效配置资源的社会公益研究活动，“十一五”期间国家设立了公益性行业科研专项经费。根据财政部、科技部的总体部署，环保公益性行业科研专项紧密围绕《规划纲要》和《国家环境保护“十一五”科技发展规划》确定的重点领域和优先主题，立足环境管理中的科技需求，积极开展应急性、培育性、基础性科学研究。“十一五”期间，环境保护部组织实施了公益性行业科研专项项目 234 项，涉及大气、水、生态、土壤、固废、核与辐射等领域，共有包括中央级科研院所、高等院校、地方环保科研单位和企业等几百家单位参与，逐步形成了优势互补、团结协作、良性竞争、共同发展的环保科技“统一战线”。目前，专项取得了重要研究成果，提出了一系列控制污染和改善环境质量技术方案，形成一批环境监测预警和监督管理技术体系，研发出一批与生态环境保护、国际履约、核与辐射安全相关的关键技术，提出了一系列环境标准、指南和技术规范建议，为解决我国环境保护和环境管理中急需的成套技术和政策制定提供了重要的科技支撑。

为广泛共享“十一五”期间环保公益性行业科研专项项目研究成果，及时总结项目组织管理经验，环境保护部科技标准司组织出版“十一五”环保公益性行业科研专项经费系列丛书。该丛书汇集了一批专项研究的代表性成果，具有较强的学术性和实用性，可以说是环境领域不可多得的资料文献。丛书的组织出版，在科技管理上也是一次很好的尝试，我们希望通过这一尝试，能够进一步活跃环保科技的学术氛围，促进科技成果的转化与应用，为探索中国环保新道路提供有力的科技支撑。

中华人民共和国环境保护部副部长

吴晓青

2011 年 10 月

前 言

为了完成“十一五”规划中到 2010 年主要污染物削减 10%的约束性指标要求，2007 年环境保护部启动了国控重点污染源自动监控能力建设项目（简称“国控污染源项目”），对占全国主要污染物负荷 65%的国家重点监控企业的污染物排放情况实施自动监控，通过自动化、信息化等技术手段可以更加科学、准确、实时地掌握重点污染源的主要污染物排放数据、污染治理设施运行情况等与污染物排放相关的各类信息。

污染源自动监控系统的建设和管理依托环境监测、自动控制、计算机、电子和网络通信等多个领域的技术，是一项复杂的系统工程。虽然统一开发并下发了“国控重点污染源自动监控系统及重点污染源基础数据库系统软件”，但部分省、地市仍沿用前期建立的一些系统，有的省、地市使用统一下发的软件，而有的省、地市用统一下发软件作为数据传输的前置机，在系统建设中暴露了联网、信息传输、信息（数据）交换等问题。除其他管理、技术因素外，信息（数据）交换已经成为“国控污染源项目”全面实现既定目标的瓶颈。为进一步研究国控污染源信息（数据）交换相关管理、技术问题，2008 年 10 月起启动了“污染源自动监控信息交换机制技术研究”课题。

“污染源自动监控信息交换机制技术研究”课题由 2008 年公益性行业科研专项经费支持。本书展现了该课题的主要研究内容以及应用场景。包括污染源自动监控信息的交换机制；污染源数据交换标准体系建立；数据交换技术模式设计；污染源自动监控信息交换原型系统开发；以及污染源自动监控信息交换原型系统试点示范。为实现全国污染源监控信息的交换和集成奠定理论基础和实施范例。

本研究提出的技术路线已经应用于“国家环境信息与统计能力建设项目”（5.8 亿元资金）中“数据传输与交换平台”的设计和开发，为选定“数据传输与交换平台”的交换模式提供了理论依据和实践经验，有效解决了大规模部署中关键技术问题；课题提出的“三位一体”交换机制框架，为环境监察管理工作的深化提供了理论支撑；对于新增污染物（氨氮、氮氧化物）自动监控工作也有较好的借鉴作用。建设原型系统，支撑了江苏、辽宁、青海、宁夏四省（区）污染源自动监控数据交换；污染源自动监控信息交换原型系统的设计与开发基于“HJ/T 352—2007 规范”，原型系统的成功从技术上验证了“HJ/T 352—2007 规范”的可实现性，另一方面可以解决分布式污染源自动监控信息在同构、异构数据库之间的数据共享和交换问题；丰富和完善了环境信息化标准体系，《环境信息交换技术规范》（环境保护标准报批稿）中采纳了本研究提出的交换体系、交换模式。

参与研究和本书编写的人员来自环境保护部信息中心、环境保护部环境监察局、江苏省环境信息中心、辽宁省环境信息中心、青海省环境信息中心、北京市信息资源中心、宁夏环境信息中心和宁夏环境监察总队。本书共分 7 章，由徐富春、刘定、刘伟等编著。

本研究过程中，先后赴环境保护部环境监察局、江苏省环境信息中心、辽宁省环境信息中心、青海省环境信息中心、宁夏环境监察总队和烟台市环境监控中心等调研，得到了上述单位的大力支持。环境保护部环境监察局杨子江处长给予了业务上的指导，山东省环境信息中心毛炳启、汪先锋，烟台市环境监控中心温峰斌，宁夏环境监察总队杨鹤、卢兴刚，广东省环境信息中心黎嘉明为本研究提供了省、市污染源自动监控中心的建设经验，全国组织机构代码管理中心顾迎建主任、周钢、赵华欣提供支持比对了江苏省、辽宁省、青海省、宁夏回族自治区所辖企业的组织机构代码信息，北京力鼎创软科技有限公司、西安交大长天软件股份有限公司协助原型系统的开发，刘定、郭家义负责通稿，曾尹姿参与了书稿编辑工作。在此，一并表示衷心的感谢！

编　者

目 录

第1章　总报告

1.1　研究背景

1.1.1　国控重点污染源自动监控概述

国控重点污染源自动监控能力建设项目（以下简称“国控污染源项目”）是污染减排“三大体系”[1]四个能力建设项目之一，而建立高效的信息存储、传输和共享交换机制是“三大体系”建设能否达到国际一流水平的重要标志和实现手段。

国控重点污染源自动监控系统对占全国主要污染物（二氧化硫排放量、化学需氧量排放量）负荷65%的国家重点监控企业的污染物排放情况实施自动监控，掌握重点污染源的主要污染物排放数据、污染治理设施运行情况等各类信息，是监督重点污染源是否完成污染物减排指标的有效手段。各级环保管理部门目前已陆续建立了一批污染源自动监控系统，由于各地系统建设时间不同，采用了不同的监控、传输和软件技术，缺乏统一的数据标准，形成了各自独立的系统，省内不同地、市的系统数据难以交换，省级环保管理部门无法通过各地市的系统获取全省的污染源监控数据，国家级的数据更是面临多种系统、多种软件、不同数据格式的局面，难以实现全国污染源监控信息的交换和集成，无法全面、系统地掌握全国的污染源监控信息，对于基于基础信息做出宏观管理决策有很大的影响。

开展“污染源自动监控信息交换机制与技术研究”，集成各级各地环保部门已经或即将建立的污染源自动监控能力，是当前迫切需要展开的工作。需要在已有的工作基础上，基于现有的环保管理体系和机构现状，研究全国污染源自动监控信息的交换机制，设计合理的数据交换技术模式，梳理建立相关的数据标准，建立污染源自动监控信息交换原型系统并进行试点，与“国控污染源项目”同步推进，并配合该项目为各省与国家之间的数据交换提供技术支持。

---

1 污染减排三大体系：科学的污染减排指标体系、准确的减排监测体系和严格的减排考核体系。科学的污染减排指标体系：为顺利完成主要污染物减排任务而建立的一套科学的、系统的和符合国情的主要污染物排放总量统计分析、数据核定、信息传输体系。其显著标志是“方法科学、交叉印证、数据准确、可比性强”，能够做到及时、准确、全面反映主要污染物排放状况和变化的趋势。准确的减排监测体系：为顺利完成主要污染物减排任务而建立的一套污染源监督性监测和重点污染源自动监测相结合的环境监测体系。其显著标志是“装备先进、标准规范、手段多样、运转高效”，能够及时跟踪各地区和重点企业主要污染物排放变化情况。严格的减排考核体系：为顺利完成主要污染物减排任务而建立的一套严格的、操作性强和符合实际的污染减排成效考核和责任追究体系。其显著标志是“权责明确、监督有力、程序适当、奖罚分明”。

1.1.2 国内外研究情况概述

1.1.2.1 国外研究情况概述

（1）国外研究情况概述

国外信息服务数据交换实践工作主要表现在政策和标准规范的制定、交换模式的创新、交换控制与管理和跨地区的数据交换等几个方面。

在政策和规范制定上，比较典型的是英国和美国，英国充分认识到提供公共信息服务，需要在政府、公共服务机构间进行双向的信息沟通和交换，因此，英国政府定义了电子政务互操作框架（e-GIF）[1]，e-GIF 侧重于数据交换，主要制订了跨政府和公共领域信息流的技术政策和规范，体现互通性、数据集成性、电子服务访问和内容管理等。美国“联邦组织架构”（Federal Enterprise Architecture，FEA）是美国政府为了政府信息化过程中实现以业务和绩效为驱动的跨部门合作，按照一定的步骤和方法而构建的电子政务参考框架，该框架的数据参考模型描述了数据交换。FEA 提出数据交换由数据参考模型的标准信息结构（即所谓的信息交换包）来进行。信息交换包代表了在数据用户之间交换的实际消息或数据组合[2]。

在制定标准规范的同时，各个国家、城市充分探索符合本国（市）的数据交换管理模式，其中具有创新价值的是 TYVI 的基于代理的交换控制模式，芬兰企业与政府的信息交换中建设了 TYVI 系统[3]，该系统的交换框架中，由多个代理共同完成数据交换工作。这一框架旨在对与在文件格式标准和数据网络解决方案上存在差异的政府当局，与有业务联系的企业通过中间机构建立起电子化的业务联系。通过这一模型，企业即可通过中间商向政府提交相关的数据，免去了与单个政府部门打交道的麻烦，这一创新模型的优势表现在多个方面：第一，对于商业组织而言，数据只需要一次性汇报给中间服务商，不再需要依次发给所有需要数据的各政府当局。第二，中央行政部门面对的是由企业所选择的 TYVI 系统操作者提供的界面，这一系统以网页为基础，不需要太多特殊的数据处理技术，企业可以与 TYVI 系统操作者直接联系，决定采用适当的传输系统。第三，对于中央行政管理而言，TYVI 系统是一个简单的标准化数据收集系统，通过这一系统，许多机构实现了资源共享。

德国埃斯林根（Esslingen）[4]为了完成建筑工程许可工作，建立了虚拟建筑平台。所有相关文件，如文档、地理信息等都需要通过交换工具实现交换。为了有效地完成交换控制，该市将数据交换与工作流技术结合起来，以 XML 描述交换数据，从而可以方便地实现各种地理信息系统与虚拟建筑平台的交互，基于工作流的数据交换使得数据交换可以按特定的流程进行，便于控制和管理。

爱尔兰[5]则在儿童个人公共信息服务（Child’s Personal Public Service，PPS）中探索数据交换的安全问题，将 XML Schemas 用于数据交换中，以确保数据的安全性。

美国 TRI 州际数据交换项目[6]共吸引了密歇根、印第安纳、南加利福尼亚和弗吉尼亚四个州参加，为了有效地完成数据交换工作，每个州都根据自身的业务需求设计了数据交换流程，通过州际数据交换项目数据的实施，提高了数据处理时间、降低了数据管理需求、提高了数据准确性和数据的可访问性。

（2）国外环保领域交换开发情况

1）环境数据目录系统

环境数据目录（Umweltdatenkatalog，德文缩写为 UDK）是一个元数据系统，环境数据目录系统的内容是环境元数据。通过这些环境元数据，说明有哪些环境数据？这些环境数据在哪里？这些环境数据是什么格式？这些环境数据由谁来控制管理？

环境数据目录系统也是一个浏览查询环境信息的导航工具，用于查找政府当局和公共服务机构的环境信息，此外，还提供了词典和在线帮助。环境数据目录系统的搜索功能包括按目录系统节点的搜索、有过滤功能的文本搜索（空间域、对象类等）、专家搜索、叙词搜索、空间搜索。

1991 年，德国启动了环境数据目录系统的研究，1993 年奥地利加入了研究和开发工作，环境数据目录系统成为德国和奥地利两国管理环境元数据的工具。1991 年到 1995 年是环境数据目录系统的研究开发阶段，环境数据目录系统的第一版是 1995 年 1 月份在奥地利安装使用的，1996 年后环境数据目录系统开始运行，1996 年在德国汉诺威成立了 UDK 中心。1998 年到 2000 年，该项目由德国联邦环境保护办公室领导，2003 年，环境数据目录系统项目并入了德国环境信息网项目，并成立了联合协调中心。

环境数据目录系统收集了 38 000 个德国环境数据（其中有 25 000 个数据对象，5 000 个地址，8 000 个 UOK 对象），15 000 个奥地利环境数据（其中有 12 000 个数据对象，3 000 个地址数据）。有 90 个以上的来自国家级的和州级的与环境有关的机构向环境数据目录系统提供了数据。

环境数据目录系统的功能是用于采集、管理、获取、呈现环境元数据的工具。环境数据目录系统具有 9 个数据接口与相关数据库相连，通过这些接口，环境数据目录系统可进行环境元数据抽取和查询浏览，并将抽取的元数据与自己系统中的环境元数据融合。环境数据目录系统对环境元数据形成了完整的元数据管理流程，从元数据创建、质量控制、元数据发现、元数据评价、元数据发布等。

2）德国环境数据交换项目 DVDV

DVDV 由德国联邦政府开发，其基础是提供目录服务。用于不同等级政府之间及其不同职能部门之间进行电子政务工作的基础设施构件。DVDV 不是搜索引擎，只执行软件系统提出的咨询和请求，并不直接面对人工用户。该目录存储特定的数据连接参数，并通过这些参数将不同政府部门的机器连接起来，使得这些机器之间能够应用在线公共服务。

DVDV 是由联邦政府、州政府和地方政府负责 IT 基础设施和电子政务建设的信息化部门根据相关的政策要求建立起来的。德国公共机构的计算机事先必须在 DVDV 的中央登记中心进行注册登记，而各公共机构之间的电子政务则通过这些经过登记的计算机进行。

德国的一些州已经建立了数据交换中心，在这里，跨州的电子数据被转换成为本地格式。而且，数据交换中心还负担信息请求的批处理以及其他多种功能。数据交换中心承担政府部门如民事注册机构的角色，因此也作为 DVDV 的用户。在有些州，数据交换中心的运营者就是政府部门，要求编辑和维护放置在联邦主服务器上的中央数据库中的本州的数据。在后期发展阶段，综合性服务查询目录也在利用 DVDV。

（3）国外共享交换工作的特点及可借鉴的经验

纵观国外信息交换的案例，可以看出，国外发达国家非常重视从体制机制、法律政策、业务工作以及技术手段等方面开展信息交换工作，主要特点如下：

1）体制机制层面的特点。一些国家从体制上采取了有力措施促进政府信息资源的跨部门交换，以提高政府工作效率，避免重复建设和减轻公众负担。

2）政策法规层面的特点。世界主要发达国家，为了促进电子政务的发展，加强政务信息资源共享工作，都制定或修改了相关法律、法规和政策，以适应电子政务发展和政务信息资源共享的要求。

3）业务工作层面的特点。国外电子政务建设的实践表明，缺乏对政府业务流程的优化是成功实施电子政务的主要障碍之一。规范和优化政府业务流程就是对传统的以行政职能为中心的行政流程进行规范和重组，充分考虑公众的需求和满意度。优化后的政府业务流程有两个基本特征：一是面向公众，以公众满意为目标；二是以事务为中心，跨越部门和职能界限。

4）技术手段层面的特点。一些国家非常重视从技术层面上加强信息交换的支撑。一方面，加强标准化工作，特别是支持政务信息资源共享和业务协同的标准化建设工作。另一方面，加强政务信息资源共享基础设施建设。

1.1.2.2 国内研究情况概述

在国内，自《中共中央办公厅国务院办公厅关于转发〈国家信息化领导小组关于我国电子政务建设指导意见〉的通知》（中办发[2002]17 号）文件指出，设计电子政务信息资源目录体系与交换体系以来，我国各级政务部门之间的信息交换与共享工作逐步开展。《中共中央办公厅　国务院办公厅关于加强信息资源开发利用工作的若干意见》（中办发[2004]34 号）、《中共中央办公厅　国务院办公厅关于印发〈2006—2020 年国家信息化发展战略〉的通知》（中办发[2006]11 号）、《国家信息化领导小组关于印发〈国家电子政务总体框架〉的通知》（国信发[2006]2 号）等国家政策文件，进一步明确了建设政务信息资源目录体系与交换体系是我国电子政务行动计划的重点内容，为我国各级政府的政务信息资源目录体系与交换体系规划和建设指明了方向。

2005 年 12 月，为更好地掌握政务信息资源共享交换需求，总结政务信息资源共享交换模式，国家在天津、上海分别开展了目录体系与交换体系原型试点。天津试点有 8 家市级部门、150 余家区级部门参与，对市、区两级目录体系的建设进行了初步探索。上海试点在黄浦区、松江区的 13 个部门间，围绕医疗救助、低保、廉租房、妇女儿童帮困等协同服务事项和证照监管、联合年检等协同管理事项，探索了交换体系的建设模式。2006 年 4 月，又选择北京、内蒙古等地进一步开展了政务信息资源目录体系与交换体系建设试点工作。

北京市是全国率先开始政务信息资源共享交换体系建设的省市之一。2007 年 9 月 14 日北京市第十二届人民代表大会常务委员会第三十八次会议通过了《北京市信息化促进条例》，该条例对共享交换体系的相关内容提出了明确要求，要加强对政务信息的管理，定期进行信息更新，保证政务信息的真实准确，市信息化主管部门组织建立政务信息资源目录，市和区、县人民政府统一建设政务信息共享交换平台，为各国家机关共享交换政务信息提供服务。

目前，全国各地方政府为落实国家相关文件精神，正在逐步推进政务信息资源目录体系与交换体系建设，为政府更好地履行职能提供信息化支持。

1.1.3　研究的目标、范围和意义

1.1.3.1　研究的目标和范围

（1）研究的目标

污染源自动监控信息是环境信息资源的重要组成部分，也是国务院污染减排能力建设中要求重点采集的数据，是各级环境管理部门的重要基础数据。为集成各级各地环保部门已经或即将建立的污染源自动监控能力，预先开展“污染源自动监控信息交换机制”研究。通过全国污染源自动监控信息的交换机制研究、数据交换技术模式设计、污染源数据交换标准体系建立、污染源自动监控信息交换原型系统开发及试点等，支撑全国的污染源自动监控信息的整合，提升污染源监管能力，有效地促进污染物减排工作。

因此，尽快研究、试验污染源自动监控信息交换机制，解决核心性技术问题，提供原型实现和系统验证、应用示范，为实现大规模数据交换和整合、建立规范化环境自动监控业务模式提供技术支撑。

（2）研究的范围

研究的范围如下：

1）污染源自动监控信息的交换机制研究，研究从地方到中央的污染源信息交换业务工作流程，包括数据的上传、确认机制等方面的工作内容，从信息交换机制研究提出污染源自动监控信息交换机制框架。

2）数据交换技术模式设计，针对不同软硬件平台、不同开发语言、不同的系统架构形成的复杂异构系统，设计符合污染源信息交换的技术模式，以实现异构系统的数据交换与信息集成。

3）建立污染源数据交换标准体系，通过对已有标准的梳理，包括国家环境保护总局 2007 年颁布的《环境污染源自动监控信息传输、交换规范》（HJ/T 352—2007），形成满足全国污染源信息自动监控数据整合的数据标准体系。

4）污染源自动监控信息交换原型系统开发，根据污染源数据交换技术模式，遵循污染源自动监控相关数据标准，设计开发污染源自动监控信息交换原型系统，支持分布式污染源数据的逐级共享和交换。

5）污染源自动监控信息交换原型系统试点示范，选择辽宁、江苏、青海、宁夏试点省份（区），开展污染源自动监控信息交换原型系统试点示范工作以验证标准、原型系统的可行性。

1.1.3.2　研究的意义

（1）有利于贯彻落实国家中长期科技发展规划纲要和环境保护“十一五”科技发展规划

本研究属于《国家中长期科学和技术发展规划纲要（2006—2020）》（国发[2005]第 44 号）的十一个重点领域中，环境领域中的优先主题污染物排放控制，以及建立有效的共享制度和机制的主题。同时在《国家环境保护“十一五”科技发展规划》（环发[2006]103 号）中提出了流域水污染和区域大气污染控制的科技需求，本研究是十大重点领域中环境监管

要求的内容。

（2）是完成国家污染减排“三大体系”能力建设任务的需要

国家污染减排“三大体系”能力建设项目中的“国控污染源项目”要为国家重点监控企业安装污染源监控自动设备，建立国家、各省（自治区、直辖市）、地市三级污染源监控中心并联网，通过污染源自动监控设备监测国控重点污染源污染排放数据，并传送到三级监控中心。

在“国控污染源项目”的实施管理中，明确了要遵循的一些数据技术要求：2005 年颁布的《污染源在线自动监控（监测）系统数据传输标准》（HJ/T 212—2005），2007 年颁布的行业标准《环境污染源自动监控信息传输、交换规范》（HJ/T 352—2007），对于规范数据、传输等有着积极的作用。但由于国家重点监控企业遍及全国各省，数量众多，加之前期建设层次不齐，数据基础各异，已经形成了不同省份、不同地区、不同企业有着不同的数据项、数据格式、软件平台的局面，而从项目任务要求、时间进度、经济投入等方面都需要在现有基础上不断完善。为了实现“国控污染源项目”科学、准确、实时地掌握重点污染源的主要污染物排放数据的目标，迫切需要研究“污染源自动监控信息交换机制”，建立数据的交换的标准规范体系，整合省级、国家级污染源监控中心数据，为“国控污染源项目”集成各地数据提供技术支撑，实现全国数据的统一性和全面性。

“污染源自动监控信息交换机制研究”是与国家污染减排“三大体系”能力建设任务密切配合的。

（3）是环境污染源自动监控数据分（省）级建设、（国家）集中管理的重要技术支撑

按照“国控污染源项目”的统一安排，由国家、省分级建设，各省完成省属地污染源监控和省、市级污染源监控中心的建设，并向国家污染源监控中心传送污染源数据，从而能为污染源的管理提供及时、全面的数据依据。污染源自动监控信息交换机制的建立就是解决省级向国家级传输、交换数据的格式、模式的问题，使得各地不同平台下产生的数据得以统一，并可以有效地交换到国家级。

在目前全国各地污染源监控系统联网与集成、数据中心建设任务中，需要研究、设计自下向上四层交换的污染源自动监控信息交换机制，建立标准化的环境自动监控信息流。因此，尽快研究、试验污染源自动监控信息交换机制，解决核心性技术问题，提供原型实现和系统验证、应用示范，为实现大规模数据交换和整合、建立规范化环境自动监控业务模式打下坚实的基础。

通过数据的有效交换，在“国控污染源项目”建设中既可以体现各省的相对独立性，满足各省污染源管理的个性化需要，同时也符合国家污染源监控中心对地方各级数据的要求。

（4）是环保其他业务数据传输、交换的需要

以“国控污染源项目”要求的污染源数据传输与交换技术规范为基础，梳理数据的基础代码、技术实现要求，研究数据交换的机制和模式，通过试点省份示范，完成从技术到实现的“最后一公里”[1]，构建污染源自动监控系统信息交换体系，从而满足污染源数据传

1 在电信业，把小区门口到用户终端的距离形象地称之为“最后一公里”，这一段的接入长度虽然只有一公里，却决定了之前上千甚至上万公里网络的整体性能，这一段往往成为网络使用质量的瓶颈。

输与交换的理论和实践的需要。

以污染源自动监控数据传输规范作为环境信息和数据传输的基础规范，并据此为基础研究污染源信息的交换机制和模式，通过试点示范，为今后排污申报、排污收费、总量控制等环境保护业务数据的传输、交换奠定基础。最终形成统一的环境管理业务数据的交换、传输系列规范。

（5）是信息化技术发展的需要

计算机技术、数据库技术的发展经历了从大集中到分布再到目前的大集中加分布的模式，数据集中有利于数据资源的深度利用，为满足环境管理业务需要提供数据挖掘、综合分析等。我国银行、税务信息化等都走过了这样的一个历程，环境信息化也在从分布建设向集中加分布转变，这不是简单的重复和再现，而是经过几十年的实践检验，符合当前各行业、各领域发展需求的模式。从目前以业务为核心的业务操作型应用建设转向以数据流利用为核心的数据利用型应用建设是下一步发展的方向。在数据集中的过程中，必须要有配套的数据统一规范来保障数据源的建设和交换，而数据交换机制的研究和规范是不可缺少的。

1.2 研究方法与技术路线

1.2.1 研究方法

（1）集成创新方法

集成数据处理技术、标准研究方法、原型系统理念与实际应用结合的创新思路和方法，研究污染源自动监控信息交换机制与技术。

（2）技术落地法

将近年来流行的概念、成熟的技术与现有的各种污染源自动监控系统进行对接，将国际上的主流转化为整合环境科学、信息科学、环境工程等多学科团队科研力量，研究跨界环境污染应急处置、跨界环境污染模拟仿真、跨界环境污染应急指挥决策、跨界环境污染经济补偿与综合协调等跨学科交叉课题，集成跨学科的优势，联合攻关。

（3）系统压力测试方法

本研究选择江苏、辽宁、青海、宁夏作为示范试验点，使用污染源自动监控信息交换原型系统验证交换机制、技术模式，以《环境污染源自动监控信息传输、交换规范》（HJ/T 352—2007）和本书所研究的数据标准为数据输入输出格式，进行省与国家级以及省与省之间的交换试验。对原型软件运行进行测试，评估其数据传输效率、数据交换可靠性，引入系统压力测试方法，检验在接入污染源数量达到百、千级负荷下，按不同的数据传输周期（天、小时、10 分钟），系统是否能稳定可靠地完成污染源自动监控数据交换，评估出合理的系统规模、时间频次推荐值，以及增强系统运行可靠性的技术建议，为全国范围的交换探索出适合的、实用的数据交换模式。

1.2.2 技术路线

研究的基本技术路线如图 1-1 所示。

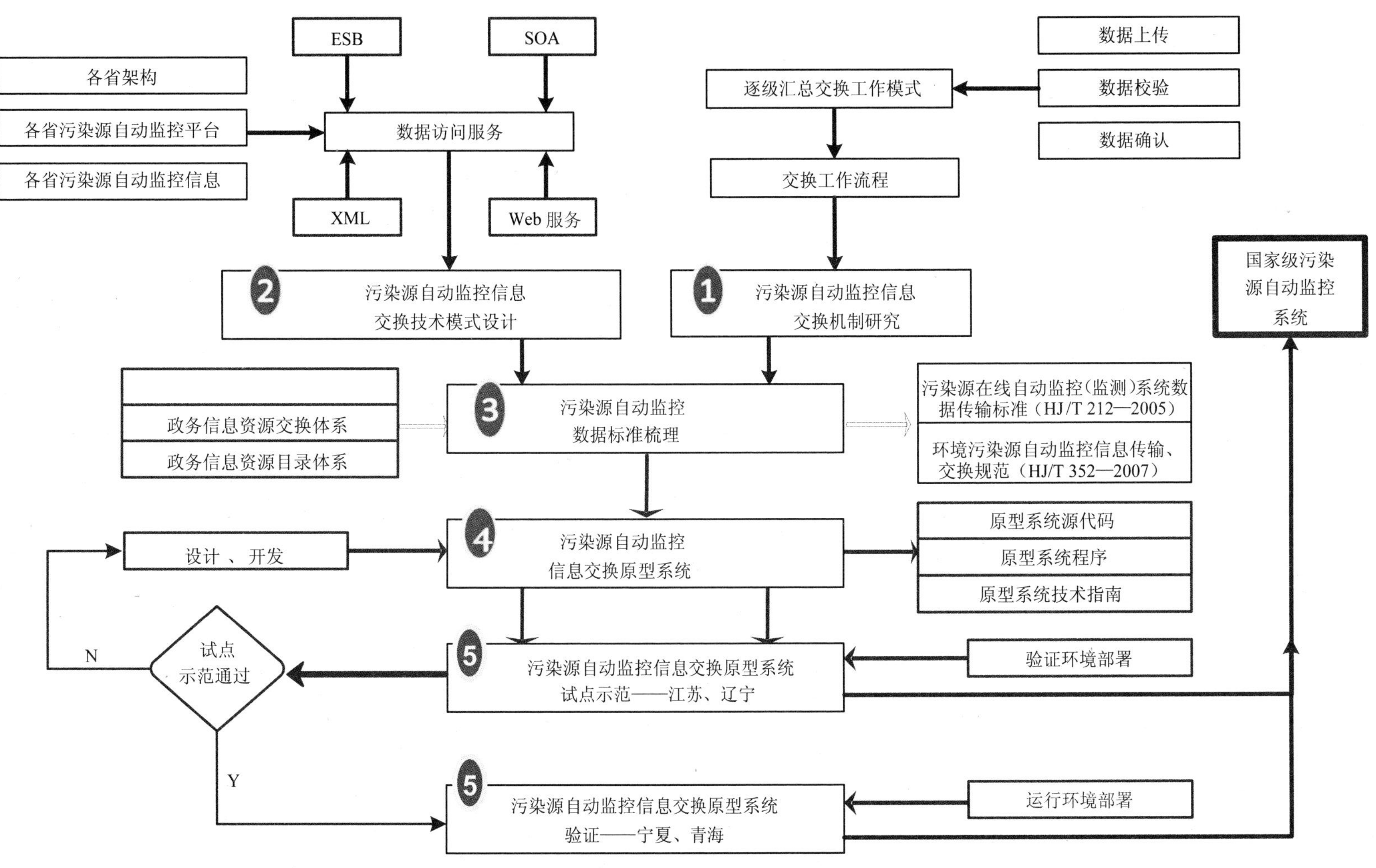
ESB
SOA
各省架构
各省污染源自动监控平台
各省污染源自动监控信息
数据访问服务
XML
Web 服务
数据上传
数据校验
数据确认
逐级汇总交换工作模式
交换工作流程
国家级污染源自动监控系统
2 污染源自动监控信息交换技术模式设计
1 污染源自动监控信息交换机制研究
政务信息资源交换体系
政务信息资源目录体系
3 污染源自动监控数据标准梳理
污染源在线自动监控（监测）系统数据传输标准（HJ/T 212—2005）
环境污染源自动监控信息传输、交换规范（HJ/T 352—2007）
设计 、开发
4 污染源自动监控信息交换原型系统
原型系统源代码
原型系统程序
原型系统技术指南
试点示范通过
N
5 污染源自动监控信息交换原型系统试点示范——江苏、辽宁
验证环境部署
Y
5 污染源自动监控信息交换原型系统验证——宁夏、青海
运行环境部署

图 1-1 技术路线

（1）在交换机制研究方面，将重点调研国内外相关数据汇总交换现状和经验，结合环保部门实际情况进行污染源自动监控信息交换机制研究。

（2）在技术模式的研究方面，将充分调研国内外有关信息交换的技术现状，同时分析总结其他相关部门的交换模式，结合污染源自动监控系统的实际需求，设计合理的数据交换技术模式。

（3）在数据标准体系方面，将以环保部门现有的标准为基础，以污染源自动监控管理为目标，结合相关工业标准（XML 等）以及其他国际国内组织数据标准化的经验，建立污染源自动监控信息的数据标准体系。

（4）在交换原型系统的开发和试点工作方面，将严格按照软件工程的要求，实现从需求、设计、编码、测试、集成、部署、交付的全过程跟踪和有效控制，保证原型系统能够高质量地满足研究目标的需要。搭建污染源自动监控数据传输交换试验网，完成省级监控中心端原型系统试验运行环境部署和测试运行。

1.3　主要研究内容与结论

1.3.1　污染源自动监控信息交换机制研究

首先总结了国内外信息交换机制研究情况，总结了国外信息资源交换机制基本特点；其次，分析了污染源自动监控管理发展及现状，污染源自动监控信息化现状，污染源监控信息来源及特点，污染源自动监控信息交换管理制度；第三，分析了污染源自动监控信息交换机制存在的主要问题，提出了污染源自动监控信息“三位一体”交换机制研究框架；最后，对完善污染源自动监控信息交换保障机制提出了总体建议和具体建议。

1.3.1.1　国内信息交换机制特点总结

综观国内外国家或组织的信息资源交换实践，可以发现，虽然他们在信息资源交换方面存在着一定的差异性，但都充分认识到了信息交换的重要。总的来说，国内外国家或组织成功的信息资源交换机制主要呈现出以下几个特点：

（1）重视互操作性。为了实现已有系统的数据交换，国外从法律、政策层面明确了互操作的重要性，这种互操作包括硬件、软件和通信网络平台之间的互操作，从而为数据交换奠定了良好的基础。

（2）数据交换标准相对完善。在信息资源开发利用和信息资源管理的总体框架下，各国相继开展了数据交换标准的制定工作，包括信息交换标准、资源元数据标准、互操作性技术框架等。

（3）多部门协调管理。国外国家或组织大多指定相应的机构或设置专门的机构从总体上负责指导和协调信息资源的数据交换，而这些机构往往是负责信息化建设的领导与协调机构。其他有关机构按照各自的职责协助其开展相关工作。

（4）宽带基础设施得以大力发展。宽带技术正在改变整个互联网，宽带基础设施的建设与新的内容和服务的发展密不可分。宽带基础设施投资需要靠内容和服务的广泛发展来推动，而新的内容和服务的发展则有赖于宽带基础设施的建设。因此，他们都注重发展宽带，以便为内容和服务的发展提供良好的基础设施环境。

1.3.1.2 污染源自动监控信息交换机制现状总结

（1）污染源自动监控工作进展良好

经过近 10 多年来的努力和国家对节能环保工作的支持，污染源自动监控工作已由最初只是调取污染治理设施的开关情况，到目前部分实现 COD、NH_3-N、SO_2、NO_x 等主要污染因子现场自动监测分析、无线传输、远程控制和实时报警，我国的污染源监控网络建设取得了较好的成绩，主要体现在以下几个方面：

1）污染源自动监控系统框架建设工作基本完成。目前，全国大部分省市、直辖市设置不同规模的重点污染源自动监控中心，监控中心内部已实现联网。部分地区的污染源污染排放数据已经可以及时传送到国家、省、市三级监控中心，污染源自动监控系统的框架建设工作有序、逐步完善。

2）污染源自动监控系统建设投入逐年增加，监控对象逐年递增，监控效力稳步提升。自我国提出污染源自动监控系统的概念以来，各级环保部门在相关领域的投入就呈现快速增长势头，监控对象几乎覆盖全部的国控污染源和一定量的省控污染源。污染排放量近两年持续保持下降趋势，污染源自动监控系统的使用效力正在逐步体现。

（2）建立健全了污染源自动监控业务管理机构

环境监察局（以下简称环监局）独立设置，为环保部内设司局，负责环境执法监督，并由政策法规司划入行政处罚职责。负责重大环境问题的统筹协调和监督执法检查；拟订环境监察行政法规、部门规章、制度，并组织实施；监督环境保护方针、政策、规划、法律、行政法规、部门规章、标准的执行；拟定排污申报登记、排污收费、限期治理等环境管理制度，并组织实施；负责环境执法后督察和挂牌督办工作；指导和协调解决各地方、各部门以及跨地区、跨流域的重大环境问题和环境污染纠纷；组织开展全国环境保护执法检查活动；组织开展生态环境监察工作；组织开展环境执法稽查和排污收费稽查；组织国家审批的建设项目“三同时”监督检查工作；建立企业环境监督员制度，并组织实施；负责环境保护行政处罚工作；指导全国环境监察队伍建设和业务工作；指导环境应急与事故调查中心和各环境保护督查中心环境监察执法相关业务工作。

（3）污染源监控信息来源及特点分析

污染源具有辐射点多、涉及面广、分散性强的特点，其信息资源也具有对应的特点，也同时意味着具有信息量大、信息关系复杂、分布式（跨地区）和动态性的特点。另外，污染源监控信息还要求具有一定的即时性、安全性，并符合相关的业务标准和规范。目前污染源监控信息主要包括：COD 在线自动监测、污染源烟气排放 SO_2 连续在线监测、污水流量以及数据采集等信息。

（4）出台了相关文件规范污染源监控信息监控

1）出台了管理办法。国家环保总局第 28 号令《污染源自动监控管理办法》对重点污染源自动监控系统的监督管理提出了相关要求；《国控重点污染源自动监控信息传输与交换管理办法》主要对运行、网络安全和交换传输等环节提出了要求。

2）制定了建设方案。主要包括《国控重点污染源自动监控能力建设项目建设方案》、《污染源监控中心建设要求》等。

3）制定了标准规范。主要包括《国控重点污染源自动监控项目污染源监控现场端建设规范》、《污染源在线自动监控（监测）系统数据传输标准》（HJ/T 212—2005）、《环境污染源自动监控信息传输、交换技术规范（试行）》（HJ/T 352—2007）等。

1.3.1.3　污染源自动监控信息交换机制存在的问题

（1）管理层面上，污染源自动监控和环境管理相关工作在法律法规中的地位仍有待明确；《污染源自动监控管理办法》有待完善，相关管理制度也有待补充完善。

（2）业务层面上，从数据采集、传输、交换、应用、网络、安全、运行等几个环节进行污染源自动监控信息生命周期分析，污染源自动监控的各个业务环节，重点在信息交换层面需要更加关注业务需求、应用领域和效益。

（3）技术层面上，污染源自动监控信息交换相关技术条件建设方案、系统建设要求以及技术标准规范等方面仍需完善。

1.3.1.4　污染源自动监控信息“三位一体”交换机制框架

本研究从管理、业务和技术三个方面分析研究了污染源自动监控信息交换机制的基本组成和相互作用关系。以实现污染源自动监控信息交换为目标，分别需要在管理、业务和技术三个方面开展相应工作，首次提出了污染源自动监控信息交换“三位一体”交换机制研究框架及其作用原理（图 1-2）。

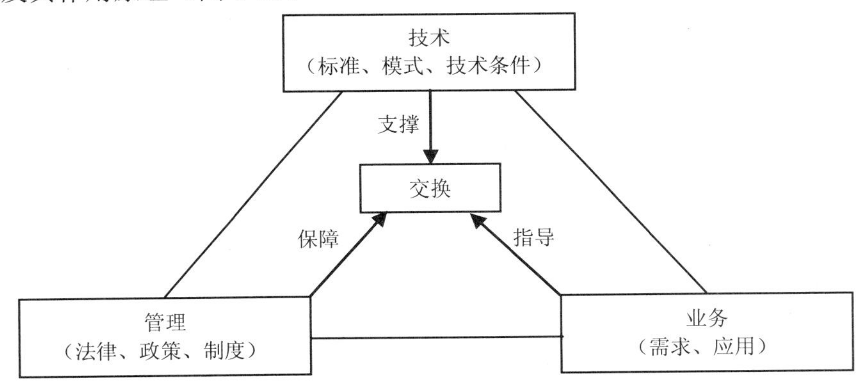

图 1-2　污染源自动监控信息“三位一体”交换机制作用原理

污染源自动监控信息“三位一体”交换机制回答了为什么要交换？交换什么？如何交换？管理层面需要进一步明确污染源自动监控工作的基础法律、政策和制度，完善并制定《污染源自动监控管理办法》等相关管理制度，充分保障污染源自动监控信息交换的必要性和有效性。业务层面需要根据环境管理应用需要和污染源自动监控业务需求，从数据采集、传输交换、应用运行和网络安全等环节对污染源自动监控信息进行生命周期分析，在应用领域、应用效益和业务需求上指导开展污染源自动监控信息交换工作。技术层面需要研究污染源自动监控信息交换模式，制定污染源自动监控信息交换标准规范，构建污染源自动监控信息交换平台等一系列技术条件，有力支撑污染源自动监控信息交换工作的顺利实现。

1.3.2 污染源自动监控信息交换模式设计

首先调研污染源自动监控信息交换的需求；其次，分析信息交换业务模式和技术模式；第三，总结国内外信息共享交换模式；最后，对污染源自动监控信息交换模式提出了建议详见第 4 章。

1.3.2.1 污染源自动监控信息交换需求分析

国家为了加强环境污染源的监督管理，通过采取一系列的技术手段，提高了对环境污染源的自动监控能力。各级环保管理部门根据国家环境保护总局第 28 号令（《污染源自动监控管理办法》）的要求，在国控污染源自动监控能力项目的统一部署下，陆续建立了污染源自动监控系统，用以支持环境保护部和各省环保厅（局）污染源自动监控工作，为各级环保管理部门提供了实时的污染源排放信息，为污染源监督管理提供依据。

由于各地国控重点污染源自动监控系统建设情况不一致，各地在系统建设中采用了不同的系统和传输技术，已形成的《污染源在线自动监控（监测）系统数据传输标准》以及《环境污染源自动监控信息传输、交换技术规范》并未全面实施落实，上下并未完全形成同一系统，使得环境保护部和省市各级环境监察部门上下级之间的数据传输与交换难以全部顺利完成。实现全国范围的污染源信息的交换和共享还面临着一些问题和困难。局部地市在与省级部门的传输过程中会有数据无法识别的现象。由于数据标准的不统一导致各级部门在落实信息传输与交换管理时责任不明晰。在从本级监控中心上传到上级监控中心，上级监控中心发送到国家级监控中心时可能被人为加工处理，从而导致数据失真，对缺失和异常数据无法实时处理。因此，有必要设计更加合理的交换模式，将国控重点污染源在线监控系统的数据进行统一格式的标准化传输与交换。

1.3.2.2 信息交换技术模式与业务模式

（1）交换应用中应有三种交换模式，包括集中控制模式、分布控制模式和递阶式控制模式三类。

（2）数据交换的关键技术主要包括多种数据库适配问题、数据转换问题、数据的可靠交换、数据安全交换、信息交换性能、快速扩展到其他业务的信息交换等。

（3）当前各省污染源自动监控信息交换采用的模式主要有分级管理模式、集中管理模式和混合模式，其中，广东省、江苏省污染源自动监控信息交换同时使用分布式的数据集成和集中式相结合的混合模式。青海省采用集中模式实现州（地、市）污染源自动监控中心到省污染源自动监控中心的污染源自动监控信息交换。

1.3.2.3 污染源自动监控信息交换模式建议

（1）污染源自动监控信息交换方式

交换方式包括自动推送方式和主动调用方式。

1）自动推送方式：省厅（局）自动上传污染源信息到环境保护部；

2）主动调用方式：环境保护部主动调用省厅（局）数据或者查询省厅（局）数据。污染源自动监控信息传输交换模式如图 1-3 所示。

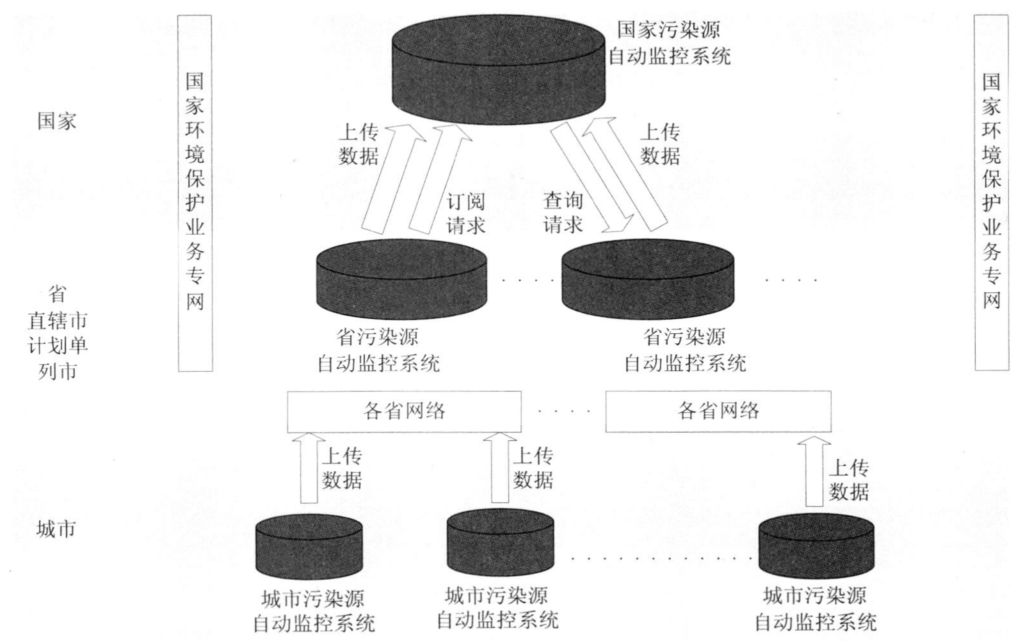

图 1-3 污染源自动监控信息交换模式

（2）管理责任

1）环境保护部负责部级污染源自动监控信息交换平台的建设管理工作，负责部内各部门的污染源自动监控信息交换，以及各省污染源自动监控信息到部平台的交换工作；

2）各省环保厅（局）负责省级污染源自动监控信息交换平台的建设管理工作，负责省内污染源自动监控信息交换、汇集与管理工作，负责接入部级污染源自动监控信息交换平台，按时更新省内污染源自动监控信息。

各省级平台接入方式可选择如下方式：

① 前置机接入方式

在各接入节点建立独立于现有业务系统的交换前置机，实现信息的上传和接收。各接入点通过前置机与平台连接，平台实现各接入点前置机上的共享数据库（文件目录）之间的数据交换和共享。在各个接入点部署的接口模块实现共享数据库（文件目录）和业务系统数据库（文件目录）之间的数据交换和转换。

由于各个接入节点的前置机部署在政务外网，接入系统和数据库部署在接入单位的局域网，两个网络之间的连接采取或是逻辑隔离，或者是物理隔离，或者两者断开方式。因此，在系统接入时，应根据实际的连接情况，选择接口模块、系统工具或是通过存储介质利用数据的导入导出手段实现业务数据库与共享数据库之间的数据交换和转换。

这种方式的优点包括：接入点是通过前置机上的共享数据库（或文件目录）实现与其他接入点的数据共享与交换，使得业务数据库中的数据安全性得到了保障；接入系统与平台在数据接口上耦合性较弱；由于在接入点前置机上部署了平台节点服务器软件，解决了中心效率瓶颈和单点故障问题；数据在传输过程中安全性得到保障，不会出现数据丢失的现象。

这种方式的缺点包括：需要购买硬件设备、平台节点服务器软件和数据库软件等，增加了项目成本；需要开发接口模块实现共享数据库（或文件目录）与业务数据库（或文件目录）之间的交换和转换。

② 直接接入方式

应用系统数据库或文件目录与信息共享与交换平台直接相连，平台通过数据库、文件、Web Services 等适配器组件直接访问运行库或服务器文件目录，或是通过 API/Web Service 调用，完成读、写数据的操作，方式同应用系统接入方式。

这种方式的优点包括：不需要购买硬件设备、平台软件和数据库等软件，可以降低项目成本。

这种方式的缺点包括：运行库业务数据完全暴露在平台上，数据的安全性得不到保障；接入系统与平台的数据接口耦合性强，例如数据库结构发生变化时，平台适配器组件也要重新设置；由于在接入点没有部署平台节点服务器软件，对平台接入系统数据的读取、转换、写入操作，由中心节点服务器软件完成，增大中心节点服务器的负担，易产生中心的效率瓶颈和单点故障问题。

③ 平台对接模式

通过两级平台对接形成多级平台管理模式；这种模式的前提是部、省均建立了交换平台。

1.3.2.4 污染源自动监控信息交换模式具体建议

（1）交换信息的 XML 描述

交换信息的 XML 描述包括字符集、命名空间以及污染源自动监控信息交换的一些 Schema 描述。

污染源自动监控信息交换使用的字符集符合 GB 13000.1—1993 的规定，也可以采用符合 GB 2312—1980 规定的字符集。

污染源自动监控信息 XML 描述使用的命名空间为："http：//www.sepa.gov.cn/epiDATA"。交换规范 XML 描述使用的命名空间为："http：//www.sepa.gov.cn/epixml/operation"。污染源自动监控信息交换接口规范 XML 描述使用的命名空间为："http：//www.sepa.gov.cn/epixml"。

污染源自动监控信息交换的主要 Schema 描述包括污染源自动监控信息 Schema 描述、数据类型 Schema 描述、污染源自动监控信息 XML 文件、交换信息 Schema 描述。对交换信息的 XML 描述可以在此基础上作扩展，但不得与现有内容冲突。

（2）信息交换方式

污染源自动监控信息交换方式包括自动推送方式和主动调用方式，具体如下：

① 自动推送方式：省厅（局）自动上传污染源信息到环境保护部。

② 主动调用方式：环境保护部主动调用省厅（局）数据或者查询省厅（局）数据。

（3）信息交换频度

污染源自动监控信息交换频度描述的内容包括省厅（局）向环境保护部报送信息和国家级调用省级实时数据的频度。

省厅（局）向环境保护部报送的信息频度为气小时均值、日均值、月均值、年均值和水小时均值、日均值、月均值、年均值。

国家级调用省级实时数据频度为 10 分钟气数据和 10 分钟水数据。其中：气小时均值、日均值、月均值、年均值的描述见《固定污染源排放烟气连续监测系统技术规范》（HJ/T 75—2001）和《固定污染源排放烟气连续监测系统技术要求及检测方法》（HJ/T 76—2001）。水的均值描述见《水污染源在线监测系统数据有效性判别技术规范》（HJ/T 356—2007）。

（4）信息交换模型

污染源自动监控信息交换的流程为：

各省级节点登录国家级节点中心，省级节点使用中心为其发放的唯一的数字证书登录，确认节点身份。

双方节点之间采用如下方式进行数据交换：

1）省级节点通过定时或实时的方式将数据传输到国家级节点。定时是指省级节点定时将污染源自动监控的小时均值、日均值等信息传输至国家级节点；实时是指当国家级节点向省级节点发出调用数据请求时，由省级节点将当前实时数据传输至国家级节点。

2）国家级节点主动向省级节点发出数据传输请求，双方通过节点确认身份后，由省级节点将国家级节点所请求的数据传输至国家级节点。

（5）信息交换流程

污染源自动监控信息交换的操作包括上传数据、查询请求、查询响应、订阅请求、订阅响应。

上传数据是指省级节点向国家级节点传输数据，传输数据可以是一个或多个数据对象；查询请求是指国家级节点向省级节点发出的数据传输请求；查询响应是指省级节点对查询请求的应答；订阅请求是指一个省级节点向另一个省级节点发出的数据传输请求；订阅响应是指省级节点对订阅请求的应答。污染源自动监控信息交换的操作可以根据实际需要在现有基础上进行扩展。

污染源自动监控信息交换的流程包括数据上传的流程、数据查询与响应的流程、数据订阅与响应的流程。同样，污染源自动监控信息交换的流程可以根据实际需要扩展。

污染源自动监控信息交换的错误信息包括操作错误信息和数据错误信息。操作错误是指数据交换过程中发生的操作错误信息，包括操作错误编码和操作错误描述。数据错误是指数据内容相关的错误信息，如接收方接收到一个格式不正确的数据包，则需要向发送方返回数据错误信息，同样包括数据错误编码和数据错误描述信息。错误信息同样可以根据实际需要扩展。

（6）数据交换接口

污染源自动监控数据交换报文采用 XML 定义，包括报文头和报文体两部分。报文头的作用是在国家级与省级节点或者省级与省级节点之间进行数据交换时，将数据包正确地传送到目的地址。报文头中定义的主要内容包括发送方、接收方、消息序号、服务时间、服务时限、服务优先级、回执要求、服务类型。

报文体的主要内容是污染源自动监控数据发送方需要接收方处理的数据内容，包括污染源自动监控数据信息、系统回执信息和签名信息。其中，系统回执信息是指接收方正确收到数据包时，发送给发送方正确接收的确认数据包。

签名信息包括五个元素：摘要算法、签名算法信息、签名值、签名时间、签名备注。摘要算法取值为 0、1、2。“0”表示 SHA-1 算法，“1”表示 MD5，“2”表示 MD2，可以根据实际需要进行扩充。签名算法信息包括签名算法名和公钥证书两个元素。签名算法名取值为 0、1、2。“0”表示 RSA 算法，“1”表示 DSS 算法，“2”表示 ECC 算法（可以根据实际需要扩充）。公钥证书为签名者所持的公钥证书。

数据交换接口信息可以根据实际需要进行扩展。

（7）数据安全保障

污染源自动监控数据安全保障主要从身份认证和签名两个方面体现。

身份认证采用颁发数字证书的方式进行身份认证。国家级节点中心采用 SSL 配置的方式，要求省级节点使用 HTTPS 的方式登录到国家级节点中心，由国家级节点中心为省级节点颁发数字证书，省级节点通过该证书信息登录，完成身份认证。签名是指在数据上报过程中，要求上报节点加入数据签名信息。签名信息元素表示对数据元素内容的摘要进行签名。

规范中对数据的完整性做了相应的要求，当出现同一条数据重复传输时，以最后一条数据为准。

（8）污染源自动监控信息结构

污染源自动监控信息结构如图 1-4 所示。

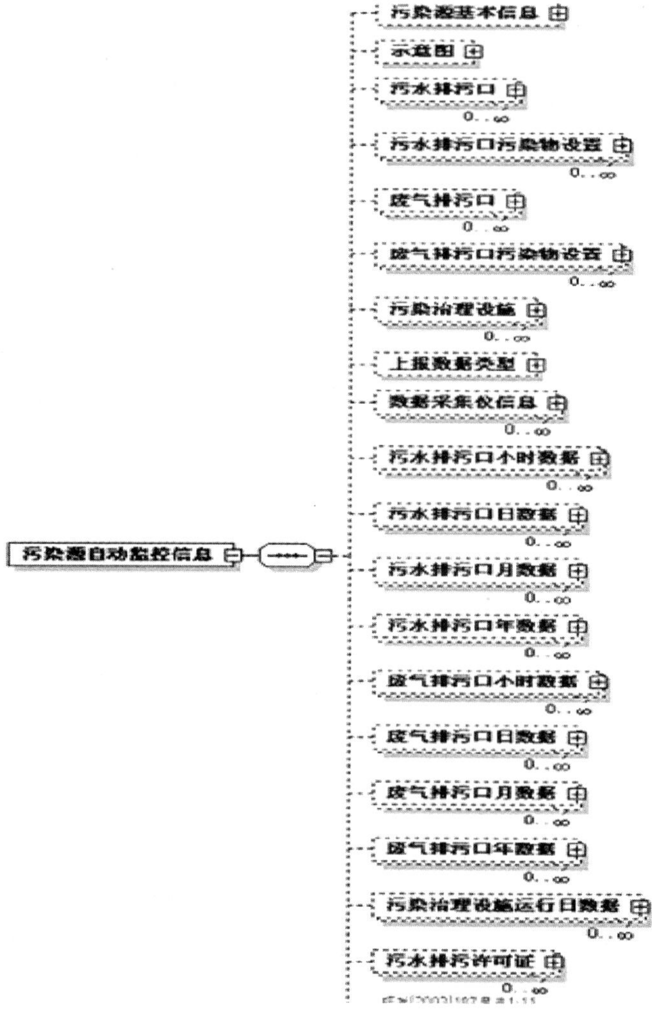

图 1-4 污染源自动监控信息结构

上述信息中又包含了相应的子信息。这些信息组成了污染源自动监控信息结构，该信息结构可以根据实际需要进行扩充，在扩充时不得与已有的内容相冲突。

（9）数据代码

对于国家已经有相关标准的，则遵循国家已有的标准规范，如行政区划编码遵循《中华人民共和国行政区划代码》（GB/T 2260—2002）、行业类别编码遵循《国民经济行业分类》（GB/T 4754—2002）、污染物代码（废水污染物编码、废气污染物编码）遵循《环境信息标准化手册》第 3 卷。有些代码使用总局文件要求的代码。计量单位代码采用《国际贸易用计量单位代码》（GB/T 17295—1998），增编 M00-万标立方米、H00-色度单位、T00-万吨代码。而对于一些国家尚还没有标准规范的代码，如污染源编码等，则需要另行制定。

1.3.3　污染源自动监控信息交换标准体系

首先提出了污染源自动监控信息交换标准体系框架，然后依据该框架分析了污染源自动监控信息交换标准建设情况，最后对完善污染源自动监控信息交换标准提出了相关建议。

1.3.3.1　现有标准梳理

（1）信息技术类

1）污染源在线自动监控（监测）系统数据传输标准（HJ/T 212—2005）；

2）环境污染源自动监控信息传输、交换技术规范（HJ/T 352—2007）。

（2）监测技术类

1）水污染源在线监测系统安装技术规范（HJ/T 353—2007）；

2）水污染源在线监测系统验收技术规范（HJ/T 354—2007）；

3）水污染源在线监测数据有效性判别技术规范（HJ/T 356—2007）；

4）水污染源在线监测系统运行与考核技术规范（HJ/T 355—2007）；

5）固定污染源烟气排放连续监测技术规范（HJ/T 75—2007）；

6）固定污染源烟气排放连续监测系统技术要求及检测方法（HJ/T 76—2007）。

1.3.3.2　提出标准框架

污染源自动监控数据交换标准体系框架包括数据传输与交换业务规范、数据传输与交换数据标准、数据传输与交换接口标准和数据传输与交换技术规范四部分，如图 1-5 所示。

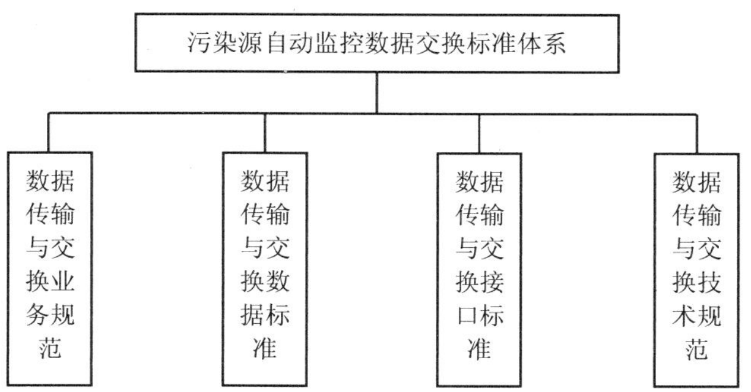

图 1-5　污染源自动监控数据交换标准体系框架

（1）数据传输与交换业务规范

规定平台在实施过程中应遵循的业务规范。对数据传输与交换平台业务进行描述与规范，如交换频度、交换方式、交换流程等。

（2）数据传输与交换数据标准

整合并制定平台所涉及业务系统的传输与交换的数据标准，内容包括数据组成、数据格式、数据流程等各方面的详细设计。

数据标准是对数据传输交换平台上传输数据的内容进行描述与规范，规定了数据的分类、内容和编码格式，从数据组成和语义等方面约束数据交换的内容。

（3）数据传输与交换技术规范

规定平台在实施过程中应遵循的技术规范，包括交换体系、XML 描述规范、适配器设计规范、交换模式规范、信息资源规范及数据安全保障技术规范等。

（4）数据传输与交换接口规范

为数据传输与交换平台提供接口的基本原则、指南和框架，以及基础性的信息化术语。

在各类规范内部，以数据规范中各标准间的关系较为复杂，如图 1-6 所示。

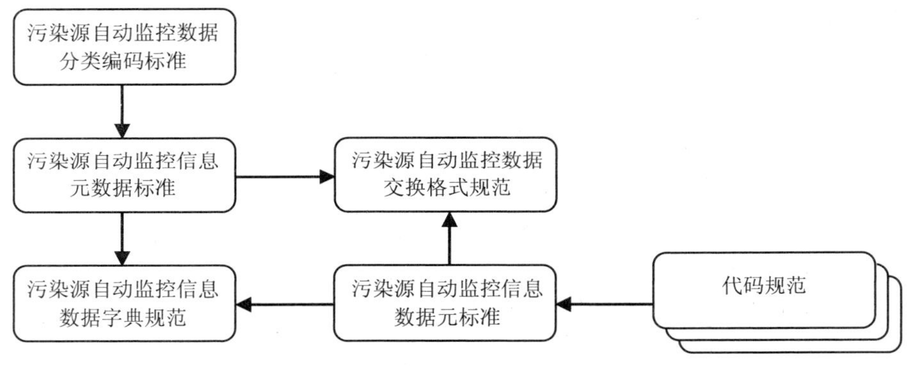

图 1-6 数据规范中各标准间关系

污染源自动监控数据交换格式规范规定数据的具体交换格式，其数据内容应遵循污染源自动监控信息数据元标准和污染源自动监控信息元数据标准。污染源自动监控信息数据元标准中数据的取值代码应遵循相应的代码规范。污染源自动监控信息元数据标准规范数据集的说明信息，其涉及的数据集分类应遵循污染源自动监控数据分类编码标准。

污染源自动监控信息数据字典规范以数据集为粒度组织和分析污染源自动监控信息的所有数据元素。其中，各数据集的元数据信息遵循污染源自动监控信息元数据标准，数据元信息遵循污染源自动监控信息数据元标准。

1.3.3.3 完善标准的建议

污染源自动监控信息传输与交换标准框架主要由传输交换的业务规范、数据规范、接口规范和交换技术规范四部分构成。结合环境管理具体业务需求，分析了标准框架每一部分标准规范编制的目的和内容，并提出了需要编制标准规范的清单。设计了基于数据库和文件两种接入方式的数据传输与交换框架，明确了传输交换平台与应用系统的关联关系和技术界面，使平台设计具备足够的开放性。

在已经发布的污染源自动监控相关标准的基础上，尤其是以《环境污染源自动监控信息传输、交换技术规范》（HJ/T 352—2007）为基础，逐步构建污染源自动监控数据交换标准体系，着力对基础代码、格式、内容、技术以及管理进行规范，对于涉及交换过程的技术、方式、方法等做出规范性的要求，通过体系的完善，借助国家环境信息与统计能力建设项目搭建的统一数据交换平台，解决系统在交换中出现的瓶颈问题，实现数据的顺利交换，为国控污染源自动监控信息交换提供技术保障，促进系统的不断完善。

在建设顺序方面，业务规范因其基础性作用，应当是最先建设的；数据规范是技术规范的基础，也是业务中急需的规范，需要优先建设；技术规范的建设，可按照信息交换技术系统的建设需要逐步开展，并根据信息交换技术的发展持续改进。

污染源自动监控信息交换需要业务规范、数据规范、接口规范和技术规范的支撑。当前污染源自动监控信息交换仅有部分标准规范，难以全面支撑污染源自动监控信息交换工作。

（1）加快制定污染源自动监控信息交换业务规范

主要包括污染源自动监控数据交换管理办法和污染源自动监控数据交换流程等。

（2）加快制定污染源自动监控信息交换数据规范

主要包括污染源自动监控信息数据元标准、污染源自动监控信息数据字典规范、污染源自动监控信息元数据标准、污染源自动监控数据分类编码标准、代码规范（系列）、污染源自动监控数据交换格式规范等。

（3）进一步丰富完善污染源自动监控信息交换技术标准

在 HJ/T 352—2007 环境污染源自动监控信息传输、交换技术规范和 HJ/T 212—2005 的基础上，制定污染源自动监控信息交换平台技术规范、污染源自动监控信息交换平台对接技术规范等。

1.3.4　污染源自动监控信息交换原型系统建设

原型系统主要内容是集中建设一套信息交换原型平台，以实现江苏、辽宁、青海、宁夏 4 个试点省（区）污染源自动监控系统与环保部（模拟）业务系统的污染源数据（包括实时、小时、天、月、年污染源数据）的自动传输和交换。同时实现对《环境污染源自动监控信息传输与交换技术规范（试行）》（HJ/T 352—2007）的符合性检查，发现标准中存在的问题，提出适当修订意见，并为标准的实施提供实践基础。

原型系统分别应用了业界主流的 ESB 技术（Enterprise Service Bus，即企业服务总线，以下简称为 ESB 版原型系统）及消息中间件技术（以下简称为 MQ 版原型系统）进行开发，并探索两种技术模式形成的原型系统的适用场景，为大范围的应用推广提供可行的实施方案。

1.3.4.1　基于 MQ（TongLINK/Q）的原型系统

Q 版本污染源自动监控信息交换原型系统技术实现过程如图 1-7 所示。

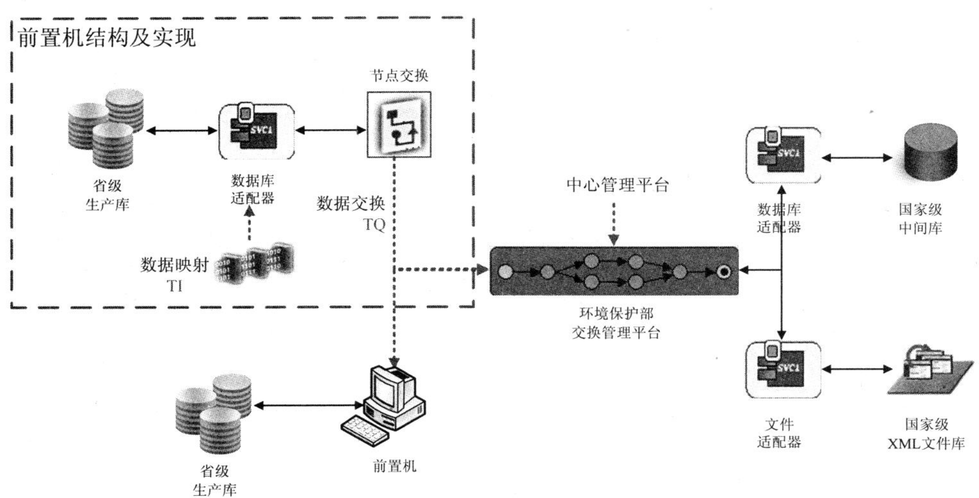

图 1-7 Q 版本污染源自动监控信息交换原型系统技术实现

在实现数据映射时使用了东方通公司的应用集成中间件 TongIntegrator，TongIntegrator 主要功能是在两个或更多的异构系统（如不同的数据库、消息中间件、ERP 或 CRM 等）之间进行资源整合，实现互连互通、数据共享、业务流程协调统一等功能，构建灵活、可扩展的分布式企业应用。

在实现数据传输时使用了消息中间件 TongLINK/Q，TongLINK/Q 以独特的消息、队列、可靠等机制和技术优势为各种分布式应用系统的开发注入了强大动力，极大地推动了数据交换及应用系统集成的发展。

1.3.4.2 基于 ESB（Oracle Data Integrator）的原型系统

基于 Oracle Data Integrator 的污染源自动监控信息交换原型系统技术实现过程如图 1-8 所示。

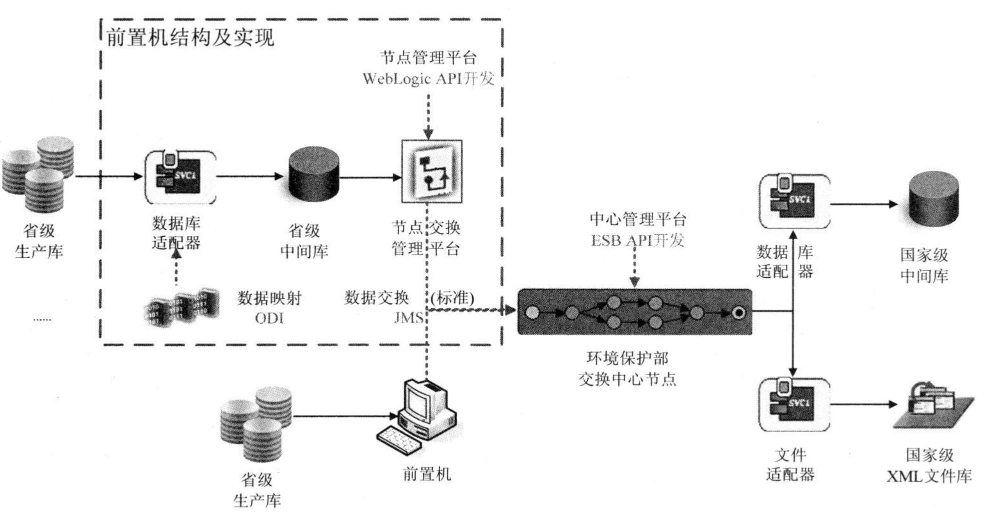

图 1-8 ESB 版本污染源自动监控信息交换原型系统技术实现

在现实数据映射时使用了 Oracle（甲骨文公司）公司的数据集成中间件 ODI（Oracle Data Integrator）。它解决了异构程度日益增加的环境中的数据集成需求。ODI 是一个基于 Java 的应用程序，可以使用数据库来执行基于集合的数据集成任务，也可以将该功能扩展到多种数据库平台以及 Oracle 数据库。此外，通过它，还可以通过 Web 服务和消息提取并提供转换数据，以及创建在面向服务的体系结构中响应和创建事件的集成过程。

在现实数据传输时使用了 WebLogic 应用服务器的消息队列，WebLogic 是用于开发、集成、部署和管理大型分布式 Web 应用、网络应用和数据库应用的 Java 应用服务器。将 Java 的动态功能和 Java Enterprise 标准的安全性引入大型网络应用的开发、集成、部署和管理之中。

1.3.4.3　原型系统技术路线推荐

试点示范过程中，两版原型系统在成功实现污染源自动监控信息数据交换的基础上，也同时在系统可靠性、可伸缩性、易用性、安全性、可配置性等多方面进行了比较。

通过比较发现，和 ESB 版本基于 JMS 协议实现数据传输相比，MQ 版本更符合本研究的需求和实际应用场景。鉴于污染源自动监控信息交换平台运行在一个复杂的、异构的、分层管理的三级两层网络环境中，MQ 的高可靠性、松耦合和自组织性的优势得以有效的发挥，且与对网络依赖性更强的 ESB 技术相比，消息中间件以同步或异步方式提供了分布式应用方法；同时消息中间件又有别于 JMS 等单纯的消息接口方式，作为中间件，是一种独立的系统软件或服务程序，更有效地保证系统安全、可靠、高效的运行。

1.3.5　试点示范

1.3.5.1　试点示范目标

试点各省（自治区）结合本省（自治区）实际情况及年度工作计划，部署污染源自动监控信息交换原型系统，开展与环境部的污染源自动监控信息交换工作，为推动污染源自动监控信息交换机制与技术研究奠定基础。具体目标是：

（1）完成闭环的污染源信息交换过程测试，进而为提出污染源自动监控信息的交换模式提供经验。

（2）支持原型系统的升级改造，发现污染源自动监控信息交换原型系统存在的问题，需要升级改造的内容，为污染源信息交换系统建设提供技术经验和实践经验。

（3）对 HJ/T 352—2007 规范进行修订，在应用污染源自动监控信息交换原型系统中验证 HJ/T 352—2007 规范，对规范修订提出意见和建议。

（4）为开展环境信息共享交换平台建设提供经验，通过试点、示范验证和完善全国污染源自动监控信息的交换机制、数据交换技术模式、污染源相关数据标准，为开展环境信息共享交换平台建设提供技术、管理经验。

1.3.5.2　选定试点省（区）

（1）确定辽宁省、江苏省、青海省、宁夏回族自治区四个省（自治区）为试点单位。

（2）在辽宁省、江苏省环保厅部署了 MQ 版[1]原型系统和 ESB 版[2]原型系统，在青海省、宁夏环保厅部署了 ESB 版原型系统。

（3）确定了试点省数据交换的内容。

（4）确定数据交换网络架构。

下一步在原型系统的实践基础之上，信息交换平台采用集中建设的方式，在环境保护部集中建设，通过内部局域网实现与环境保护部自动监控系统的连接，通过环境保护部传输网实现与各省（市、区）自动监控系统的连接。

信息交换平台内部主要由数据库服务器和应用服务器构成，环境保护部及省（市、区）自动监控系统通过交换平台的适配器进行数据收发。

信息交换系统网络架构如图 1-9 所示。

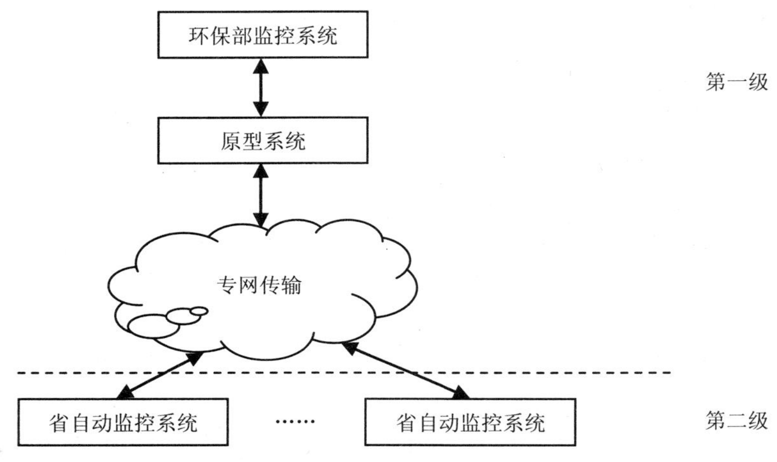

图 1-9　信息交换系统网络架构

1.3.5.3　支撑试点省（区）的数据交换工作

（1）支撑了四个试点省（区）到部的数据交换工作

以辽宁省、江苏省、青海省、宁夏回族自治区作为本研究的试点示范省（区），采用原型系统传输和交换本省（区）污染源自动监控数据，交换数据情况见表 1-1。

表 1-1　四省（区）自动监控数据交换情况

省份	上传条数	数据量
辽宁省	14 969 226 条	2.13GB
江苏省	66 060 253 条	9.41GB
青海省	8 187 700 条	1.17GB
宁夏回族自治区	6 977 763 条	0.99GB

1　MQ，消息中间件。

2　ESB，Enterprise Service Bus，即企业服务总线。

（2）试点中发现的数据交换问题

试点与示范过程中，在建立交换模型数据映射关系时遇见了几个问题，主要包括以下两种情况：数据被截取。数据类型不统一。

1）数据被截取。当源数据类型比目标数据类型小时，存在数据被截取的情况。目前目标库严格按照 HJ/T 352—2007 标准建立，目标数据库的字段类型不根据源数据库的类型而改变，根据目标数据库的字段要求对源数据库中的数据做适当的取舍可解决该问题。

2）数据类型不统一。目标数据库和源数据库存在数据类型不一致的情况，可通过函数做类型转换，将源数据库中相应的数据在交换的过程中转换为目标数据库可以接受的类型，实现数据的交换。

1.4　主要成果及应用前景分析

1.4.1　主要成果应用情况

（1）为“国家环境信息与统计能力建设项目”提供技术支持

作为“国家环境信息与统计能力建设项目”中“数据传输与交换平台”的技术路线，提供了有益的研究和实践尝试；目前已在环保部、32 个省、446 个地市部署运行。

为选定“数据传输与交换平台”的交换模式提供了理论依据和实践经验，有效解决大规模部署中关键技术问题。

基于这种技术模式和平台，传输环境统计数据 2011 年 113 条，116.39 MB；2012 年 2 518 条，13 171.37 MB；传输建设项目管理数据 2012 年 7 221 条，3 326.99 MB；传输自动监控数据 2011 年 689 015 499 条，98.1 GB；2012 年 265 805 719 条，180.22 GB。

为“国家环境信息与统计能力建设项目”中的技术规范“污染源自动监控数据元技术规定”提供部分内容。

（2）对环境监察管理的支持

在研究过程中，环保部环境监察局多次参加工作会议，及时提出管理要求，交流“国控污染源项目”中数据交换的情况，以及本研究如何支撑“国控污染源项目”。污染源自动监控信息交换原型系统、交换机制、交换模式、交换标准的研究，能够为“国控污染源项目”解决数据交换问题提供技术实现、理论、管理上的技术支撑。

本研究提出的“三位一体”交换机制框架，为环境监察管理工作的深化提供了理论支撑。

提出修订“污染源自动监控管理办法”（国家环保总局令　第 28 号）的建议，增加关于污染源自动监控信息交换方面的条款，使“污染源自动监控管理办法”更加完善；此项建议已得到管理部门的初步认同。

对于新增污染物（氨氮、氮氧化物）自动监控工作有较好的借鉴作用。

（3）建设原型系统，支撑四省（区）污染源自动监控数据交换

现在已经完成污染源自动监控信息交换原型系统的设计、开发、测试、试运行等内容的研究，并在青海省、宁夏回族自治区、江苏省、辽宁省四个试点省（区）进行安装和部署，与模拟的部服务器节点连接，通过互联网进行四省（区）污染源自动监控信息的传输

与交换，已经传输交换了上万条数据（见表 1-1）。下一步，将通过环保业务专网实现 4 个试点省（区）到环保部污染源自动监控中心的数据交换。

（4）基于本研究成果，江苏省、四川省实现省、地市、县的交换体系。

（5）发现并解决了三类交换问题：

数据被截取：目标数据库的字段类型不根据源数据库的类型而改变，根据目标数据库的字段要求对源数据库中的数据做适当的取舍可解决该问题。

数据类型不统一：目标数据库和源数据库存在数据类型不一致的情况，可通过函数做类型转换，将源数据库中相应的数据在交换的过程中转换为目标数据库可以接受的类型，实现数据的交换。

数据存在关联关系问题：可在源数据库中建立结构与目标数据表一致的视图，在进行数据交换时，建立视图到目标数据表的映射实现数据交换。

（6）支持 HJ/T 352—2007 标准修订

污染源自动监控信息交换原型系统的设计与开发基于《环境污染源自动监控信息传输、交换技术规范（试行）》（HJ/T 352—2007）。原型系统的成功从技术上验证了《环境污染源自动监控信息传输、交换技术规范（试行）》（HJ/T 352—2007）的可实现性，也解决了分布式污染源自动监控信息在同构、异构数据库之间的数据共享和交换问题。

通过原型系统验证，提出了关于 HJ/T 352—2007 的修订建议，具体为：合并污水处理厂和污染源自动监控信息 Schema；统一污染物代码；调整数据类型。

（7）丰富和完善环境信息化标准体系

《环境信息交换技术规范》（国家环境保护标准报批稿）中采纳了本研究建议的交换体系、交换模式。

提出了“环境保护信息数据元编制原则和方法”建议稿，并编制了“国家环境保护标准制修订项目建议书”报环境保护部科技标准司。

1.4.2 人才培养和队伍建设

在本研究过程中联合培养 5 名硕士研究生。安排学生参与课题调研、资料查阅、Oracle 数据库、ESB 技术培训，以及课题框架、课题报告的讨论，把学习到的基础知识与科研项目结合起来，培养学生的科研能力，以及处理实际问题的能力。

1.4.3 前景分析

在环境保护业务专网实现四个试点省（区）到环保部污染源自动监控中心的数据交换。并推广到环境保护其他的业务信息交换。深入开展污染源自动监控信息交换机制研究，为环境保护部环境监察局后续开展的污染源自动监控工作提出更多的管理建议。

1.5 未来工作建议

污染源自动监控信息交换是一项复杂的技术、业务和管理工作，本研究从污染源自动监控信息交换原型系统建设、交换机制、交换模式、交换标准几个方面进行了研究，提出了相关技术模式，建立了原型系统，开展了试点示范应用，偏重于技术层面。总结起来，在业务和管理层面仍需加强：

（1）根据本研究成果，结合污染源自动监控及相关管理工作信息交换的实际需求，进一步加强法律法规建设、强化污染源自动监控工作的法律地位，保障污染源自动监控工作的顺利开展；

（2）进一步修改完善污染源自动监控相关标准，包括 HJ/T 352—2007 标准，并积极推广应用相关标准；

（3）进一步深化污染源自动监控业务需求，扩大污染源自动监控数据应用范围，有效提升应用效益；

（4）将污染源自动监控信息交换纳入环境保护业务专网和环境信息输与交换平台中去，提高运行管理规范化水平。

参考文献

[1] e-Government Interoperability Framework.[EB/OL]http：//www.govtalk.gov.uk [2006-9-26].

[2] 杨吉江.构建电子政务通用数据模型[J].电子政务，2007（1-2）：136-140.

[3] http：//www.tyvi.org；http：//www.environment.fi/[2006-9-26].

[4] http：//www.bauen.esslingen.de [2006-9-26].

[5] http：//www.welfare.ie，http：//www.groireland.ie，http：//www.reach.ie[2006-9-26].

[6] Donahue Phyllis.TRI State Data Exchange. [EB/OL]http：//www.ecos.org/files/2595_file_Rosencrantz_Ingrid_ TRIRosencrTRIStateDataExchangev3.ppt [2006-9-26].

第 2 章　国内外案例及现状

2.1　国外信息交换研究与实践

2.1.1　跨机构数据交换问题

跨机构的数据交换涉及多方面的工作，主要包括数据交换的标准、技术、管理和安全等问题。

2.1.1.1　标准问题

标准问题是信息交换的基础问题，交换标准主要包括信息交换的总体框架、技术框架、接口规范、技术要求以及交换内容和格式等。从应用的范围，可以将数据交换中的标准划分为：第一，为实现跨行业务而建立的体系式交换标准；第二，应用于垂直行业内信息交换需要而建立的交换标准；第三，通用的、适用某一领域的专业交换标准；第四，软件应用领域的专有信息描述标准，如芬兰 TYVI[1]（一个中间人系统，使企业能够成流水线地向政府进行报告）项目的交换术语标准、Annex 项目的数据交换格式标准、ADX（Assay Data Exchange project）项目的数据传输格式标准等[2]。

当前，信息交换存在标准多样性的问题，这些标准间存在着语义差异、结构差异和语法差异，难以实现互操作。

2.1.1.2　技术问题

信息技术是支持数据交换的基础，在充分利用现有的技术实现数据传输的同时，需要关注数据交换过程中的数据交换模型问题、数据交换的控制和管理问题、数据交换安全问题等。

（1）数据交换模型

各个国家和地区在数据交换过程中发现传统的点对点的数据交换存在着一定的问题，因此，相关部门研究设计数据交换的总体框架，并将该框架纳入到部门信息化工作或地区信息化工作中，同时根据总体框架，相关部门共同合作，建设符合本地区特点的通用的设施，例如数据传输、安全、格式、PKI 框架、消息代理等，以支持数据共享和交换工作。

（2）数据交换的控制和管理问题

随着数据交换主体、交换内容、交换路径的多样化，数据交换越来越复杂。业务事件管理（Business Event Management，BEM）和复杂事件处理（Complex Event Processing，

CEP）两种新技术将广泛应用于数据交换管理中，业务事件管理从多个来源处捕获实时业务事件，并将这些业务事件发送至恰当的决策人，帮助他们做出基于业务事件内容的解决方案。复杂事件处理有时也称为事件流处理（Event Stream Processing，ESP），是事件驱动架构领域里的一个新技术。作为一种实时事件处理并从大量事件数据流中挖掘复杂模式的技术，CEP 通过分析有意义的事件从而实时地取得这些有意义的信息[3]。

2.1.1.3　管理问题

韩国学者 Wonjun CHOI 在研究了韩国空间数据交换后认为数据交换的问题可以归纳为技术和管理问题，同时他认为最为困难的是管理问题[4]。数据交换的管理问题主要包括业务管理和技术管理两方面。

（1）业务管理

业务管理涉及信息交换的政策、项目管理等多方面。首先，实现跨机构的信息交换需要特定的政策的支持。政策是实现公众意志、满足社会需要的公共理性和公意选择，是规范、引导公众和社群的行动指南或行为准则，是由特定的机构制定并由社会实施的有计划的活动过程[5]。一些信息服务项目在实践中发现，只有制定相关的行动指南的准则，才能保证信息交换的顺利进行，如英国国家生物多样性网络，在广泛征求各方意见的基础上，提出了数据交换的七个原则，规定了提供信息的范围、要求、技术、管理和收费等问题。其次，信息服务多以项目的形式开展，良好的项目管理是保证信息交换顺利开展的重要因素，如美国大湖地区开展信息服务时，涉及大湖地区多个州的数据交换，为了保证项目的顺利实施，项目组提出建立地区数据和信息管理领导关系技术架构，以促进数据交换的效率，加强大湖地区的合作，保证信息交换的长效性[6]。

（2）技术管理

技术管理需要确定数据交换的价值链和数据交换的管理模式。

欧盟（EU）对跨机构的数据交换进行了充分的研究，并在欧洲范围内进行了调研。通过调研发现，跨机构的数据交换存在多种数据转换价值链，这些价值链链接着商业机构、软件公司、中介公司、政府代理机构，这些机构的责任和义务不同，如可以由商业机构负责传递数据，软件公司负责建立和维护具有标准接口的工具，中介公司负责数据代理、收集、存储、增值、传递数据和信息的组织，政府代理机构负责管理等。同时他们认为，选择价值链受历史的、法律的、文化的、市场的和其他因素影响[7]。

交换管理的模式上存在着集中管理、分布式管理和混合式管理三种模式，每种模式均有自身的优势、不足和适用范围，如何根据服务的实际情况确定管理模式，也是值得研究的问题。

2.1.1.4　安全问题

2004 年 8 月，欧盟管理数据委员会数据安全访问工作组起草了一份报告和建议[8]，他们在报告中指出本着信息共享的原则，所有企业和地区的信息系统应尽可能地共享数据，从而为用户提供高质量的数据。但该报告也指出信息共享要符合特定的法律、法规和政策。美国西南大学[9]认为公共信息服务数据交换存在着一定的风险，而这种风险会阻碍信息的使用和共享，特别是在信息交换中有可能使用敏感的或者非数据。因此，跨机构的数据交换过程中需要充分利用各种技术手段和管理手段保证信息的安全、避免滥用。

一是确定权威数据，信息服务中的信息可能来源于多个机构，在信息服务过程中，需要依据法律或根据协商确定公共信息服务各方认可的权威数据，其他机构通过共享的方式获取该信息，不再重复采集；

二是建立信息服务中的责任共担机制，在强调信息提供的简便性的同时，信息服务各方要本着责任共担的原则，充分保护数据的安全性；

三是充分利用技术手段确保数据传输、使用过程中的安全性。根据不同类型的数据确定不同的安全策略。

2.1.2 国外的相关工作

国外数据交换实践工作主要表现在政策和标准规范的制定、交换模式的创新、交换控制与管理和跨地区的数据交换等几个方面。

在政策和标准规范制定上，比较典型的是英国和美国，英国充分认识到提供公共信息服务，需要在政府、公共服务机构间进行双向的信息沟通和交换。因此，英国政府定义了电子政务互操作框架（e-GIF）[10]，e-GIF 侧重于数据交换，主要定义跨政府和公共领域信息流的技术政策和规范，体现互通性、数据集成性、电子服务访问和内容管理等。美国“联邦组织架构”（Federal Enterprise Architecture，FEA）是美国政府为了政府信息化过程中实现以业务和绩效为驱动的跨部门合作，按照一定的步骤和方法而构建的电子政务参考框架，该框架的数据参考模型描述了数据交换。FEA 提出数据交换由数据参考模型的标准信息结构（即所谓的信息交换包）来进行。信息交换包代表了在数据用户之间交换的实际消息或数据组合[11]。

在制定标准规范的同时，各个国家、城市充分探索符合本国（市）的数据交换管理模式，其中具有创新价值的是芬兰 TYVI 系统[12]的基于代理的交换控制模式进行企业与政府的信息交换，在系统的交换框架中，由多个代理共同完成数据交换工作。这一框架旨在对与在文件格式标准和数据网络解决方案上存在差异的政府部门、与有业务联系的企业通过中间机构建立起电子化的业务联系。通过这一模型，企业即可通过中间机构向政府部门提交相关的数据，免去了分别与各个政府部门打交道的麻烦，这一创新模型的优势表现在多个方面：第一，对于企业而言，数据只需要一次性汇报给中间机构，不再需要依次发给所有需要数据的各政府部门；第二，政府部门面对的是由企业所选择的 TYVI 系统操作者提供的界面，系统以网页为基础，不需要太多特殊的数据处理技术，企业可以与 TYVI 系统操作者直接联系，进而确定采用适当的传输系统；第三，对于政府部门而言，TYVI 系统是一个简洁的标准化数据收集系统，通过这一系统，许多部门和机构实现了资源共享。

德国 Esslingen 市[13]为了完成建筑工程许可工作，建立了虚拟建筑平台，所有相关文件，如文档、地理信息等都需要通过交换工具实现交换，为了有效地完成交换控制，该市将数据交换与工作流技术结合起来，以 XML 描述交换数据，从而可以方便地实现各种地理信息系统与虚拟建筑平台的交互，基于工作流的数据交换使得数据交换可以按特定的流程进行，便于控制和管理。

爱尔兰[14]则在儿童个人公共信息服务（Child’s Personal Public Service，PPS）中探索数据交换的安全问题，将 XML Schemas 用于数据交换中，以增强数据的安全性。

美国 TRI 州际数据交换项目[15]共吸引了密歇根、印第安纳、南加利福尼亚和弗吉尼亚四个州参加，为了有效地完成数据交换工作，每个州都根据自身的业务需求设计了数据交换流程，通过州际数据交换项目数据的实施，加快了数据处理时间，满足了数据管理需求，提高了数据的准确性和可访问性。

2.2　国外信息交换相关案例

2.2.1　美国联邦政府组织架构（FEA）

2.2.1.1　FEA 简介

美国联邦政府组织架构（Federal Enterprise Architecture，FEA）是一种基于业务与绩效的、用于一级政府的跨部门的绩效改进框架，它为预算管理办公室（Office of Management and Budget，OMB）和联邦政府各机构提供了描述、分析联邦政府架构及其提高服务于民的能力的新方式，目的就是确认那些能够简化流程、共用联邦 IT 投资及整合政府部门之间和联邦政府的业务线之内的工作。FEA 由 5 个参考模型组成（图 2-1），他们共同提供了联邦政府的业务、绩效与技术的通用定义和架构。如果政府部门要建立理想的组织架构，这些参考模型将可以作为系统分析政府的业务流程、服务能力、组织构件与所用技术的基础。这些模型也是专门用于帮助跨部门分析、发现政府的重复投资与能力差距、寻找联邦机构内部与联邦机构之间的协作机会。

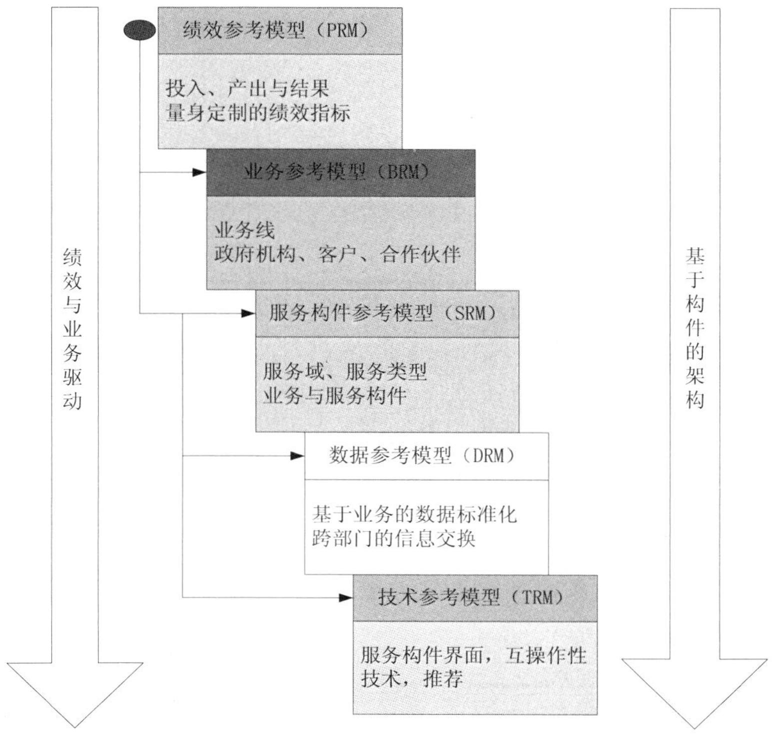

图 2-1　FEA 参考模型

业务参考模型（Business Reference Model，BRM）是描述联邦政府部门所实施的但与具体的政府部门无关的业务框架，它构成 FEA 的基础内容。该模型描述了联邦政府内部运行与对外向公民提供服务的业务流程，而这些业务流程与联邦政府的某个具体的委、办、局没有关系。因此，由于它抛开了政府部门的狭隘观念，而能够有效地促进政府部门之间的协作。BRM 包含四个业务区，39 条（内外）业务线和 153 项子功能（图 2-2、图 2-3）。

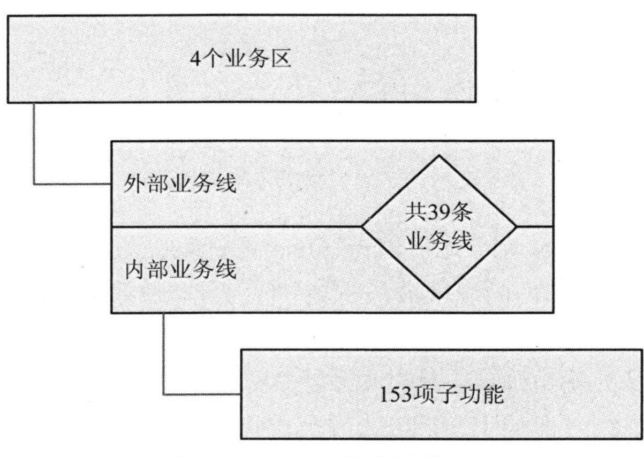

图 2-2 BRM 参考模型

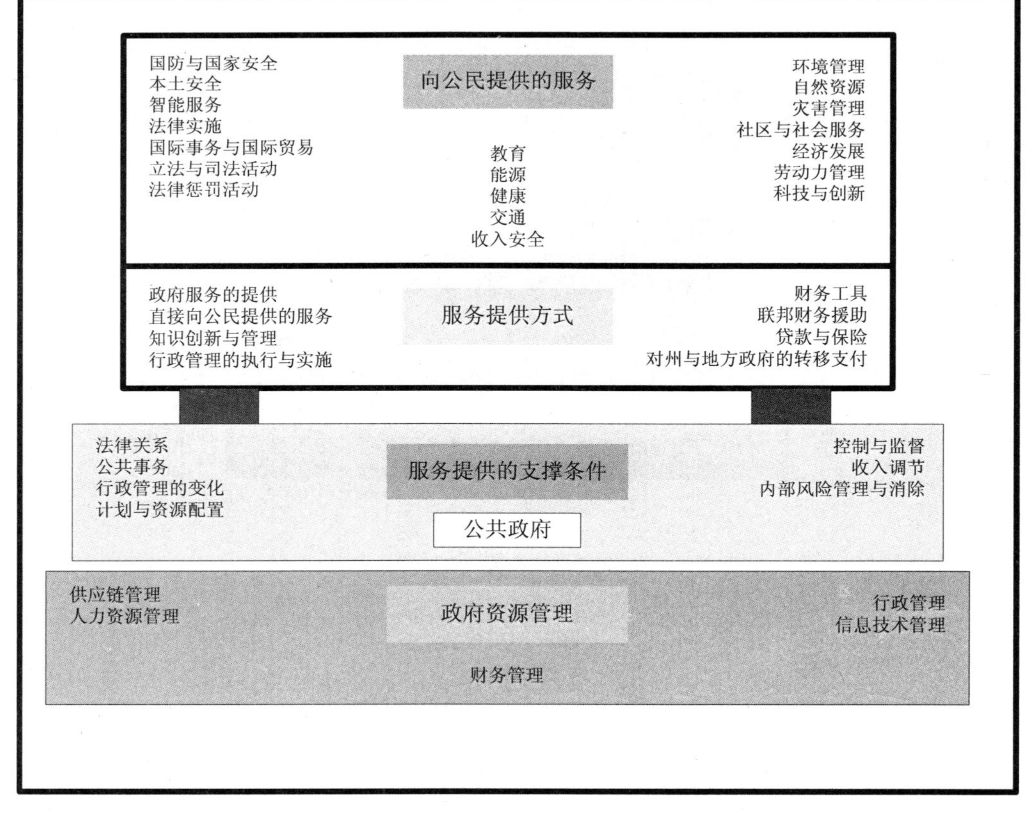

图 2-3 BRM 的四个业务区与 39 条业务线

服务构件参考模型（Service Components Reference Model，SRM）是一种业务驱动的功能架构，它根据业务目标改进方式对服务架构进行分类。SRM 基于横向的业务领域，与具体的部门业务职能无关，因此，它能够为实现业务重用、提高业务功能、优化业务构件及业务服务种类提供基础杠杆。SRM 由 7 个服务域、29 项服务类型和 168 项服务构件构成（图 2-4、图 2-5），三者之间的关系如图 2-6 所示。

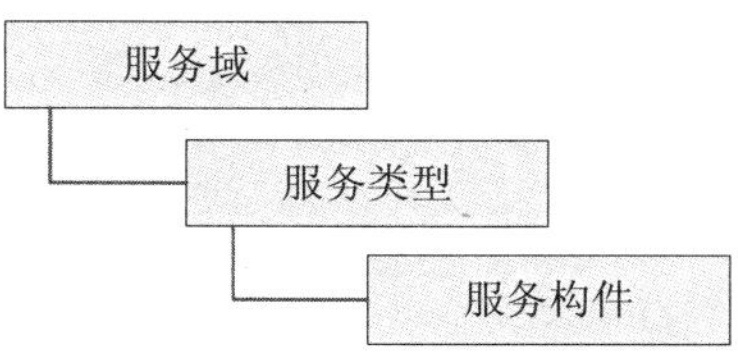

图 2-4　SRM 模型

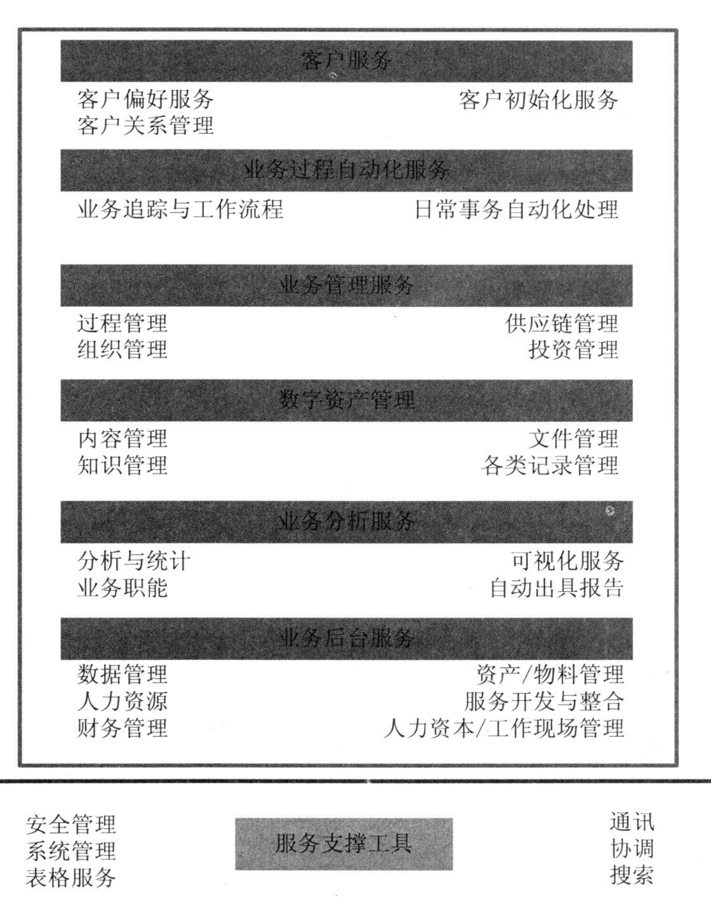

图 2-5　SRM 的结构

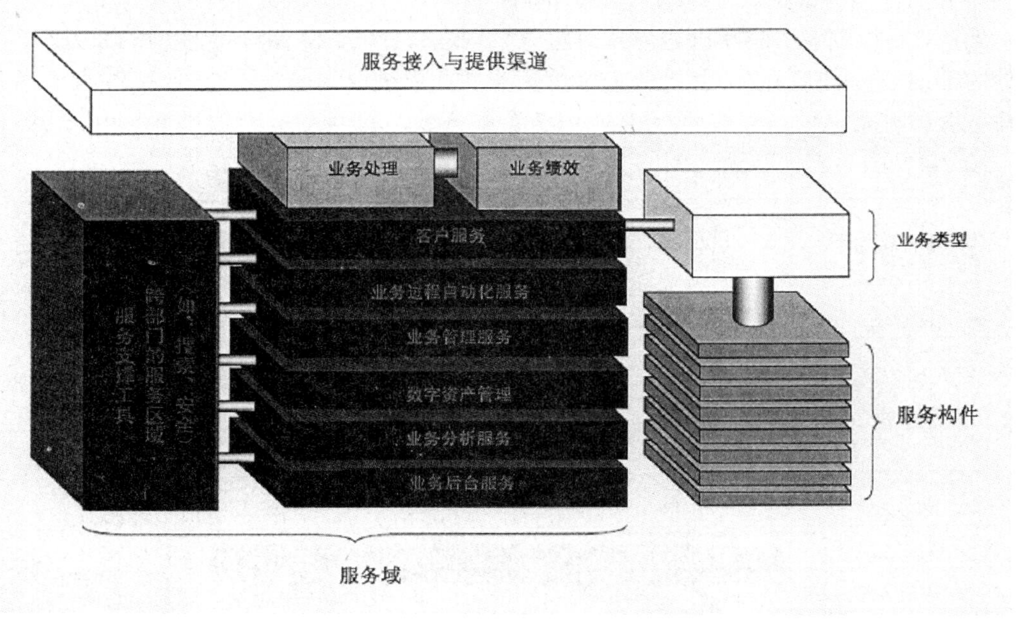

图 2-6　服务域、服务类型和服务构件之间的关系

2.2.1.2　FEA 中的数据共享架构

在 FEA 联邦政府架构下，“电子政府”不再是由单一的部门组成，而是为了完成“绩效”而执行某个“业务流程”的“大政府”，因此，在电子政务的规划方面，FEA 框架从根本上抛开了传统的从独立的委、办、局着眼的建设模式。这样，政府部门间的信息共享成为“大政府”的基本要求，如表 2-1 所示。

表 2-1　FEA 数据共享模型体系

序号	模型
1	绩效参考模型（PRM）
2	业务参考模型（BRM）
3	服务参考模型（SRM）
4	数据参考模型（DRM）
5	技术参考模型（TRM）

在 FEA 模型体系中，业务参考模型是其基础，决定服务参考模型（Service Components Reference Model，SRM）、数据参考模型（Data Reference Model，DRM）、技术参考模型（Technical Reference Model，TRM），以及绩效参考模型（Performance Reference Model，PRM）的具体评估内容。

美国的基于 FEA 架构的信息（数据）共享，体现了典型的“业务驱动”模式，即数据共享机制和应用的建立基于政府“业务参考模型”，业务参考模型描述了政府典型的“业务流”以及“服务共享”项目。

服务共享，所谓“服务共享”就是针对政府部门的通用业务流程，创建一套管理工具和方案，供各个政府部门使用和推广。这不仅有利于实现规模经济效益，提高政府部门之间的互操作性和一致性，而且能够减少重复建设，最终为公众提供无缝服务。美国许多州在建设电子政务过程中，遇到的一个棘手问题就是州政府的网络存在多个独立架构，缺乏统一规划，限制了不同部门之间的数据共享和协作。因此跨部门的项目不易沟通，而且由于这一限制，不同部门重复购买同一技术或工具的现象经常发生。这种情况持续了很多年，对工作效率的影响累积起来非常惊人。

现在，“业务流”项目是美国当前重点开展的一系列电子政务项目的合称，这些项目都是针对政府部门中应用范围广、流程相对稳定的“业务流”而开展的，通过通用的解决方案进而实现服务共享。从 2004 年开始到 2006 年，已开展的项目有 9 个，分别是案件管理、财务管理、审批管理、人力资源管理、联邦卫生架构、信息技术安全、信息技术设施优化、地理信息系统和预算规划及评估。“业务流”项目的实施包括 5 个步骤，如图 2-7 所示。

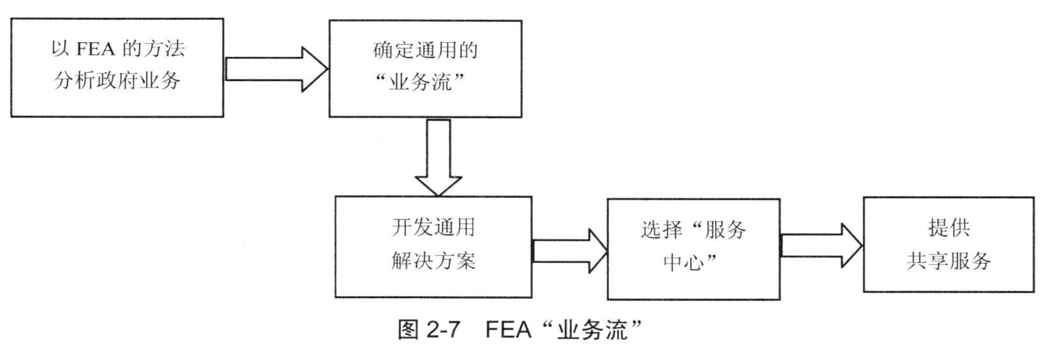

图 2-7　FEA“业务流”

首先运用 FEA 的方法分析政府业务，进而确定通用的“业务流”，如人力资源管理，然后开发通用的解决方案，并在政府部门中选择面向整个政府提供服务的“服务中心”，其他部门可以通过付费的方式来购买相关“业务流”的服务，从而达到共享服务的目的。

（1）FEA 中的数据共享架构

数据共享的机制在 FEA 中的数据参考模型部分如图 2-8 所示。

在数据参考模型（DRM）部分集中表述了有关信息和数据共享内容，该参考模型建立的基本目标就是实现跨联邦政府的信息共享和复用，主要的支撑技术手段是：

① 标准数据描述；

② 共享数据的发现；

③ 推广统一的数据管理方法。

数据参考模型（DRM）描述了能从各联邦政府数据构建中产生的数据源，并提供了能够支持这种共享的可伸缩的和基于标准化的使用方法。该参考模型覆盖范围较广，可以在一个联邦机构内部实现，亦可在跨部门的机构联合体中得到应用。该模型提供了一个标准体系，实现对数据的标准描述、目录分类以及共享机制。

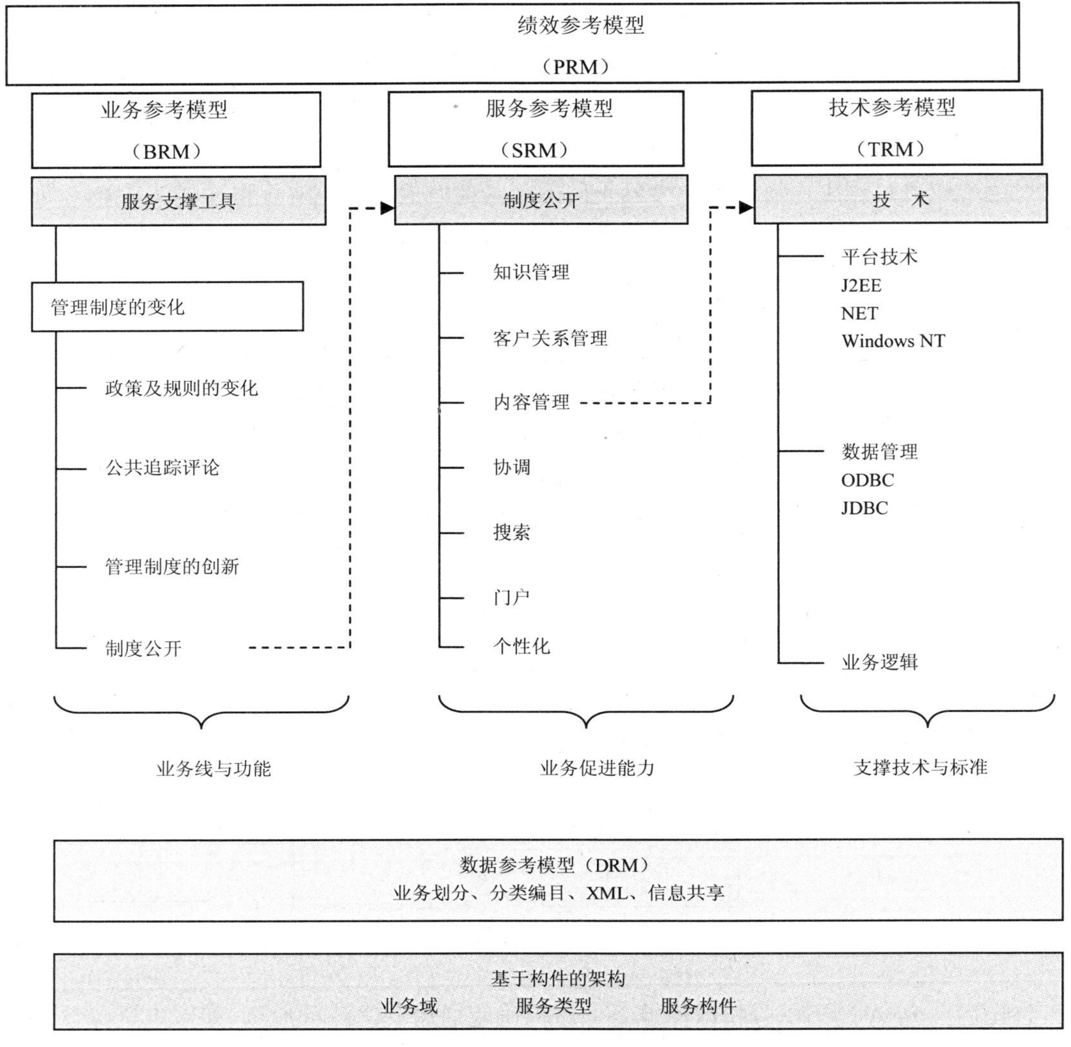

图 2-8 FEA 数据参考模型

从整体看，该标准体系分为三方面内容：

① 数据描述标准：提供了一套数据描述的标准方法，以便于对数据的发现和共享；

② 数据分类标准：通过建立一整套数据分类目录，便于对有用数据的发掘，相应地，在一个机构联合体中实现了对数据的定义；

③ 数据共享标准：支持数据的访问、交换，数据访问标准包括对数据的特定访问请求（例如对一个数据资产的访问请求）；数据交换标准定义了固定的、重复发生的政府部门间数据交换，这种交换同时也要借助于数据分类和数据描述标准的支持。

（2）基于数据共享的数据参考模型（DRM）

DRM 由联邦预算管理署和联邦信息官委员会联合制定，其目的在于发现和确认联邦政府有哪些可共享的数据资源，以及如何共享这些资源，从而支持政府部门的业务和职责。作为一个参考框架，DRM 可以从两个方面带来便利：

① 便于信息官们建立共同语言

便于建立跨部门的数据共享协议，以及为达成该协议进行必要的对话机制，讨论有关管辖权，数据结构以及信息共享结构等问题。

DRM 实现可复用业务流程的实施和部署，这些部署基于一些跨联邦政府的协议，包括跨州政府、地方和社区政府范围的协议，以及其他公共和非政府部门范围，有利于在一种交互的方式下，提高这些数据共享协议的成熟性、先进性和持续性。

图 2-9 说明了数据共享是如何在数据描述和数据分类标准的基础上实现的，以及数据描述和数据分类的相互支持关系。

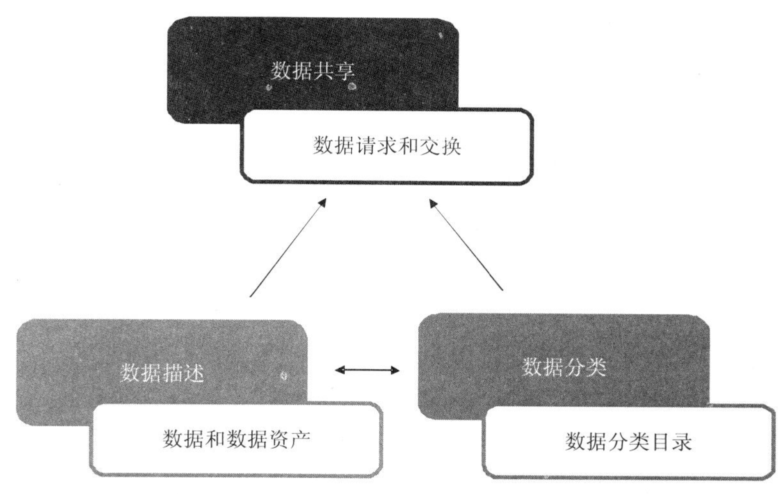

图 2-9　基于数据共享的数据参考模型 DRM

② 实现数据共享

数据共享是指一个或多个数据需求方来共用自己之外的数据源。共享标准为数据的共享和交换提出了一个结构化的模式，以满足部门间协作完成业务的需求，为此，可建立一个数据提供方和数据需求方的“矩阵”，处理数据访问和交换服务请求，数据提供和需求的双方可能来自国际、联邦、州以及地方政府。

2.2.2　英国政府“电子政务互操作框架”(e-GIF)

英国的 e-GIF[16]（e-Government Interoperability Framework）侧重于数据交换，主要是定义跨政府和公共领域信息流的技术政策和规范，体现互通性、数据集成性、电子服务访问和内容管理等，主要内容包括四个部分（图 2-10）[1]：

其中的政府目录列表（GCL）规定了统一的目录体系以帮助用户快速找到所需要的信息，网站管理者可以直接用它们作为目录结构。GCL 的顶级标题主要包括：农业、环境和自然资源；艺术、娱乐和旅行；商业和工业；犯罪、法律和权利；经济和金融；教育、职业和招聘；政府、政治和公众管理；健康、营养和关照；信息和通讯；国际事务和防务；

1 图 2-9、图 2-10 参考的资料：杨吉江、刑春晓：国外典型电子政务顶层设计的比较研究. 电子政务。

人员、社区和生活；科学、技术和创新等。

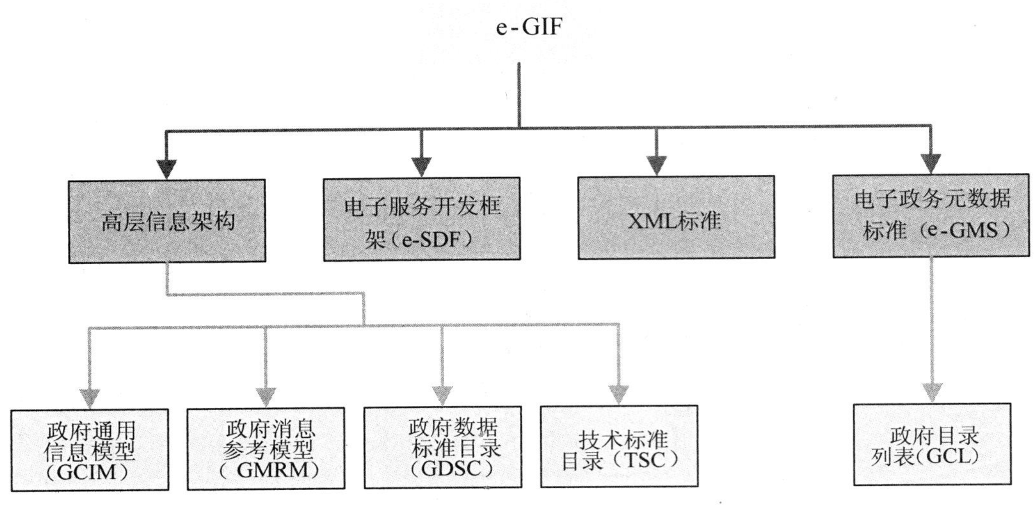

图 2-10　英国政府“电子政务互操作框架”（e-GIF）

2.2.3　德国政府“电子政务应用标准与架构”（SAGA）

德国的 SAGA[17]（Standards and Architectures for e-Government Applications）主要是针对电子政务应用软件的技术标准、规范、开发过程以及数据结构等进行系统的规定，从软件工程角度对电子政务软件系统的开发和应用方面进行规范。它应用国际标准化组织所发布的“开放式分布处理参考模型”作为基础来描述复杂的、分布式电子政务应用软件设计和开发过程。SAGA 强调过程化的管理和设计，整个电子政务应用体系架构模型由组织视图、信息视图、计算视图、工程视图和技术视图组成（图 2-11）。各视图的基本内容见表 2-2。

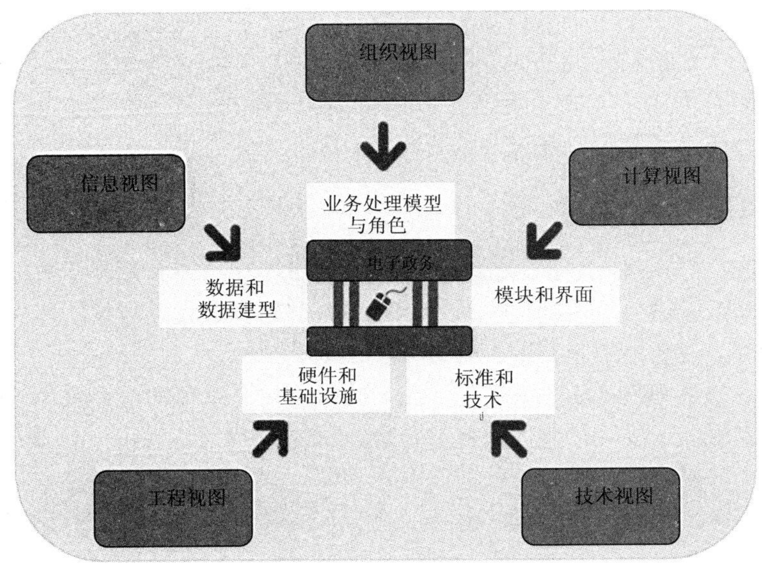

图 2-11　德国政府“电子政务应用标准与架构”（SAGA）

表 2-2　SAGA 文档的主要内容及其布局

模型视图	基本内容	主要描述
组织视点	基本原理	给出一个德国电子政务的通用框架作为标准化电子政务应用系统的参考，同时给出过程层次的描述作为开发电子政务系统基本模块的基础
	过程建模	提出了定义企业视图的描述性工具
信息视点	模式库	提供数据建模的基本观点，并给出了基于 XML 模式库的主要内容和主要出处
	数据建模	给出了数据建模所适用的技术的主要分类
计算视点	软件参考模型	给出了在 SAGA 框架下的系统架构决策，并描述了特定应用的架构模型
	标准和技术	定义了软件实现的标准和技术
	安全交互	定义了用于安全交互的标准和模型
工程视点	参考基础结构	该参考基础结构是根据开放式处理参考模型（RM-ODP）建模，描述了系统单元的封装及它们之间的连接
	网络安全	介绍了可以被集中采用的技术以保证支持网络的安全
技术视点	IT 架构标准	描述了各类信息技术架构的标准，如过程建模方法、数据建模方法、中间件等
	数据安全标准	与电子政务服务相关的安全标准和建议

德国在电子政务建设中，大力推进框架性标准 SAGA，该标准主要用于联邦政府各部的内部司局电子政务项目的建设及互联互通，并以此为基础与软件公司合作开发软件，向各州提供免费使用的服务。SAGA 主要包括 IT 硬件和基础设施规范、模块化和业务流程标准等内容。该标准由联邦内政部组织的专家小组首先定期开会研讨，最后由内政部决定哪些内容写入 SAGA 标准。注重标准化工作不仅促进了系统互联互通，还减少了重复建设，节约了项目投资。

2.2.4　德国“行政管理服务目录”（DVDV）

2.2.4.1　DVDV 简介

DVDV 是德国联邦政府开发的，用于不同等级政府之间及其不同职能部门之间进行电子政务工作的基础设施构件，其基础是提供目录服务。与搜索引擎不同，DVDV 只执行软件系统提出的咨询和请求，并不直接面对人工用户。该目录存储特定的数据连接参数，并通过这些参数将不同政府部门的机器连接起来，使得这些机器之间能够应用在线公共服务。

DVDV 是由联邦政府、州政府和地方政府负责 IT 基础设施和电子政务建设的信息化部门根据相关的政策要求建立起来的。德国公共机构的计算机事先必须在 DVDV 的中央登记中心进行注册登记，而各公共机构之间的电子政务则通过这些经过登记的计算机进行。

2.2.4.2　DVDV 协作架构

DVDV 的安全要求是很高的，因为数据的完整性是政府部门之间实现电子数据交换通畅性的必要条件。为了实现良好的系统建设效果，DVDV 建立了一种协作架构（图 2-12），来确保业务和数据的可获性、信息传输的高速度，而且能够实现系统的运营成本尽可能地低。

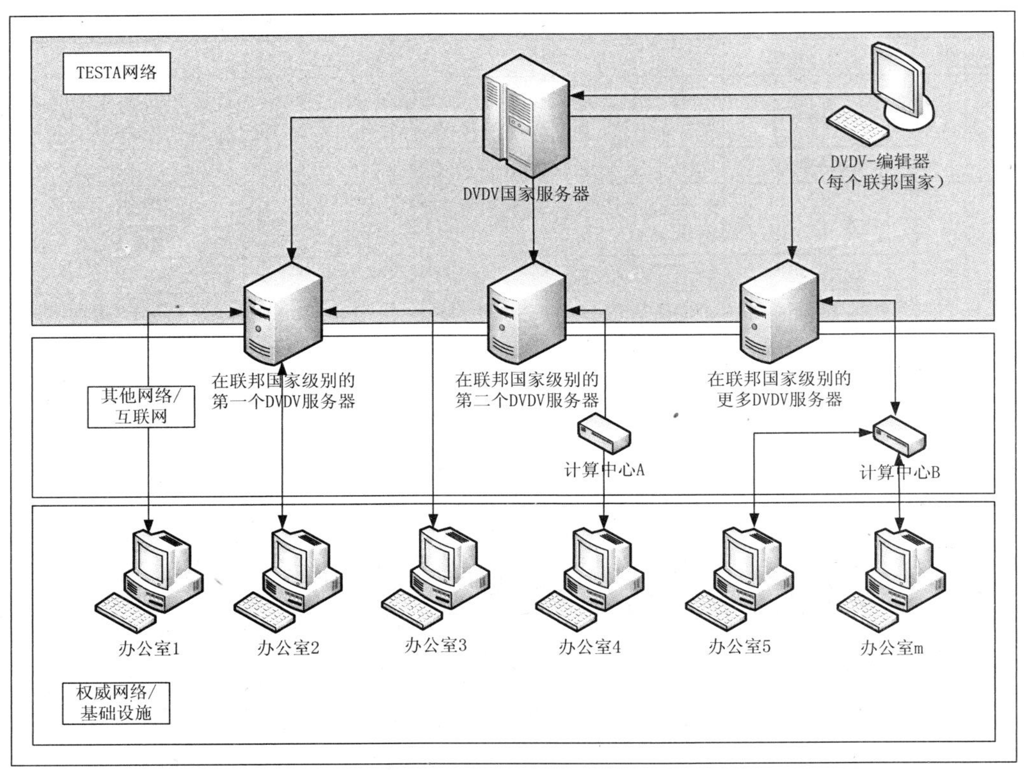

图 2-12　DVDV 的协作架构

DVDV 的核心是联邦主服务器，它由德国联邦信息技术办公室（BIT）运行与管理，不受负责管理服务目录内容的政府部门和提供者的制约。

DVDV 不能向联邦主服务器发送搜索请求，这些请求只能向分布式的州服务器发送。联邦主服务器持续不断地向这些州服务器复制其数据库。州服务器共享各自上传的请求，并且在其中的某个服务器运转不正常的时候彼此替代。由联邦主服务器复制数据能够确保所有州的服务器都能够获得同样的数据内容。

2.2.4.3　DVDV 中的数据交换和共享

德国的一些州已经建立了数据交换中心，在这里，跨州的电子数据被转换成为本地格式。而且，数据交换中心还负担信息请求的批处理以及其他多种功能。数据交换中心承担政府部门如民事注册机构的角色，因此也作为 DVDV 的用户。在有些州，数据交换中心的运营者就是政府部门，要求编辑和维护放置在联邦主服务器上的中央数据库中的本州的数据。在后期发展阶段，综合性服务查询目录也在利用 DVDV。

2.2.5　环境数据目录（UDK）

环境数据目录（Umweltdatenkatalog，UDK）是一个元数据系统，环境数据目录的内容是环境元数据。通过这些环境元数据，说明有哪些环境数据、这些环境数据在哪里、这些环境数据是什么格式、这些环境数据由谁来控制管理。

1991 年，德国启动了环境数据目录（UDK）的研究，1993 年奥地利加入了研究和开发工作，环境数据目录成为德国和奥地利两国管理环境元数据的工具。1991—1995 年是环境数据目录的研究开发阶段，环境数据目录的第一版于 1995 年 1 月在奥地利安装使用，1996 年环境数据目录系统开始运行，并在德国汉诺威成立了 UDK 中心。1998—2000 年，该项目由德国联邦环境保护办公室领导，2003 年，环境数据目录项目并入了德国环境信息网项目，并成立了联合协调中心。

环境数据目录也是一个浏览、查询环境信息的导航工具，用于查找政府部门和公共服务机构的环境信息，此外，还提供了词典和在线帮助。环境数据目录的搜索功能包括按目录节点的搜索、有过滤功能的文本搜索（空间域、对象类等）、专家搜索、叙词搜索和空间搜索。

环境数据目录收集了 38 000 个德国环境数据（其中有 25 000 个数据对象、5 000 个地址、8 000 个 UDK 对象），15 000 个奥地利环境数据（其中有 12 000 个数据对象、3 000 个地址数据）。有 90 个以上的来自国家级的和州级的与环境有关的机构向环境数据目录提供了数据。

环境数据目录的数据对象分为以下六类：

（1）数据集 dataset/数据库 database；

（2）服务 Service/应用 Application/信息系统 Information System；

（3）文档 document/报告 report/文献 literature；

（4）空间地理信息 geographical information/地图 map；

（5）组织机构 organization unit/任务 task；

（6）项目 project/program。

环境数据目录是德国环境信息网中的元数据系统，环境数据目录系统可用于搜索和获取其他应用系统中的环境元数据，也可以向其他系统提供环境元数据。在德国环境信息网（GEIN）中，通过“GEIN 2000 XML PROFILE”将环境数据目录与德国环境信息网集成到一起。环境数据目录系统内部和外部建立了基于 XML 的接口，采用 Soap 协议进行数据传输。环境数据目录系统分为 Windows 平台版本软件和 Web 平台版本软件。

Windows 平台的环境数据目录系统分为单机版和客户端/服务器版（C/S）两种，当前版本为 4.3。两种版本都是基于 3 层架构的，使用 Soap 协议进行数据传输。Windows 平台版本的环境数据目录系统使用 VB6 开发，支持 MS SQLServer、Oracle、Informix、Access 数据库。并在开发环境版本中提供基于 XML 的数据导入工具。

Web 平台的环境数据目录系统使用 Java 通过额外的中间层来接收数据查询请求。中间层由 RMI、Soap、巴伐利亚对象数据目录组成。

德国环境数据目录的一个特色是其组织机构和环境对象是分开的，组织机构和环境对象基于标识号可形成父子类链接，说明哪个机构管理哪些环境对象，或对象-对象的平行链接说明环境对象之间的关系。

德国环境数据目录的元数据是基于 ISO 19115[1]，UDK 有 81 个元数据项，其中 59 个涉及地理信息的数据项，59 个数据项中有 64%的数据项是 ISO 19115 的核心元数据，其余

1 GB/T 19710－2005/ISO 19115：2003 MOD《地理信息　元数据》.

22 个数据项不在 ISO 19115 当中。

环境数据目录的数据模型与 ISO 19115 和 ISO 19119[1]是兼容的，环境数据目录的数据接口与 ISO 19139[2]兼容。

虽然环境数据目录项目比较成功，但是它也面临许多挑战和障碍，它所面临的主要问题有：

（1）目录接口标准不够成熟。目录接口采用了 OGC 的 CSW 2.0 标准，但是这个标准不够成熟，还不能实现与其他数据目录和信息门户的无缝集成，需要更详细的规格定义和通用的实施方法。

（2）元数据内容质量有待提高。来自全国各地的用户在不同的业务背景下，编制的元数据的数据抽象层次不一样，使得元数据没有形成像预期那样的和谐整体；元数据颗粒度不一样；元数据的内容也不够详细；存在异词同义和不同代码的情况；元数据更新做得也不够好。

（3）服务元数据的定义不一致。许多机构都是基于 OGC WMS 规格提供元数据的浏览服务，但是能够正确定义的并不多。这是由于缺少经验和工作样例，以及服务元数据自身的复杂性引起的，同时它也与如何描述服务的概念不稳定有关。比如说，是把整个数据集合还是数据集合中的一个层面定义为服务就存在分歧，而这个分歧应该在定义服务元数据之前解决。

2.2.6 芬兰的多代理交换模式

为了有效降低中央行政部门的数据采集工作量，芬兰财政部门采用了以私营中间商为中介的业务模型，这一模型旨在对与在文件格式标准和数据网络解决方案上存在差异的政府部门，与有业务联系的企业通过中间机构建立起电子化的业务联系（图 2-13）。通过这一模型，企业即可通过中间商向政府提交相关的数据，免去了与单个政府部门打交道的麻烦，这一创新模型的优势表现在以下几个方面。

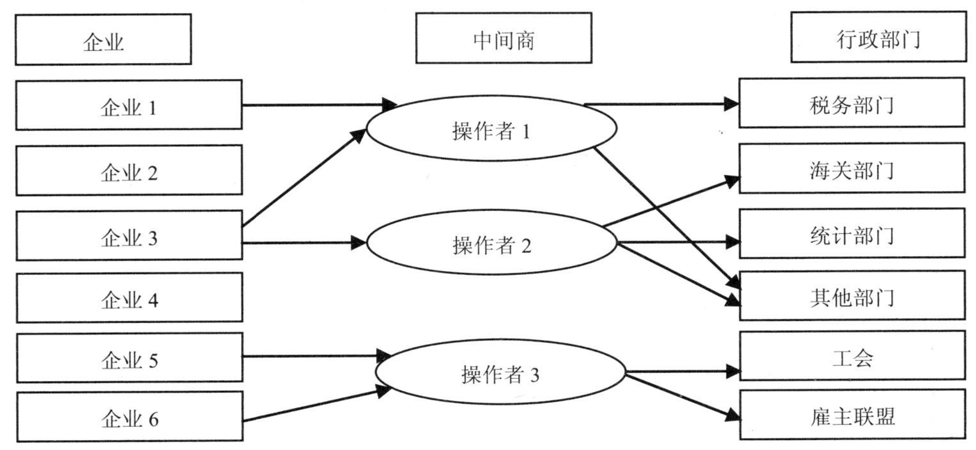

图 2-13　芬兰的多代理交换模式

1 ISO 19119：2005 《地理信息. 服务》，英文名称 Geographic information：Services.

2 ISO/TS 19139：2007 《地理信息. 元数据. 可扩展标记语言（XML）计划的实施》.

（1）对于商业组织而言，数据只需要一次性汇报给中间服务商，不再需要依次发给所有需要数据的各政府部门。这不仅实现了企业为与政府交易而建立电子模型的需求最小化，也使它们不再需要为适应各个行政部门不同的报告标准、文件格式、数据网络界面而对数据进行数次包装。

（2）中央行政部门面对的是由企业所选择的 TYVI（来自芬兰语，是“由企业传递至政府机构的信息”的意思）操作者提供的界面，这一系统以网页为基础，不需要太多特殊的数据处理技术，企业可以与 TYVI 操作者直接联系，决定采用适当的传输系统。

（3）对于中央行政管理而言，TYVI 系统是一个简单的标准化数据收集系统，通过这一系统，许多机构实现了资源共享。

2.3 我国有关政务信息资源交换的方针政策

2.3.1 国家信息化领导小组关于我国电子政务建设指导意见

2001 年我国组建了新的国家信息化领导小组。2002 年，国家颁布了《国家信息化领导小组关于我国电子政务建设指导意见》，这是指导我国“十五”期间电子政务工作的重要文件，明确了“十五”期间电子政务建设的指导思想和原则、主要目标和任务以及保障措施。该文件也对我国政务信息资源的开发以及重大数据库建设做出了规划布局，极大地推进了我国政务信息资源共享建设和开发利用工作。

《国家信息化领导小组关于我国电子政务建设指导意见》指出了我国存在的“信息资源开发利用滞后，互联互通不畅，共享程度低”的问题，提出了“整合资源”的发展原则，要求“电子政务建设必须充分利用已有的网络基础、业务系统和信息资源，加强整合，促进互联互通、信息共享，使有限的资源发挥最大效益”，提出了“十五”期间“信息资源共享程度明显提高”的发展目标。在“十五”期间电子政务建设的主要任务的安排上，该指导意见提出了“规划和开发重要政务信息资源”的重要任务，指出：“为了满足社会对政务信息资源的迫切需求，国家要组织编制政务信息资源建设专项规划，设计电子政务信息资源目录体系与交换体系。启动人口基础信息库、法人单位基础信息库、自然资源和空间地理基础信息库、宏观经济数据库的建设。”

以上述“四库”建设的提出为标志，我国电子政务信息资源共享和信息资源开发利用进入了新的发展阶段。

2.3.2 关于加强信息资源开发利用工作的若干意见

2004 年 12 月，经国家信息化领导小组第三次会议讨论通过，中共中央办公厅、国务院办公厅发布了《关于加强信息资源开发利用工作的若干意见》。该意见是我国第一个专门针对信息资源开发利用工作提出的指导性文件，不仅明确了信息资源开发的重要意义，信息资源开发利用工作的指导思想、主要原则和总体任务，而且对未来一段时间我国信息资源开发利用和服务的战略安排做出了精心部署，对于提高全社会对信息资源开发利用工作的重视程度，充分发挥信息资源开发利用工作在信息化建设中的关键作用，具有重要的现实意义和广泛深刻的影响。

该意见首先在理论上确认了信息资源的重要性："信息资源作为生产要素、无形资产和社会财富，与能源、材料资源同等重要，在经济社会资源结构中具有不可替代的地位，已成为经济全球化背景下国际竞争的一个重点。"这一阐述，较之1997年第一次全国信息化工作会议文件中的提法"信息资源在信息化工作中占有核心地位"，进一步清晰化、精确化。在加强信息资源开发利用工作的"指导思想"中，意见突出强调了要"以政务信息资源开发利用为先导"。

关于如何加强政务信息资源的开发利用，意见明确提出："要根据法律规定和履行职责的需要，明确相关部门和地区信息共享的内容、方式和责任，制定标准规范，完善信息共享制度。特别是要结合重点政务工作，推动需求迫切、效益明显的跨部门、跨地区信息共享。继续开展人口、企业、地理空间等基础信息共享试点工作，探索有效机制，总结经验，逐步推广。依托统一的电子政务网络平台和信息安全基础设施，建设政务信息资源目录体系和交换体系，支持信息共享和业务协同。规划和实施电子政务项目，必须考虑信息资源的共享与整合，避免重复建设。"

2.3.3 国家电子政务总体框架

2006年3月，国家信息化领导小组印发了《国家电子政务总体框架》，从顶层设计的角度，对"十一五"时期推行电子政务工作进行了规范。该框架提出了我国电子政务领域"信息资源共享机制尚未建立"的问题，在构建国家电子政务总体框架的要求中提出"以政务信息资源开发利用为主线，建立信息共享和业务协同机制"；在构建国家电子政务总体框架的目标中提出："到2010年，目录体系与交换体系初步建立，重点应用系统实现互联互通，政务信息资源公开和共享机制初步建立，政府门户网站成为政府信息公开的重要渠道，50%以上的行政许可项目能够实现在线处理。"

框架明确定位政务信息资源开发利用是推进电子政务建设的主线，是深化电子政务应用取得实效的关键。框架对政务信息共享提出了如下要求："要统筹兼顾中央和地方需求，依托政务信息资源目录体系与交换体系，实现跨地区、跨部门信息资源共享。围绕部门间业务协同的需要，以依法履行职能为前提，根据应用主题明确信息共享的内容、方式和责任，编制政府信息共享目录，逐步实现政府信息按需共享，支持面向社会和政府的服务。中央各部门的应用系统要为地方政府和部门开展社会管理和公共服务提供信息支持。围绕优先支持的业务，加强已建应用系统间的信息资源共享。新建应用系统要把实现信息共享作为重要条件。"

2.3.4 2006—2020年国家信息化发展战略

2006年3月，中共中央办公厅、国务院办公厅发布了《2006—2020年国家信息化发展战略》（以下简称《战略》）。该《战略》面向2020年，对未来15年的国家信息化发展进行了系统性的长期规划，统筹兼顾了信息化的重点领域和基础环境，侧重于信息化发展的基本面和基本点，既考虑了急需解决的现实问题，也考虑了长远发展的基础问题，力求推进信息化的协调、可持续发展，对指导我国未来的信息化发展具有重要的意义。

《战略》指出，放眼全球信息化发展的基本趋势，信息资源日益成为重要生产要素、无形资产和社会财富。《战略》在我国信息化发展的战略方针中提出要"统筹规划、资源共享”，“促进网络融合，实现资源优化配置和信息共享”。在具体战略目标方面，提出要提升信息资源开发利用水平，“确立科学的信息资源观，把信息资源提升到与能源、材料同等重要的地位，为发展知识密集型产业创造条件。”

在信息化发展的战略重点“推行电子政务”中，《战略》提出：“围绕财政、金融、税收、工商、海关、国资监管、质检、食品药品安全等关键业务，统筹规划，分类指导，有序推进相关业务系统之间、中央与地方之间的信息共享，促进部门间业务协同，提高监管能力。”

2.3.5 国民经济和社会发展信息化“十一五”规划

2007 年 12 月，中共中央办公厅、国务院办公厅正式印发了《国民经济和社会发展信息化“十一五”规划》（以下简称《规划》）。该《规划》是国民经济和社会发展第十一个五年规划的重要组成部分，全面部署了“十一五”时期我国信息化发展的主要任务，明确了加快推进信息化与工业化融合的发展重点，是新阶段贯彻落实科学发展观的重要举措。

《规划》指出了我国现存的“信息资源的共享水平低”的问题，提出“信息资源开发利用将极大提高自然资源利用率，信息资源日益成为重要的战略资源和生产要素”，提出“十一五”时期，我国经济发展面临越来越严重的资源、能源和环境压力，迫切要求全面转入科学发展的新阶段。面对新形势新要求，必须深化信息技术应用，深度开发生产、流通和其他经济运行领域的信息资源，大幅提高信息化对经济发展的贡献率，显著降低自然资源消耗水平，推动建设资源节约型、环境友好型社会。

《规划》的基本原则第一条就强调要“统筹规划、资源共享”。提出“统筹规划，合理布局，深化改革，突出重点，打破条块分割，整合网络资源，促进互联互通。树立信息资源是重要战略资源的观念，实行政务信息公开，促进信息资源共享，推动全社会的信息资源开发利用”。

规划在主要任务“积极推动电子政务和社会事业信息化，促进和谐社会建设”中，对于扎实推进电子政务，提出要“整合政务网络资源，构建统一的电子政务网络，推动部门间信息共享和业务协同。加强基础数据资源、政务信息资源建设”。并且强调要“建立政务信息资源目录体系与交换体系”，“加强政务信息资源开发，提高政府的信息采集、存储和处理能力，建设和完善人口、法人单位、自然资源和空间地理、宏观经济等基础信息库，扩大政务信息公开范围，推进政府部门间的信息共享，加强面向公众的信息服务”。

2.4 国内信息交换相关案例

2.4.1 自然资源和基础地理空间信息交换系统总体框架

自然资源和基础地理空间信息交换系统是一个连接集中式综合信息库、分布式基础性自然资源信息库和基础地理空间信息库的空间信息交换服务支撑系统，它主要在分布式多源异构数据资源环境下提供数据发现、数据访问和可视化表达等方面的功能，为用户和应用系统提供广泛有效的空间数据共享和交换服务，它包括一个主中心系统和 11 个分中心系统。

自然资源和基础地理空间信息交换系统采用分级用户认证授权方式。由主中心系统进行跨部门的一级用户认证管理和系统访问授权管理，由分布式分中心系统进行各自部门和单位内部的二级用户认证管理和系统访问授权管理。

用户可以通过主中心系统，对整个交换系统内的数据资源进行透明的访问并获得多种交换功能服务；用户也可以直接访问某个分中心系统，对分交换系统的数据资源进行透明的访问并获得多种交换功能服务；部门和机构可以利用交换系统对分散的数据资源进行有效整合，消除数据孤岛，有效加快数据和信息的流通，提高空间信息资源的开发和利用效率。

自然资源和基础地理空间信息交换系统总体框架如图 2-14 所示。

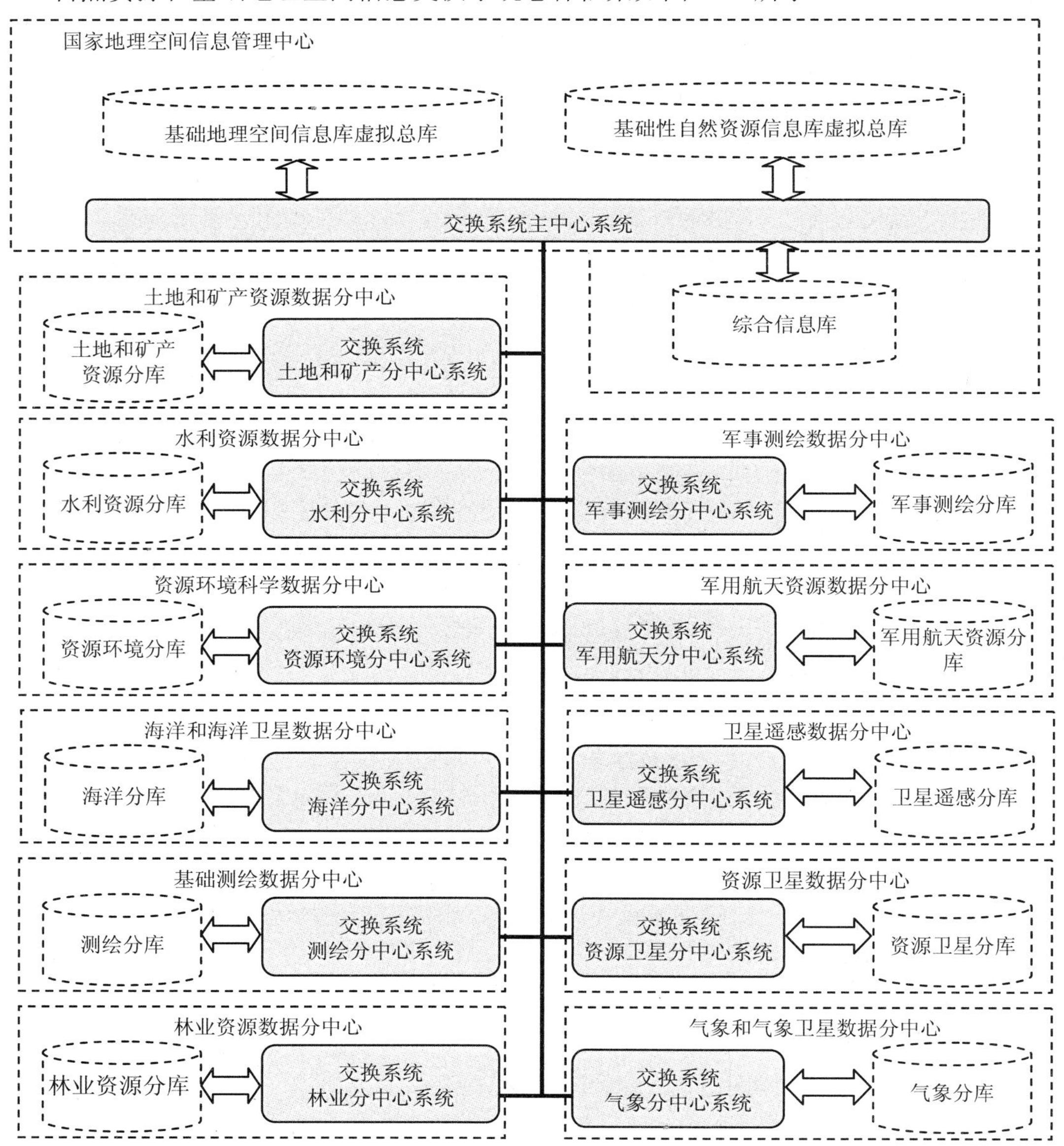

图 2-14 自然资源和基础地理空间信息交换系统总体框架

自然资源和地理空间基础信息库各数据中心接入国家电子政务外网的带宽需求为 100 M。各数据中心及分中心均需通过电子政务外网互联服务中心接入互联网。自然资源和地理空间基础信息库的互联网出口总带宽需求为 100 M。

自然资源和地理空间基础信息库各数据中心计算机局域网设备以及接入电子政务外网的接入设备均要符合国家电子政务外网工程整合的统一要求。

自然资源和地理空间基础信息库交换系统数据主中心交换系统是整个信息库交换系统的核心和主要构成部分。

（1）交换系统主中心系统整合内容和系统框架

数据主中心交换系统整合内容主要有：交换系统主中心元数据和空间数据共享服务平台、交换系统主中心元数据系统、交换系统主中心空间数据共享服务系统、交换系统主中心空间信息共享管理系统、基础地理空间信息库虚拟总库系统、基础性自然资源信息库虚拟总库系统等，如图 2-15 所示。

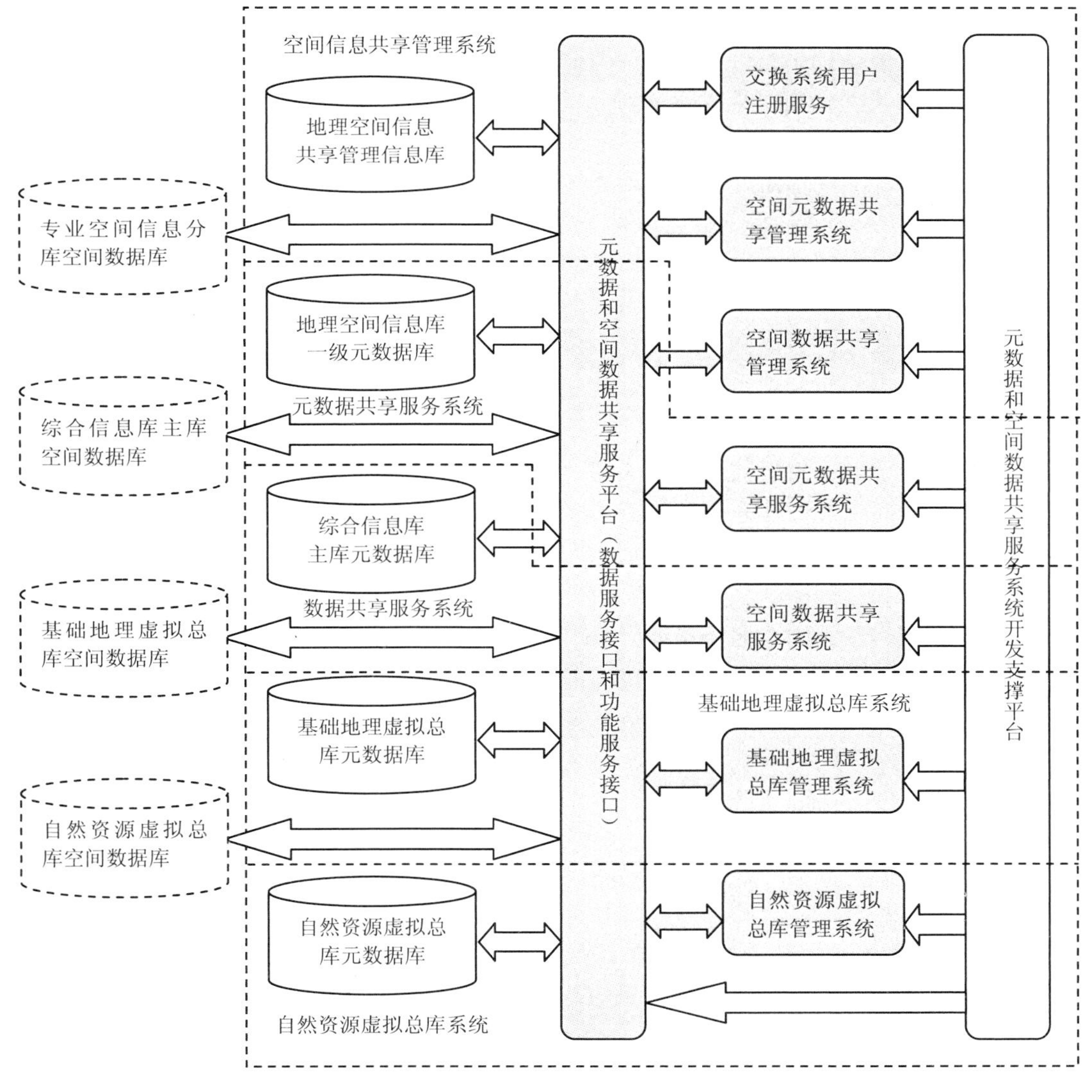

图 2-15　数据主中心交换系统框架

（2）交换系统主中心元数据和空间数据共享服务平台

由元数据和空间数据共享服务系统开发支撑平台支持开发，它包含元数据和数据共享网关和一组基于 XML 的数据服务接口和功能服务接口，是交换系统主中心系统的核心部分，负责访问请求和处理结果的调度、分发和负载均衡。

（3）交换系统主中心元数据共享服务系统

包含空间元数据共享服务系统和地理空间信息库一级元数据库两个部分，负责分布式元数据访问请求的处理。通过元数据和空间数据共享服务平台集成到交换系统主中心系统，并依托元数据和空间数据共享服务平台运行。

（4）交换系统主中心数据共享服务系统

包含空间数据共享服务系统和综合信息库主库元数据库两个部分，负责集中式空间数据访问请求的处理。通过元数据和空间数据共享服务平台集成到交换系统主中心系统，并在元数据共享服务系统支持下，依托元数据和空间数据共享服务平台运行。

（5）交换系统主中心空间信息共享管理系统

包含空间元数据共享管理系统、空间数据共享管理系统、交换系统用户注册服务系统和地理空间信息共享管理信息库四个部分。其作用是依据空间信息管理办法和规章对元数据和空间数据共享的全过程进行管理。

（6）基础地理空间信息库虚拟总库系统

包含基础地理空间数据虚拟总库管理系统和基础地理空间数据虚拟总库元数据库两部分，负责处理分布式空间数据访问请求的处理。通过元数据和空间数据共享服务平台集成到交换系统主中心系统，并在元数据共享服务系统和分布式基础地理空间信息库各专业分库的支持下，依托元数据和空间数据共享服务平台运行。

（7）基础性自然资源信息库虚拟总库系统

包含基础性自然资源空间数据虚拟总库管理系统和基础性自然资源空间数据虚拟总库元数据库两个部分，负责处理分布式空间数据访问请求的处理。它通过元数据和空间数据共享服务平台集成到交换系统主中心系统，并在元数据共享服务系统和分布式基础性自然资源信息库各专业分库的支持下，依托元数据和空间数据共享服务平台运行。

（8）元数据和空间数据共享服务系统开发支撑平台

元数据和空间数据共享服务系统开发支撑平台主要通过商业采购来整合，它主要包括大型 RDBMS、XMLDB、GIS/RS、WEB 中间件平台、空间元数据平台和空间数据共享平台等商业化通用软件平台产品。它既是开发上述系统的软件开发环境，又是支撑整个交换系统主中心系统运行的基础软件平台。

（9）交换系统主中心系统软件开发

包括交换系统用户注册服务系统、空间元数据共享管理系统、空间数据共享管理系统、空间元数据共享服务系统、基础地理空间信息库虚拟总库管理系统、自然资源空间信息库虚拟总库管理系统。

（10）交换系统主中心系统的运行管理制度整合

整合内容包括交换系统主中心系统运行管理办法，分布式基础地理空间和自然资源信息库综合集成规范。

2.4.2　交通科技信息资源共享平台[18]

2.4.2.1　发展目标

交通科技信息资源共享平台由交通部牵头，依托交通行业地方省厅、科研院所、大专院校、大中型企业和相关机构，最大限度地整合交通行业基础性、公益性科技信息资源，形成面向政府部门、科研单位和社会各界的交通科技信息共享和服务体系。交通科技信息资源共享平台是交通行业公益性、非盈利性、服务性的科技条件基础平台，也是国家科技基础条件平台的子平台之一。

交通科技信息资源共享平台的发展目标是：完善交通科技信息资源共享平台基础设施，建立交通科技信息资源共享机制和平台运行管理机制，实现交通科技信息资源的有效整合与充分共享，到 2010 年，基本建成覆盖全国的分布式、社会化、网络化的交通科技信息资源体系，基本建成国内一流的开放、数字化、集成化的交通科技信息资源共享服务网络，为交通行业及全社会提供内容丰富、方便快捷的交通科技信息服务，为交通科技创新和行业科技进步提供有力支撑。

具体目标是：

（1）交通科技管理信息化、网络化程度明显提高。省级以上的交通科技管理部门 80% 实现业务管理的数字化、网络化；所有审批业务实现网上受理，向行业提供优质、规范、透明的科技管理服务。

（2）交通科技信息资源整合、共享程度明显提高。加强交通科技信息资源的整合与共享，改变交通科技信息资源分散、封闭的状况，科技项目信息资源、科技成果信息资源以及科技人才（专家）、科研机构、科研基地、重点实验室、仪器设备等科研基础条件信息资源整合、共享比率均达到 80%以上。

（3）交通科技信息资源中心建设初见规模。完成 1 个部级交通科技信息资源中心、15 个以上省级交通科技信息资源中心的建设，积极整合交通科研机构、大专院校和大型企业等单位的交通科技信息资源，建立交通科技信息资源的共享机制，与国家相关平台实现对接，与行业其他平台进行集成，实现行业科技信息资源的有效管理与高效服务。

（4）交通科技信息资源服务取得显著效果。建设并完善交通科技信息资源服务体系，开发、实施、推广交通科技信息管理和科技信息资源服务等一系列具有实效的应用系统，可以向全行业、全社会提供“一站式”的交通科技信息资源综合服务。

2.4.2.2　主要任务

“十一五”期间，交通科技信息资源共享平台建设的主要任务是：建设两级科技信息资源中心、两级信息资源交换平台、两类应用系统，完善两大门户网站和三大保障体系。

以数据库建设为基础，以交通科技信息资源整合为目的，建设部、省（局、委）两级科技信息资源中心。以交通科技信息资源目录建设为基础，以数据交换和共享为目的，建设部省两级交通科技信息交换平台，从而形成统一的交通科技信息资源共享服务网络。以交换平台建设为基础，开发和推广交通科技信息管理和交通科技信息服务两类应用系统。建设和完善各级交通科技主管部门的内外网门户网站，作为交通科技信息服务的前端展示，为交通科技信息的传输、交换与共享提供支撑。构筑标准规范、信息安全和运行管理三大保障体系，确保交通科技信息资源共享平台的建设和可持续发展。

“十一五”交通科技信息资源共享平台建设主要任务的总体框架如图 2-16 所示。

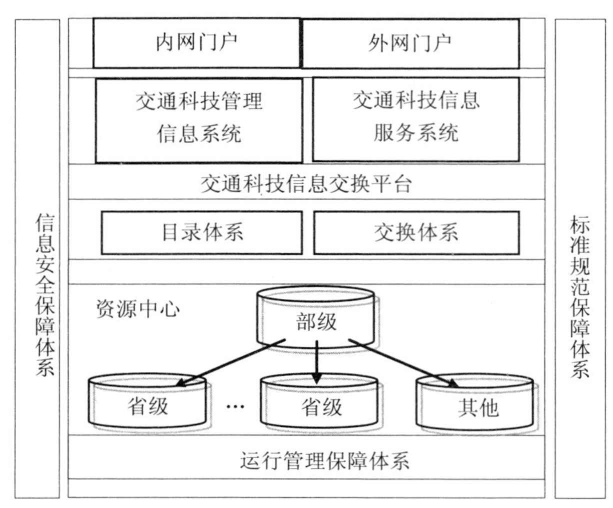

图 2-16 交通科技信息资源共享平台主要任务总体框架

（1）建设两级交通科技信息资源中心

依托有条件的交通科研机构，部、各省厅（局、委）分别规划、适时建设交通科技信息资源中心。由交通科技信息资源中心建设、维护和管理交通科技项目、科技成果、科技文献、科学数据和科研基础条件五类科技信息资源，并通过对这些资源进行抽取、转换、加工形成部、省两级科技信息资源共享数据库，实现中央和地方的交通科技信息资源共享。同时，鼓励和引导交通行业内的科研机构、大专院校和大型企业积极整合本单位多年来积累的交通科技信息资源，逐步实现全行业交通科技信息资源的共享。

1）部级交通科技信息资源中心

主要负责部级交通科技信息资源的建设、维护和管理工作。

主要建设内容：

① 整合部级科技项目信息资源、科技成果信息资源以及科技人才（专家）、科研机构、科研基地、重点实验室、仪器设备等科研基础条件信息资源。

② 整合目前正在实施的交通科学数据网的 19 个公路、水路交通基础性科学数据资源。

③ 充分利用社会上已有的交通科技文献资源，探索与国家及其他行业科技信息机构、国外相关机构交通科技文献资源联合共建模式，最终形成交通科技文献资源一次整合，全行业受益的局面。

④ 对进入平台的交通科技信息资源进行管理和维护，并对已整合的科技信息资源进行深层次的开发和利用。

2）省级交通科技信息资源中心

主要负责本区域内交通科技信息资源的建设、维护和管理工作。

主要建设内容：

① 整合省级科技项目信息资源、科技成果信息资源以及科研基础条件等信息资源。

② 整合省级特色交通科技文献和基础性科学数据资源。

③ 对本区域内的交通科技信息资源进行管理和维护，并对已整合的科技信息资源进行深层次的开发和利用。

3）其他交通科技信息资源中心

主要负责本单位内交通科技信息资源的建设、维护和管理工作。

主要建设内容：

① 具备一定条件的交通科研机构、大专院校和大型企业，可以结合本单位自身实际情况和需求，参照省级交通科技信息资源中心的建设要求构建本单位的交通科技信息资源中心。

② 其他交通科研机构、大专院校和大型企业应按照统一的交通科技信息资源建设标准，整合和建设本单位的交通科技信息资源，通过交通科技信息资源共享平台实现资源共享。

（2）构建交通科技信息交换平台

交通科技信息交换平台的建设旨在解决交通科技信息资源的目录检索和交换问题。

主要建设内容：

① 交通部组织力量制定交通科技信息资源共享标准体系；建立交通科技信息资源的采集、存储、更新、保密、维护和应用机制；完成交通科技信息交换平台的建设；完成交通科技信息资源共享目录的研究和制定。为全国范围内实现交通科技信息资源的采集、交换和共享奠定基础。

② 交通部完成与科技部科技基础条件平台、其他行业（气象、国土资源、测绘等）科技基础条件平台共享接口的建设；完成与行业内其他业务信息平台共享接口的建设；完成与各省厅、科研院所、大专院校、大型企业、社会公益机构、商业机构和国外相关机构交通科技信息资源共享接口的建设。

③ 各省厅根据交通科技信息资源共享标准和机制，完成本区域内科技信息资源共享目录的制定，完成与交换平台的资源共享接口的建设。有条件的省厅可以根据实际情况，建设本区域内的交通科技信息交换平台，解决省内各地市交通科技信息资源交换问题。

（3）开发和推广两大应用系统

针对交通行业不同层次、不同地域的人员对交通科技信息资源服务的不同需求，以交通科研人员和科技管理人员为重点，研究交通科技信息资源的服务模式、服务方式和服务手段。并通过开发和推广相应的服务支撑系统，实现交通科技信息资源的多元化服务，最终为交通行业以及社会公众提供方便、快捷、全面、准确的“一站式”科技信息资源服务。

交通科技信息资源服务支撑系统主要包括交通科技信息管理和交通科技信息服务两大应用系统。

1）交通科技管理信息系统

交通科技管理信息系统是针对交通行业各类科研管理人员的实际业务需求，研究开发的综合性科研管理业务系统。主要实现交通科技项目和成果信息管理、交通科研基础条件信息管理两方面内容。

交通科技项目和成果信息管理旨在促进科技项目和科研成果的信息共享和开放，提高科技管理和服务水平。系统将实现贯穿交通行业科技项目的申报、评审、立项、招投标、合同、进度跟踪、验收以及科技成果的鉴定和奖励等全过程的信息化综合管理，并提供对科技项目和成果管理全流程的数据采集、统计和分析功能，为交通科技现代管理、科学决策和高效服务提供有力的技术支持。

交通科研基础条件信息管理旨在促进交通科研基础条件信息的共享和开放，提高交通科研基础条件的综合利用水平。系统将利用先进的信息技术，实现交通科技人才（专家）、科研机构、科研基地、重点实验室、仪器设备、科研资金等科研基础支撑条件信息资源的共享和管理，为交通科研基础条件的合理配置和优化、交通科技信用体系的建设，营造良好的科技创新环境创造条件。

主要建设内容：

① 各级交通科技主管部门尽快组织力量建设和完善部省两级科技项目数据库、科技成果数据库和科研基础条件数据库，实现交通科技管理信息资源的整合和共享。

② 交通部组织力量完成科技管理信息系统的开发和研制，并结合各地交通科技管理的实际情况，尽快将系统在各地推广和应用。

③ 对目前尚无科技信息管理系统的省厅，为避免重复建设，可以采用直接配发的方式，省厅负责配置系统所需的软硬件设备。对目前已有科技信息管理系统的省厅，为确保工作的稳定性和延续性，应按照统一的交通科技信息资源共享标准，配置好与交通科技信息资源交换平台的数据接口。

2）交通科技信息服务系统

交通科技信息服务系统是针对各类交通科技人员的实际工作需要，研究开发的“一站式”交通科技信息资源综合服务系统。主要实现交通科技信息资源查询服务、交通科技问题咨询服务和交通技术交流交易信息服务三大方面内容。

交通科技信息资源查询服务将为交通行业科技人员和社会各类人员提供交通各类科技文献资源和科学数据资源的摘要检索、全文检索、跟踪服务、网络文献传递服务、查新服务等。

交通科技问题咨询服务将为广大科技人员日常遇到的科研疑难问题提供网上咨询。系统将通过实现自动咨询服务、自动分配服务，专家的智能检索服务以及专家知识库的自动维护和更新等功能，为科研人员提供交通科研技术疑难问题的在线和离线咨询服务。

交通技术交流交易信息服务以技术研发和应用供需双方为主要信息源，建成交通技术项目、技术产品、科技成果、科技专利、专家与技术人才、创业投资意向等数据库，将科技动态、产业政策、科研成果、市场供需信息和投资需求信息资源进行整合、集成和共享，实现信息的网上采集、检索、在线咨询、网上实时洽谈、异地交易洽谈、网上会展直播等网上服务功能，加快交通科技成果的推广应用。

主要建设内容：

① 各级交通科技主管部门尽快组织力量建设和完善部省两级交通科技文献库（包括特色科技文献库）和交通科学数据库，实现交通科技信息服务资源的整合和共享。

② 交通部组织力量完成交通科技信息服务系统的开发和研制，并结合各地交通科技信息资源服务的实际情况，尽快将系统在各地推广与应用。

③ 各省厅按照统一的交通科技信息资源服务标准，做好各自的信息资源服务准备，完

成与部级平台“一站式”服务系统的接口建设工作。

（4）完善两大门户网站建设

各级交通科技主管部门应基于交通科技信息资源共享平台，整合其他相关资源，构建和完善内外网两大门户，实现便捷的交通科技信息资源检索、查询、网上办公、信息发布和技术交流，并通过相关媒体手段实现内、外网之间有效的信息传递与共享。

1）外网门户网站

基于交通科技信息服务系统，面向行业科技人员、企业和社会公众，提供交通科技信息资源的在线查询、科技疑难问题的网上咨询、科技成果的网上交流和交易等“一站式”服务。

2）内网门户网站

基于交通科技管理信息系统，面向行业科技管理人员，提供科技项目和成果的全流程管理及相关统计信息等，实现科技管理业务的网上办公，提高政府交通科技管理的效率与水平。

（5）构筑三大保障体系

建设并完善交通科技信息资源共享平台标准规范保障体系、信息安全保障体系以及运行管理保障体系。

1）标准规范保障体系

建立统一的标准规范体系是实现交通科技信息资源整合和共享的技术前提。本着直接采用、借鉴和自建相结合的原则，结合交通科技信息资源建设的实际情况，交通科技信息共享平台网络标准和安全标准遵循国际、国家相关标准；在研究、消化和吸收国家和交通行业信息资源建设相关标准规范的基础上，重点建设交通科技信息资源建设标准、交换标准、服务标准和平台建设规范。

主要建设内容包括交通科技信息资源建设标准、交通科技信息资源交换标准、交通科技信息资源服务标准和交通科技信息资源共享平台建设规范。

2）信息安全保障体系

按照“统筹规划、统一指导”的原则，以交通部信息安全基础设施为依托，在利用统一的容灾备份与灾难恢复、网络监控以及其他安全措施的基础上，重点建设并完善交通科技信息资源共享平台统一认证、授权管理、日志、审计等安全措施，确保交通科技信息资源共享平台安全、稳定地运行。各省厅按照“谁主管谁负责，谁运行谁负责”的原则，加快本区域内交通科技信息资源共享平台建设所需的信息安全基础设施的建设与完善，明确交通科技信息安全管理责任。

主要建设内容包括统一认证和授权管理体系及完善日志、审计等安全机制。

3）运行管理保障体系

建立健全交通科技信息资源共享平台建设、运行和管理的规章制度，确保平台高效、稳定、健康地运行和发展。

① 交通科技信息资源共享管理规章制度。建立健全交通科技信息资源的共享管理规章制度，规范交通科技信息资源的共享流程和规则，普及资源共享的观念，提高资源共享积极性，促进交通科技信息资源的共享。

主要建设内容有：制定交通科技信息资源共享管理办法、制定资源共享和协同保障制度、建立资源共享的绩效评估与监督制度和制定资源共享保障条件规范。

② 交通科技信息资源共享平台运行管理规章制度。建立交通科技信息资源共享平台运行管理规章制度，从政策、制度、管理与资金等方面规范交通科技信息资源共享平台的运行和管理工作，明确交通科技信息资源共享平台的建设主体、管理制度和规范，保障交通科技信息资源共享平台的安全、稳定运行。

主要建设内容有制定交通科技信息资源共享协调的管理条例、制定交通科技信息资源共享平台运行资金保障制度、制定交通科技信息资源共享平台运行维护和管理办法。

2.4.3 北京市政务信息资源交换平台

为解决跨部门、跨层级信息资源共享协调难度大，缺乏机制保障等问题，北京市组织了以政务信息资源交换平台（以下简称交换平台）建设为基础的市、区两级政务信息资源交换体系建设。经过多年努力，北京市以市、区两级政务信息资源交换体系建设为基础，根据政务信息资源共享的阶段性特点，不断完善相关法规、规则和标准，初步建立一套制度体系；探索建立了一套相对完整的工作机制和管理制度，基本形成一套工作机制；不断加强市、区两级政务信息资源交换平台建设及对接工作，初步构建市、区两级交换平台；以跨部门重大应用、主题应用、基础信息资源共享、跨部门结对子资源共享四个方面作为突破口，探索形成了行之有效的分层推进策略。

北京市政务信息资源交换平台自 2006 年 4 月 28 日上线运行以来，72 个市级政务部门通过该平台实现了互联互通，开展了人口、法人、规划、园林、气象、环境保护等 398 类、2 亿多条数据的跨部门、跨层级交换工作，目前周均交换量达 180 多万条，在“保增长、保民生、保稳定”相关工作中发挥了重要作用。

北京市政务信息资源共享应用取得了显著成效，同时政务信息资源共享工作的探索和实践取得了突破性进展，其成果可以概括为“1124”，即初步建立一套制度体系，基本形成一套工作机制，初步构建两级交换体系，形成了四种推进模式。

（1）法规、规则和标准体系不断完善

根据政务信息资源共享的阶段性特点，北京市不断完善相关法规、规则和标准，确保资源共享工作依法、规范开展。2007 年 9 月，北京市颁布了《北京市信息化促进条例》，确立了信息资源开发利用、政务信息资源共享和政务信息资源交换平台的法律地位，为工作开展提供了法律依据。结合实际需求，还制定了《关于加强政务信息资源共享工作的若干意见》、《关于加强政务信息资源管理的若干意见》、《政务信息资源目录建设管理办法》和《政务信息资源交换平台管理办法》等规范性文件，明确了资源共享的相关规则，为工作开展提供了制度支持；还发布了《政务信息资源目录体系》、《政务信息资源交换平台技术规范》、《市民基础信息数据交换规范》和《法人单位基础信息数据交换规范》等标准和规范，为工作开展提供了技术规范保障。

（2）工作机制基本形成

北京市积极进行了有益的尝试，探索建立了一套相对完整的工作机制和管理制度，将资源共享工作归纳为 10 个环节，即梳理部门内部业务、梳理部门间业务关系、梳理部门间资源共享关系、梳理部门共享需求目录、登记注册资源目录、开展资源共享协商、签署资源共享协议、开展资源交换、反馈资源共享应用绩效、开展资源共享绩效考核。全流程工作机制的形成，推动资源共享成为常态工作，为资源共享长效机制的建立提供了保障。

（3）市、区两级交换体系初步建成

北京市集约化建成了“市政务信息资源交换平台”，10 个以上的“区县政务信息资源交换平台”已建或在建。市、区两级平台基于相同的技术标准规范，顺利实现了对接和互联互通，初步形成了市、区两级的交换平台，见图 2-17。

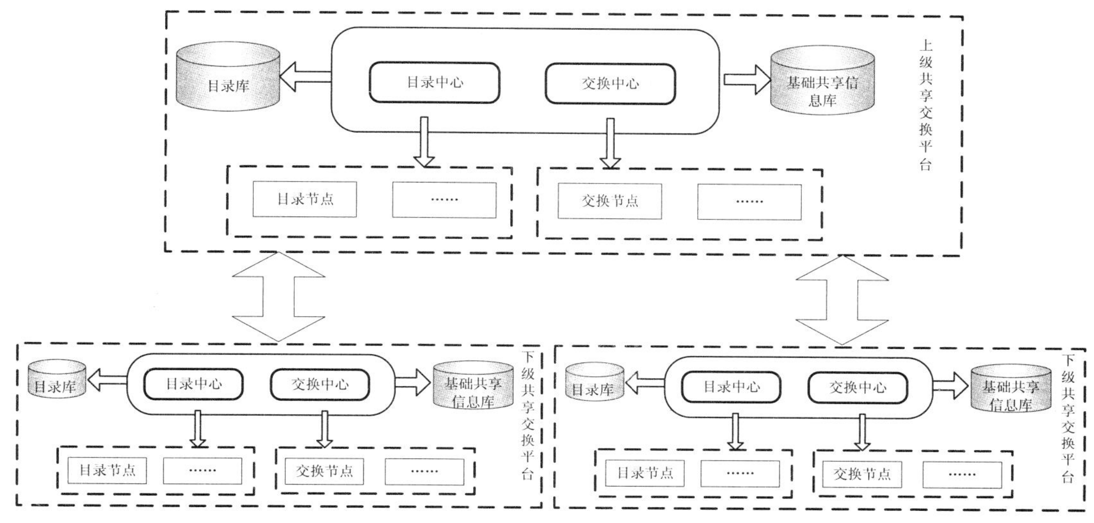

图 2-17　北京市市、区两级交换体系

（4）分层推进的策略和措施初见成效

以部门之间共享需求目录、主题目录为抓手，完成了 1 700 多类数据和 2 300 项服务事项的梳理，编制了涉及人口、法人、空间的政务基础信息资源目录、部门之间的共享需求目录和多个主题目录，进一步摸清了全市政务信息资源的家底，理清了各部门之间的共享需求。以跨部门重大应用、主题应用、基础信息资源共享、跨部门结对子资源共享四个方面作为突破口，北京市探索形成了行之有效的分层推进策略。依托市、区两级政务信息资源交换平台，开展了大量跨部门、跨层级的资源共享。同时，围绕业务梳理、目录编制、资源交换等资源共享核心环节，探索形成了一套与当前发展阶段相适应的方法，形成了一套政务信息资源交换平台应用服务模式，为进一步推进资源共享和业务协同工作提供了有力的保障。

2.4.4　中国科学院数据交换平台

2.4.4.1　项目背景

中国科学院数据交换平台是中国科学院资源规划项目（Academia Resource Planning，ARP）二期子项目，是实现中国科学院科学资源规划的特大型信息系统工程。ARP 系统从院、所两级结构出发，以科研计划与执行管理为核心，综合运用创新的管理理念和先进的信息技术，对全院人力、资金、科研基础条件等资源的配置及相关管理流程进行整合与优化，构建有效的管理服务信息技术平台。通过 ARP 项目的实施，进一步推进了中国科学院管理创新，提升了管理工作水平和效率，促进科技创新和人才培养效益的最大化。ARP

项目力图实现决策依据科学化、资源配置最优化、管理工作协同化、工作流程规范化、信息资源共享化。ARP 理念源自于企业资源计划（Enterprise Resource Planning，ERP）的发展，目的是对中国科学院的科研管理活动及其相关的各种资源进行综合管理。ARP 系统整体架构依托院、所两级组织机构，针对院级和所级不同的管理需求，应用 ERP 管理理念，将人力、财物、资产、项目以统一的方式管理起来。

ARP 系统为院、所两级架构的星型分布式系统。中国科学院总部机关部署一套院级系统，分布于全国的 120 多个研究所各自部署一套结构相同的所级系统。所级系统包括 ERP 和自主开发办公系统（Office Automation，OA）两个部分，即依托 Oracle EBS（E-Business Suit，Oracle 电子商务套件）系统的 ERP 模块和自主研发的 OA 子系统。ERP 管理维护核心数据，包括财务、人力、资产、项目等。办公系统包括电子公文、网上报销、统一门户等应用。每个所级系统包括多个相对独立的模块和子系统。因此所级应用内部就存在着系统异构和应用整合的问题，但每个所级系统结构相同但数据各异，体现了整体的一致性。ARP 系统是由 1 个院级应用的中心节点和 128 个分布式所级应用节点组成的星形模式分布式系统。

除了各类业务应用系统外，ARP 系统还有一个提供数据汇总、统计分析和信息服务的数据中心，即信息资源中心（Information Resources Center，IRC）。它的重要意义在于将各个独立的所级系统与院级系统整合起来，通过数据交换与集成形成有机的 ARP 统一整体而不是一个个信息孤岛。它的主要任务是将分布在全国各地的所级 ARP 系统数据定期进行抽取、转换、汇总、加载形成数据仓库，根据需求生成各类统计分析报表，提供信息查询服务并对各级管理者提供决策支持。

中国科学院 ARP 一期建设中信息资源中心（IRC）架构如图 2-18 所示。

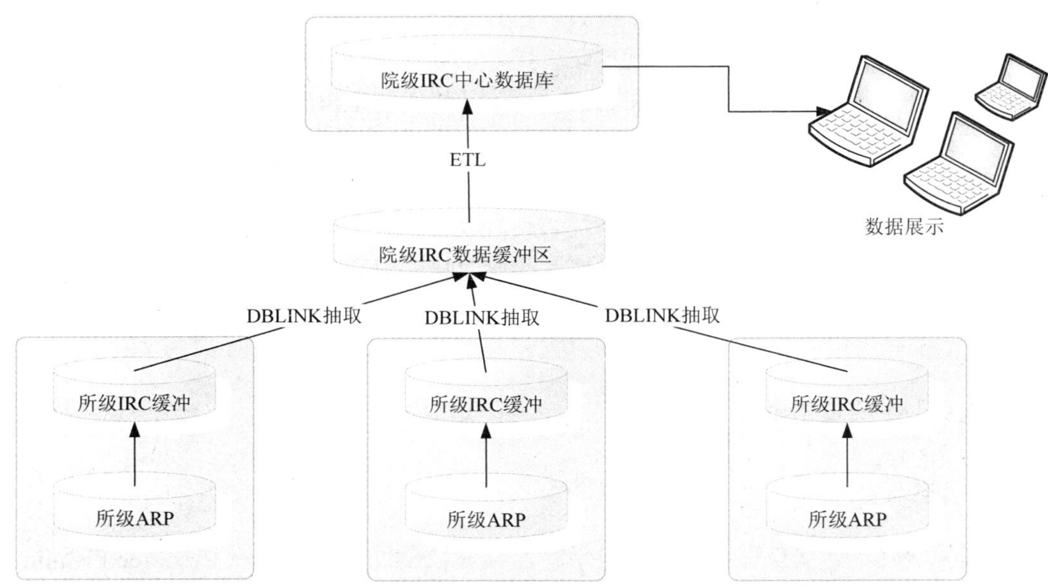

图 2-18　ARP 系统一期信息资源中心架构

数据转换、抽取和展示的过程分为以下几个步骤：

① 分析管理需求，建立相应的管理指标体系，开发数据抽取程序并部署到各所业务系

统中，各研究所系统管理员定期手动将本所业务基础数据全集导出到本所的 IRC 数据缓冲区中。在 ARP 一期的建设中，通过对 Oracle EBS 底层数据结构的分析，结合应用管理需求已经将复杂的 Oracle 业务数据表归纳转换为 95 张基础数据表，后续的数据处理均基于这 95 张数据表进行操作。

② 由院资源中心工作人员通过院所数据通道主动将所 IRC 缓冲区将数据抽取到院部中心数据库缓冲区中，具体技术手段采用的 Oracle 数据库连接技术实现。

③ 利用 Oracle Warehouse Builder 工具完成由院 IRC 数据缓冲区到院中心数据库的清洗、转换与加载（Extraction-Transformation-Loading，ETL）过程。

④ 根据院部各个业务管理局的具体管理需求，基于数据仓库中存储的业务数据资源编制生成各类报表，提供数据查询展示服务。

在 ARP 所级系统中拥有多个异构子系统和中间件，如 ERP 系统、电子政务系统、co-office 中间件等。最终信息资源中心形成的数据集成策略是定期由各个研究所专人运行请求将数据抽取并提交到所级数据缓冲区，然后，院级数据中心通过脚本启动程序来轮询抽取每个所的数据。这种方式有如下几个问题难以克服：

第一，效率低下。首先，每次数据抽取平均需要 10 多个小时才能将全部节点轮询一遍。由于时间过长，无法到达实时或者半实时的频率。其次，数据抽取的时间策略只能按月定时进行。一旦临时需要统计数据，由于数据的滞后性，无法达到应用数据来支持决策的目的。在院级数据仓库的 ETL 操作以及最终数据报表的展示上，随着 ARP 业务应用日益深入，存储的数据量越来越大，目前的多维数据加载操作及数据报表的查询面对的往往是近亿条记录的多表间的嵌套查询、排序、归并及汇总等操作，执行效率低，需要进一步对模型及算法等进行优化。

第二，难于管理。由于系统由多个子系统构成，且每个研究所有自身特点。因而如果出现数据质量不合要求只能通过人工方式进行沟通和反馈，给管理增加了难度。不论所级数据提交还是院级数据抽取都需要人工干预，这使得很难在规定时间内将所有数据汇总，也就无法及时形成完整数据集和统计报表。因而需要各个单位抽出人力定期进行这项工作，给每个研究所也带来了额外的负担。此外，院级系统无法监控各研究所的系统运行状况也无法定位各节点问题，只能被动等待各所提交数据。

第三，升级困难。一旦出现数据转换逻辑变化或者抽取程序升级等情况，由于系统的高耦合性和难以远程管理，需要每个研究所由专人来下载补丁并安装调试才能升级到位。如果出现个别研究所无法及时安装补丁或者安装失败无法解决的情况，会导致系统无法正常运行。

最后，分析功能较为薄弱，对管理决策的支撑有限，无论是在院级还是所级层面上，系统都需要一步优化，完善和丰富数据服务手段，提升服务质量。ARP 二期将克服和解决 ARP 一期出现的上述问题。

2.4.4.2 项目需求

中国科学院的组织架构是以位于北京的院机关为中心汇总节点，分散在全国的 120 多个研究所为相对自治的独立运营节点。院机关具有查询全院数据的权限和需求，而各研究所则管理和维护各自的运营数据。因此，中国科学院 ARP 系统也是以院机关为中心节点，研究所为子级应用节点的分布式管理信息系统。在各研究所部署了针对于研究所业务的所级应用系统，在院机关部署了针对全院管理分析的院级应用系统，而让两者有机结合的则是ARP体系中的信息资源中心IRC。IRC应用现状和系统架构前文已经介绍，下面着重叙述新型数据管理与服务平台的改进方式。

中国科学院的ARP系统从数据交换角度来看是单向传输的集中式构架，即所级系统向院级中心单向传输的模式。在院级中心采用数据仓库的方式进行数据集成，作为上层应用的基础数据源。基于此数据源开发出的各类应用则分布在不同的子系统中供用户使用。数据交换的总体架构如图2-19所示。

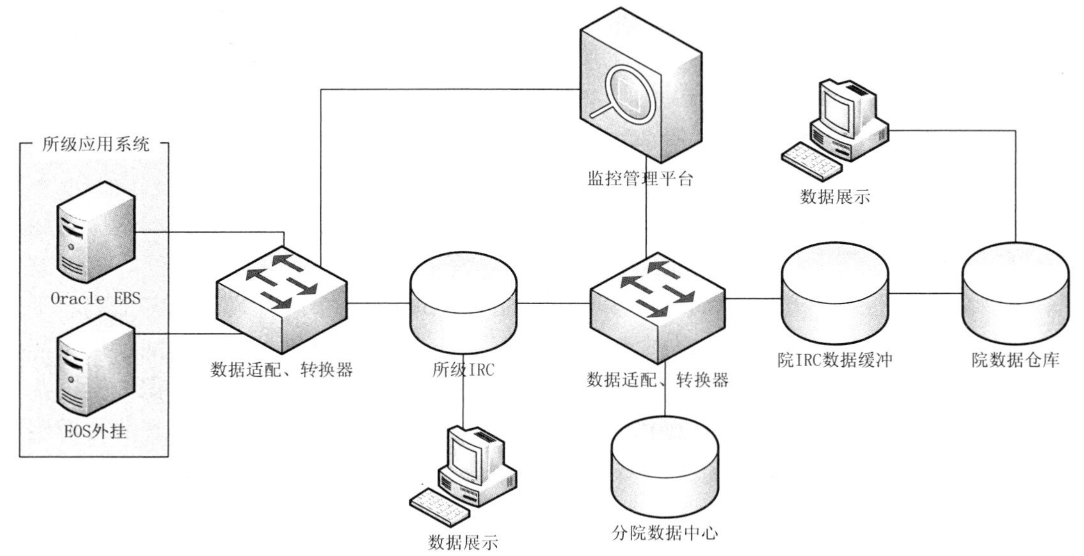

图2-19　数据交换总体架构

首先，新建的数据交换平台不再采用研究所提交数据到前置缓冲区，院中心通过数据库轮询的方式来采集数据的老模式。这种模式采用的“推送”策略，即当研究所将数据准备好以后数据提取工作才能进行，如果在统一的数据采集时间点未准备好数据，那么只能通过人工干预的方式来催促或沟通，效率比较低。新模式中将通过配置各模块的自动化抽取策略，实现定期自动的数据提取。这样，不需要研究所将数据准备好并推送而是系统根据需要自动去应用系统中“拉取”。这种策略的改变实现了数据交换的自动化，将大大地缩短单次数据采集周期，提高院、所两级数据集中的效率。

其次，原有的数据提取逻辑实现为一个ERP请求，即将SQL逻辑硬编码到程序中。研究所在数据准备好后提交请求，由系统来调用并执行数据提取SQL。随着ARP系统建设不断深入，有许多新建系统需要进行数据交换。但原有逻辑中不可能包含新系统的提取程序，故需要对原程序进行修改和维护。这种硬编码模式极大地制约着数据交换的可扩展性。在新模式中，将每个模块的数据提取逻辑抽取出来，形成单独的视图层，而数据采集与转换过程的执行通过适配器来调度。通过配置文件将数据采集与提取逻辑分离，降低两者耦合度，保留足够的系统扩展能力。

第三，针对原有数据传输无法监控的问题，新模式建立了监控管理平台。监控平台可实现多种功能，包括所级系统运行状态查看、数据采集过程执行、系统错误日志、数据交换统计等。数据交换监控基于中间件的 API 进行二次开发整合到管理平台中，统计已成功交换数据并与应交换数据比对实现交换统计功能，查看不同应用的运行日志和数据库日志以实现更细粒度的运行状态分析。通过对两级数据转换和传输过程进行监控可以实时的定位问题，基于数据交换的统计分析功能可以了解系统运行情况并分析运行瓶颈，有针对性地进行策略调整，保证数据交换的高效和稳定。

ARP 项目二期工程主要任务是在当前系统全面运行和应用基础上，全面提高易用性、健壮性和安全性，重点进行管理流程以及运行效率的优化，完善流程间相互关联的功能，并面向实际需求开发新的功能；进一步改进 ARP 的整体安全构架，提高安全性能和运行效益率；增加科研活动态势实时动态监测、决策支持等新功能，全面完成 ARP 系统建设，形成基于 ARP 平台的院、所两级资源规划与流转调配信息体系和发展态势监测体系，形成服务功能完善的信息资源中心。

2.4.4.3　设计方案

（1）所级数据交换

所级适配器的任务是将所级 ARP 系统中的 ERP 和 EOS（Enterprise Operating System，企业运营系统）两大体系统的业务数据提取到所级 IRC 缓冲区。首先，根据管理需求，规划需要从应用系统中提取的数据范围，即数据抽取逻辑。第二，将其配置在不同 TI（东方通，数据集成中间件）应用中。TI 管理数据抽取过程、中间对象的生成和目标数据源加载。第三，根据 TI 提供的编程接口（API）将运行状态、控制开关和执行情况与数据集成平台集成，通过平台操作实现数据采集的系统管理和状态监控。所级数据交换架构如图 2-20 所示。

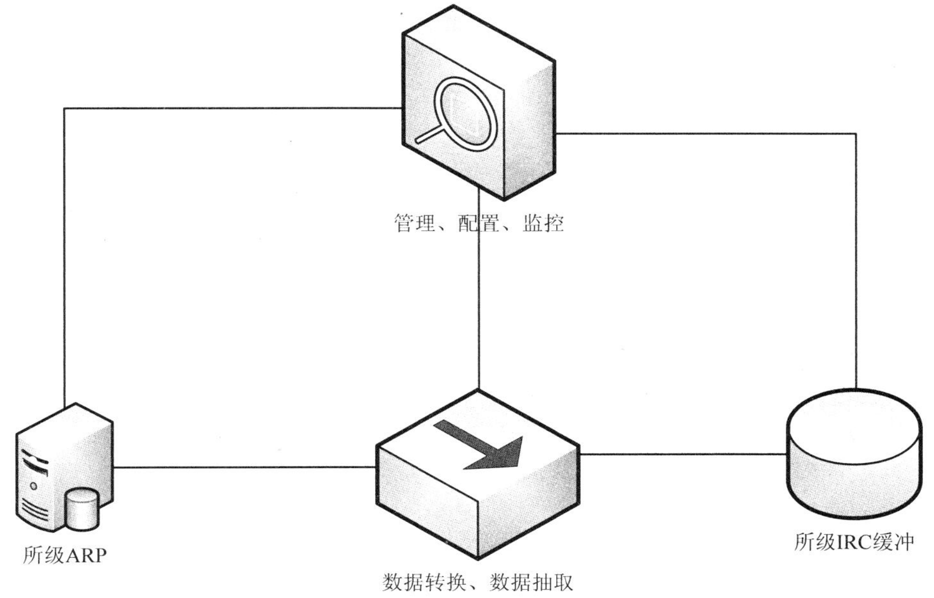

图 2-20　所级数据交换架构

1）技术难点

① 数据转换。所级 ARP 系统中的 ERP 系统数据库和 EOS 系统数据库都是十分庞大

的数据库，其中包含了数以千计的数据表，数据表中存储着数以亿计的数据，将这些数据全部交换到院 IRC 中，是不实现的，也是没有必要的。比如，人员学历信息，所级 ERP 系统中记录了每个人从小学开始的所有学历信息，但是，院级信息管理与服务平台的使用者一般只关心某人的最高学历，所以在交换人员学历信息的时候就需要把个人学历信息中的最高学历的信息过滤出来，交换到院级就可以了。这就需要在数据交换前对所级 ARP 系统中的 ERP 系统数据库和 EOS 系统数据库中的数据按照数据交换对数据的需求进行过滤、转换。

TI 作为应用集成中间件，也具有对数据进行过滤和转换的功能。这些功能都是图形化易于配置，但是功能相对简单：只能是针对单个表的数据使用一些简单条件进行过滤，或者是针对单个表的数据进行一些简单的转换。TI 的数据过滤、数据转换功能根本无法满足中国科学院数据交换对几十张表进行联合数据过滤、数据转换的需求。

② 数据抽取。应用集成中间件针对数据库作为数据源进行数据交换，一般有两大类组件：查询组件和触发器组件。查询组件的功能是根据数据交换的需求定义 SQL 的 SELECT 查询语句。查询组件主动将 SELECT 查询语句在源数据库执行，得到的结果就是需要交换的数据。触发器组件是在数据源数据库的表上建立触发器，用于监控表的插入数据（insert）、更新数据（update）和删除数据（delete）操作，并记录操作信息。当知道了针对一个表的操作信息，也就知道所监控的表的数据信息。

按照中国科学院数据抽取需求，应用集成中间件的查询组件和触发器组件都有致命的缺陷。首先，查询组件虽然是通过 SELECT 查询语句进行抽取，能够满足中国科学院数据交换对几十张表进行联合数据过滤、数据转换的需求。但是，通过 SELECT 查询语句抽取数据，只能知道数据库中有什么数据，无法知道数据库中删除过什么数据。当所级 ERP 或 EOS 数据交换到所级 IRC 中后，某些数据被删除，查询组件是无法感知这种变化的，也就无法删除所级 IRC 中在所级 ERP 或所级 EOS 已经被删除的数据。其次，触发器组件虽然能够捕捉数据表中数据的删除操作，但是，根据数据抽取需求，抽取的数据会从几十张表中经过复杂的联合数据过滤、数据转换得到。在几十张表上建立触发器监控数据变化，逻辑上过于复杂，配置难度极大，可行性极差。

2）解决方案

① 数据转换。使用应用集成中间件，无法满足中国科学院数据转换的需求，因而改为使用数据库来完成数据的过滤、转换。将复杂的数据过滤、转换逻辑写入到视图中，并将视图作为数据源进行数据交换。

② 数据抽取。使用数据库来完成数据的抽取。将数据抽取、同步的逻辑写入到存储过程中，存储过程以所级 ERP 或 EOS 数据库的视图作为数据源，通过 Database Link 将所级 IRC 数据库的数据与视图同步，达到数据抽取的目的。

3）具体实现步骤

第一，针对不同的应用模块编写设计需要提取的数据范围，并编写相应的数据抽取程序。针对本平台使用的 TI 集成中间件和后台的 Oracle 数据库，具体实现方式为：为每个模块编写单独的数据抽取视图，将从 ERP 和 EOS 抽取数据的逻辑固化到视图之中，将视图作为数据源，通过 TI 调用存储过程完成数据的抽取。将数据转换逻辑独立为视图，将数据提取逻辑独立为存储过程，这样有利于对数据转换、数据抽取逻辑维护和扩展，若日后需要增加采集的数据的字段，只需修改视图和存储过程即可。

第二，为不同的数据模块配置相应的数据抽取策略。在 ERP 系统中每一条记录都有操作时间字段，当对某条记录进行了新增或修改操作就会更新相应的时间。同样，每次进行数据抽取的时间，存储过程也进行了记录。有的模块数据只会新增和修改，在进行数据抽取时，只需抽取操作时间在上次数据抽取时间后的数据即可，大大提高了数据抽取的效率。有的数据模块数据有删除操作，就需要对源数据库数据和目标数据库数据进行比较，找出删除的数据。

第三，在 TI 的配置文件中设定每个数据源地址、要调用的存储过程的信息，并将配置文件发布到 TI 应用的服务器的指定路径下并启动相关服务。所级 ARP 系统的数据交换由 TI 来启动。这样，数据交换就可以通过平台来监控系统的运行状态并可以实时控制服务启动和停止。

（2）院级数据交换

院级数据交换的任务是将数据从各研究所的缓冲区（所级 IRC）抽取并汇总到院级缓冲区（院级 IRC）。院级交换使用 TLQ 消息中间件来保证可靠传输，使用 TI 实现数据的集成。TLQ 实现可靠的跨互联网数据传输。各所作为发送端，将数据通过消息队列的方式向院中心缓冲发送。院作为接收端通过配置接收队列来接收各研究所发送上来的数据，并通过 TI 集成数据，写入院 IRC 数据库。所以，院级 IRC 就是所级 IRC 的汇总。院级数据交换架构如图 2-21 所示。

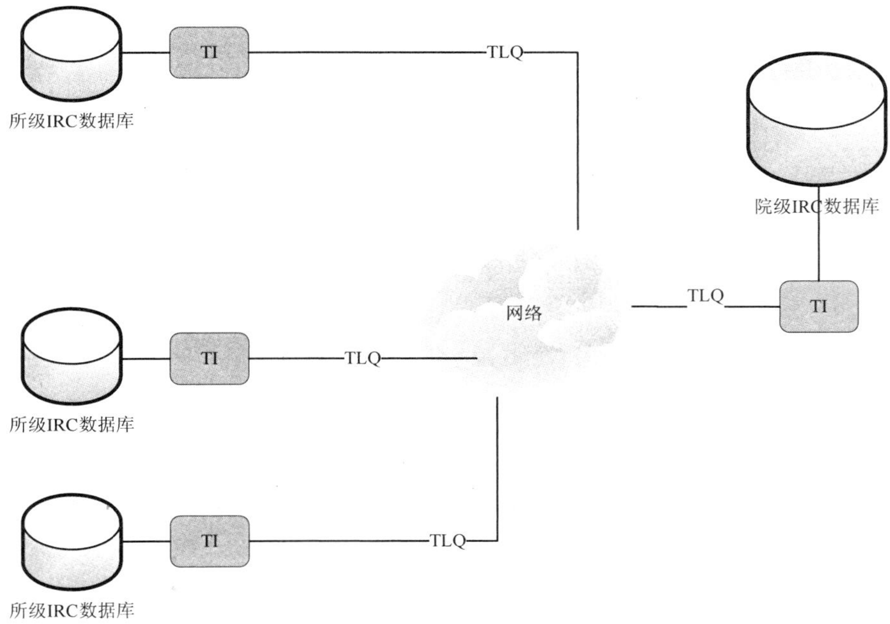

图 2-21 院级数据交换架构

1）技术难点

中国科学院现在纳入数据交换体系的分所、分院共 127 个，也就是有 127 个交换节点，每个节点有 9 个交换模块，需要交换 101 张表的数据，见表 2-3。

表 2-3　数据交换模块表单情况

交换模块	表数量	字段数
人力资源	31	707
科研项目	14	215
科研条件	7	117
综合财务	8	108
工资查询	1	13
国际合作	15	383
知识产权	21	647
公文查询	4	23
合计	101	2 213

数据交换的接收端，对应 127 个分所数据的接收任务，压力非常大，而且还只是数据交换初期的压力情况。随着中国科学院 ARP 系统建设的推进，纳入到中国科学院 ARP 系统数据交换的分所预计达到 150 个，交换的数据表将达到 300 张。

2）解决方案

将中国科学院 ARP 系统数据交换的 127 个分所按照地域划分成 4 个大区，在中心接收设置 4 台并行服务器，针对 4 个大区进行数据的接收，如图 2-22 所示。

图 2-22　数据交换接收节点划分示意

以此分摊数据交换的压力，不仅提高了数据交换的效率，还提高了可靠性（一个分区的接收服务器宕机，不会影响其他分区的数据交换）。

院级数据交换的实现方式为：

当数据到达所级 IRC 缓冲区后，使用 TongLINK/Q 消息中间件完成数据从所级系统传输到院中心数据缓冲区的过程。这是通过广域网的数据交换。在每个所配置发送队列，每个模块对应一个队列，共配置 9 个发送队列。在院级缓冲区为每个所配置一个接收队列，共有 127 个接收队列。在应用系统进行数据通信，TI 通过 TongLINK/Q 接口函数，将消息放入消息队列中。TongLINK/Q 核心进程从消息队列中取出消息，根据消息中接收者的名字，通过 TongLINK/Q 之间建立的数据通道，将该消息传送到接收者所在的 TongLINK/Q 核心。接收者所在的 TongLINK/Q 核心收到消息，TI 进程通过调用 TongLINK/Q 的接口函数，从消息队列取出消息。至此，一个消息传递完毕。消息中间件 TongLINK/Q 的消息传输能够保证数据的安全性，即使在网络阻塞，物理链路中断，甚至宕机等严重情况下仍然能够保证数据不丢失。当数据完成交换，进行到院级 IRC 缓冲库中后，就开始针对不同主题的转换、清洗和加载等一系列过程形成全院数据仓库。

（3）数据交换平台

在信息管理与服务平台的架构设计中，数据交换是一个重点，在统一的数据交换平台下，实现数据交换的统一管理，保证数据的完整性、一致性和安全性。

根据对数据的分层，数据交换主要包括横向和纵向两个方面，横向主要是实现同级业务系统的数据交换，即所级 ERP 到所级 IRC；纵向主要是实现数据向不同位置的复制，即由所级到分院级和院级 IRC（图 2-23）。

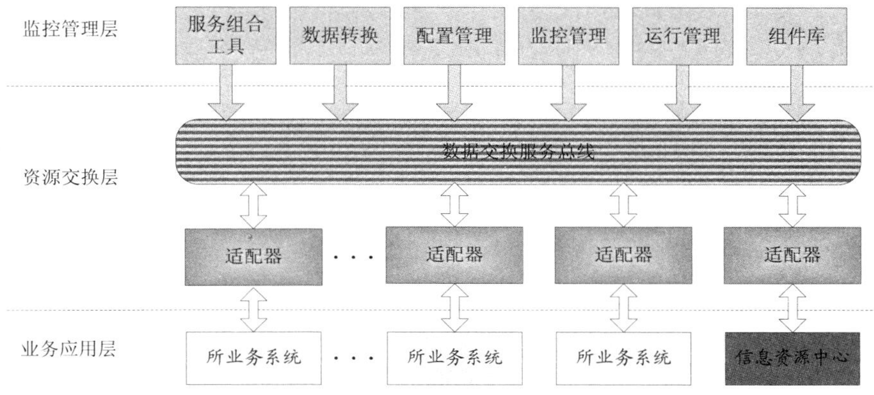

图 2-23　数据交换平台总体架构

数据交换借助统一的数据交换平台来完成，其基础是数据传输渠道，它位于平台架构的底层。作为信息资源中心的一个基础设施，在交换平台中根据不同的数据交换要求，提供相应的技术解决方案，包括数据库复制、ETL、消息队列等。数据交换平台物理部署上可能是分布的，但是在逻辑上看是一个整体，遵循相同的数据交换标准。应用集成中间件 TongIntegrator 的适配器为数据交换平台提供了与异构系统共享数据的能力。系统管理员利用可视化建模工具为数据文件建模，利用映射定义工具为不同的数据格式文件之间定义转换形式。开发人员利用数据交换平台提供的数据服务 API 扩展系统功能。平台的数据传输部分采用成熟的消息中间件 TongLINK/Q，可以正常运行在包括 Windows 系列、Unix 系列以及 Linux 系列在内的众多操作系统平台之上。

数据交换平台的总体架构分为三层，业务应用层、资源交换层、监控管理层。业务应用层是指院级或各所级业务系统，该层作为信息资源交换与共享的数据源头，提供了信息交互与共享的原始数据。资源交换层的交换传输是通过不同种类的适配器和数据交换服务总线的方式，将各系统封装为松耦合的服务接口，对服务按照业务需求进行编排形成数据交换流程。使得资源提供者提供的资源能够通过数据交换平台，根据业务同步规则在安全通信的前提下，实时或批量地将共享的资源传递给资源使用者。如各类应用业务系统通过数据交换平台交换到数据中心，为信息资源系统提供基础信息的应用。监控管理层提供了基础信息库管理与维护、日志管理、用户及权限管理、数据备份以及对整个交换平台的运行情况监控等管理控功能，采用基于B/S架构的管理控制中心能够实现移动管理和运行维护。

配置、自动化运行和状态监控的管理功能。此功能的目的就是使数据交换的业务能在无人值守的情况下根据预先设定好的任务计划自动运行。由于，采用的 TongIntegrator 应用集成中间件，没有任务计划功能，在交换监控平台添加了任务计划功能：时间策略。为了实现任务计划功能，信息管理与服务平台引入了调度框架 Quartz。

Quartz 是 OpenSymphony 开源组织在 Job scheduling 领域的一个开源项目，它可以与 J2EE 与 J2SE 应用程序相结合，也可以单独使用。Quartz 可以用来创建简单或为运行十个、百个，甚至是好几万个 Jobs 这样复杂的日程序表。通过引入 Quartz，平台能够灵活地设置定时执行、周期执行等各种时间策略，用于交换业务的执行，如图 2-24 所示。

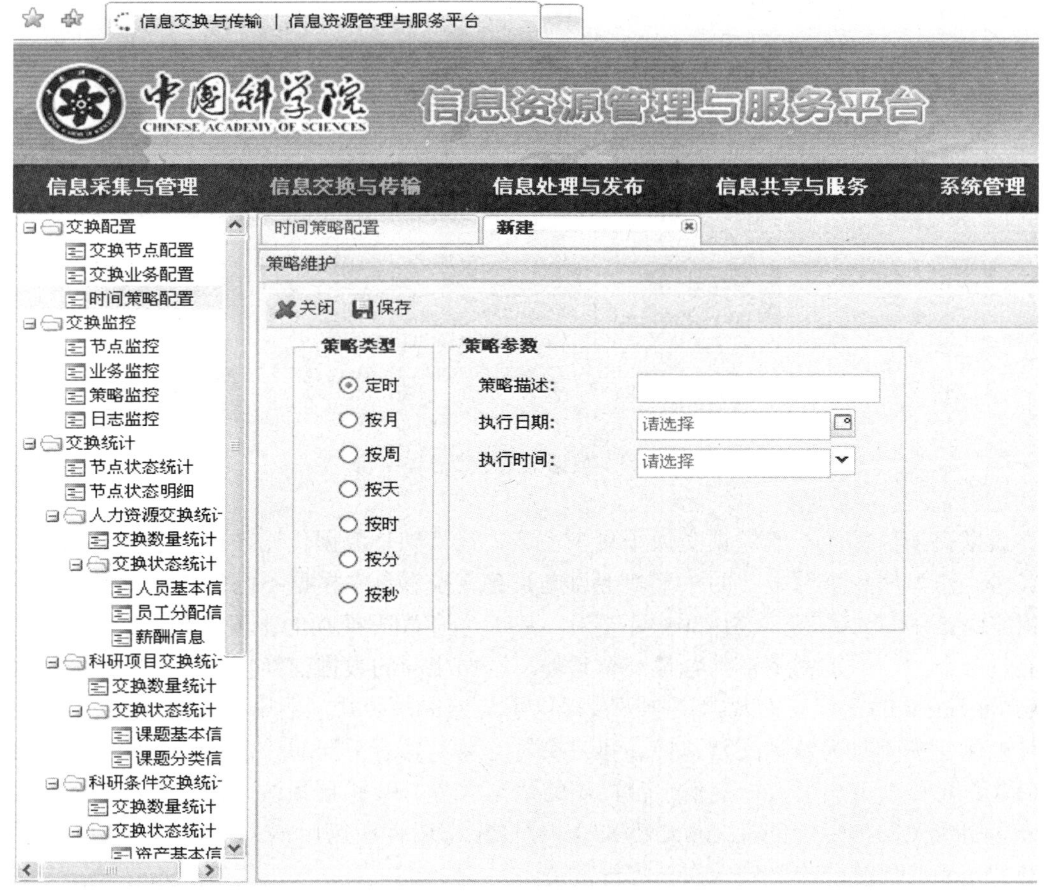

图 2-24 时间策略创建

由于不同模块的数据采集策略各异，因此在数据交换平台中提供了时间策略的统一配置入口。配置好后通过中间件的 API 将此策略赋予相应的交换模块，可以实现数据采集的自动化和定期调度。

基于名字服务和应用管理等方式，提供对分布式应用的管理和监控。应用管理提供了对服务程序的策略性调度、监控、并发（支持顺序发送）管理和异常处理等功能，为关键的应用服务提供了有力的支持。每个模块代表了一个应用，在数据交换的策略配置中需要将应用与 TI 服务、所属节点以及时间策略相匹配，如图 2-25 所示。

图 2-25　交换业务时间策略配置

这样形成了一个真正可用的数据交换业务。若以后时间策略或者应用系统发生变化，只需要更改具体配置策略就能实现数据交换的随需应变。

TongIntegrator 系统的运行日志在核心运行过程中生成，它记录具体传送的消息数据以及系统的运行步骤和出错信息。通过对 TongIntegrator 运行日志进行分析，提炼具体的运行信息，将日志结构化；通过配置数据源的方式能够从平台中实时监控和查询数据交换应用的运行情况，可以帮助系统管理员了解系统运行过程、排除故障以及调整系统运行参数，如图 2-26 所示。

数据交换的运行状态展示的管理功能，展现了交换业务的运行状况，包括数据交换是否完成、数据交换中是否出现错误，这些信息标志着数据交换的正确性和完整性。

消息队列中间件 TongLINK/Q 有在网络故障时具有消息缓存的作用。所以，当数据交换停止后，我们无法知道，是网络不通，还是分所数据发送完毕，交换结束。因为，数据交换完成后还要对数据进行数据挖掘等进一步的处理，所以数据交换结束标志非常重要。同时，应用集成中间件 TongIntegrator 在进行数据抽取和数据集成的时候，如果出现了异常，TongIntegrator 会有日志记录，但是它不会主动提示出现了异常。每次数据交换后，127 个分所，每个分所 9 个交换业务，共计 1 143（9×127）个交换业务中，挨个查看日志是否有错误出现，是不现实的。为了对交换业务的运行状况有效监控，数据交换监控平台需要获得数据交换开始、结束和出现异常的标志。

日志监控

日志类型：　交换结点名：　交换流程名：　开始时间：　结束时间：　查询

	交换结点	交换流程	日志时间	日志类型	详细说明
1	合肥物质科学院	人力资源-所IRC到院IRC	2010-10-08 04:23:16	流程执行日志	执行：合肥物质科学院结点，人力资...
2	合肥物质科学院	人力资源-所ERP到所IRC	2010-10-08 04:05:38	流程执行日志	执行：合肥物质科学院结点，人力资...
3	合肥物质科学院	人力资源-IRC清理	2010-10-08 04:04:47	流程执行日志	执行：合肥物质科学院结点，人力资...
4	自动化研究所	国际合作-所IRC到院IRC	2010-09-30 04:34:56	流程执行日志	执行：自动化研究所结点，国际合作-...
5	电子学研究所	国际合作-所IRC到院IRC	2010-09-30 04:15:43	流程执行日志	执行：电子学研究所结点，国际合作-...
6	文献情报中心	国际合作-所IRC到院IRC	2010-09-30 04:12:35	流程执行日志	执行：文献情报中心结点，国际合作-...
7	文献情报中心	国际合作-所EOS到院IRC	2010-09-30 04:11:58	流程执行日志	执行：文献情报中心结点，国际合作-...
8	地质与地球物理研究所	国际合作-所IRC到院IRC	2010-09-30 04:09:59	流程执行日志	执行：地质与地球物理研究所结点，...
9	地质与地球物理研究所	国际合作-所EOS到院IRC	2010-09-30 04:09:40	流程执行日志	执行：地质与地球物理研究所结点，...
10	微电子研究所	国际合作-所IRC到院IRC	2010-09-30 04:08:55	流程执行日志	执行：微电子研究所结点，国际合作-...
11	微电子研究所	国际合作-所EOS到院IRC	2010-09-30 04:08:33	流程执行日志	执行：微电子研究所结点，国际合作-...
12	北京基因组研究所	国际合作-所IRC到院IRC	2010-09-30 04:07:33	流程执行日志	执行：北京基因组研究所结点，国际...
13	北京基因组研究所	国际合作-所EOS到院IRC	2010-09-30 04:06:57	流程执行日志	执行：北京基因组研究所结点，国际...
14	北京基因组研究所	国际合作-所IRC到院IRC	2010-09-30 04:06:13	流程执行日志	执行：北京基因组研究所结点，国际...
15	生物物理研究所	国际合作-所IRC到院IRC	2010-09-30 04:05:25	流程执行日志	执行：生物物理研究所结点，国际合...

第 1 页共 6085 页　全部显示　分页显示　每页 20 条记录　显示 1-20 条记录，共 121693 条记录

图 2-26　数据交换监控日志

首先，在所级 IRC 缓冲数据库中建立日志表，将日志表也纳入数据交换表中。

其次，调整用于交换的存储过程，数据交换开始时，向日志表插入交换开始标志，数据交换结束时，向日志表插入交换结束标志，当数据交换出现异常时，向日志表插入交换异常标志。

最后，根据日志表将交换状态发布到图表上，127 个分所共 1 143 个交换业务的状态一目了然，如图 2-27 所示。

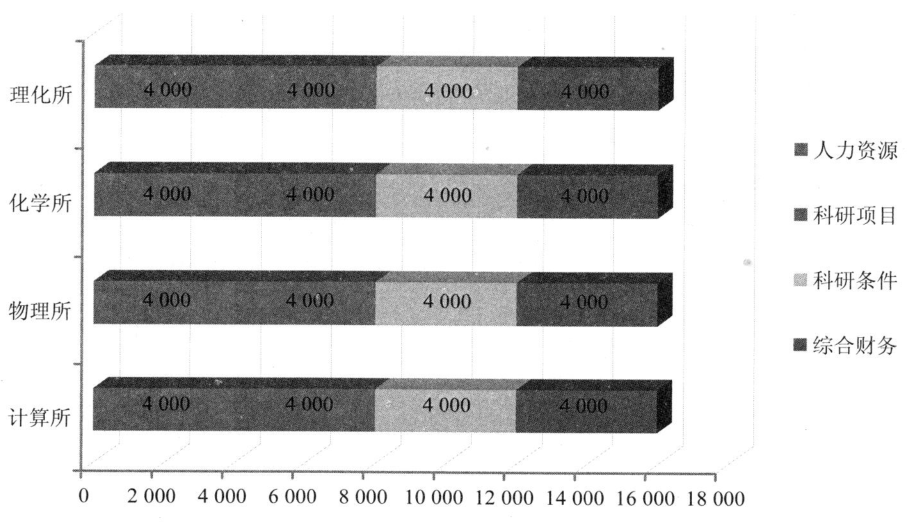

图 2-27　数据交换状态展示

图中横向的柱状图表示各所的数据交换状态，不同的颜色标明不同的状态。

2.4.5　江苏省太湖流域水环境信息共享平台

2.4.5.1　项目背景

环境保护部门作为太湖流域水环境信息的主体产生部门，在业务工作中积累了大量的水环境信息和数据资料，并且还在持续产生。其他太湖流域相关部门也在其业务工作中不断产生水环境其他相关数据信息。这些数据信息门类众多、指标丰富、时空跨度长，由于没有通过信息技术进行高效的组织、管理和共享，影响了为太湖水环境管理、规划、政策制定服务，为领导和政府辅助决策支持的成效，必须加快信息共享平台建设步伐，加强水环境基础信息的监测、采集、整合和统一发布能力，提高决策和管理的科学化水平。

以江苏省环境保护厅业务数据库为基础，围绕太湖水污染监测预警和应急处置，搭建数据交换平台，将太湖流域水质监测、污染源监控、蓝藻监控等信息进行集中整合和综合分析，形成太湖流域水环境中心数据库，建设相关应用系统，对江苏省环境保护厅机关办公楼网络中心机房进行改造，在江苏省环境监测中心建设监测数据容灾备份机房。主要建设内容包括以下几个方面：

（1）数据交换平台

利用成熟先进的消息中间件技术，建设数据交换平台，实现项目中心数据库与部门业务数据库之间的数据双向交换。

（2）数据中心

包括数据中心硬件设置和中心数据库。数据中心硬件由服务器和存储系统组成，中心数据库由地理空间、环境要素点位等基础数据库，各类水环境及生态例行监测、自动检测、应急监测数据库，太湖水污染突发事故应急预案、水环境预警分析模型等应急处置主题数据库等组成。

（3）应用系统

包括构建数据分析与发布、移动数据采集与发布、图形化查询、工作协同、领导决策支持等应用平台。

（4）网络系统

依托省环境保护业务主干网，进行带宽扩容，配置相应的服务器、存储等硬件设施。

（5）安全系统

建设防火墙等安全防范措施，建立容灾备份系统，考虑预留江苏全省电子政务大型系统备份接口，确保数据安全。

（6）标准规范

根据国家标准规划，结合江苏省实际，建立相关数据、技术、管理及业务标准规范，为后期上下对接、平行衔接奠定基础，进一步完善环境监管、考核等业务功能设计和数据服务支持，提升管理服务水平。

2.4.5.2　体系架构

数据交换平台由交换桥接、前置交换、交换传输、交换中心管理等子系统组成。数据交换平台技术总体架构如图 2-28 所示。

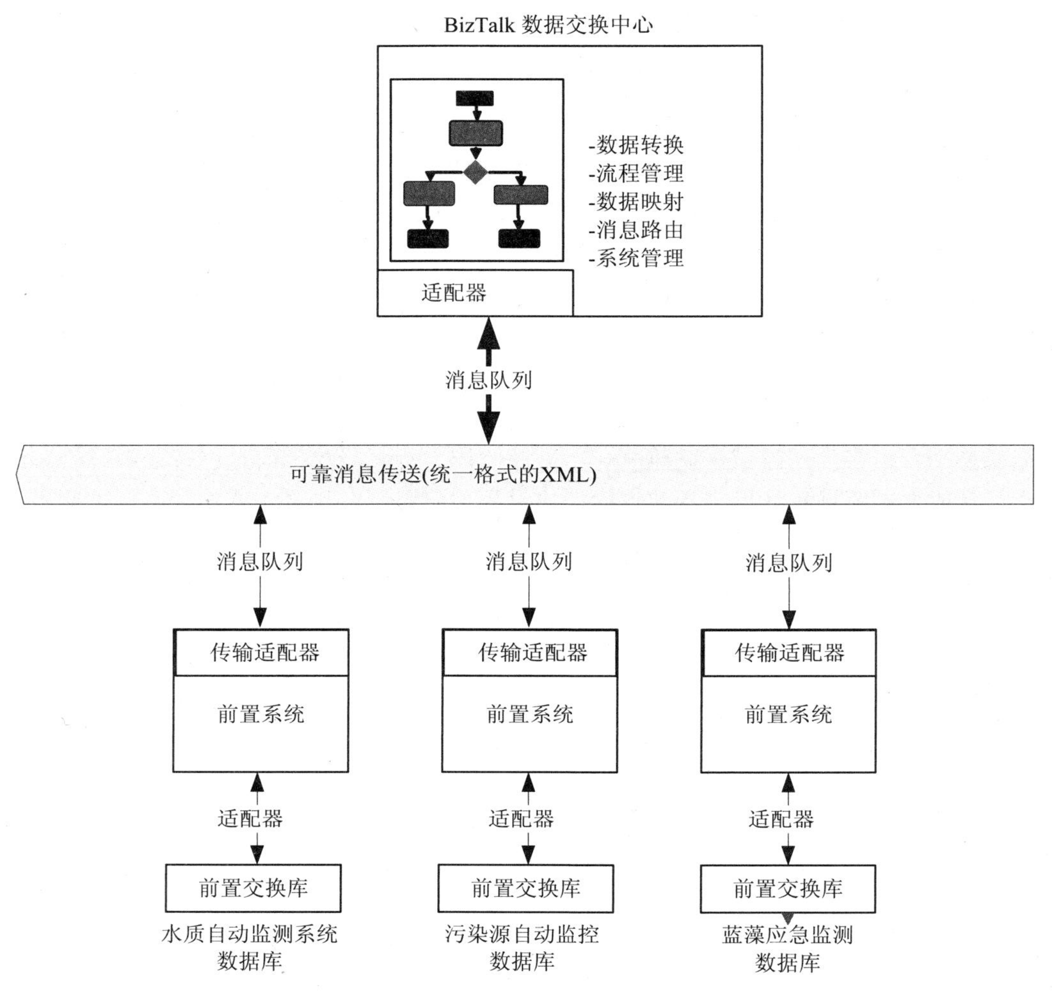

图 2-28 数据交换平台技术总体架构

数据交换平台通过交换网络连接各部门和交换前置机。

（1）交换桥接

运用交换桥接的方式实现部门业务信息库与前置交换信息库之间的双向信息同步。

交换桥接支持两个桥接对象之间的双向信息同步，即支持部门业务信息库与前置交换信息库之间的双向信息同步。

在前置机上部署微软 BizTalk 前置版，使用所提供的适配器链接业务信息库和交换信息库实现交换桥接。

（2）前置交换系统

前置机是交换平台体系的组成部分。所有参与信息交换的业务部门内都需要部署一个前置机系统，所有前置机系统组成前置机体系。在部门业务端部署统一、标准的前置交换环境。

前置交换系统支持交换信息库与交换传输子系统间的双向信息交换。交换传输子系统能够从交换信息库中提取数据交给交换传输子系统传递，也能够从交换传输子系统中获取数据存储到交换信息库。

前置机系统需要提供下列公共能力：数据导入导出；数据准备；数据上报；数据转换；数据维护；数据核实整理；统计查询。

（3）交换传输系统

交换传输子系统实现各个交换节点之间安全、可靠、稳定、高效的信息交换通道，提供信息的打包、转换、传递、路由、解包等功能。

（4）中心交换系统

数据交换平台构建在数据中心，依托省环境保护业务主干网实现与环境保护各个业务单位的互联互通，在纵向、横向上能实现平台对上对下的互联互通。同时，该平台要预留与其他应用系统连接的接口，以便能够为其他应用系统提供后端交换服务。

交换平台中心交换系统支持对整个交换域的综合管理监控，包括交换流程的配置、部署与管理，以及对交换系统运行情况的监控与管理等。

2.4.5.3　物理架构

数据交换平台部署拓扑如图 2-29 所示。

2.4.5.4　技术框架

数据交换平台由数据层、流程层、消息层、连接层组成，在连接层之上集成了各个应用系统和数据库，如图 2-30 所示。

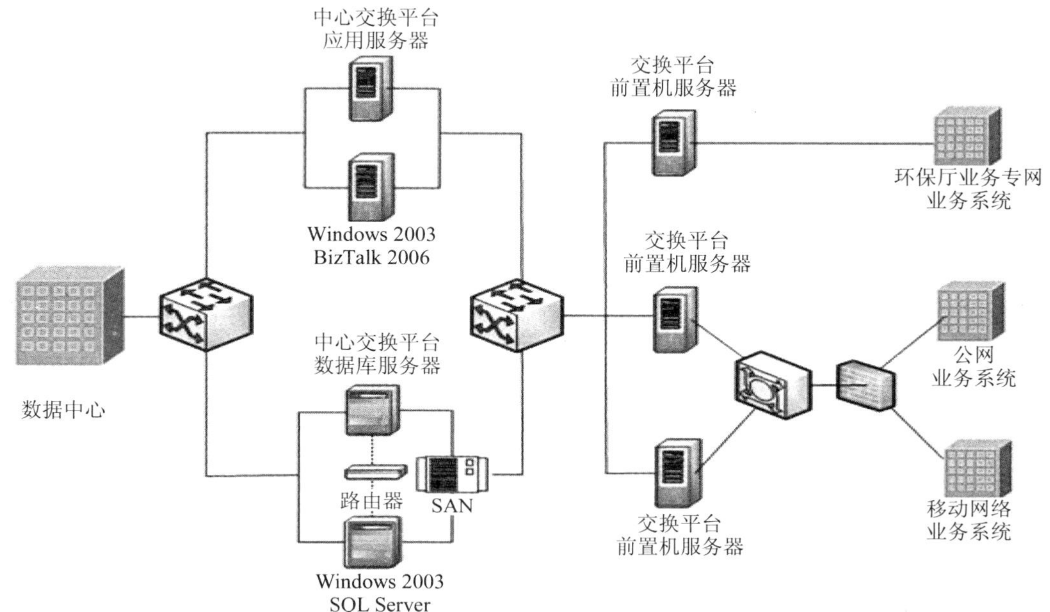

图 2-29　数据交换平台部署拓扑

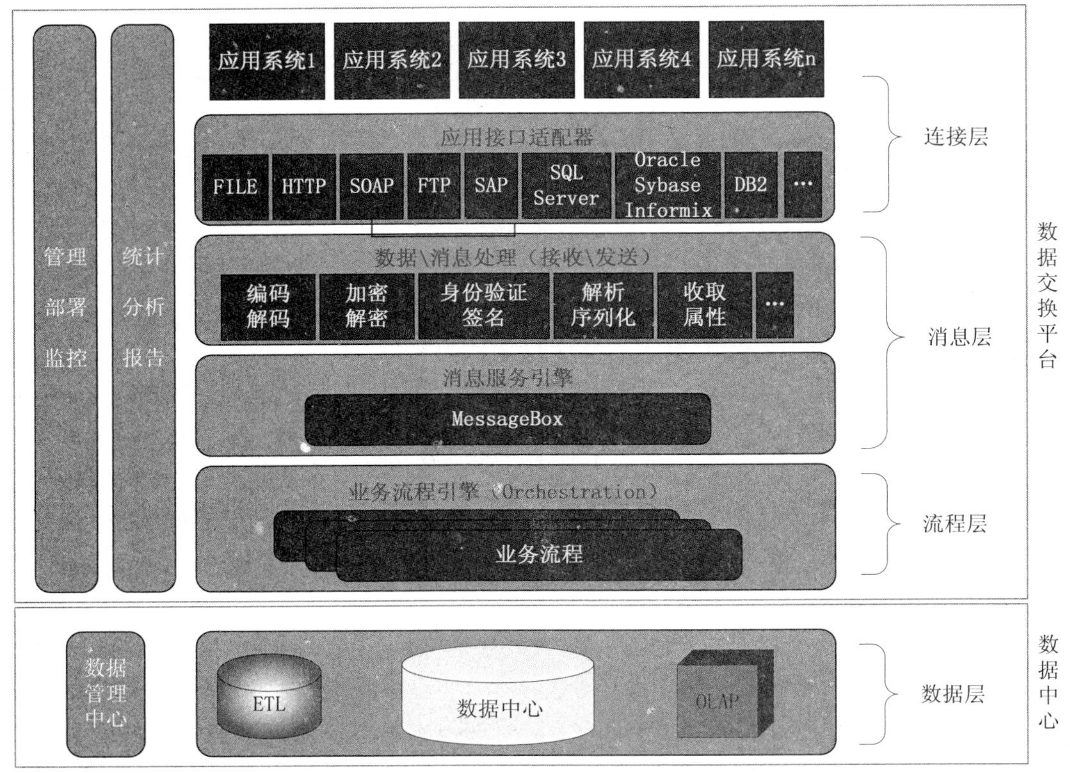

图 2-30 数据交换平台技术实现示意

（1）数据传输

支持多种协议的传输手段，包括 Web Service，HTTP/HTTPS，FTP，File，MQ，MSMQ，SMTP 等，对于数据异地传输的安全性保证也在这一模块中实现，使用标准 PKI 体系实现数据的加密传输。

（2）应用适配器

平台提供常用的应用系统、数据库、技术传输适配器，如 SAP，Sieble，PeopleSoft，Oracle Application，JDE，Tibco，Axapta，DB2，Oracle，SQL Server，MQ 等适配连接器；也允许自定适配器将封装或专用的系统与标准技术连接在一起。平台应该提供图形化管理工具，开发人员可以修改适配器处理程序的默认配置，或者添加、删除和修改适配器的发送端口和接收位置。

（3）数据格式定义（Schema）管理

数据格式定义管理模块是实现数据松耦合，保证业务系统的独立性的重要环节。它定义了各种业务数据的表现，数据格式是不同系统间进行数据交换的接口契约，平台提供了可视化数据格式的建模工具，生成 XML 标准描述的数据结构，创建系统数据字典，并内置行业数据标准模板（如 SAP IDoc，EDI，RossetNet，Swiftt 等），平台支持多种数据格式，如 XML，FlatFile，EDI，IDoc，Binary，DB，Excel 等。

（4）数据转换

平台提供完善的各种数据格式支持，包括 XML、EDI、文本与自定义格式。数据转换模块负责在不同格式之间翻译数据，以保证各个系统可以以自己理解的方式接收到数据。能够实现任意形式的数据格式都转换成为统一、规范的标准数据格式（XML），在此基础上执行后续相关的数据处理工作。在交换平台内部，数据格式应以统一标准的数据格式（XML）为主。交换平台能够支持任意数据格式之间的转换，尤其是实现各种格式与 XML 格式的互换。

（5）数据映射

数据映射模块解决数据交换过程中不同系统间数据结构不一致的问题，交换平台提供映射工具，用于定义不同数据结构间的映射关系。

（6）数据路由

交换平台可以配置数据的路由规则，数据路由服务实现数据在不同的应用集成系统之间和不同消息队列之间的路由。

（7）流程控制引擎

流程控制引擎是交换平台的重要构成部分，它使不同部门的应用系统业务整合变成可能，其主要特性有：事务的支持和管理、业务进程调度和路由，通过可视化设计器实现流程快速定义业务，业务流程定义与实现分开。

（8）业务规则引擎

流程执行以及系统路由选择的时候，往往需要根据一定的业务规则确定路由的选择以及下一步执行的节点，同时这种选择往往是不断变化的，业务规则引擎就是为了解决这个问题而设计的，通过业务规则引擎可以做到流程以及路由的选择可以根据实际情况配置完成，而不需要更改程序。

（9）管理配置模块

系统的各模块为了正常地连接起来，且具备很强的适应能力，需要对整个的系统有统一的管理、配置能力。通过一个统一的配置、管理模块，配置不同模块运行需要的基本信息，并可监视跟踪系统运行的情况。

（10）设计开发工具

设计开发工具模块提供开发人员、管理人员方便工作的集成快速开发环境，用于定义交换的数据格式、数据映射关系，以及业务流程的设计等，完全遵循图形化快速开发模式，所有开发工具都统一集成在 Visual Studio 开发环境中。

2.5　污染源自动监控信息交换现状

2.5.1　污染源自动监控系统建设

按照“国控重点污染源自动监控能力建设项目建设方案”要求，各省相继建设了污染源自动监控系统，由于建设时间前后不一，建设方式及软件开发不尽相同（表 2-4），分为以下三种情况：

（1）采用“国控重点污染源监控中心核心应用软件”（简称，核心应用软件，由西安交大长天软件股份有限公司开发）；

（2）自建系统；

（3）混合方式，核心应用软件与自建系统联合使用。

表 2-4 各省污染源自动监控系统软件（截止到 2011 年 6 月）

省份	污染源自动监控系统软件
北京	自建北大青鸟 C/S 系统
天津	核心应用软件 B/S 系统
河北	核心应用软件 B/S 系统
山西	自建罗克佳化工有限公司 B/S 系统
内蒙古	核心应用软件 B/S 系统
辽宁	自建沈阳维尔数码 B/S 系统
吉林	核心应用软件 B/S 系统
黑龙江	核心应用软件 B/S 系统
上海	核心应用软件 B/S 系统，自建系统
江苏	核心应用软件 B/S 系统，自建神彩公司系统
浙江	自建浙江成功公司 B/S 系统
安徽	核心应用软件 B/S 系统，自建蓝盾公司 C/S 系统
福建	核心应用软件 B/S 系统，自建富士通公司 B/S 系统
江西	
山东	自建 B/S 系统
河南	核心应用软件 B/S 系统，自建雪城公司 B/S 系统
湖北	核心应用软件 B/S 系统
湖南	核心应用软件 B/S（.net）系统
广东	核心应用软件 B/S 系统，自建广东省环境信息中心
广西	核心应用软件 B/S 系统，自建湖南力合
海南	核心应用软件单机系统
重庆	自建重庆市博恩科技有限公司 B/S 系统
四川	核心应用软件 B/S 系统
贵州	核心应用软件
云南	
西藏	尚未建设
陕西	核心应用软件，北京环信恒辉科技有限公司 C/S 系统
甘肃	核心应用软件 B/S 系统和核心应用软件单机系统改版
青海	核心应用软件 B/S 系统
宁夏	核心应用软件 B/S 系统
新疆	尚未建设
新疆生产建设兵团	

各省市污染源自动监控系统基本上都已建设或正在建设，而且大部分都采用了环境保护部下发的核心应用软件，有些还部署了环境保护部核心应用软件和自建两套业务系统，见图 2-31。

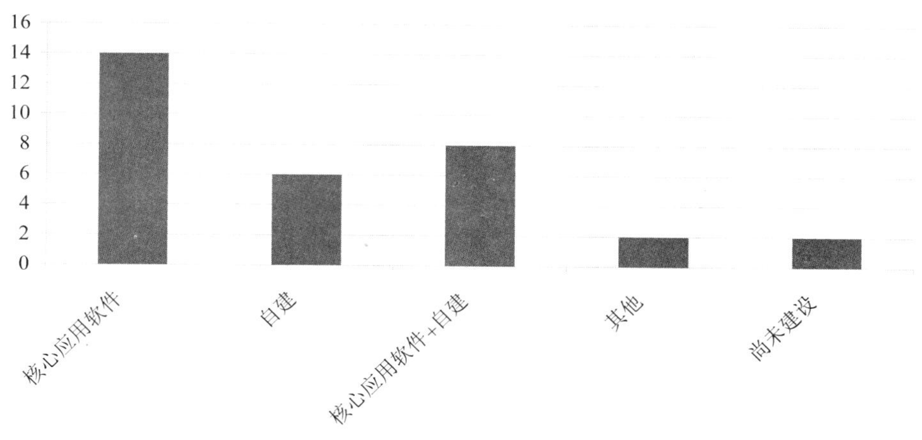

图 2-31　各省污染源自动监控系统软件采用情况

经过调研分析可以看出，近一半的省份采用了核心应用软件，与国家级的重点污染源自动监控系统软件相同，具有同样的数据项、数据格式；自建省份与重点污染源自动监控系统软件的数据项、数据格式存在差异，需要进行数据映射后才能传输交换；混合方式的省份采用自建软件采集数据，并传入省污染源自动监控系统的数据库中，通过核心应用软件的通信功能模块向国家重点污染源自动监控系统传输交换数据。

2.5.2　污染源自动监控数据问卷

“国控重点污染源自动监控能力建设项目”基本完成建设任务，“十一五”期间重点监控二氧化硫、化学需氧量排放量，在此基础上，“十二五”期间增加了对氮氧化物、氨氮排放量的监控，总结分析污染源自动监控信息的交换情况，可以在技术上对下一步开展氮氧化物、氨氮的监控提供有益的借鉴。

问卷（见附录 2-1）主要了解污染源自动监控中心的基本信息、污染源自动监控信息交换情况、对国控污染源自动监控数据交换的评价以及地方污染源自动监控相关规范和管理文件的编制和使用情况。

2.5.3　国控污染源自动监控数据交换问卷反馈

问卷反馈情况见表 2-5。

表 2-5 国控污染源自动监控数据交换问卷反馈

	样本数：14		江苏	山西	内蒙古	河北	云南	浙江	江西	辽宁	福建	广东	湖北	宁夏	陕西	上海
1	污染源监控中心建设始于		1997	2007	2007			2007	2009	2008	2000	2006	2003	2007	2007	2005
2	污染源监控网络建设	省到国家	Internet网络	Internet网络	国家环境信息专网			国家环境信息专网	国家环境信息专网	Internet网络	Internet网络	国家环境信息专网	Internet网络	基于Internet的VPN	国家环境信息专网	Internet网络
		省到地市	省自建环境信息网	省自建环境信息网	省自建环境信息网			省自建环境信息网	省自建环境信息网	Internet网络	Internet网络	省自建环境信息网	Internet网络	基于Internet的VPN	省自建环境信息网	
		省到企业	地市自建、Internet网络	地市自建	地市自建			地市自建	Internet网络	Internet网络	Internet网络	地市自建	Internet网络	地市自建Internet网络	Internet网络	Internet网络
3	监控中心	省级	1	1	1	1		1	1	1	1	1	1	1	1	1
		地市级	13	11	12	11		11	11	14	9	21	16	5	12	
		县级	52					76			15	5			60	
4	污染源自动监控系统	是否独立运行	是	否	是	是			是	否	是	是	是	是	是	否
		数采仪端水数据/每天		0.08	3						0.5	10.6			120	0.2
		数采仪端气数据/每天		2.6	4						2	10.6			280	2
		企业水数据/每天		0.08	6						0.5	2.6			120	0.3

	样本数：14		江苏	山西	内蒙古	河北	云南	浙江	江西	辽宁	福建	广东	湖北	宁夏	陕西	上海
4	污染源自动监控系统	企业气数据/每天		5.2	8						2	2.6			280	7
		本省水数据/每天		16	3							100.6			120	32
		本省气数据/每天		572	4							100.6			280	530
		本省视频数据/每天		7646400												
		监控污染因子	COD、NH_4、TP、SO_2、NO_x	COD、SO_2	COD、SO_2、NO_x							COD、SO_2	COD、SO_2			
		平均采集频次														
5	数据分析应用	实时显示	是	是	是			是	是	是	是	是	是	是	是	是
		报表统计	是	是	是			是	是	是	是	是			是	是
		总量趋势	是	是	是			是	是		是			是	是	
		预警预测	是	是	是			是			是				是	
		GIS	是	是	是				是		是	是			是	是
		数据挖掘	是	是	是											
6	污染源自动监控信息交换	数据交换量（省到国家）		600												
		数据交换过程														
		数据上传模式	市—省—国家	省—市、省—国家	市—省—国家	市—省—国家		市—省—国家	省—市、省—国家	市—省—国家	省—市、省—国家	市—省—国家	市—省—国家		省—市、省—国家	省—国家
		采用的交换标准	交换技术规范		交换技术规范				交换技术规范	交换技术规范		交换技术规范	交换技术规范		交换技术规范	交换技术规范

	样本数：14		江苏	山西	内蒙古	河北	云南	浙江	江西	辽宁	福建	广东	湖北	宁夏	陕西	上海
6	污染源自动监控信息交换	交换范围	区县、市、省三级交换	省级与市级间	省级与市级间	省级与市级间、省级部门间			市级与省级			市级与省级	市级与省级	市级与省级	区县、市、省三级交换	省级部门之间
		业务管理模式	集中管理	集中管理	分级管理	集中管理、分级管理		分级管理	集中管理	分级管理	集中管理	集中管理	集中管理	集中管理	集中管理	集中管理
		数据交换的实现方式	独立的数据交换平台软件	集成（嵌入）	集成（嵌入）				独立的数据交换平台软件	集成（嵌入）	集成（嵌入）	集成（嵌入）	集成（嵌入）	集成（嵌入）	独立的数据交换平台软件	独立的数据交换平台软件
7	国控污染源自动监控数据交换	传输内容	目前传输内容偏多	目前传输内容适当			目前传输内容适当	目前传输内容适当			目前传输内容偏多	目前传输内容适当	目前传输内容偏少	目前传输内容适当	目前传输内容适当	目前传输内容偏少
		传输频度	目前传输频度较高	目前传输频度较高			目前传输频度较高	目前传输频度适当			目前传输频度较高	其他		目前传输频度较高	目前传输频度较低	目前传输频度适当
		传输管理要求		国家级基本满足要求、省级能满足要求、地市级基本满足要求			省级能满足要求、地市级基本满足要求	国家级还需要补充、省级基本满足要求、地市级基本满足要求	国家级能满足要求、省级能满足要求、地市级能满足要求		国家级基本满足要求、省级基本满足要求、地市级基本满足要求	省级基本满足要求、地市级基本满足要求	国家级还需要补充、省级还需要补充、地市级还需要补充	国家级还需要补充、省级基本满足要求、地市级基本满足要求	国家级能满足要求、省级能满足要求、地市级能满足要求	国家级基本满足要求、省级还需要补充
		总体感觉		比较满意				一般			一般	一般	一般	一般		比较满意

2.5.4　国控污染源自动监控数据交换问卷分析

（1）污染源自动监控中心建设情况（图 2-32，表 2-6 和表 2-7）

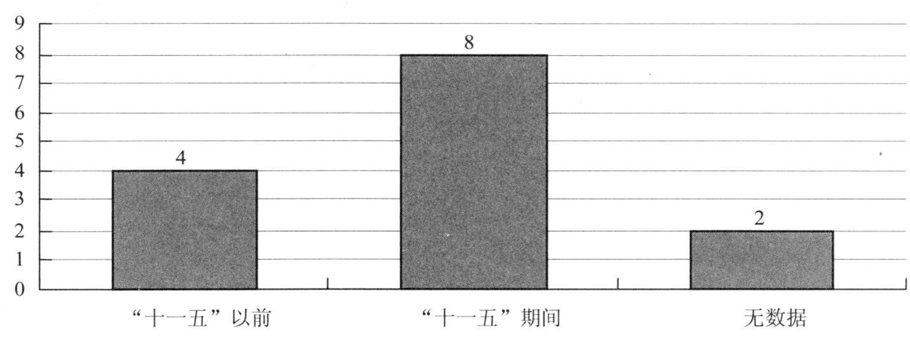

图 2-32　污染源监控中心建设的启动期

表 2-6　污染源监控网络建设情况

	省到国家/个	省到地市/个	省到企业/个
国家环境信息专网	5		
基于 Internet 的 VPN	1	1	
Internet 网络	6	3	6
省自建环境信息专网		7	
地市自建			4
兼具地市自建和 Internet 网络			2
无数据	2	3	2

表 2-7　各省监控中心建设情况

	省级监控中心/个	地市级监控中心/个	县级监控中心/个
江苏	1	13	52
山西	1	11	
内蒙古	1	12	
河北	1	11	
云南			
浙江	1	11	76
江西	1	11	
辽宁	1	14	
福建	1	9	15
广东	1	21	5
湖北	1	16	
宁夏	1	5	
陕西	1	12	60
上海	1		

注：空白处代表无数据。

（2）污染源自动监控系统情况（图 2-33 和图 2-34）

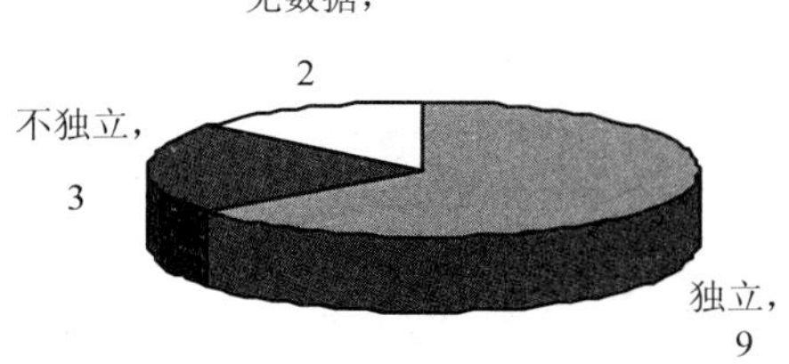

图 2-33　污染源自动监控系统运行的独立性

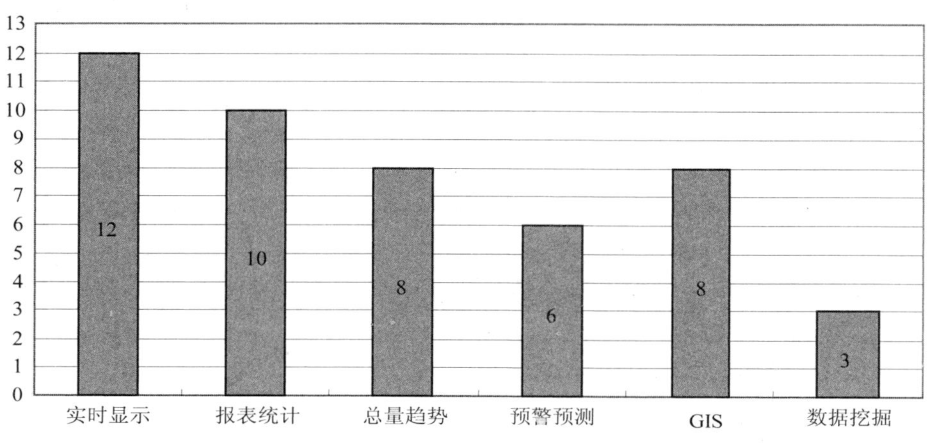

图 2-34　监测数据的用途

（3）污染源自动监控信息交换情况（图 2-35、图 2-36 和表 2-8）

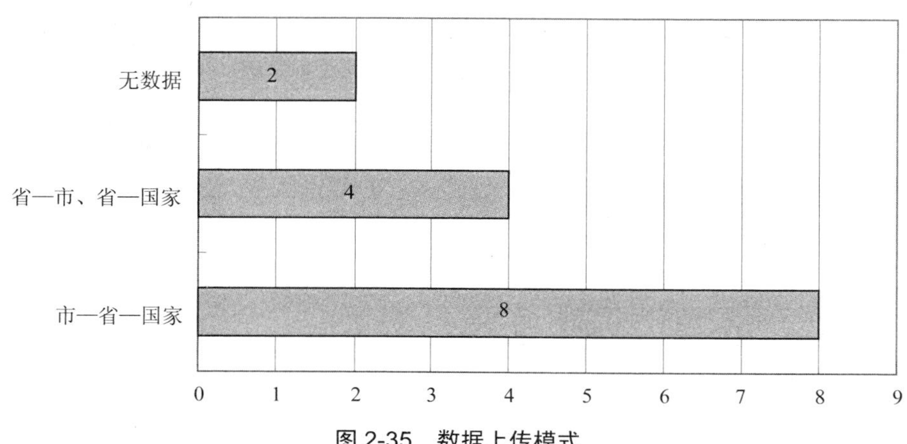

图 2-35　数据上传模式

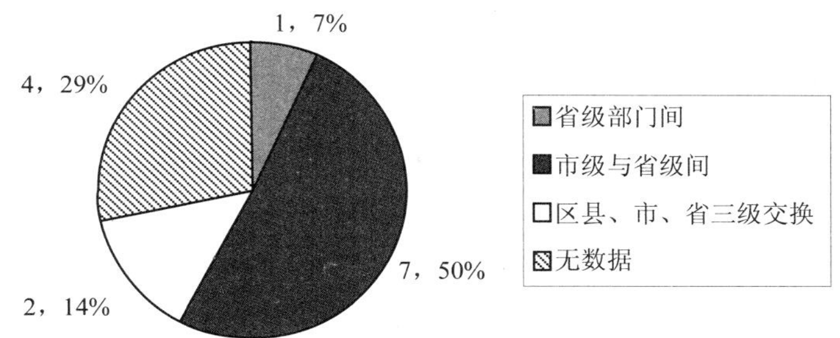

图 2-36　数据交换的范围

表 2-8　各省污染源自动监控信息交换概况

	采用的交换标准	业务管理模式			数据交换的实现方式	
	采用 交换技术规范	集中管理	分级管理	兼具集中、分级	独立	集成（嵌入）
江苏	√	√			√	
山西		√				√
内蒙古	√		√			√
河北				√		
云南						
浙江			√			
江西	√	√			√	
辽宁	√		√			√
福建		√				√
广东	√	√				√
湖北	√	√				√
宁夏		√				√
陕西	√	√			√	
上海	√	√			√	
合计	8	9	3	1	4	7

（4）国控污染源自动监控数据交换（图 2-37、表 2-9 和图 2-38）

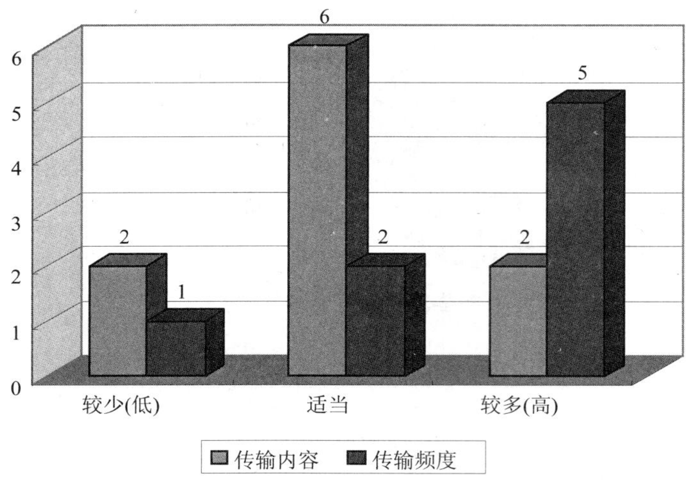

图 2-37 国控污染源监控数据交换的传输内容与传输频度

表 2-9 各省（市）各层级传输管理

	国家级	省级	地市
江苏			
山西	2	1	2
内蒙古			
河北			
云南		1	1
浙江	3	2	2
江西	1	1	1
辽宁	2	2	2
福建	2	2	2
广东		2	2
湖北	3	3	3
宁夏	3	2	2
陕西	1	1	1
上海	2	3	

注：1 代表能满足要求；2 代表基本满足要求；3 代表还需要补充。

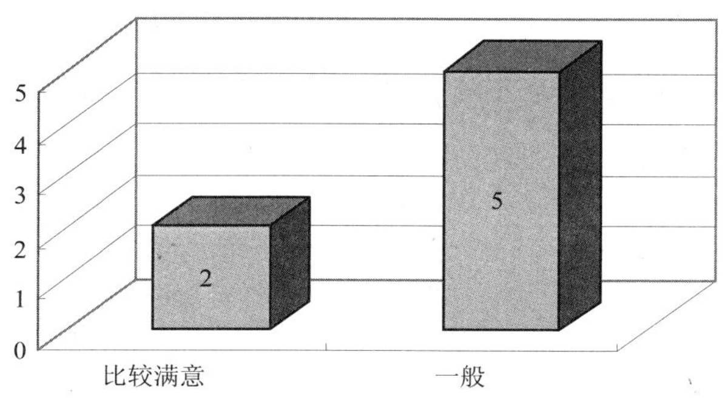

图 2-38 对国控污染源监控数据交换的总体感觉

（5）各省（市）污染源自动监控相关规范和管理文件

① 江苏省

《江苏省污染源自动监控管理办法》（暂行）。

② 山西

《数采仪监控结果及传输要求》；

《山西省污染源自动监控系统数据传输要求》；

《山西省污染源自动监控系统运行管理办法》；

《山西省污染源自动监控系统第三方运营细则》。

③ 内蒙古

《内蒙古自治区污染源自动监控管理办法》（暂行）；

《内蒙古自治区重点监控企业自动监测设备验收规程》；

《内蒙古自治区重点监控企业污染源自动监测数据有效性审核实施办法》。

④ 云南

《云南省污染源自动监控系统运行管理办法》；

《云南省污染源自动监控设施验收管理办法》。

⑤ 浙江

《浙江省污染源自动监测数据有效性审核实施细则（修订）》；

《浙江省污染源自动监控系统运行管理考核细则》。

⑥ 福建

《福建省污染源自动监控管理规定》；

《福建省污染源自动监控考核办法》。

⑦ 广东

《广东省重点污染源在线监控系统验收管理规定》；

《广东省自动监控信息交换技术规范》；

《广东省重点污染源在线监控系统值守和预警制度（试行）》。

⑧ 湖北

《湖北省污染源自动监控管理办法》；

《湖北省污染源自动监控管理办法实施细则》；

《湖北省固定污染源自动监控监控系统验收方案》；

《湖北省环境保护在线监控系统监控网络、平台运行维护管理规则》。

⑨ 上海

《上海市固定污染源烟气排放连续监测系统技术规范（试行）》；

《上海市固定污染源烟气排放连续监测系统数据审核和处理规定（试行）》；

《上海市固定污染源烟气排放连续监测系统通信规范（试行）》；

《上海市固定污染源烟气排放连续监测系统环保检查要求（试行）》。

2.6 国内外信息交换综述

2.6.1 国外信息交换工作的特点及可借鉴的经验

综观国外信息交换的案例，可以看出，国外发达国家非常重视从体制机制、法律政策、业务工作以及技术手段等方面开展信息交换工作，主要特点如下：

（1）体制机制层面的特点

一些国家从体制上采取了有力措施促进政府信息资源的跨部门交换，以提高政府工作效率，避免重复建设和减轻公众负担。例如，英国政府在政府信息资源统筹方面，采取措施对政府职能进行重组，加大跨部门的合作。2005 年英国成立了信息总管委员会，致力于在各政府部门之间进行组织和协调。英国政府利用政府网关将政府服务的功能集中起来，统一提供认证和信息交换功能，实现跨部门的信息共享，对政府信息资源及政府电子政务活动进行统一管理。2006 年英国成立了泛政府服务委员会，与内阁办公室合作，共同推动和指导英国政府部门的共享服务工作，共享服务主要集中在呼叫中心和人力资源等领域[19]。

（2）政策法规层面的特点

电子政务的发展、政务信息资源交换离不开良好的政策法规环境。世界主要发达国家，为了促进电子政务的发展、加强政务信息资源共享工作，都制定或修改了相关法律、法规和政策，以适应电子政务发展和政务信息资源共享的要求。例如，为了促进公共部门的信息资源开发利用，欧盟制定并出台了一系列政策和规划，2000 年 6 月颁布了《2002 电子欧洲行动计划》，2001 年 10 月制定了针对公共部门信息资源开发利用问题的总体框架《2002 电子欧洲行动计划：欧盟开发公共部门信息框架》，以及《公众获取欧盟议会、理事会和委员会文件法令》、《公众获取环境信息指令》和《欧盟公共部门信息商业开发利用指令》等指令。这些政策和指令主要涉及公共部门的信息公开、共享和商业化开发等领域[20]。

（3）业务工作层面的特点

国外电子政务建设的实践表明，缺乏对政府业务流程的优化是成功实施电子政务的主要障碍之一。规范和优化政府业务流程就是对传统的以行政职能为中心的行政流程进行规范和重组，充分考虑公众的需求和满意度。优化后的政府业务流程有两个基本特征：一是面向公众，以公众满意为目标；二是以事务为中心，跨越部门和职能界限。例如，美国为了规范电子政务提出了美国联邦政府组织架构（FEA）。FEA 是一种基于业务与绩效、用于某级政府的跨部门的绩效改进框架，它为预算管理办公室 OMB 和联邦政府各机构提供了描述、分析联邦政府架构及其提高服务于民的能力的新方式，其目的就是确认那些能够简化流程、共用联邦 IT 投资及整合政府部门之间和联邦政府的业务线之内的工作机会。

（4）技术手段层面的特点

一些国家非常重视从技术层面上加强信息交换的支撑。一方面，加强标准化工作，特别是支持政务信息资源共享和业务协同的标准化建设工作。在电子政务标准化建设方面，英国政府提出了接入系统、业务电子化和互操作性三大模块，并针对这三大模块先后出台了一系列技术框架政策和标准。接入系统方面的有《政府网站指导标准》；业务电子化方面主要涉及第三方服务提供、安全性、认证以及隐私保护与数据共享等领域；互操作性方面主要有《电子政务互操作框架》（e-GIF）[21]。另一方面，加强政务信息资源共享基础设施建设。英国政府在加强数据交换工作的同时，非常重视信息资源的统筹应用，为此，英国政府将相关业务按公众的需求组合起来，推出了跨部门信息共享系统[22]；欧盟则实施了公共部门数据交换项目[23]。

（5）可以借鉴的经验

发达国家信息共享工作的上述做法对于推进我国政务信息资源交换工作具有借鉴意义：

① 建立专门的政务信息资源交换机构，解决了因部门利益而产生的政务信息资源交换障碍，便于政务信息资源交换工作的组织协调，有力地促进了政务信息资源共享；

② 通过政务信息资源相关法律、法规和政策的建立和完善，形成了政务信息资源交换机制，促进了政务信息资源交换工作的有序开展；

③ 推动电子政务的关键是要搞好整体规划，规范化的业务流程有利于政务信息资源交换和业务协同；

④ 标准化和政务信息资源交换基础设施建设解决了传统政务信息资源交换工作中存在的无序交换、重复交换问题，政务信息资源交换从无序走向有序。

2.6.2　我国政务信息资源交换的特点

为了促进我国电子政务的健康发展，解决我国电子政务推进过程中政务信息资源共享存在的问题，促进政务信息资源共享和业务协同，结合国外发达国家电子政务建设和信息资源共享工作的先进经验，我国提出建设政务信息资源目录体系与交换体系，形成“逻辑上集中”的政务信息资源体系，支撑政务信息资源共享和业务协同。

（1）政策法规

为加强政务信息资源共享工作，国家出台了一系列的政策和文件。其中，针对我国政务信息资源管理存在的问题，2002 年，国家信息化领导小组在《关于电子政务建设指导意见》（国务院 17 号）中提出：“为了满足社会对政务信息资源的迫切需求，国家要组织编制政务信息资源建设专项规划，设计电子政务信息资源目录体系与交换体系。”2004 年，《关于加强信息资源开发利用工作的若干意见》（中办发 34 号）提出：“根据法律规定和履行职责的需要，明确相关部门和地区信息共享的内容、方式和责任，制定标准规范，完善信息共享制度。当前，要结合重点政务工作，推动需求迫切、效益明显的跨部门、跨地区信息共享。继续开展人口、企业、地理空间等基础信息共享试点工作，探索有效机制，总结经验，逐步推广。依托统一的电子政务网络平台和信息安全基础设施，建设政务信息资源目录体系和交换体系，支持信息共享和业务协同。规划和实施电子政务项目，必须考虑信息资源的共享与整合，避免重复建设。”

（2）电子政务总体框架

2006 年国家正式出台了《电子政务总体框架》，框架指出：“推动政务信息资源开发利用，要以应用为主，建库为辅，依托政务信息资源目录体系与交换体系，按照条块结合、纵横联合的原则，实现政务信息资源的有序采集、更新和应用，实现政务信息资源在同级政府各部门间的属地化横向交换、共享和公开，实现政务信息资源的纵向传输并满足各级政府部门的信息需求……”电子政务基础设施包括“网络基础设施、政务信息资源目录体系与交换体系、信息安全基础设施。”《电子政务总体框架》的出台为新时期我国电子政务建设和信息资源共享指明了方向。

（3）标准规范

2005年国务院信息化工作办公室组织相关专家完成了《政务信息资源目录体系》与《政务信息资源交换体系》系列标准征求意见稿，于同年12月印送各地区、各部门征求意见。2007年《政务信息资源目录体系》与《政务信息资源交换体系》系列标准通过国家的批准，正式颁布实施。

（4）应用推广

为验证目录体系和交换体系标准，探索两个体系支持信息共享与业务协同的应用和服务模式，2005年12月，在天津、上海分别开展了目录体系与交换体系原型试点。天津试点有8家市级部门、150余家区级部门参与，对市、区两级目录体系的建设进行了初步探索。上海试点在黄浦区、松江区的13个部门间，围绕医疗救助、低保、廉租房、妇女儿童帮困等协同服务事项和证照监管、联合年检等协同管理事项，探索了交换体系的建设模式。从2006年4月开始，又选择北京、内蒙古等地进一步开展了政务信息资源目录体系与交换体系建设试点工作。

附录 2-1　国控污染源自动监控数据交换问卷

（2011.9）

学员信息：姓名 ________　职务/职称 ____________　电子邮件 ______________________

单位 ___________________________________联系电话 ______________________

基本信息：

1. 污染源自动监控中心建设情况

污染源监控建设始于 ________年

省到国家　□国家环境信息专网　□基于 Internet 的 VPN　□Internet 网络带宽_________MB

省到地市　□国家环境信息专网　□省自建环境信息专网　□基于 Internet 的 VPN

□Internet 网络，带宽 MB

到企业　□地市自建污染源自动监控信息专网（□光纤　□adsl　□无线 GPRS　□无线 3G）

□Internet（□光纤　□adsl　□无线 GPRS　□无线 3G）网络，带宽_________MB

省监控中心 _____个，地市监控中心_________个，县级监控中心_________个

2. 污染源自动监控系统情况

污染源自动监控系统是否独立运行？ ____

或与____系统一起

系统名称：___________________________开发单位：_____________________________

数采仪端水数据量/每天_____________MB，数采仪端气数据量/每天________________MB

企业水数据量/每天_________________MB，企业气数据量/每天____________________MB

本省水数据量/每天_________________MB，本省气数据量/每天____________________MB

本省视频数据/每天_________________MB，保存期限________________________________

监控污染因子及平均采集频次 __________________、________________、______________、_____

以及其他 ____

数据分析应用有哪些？

□实时显示　□报表统计　□总量趋势　□预警预测　□GIS　□数据挖掘

□其他（请补充）____

3. 污染源自动监控信息交换情况

数据交换量，省到国家/每天______________MB，数据条数/每天_____________________

数据交换过程：____

数据上传模式：□市-省-国家　□省-市、省-国家　□其他___________________

采用的交换标准：环境污染源自动监控信息传输、交换技术规范（HJ/T 352—2007）_____________

或其他 ____

交换的范围是：□省级部门间　□市级与省级间　□区县、市、省三级交换

业务管理模式：□集中管理（省里统一管理数据交换）

□分级管理（省、市、区县各自负责）

数据交换的实现方式：

□集成（嵌入）在污染源自动监控软件系统中　　　□独立的数据交换平台软件

系统名称：________________

开发单位：________________

数据格式是否符合 HJ/T352—2007：________________

实施 HJ/T 352—2007 的难点：________________

对实施 HJ/T 352—2007 的建议：________________

数据交换过程的安全技术：________________

数据交换过程是否可监控、有日志记录、可自动统计？________________

数据交换中出现的问题：________________

原因：________________

其他：________________

国控污染源自动监控数据交换：

1. 传输内容

□目前传输内容偏少　　□目前传输内容适当　　□目前传输内容偏多

□其他（建议：________________）

2. 传输频度

□目前传输频度较低　　□目前传输频度一般　　□目前传输频度较高

□其他（建议：________________）

3. 传输管理要求

国家级　□能满足要求　□基本满足要求　□还需要补充（________）

省级　□能满足要求　□基本满足要求　□还需要补充（________）

地市　□能满足要求　□基本满足要求　□还需要补充（________）

4. 需要改进 ________________

5. 总体感觉

□很满意　　□比较满意　　□一般　　□不满意

本省（市）污染源自动监控相关规范和管理文件：

已发污染源自动监控相关规范和管理文件：

1. ________________ □使用中　□未使用

2. ________________ □使用中　□未使用

3. ________________ □使用中　□未使用

4. ________________ □使用中　□未使用

待发布或拟编制的相关规范和管理文件：

1. ________________ □待发布　□拟编制

2. ________________ □待发布　□拟编制

3. ________________ □待发布　□拟编制

4. ________________ □待发布　□拟编制

其他建议：

参考文献

[1] E-Government in Finland：An Assessment [Organisation for Economic Co-operation and Development，OCED 2003.9].

[2] Assay Data Exchange（ADX） Project.http：//xmml.arrc.csiro.au. [2006-09-26].

[3] ESB 实现 SOA 企业复杂应用集成的解决措施[J]. 计算机世界，2007.03.23.

[4] Wonjun CHOI. Institutional Issues of the Spatial Data Exchange in Korea. FIG XXII International Congress Washington，D.C. USA，April 19-26 2002.

[5] 谢俊贵.公共信息学[M]. 长沙：湖南师范大学出版社，2004.

[6] Great Lakes Regional Data Exchange[EB/OL]. http：//www.glc.org/gis/rdx/ [2004-03-12].

[7] EU Working Group.Change management and Cross Institutional Issues：Data Interchange between Government and Business，September 9th，2003.

[8] S. Anderson et al.Data Security – Access：Report to the Administrative Data Council，2004.8.

[9] Exchange and Shared Responsibility for Institutional Data. [EB/OL]. http：//www.it.northwestern.edu/policies/ ExchangeSharedResponsibilityData.pdf[2006-09-26].

[10] e-Government Interoperability Framework. [EB/OL]http：//www.govtalk.gov.uk [2006-09-26].

[11] 杨吉江.构建电子政务通用数据模型[J]. 电子政务，2007（1-2）：136-140.

[12] http：//www.tyvi.org；http：//www.environment.fi/ [2006-09-26].

[13] http：//www.bauen.esslingen.de [2006-09-26].

[14] http：//www.welfare.ie，http：//www.groireland.ie，http：//www.reach.ie[2006-09-26].

[15] Donahue Phyllis.TRI State Data Exchange. [EB/OL]http：//www.ecos.org/files/2595_file_Rosencrantz_Ingrid_TRIRosencrTRIStateDataExchangev3.ppt [2006-09-26].

[16] http：//www.govtalk.gov.uk. e-Government Interoperability Framework，Version 6.1.

[17] http：//www.kbst.bund.de/saga. Standards and Architectures for e-government Applications Version 2.0.

[18] 交通运输科技信息资源共享平台，http：//www.transst.cn/PlatForm/.

[19] http：//cio.ciw.com.cn/cio28/20070521144445.shtml.

[20] 信息产业部电子科技情报研究所，国外信息资源开发利用政策与实践研究（国信办软课题）.

[21] http：//cio.ciw.com.cn/cio28/20070521144445.shtml.

[22] http：//fuxing.bbs.cctv.com/viewthread.php？tid=11887565&extra=page%3D5.

[23] http：//fuxing.bbs.cctv.com/viewthread.php？tid=11887565&extra=page%3D5.

第 3 章　污染源自动监控信息交换机制研究

3.1　国内外信息交换机制建设情况

3.1.1　国外信息交换机制

3.1.1.1　美国信息资源交换机制

美国颁布的政府信息资源交换方面的法律、法规和标准，主要包括《电子数据交换标准》和《政府信息定位服务应用标准》等。此外，为了对政府信息资源管理工作进行有效的指导和规范，管理与预算办公室于 1985 年制定了《联邦信息资源管理政策》（OMB A-130 号通告）[1]，并于 1994 年、1996 年和 2000 年对其进行了 3 次修订。该政策对联邦政府各机构信息采集、公开、发布、交换、记录管理、统计信息管理、信息系统管理等信息资源开发利用活动进行了规定。

美国政府要求各联邦机构要营造一个开放的系统环境，便于机构之间的信息交换和避免重复建设。具体来说，各机构在开发信息系统时，应加强异构的硬件、软件和通信网络平台之间的互操作性，应用上的简便性和系统的可升级性；确保计划开发的信息系统和需要完善的现有信息系统没有与本机构内部、其他机构和私人机构的信息系统重复；如果经济合算，在采购新的信息技术资源之前，首先应通过机构内和机构间的交换满足信息技术需求；在可行和法律允许的范围内，应努力与其他政府机构进行信息系统的交换。

为提高政府工作效率和效益，降低错误率和减轻信息采集对公众的负担，美国建立了个人信息交换机制，并规定在交换个人信息时要注意以下问题：政府机构交换个人信息要得到当事人书面的或电子形式的同意；交换个人信息之前应告知当事人，并要在《联邦公报》上公示 30 天后才能交换；限制个人信息的再次公开和发布；确保被交换的个人信息的准确性；对被交换的个人信息实施安全控制；将隐私权保护评估作为新的政府信息系统开发的必要组成部分。

3.1.1.2　欧盟信息资源交换机制

早在 1989 年，欧盟就提出了公共部门信息资源开发利用问题。近年来，为了促进公共部门的信息资源开发利用，欧盟制定并出台了一系列政策和规划，如 2000 年 6 月颁布

1 http：//info.broadcast.hc360.com/HTML/001/003/006/001/47376.htm.

的《2002 电子欧洲行动计划》(E-Europe Action Plan)，2001 年 10 月制定的针对公共部门信息资源开发利用问题的总体框架——《2002 电子欧洲行动计划：欧盟开发公共部门信息框架》，以及《公众获取欧盟议会、理事会和委员会文件法令》、《公众获取环境信息指令》和《欧盟公共部门信息商业开发利用指令》等指令。这些政策和指令主要涉及公共部门的信息公开、交换和商业化开发等领域。

3.1.1.3　加拿大信息资源交换机制

为加强对政府信息资产的管理，加拿大先后颁布了《隐私权法》、《信息公开法》和《统计法》等一系列法律法规，对政府信息资源开发利用活动进行规范，并于 2003 年 5 月开始实施《政府信息管理政策》，以取代 1995 年开始实施的《政府信息资产管理政策》。这些法律政策主要涉及政府信息资产的管理、信息公开和隐私权保护，以及统计信息管理和增值开发等，为联邦政府机构开展信息资源开发利用提供了有力的指导。《政府信息管理政策》作为加拿大政府信息资产管理的政策性文件，对加拿大政府信息资产的管理和规划，采集、创建、接收和获取，维护、保护和保存，处理和有效评估等都做出了明确规定，该政策关于数据交换的主要规定有：

（1）联邦政府机构在制定或修改政策、计划、服务体系和技术系统时充分考虑信息管理需求，建立负责信息管理工作的组织机构体系，并尽量使用通用基础设施以提高信息管理系统之间的互操作性。

（2）联邦政府机构在采集、创建、接收和获取信息时，应注意以下问题：根据业务、法律和职责要求，为政府服务和决策提供支持；确保信息的相关性、可靠性和完整性；有利于信息交换和再利用；记录决策和决策制定过程以及政策和计划的沿革，以支持政府和政府决策的连续性，并有利于独立审计和评估；避免不必要的信息采集，以减轻公众负担。

（3）联邦政府机构确保政府信息（包括加密信息）的可用性，保护重要的记录，并避免信息被不恰当地公开、使用、处置或破坏。

3.1.1.4　澳大利亚信息资源交换机制

早在 1997 年 8 月，澳大利亚政府就公布了《作为国家战略资源的政府信息管理》报告，提出了联邦政府信息管理的总体框架、10 条建议和 41 项行动计划，其中，总体框架中包括信息管理和服务原则。

澳大利亚的信息管理原则是：在设计和开发信息系统时，考虑跨部门交换的需求；促进具有通用功能的 IT 系统的交换，减少开发、运作和维护成本；各种类型的记录应该通过适当的记录保存系统让公众获取；能够一次性将信息转换为电子格式，并可以通过标准的交互界面以不同的方式重复使用；政府系统的用户接入界面应该采用一致的外观、风格；联邦政府机构应该寻求与州和地方政府机构的合作。

此外，澳大利亚政府还出台了一系列与数据交换有关的法律、法规、标准与政策性指导文件，如《澳大利亚客户信息交换标准》、《记录保存元数据标准》、《澳大利亚政府定位服务元数据标准》、《澳大利亚记录管理标准》、《澳大利亚政府交互功能主题词表》、《联邦公益空间数据转让政策》和《联邦政府互操作性技术框架》等。

澳大利亚政府认为，政府机构内部或政府机构之间在业务处理方面的所有通信（包括电子邮件、传真、电子数据交换、远程/视频会议等），都应直接保存到电子记录管理系统中，保存内容包括通信的初始内容、结构和背景信息，但不要求保存在初始的硬件和软件环境中。

3.1.1.5 国外信息资源交换机制基本特点分析

综观国外国家或组织信息资源交换的政策和实践，可以发现，虽然他们在信息资源交换方面存在着一定的差异性，但都充分认识到了信息交换的重要。总的来说，国外国家或组织的信息资源交换机制主要呈现出以下几个特点：

（1）重视互操作性

为了实现已有系统的数据交换，国外从法律、政策层面明确了互操作的重要性，这种互操作包括硬件、软件和通信网络平台之间的互操作，从而为数据交换奠定了良好的基础。

（2）数据交换标准相对完善

在信息资源开发利用和信息资源管理的总体框架下，各国相继开展了数据交换标准的制定工作，包括信息交换标准、资源元数据标准、互操作性技术框架等。

（3）多部门协调管理

国外国家或组织大多指定相应的机构或设置专门的机构从总体上负责指导和协调信息资源的数据交换，而这些机构往往是负责信息化建设的领导与协调机构。其他有关机构按照各自的职责协助其开展相关工作。

（4）宽带基础设施得以大力发展

国外国家或组织认为，宽带技术正在改变整个互联网，宽带基础设施的建设与新的内容和服务的发展密不可分。宽带基础设施投资需要靠内容和服务的广泛发展来推动，而新的内容和服务的发展则有赖于宽带基础设施的建设。因此，他们都注重发展宽带，以便为内容和服务的发展提供良好的基础设施环境。

3.1.2 国内信息交换机制

3.1.2.1 北京市政务信息资源交换机制

（1）有关法律规范

为了加快信息社会建设，提高信息化水平，促进经济发展和社会进步，依据国家有关法律、法规和相关规定，结合北京市实际情况，北京市信息化工作办公室按照市政府立法计划，组织研究并起草了《北京市信息化促进条例》，该条例以政府法律的形式发布，具有法律效力。该条例对政务信息资源交换做了相关规定，主要包括：

① 北京市建设统一的人口、法人单位、自然资源和地理空间等基础信息数据库。基础信息数据库由市公安、质量技术监督、规划等部门分别负责建设。

北京市各级国家机关应当依据基础信息数据库建设本行业、本部门的业务数据库。

② 政务信息应当在国家机关之间交换。国家机关有权使用政务信息交换目录中的其他国家机关的政务信息。

政务信息需求单位应当就政务信息交换的内容、范围、用途和方式与政务信息提供单位主动协商。协商一致的，双方按协商确定的内容、范围、用途和方式进行使用；协商未达成一致的，政务信息提供单位应当将有关情况报请同级信息化主管部门进行协调。涉及保密要求的，政务信息需求单位应当与提供单位签订政务信息交换安全保密协议，并报保密部门备案。

市和区县人民政府统一建设政务信息交换平台，为各国家机关之间的政务信息交换提供服务。各国家机关应当及时向市、区县政务信息交换平台提供信息或者目录，并负责相关信息的更新。

（2）工作机制

北京市政府办公厅、市委办公厅共同颁发了“关于加强政务信息资源交换工作的若干意见”[1]（京办发[2005]33 号），目的是建立政务信息资源交换长效机制，根据法律法规规定和履行职责需要，明确各部门、各单位政务信息交换的内容、方式、责任、权利和义务，建立并完善信息交换基础设施，制定标准规范，推动重点领域和跨部门政务信息资源交换，进一步提高决策能力、行政效能和服务水平。京办发[2005]33 号文明确指出，要建立政务信息资源交换的工作机制，主要包括：

① 建立政务信息采集责任公开机制

按照统筹规划、统一组织的原则，由市统计局、市信息办负责确定法人、人口、空间与自然资源、宏观经济与社会发展等基础信息的采集标准和采集部门，明确有关政务信息采集职责。建立政务信息采集目录，并及时以政务信息采集责任公开目录形式公布。建立政务信息采集申请、查询、注册、备案和协调工作机制，规范政务信息采集工作，避免重复采集、多头采集。

② 建立政务信息资源统筹建设机制

各部门、各单位根据法律法规规定和履行职责需要，以及全市政务信息采集责任公开目录，在市信息资源开发利用总体规划指导下，按照“业务产生数据”、“建设与维护同步考虑”的原则，建设本部门、本单位政务信息资源库和政务信息资源目录。全市统筹集中建设法人、人口、空间与自然资源、宏观经济与社会发展四类基础信息。建立政务信息数据库备案、注册、运行、更新、注销管理制度，对全市政务信息数据库实现动态管理。

③ 建立政务信息资源交换查询机制

建立政务信息资源交换目录，加强政务信息资源整合，避免重复建设。各部门、各单位新建政务信息数据库或需要交换政务信息时，通过查询政务信息采集责任公开目录，判断要新建或需交换政务信息数据库是否已经存在；通过查询政务信息交换目录，判断能否提取可以利用的政务信息，避免重复采集和建设。

④ 建立政务信息资源交换协商机制

按照“谁产生谁负责，谁建设谁负责，谁运营谁负责，谁交换谁负责”的原则，由政务信息需求单位向政务信息提供单位提出申请。政务信息交换和交换的内容、范围、用途和方式以供、需双方协商为主，信息需求申请与协商结果报市信息办备案。除依法确定不能交换的信息外，信息提供单位提供交换政务信息应当免费、及时和全面。

政务信息提供单位不予提供或不能按已商定协议提供交换政务信息的，必须将有关情况、理由报市信息办。市信息办依据其职责商有关部门和单位研究解决，重大事项提请领

1 http：//www.e-gov.org.cn/ziliaoku/news003/200602/17849.html.

导小组会议决定。

政务信息资源交换后，交换各方应将相关政务信息资源提供情况和使用情况报市信息办备案。使用部门和单位应将交换效果向提供部门和单位反馈。

⑤ 建立信息安全保密协议机制

各部门、各单位在政务信息资源交换过程中应当加强政务信息资源管理，统筹考虑信息安全，通过加强内部管理，健全政务信息安全监管机制，妥善保管政务信息资源，确保交换信息资源的安全保密。涉及保密要求的，信息需求方和提供方要签订政务信息交换安全保密协议，并报市保密局备案。通过交换取得的政务信息资源，只能用于交换安全保密协议指定的用途和范围，未经允许不得向其他任何单位和个人提供。

⑥ 建立政务信息资源交换资金保障机制

市发展改革委、市财政局、市信息办制定全市政务信息资源交换基础设施、重点信息资源建设和维护年度计划。

政务信息资源交换工作中信息化资产的维护经费纳入本部门、本单位信息化运行维护费，业务数据采集、交换、维护的经费由部门、单位相应的工作经费列支。对因政务信息资源交换而单独建立数据库系统的部门、单位，由市财政局、市信息办依据数据库运行、更新和维护的实际情况给予资金保障。

⑦ 建立政务信息交换激励与约束机制

市监察局、市人事局、市信息办等部门负责对全市政务信息交换情况进行考评。市监察局等部门对在加强政务信息资源建设和交换工作中不履行职责，造成严重后果和重大不良影响的部门、单位及有关人员追究责任。因违反保密法规，致使交换信息资源泄露，造成危害后果的，依法追究相关人员责任。

（3）总体技术规划

政务信息资源交换工作既涉及机制体制问题，也离不开技术管理问题，为此，北京市对政务信息交换工作做了总体技术规划，主要包括制定了《北京市电子政务总体框架》、《北京市政务信息资源交换体系规划》，出台了《北京市政务信息资源交换平台管理办法》。

① 北京市电子政务总体框架

北京市电子政务总体框架指出，需要加强信息公开和交换工作，主要包括以下措施。

落实完善政府信息公开的相关制度，编制本部门的政府信息公开目录，明确公开信息内容、公开规则、流程、相关责任主体等，建立政府信息公开机制，规范政务公开信息的发布。重点解决公众关注的重大决策过程、工作动态和公用事业信息的公开，以公开为原则，不公开为例外。除涉及国家秘密和依法受到保护的商业秘密、个人隐私外，应在政府网站上予以公开。各部门应主动公开有关职能、许可、服务、法规文件类等政务信息，逐步扩大政务信息公开的范围和内容，及时准确地发布政务信息，逐步建立统一的政府信息公开申请受理机制。

建立政务信息资源交换长效机制，明确各部门政务信息交换的内容、方式、责任、权利和义务，编制政务信息交换目录。根据法律法规规定和履行职责需要，统筹兼顾各级政务部门需求，依托市、区（县）两级政务网络、交换平台和信息安全基础设施，逐步实现跨部门、跨层级的政务信息按需交换。各级政务部门应加强信息资源交换的协调和备案，保障信息资源交换资金，实现交换信息资源的安全保密。市级各部门应为区（县）政务部门履行社会管理、公共服务、市场监管职能提供交换信息。结合全市重点工作，重点解决基础信息资源交换和土地、房屋、地下管线、交通、城市部件与事件、执法、政法、信用、项目审批、公共卫生、应急指挥等跨部门重大领域应用信息资源交换，进一步提高行政监管效能和服务水平。

② 北京市政务信息资源交换体系规划

《北京市政务信息资源交换体系规划》认为北京市政务信息资源交换体系（简称交换体系）是连接北京市各政务部门电子政务系统的重要基础设施，是实现信息交换和业务协同的重要基础支撑，它由政务信息资源目录体系（简称目录体系）和政务信息资源交换体系（简称交换体系）构成。其中，目录体系由目录服务、目录管理平台、目录信息内容、目录标准规范、目录管理机制等组成，支撑政务信息资源的管理、查询定位和交换；交换体系由交换服务、交换管理平台、交换信息内容、交换标准规范、交换管理机制等组成，支撑政务信息资源的交换。

按照管理层级，目录体系由市级目录体系和区（县）目录体系组成。市、区（县）目录体系支撑实现市、区（县）级政务信息资源目录的管理和服务。交换体系由市级交换体系和区（县）交换体系组成。市、区（县）交换体系支撑实现市、区（县）级政务信息资源的交换。

③ 北京市政务信息资源交换平台管理办法

《北京市政务信息资源交换平台管理办法》则具体针对北京市建成的政务信息资源交换平台提出了管理规定，主要包括：

a. 平台建设的主体。北京市信息化工作办公室（以下简称市信息办）负责市交换平台的统筹规划、组织建设和监督管理工作。北京市信息资源管理中心负责市交换平台建设和运行维护的日常管理工作。

区（县）信息化主管部门负责本地区政务信息资源交换平台的统筹规划、组织建设、监督管理和运行维护工作。

接入市交换平台的部门负责本部门交换节点的组织建设和运行维护工作。

b. 政务信息目录注册要求。政务信息资源目录由市信息办组织编制。提供或需要政务信息资源的部门（以下简称各部门）应当分别编制本部门可对外交换政务信息资源的目录和本部门需要从其他部门交换的政务信息资源的目录，并在市交换平台上注册。

c. 政务信息资源交换要求。跨部门、跨区（县）的政务信息资源交换应通过市、区（县）交换平台进行，其中，人口、法人、空间等基础信息资源库必须接入市交换平台，并通过市交换平台提供基础信息资源服务。

此外，为了保障交换平台的正常运行，北京市从技术层面上制定了相关制度和管理办法，主要包括《政务信息资源交换平台对接指南》、《平台运行内部管理制度》、《北京市政务信息资源交换平台用户管理办法》等。

3.1.2.2　交通科技信息资源交换机制

（1）组织保障机制

制定交通科技信息资源交换工作领导小组章程。从管理上，明确交换的主管机构；从业务上，确定相关部门及其职责，交通科技信息资源交换的原则，协调内容和规范；从操作上，明确协调的具体步骤，领导小组的工作细则等。

（2）政策保障机制

根据交通科技信息资源交换不同阶段的不同特点，出台一些鼓励交换的政策，包括《交通科技信息资源共享管理办法》、《交通科技信息资源汇交管理办法》、《交通科技信息资源共享绩效考核办法》、《交通科技信息资源共享平台绩效考核指标体系》、《交通科技信息资源共享平台绩效考核指标体系使用说明》等。

（3）资金保障机制

制定交通科技信息资源交换资金管理制度。从政府层面明确交换资金的管理，保障交换基础设施的建设、运维的资金，保障跨部门、重大应用的交换的资金。

（4）监督考核机制

制定交通科技信息资源交换监督考核管理办法。从管理上，明确监督考核的部门、责任和义务；从业务上，明确监督考核的内容、范围；从操作上，明确考核和流程。

（5）绩效考核机制

制定交通科技信息资源交换绩效考核指标体系和管理办法。从管理上，明确绩效考核的部门，责任和义务；从业务上，明确监督考核的绩效考核指标；从操作上，明确考核的流程。

研究制定了平台所需的 3 个运行管理机制，包括《交通科技信息资源共享管理办法》、《交通科技信息资源共享平台运行管理办法》、《交通科技信息资源共享平台运维资金管理办法》等。

3.2 污染源自动监控信息交换机制现状分析

3.2.1 污染源自动监控管理发展及现状

随着网络和监测技术的进步，利用电子手段辅助日常人工抽测，以弥补这一缺陷，这是环保部门的必然选择。1999 年 11 月 12 日国家环保总局下发了《关于污染源自动监控试点的通知》，决定在上海、石家庄、大连、长春、哈尔滨、苏州、杭州、咸阳、兰州市西固区开展污染源监控试点。11 月 18 日又下发了《关于推广使用污染源自动监控软件（中心版）的通知》，指出各级环保部门要将推广使用污染源自动监控系统作为增强环保现场执法手段，提高环保执法水平的重要工作来抓，同时初步确立了以淮河、太湖、滇池的环境治理为契机，实现污染源自动监控系统的区域综合配置，体现系统先进性，实现流域监理目标。

2007 年我国开始实施污染减排“三大体系”[1]建设，这是党中央、国务院加强污染减排工作的重要措施。国家专门安排 20 亿元，其中 7.45 亿元用于“国控重点污染源自动监控能力建设项目”。国控重点污染源自动监控系统是“三大体系”能力建设的重要组成部分，该项目的目标是通过自动化、信息化等技术手段，更加科学、准确、实时地掌握重点污染源的主要污染物排放数据、污染治理设施运行情况等与污染物排放相关的各类信息，

---

1 “三大体系”为科学的减排指标体系、准确的减排监测体系、严格的减排考核体系。

及时发现并查处违法排污行为，对于加强现场环境执法，强化环境监管措施与手段，有力查处环境违法，监督落实污染减排的各项措施，确保污染减排工作取得实效，切实改善环境质量具有十分重要的意义。[1]

项目建设内容为按三级六类建设国家、省（自治区、直辖市）、地市三级 363 个污染源监控中心并联网，对占全国主要污染物工业排放负荷 65%的 6 066 家工业污染源和 658 家城市污水处理厂安装污染源自动监控设备，并与环保部门联网，实现实时监控、数据采集、异常报警和信息传输，形成统一的监控网络。

经过近 10 多年来的努力和国家对节能环保工作的支持，污染源自动监控工作已由最初只是调取污染治理设施的开关情况，到目前部分实现 COD、NH_3-N、SO_2、NO_x 等主要污染因子现场自动监测分析、无线传输、远程控制和实时报警，我国的污染源监控网络建设取得了较好成绩。主要体现在：

（1）污染源自动监控系统框架建设工作基本完成。目前，全国大部分省市、直辖市设置不同规模的重点污染源自动监控中心，监控中心内部已实现联网。部分地区的污染源污染排放数据已经可以及时传送到国家、省、市三级监控中心，污染源自动监控系统的框架建设工作有序逐步完善。

（2）污染源自动监控系统建设投入逐年增长，监控对象逐年递增，监控效力稳步提升。自我国提出污染源自动监控系统的概念以来，各级环保部门在相关领域的投入呈现快速增长势头。监控对象几乎覆盖全部的国控污染源和一定量的省控污染源。污染排放量近两年持续保持下降趋势，污染源自动监控系统的使用效力正在逐步体现。

3.2.2 污染源监控管理机构职能及业务分析

3.2.2.1 环境监察局

环境监察局（以下简称环监局）独立设置，为环境保护部（原环保总局）内设司局，负责环境执法监督，并由政策法规司划入行政处罚职责。

环境监察局主要职责：

负责重大环境问题的统筹协调和监督执法检查；拟订环境监察行政法规、部门规章、制度，并组织实施；监督环境保护方针、政策、规划、法律、行政法规、部门规章、标准的执行；拟定排污申报登记、排污收费、限期治理等环境管理制度，并组织实施；负责环境执法后督察和挂牌督办工作；指导和协调解决各地方、各部门以及跨地区、跨流域的重大环境问题和环境污染纠纷；组织开展全国环境保护执法检查活动；组织开展生态环境监察工作；组织开展环境执法稽查和排污收费稽查；组织国家审批的建设项目“三同时”监督检查工作；建立企业环境监督员制度，并组织实施；负责环境保护行政处罚工作；指导全国环境监察队伍建设和业务工作；指导环境应急与事故调查中心和各环境保护督查中心环境监察执法相关业务工作。内设机构有：

（1）办公室

承担局内文电、会务、机要、保密、安全、印章、档案、财务预算、固定资产管理、

---

1 实施重点污染源自动监控能力建设全面提升环境监管水平，环境保护部环境监察局，2010.12。

政务信息与公开、工作计划与总结等综合性事务和综合协调工作；组织拟订环境监察与稽查的政策、法规和规章；指导全国环境监察机构的队伍建设；组织“三同时”监督检查工作；建立企业环境监督员制度。

（2）排污收费管理处（简称排收管理处）

拟订排污申报登记、排污收费的政策、法规、规章、制度，并组织实施；建立和管理全国重点污染源数据系统。

（3）监察稽查处（简称稽查处）

监督国家环境保护规划的执行；督办重大环境污染违法案件；组织全国环境保护执法检查活动和环境执法稽查；指导环境保护系统环境执法工作；组织实施挂牌督办、限期治理、后督察工作。

（4）区域监察处（简称区域处）

组织开展生态环境监察工作和农村环境执法工作；督办重大生态破坏案件；协调解决跨省区域流域环境问题和环境污染纠纷；指导环境保护督查中心环境监察执法相关业务工作。

（5）行政执法处罚处（简称处罚处）

组织实施环境行政处罚工作；承担环境违法案件的审查、处理和处罚，并监督行政处罚的执行；组织行政处罚听证工作。

3.2.2.2 地方环境监察机构

全国各省、地市都设有相应的环境监察机构（名称一般为环境监察分局、环境监察总队及环境监理所），另外环境保护部（原环保总局）在全国下设 5 个督查中心，以上部门均为本系统的最终使用单位。

地方环境监察部门主要职责为：开展日常性环境执法监督；组织环境执法检查；督办领导批办和其他重大环境污染与生态破坏案件及重大建设项目环境违法案件，并提出处理和处罚意见；协调解决跨区域和流域环境问题；负责环境稽查，并指导环境监察队伍建设，组织开展全国排污申报登记和排污费征收。

3.2.3 污染源自动监控信息化现状

污染源监控建设规范提出明确要求，指出污染源监控中心建设的基本功能要求、建设原则、系统结构、建设标准以及其他要求。

3.2.3.1 网络建设

依据建设规范要求，在局域网环境中建立监控中心，监控中心通过防火墙、路由器等网络设备与其他网络系统互连；依照国际标准规范采购各种设备软硬件，并采用 TCP/IP 等通用的标准网络通信协议。

此外，根据网络扩充需求设置足够的信息点数。监控中心机房宽带接入国际互联网（网络带宽大于等于 2 M），并通过当地环保信息中心接入全国环保系统电子政务外网。

3.2.3.2 应用系统

随着计算机技术的不断发展，污染源自动监控的环境越来越复杂，要求支持不同的系统平台、数据格式和多种连接方式。互联网环境下的污染源自动监控系统要求跨平台，要求与语言无关，与特定接口无关，而且要提供对 Web 应用程序的可靠访问。基于上述概念和分析，目前污染源自动监控系统整体技术策略采纳国家电子政务的技术模型，全面采用中间件等技术分层构建，采用集中和分布式相结合的方式处理业务数据，全面引入采用基于组件和面向服务的 XML/Web Service 技术跨平台共享数据资源，Web 服务架构是一种能够较好地满足这种需求并最终实现全面面向服务的架构，有效规避业务内容和流程变化的风险，面向因特网提供在线业务处理，构建高效率、高可用性、高安全性的网上业务处理平台和信息交换平台。此架构可以同时支持微软的.NET 和 J2EE 平台。

Web Service 的体系结构是一个分层的结构，可分为：网络层、消息传递层、服务描述层、服务发现层以及工作流层。此外，安全、管理以及服务质量贯穿于 Web Service 的整个体系结构。信息系统的技术架构是一个分层的模型，自上而下可以分为三个大层次，分别是“表示层”、“中间层”和“数据层”，与典型的“三层结构”计算模型在原理上完全一致的。

这种分层的架构有利于分别进行信息系统的设计、开发和部署，也保证了整个信息系统的稳定性、可用性和可扩展性，屏蔽了各层具体实现的相关性和复杂度，降低了系统应用之间的耦合程度，以适应业务不断扩展和变化的需要，避免因底层、局部或高层业务的变化影响整个应用的表现。从另一个角度来说，这是从系统的整体性能表现来考虑系统的设计和部署。

3.2.3.3 数据中心和机房建设

数据中心机房建设是保证计算机网络设备和各级污染源自动监控系统正常运转的关键。现在的计算机设备对运行环境要求较高，因此必须按照规定的标准规范，科学地设计机房。主机房建设工程必须遵循国家机房设计标准规范的要求。

数据中心的建设是一个阶段性强、计划性强的过程，须遵循统一的设计思想和建设要求，这样，才能全面支撑统一的污染源自动监控信息系统应用。

3.2.3.4 标准化建设

系统标准与规范化在污染源自动监控信息化建设中起着基础性的支撑作用，研究并构建完善的标准体系，可以在较长的建设周期内，保障系统的开放性、可扩展性和易维护性，确保达到系统建设的各项质量要求，为污染源自动监控信息化建设和运行的开放性、可扩展性以及可维护性提供相应的体系保障。信息标准化建设中坚持引用和开发相结合的原则，关注国际信息标准化的发展，应用国际标准，宣传贯彻国家标准，开发和研制行业标准。

系统标准与规范化主要包括：网络基础设施标准、应用支撑标准、应用标准、信息安全标准和管理规范标准等。

目前污染源自动监控信息化建设中有《国控重点污染源自动监控信息传输与交换管

理办法》、《污染源自动监控管理办法》、《国控重点污染源自动监控能力建设项目建设方案》、《污染源监控中心建设规范》、《国控重点污染源自动监控项目污染源监控现场端建设规范》、《超声波明渠污水流量计》（HJ/T 15—1996）、《污染源在线自动监控（监测）系统数据传输标准》（HJ/T 212—2005）、《环境污染源自动监控信息传输、交换技术规范》（HJ/T 352—2007）等各类系统建设、环境保护标准规范。

3.2.3.5 专业人才队伍建设

根据建设规范要求，建立业务和技术结构合理、人员稳定、专业化程度较高的工作队伍，保证监控中心有效运行。

考虑到城市级环境监察机构直接监管污染源，工作强度较大，在人员安排和工作时间的分配上都不同于国家级、省级监控中心。

督查中心的监控中心标准：至少配备日常监控管理人员 2 名；公众监督举报管理工作人员 2 名；系统管理员 1 名。共 5 名工作人员。

省级监控中心标准：至少配备日常监控管理人员 3 名；公众监督举报接警管理工作人员 2 名；系统管理员 1 名。共 6 名工作人员。

计划单列市和省会城市监控中心标准：应执行 24 小时值班制；至少配备日常监控管理人员 6 名，三班倒，每班 2 人；公众监督举报管理工作人员 4 名；系统管理员 1 名。共 11 名工作人员。

一般环保重点城市监控中心标准：应执行 24 小时值班制；至少配备日常监控管理人员 6 名，三班倒，每班 2 人；公众监督举报管理工作人员 3 名；系统管理员 1 名。共 10 名工作人员。

一般地市级监控中心标准：应执行 24 小时值班制；至少配备日常监控管理人员 6 名，三班倒，每班 2 人；公众监督举报管理工作人员 2 名；系统管理员 1 名。共 9 名工作人员。

3.2.3.6 污染源自动监控系统的应用

《排污费征收使用管理条例》（国务院令第 369 号）第十条指出，排污者使用国家规定强制检定的污染物排放自动监控仪器对污染物排放进行监测的，其监测数据作为核定污染物排放种类、数量的依据。排污者安装的污染物排放自动监控仪器，应当依法定期进行校验。

《环境行政处罚办法》（环境保护部令第 8 号）第三十六条指出，环境保护主管部门可以利用在线监控或者其他技术监控手段收集违法行为证据。经环境保护主管部门认定的有效性数据，可以作为认定违法事实的证据。

污染源自动监控系统功能体现在根据应用需求开发各类业务程序，利用这些程序实现对所采集监测数据的综合应用。其中，最常见的应用功能有超标报警、数据审核、查询、统计和报表。

（1）超标报警

超标报警是在污染物排放超出预先设定值时，系统进行报警的功能模块。如果出现实时流量超标、实时排污超标、污染治理设施关闭、掉线、流量计关闭、污染因子监测设备关闭等情况，系统均按照设定规则，通过不同的手段进行报警提醒。

（2）数据审核

数据审核包括三个方面的内容：一是数据补采，即系统监控程序发现有漏采数据后，自动完成漏采数据的补充；二是自动甄别，指系统监控程序监测到异常数据后可以进行自动比对，对由于系统原因导致的错误，提供警报、提醒或自动修复功能；三是提供数据的流程审核，即对特殊需要的业务数据可以设定审核流程实现数据的网络化自动审核。

（3）查询

查询功能是应用系统的基本功能，在此主要用来实现企业基本概况、排放口、排放口污染物、污染治理设施、数据采集仪、监测设备等信息的查询；实现规定时限内污染源污染物排放监控数据的查询；实现对污染源监测设备与治理设施运行状态的查询，包括实时状态、设备运行时间等；实现污染源超标记录查询，包括超标警报、设备报警、异常值报警等。

（4）统计

系统需要提供高效的数据统计功能。统计结果常以表格、图形或分析报告的形式加以实现。

（5）报表

报表应用通常包括固定常规报表生成、查询和自定义报表两个方面。固定常规报表包括污水排口及污染物报表、废气排口及污染物报表、污处设施报表等。自定义查询报表功能，即由系统用户输入自定义参数，查询或统计处所需报表。

3.2.4　污染源自动监控信息交换管理制度建设现状

3.2.4.1　国家高度重视污染源自动监控

2007 年，原国家环保总局局长周生贤在加快污染减排指标、监测和考核体系建设视频会议上做了题为《严管源、慎用钱、质为先　加快污染减排“三大体系”建设》的讲话。指出“三大体系”能力建设主要有四项任务：一是组织实施国控重点污染源（占全国主要污染物工业排放负荷 65%的企业和城市污水处理厂）自动监控项目。其中，在线监测设备由企业和地方政府共同承担，中央财政支持省、市两级监控中心建设。二是组织实施污染源监督性监测能力建设项目，加强省、市两级污染源监测现场采样和测试能力，按照填平补齐的原则，提高污染源现场采样监测专用仪器设备装备水平。三是组织实施强化环境监察执法能力建设项目，省、市、县级环境监测机构落实标准化建设，加强国家级环境监察执法机构核查能力。四是组织实施提高环境统计基础和信息传输能力建设项目，数据储存、传输和交换等信息化水平是“三大体系”建设能否达到国际一流水平的重要标志，要在现有信息化建设平台基础上，进一步完善国家、省、市、县四级数据信息传输网络，为所有县级环境统计各配备两台计算机，制定或修订环境信息标准和规范，开发和完善数据库、交换平台和应用平台。

各级环保部门要认真学习领会并贯彻温家宝总理的重要批示精神，按照充分论证、周密安排、科学组织、明确责任、“严管源、慎用钱、质为先”的要求，加快“三大体系”建设步伐，为全面完成主要污染物减排任务创造良好的先决条件，为提升环境保护工作水平打下坚实基础。要做到：第一，加强组织领导；第二，加强相关法规标准等配套建设；

第三，加强项目的组织与管理；第四要坚持“严管源”、“慎用钱”、“质为先”；第五，严格落实责任制和责任追究制度。

3.2.4.2 污染源自动监控管理办法

国家环保总局第 28 号令《污染源自动监控管理办法》对重点污染源自动监控系统的监督管理提出了相关要求。

（1）自动监控系统定义

自动监控系统，由自动监控设备和监控中心组成。自动监控设备是指在污染源现场安装的用于监控、监测污染物排放的仪器、流量（速）计、污染治理设施运行记录仪和数据采集传输仪等仪器、仪表，是污染防治设施的组成部分。

（2）工作分工

1）国家环境保护总局负责指导全国重点污染源自动监控工作，制定有关工作制度和技术规范。

2）地方环境保护部门根据国家环境保护总局的要求按照统筹规划、保证重点、兼顾一般、量力而行的原则，确定需要自动监控的重点污染源，制定工作计划。

3）环境监察机构负责以下工作：参与制定工作计划，并组织实施；核实自动监控设备的选用、安装、使用是否符合要求；对自动监控系统的建设、运行和维护等进行监督检查；本行政区域内重点污染源自动监控系统联网监控管理；核定自动监控数据，并向同级环境保护部门和上级环境监察机构等联网报送；对不按照规定建立或者擅自拆除、闲置、关闭及不正常使用自动监控系统的的排污单位提出依法处罚的意见。

4）环境监测机构负责以下工作：指导自动监控设备的选用、安装和使用；对自动监控设备进行定期比对监测，提出自动监控数据有效性的意见。

5）环境信息机构负责以下工作：指导自动监控系统的软件开发；指导自动监控系统的联网，核实自动监控系统的联网是否符合国家环境保护总局制定的技术规范；协助环境监察机构对自动监控系统的联网运行进行维护管理。

（3）建设自动监控系统必须符合下列要求：

1）自动监控设备中的相关仪器应当选用经国家环境保护总局指定的环境监测仪器检测机构适用性检测合格的产品；

2）数据采集和传输符合国家有关污染源在线自动监控（监测）系统数据传输和接口标准的技术规范；

3）自动监控设备应安装在符合环境保护规范要求的排污口；

4）按照国家有关环境监测技术规范，环境监测仪器的比对监测应当合格；

5）自动监控设备与监控中心能够稳定联网；

6）建立自动监控系统运行、使用、管理制度。

（4）自动监控系统的运行和维护，应当遵守以下规定：

1）自动监控设备的操作人员应当按国家相关规定，经培训考核合格、持证上岗；

2）自动监控设备的使用、运行、维护符合有关技术规范；

3）定期进行比对监测；

4）建立自动监控系统运行记录；

5）自动监控设备因故障不能正常采集、传输数据时，应当及时检修并向环境监察机构报告，必要时应当采用人工监测方法报送数据。

3.2.4.3　国控重点污染源自动监控能力建设项目建设方案

（1）污染源自动监控系统的构成

污染源自动监控系统由自动监控设备和监控中心组成。自动监控设备是指在污染源现场安装的用于监控、监测污染物排放的仪器、流量（速）计、污染治理设施运行记录仪和数据采集传输仪等仪器、仪表。在线监测仪器能够监测污染源污染物数据浓度，流量（速）计能够连续不断的记录污染物流量，污染治理设施运行记录仪则能够实时监控排污企业污染治理设施的开关情况。

监控中心是指环境保护部门通过通信传输线路与自动监控设备连接用于对重点污染源实施自动监控的软件和硬件，硬件主要包括服务器、污染源端数据接收专用设备、显示与交互系统、监控网络基础环境、网络安全系统等，软件由服务器操作系统与数据库软件（市售）、污染源基础数据库、污染源监控应用系统、数据传输与备份系统、网络安全系统等。

（2）监控中心建设

① 建设各级环保部门污染源监控中心。按照管理级次，考虑辖区内国家重点监控企业的数量，原则上只在有国控重点污染源的地级以上城市（地区）建设，监控中心分三级六类建设：第一级，国家级监控中心；第二级，31 个省级（含省、自治区、直辖市、新疆生产建设兵团，不包括西藏自治区）监控中心；第三级，地市级监控中心。

② 监控中心核心应用软件开发研制，主要包括污染源自动监控软件、污染源监控基础数据库、国家重点监控企业公众监督与现场执法记录系统等。

（3）数据传输网络建设

企业端数据采集传输仪必须符合《污染源在线自动监控（监测）系统数据传输标准》（HJ/T 212—2005）以及《〈污染治理设施运行记录仪〉认定技术条件》（环发[1998]403 号）的要求与规定。

（4）国控重点污染源现场端建设

国家重点监控企业排放口安装的自动监控设备是整个系统污染源监控信息的直接来源，主要有废水污染源自动监控设备、废气污染源自动监控设备等。

（5）基础条件建设

主要包括建设污染源自动监控设备质量控制实验室、污染源基础数据采集与现场核对和制定技术标准等内容。

3.2.4.4　污染源监控中心建设要求

污染源监控中心（简称监控中心）建立在各级环保部门，通过通信传输线路与污染源自动监控设备连接，实现对污染源主要污染物排放情况的在线、连续监测并对污染治理设施运行情况实时监控。

（1）监控中心

监控中心包括基础硬件设施、应用系统平台、监控端专用设备、显示系统环境、网络及安全系统、数据存储备份系统、监控中心应用软件七个组成部分。

（2）机构人员要求

地市级及以上环保部门应建立污染源监控中心，污染源监控中心原则设置在各级环境监察机构，由环境监察机构进行日常管理。各地可根据自身实际情况进行适当调整。

为保证监控中心有效运行，要建立业务和技术结构合理、人员稳定、专业化程度较高的工作队伍。注重计算机专业人员的配备，在吸收专门人才的同时，还应立足于在本系统开展全面的技术培训，尤其要注重既懂计算机技术又懂环保业务的复合型人才培养。

考虑到城市级环境监察机构直接监管污染源，工作强度较大，在人员安排和工作时间的分配上都不同于国家级、省级监控中心。

（3）网络要求

监控中心应建立在局域网环境中，并可通过防火墙、路由器等网络设备与其他网络系统互连，各种设备软硬件应符合相关的国际标准规范，采用 TCP/IP 等通用的标准网络通信协议。

网络布线时必须设置足够的信息点数，以满足网络扩充的需求。

监控中心机房应宽带接入国际互联网（网络带宽不低于 2M），并通过当地环保信息中心接入全国环保系统电子政务外网。

（4）数据结构要求

遵循原国家环保总局数据传输协议和数据交换标准规范，做到数据同构。应用系统的开发要按照国家软件行业相关标准，并符合国家环保总局相关电子政务建设的文件要求和环境信息编码标准。

（5）管理制度要求

建立健全污染源监控中心管理制度，包括：监控值班制度、机房安全管理制度、设备维护管理制度、数据存储报送制度等。

3.2.4.5 国控重点污染源自动监控项目污染源监控现场端建设规范

国控重点污染源自动监控仪器设备的选型、安装和验收要求如下：

（1）安装配备标准

① 根据原国家环境保护总局发布的国家重点监控企业名单，COD_{Cr} 排放量占全国污染负荷 65%以内的，须安装 COD 在线自动监测仪、污水流量计、数据采集传输仪。可选择安装 pH 在线监测仪、等比例采样器、视频监控设备等。

② 根据原国家环境保护总局发布的国家重点监控企业名单，SO_2 排放量占全国污染负荷 65%以内的，须安装二氧化硫连续在线监测系统、流速等烟气参数连续自动监测系统、数据采集传输仪。可选择安装颗粒物、NO_x 等污染物在线自动监测系统和视频监控设备。

（2）在线监测仪器设备技术要求

所有安装于监控现场端的自动监控仪器设备，必须是通过国家环境保护总局环境监测仪器质量监督检验中心适用性检测合格，并在有效期内的产品。

1）COD 在线自动监测仪

污染源 COD 在线自动监测仪性能指标应满足《化学需氧量（COD_{Cr}）水质在线自动监测仪》（HBC 6—2001）相关要求。COD 在线自动监测仪主要包括采样单元、样品预处理与计量单元、消解单元以及数据处理与传输单元等。

污染源 COD 在线自动监测仪须选用氧化原理的仪器，主要包括：重铬酸钾氧化-光度测量法、重铬酸钾氧化-库仑滴定法、燃烧氧化-红外测量法、氢氧基氧化-电化学测量法等。对于非重铬酸钾氧化原理的仪器，由于现场比对工作量较大，应根据现场污水排放状况，慎重选择。

2）污染源烟气排放 SO_2 连续在线监测系统

污染源烟气排放 SO_2 连续在线监测系统（含流速、含氧量、湿度、温度、压力等烟气参数）应满足《固定污染源烟气排放连续监测系统技术要求及检测方法》（HJ 76—2007）相关要求。

污染源烟气排放 SO_2 的在线自动监测系统按取样方式可选择释稀抽取式、直接抽取式和直接测量式，按二氧化硫分析原理可选择紫外荧光、非分散红外、非分散紫外、紫外差分吸收（DOAS）或定电位电解测量技术。

3）污水流量计

流量计应满足《超声波明渠污水流量计》（HJ/T 15—1996）和《浅水水流量计》（CJ/T 3017—93）相关要求。

4）数据采集传输仪

电气指标符合《污染治理设施运行记录仪认定技术条件》（HCRJ 039—1998），数据指标符合《污染源在线自动监控（监测）系统数据传输标准》（HJ/T 212—2005）。

3.2.4.6　国控重点污染源自动监控信息传输与交换管理办法

《国控重点污染源自动监控信息传输与交换管理办法》主要对运行、网络安全和交换传输等环节提出要求。

（1）运行

① 各级环境保护部门指定所属的相应部门负责本级监控中心的运行，对污染源自动监控数据进行有效性审核，承担与上级或下级信息传输与交换任务。

② 各级监控运行部门必须落实信息传输与交换管理责任，制定健全的工作制度，对本级信息传输与交换活动进行日常管理。

③ 各级监控运行部门必须建立应急处置预案，有效应对信息传输与交换过程中的突发事件。

④ 省、地市级监控运行部门必须按照数据报送时限要求，完成与上级监控运行部门的信息传输与交换。

（2）网络安全

① 各级环境保护部门之间国控重点污染源自动监控信息的传输与交换依托各级环境保护专网进行。

② 各级网络管理部门必须严格按照国控重点污染源自动监控系统的要求，保证数据通信网络的互连互通，为信息传输与交换提供支撑和保障。

③ 各级网络管理部门应当加强网络安全管理，落实网络安全责任制，制定有效的安全保障方案，落实安全保障措施，确保网络安全、信息安全。

④ 各级网络管理部门应当按照《环境信息网络建设规范》（HJ/T 460—2009）的要求，

在统一规划、标准下进行网络配置和管理，保障上下级监控中心之间信息传输网络的物理连接。

⑤ 各级网络管理部门必须加强对各级环境保护专网的管理，保证专网与其他网络的安全隔离。

（3）传输交换

① 依据《国家重点监控企业污染源自动监测数据有效性审核办法》（环发[2009]88 号），国控重点污染源自动监控系统信息必须通过有效性审核，才能与同级或上级环境保护部门的应用平台连接，进行信息的传输、交换与交换利用。

② 根据《关于加强国控重点污染源自动监控能力建设项目联网运行管理的通知》（环办[2009]79 号），国控重点污染源自动监控系统信息传输上报方式分为两类，一类为污染源在线监测数据等原始数据的直传上报，另一类为统计、汇总后历史数据、报警数据、污染源监测状态数据等交换到同级基础数据库，并逐级上报至上级自动监控系统。

③ 地市级监控中心将实时数据传输至省级监控中心，经由省级监控中心通信服务器直接传输到国家监控中心，完成数据直报。直报数据传输延迟不得超过 1 小时。

④ 由省级监控中心对国控重点污染源自动监控取得的数据进行统计，获得污染源排放小时均值、日均值、月均值、年均值等，在规定的时限内传输至国家监控中心，完成数据逐级上报。

⑤ 各级监控中心应当遵循《环境污染源自动监控信息传输、交换技术规范》（HJ/T 352—2007），统一信息传输与交换格式，保障信息的传输、交换与交换。

⑥ 各级监控中心的网络设备、应用服务器和存储设备应当保持 24 小时稳定运行，不得无故擅自停机；出现故障，必须立即修复，并及时向同级环保部门和上级监控中心报告原因，保障与上级或下级监控中心进行实时数据传输。

⑦ 对于缺失和异常时段数据，应当查明原因，及时处理，在规定的时限内将有关信息补充上报。

3.3 污染源自动监控信息交换机制研究框架

机制（mechanism；machine-processed），原指机器的构造和工作原理。机制是事物内在具有的原理、规律，它自发地对事物起作用。现已广泛应用于自然现象和社会现象，指其内部组织和运行变化的规律。在任何一个系统中，机制都起着基础性的、根本的作用。在理想状态下，有了良好的机制，甚至可以使一个社会系统接近于一个自适应系统——在外部条件发生不确定变化时，能自动地迅速做出反应，调整原定的策略和措施，实现优化目标。本研究理解机制为“一个工作系统的组织或部分之间相互作用的过程和方式”。对机制的这一本义可以从以下两方面来解读：一是机器由哪些部分组成和为什么由这些部分组成；二是机器是怎样工作和为什么要这样工作。机制是否适用于工作系统，主要看其是否能鼓励和促进正面影响并避免和化解负面影响。通过研究机制、设计机制，顺利实现污染源自动监控信息交换。

3.3.1 污染源自动监控信息生命周期

如图 3-1 所示，污染源自动监控信息交换是污染源自动监控信息生命周期中的一个环节，其存在和研究不能脱离污染源自动监控信息的生命周期。因此，我们将污染源自动监控信息交换放到国控重点污染源信息自动监控项目的大环境中，在研究污染源自动监控信息交换的机制的基础上，业务、技术问题按污染源自动监控信息交换的生命周期，即采集、传输、交换、应用、保存、安全、管理等阶段分析细化，研究国控重点污染源信息自动监控机制建设的情况，做到在完善污染源自动监控信息交换机制的同时，完善国控重点污染源信息自动监控机制。

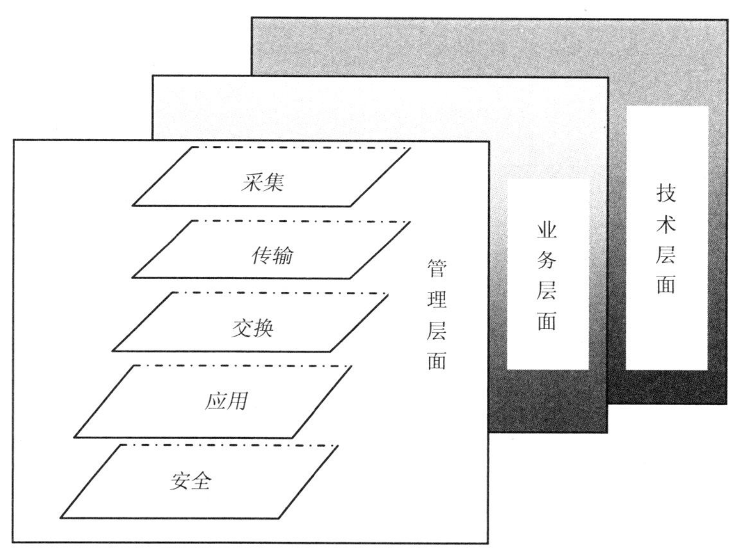

图 3-1 污染源自动监控信息全生命周期框架

另外，为了更好地研究污染源自动监控信息生命周期的每一个环节，我们又将其从管理、业务、技术三个层面进行研究。其中，管理层面的机制主要是描述污染源自动监控的管理问题，以法律、法规、政策和制度形式出现。业务层面的机制的建立是为了保障污染源自动监控具体实施工作的顺利进行，包括污染源自动监控的需求、业务管理和应用等。技术层面的机制主要解决污染源自动监控信息交换的相关技术标准、技术、模式、系统、运维等问题。

3.3.2 基于生命周期的污染源自动监控信息交换机制现状分析

如表 3-1 所示，为了研究污染源自动监控信息交换相关机制建设现状，我们从管理层面、业务层面、技术层面三个大的方面，基于数据、采集、传输、交换、应用、网络、安全、运行等几个环节分析了污染源自动监控信息交换相关机制建设情况。

表 3-1 污染源自动监控信息交换机制现状

	管理层面		业务层面	技术层面		
	法律法规	管理制度	业务要求	建设方案	系统要求	标准规范
数据		原国家环保总局令第 28 号《污染源自动监控管理办法》				无专门规范 在 HJ/T 352—2007 中有数据结构信息描述
采集		原国家环保总局令第 28 号《污染源自动监控管理办法》		国控重点污染源自动监控能力建设项目建设方案	水污染源在线监控系统验收技术规范（HJ/T 354—2007）	水污染源在线监控系统安装技术规范（HJ/T 353—2007）；国控重点污染源自动监控项目污染源监控现场端建设规范
传输			国控重点污染源自动监控信息传输与交换管理办法			污染源在线自动监控（监测）系统数据传输标准（HJ/T 212—2005）
交换			国控重点污染源自动监控信息传输与交换管理办法			环境污染源自动监控信息传输、交换技术规范（试行）（HJ/T 352—2007）
应用					污染源监控中心建设规范	
安全				国控重点污染源自动监控能力建设项目建设方案	无专门规范	无专门规范 在 HJ/T 352—2007 中有交换安全
网络		原国家环保总局令第 28 号《污染源自动监控管理办法》		国控重点污染源自动监控能力建设项目建设方案	无专门规范	无专门规范
运行		原国家环保总局令第 28 号《污染源自动监控管理办法》			水污染源在线监控系统运行与考核技术规范（HJ/T 355—2007）	水污染源在线监控系统运行与考核技术规范（HJ/T 355—2007）

（1）管理层面上

1）污染源自动监控和相关环境管理等工作在法律法规中的地位仍有待明确

国家有关法规和规章为污染源自动监控数据的作用提供了依据，但其法律地位仍需要进一步明确。

国务院《排污费征收使用管理条例》（国务院令第 369 号）第十条规定："排污者使用国家规定强制检定的污染物排放自动监控仪器对污染物排放进行监测的，其监测数据作为核定污染物排放种类、数量的依据。"

国务院（国发[2007]36 号）批转的节能减排统计、监测及考核办法中的《主要污染物总量减排监测办法》规定："掌握污染源排放污染物的种类、浓度和数量的监测工作可以采用污染源自动监测技术。”

国家环保总局《污染源自动监控管理办法》（环保总局令　第 28 号）第四条规定：“自动监控系统经环境保护部门检查合格并正常运行的，其数据作为环境保护部门进行排污申报核定、排污许可证发放、总量控制、环境统计、排污费征收和现场环境执法等环境监督管理的依据，并按照有关规定向社会公开。”进一步规定了污染源自动监控数据的使用范围，即不仅可作总量核定的依据，也可作为现场执法等的依据。

污染源安装的自动监测设备必须满足根据国务院《排污费征收使用管理条例》中监控设备必须为“国家规定强制检定”并“依法定期进行校验”的要求。环保总局制定的《污染源自动监控管理办法》中明确要求：“自动监控设备中的相关仪器应当选用经国家环境保护总局指定的环境监测仪器检测机构适用性检测合格的产品。”同时规定，环境监测部门要“对自动监控设备进行定期比对监测”。

2）《污染源自动监控管理办法》有待完善

《污染源自动监控管理办法》适用于污染源自动监控系统的监督管理，明确要求重点污染源水污染物、大气污染物和噪声排放自动监控系统的建设、管理和运行维护要遵循该办法。《污染源自动监控管理办法》主要包括组织机构，自动监控系统的建设，动监控系统的运行、维护和管理，罚则等几个方面。通过对数据、采集、传输、交换、应用、网络、安全、运行等几个方面来分析，其管理涉及了数据、采集、网络、运行等几个方面，但污染源自动监控信息的传输、交换、应用、安全等几个环节的管理没有明确，需要修订。

（2）业务层面上

业务层面上，从数据、采集、传输、交换、应用、网络、安全、运行等几个环节分析，污染源自动监控的各个业务环节、业务要求、业务流程、业务标准急需明确。

（3）技术层面上

污染源自动监控过程中，非常重视建设方案、系统建设以及相关标准的制定工作。但从总体上分析还存在以下几方面问题。

① 建设方案上，国家出台了《国控重点污染源自动监控能力建设项目建设方案》，明确了污染源自动监控系统的构成、监控中心建设、数据传输网络建设、国控重点污染源现场端建设、基础条件建设以及标准规范建设，但从总体上分析，其数据、传输、交换、运行等几个方面仍有待完善。

② 从系统建设要求上，国家出台了《水污染源在线监控系统验收技术规范》（HJ/T 354—2007）、《污染源监控中心建设规范（暂行）》（环函[2007]241 号）、《水污染源在线监控系统运行与考核技术规范》（HJ/T 355—2007）等，但有关传输、交换、网络、安全等方面的系统建设要求仍未出台。

③ 从技术标准上，目前已有的技术标准包括《水污染源在线监控系统安装技术规范》（HJ/T 353—2007）；《国控重点污染源自动监控项目污染源监控现场端建设规范》、《污染源在线自动监控（监测）系统数据传输标准》（HJ/T 212—2005）、《环境污染源自动监控信息传输、交换技术规范（试行）》（HJ/T 352—2007）、《水污染源在线监控系统运行与考核技术规范》（HJ/T 355—2007）、《固定污染源烟气排放连续监测技术规范》（HJ/T 75—2007），但网络建设技术规范、安全技术规范仍然存在缺失。

3.3.3 生命周期中交换环节的机制现状分析

（1）管理层面上

污染源自动监控信息交换相关管理文件更多局限于点污染源自动监控系统的监督管理，全局性的污染源自动监控信息交换管理要求仍需进一步明确，特别是加强法律、政策和管理制度建设。

（2）业务层面上

污染源自动监控信息交换相关的业务需求仍需细化完善，进一步提升污染源自动监控信息服务及环境管理与决策的能力。

（3）技术层面上

① 污染源自动监控信息交换相关标准规范比较完善，基本涵盖了污染源自动监控信息采集、传输、交换和应用等过程。

② 污染源自动监控信息数据结构的描述难以充分满足污染源自动监控信息交换工作的相关要求。

③ 污染源自动监控信息交换标准已经制定，但是，首先，污染源自动监控信息交换的法律地位、管理体系仍不明确；其次，污染源自动监控信息交换标准难以适应污染源自动监控信息类型的不同，应用范围的不同而产生的交换的特性要求；第三，污染源自动监控信息交换的系统标准需要制定。

④ 目前，仅在《环境污染源自动监控信息传输、交换技术规范》明确了交换安全，在国控重点污染源自动监控能力建设项目建设方案中提出要建设安全系统，没有配套的安全管理要求和技术要求。

⑤ 统一规范化环境信息传输与交换平台尚未开发建立，不能承载各类环境信息的传输与交换任务。

3.3.4 污染源自动监控信息交换机制“三位一体”研究框架

为了更好地研究污染源自动监控信息交换机制，我们除了将污染源自动监控信息交换置于污染源自动监控信息生命周期中进行研究外，还从管理、业务、技术三个方面分析污染源自动监控信息交换机制的组成与相互关系，以及存在的问题，提出污染源自动监控信息“三位一体”交换机制研究框架，如图 3-2 所示。

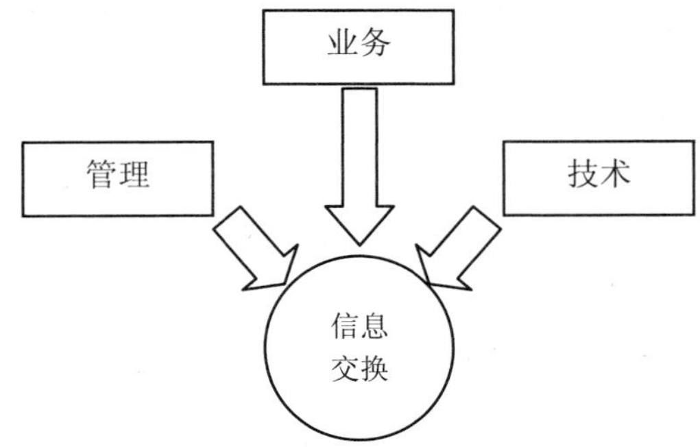

图 3-2 污染源自动监控信息交换机制“三位一体”研究框架

管理、业务、技术三个方面的关系相互支持、相互联系，有机地形成一个交换机制整体。其中，管理范畴能够为污染源自动监控信息交换提供包括法律法规、政策和制度的保障，回答为什么要交换；业务是污染源自动监控信息交换工作的需求来源，是信息交换的目的和应用所在，对污染源自动监控信息交换具有指导作用，回答交换什么；技术层面包括技术标准规范、技术模式以及技术条件如网络、软件、硬件和交换平台，这些是污染源自动监控信息交换的技术支撑，回答怎样交换，如图 3-3 所示。

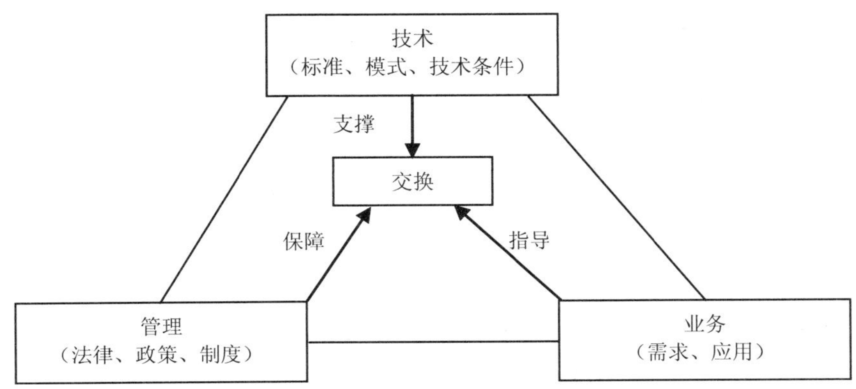

图 3-3　污染源自动监控信息交换机制作用原理

3.4　污染源自动监控信息交换保障机制完善建议

3.4.1　完善污染源自动监控机制的建议

如上文所述，污染源自动监控信息交换存在于污染源自动监控的大环境中，污染源自动监控信息交换机制是污染源自动监控机制的有机组成部分，污染源自动监控机制的完善与否决定了污染源自动监控信息交换的成败，因此，有必要修改完善污染源自动监控机制。基于污染源自动监控机制现状分析的基础上，我们从管理、业务和技术三个方面提出完善建议。

（1）在管理上的建议

① 修订《中华人民共和国环境保护法》及其他相关法律法规。建议在《中华人民共和国环境保护法》增加污染源自动监控方面的要求，明确污染源自动监控的法律地位，规范污染源自动监控管理行为。

② 修订《污染源自动监控管理办法》。在《污染源自动监控管理办法》中增加污染源的传输、交换、应用、安全等几个环节的管理要求。

（2）在业务管理上的建议

① 修订《污染源自动监控管理办法》。在《污染源自动监控管理办法》中增加污染源的传输、交换、应用、安全等几个环节的业务管理要求，从数据、采集、传输、交换、应用、网络、安全、运行明确污染源自动监控业务管理要求、流程等。

② 制定污染源自动监控安全管理要求。包括数据安全、系统安全、传输安全、交换安

全、网络安全等管理要求，以及信息系统安全定级管理要求、应急处理要求等。

③ 制定污染源自动监控信息应用要求。进一步明确污染源自动监控交换信息的业务需求和应用领域，包括应用过程中的责任、义务等要求。

（3）技术上的建议

① 完善《国控重点污染源自动监控能力建设项目建设方案》。在该方案中增加数据、传输、交换、运行等几个方面的建设方案。

② 污染源自动监控数据管理制度包括数据分类与编码管理、数据质量控制管理、数据元标准、元数据标准等，具体参见标准体系建设。信息分类就是根据信息内容的属性或特征，将信息按一定的原则和方法进行区分和归类，并建立起一定的分类系统和排列顺序，以便管理和使用信息。信息编码就是在信息分类的基础上，将信息对象（编码对象）赋予有一定规律性的、易于计算机和人识别与处理的符号。数据分类与编码标准就是要对污染源自动监控数据进行分类、编码。

③ 数据质量控制管理。数据质量控制是通过一系列规范程序步骤对数据进行监控、测量和改善数据综合特征来优化数据价值的过程。为确保数据库内的数据质量，必须对入库前的数据质量实行有效控制，对各种渠道采集来的数据进行严格审核，并建立一定的工作程序，为用户提供服务。

数据质量管理制度可以是描述性的，也可以是指示性的，或者两者兼而有之。描述性标准以“真实地标记”为基础，要求数据生产者报告对数据质量的已知部分。这就使数据的使用者能够有根据地判断出数据的适用性。描述性数据质量标准要求生产者提供以下五个主要特征：系层、位置转换、层性转换、逻辑一致性及完整性。指示性标准将规定每一特征在应用中的质量参考。

④ 数据元标准。数据元是用一组规范化属性描述其标识、定义、关系、表示、管理等的数据单元。在一定语境下，通常用于构建一个语义正确、独立且无歧义的特定概念语义的信息单元。数据元标准化是系统中信息资源规范化、结构化、共享化的基础，也是信息资源具备可用性、可加工性、可控制性的基础。

⑤ 元数据标准。元数据标准（Metadata Standards）描述某类资源的具体对象时所有规则的集合。不同类型的资源可能有不同的元数据标准，一般包括完整描述一个具体对象所需的数据项集合、各数据项语义定义、著录规则和计算机应用时的语法规定。

⑥ 开发建设统一规范化的环境信息传输与交换平台，出台《环境信息传输与交换平台运行管理办法》，明确部、省、市、县各级职责和管理要求。

3.4.2 完善污染源自动监控信息交换保障机制的建议

污染源自动监控信息交换机制的建设必须服务于污染源自动监控机制建设的大环境。基于污染源自动监控信息交换机制现状分析的基础上，我们从管理、业务和技术三个方面提出建议。

（1）法律、法规、政策、制度完善的建议

建议制定国控重点污染源自动监控信息传输与交换管理办法，针对污染源自动监控信息交换的业务需求，规定负责数据交换的组织机构及其职责，明确数据交换过程中要求、程序和管理规定，明确国控重点污染源自动监控信息交换管理的责任主体、交换模式、交换责任、交换义务、交换管理以及罚责等。

（2）业务管理完善的建议

制定国控重点污染源自动监控信息交换应用制度，从业务流程、接入、使用等方面明确国控重点污染源自动监控信息交换的业务管理要求。

（3）技术上完善的建议

① 修订《环境污染源自动监控信息传输、交换技术规范》。污染源自动监控信息交换是国控重点污染源自动监控项目的重要组成部分，国控重点污染源自动监控机制是污染源自动监控信息交换的上层环境，只有在完善污染源自动监控信息交换机制的基础上，在国控重点污染源自动监控机制中强化污染源自动监控信息交换的管理、业务和技术要求，才能确保污染源自动监控信息交换的实施，进而促进国控重点污染源自动监控项目建设，建设准确的减排监测体系。

② 制定污染源自动监控数据交换平台技术规范。用于明确污染源自动监控数据交换平台建设中的各类技术要求。

③ 制定污染源自动监控数据交换平台软件开发管理制度。污染源自动监控数据交换平台软件开发管理制度的编制目的是提高污染源自动监控数据交换平台软件开发的质量，并通过由此建立污染源自动监控数据交换平台项目软件开发的管理制度，提高对软件开发的管理水平。

该制度规定污染源自动监控数据交换平台软件开发项目管理流程，明确污染源自动监控数据交换平台开发项目各阶段的工作任务及产生的文档。并对项目进度控制、质量管理、沟通管理、风险管理、需求管理、版本管理等要点进行阐述，以提醒和促进污染源自动监控数据交换平台项目的软件开发管理。

④ 制定污染源自动监控数据交换平台测试管理制度。污染源自动监控数据交换平台测试管理制度的编制目的是保证污染源自动监控数据交换平台在通过测试后可以达到目标质量。该制度规定污染源自动监控数据交换平台开发项目中开发方、用户方、第三方测试规范。规范测试流程、测试内容、测试提交的文档等，为开发方测试人员、用户测试和第三方测试提供指导，对所测试软件进行全面的测试，以尽可能发现隐藏问题，提高软件系统的质量，并为用户方项目管理人员提供系统测试管理参考。

⑤ 制定污染源自动监控数据交换平台验收管理制度。污染源自动监控数据交换平台验收管理制度编制目的是保证污染源自动监控数据交换平台项目在通过验收后可以达到目标质量。该制度规定污染源自动监控数据交换平台项目的基本验收流程、验收内容、验收标准、验收形成的文档以及审核制度，为验收提供借鉴。

⑥ 制定污染源自动监控数据交换平台运行维护管理制度。污染源自动监控数据交换平台运行维护管理制度的编制目的是为污染源自动监控数据交换平台建成后的运行管理维护提供规范操作框架，保证系统的运行维护管理水平。该制度对污染源自动监控数据交换平台的日常运行管理维护、备份管理、问题管理、变更管理、故障应对管理、灾害应急管理等建立项目内部管理制度。

附录 3-1　国控重点污染源自动监控信息传输与交换管理规定

环境保护部公告　公告 2010 年第 55 号

关于发布《国控重点污染源自动监控信息传输与交换管理规定》的公告

《国控重点污染源自动监控信息传输与交换管理规定》已经环境保护部 2010 年第 5 次常务会议审议通过。现予印发，自 2010 年 10 月 1 日起施行。

附件：国控重点污染源自动监控信息传输与交换管理规定

2010 年 7 月 21 日

第一章　总　则

第一条　为了加强对国控重点污染源自动监控信息传输与交换活动的管理，确保国控重点污染源自动监控信息的共享利用，结合国控重点污染源监督管理的实际情况，制定本规定。

第二条　本规定适用于国控重点污染源自动监控信息传输与交换活动的监督与管理。在各级环境保护部门之间进行的国控重点污染源自动监控系统的信息传输与交换，必须遵守本规定。

第三条　本规定所指的国控重点污染源自动监控信息是指各级污染源监控中心接收和处理的，经自动监控现场端设备采集的国控重点污染源主要污染物排放数据，以及与污染源相关的其他基本信息。

第四条　本规定所指的信息传输与交换是指利用环境保护专网在不同地域、不同部门、不同信息应用系统间传递与交换国控重点污染源自动监控信息的活动。

第五条　国控重点污染源自动监控信息实行分级管理，统一建立国家级、省级两级综合数据库和数据库管理平台。

第二章　监控运行

第六条　各级环境保护部门负责本级监控中心的运行，数据的有效性审核，以及与上、下级的信息传输与交换。

第七条　各级环境保护部门必须落实信息传输与交换管理责任，制定健全的工作制度，对本级信息传输与交换活动进行日常管理。

第八条　各级环境保护部门必须建立应急处置预案，有效应对国控重点污染源发生异常和信息传输与交换过程中的突发事件。

第九条　各级环境保护部门必须按照数据报送要求，完成与上级的信息传输与交换。

第三章　网络与安全

第十条　各级环境保护部门之间国控重点污染源自动监控信息的传输与交换依托各级环境保护专网进行。

第十一条　各级环境信息网络运维管理部门必须严格按照国控重点污染源自动监控系统的要求，保证数据通讯网络的互连互通，为信息传输与交换提供支撑和保障。

第十二条　各级环境信息网络运维管理部门应当加强网络安全管理，落实网络安全责任制，制定有效的安全保障方案，落实安全保障措施，确保网络安全、信息安全。

第十三条　各级环境信息网络运维管理部门应当按照《环境信息网络建设规范》（HJ/T 460—2009）的要求，在统一规划、标准下进行网络配置和管理，保障上下级监控中心之间信息传输网络的物理连接。

第十四条　各级环境信息网络运维管理部门必须加强对本级环境保护专网的管理，保证专网与其他网络的安全隔离。

第四章　传输交换

第十五条　国控重点污染源自动监控信息必须通过有效性审核，才能与同级或上级环境保护部门的应用平台连接，进行信息的传输、交换与共享利用。

第十六条　国控重点污染源自动监控信息传输上报方式分为两类，一类为污染源在线监测数据等原始数据的直传上报，另一类为统计、汇总后历史数据、报警数据、污染源监测状态数据等交换到同级基础数据库，并逐级上报至上级自动监控系统。

第十七条　各级监控中心对污染源在线监测原始数据不得进行任何人为加工处理，直接从本级监控中心通讯服务器经上级监控中心，转发到国家级监控中心，完成数据的直传上报。

第十八条　各级监控中心对国控重点污染源自动监控取得的数据进行统计，获得污染源排放小时均值、日均值、月均值、年均值等，在规定的时限内传输至上级监控中心，完成数据的逐级上报。

第十九条　各级监控中心应当遵循《环境污染源自动监控信息传输、交换技术规范（试行）》（HJ/T 352—2007），统一信息传输与交换格式，保障信息的传输、交换与共享。

第二十条　各级监控中心的网络设备、应用服务器和存储设备应当保持 24 小时稳定运行，不得无故擅自停机；出现故障，必须立即修复，并及时向同级环保部门和上级监控中心报告原因，保障与上级或下级监控中心进行实时数据传输。

第二十一条　对于缺失和异常时段数据，应当查明原因，及时处理，并将有关信息补充上报。

第五章　附　则

第二十二条　本规定自 2010 年 10 月 1 日起施行。

第二十三条　非国控重点污染源自动监控信息传输与交换活动的管理，可以参照本规定执行。

第二十四条　本规定由环境保护部负责解释。

附录 3-2 严管源、慎用钱、质为先加快污染减排“三大体系”建设

环境保护部 周生贤部长讲话

同志们：

党中央、国务院高度重视污染减排工作。胡锦涛总书记、温家宝总理、曾培炎副总理对做好污染减排工作做了一系列重要指示，为污染减排工作进一步指明了方向。今年年初，胡锦涛总书记为我们环保工作做出了重要批示：“当前，环保任务十分繁重。望尽心尽责，强化依法管理，加大治理力度，努力实现总量控制的目标”。2007 年 2 月 20 日，温家宝总理在国办秘书二局关于我局《关于加快污染减排指标、监测和考核体系建设的请示》的签报上批示：“要充分论证，周密制定建设方案，既要吸收借鉴世界先进经验，又要勇于创新，务必使污染减排指标、监测和考核体系达到国际一流水平。项目组织要科学，讲求质量和效益。为此，要建立严格的责任制”。曾培炎副总理对此做了多次重要批示。胡锦涛总书记、温家宝总理、曾培炎副总理的重要批示，对建立和完善污染减排“三大体系”提出了明确要求。我们一定要认真学习，深入贯彻落实。

发改委、财政部认真贯彻落实党中央、国务院领导同志的批示精神，大力支持污染减排“三大体系”能力建设。财政部在现有中央环境保护专项资金等四个专项的基础上，增设主要污染物减排专项资金，落实请示中提出的建设经费 13 亿元以上，运行费用另行安排，这是继设立 211 科目之后又一重大进展，真正做到了“有渠有水”。发改委将支持“十一五”环境监管能力建设资金 30 亿元；按基本建设程序今年可安排“三大体系”建设经费 7 亿元。也就是说，2007 年仅“三大体系”能力建设经费可达 20 亿元。需要特别强调指出的是，从我局报出请示，国办秘书局要求限时回复意见，发改委、财政部及时答复，到总理大年初三做出批示，仅仅用了 8 天时间，同时，这也是在中央财政 2007 年部门预算盘子基本确定的情况下，紧急同意安排的重大增支项目，充分体现了党中央、国务院对污染减排工作的高度重视，体现了各部门对环保工作的大力支持。对各部门改变工作作风、雷厉风行的做法，我们深受教育和启发，并对发改委、财政部的大力支持表示衷心地感谢。

今天召开这个会议，就是要深入贯彻落实党中央、国务院领导同志关于建设污染减排“三大体系”的指示精神，深刻理解“三大体系”的重要内涵，进一步统一思想，提高认识，安排建设任务，明确建设职责，落实各项措施。

下面，我讲三点意见。

一、充分认识加强“三大体系”建设的极端重要性

污染减排是“十一五”必须完成的约束性指标，“三大体系”是污染减排的重要基础。当前，污染减排工作的目标、任务、思路已经明确，航道已经疏通，我们要做的就是狠抓落实，尽快提升污染减排基础能力，与工作任务相互匹配。各级环保部门必须充分认识加快“三大体系”建设的重大意义，切实把这项工作摆上更加重要的战略位置。

（一）加强“三大体系”建设是实现污染减排目标的必然要求

去年以来，各级政府和有关部门不断加大污染减排工作力度，社会各方面也非常关注，减排的导向作用开始显现，为今后的减排工作打下了一定基础。2006 年，全国二氧化硫排放量 2594.4 万吨，化学需

氧量排放量 1431.3 万吨，分别比 2005 年增长 1.8%和 1.2%，但与 2005 年增幅相比，二氧化硫和化学需氧量排放量增幅分别回落了 11.3 个和 4.4 个百分点。2006 年，全国建成并投运的燃煤电厂脱硫装机容量达 1.04 亿千瓦，超过前 10 年投运脱硫装机容量的 2 倍还多，实现了历史性突破。虽然取得了一定成效，但污染物排放总量仍不降反升，究其原因是多方面的。有经济增长方式依然粗放、产业结构调整进展缓慢、污染物产生量增长过快、环保投入不足等客观因素，但我们更应该从自身工作上找原因，如认识还不到位、监管还不十分有力等。从污染减排"三大体系"来看，关键是体系建设很不完善，减排数据难以搞准，直接影响责任制的落实。主要表现为：一是环境监测能力严重滞后，减排数据基础不牢；二是环境统计工作薄弱，数据质量难以保证；三是在强大的社会压力下，由于减排数据的监测、统计能力差，可能引发弄虚作假，直接影响减排任务的落实。"基础不牢、地动山摇"。如果减排指标不科学，就无法客观反映实际成果，工作方向就难免出现偏差；监测数据不准确，环境管理模式必然粗放，总量削减就会变成"数字游戏"；考核体系不严格，必将导致全社会对环保数据失去信任，环保部门的权威性、公信力也将下降甚至丧失，我们将难有作为。我们必须切实加强基础能力建设，用合理的减排指标反映减排绩效，用准确的统计和监测数据印证减排情况，用严格的考核办法落实减排责任。

2006 年，减排任务虽然没有完成，但是"十一五"期间主要污染物排放总量削减 10%的目标决不动摇。目前，减排压力很大，要把握好两条原则，一是坚持对国家和人民高度负责的精神，二是坚持科学精神。根据这两条原则，实事求是地把污染排放情况、各方面所做的工作和存在的问题，向党中央如实汇报，向全国人民讲清楚。同时，也要坚定信心，真抓实干不争论，对当前存在的困难和问题，在工作过程中逐步解决和完善；并充分发挥被动优势，变被动为主动，调动各方面积极性，全力以赴实现党中央、国务院确定的污染减排目标。

（二）加强"三大体系"建设是"加强地方环保工作年"的重要举措

总局党组决定今年开展"加强地方环保工作年"活动，在厅局长会议上确立了四项工作重点：一要上下联动抓落实，二要加强基层能力建设，三要坚决改变"文山会海"的状况，四要清理评比达标表彰活动。各级环保部门特别是基层环保部门最关心、反映最多的问题，还是能力建设。这次集中在一年半时间内，筹集一定量的资金来解决"三大体系"建设方面的问题，为开展"加强地方环保工作年"活动开了个好头。通过项目的实施，将切实增强污染源监控能力，迅速提高污染源监督性监测水平，全面加强环境监察能力，大大提升环境统计基础能力和信息传输水平。各级环保部门一定要抓住这千载难逢的大好机遇，充分发挥智慧和谋略，争取更多的配套资金，切实把这次机遇用足、用好，争取一炮打响。

（三）加强"三大体系"建设是建立先进的环境监测预警体系和完备的环境执法监督体系的重要内容

先进的环境监测预警体系和完备的环境执法监督体系是做好环保工作的根本保证，也是各级环保部门的立足之本。建设这两个体系是一项长期而艰巨的任务。"三大体系"建设特别是能力建设，是对两个体系相关建设任务的提前安排和集中实施，是为完成污染减排任务而采取的一项紧急行动。"三大体系"搞好了，既解决了当前环境管理中存在的一个突出矛盾，也使环境监测和执法监督能力建设前进了一大步，其结果必然是对整体环保工作的加强。因此，加快"三大体系"建设，是两个体系的重要组成部分和关键步骤。我们一定要借助这个东风，集中力量抓好"三大体系"建设，全面提高环保系统的环境监管能力。

（四）加强“三大体系”建设是环保部门推进历史性转变的重要保障

历史性转变是对环境与经济关系的根本性调整，也是新时期环保工作的主要任务。推进历史性转变，必须全面提高环保系统的能力和水平。如果污染减排基础能力跟不上，我们就难以准确判断污染物排放情况，也无法从环保的角度准确反映国民经济的运行情况，“调节器”、“控制闸”、“杀手锏”的作用更无从谈起，环保部门就无法进入并真正融入经济建设和社会发展的主战场，环境保护也无法真正成为优化经济增长的重要手段；环境管理不能从微观管理层面走进宏观决策层面，就难以从国家战略层面解决环境问题，环境与经济的关系也难以发生根本性变化。加快建设“三大体系”，不仅有利于尽快增强环境监管能力，巩固污染减排工作基础，而且有利于加快推进历史性转变，形成主动、事前、预防、积极的环保新格局。因此，我们必须大力推进“三大体系”建设，全面提升环保系统推进历史性转变的本领和水平。

二、准确把握“三大体系”的内涵

温家宝总理要求，污染减排“三大体系”务必达到国际一流水平，这既是中央领导对污染减排工作的严格要求，也是对环保工作的亲切关怀和殷切期望。我们一定要认真领会污染减排“三大体系”达到“国际一流水平”的深刻内涵，举全局之力，加快“三大体系”建设步伐。

（一）国际一流污染减排“三大体系”的深刻内涵

在今年的厅局长会上，我们提出了污染减排“三大体系”的具体内容。在大家认真讨论的基础上，形成了“十一五”主要污染物排放总量统计办法、监测办法和减排考核办法。前天，总局有关部门组织专家对国际一流的污染减排“三大体系”进行了充分讨论，形成了一些初步认识。

从“三大体系”的内涵来看，“科学的污染减排指标体系”是指为了顺利完成主要污染物减排任务，而建立的一套科学的、系统的和符合国情的主要污染物排放总量统计分析、数据核定、信息传输体系。其显著标志是“方法科学、交叉印证、数据准确、可比性强”，能够做到及时、准确、全面反映主要污染物排放状况和变化趋势。

“准确的减排监测体系”是指为了顺利完成主要污染物减排任务，而建立的一套污染源监督性监测和重点污染源自动在线监测相结合的环境监测体系。其显著标志是“装备先进、标准规范、手段多样、运转高效”，能够及时跟踪各地区和重点企业主要污染物排放变化情况。

“严格的减排考核体系”是指为了顺利完成主要污染物减排任务，而建立的一套严格的、操作性强和符合实际的污染减排成效考核和责任追究体系。其显著标志是“权责明确、监督有力、程序适当、奖罚分明”，能够做到让那些不重视污染减排工作的责任人付出应有的代价。

专家们认为，国际一流的污染减排“三大体系”，就是要建立一套顺应世界潮流、符合中国国情、具有时代特色的管理体系、标准体系、科技支撑体系，建设一支“思想过硬、业务精通、爱岗敬业、勇于创新”的人才队伍，创造一个装备先进、运转高效、满足实际需要的硬件基础条件，动态掌握各地区和各行业污染排放情况，切实在污染减排工作中发挥效益。

（二）“三大体系”建设的主要任务

建设“科学的减排指标体系”，一是改进统计方法，完善统计制度，尽快落实环境统计、排污申报、排污收费“三表合一”；二是着力做好重点污染源排污数据的统一采集、统一核定、统一公布，逐步形成科学的环境统计体系，确保数据的准确性，增强时效性；三是建立排污总量控制台账，及时掌握新老污染增减动态变化情况，为采取针对性的措施奠定基础；四是界定目前环境统计的范围，基于工业源和生活源污染物的排放总量，核定二氧化硫和化学需氧量排放量。

建设“准确的减排监测体系”，一是国家、省（区、市）、市（地）、县（市）分级确定各自控制的重点污染源，并向社会公布名单；二是加快各级环保部门污染源监测现场采样、测试能力和监控中心建设，提升环保部门监督性监测和自动在线监测数据传输能力；三是所有国控重点污染源必须在2008年底前安装自动监测设备，未安装前由监测总站组织各地开展监督性监测，所有新建燃煤电厂在建设配套脱硫设施的同时，必须同步安装烟气排放在线监测装置；四是对没有安装自动监测设备的企业，要增加监督性监测频次，提高监测数据质量，准确掌握污染源排放情况。

建设“严格的减排考核体系”，一是把强化政府责任作为完成污染减排目标的关键环节，尽快出台《“十一五”主要污染物总量减排考核办法》；二是对考核超额完成的地区和企业，优先加大对其污染治理和环保能力建设的支持力度；三是对考核结果未完成的，暂停审批该地区或企业集团新增主要污染物排放量的建设项目，减少或停止安排中央财政资金，取消总局授予的有关荣誉称号；四是将考核结果作为领导干部政绩考核的重要依据，对弄虚作假的，要严肃处理；五是严格数据公布制度，坚持每半年公布一次主要污染物的排放情况，接受社会监督，未经国家核准，各地不得自行公布污染减排数据。今后，总局将积极联合发改、财政、监察等部门，对污染减排工作进行综合考核，实施联动机制。

（三）“三大体系”能力建设的总体要求

“三大体系”的基本要求是搞准数据，搞准数据的关键是加强污染源监测和统计工作。为此，必须加强国控重点污染源自动监控、污染源监督性监测、环境监察执法、环境统计和信息传输四个方面的能力建设。

从今年开始，力争用一年到一年半的时间，打好“三大体系”能力建设的攻坚战，基本扭转污染源监督性监测、环境监察和基层环境统计能力薄弱的局面，全面推进国控重点污染源自动监控和环境信息两大系统建设并初步实现有效运行，为完成主要污染物减排任务提供能力保障。

建设污染减排“三大体系”，要遵循以下原则：

一是坚持统筹规划、分步实施。以《国家环境监管能力建设“十一五”规划》为指南，统筹考虑全国环保系统近10年乃至更长时期事业发展的需求，按照轻重缓急的程度分步实施，率先启动实施“三大体系”的能力建设。

二是坚持全面推进、先易后难。以落实减排目标为导向，全面推进“三大体系”能力建设，突出提升环境监测预警和执法监察能力，加强基础保障，按先易后难的原则落实具体项目，尽快形成能力，及早发挥效益。

三是坚持体制创新、分级投资。进一步理顺监管能力建设投资体制关系，创新机制，确保经费及时到位。中央财政负责本级建设项目投入，切实加强对省级减排绩效的考核监督，对地方建设内容按不同项目要求对东、中、西部地区按20%、50%、80%或40%、60%、80%予以补助；各省级环保部门积极督促落实配套资金，并对市、县级建设项目予以支持。

四是坚持明确任务、落实责任。按照统一思想、统一部署、统一进度的要求，明确“三大体系”能力建设任务，中央统筹安排、分类指导推进，地方负责具体落实；中央和地方，单位和个人，推行责任考核，提高效率，确保效益。

五是坚持立足当前、兼顾长远。紧密结合当前落实污染减排任务的实际，夯实基础，力求解决当前最突出的问题；超前谋划，着眼环保事业的长远发展，吸收借鉴世界先进经验，勇于创新，努力达到国际一流水平。

2007年，“三大体系”能力建设主要有四项任务：一是组织实施国控重点污染源（占全国主要污染物工业排放负荷 65%的企业和城市污水处理厂）自动监控项目。其中，在线监测设备由企业和地方政府共同承担，中央财政支持省、市两级监控中心建设。二是组织实施污染源监督性监测能力建设项目，加强省、市两级污染源监测现场采样和测试能力，按照填平补齐的原则，提高污染源现场采样监测专用仪器设备装备水平。三是组织实施强化环境监察执法能力建设项目，省、市、县级环境监测机构落实标准化建设，加强国家级环境监察执法机构核查能力。四是组织实施提高环境统计基础和信息传输能力建设项目，数据储存、传输和交换等信息化水平是“三大体系”建设能否达到国际一流水平的重要标志，要在现有信息化建设平台基础上，进一步完善国家、省、市、县四级数据信息传输网络，为所有县级环境统计各配备两台计算机，制订或修订环境信息标准和规范，开发和完善数据库、交换平台和应用平台。

三、加强领导，落实责任，推动“三大体系”建设取得突破性进展

各级环保部门要认真学习领会并贯彻温家宝总理的重要批示精神，按照充分论证、周密安排、科学组织、明确责任、“严管源、慎用钱、质为先”的要求，加快“三大体系”建设步伐，为全面完成主要污染物减排任务创造良好的先决条件，为提升环境保护工作水平打下坚实基础。

第一，加强组织领导。各级环保部门要把“三大体系”建设工作摆上今年工作的重要议事日程，切实加强领导，“一把手”亲自抓，分管领导具体抓，要定期听取“三大体系”建设工作的汇报，研究部署重点工作。要积极争取同级党委、政府，以及发改、财政、科技、编制等部门的支持，解决“三大体系”建设的资金、技术、人员等方面存在的实际困难。同时，要进一步加强队伍建设，保证“三大体系”建设有高素质的人员来抓。

第二，加强相关法规标准等配套建设。过去的经验教训反复证明，要使有限的资金发挥最大的效益，加强配套建设尤其重要。一要建立和完善污染源自动监控和监督性监测、环境监察、环境统计等方面的法律法规，明确法律地位，规范管理行为；二要研究制定有利于污染减排的环境经济政策，从国家宏观战略层面解决环境污染问题；三要按照统一规划、统一标准、统一技术规范、统一设计的要求，制定、修订污染源自动监控、环境信息传输等有关标准和技术规范，在全国形成整体能力；四要坚持原始创新、集成创新、消化引进吸收再创新，组织科技攻关，突破技术难点，为污染减排“三大体系”建设提供科技支撑；五要加强基建配套，确保相关设施有效运行。

要进一步加强与发改委、财政等部门的沟通和协调，上上下下共同努力，抓紧出台两个文件：一是《主要污染物减排专项资金使用管理办法》，二是《加快污染减排“三大体系”能力建设的指导意见》，为把“三大体系”建设项目打造成样板工程奠定坚实基础。

第三，加强项目的组织与管理。申报项目的质量，直接关系到资金的落实、项目的实施。目前，环保系统项目组织和管理力量较为薄弱。为组织好项目申报，要发挥各地的积极性，做好项目前期基础工作，组织专家论证，周密制定建设方案。国控重点污染源自动监控和环境执法两个项目申请财政部支持，以地方执行为主，总局有关部门要组织地方环保部门及相关单位抓紧编制可研报告，经专家论证、有关部门批复后由总局审核上报。污染源监督性监测、环境统计与信息传输两个项目，由总局有关部门按基本建设项目管理程序，组织编制可研报告，报发改委审批。各地要高度重视，组织力量，摸清底数，提供支持。要明确项目管理制度，公开办事程序，加强项目申报、资金运作等方面的培训。严格执行项目管理程序和各项财经制度，认真履行专项资金管理办法、政府采购、招投标、国库集中支付、合同管理

等有关规定，及时办理竣工验收、固定资产登记等相关手续。不论资金渠道，所有项目都要扎实做好前期工作，项目运作和资金使用都要经得起审计和检查，项目建设成果经得起实际运行的检验。

第四，要坚持“严管源”、“慎用钱”、“质为先”。质量和效益是“三大体系”建设成败的关键问题。没有质量的数量，就是“滥竽充数”；没有质量的速度，就是急功近利；没有质量的效率，就是无效劳动；没有质量的成绩，就是沽名钓誉。效益是检验“三大体系”建设的试金石和标尺。如果在质量和效益上出了问题，不仅使“三大体系”建设投入的人力、财力和物力无法挽回、给环保事业发展带来无法估量的巨大损失，而且也辜负了党中央的谆谆重托，辜负了全国人民的殷切期望，是对国家和人民的极大犯罪。在项目设计中，一定要从实际出发，充分利用现有设备和能力，严防低水平重复建设，决不能“狮子大开口”，漫天要价；在项目建设中，要加强全过程监管，一定要阳光操作，公平、公正、公开，提高招标仪器的质量，严防招投标不正之风，坚决杜绝“豆腐渣工程”；在资金使用上，既要节约资金，又要确保设备质量，不得挤占挪用、改变和扩大资金使用范围，同时要加强资金监管，坚决防止“工程腐败”。

第五，严格落实责任制和责任追究制度。一要建立项目组织责任制度。总局将与地方环保部门签订项目建设责任书，确保配套资金及时到位、项目按进度实施、工程设备保质保量。凡总局主要负责的项目，责任落实到具体司（办、局）或直属单位；凡地方主要负责的项目，责任落实到各省（区、市）环保局（厅）；实行责任部门（单位）、责任人公示制度，定期通报项目进展情况。二要推行项目效益责任考核。总局将组织专家定期或不定期开展专项检查与考核，检查设备到位、系统运行、资金使用及配套等情况，加强项目绩效评估。同时推行省（区、市）级负责制度，各省（区、市）对辖区内所有污染减排数据负责，确保数据完整、真实、有效。三要建立奖惩制度。对连续存在问题的责任部门（单位），或责任人所在省份，停止环境保护领域中央财政资金支持。中央财政对积极支持县级建设项目的省、市级环保部门予以倾斜。

今年，中央在国债、中央预算内投资、排污费专项及其他方面，还安排了相当的资金。我们一定要突出重点，紧紧围绕污染减排工作，打攻坚战，务求取得实效。各级环保部门要抓紧协调发改、财政等有关部门，精心组织项目，积极落实配套资金，努力提高环境监管能力。

借此机会，我介绍一下环境宏观战略研究的有关情况。这是一项总结过去、指导现在、谋划未来的宏伟工程，通过调整一些政策措施，制订一些新政策新战略，从国家宏观战略层面深入研究解决环境保护问题。春节期间，温家宝总理、曾培炎副总理对我们开展环境宏观战略研究给予了充分肯定和大力支持，并请徐匡迪院士担任组长。这标志着环境宏观战略研究成为国家战略。这项研究还涉及各省（区、市）有积极性的省份可以开展本省战略研究，与国家战略研究同步进行。环境宏观战略研究、污染源普查、水专项三大环保工程的集中实施，把环保事业的各项工作推到了第一线。这次中央集中资金加强污染减排“三大体系”能力建设，不是一个孤立的现象，这标志着环保工作进入了在明晰思路指导下加快发展的新阶段。

同志们，在今年开始不到两个月的时间内，中央主要领导同志先后对总量控制、区域限批、环保宏观战略研究、污染减排“三大体系”建设四个方面作出了重要批示，提出了明确要求，为我们指明了努力的方向，也把环保工作推到了第一线。这是党中央、国务院对环保工作高度重视的集中体现，也是全系统上上下下抓住关键问题和环节，共同努力的结果，环保工作面临着前所未有的大好形势。各级环保部门一定要珍惜这来之不易的大好机遇，振奋精神，乘势而上，勇于开拓，务求实效，加强体制、机制、责任制建设，用实际行动迎接“十七大”的胜利召开！

附录 3-3　污染源自动监控管理办法

第一章　总　则

第一条　为加强污染源监管，实施污染物排放总量控制与排污许可证制度和排污收费制度，预防污染事故，提高环境管理科学化、信息化水平，根据《水污染防治法》、《大气污染防治法》、《环境噪声污染防治法》、《水污染防治法实施细则》、《建设项目环境保护管理条例》和《排污费征收使用管理条例》等有关环境保护法律法规，制定本办法。

第二条　本办法适用于重点污染源自动监控系统的监督管理。

重点污染源水污染物、大气污染物和噪声排放自动监控系统的建设、管理和运行维护，必须遵守本办法。

第三条　本办法所称自动监控系统，由自动监控设备和监控中心组成。

自动监控设备是指在污染源现场安装的用于监控、监测污染物排放的仪器、流量（速）计、污染治理设施运行记录仪和数据采集传输仪等仪器、仪表，是污染防治设施的组成部分。

监控中心是指环境保护部门通过通信传输线路与自动监控设备连接用于对重点污染源实施自动监控的计算机软件和设备等。

第四条　自动监控系统经环境保护部门检查合格并正常运行的，其数据作为环境保护部门进行排污申报核定、排污许可证发放、总量控制、环境统计、排污费征收和现场环境执法等环境监督管理的依据，并按照有关规定向社会公开。

第五条　国家环境保护总局负责指导全国重点污染源自动监控工作，制定有关工作制度和技术规范。

地方环境保护部门根据国家环境保护总局的要求按照统筹规划、保证重点、兼顾一般、量力而行的原则，确定需要自动监控的重点污染源，制定工作计划。

第六条　环境监察机构负责以下工作：

（一）参与制定工作计划，并组织实施；

（二）核实自动监控设备的选用、安装、使用是否符合要求；

（三）对自动监控系统的建设、运行和维护等进行监督检查；

（四）本行政区域内重点污染源自动监控系统联网监控管理；

（五）核定自动监控数据，并向同级环境保护部门和上级环境监察机构等联网报送；

（六）对不按照规定建立或者擅自拆除、闲置、关闭及不正常使用自动监控系统的排污单位提出依法处罚的意见。

第七条　环境监测机构负责以下工作：

（一）指导自动监控设备的选用、安装和使用；

（二）对自动监控设备进行定期比对监测，提出自动监控数据有效性的意见。

第八条　环境信息机构负责以下工作：

（一）指导自动监控系统的软件开发；

（二）指导自动监控系统的联网，核实自动监控系统的联网是否符合国家环境保护总局制定的技术规范；

（三）协助环境监察机构对自动监控系统的联网运行进行维护管理。

第九条　任何单位和个人都有保护自动监控系统的义务，并有权对闲置、拆除、破坏以及擅自改动自动监控系统参数和数据等不正常使用自动监控系统的行为进行举报。

第二章　自动监控系统的建设

第十条　列入污染源自动监控计划的排污单位，应当按照规定的时限建设、安装自动监控设备及其配套设施，配合自动监控系统的联网。

第十一条　新建、改建、扩建和技术改造项目应当根据经批准的环境影响评价文件的要求建设、安装自动监控设备及其配套设施，作为环境保护设施的组成部分，与主体工程同时设计、同时施工、同时投入使用。

第十二条　建设自动监控系统必须符合下列要求：

(一)自动监控设备中的相关仪器应当选用经国家环境保护总局指定的环境监测仪器检测机构适用性检测合格的产品；

(二）数据采集和传输符合国家有关污染源在线自动监控（监测）系统数据传输和接口标准的技术规范；

(三）自动监控设备应安装在符合环境保护规范要求的排污口；

(四）按照国家有关环境监测技术规范，环境监测仪器的比对监测应当合格；

(五）自动监控设备与监控中心能够稳定联网；

(六）建立自动监控系统运行、使用、管理制度。

第十三条　自动监控设备的建设、运行和维护经费由排污单位自筹，环境保护部门可以给予补助；监控中心的建设和运行、维护经费由环境保护部门编报预算申请经费。

第三章　自动监控系统的运行、维护和管理

第十四条　自动监控系统的运行和维护，应当遵守以下规定：

(一）自动监控设备的操作人员应当按国家相关规定，经培训考核合格、持证上岗；

(二）自动监控设备的使用、运行、维护符合有关技术规范；

(三）定期进行比对监测；

(四）建立自动监控系统运行记录；

(五）自动监控设备因故障不能正常采集、传输数据时，应当及时检修并向环境监察机构报告，必要时应当采用人工监测方法报送数据。

自动监控系统由第三方运行和维护的，接受委托的第三方应当依据《环境污染治理设施运营资质许可管理办法》的规定，申请取得环境污染治理设施运营资质证书。

第十五条　自动监控设备需要维修、停用、拆除或者更换的，应当事先报经环境监察机构批准同意。

环境监察机构应当自收到排污单位的报告之日起 7 日内予以批复；逾期不批复的，视为同意。

第四章　罚　则

第十六条　违反本办法规定,现有排污单位未按规定的期限完成安装自动监控设备及其配套设施的，由县级以上环境保护部门责令限期改正，并可处 1 万元以下的罚款。

第十七条　违反本办法规定，新建、改建、扩建和技术改造的项目未安装自动监控设备及其配套设施，或者未经验收或者验收不合格的，主体工程即正式投入生产或者使用的，由审批该建设项目环境影

响评价文件的环境保护部门依据《建设项目环境保护管理条例》责令停止主体工程生产或者使用，可以处 10 万元以下的罚款。

第十八条 违反本办法规定，有下列行为之一的，由县级以上地方环境保护部门按以下规定处理：

（一）故意不正常使用水污染物排放自动监控系统，或者未经环境保护部门批准，擅自拆除、闲置、破坏水污染物排放自动监控系统，排放污染物超过规定标准的；

（二）不正常使用大气污染物排放自动监控系统，或者未经环境保护部门批准，擅自拆除、闲置、破坏大气污染物排放自动监控系统的；

（三）未经环境保护部门批准，擅自拆除、闲置、破坏环境噪声排放自动监控系统，致使环境噪声排放超过规定标准的。

有前款第（一）项行为的，依据《水污染防治法》第四十八条和《水污染防治法实施细则》第四十一条的规定，责令恢复正常使用或者限期重新安装使用，并处 10 万元以下的罚款；有前款第（二）项行为的，依据《大气污染防治法》第四十六条的规定，责令停止违法行为，限期改正，给予警告或者处 5 万元以下罚款；有前款第（三）项行为的，依据《环境噪声污染防治法》第五十条的规定，责令改正，处 3 万元以下罚款。

第五章　附　则

第十九条 本办法自 2005 年 11 月 1 日起施行。

附录3-4　国控重点污染源自动监控能力建设项目建设方案

一、必要性

《国民经济和社会发展第十一个五年规划纲要》中明确要求，到2010年，在GDP年均增长7.5%的同时，单位GDP能源消耗降低20%，主要污染物削减10%，作为“十一五”期间的约束性指标，必须完成。在“十一五”开局之年2006年，全国二氧化硫排放量达2594.4万t，化学需氧量排放量达1431.3万t，两项污染物排放量不降反升，分别比2005年增长1.8%和1.2%，主要污染物减排工作形势更加严峻。

为了确保主要污染物减排这一约束性目标的完成，迫切需要建立和完善科学的减排指标体系、准确的减排监测体系、严格的减排考核体系三大体系，从而通过严格科学的统计、监测和考核手段将减排工作落到实处。建设国控重点污染源自动监控系统，对占全国主要污染物负荷65%的国家重点监控企业的污染物排放情况实施自动监控是减排“三大体系”建设的重要组成部分，通过自动化、信息化等技术手段可以更加科学、准确、实时地掌握重点污染源的主要污染物排放数据、污染治理设施运行情况等与污染物排放相关的各类信息，及时发现并查处违法排污行为，是监督重点污染源是否完成污染物减排指标的有效手段。

（一）污染源自动监控系统的构成

污染源自动监控系统由自动监控设备和监控中心组成。

自动监控设备是指在污染源现场安装的用于监控、监测污染物排放的仪器、流量（速）计、污染治理设施运行记录仪和数据采集传输仪等仪器、仪表。在线监测仪器能够监测污染源污染物数据浓度，流量（速）计能够连续不断的记录污染物流量，污染治理设施运行记录仪则能够实时监控排污企业污染治理设施的开关情况。

监控中心是指环境保护部门通过通信传输线路与自动监控设备连接用于对重点污染源实施自动监控的软件和硬件，硬件主要包括服务器、污染源端数据接收专用设备、显示与交互系统、监控网络基础环境、网络安全系统等，软件由服务器操作系统与数据库软件（市售）、污染源基础数据库、污染源监控应用系统、数据传输与备份系统、网络安全系统等。

（二）监控中心建设

1．建设各级环保部门污染源监控中心

按照管理级次，考虑辖区内国家重点监控企业的数量，原则上只在有国控重点污染源的地级以上城市（地区）建设，监控中心分三级六类建设：

第一级　国家级监控中心：

A．1个国家环保总局污染源监控中心。

B．5个督查中心的区域监控中心（华北督查中心刚刚批准建立，办公条件、人员等还需一定时间才能落实齐备，此次暂不考虑）。

第二级　31个省级（含省、自治区、直辖市、新疆生产建设兵团，不包括西藏自治区）监控中心。

第三级　地市级监控中心：

A．计划单列市与省会城市共31个（不包括拉萨市）。

B．环保重点城市（除 A 外）77 个。

C．其他地市级城市（除 A、B 外）218 个。

2．监控中心核心应用软件开发研制

环保总局组织开发并发放污染源核心应用软件和数据库给中央和地方各级监控中心使用，核心应用软件和数据库对地方环保部门开放源代码，为地方环保部门整合信息资源、扩展监控中心功能提供方便。统一开发使用污染源核心应用软件和数据库有利于打破地方保护、消除信息孤岛将各地自动监控系统组成全国性的三级立体监控网络，提高信息资源交换使污染源自动监控系统发挥更大的整体作用。

（1）污染源自动监控软件

按照国家环保总局的标准规范，实现所有排污口的实时监控数据传输到各级监控中心，使污染源自动监控系统直接起到监控、报警、处置的作用，同时保证实时监控数据按环保总局的格式记入污染源数据库。

（2）污染源监控基础数据库

建立统一格式的国家重点监控企业基本信息、生产工艺、污染治理设施、排污状况、排污数据等数据库，加入实时监控数据，形成动态的、全国联网的企业排污情况台账，在统一采集的基础上，统一核定排污数据，为减排考核服务。

（3）国家重点监控企业公众监督与现场执法记录系统

利用已有的 12369 全国统一呼叫号码，将各种公众举报投诉线索纳入统一联网管理并与污染源监控基础数据库关联，发挥公众的力量发现、举报国控重点企业和其他排污单位的违法排污行为，及时进行现场执法和查处。通过系统对执法及处理、处罚情况进行记录与分析，确定违法排污的地域、流域、行业等特点，提高执法的针对性、有效性，为上级的督察、稽查提供目标和方向，促进地域、流域、行业等的减排。

（三）数据传输网络建设

各级环保部门间数据传输网络由其他项目建设，为保证污染源现场端数据能按统一的标准传送到监控中心，需新建、或者改造国家重点监控企业排放口端安装的自动监控设备与环保部门监控中心端的数据传输网络。数据采集传输网络通过安装在企业端的数据采集传输仪与环保部门监控中心的监控专用接收设备实现。

企业端数据采集传输仪必须符合《污染源在线自动监控（监测）系统数据传输标准》（HJ/T 212—2005）以及《〈污染治理设施运行记录仪〉认定技术条件》（环发[1998]403 号）的要求与规定。

（四）国控重点污染源现场端建设

国家重点监控企业排放口安装的自动监控设备是整个系统污染源监控信息的直接来源。

本项目计划，每个排放废水的国控重点企业按 1 个排放口、每个排放废气的国控重点企业按 2 个排放口计安装污染源自动监控设备，共预计在 10 957 个排放口安装自动监控设备。多个废水或者废气排污口的要逐步规范（减少）排污口，国控重点企业安装污染源自动监控设备的排放口所排放的污染物总量之和不小于该企业废水或者废气排污总量的 70%。

对于国家重点监控企业名单中确实不存在或有错误的，可以新建成运行的污水处理厂、本地排放污染物总量大的企业替换，但要保证重点企业数量相同、替换企业的污染物排放量之和不少于被替换企业的污染物排放量之和。

1．废水污染源自动监控设备

污水类国家重点监控企业共 3 773 个。其中，废水污染源 3 115 个、城市污水处理厂 658 个。监控设备配置如下表：

序号	内容	数量	备注
1	COD 在线监测仪	1	采用氧化方式（如重铬酸钾-臭氧、电加热、燃烧、电化学等）测定 COD 含量
2	流量计	1	
3	污染治理设施运行记录仪	1	
4	数据采集传输设备	1	
5	等比例采样器	1	（选装）
6	pH 在线监测仪	1	（选装）
7	视频监控设备	1	（选装）
8	站房空调	1	

2．废气污染源自动监控设备

废气类国家重点监控企业共 3 592 个。现场端监控设备配置如下表：

序号	内容	数量	备注
1	SO_2 在线监测仪	1	
2	流速在线监测仪	1	
3	数据采集传输设备	1	
4	污染治理设施运行记录仪	1	
5	视频监控设备	1	（选装）
6	站房空调	1	

注：部分仪器同时具备污染治理设施运行记录与数据采集传输功能，可合二为一。

（五）基础条件建设

1．建设污染源自动监控设备质量控制实验室

在中国环境监测总站建立较为完善的质量保证和质量控制实验室，对国家重点监控排污企业需要安装的各类自动监控设备进行适用性检测，检验设备是否符合有关的国家技术标准、规范，设备质量是否稳定可靠耐用，数据能否准确传输。

2．污染源基础数据采集与现场核对

由各级环境监察机构对国家重点监控企业的基本情况、污染物排放相关数据和信息进行收集整理，经现场核对、综合分析确认，录入并报送至国家环保总局国家重点监控企业基础数据库。

3．制定技术标准

国家环保总局信息中心统一制定适用于污染物减排及国家重点监控企业自动监控项目的信息类标准，为建立全国性的三级立体重点污染源监控网络系统和今后环境信息整合与交换奠定基础。

四、详细配置与经费预算

（一）建设各级监控中心

建设 1 个国家级监控中心，5 个区域级督查中心的监控中心，31 个省级监控中心，326 个地市级监控中心。

各级污染源自动监控中心主要由基础硬件设施、应用系统环境、监控中心应用软件、监控端专用设备、显示系统环境、网络及安全系统、数据存储备份系统七部分组成。详细配置及国家补助标准可参考《污染源监控中心建设规范（暂行）》及其编制说明（环函[2007]241 号附件 3）。

《污染源监控中心建设规范（暂行）》规定了各级环保部门污染源自动监控中心建设的最低功能配备要求，中央财政以此为基准对各级监控中心建设予以补助，各级地方环保部门可在此基础上统筹设计，结合自身环境管理的实际需求扩充功能，但扩充部分所需资金全部自行解决；已经建设监控中心，且其设备符合《污染源监控中心建设规范（暂行）》要求的，可作为污染源自动监控项目配套的自筹部分。

（二）数据传输网络建设

建设国家重点监控企业污染源自动监控现场端-监控中心端的数据采集传输网络。国家对重点监控企业污染源自动监控现场端-监控中心端的数据采集传输网络的补助暂以每个水污染源 1 个总排口计，安装一套自动监控设备；每个气污染源 2 个排口计，分别安装一套自动监控设备。

名称	建设内容
联网传输	污水口（3115×1）COD
	废气口（3592×2）SO_2
	污水厂（658×1）COD

（三）现场端设备建设

国家重点监控企业 6 066 家，污水处理厂 658 家。预计每个水污染源按 1 个总排口计，安装一套自动监控设备；每个气污染源按 2 个排口计，分别安装一套自动监控设备。

名称	建设内容
现场端设备建设	合计
	污水口（3115×1）COD
	废气口（3592×2）SO_2
	污水厂（658×1）COD

附录 3-5　污染源监控中心建设规范

污染源监控中心（简称监控中心）建立在各级环保部门，通过通信传输线路与污染源自动监控设备连接，实现对污染源主要污染物排放情况的在线、连续监测并对污染治理设施运行情况实时监控。

本建设规范确定的标准适用于指导污染减排“三大体系”建设——污染源自动监控项目中各级环保部门污染源监控中心的建设。

1．基本功能要求

- 能够对污染源污染物排放情况实施 24 小时监控。
- 能自动采集数据、自动传输数据、自动处理及自动分析数据，实现数字化环境管理。
- 具有报警系统，能接收现场设备报警信息。
- 具备接警后立即处理的快速响应能力。
- 能够实现远程网络控制现场设备。
- 能够为本地环境应急指挥提供基础数据。
- 能够为科学核定排污量提供依据，为实现污染物减排服务。

2．建设原则

- 分级分类指导原则：体现出国家-省-市三级立体监控网络的思想和设计，根据国家、省级、地市级不同的业务特点和业务量分别考虑，对地市级也按照不同的环境管理需要进行了分级处理。
- 灵活建设可扩展性原则：突出表达不同级别监控中心的配置与区别。具较强的可扩展性，支持与 12369 投诉受理中心、应急指挥中心等的进一步整合、集成和其他业务拓展应用。
- 先进性实用性原则：采用较为先进的技术指标，确保在一定时间内不落后。紧密结合全国环保实际，针对环保工作特点，确保系统使用简便，功能完备。
- 安全可靠原则：应符合国家相关规定和国家、行业标准要求，具备较高的安全保密性，强化存储备份，确保可靠稳定运行。

本标准从技术角度体现监控中心与信息中心是一个完整的、不可分割的统一体，同时也突出了环境监察部门现场执法的工作需要。

功能配备标准按照一个满足污染源监控基本需要的监控中心最低功能配备要求进行设计。

3．系统结构

下图是监控中心的网络拓扑图。

4．建设标准

监控中心包括基础硬件设施、应用系统平台、监控端专用设备、显示系统环境、网络及安全系统、数据存储备份系统、监控中心应用软件七个组成部分。

4.1　省、自治区、直辖市监控中心建设标准

4.1.1　适用范围

适用于省、自治区、直辖市等省级环保部门的监控中心。

监控污染源个数在 2 500 个以上的监控中心可参考本级标准。

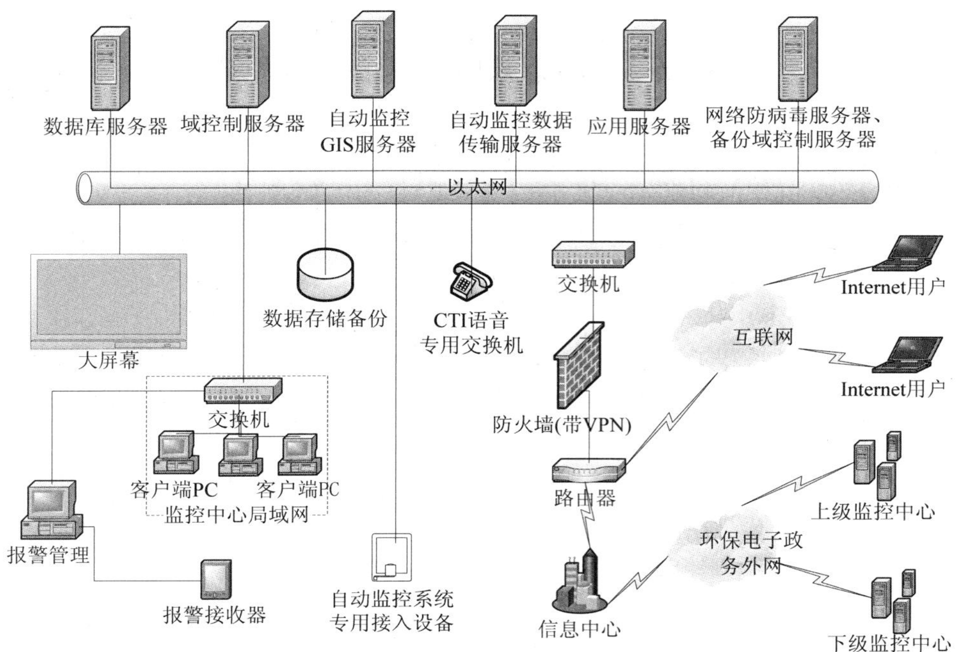

4.1.2 组成部分

4.1.2.1 应用系统环境

根据各种服务器、客户端PC机的数量和配置种类决定配备的操作系统、数据库等软件的数量。

（1）服务器操作系统10套，其中8套企业版、2套标准版。

（2）客户端操作系统6套，配备标准版。

（3）数据库系统1套，使用大型数据库管理系统，具有强安全性、可伸缩性和可用性，能够进行数据管理和数据挖掘、分析，能够提供全面的报表解决方案，能够在多个平台、应用程序和设备之间交换数据，更易于连接内部和外部系统。易于创建、部署和管理。

（4）GIS系统软件1套，保证大数据量的GIS数据的发布、创建GIS数据库，支持GIS功能的二次开发，支持大型地理信息系统的运行，并具有良好的可靠性和安全性。

（5）存储备份软件1套，保证数据流不再经过网络而直接从磁盘阵列传到磁带库内，无需占用网络带宽。

4.1.2.2 监控中心应用软件

（1）污染源监控基础数据库系统1套：建立统一格式的国家重点监控企业（污染源）基本信息、生产工艺、污染治理设施、排污状况、排污数据等数据库，加入实时监控数据，形成动态的、全国联网的污染源排污情况监控台账，在统一采集的基础上，统一核定排污数据，为减排考核服务。

（2）污染源自动监控系统1套：按照总局的标准规范（数据传输协议和数据交换标准规范），实现所有排污口的实时监控数据传输到各级监控中心，使污染源自动监控系统直接起到监控、报警、处置的作用，同时保证实时监控数据按总局的格式记入污染源数据库。

（3）国家重点监控企业公众监督与现场执法管理系统1套：利用12369全国统一呼叫号码，建立公众举报数据库，将各种公众举报、投诉和日常执法监察信息纳入统一联网管理。及时发现国家重点监控企业和其他排污单位的违法排污情况，并与污染源基础数据库、在线监测数据库、执法监察数据库、行政处罚数据库、公众举报数据库关联，及时进行现场检查，记录现场执法信息，形成执法数据报告，实现数据上传，满足国家对重点监控企业的动态管理。

4.1.2.3 监控端专用设备

（1）自动监控系统专用接入设备 1 套：用于与排污企业现场数据采集与传输设备实时通信，确保传输链路正常稳定连接。同时，企业端接口也必须能响应监控中心对数据主动采集的要求。

（2）监控端 CTI 语音专用交换机 1 套：至少支持 4 路外线，4 路内线，可脱离计算机或服务器独立工作，至少满足 20 000 小时录音记录要求，支持传真、短信功能，支持人工值班和电脑值班。IVR 及座席软件必须与国家统一开发核配的“国家重点监控企业公众监督与现场执法管理系统”配套。

（3）实时报警接收设备 1 套：能够与企业端现场监控设备联网，实时接收企业端发送的报警数据包，同时满足接收现场设备报警信息的需要。

4.1.2.4 网络及安全系统

（1）路由器 1 个：4 个插槽、包转发率 1Mp/s，3 个 10/100/1 000M 端口。

（2）交换机 1 个：三层，背板带宽 32Gb/s，线速转发能力大于 13.2Mp/s，包转发率 38.7Mp/s，3 个业务插槽。

（3）硬件防火墙 1 个：标配 4FE，支持 1 个扩展槽，可选的接口模块包括 1FE/2FE/4FE，最高支持 8FE，提供 1 个配置口（CON）、1 个备份口（AUX），带 VPN。

（4）网络防病毒软件 1 套：网络威胁自动防御，在无需干预的前提下，不间断地为局域网络提供防护，使其免受病毒、蠕虫和其他各种恶意代码的威胁，支持 50 用户。

（5）KVM 切换器 1 个：连接控制系统 16 口。

（6）UPS 电源 1 个：额定容量 20 kVA，配满电池。

4.1.2.5 数据存储备份系统

（1）光纤交换机 2 台：配置 8 口光纤交换机激活 4 个端口。2 台互作冗备。

（2）阵列柜 1 台：可扩至 10T，配置 2 个 T。

（3）磁带机/存储设备 1 台：最大配置磁带槽位 24，最大配置驱动器数量 2 个，驱动器接口类型 FC，SCSI，配置磁带数量为 20 盘 LTO-2 磁带，1 盘清洗带。

（4）机柜 4 个：42U 标准机柜。

4.2 一般环保重点城市监控中心标准

4.2.1 适用范围

适用于一般环保重点城市（除计划单列市和省会城市以外）环保部门的监控中心建设。

监控污染源个数在 1 000 个以上的监控中心可参考本级标准。

4.2.2 组成部分

4.2.2.1 基础硬件设施

服务器共 8 台，客户端 PC 9 台，笔记本 2 台。

（1）自动监控数据传输服务器 1 台：配置三类服务器，部署自动监控通信服务系统，接收现场机发送污染源监测数据包，对数据包进行解析、上报数据。

（2）应用服务器 2 台：配置三类服务器，分别部署污染源监控基础数据库系统、污染源自动监控系统、国家重点监控企业公众监督与现场执法管理系统 3 个系统。

（3）自动监控 GIS 服务器 1 台：配置三类服务器，保证 10 G 数据的大型地理信息系统的稳定运行，保证足够大的访问量。

（4）数据库服务器 2 台：配置三类服务器，至少保证 1 000 个监控点的数据量交互，同时还能够确其他方面的数据访问要求。

（5）域控制服务器 1 台：配置四类服务器，对网络中服务器和客户端进行管理。

（6）网络防病毒服务器、备份域控制服务器 1 台：配置四类服务器，部署存储备份软件。同时承担防病毒服务功能，部署网络版防病毒软件，保证服务器和客户端安全。

（7）客户端 PC 9 台：配置二类客户端 PC，其中 6 台作为监控中心客户端计算机，3 台作为公众监督与现场执法管理系统专用计算机。

（8）笔记本 2 台：配置双核 CPU，主频 166 MHz，512 MB 容量 DDR2 内存，80GB 硬盘，15 寸显示屏，64 MB 显存，集成千兆以太网卡，支持无线上网。

上述设备配置详细性能参数参看附录 A。

4.2.2.2　应用系统环境

根据各种服务器、客户端 PC 机、笔记本的数量和配置种类决定配备的操作系统、数据库等软件的数量。

（1）服务器操作系统 8 套，其中 6 套企业版、2 套标准版。

（2）客户端操作系统 11 套，配备标准版，9 套安装在客户端 PC 机上，2 套安装在笔记本上。

（3）数据库系统 1 套，使用大型数据库管理系统，具有强安全性、可伸缩性和可用性，能够进行数据管理和数据挖掘、分析，能够提供全面的报表解决方案，能够在多个平台、应用程序和设备之间交换数据，更易于连接内部和外部系统。易于创建、部署和管理。

（4）GIS 系统软件 1 套，保证大数据量的 GIS 数据的发布、创建 GIS 数据库，支持 GIS 功能的二次开发，支持大型地理信息系统的运行，并具有良好的可靠性和安全性。

（5）存储备份软件 1 套：保证数据流不再经过网络而直接从磁盘阵列传到磁带库内，无需占用网络带宽。

4.2.2.3　监控中心应用软件

（1）污染源监控基础数据库系统 1 套：建立统一格式的国家重点监控企业（污染源）基本信息、生产工艺、污染治理设施、排污状况、排污数据等数据库，加入实时监控数据，形成动态的、全国联网的污染源排污情况监控台账，在统一采集的基础上，统一核定排污数据，为减排考核服务。

（2）污染源自动监控系统 1 套：按照总局的标准规范（数据传输协议和数据交换标准规范），实现所有排污口的实时监控数据传输到各级监控中心，使污染源自动监控系统直接起到监控、报警、处置的作用，同时保证实时监控数据按总局的格式记入污染源数据库。

（3）国家重点监控企业公众监督与现场执法管理系统 1 套：利用 12369 全国统一呼叫号码，建立公众举报数据库，将各种公众举报、投诉和日常执法监察信息，纳入统一联网管理。及时发现国家重点监控企业和其他排污单位的违法排污情况，并与污染源基础数据库、在线监测数据库、执法监察数据库、行政处罚数据库、公众举报数据库关联，及时进行现场检查，记录现场执法信息，形成执法数据报告，实现数据上传，满足国家对重点监控企业的动态管理。

4.2.2.4　监控端专用设备

（1）自动监控系统专用接入设备 1 套：用于与排污企业现场数据采集与传输设备实时通信，确保传输链路正常稳定连接。同时，企业端接口也必须能响应监控中心对数据主动采集的要求。

（2）监控端 CTI 语音专用交换机 1 套：至少支持 8 路外线，8 路内线，可脱离计算机或服务器独立工作，至少满足 30 000 小时录音记录要求，具备转接、三方等功能，支持传真、短信功能，支持人工值班和电脑值班。IVR 及座席软件必须与国家统一开发核配的“国家重点监控企业公众监督与现场执法管理系统”配套。各地可根据实际情况酌情扩展。

（3）实时报警接收设备 1 套：能够与企业端现场监控设备联网，实时接收企业端发送的报警数据包，同时满足接收现场设备报警信息的需要。

4.2.2.5 网络及安全系统

（1）路由器 1 个：4 个插槽、包转发率 1 Mp/s，3 个 10/100/1 000 M 端口。

（2）交换机 1 个：三层，背板带宽 32 Gb/s，线速转发能力大于 13.2 Mp/s，包转发率 38.7 Mp/s，3 个业务插槽。

（3）硬件防火墙 1 个：标配 4FE，支持 1 个扩展槽，可选的接口模块包括 1FE/2FE/4FE，最高支持 8FE，提供 1 个配置口（CON）、1 个备份口（AUX），带 VPN。

（4）网络防病毒软件 1 套：网络威胁自动防御，在无需干预的前提下，不间断地为局域网络提供防护，使其免受病毒、蠕虫和其他各种恶意代码的威胁，支持 50 用户。

（5）KVM 切换器 1 个：连接控制系统 8 口。

（6）UPS 电源 1 个：额定容量 10 kVA，配满电池。

4.2.2.6 数据存储备份系统

（1）光纤交换机 2 台：配置 8 口光纤交换机激活 4 个端口。2 台互作冗备。

（2）阵列柜 1 台：可扩至 10 T，配置 1 个 T。

（3）磁带机/存储设备 1 台：最大配置磁带槽位 24，最大配置驱动器数量 2 个，驱动器接口类型 FC，SCSI，配置磁带数量为 10 盘 LTO-2 磁带，1 盘清洗带。

（4）机柜 3 个：42U 标准机柜。

5. 其他

5.1 机构人员要求

地市级及以上环保部门应建立污染源监控中心，污染源监控中心原则设置在各级环境监察机构，由环境监察机构进行日常管理。各地可根据自身实际情况进行适当调整。

为保证监控中心有效运行，要建立业务和技术结构合理、人员稳定、专业化程度较高的工作队伍。注重计算机专业人员的配备，在吸收专门人才的同时，还应立足于在本系统开展全面的技术培训，尤其要注重既懂计算机技术又懂环保业务的复合型人才培养。

考虑到城市级环境监察机构直接监管污染源，工作强度较大，在人员安排和工作时间的分配上都不同于国家级、省级监控中心。

督查中心的监控中心标准：至少配备日常监控管理人员 2 名；公众监督举报管理工作人员 2 名；系统管理员 1 名。共 5 名工作人员。

省级监控中心标准：至少配备日常监控管理人员 3 名；公众监督举报接警管理工作人员 2 名；系统管理员 1 名。共 6 名工作人员。

计划单列市和省会城市监控中心标准：应执行 24 小时值班制。至少配备日常监控管理人员 6 名，三班倒，每班 2 人；公众监督举报管理工作人员 4 名；系统管理员 1 名。共 11 名工作人员。

一般环保重点城市监控中心标准：应执行 24 小时值班制。至少配备日常监控管理人员 6 名，三班倒，每班 2 人；公众监督举报管理工作人员 3 名；系统管理员 1 名。共 10 名工作人员。

一般地市级监控中心标准：应执行 24 小时值班制。至少配备日常监控管理人员 6 名，三班倒，每班 2 人；公众监督举报管理工作人员 2 名；系统管理员 1 名。共 9 名工作人员。

5.2　网络要求

监控中心应建立在局域网环境中，并可通过防火墙、路由器等网络设备与其他网络系统互连，各种设备软硬件应符合相关的国际标准规范，采用 TCP/IP 等通用的标准网络通信协议。

网络布线时必须设置足够的信息点数，以满足网络扩充的需求。

监控中心机房应宽带接入国际互联网（网络带宽不低于 2 M），并通过当地环保信息中心接入环境保护业务专网。

5.3　数据结构要求

遵循国家环保总局数据传输协议和数据交换标准规范，做到数据同构。应用系统的开发要按照国家软件行业相关标准，并符合国家环保总局相关电子政务建设的文件要求和环境信息编码标准。

5.4　管理制度要求

建立健全污染源监控中心管理制度，包括：监控值班制度、机房安全管理制度、设备维护管理制度、数据存储报送制度等。

附录 3-6　国控重点污染源自动监控项目污染源监控现场端建设规范

为配合“污染源减排三大体系能力建设”项目的顺利进行，规范国控重点污染源自动监控仪器设备的选型、安装和验收，保证污染源现场监测数据准确可靠，特作以下规定。

一、安装配备标准

（1）根据国家环境保护总局发布的国家重点监控企业名单，COD_{Cr}排放量占全国污染负荷 65%以内的，须安装 COD 在线自动监测仪、污水流量计、数据采集传输仪。可选择安装 pH 在线监测仪、等比例采样器、视频监控设备等。

（2）根据国家环境保护总局发布的国家重点监控企业名单，二氧化硫排放量占全国污染负荷 65%以内的，须安装二氧化硫连续在线监测系统，流速等烟气参数连续自动监测系统、数据采集传输仪。可选择安装颗粒物、NO_x等污染物在线自动监测系统和视频监控设备。

二、在线监测仪器设备技术要求

所有安装于监控现场端的自动监控仪器设备，必须是通过国家环境保护总局环境监测仪器质量监督检验中心适用性检测合格，并在有效期内的产品。

1．COD 在线自动监测仪

污染源 COD 在线自动监测仪性能指标应满足《化学需氧量（COD_{Cr}）水质在线自动监测仪》（HBC 6—2001）相关要求。COD 在线自动监测仪主要包括采样单元、样品预处理与计量单元、消解单元以及数据处理与传输单元等。

污染源 COD 在线自动监测仪须选用氧化原理的仪器，主要包括：重铬酸钾氧化-光度测量法、重铬酸钾氧化-库仑滴定法、燃烧氧化-红外测量法、氢氧基氧化-电化学测量法等。对于非重铬酸钾氧化原理的仪器，由于现场比对工作量较大，应根据现场污水排放状况，慎重选择。

2．污染源烟气排放二氧化硫连续在线监测系统

污染源烟气排放二氧化硫连续在线监测系统（含流速、含氧量、湿度、温度、压力等烟气参数）应满足《固定污染源烟气排放连续监测系统技术要求及检测方法》（HJ 76—2007）相关要求。

污染源烟气排放二氧化硫的在线自动监测系统按取样方式可选择释稀抽取式、直接抽取式和直接测量式，按二氧化硫分析原理可选择紫外荧光、非分散红外、非分散紫外、紫外差分吸收（DOAS）或定电位电解测量技术。

3．污水流量计

流量计应满足《超声波明渠污水流量计》（HJ/T 15—1996）和《浅水水流量计》（CJ/T 3017—93）相关要求。

4．数据采集传输仪

电气指标符合《污染治理设施运行记录仪认定技术条件》（HCRJ 039—1998），数据指标符合《污染源在线自动监控（监测）系统数据传输标准》（HJ/T 212—2005）。

第 4 章　污染源自动监控信息交换模式设计

4.1　国内外信息共享交换模式

4.1.1　芬兰的多代理模式

为了有效降低中央行政部门的数据采集工作量，荷兰财政部门采用了以私营中间商为中介的业务模型，模型结构如图 4-1 所示。这一模型旨在对与在文件格式标准和数据网络解决方案上存在差异的政府当局，与有业务联系的企业通过中间机构建立起电子化的业务联系。通过这一模型，企业即可通过中间商向政府提交相关的数据，免去了与各个政府部门打交道的麻烦，这一创新模型的优势表现在多个方面。

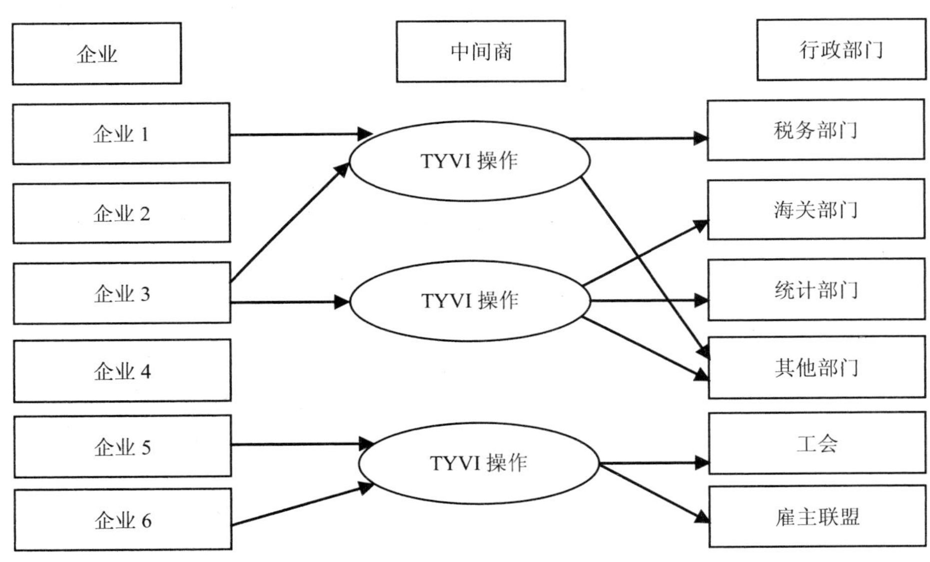

图 4-1　芬兰的多代理交换模式

（1）对于企业而言，只需要一次性将数据提交中间服务商，不再需要依次发给各个需要数据的政府当局。这不仅实现了企业为与政府交易而建立电子模型的需求最小化，也使它们不再需要为适应各个行政部门不同的报告标准、文件格式、数据网络界面而对数据进行数次包装。

（2）行政部门面对的是由企业所选择的 TYVI 操作者提供的界面，这一系统以网页为基础，不需要太多特殊的数据处理技术，企业可以与 TYVI 操作者直接联系，决定采用适当的传输系统。

（3）对于行政管理而言，TYVI 系统是一个简单的标准化数据收集系统，通过这一系统，许多机构实现了资源共享。

4.1.2　交通运输部的分级管理与共享模式

4.1.2.1　分级管理的平台体系

交通科技信息资源共享平台体系由交通主管部门平台、地方子平台、机构子平台组成，见图 4-2。

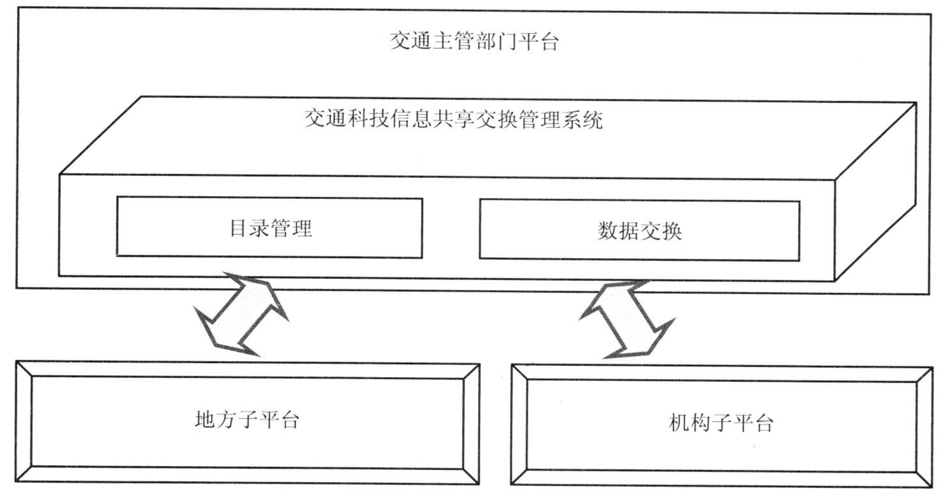

图 4-2　交通科技信息资源共享平台体系

（1）交通主管部门平台

交通主管部门平台整合交通主管部门及其直属机构的交通科技信息资源，为交通主管部门提供科技业务信息化管理服务，为交通行业及社会各界提供信息资源服务。

（2）地方子平台

地方子平台依托地方省厅建立，整合其所辖区域、单位的科技信息资源，建成服务于地方省厅交通科技管理部门的科技业务管理系统和服务于交通科研人员、社会公众的交通科技信息服务系统。

（3）机构子平台

机构子平台依托科研机构、大专院校、大型企业建立，整合其所辖范围的科技信息资源，建成服务于各机构科技管理部门的科技业务管理系统和服务于科研人员、社会公众的交通科技信息服务系统。

（4）互连互通

交通主管部门平台通过共享交换管理服务系统与各地方、各单位子平台相互连接、互连互通，共同构成交通行业科技信息资源共享服务体系。

该体系是在交通主管部门平台部署交换系统集成器，用于实现交换数据的统一提取与管理；在各子平台部署前置计算机，并安装前置数据库，开发相应的数据接口，与子平台数据库系统相连，通过定时、手动和触发等方式实现与前置数据库的数据同步；在各子平台部署交通行业数据交换平台客户端软件，数据交换平台客户端软件提供规则配置、API接口调用、数据导出等功能，实现从子平台前置数据库中手动或定时进行数据抽取。进而通过消息中间件，向交通主管部门平台进行安全可靠的数据传输。

4.1.2.2 外部关系

交通科技信息资源共享平台是为政府交通主管部门、交通科研机构、交通大专院校、交通企业以及社会公众提供交通科技信息资源服务的科技基础设施，也是国家科技基础条件平台的有机组成部分。交通科技信息资源共享平台与行业内外各机构、各部门以及相关信息平台的关系见图 4-3。

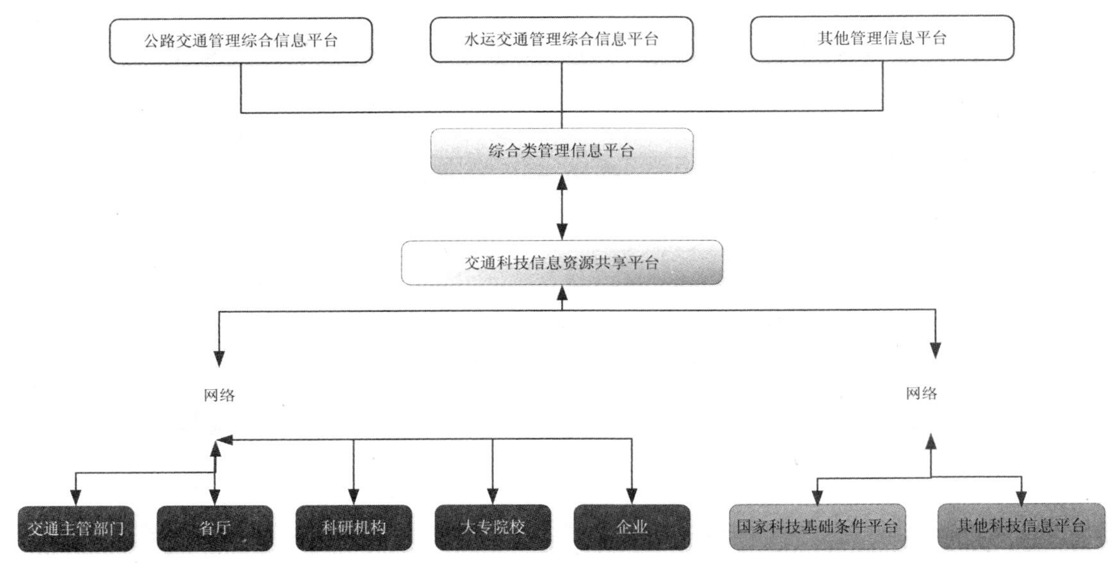

图 4-3 平台与行业内外机构部门以及相关信息平台关系图

（1）与交通行业内各机构、各部门及相关信息平台的关系

交通科技信息资源共享平台通过交通行业网络，连接各级政府交通主管部门、科研机构、大专院校、企业等，整合行业内各类科技信息资源，实现交通科技管理信息化，提供交通综合科技信息服务。

交通科技信息资源共享平台与交通行业的公路交通管理综合信息平台、水运交通管理综合信息平台等综合类管理信息平台相连，共享交通行业业务数据。

（2）与交通行业外相关信息平台的关系

交通科技信息资源共享平台通过国家科技基础条件平台与气象、海洋、国土资源、测绘、地震和材料科学等交通相关行业的科技资源平台实现互连互通，提供交通相关领域科技信息资源导航。

交通科技信息资源共享平台与国内外相关的社会公益机构、学术研究机构、企业等合作，实现交通科技信息资源共建共享，构建覆盖全国的分布式、社会化、网络化的交通科技信息资源体系。

4.1.3 小结

纵观国外、国内的信息共享交换模式，可以看出，建立统一的交换平台，统一数据格式是顺利实现信息共享交换的重要组成部分，围绕平台和数据格式构建信息交换技术模式成为不可或缺的内容。

4.2 污染源自动监控信息交换的需求

4.2.1 污染源自动监控系统建设的背景

随着科学技术的发展，一些发达国家先后转入自动监测阶段，发展环境污染连续自动监测系统。美国于 1958 年开始对俄亥俄河水质进行自动监测，1964 年在纽约首先建立了大气污染自动监测网络，到 20 世纪 70 年代已建立了 1 300 多个水质自动监测站。日本到 1965 年在全国已经建立了 172 个大气污染自动监测站，于 20 世纪 70 年代开始使用卫星、激光雷达对大气污染进行遥控监测。英国、德国、荷兰和瑞典等国在同期也都开展了自动监测工作。

我国在这方面的发展相对较晚，直到 20 世纪 80 年代才开始引进国外的先进系统设备，在北京、上海和青岛等 15 个城市建立了地面大气自动监测站，不久又在黄浦江、天津引滦济津河段及吉化、宝钢、武钢等大型企业的供排水系统建立了水质连续监测系统。

《国民经济和社会发展第十一个五年规划纲要》中明确要求，到 2010 年，在 GDP 年均增长 7.5%的同时，单位 GDP 能源消耗降低 20%，主要污染物削减 10%，作为“十一五”期间的约束性指标，必须完成。在“十一五”开局之年 2006 年，全国二氧化硫排放量达 2 594.4 万 t，化学需氧量排放量达 1 431.3 万 t，两项污染物排放量不降反升，分别比 2005 年增长 1.8%和 1.2%，主要污染物减排工作形势更加严峻。为了确保主要污染物减排这一约束性目标的完成，迫切需要建立和完善科学的减排指标体系、准确的减排监测体系、严格的减排考核体系三大体系，从而通过严格科学的统计、监测和考核手段将减排工作落到实处。建设国控重点污染源自动监控系统，对占全国主要污染物负荷 65%的国家重点监控企业的污染物排放情况实施自动监控是减排“三大体系”建设的重要组成部分，通过自动化、信息化等技术手段可以更加科学、准确、实时地掌握重点污染源的主要污染物排放数据、污染治理设施运行情况等与污染物排放相关的各类信息，及时发现并查处违法排污行为，是监督重点污染源是否完成污染物减排指标的有效手段。

时任国家环境保护总局局长周生贤在加快污染减排指标、监测和考核体系建设视频会议上的讲话“严管源、慎用钱、质为先，加快污染减排‘三大体系’建设”中强调：“污染减排是‘十一五’必须完成的约束性指标，‘三大体系’是污染减排的重要基础。”在“三大体系”建设中，国控重点污染源自动监控能力建设项目的主要任务是提高各级环保部门的污染源自动监控能力，是污染“减排”监测体系建设的重要组成部分。

2007 年，国务院安排专项资金用于污染物减排工作，当时的国家环境保护总局信息中心承担了其中“国家环境信息与统计能力建设项目”可行性研究报告的编制工作，国家和省减排综合数据库是项目的主要建设内容之一，目的就是能够实现全国重点污染源数据的交换和共享。

2008 年，环保部印发了《关于进一步做好国控重点污染源自动监控能力建设项目实施工作的通知》（环发[2008]25 号），提出了污染源监控中心建设规范和污染源监控现场端建设规范，要求 5 个区域督察中心[1]、32 个省级应用单位、333 个地市级应用单位在年内完成国控重点污染源自动监控能力建设项目。

为了落实上述文件的要求，各省陆续开展了污染源自动监控系统建设。但由于各地的污染源自动监控系统相互独立，采用的数据标准和设计结构不尽相同，各自分散、异构的数据资源形成彼此割裂的信息孤岛，无法进行信息交换，更难以做到业务协同。而污染源自动监控数据不只为当地环保部门辖区属地管理服务，也为上级环保部门的宏观管理服务，必须通过制定全国统一的污染源自动监控数据传输与交换技术规范，从技术上支撑全国污染源自动监控系统的数据共享、业务协同，为上下级环保部门之间统一高效的信息沟通共享通道提供基础平台。发布适合环境管理需要的数据传输和交换标准技术规范，应通过组织研究国内自动监控现状、吸收国际先进技术，确保数据传输和交换方式的可靠性、易维护性。

污染源自动监控工作的开展已经有十几年的历史了，最初只是调取污染治理设施的开关情况，现在已开展了 COD、NH_3-N、SO_2、NO_x 等主要污染因子现场自动监测分析、无线传输、远程控制和实时报警，为环保部门增强科学监管能力、提高环境执法效能发挥了积极作用。[2]

4.2.2 污染源自动监控系统对信息交换的需求

污染源自动监控是各级环境保护管理部门进行环境监管和环境执法的重要手段。污染源自动监控系统的建设和管理涉及环境监测、自动控制和网络通信等多个领域的技术，是一项复杂的系统工程。其中污染源自动监控信息的传输交换是系统的重要组成部分和基础条件。

国家为了加强环境污染源的监督管理，通过采取一系列的技术手段，提高了对环境污染源的自动监控能力。各级环保管理部门根据国家环境保护总局第 28 号令《污染源自动监控管理办法》的要求，在国控污染源自动监控能力建设项目的统一部署下，陆续建立了污染源自动监控系统，用以支持环境保护部和各省环保厅（局）污染源自动监控工作，为各级环保管理部门提供了实时的污染源排放信息，为污染源监督管理提供依据。各级环境保护部门分别负责本级监控中心的运行，以及审核数据的有效性及上下级的信息的传输与交换。

由于各地国控重点污染源自动监控系统建设情况不一致，各地在系统建设中采用了不同的系统和传输技术，已形成的《污染源在线自动监控（监测）系统数据传输标准》（HJ/T 212—2002）以及《环境污染源自动监控信息传输、交换技术规范》（HJ/T 352—2007）

---

1 即：环境保护部华北督查中心、环境保护部华东督查中心、环境保护部华南督查中心、环境保护部西北督查中心、环境保护部西南督查中心。

2 大力推进污染源自动监控工作 全面提高环境执法效能，在全国污染源自动监控工作现场会上的讲话，吴晓青，2005.11.29.

并未全面实施落实，并未完全形成上下同构的系统，使得环境保护部和省市各级环境监察部门上下级之间的数据传输与交换难以全部顺利完成。实现全国范围的污染源信息的交换和共享还面临着一些问题和困难，具体表现为：

（1）由于数据格式的不统一，局部地市在与省级部门的传输过程中会有数据无法识别的现象。

（2）由于信息交换过程的监控不到位，导致各级部门在落实信息传输与交换管理时责任不明晰。

（3）在从本级监控中心上传到上级监控中心，上级监控中心发送到国家级监控中心时可能被人为加工处理，从而导致数据失真，对缺失和异常数据无法实时处理。

国控重点污染源自动监控系统支持环境保护部和各省环保厅（局）污染源自动监控工作。目前数据来源于全国上千家重点污染源，环境保护部和省市各级环境管理部门通过自动监控设备实时采集数据。省级节点通过定时或实时的方式将数据传输到国家级节点。由于国控重点污染源自动监控系统数据是监督企业排污的最有力证据，是最重要的环境数据之一，因此，有必要设计更加合理的交换模式，将国控重点污染源自动监控系统的数据进行统一格式的标准化传输与交换。交换需求主要体现在以下三个方面。

4.2.2.1　技术处理能力急需发展

污染源自动监控信息传输量大，靠人工处理，不但工作量庞大，而且由于人为因素造成数据失实和缺乏实时性的事件时有发生，严重影响了国家进行环境管理决策的可靠性。为此，解决国家及省市现有和将建的各类环境自动监控系统相互独立、互不兼容和条块分割造成环境监控信息综合处理困难及信息交换障碍问题，以确保各级环保部门及时了解当地环境状况并及时向上级部门传送有关自动监控数据成为紧迫的国家需求。

4.2.2.2　系统信息交换需求迫切

当前自动监控系统以定制式为主，以满足当前监测需求为目的，不仅存在监控系统内部信息交换困难，而且限制了数据的综合利用，难以展开数据的综合评价，从而限制了环境监控工作的进一步发展。主要问题分为以下两点：

（1）数据结构设计简单，数据表达不完整，特别是数据的空间性缺失。现在大多数系统中数据以满足报表的需求为目标，只包括简单的地名、监测站信息及自动监控数据等内容，各个数据关系也比较混乱，从而造成数据的可移植性差。

（2）系统的设计不合理，软硬件相关性高。表现在软件与数据采集仪器、通信设施等设备相互依赖，造成系统通信方式单一，可移植差，监测要素单一，组合监测能力差，应用范围狭小。

4.2.2.3　信息共享水平有待提高

我国各地区已建立了多个污染源自动监控系统，但各个自动监控系统相互独立，缺乏统一数据系统规范，在数据共享应用方面存在很大的障碍。

（1）数据共享技术要求：信息共享需要通过合理的资源描述来实现，回答其数据结构、数据模型和数据格式等如何能满足国家、省、市、县环境监测各层次的需求，反映其时空分布特性，这是问题的根源，其核心内容是建立信息共享规范。针对某一具体系统来说就是如何建立合理的资源描述，资源描述要依靠元数据。元数据（Metadata，或称描述数据）一般认为是“关于数据的数据”。在地理空间资料中，元数据是说明数据内容、质量、状况和其他有关特征的背景信息。

（2）数据无损交流的技术要求：即自动监控系统之间如何才能满足无障碍及无损的数据交流，在共享规范采用合理的技术才能实现此目标。它主要针对性地解决自动监控系统设计中软硬件相关性问题，监控系统相互交流问题。

程津培指出，信息共享必须站在满足国家战略需求和世界科技发展前沿的高度，按照“统筹规划、协同发展、整合集成、共享提高”的原则，有步骤、有重点地实施[1]。污染源自动监控信息共享交换的解决方案同样如此，污染源自动监控信息共享交换的方案：首先在发展需求及国家需求指导下，根据污染源自动监控数据的自身特性的问题，建立数据规范；其次利用面向对象方法合理设计系统结构，在开发系统过程中采用数据共享技术实现系统软件结构的灵活性及数据的可共享交换性。

4.3 信息交换模式概述

信息交换模式（Information Exchange Patterns，IEP）是用来描述信息交换的一项指标，在信息交换的请求者和提供者之间传递、转换数据及支持一些常用模式，同步模式、异步模式。

4.3.1 信息交换模式及其分类

信息交换模式依赖于信息交换体系所采用的信息技术，对使用者而言他们更关心的是可具体操作的交换形式和交换手段。下面将基于不同技术背景下的交换模式分类描述。

（1）按技术结构划分可以分为集中式和分布式

① 集中式是同级或上下级部门之间信息交换通过交换中心（这里的交换中心是一个技术概念，它由通信服务器、数据库服务器、管理服务器、邮件服务器等设备构成，其功能是数据处理和事务服务），先将数据从业务数据库同步到共享数据库，然后再由共享数据库抽取到共享平台的中心数据库（或数据仓库），最后由中心数据库对外实现交换与共享。

② 分布式是一种点对点的信息交换方式。这种交换方式虽然在内网中进行，但不利用交换中心的目录服务和事务服务。例如，直接以电子邮件方式进行交换，这种交换方式的前提是交换对象和交换主体临时不受监控。

（2）按管理方式划分可分为受控式、半受控式和非受控式三种

① 受控式：内容、用户权限由交换中心分类分级后实施交换。

② 半受控式：用户身份得到确认，应为有资格在网上使用或发布信息的合法用户，但交换内容不受监控，自由交换。

③ 非受控式：有些信息交换不纳入交换中心，直接交换。如业务部门通过电子邮件实行即席的、不重复的信息交换。这种交换通常是为了完成应急任务的临时信息交换。

---

1 程津培. 科学数据共享，《新华文摘》，2004 年第 20 期。

（3）按交换手段划分

目前主流的信息交换手段有文件直接传输（如 FTP）、电子邮件（E-mail）、分布数据库同步（Distribution Database Synchronization）、交换中心（Exchange Center）和网络服务（Web service）等形式，除此之外还有其他方式，如手机短信、呼叫中心（Call Center）等。

4.3.2 传统网状交换模式及存在的问题

传统上，由于缺乏统筹管理，形成了无序的共享交换状态，增加了协调成本，导致重复投资、难以复用，增加了实际操作的困难。传统网状交换模式见图 4-4。

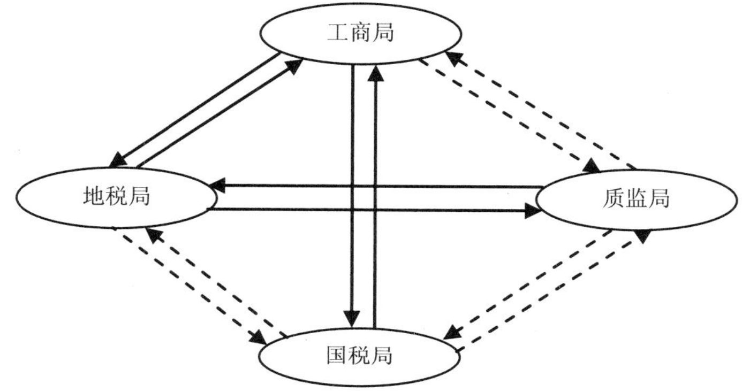

图 4-4 传统的网状交换模式

大多数地方目前采取的交换模式属于面向应用的、点对点的交换。每个应用系统针对本身的需要专门开发专用的信息交换子系统。例如网上审批系统、社保系统、OA 系统等。这种面向应用的信息交换系统无疑是与应用系统紧耦合的，随着交换内容、格式、交换数据的结构变化，交换系统也要跟着修改。随着新的应用系统不断上马，按照这种做法，不但重复投资，更会形成许多个交换平台，交换路径纵横交错，交换接口众多，带来巨大的开发工作量，Gartner Group 根据调查统计，用户在开发应用的过程中有 30%～40%的费用都浪费在与业务逻辑无关的各种接口的开发和维护方面。

应用较少的时候，应用系统之间、个别部门之间通过建立专门的点对点的交换满足了当时的需要，但随着应用的大量增加，参与交换的部门越来越多，接口数按 n（n−1）规律急速增加。对于有 8 个应用系统的情况，如果采用传统的点对点互连的方式，则需要 56 个接口，每一个接口都需要根据节点单独设计。所以随着节点的增加，这种点对点的交换就显出了其无法克服的局限性，交换复杂，开发成本高，维护困难，交换的安全性、可靠性都无法保证等。如果采用信息交换平台技术，接口数量很少，8 个应用系统只需要 16 个接口，且采用统一的接口标准，不同的节点要完成交换，只需要进行适当的配置，无须单独编程，不但经济，且能保证信息交换的可靠、安全和交换效率。

4.4 信息交换业务模式

信息交换模型是污染源自动监控系统数据按时到位的核心所在，它为不同部门的异构系统之间的信息整合提供技术手段，实现不同部门系统之间、异构数据库之间、不同网络系统之间的信息交换。目前国内外的大部分信息交换平台还是使用传统的方法，参与信息交换的各方必须严格遵守相同的规则，才能准确地对数据进行封装和解析。而目前每个系统按照各自的标准进行设计，缺乏复用性、通用性和可扩展性。

污染源自动监控业务涉及前端数据采集设备、采集数据的存储、通信技术、网络构建、计算机服务器、存储设备、数据库技术、软件开发、GIS 技术等内容，建设范围包括县、地市、省及国家级监控中心，以及各级环保主管部门辖区内的企业，资金来自国家财政、地方政府配套，高达百亿数量级，是一项技术面广、参与人员众多、综合性强、设备繁多、数据要求高的复杂业务。

信息交换是交换平台上的一个基本信息处理功能。由于污染源自动监控业务的复杂性，形成的交换应用也比较复杂，因此，需要通过不同的交换模式适应多种应用的需求。通过对现有交换模式的调研和研究，结合当前的主流技术，提出在交换应用中应有三种交换模式，包括集中控制模式、分布控制模式和递阶式控制模式三类。

4.4.1 集中控制模式

集中控制模式在系统原理上对应于系统控制论中的集中控制结构方案，如图 4-5 所示。

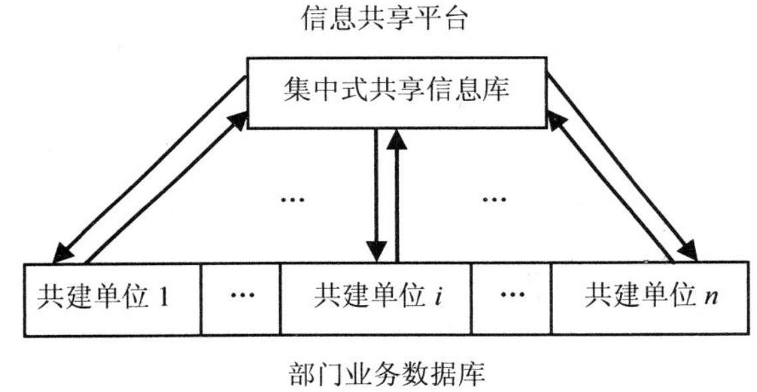

图 4-5　集中控制模式结构

4.4.1.1 特征分析

集中控制模式特征如下：

（1）管理和控制集中。指有一个统一的业务集中管理和调度中心，由某个主管单位进行统一的组织、管理和维护，集中制定和建设统一交换标准等规范，集中整合和集成各单位的业务系统数据，建立和维护集中统一的共享信息库，实行集中管理、统一决策。

（2）观测集中。关于系统中各单位子系统的相关运行状态信息（共享信息），可由系统进行统一的信息处理和集中观测。用户只需“一站式”访问数据服务主中心就可以获取所需的各部门的信息。

（3）纵向信息流。具有各互通单位之间进行交互的纵向信息流。包括上行的状态观测信息流（即源自各单位的共享信息数据），下达的控制指令信息流（发送给各单位的信息操作指令）。

（4）经典信息模式。所谓“经典信息模式”是指集中的控制与观测的信息模式，集中控制器对系统的全局状态，在结构上是可控制、可观测的，即系统对各单位所提供的共享信息能够进行统一的控制和集中的观测。

（5）辐射式拓扑结构。控制中心与各管理单位之间的控制和观测信息通道形成辐射式（星形）的拓扑结构。

（6）网状式拓扑结构。各管理单位之间的信息交换通道形成网状的拓扑结构，分开和区别于控制信息流。

4.4.1.2　适用性

集中控制模式主要适用如下情况：

（1）管理控制中心部门与各单位往往属于业务从属关系。

（2）信息交换的各参与方要求采用集中控制模式的方案。

4.4.2　分布控制模式

分布控制模式是指没有一个统一的集中管理和调度中心，各部门的公共信息资源分别部署在各自部门，并自行组织、管理和维护，分别部署的各部门可以自行发起，相互之间交换公共信息资源。该应用模式的原理结构如图 4-6 所示。

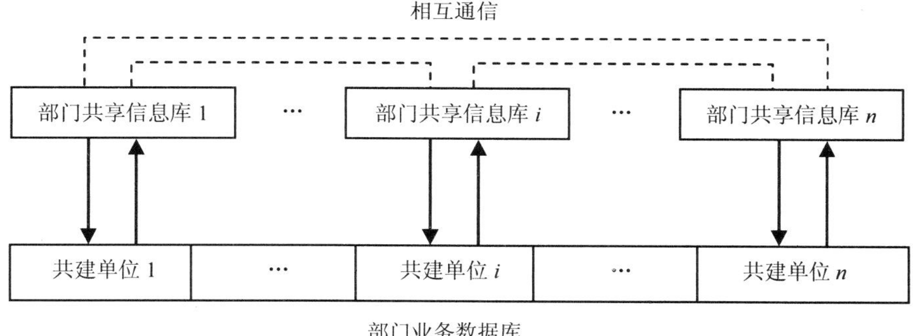

图 4-6　分布控制模式结构

4.4.2.1　特征分析

分布控制模式特征如下：

（1）管理和控制分散。每个部门独立管理和控制本单位的公共信息库，每个局部的公共信息库只能与其隶属的共建单位的业务数据库进行交互操作，发出局部操作控制指令。

（2）观测分散。通过多个局部的部门公共信息库实现对整个系统的分散观测，每个局部的部门公共信息库只能对相应的共建单位业务数据进行局部观测，接收局部观测信息，即用户欲获取所需的各部门的公共信息，只能对该部门进行单独的访问和观测。

（3）横向信息流。为了实现各局部共建单位之间的协调，需要进行相互之间的通信，从而在各部门公共信息库之间具有横向信息流。

（4）非经典信息模式。具有分散的控制与信息观测模式，局部的部门共享信息库对整个大系统的全局信息状态，在结构上是不可控制、不可观测的。

（5）回路式拓扑结构。各个分散的部门公共信息库之间相互通信（部分分散情况），其横向信息通道形成回路式拓扑结构。

4.4.2.2 适用性

分布控制模式主要适用如下情况：

（1）各共建部门在管理上属于平行关系，自发形成几个部门之间的信息交换和共享。

（2）信息交换的各参与方要求采用分布控制模式的方案。

4.4.3 递阶式控制模式

递阶式控制模式是指各个共建部门按照统一的标准规范，整合本部门公共信息，形成公共信息数据库；根据具体情况，公共信息数据库一部分部署在各部门，自行维护；另一部分由数据服务主中心进行统一的集中式管理。递阶式控制模式的原理结构如图 4-7 所示。

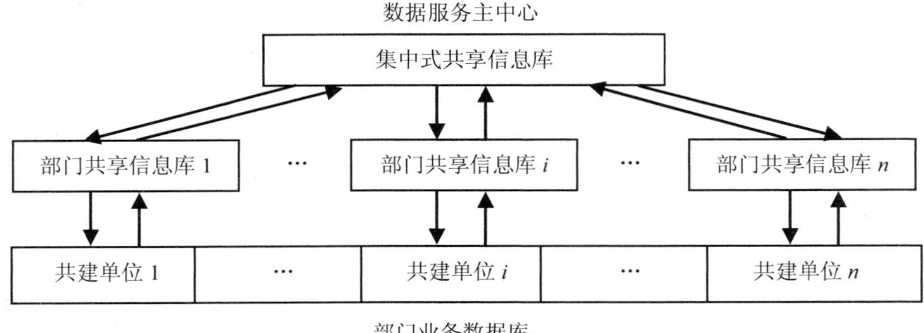

图 4-7 递阶式控制模式结构

4.4.3.1 特征分析

递阶式控制模式特征如下：

（1）管理和控制递阶。采取“上级—下级”的分级递阶式控制结构。其中，下级各分散的部门共享信息库分别对相应的共建单位的业务数据库进行控制操作，发出局部操作控制指令；上级集中式公共信息库对各个分散的部门公共信息数据库进行协调控制，间接地对整个业务系统进行集中式全局控制，从而实现“集中—分布”相结合的大系统递阶控制。

（2）观测递阶。采取“上级—下级”的分级式递阶观测结构。其中，下级各分散的部门公共信息库分别对相应的共建单位的业务数据库进行局部观测；上级集中式公共信息库对各个分散的部门共享数据库进行协调观测，间接地对整个业务系统进行集中式全局观测，从而实现“集中—分布”相结合的大系统递阶观测。

（3）递阶信息流。在“集中式共享信息库—各分散的部门共享信息库—各共建单位的业务数据库”之间，递阶式传递纵向信息流。其中，在“集中式共享信息库—各分散的部门共享信息库”之间，为上级的协调控制与协调观测信息；在“各分散的部门共享信息库—各共建单位的业务数据库”之间，为下级的各共建单位子系统的控制与观测信息。

（4）准经典信息模式。它是递阶的控制与观测的信息模式。集中式共享信息库（协调器）通过各局部的部门共享信息库（局部控制器），在结构上有可能对整个业务系统进行间接的控制和观测，故称之为“准经典信息模式”。

（5）宝塔式网状拓扑结构。上级的集中式共享信息库与下级各局部的部门共享信息库、各共建单位的业务数据库之间的信息通道，形成宝塔式的网状拓扑结构。在宝塔的最上一层，各部门的数据流形成网状结构。

4.4.3.2 适用性

递阶式控制模式适用条件如下：

（1）行政上各部门相互独立，但由于共同的业务需求，需要业务协同，信息共享和交换，如行政联合审批系统、信访系统等。

（2）信息交换的各参与方要求采用分级递阶控制方案。

4.5 信息交换技术模式

4.5.1 交换体系概念模型

信息资源交换体系由一系列交换节点组成，它们依托统一的网络，通过采用一致的信息交换协议，完成跨地区、跨部门之间的信息交换。交换节点分为端交换节点和中心交换节点两类。交换体系的概念模型如图 4-8 所示。

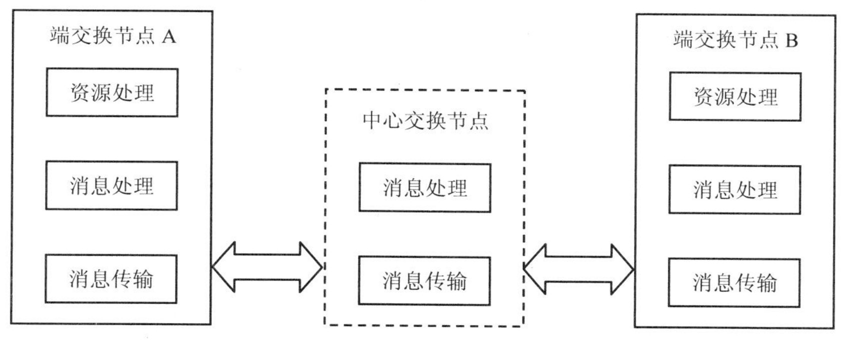

图 4-8 交换体系概念模型

端交换节点是信息资源交换的起点或终点，它们处理、发送和接收各类信息资源。端交换节点应包括资源处理、消息处理、消息传输三个基本部分。

（1）资源处理部分是基于消息处理之上的对各种信息资源的各类操作，完成统一消息格式与特定信息资源之间的格式转换等操作。

（2）消息处理部分主要完成消息收发、消息签名加密、消息路由、消息转发、消息格式转换等处理。

（3）消息传输部分通过网络传输通道、网络传输协议完成交换节点间数据的传输。常见的网络传输协议有：http/https，ftp，smtp，tcp 等。

端交换节点之间可以通过中心交换节点进行交换，也可以直接进行交换。中心交换节点主要完成消息路由、消息转发、流程管理等。

4.5.2 交换体系技术参考模型

信息资源交换体系技术参考模型体现交换体系总体功能的逻辑层次结构，如图 4-9 所示，分为 4 个层次，分别为：

（1）支撑环境层：支持信息资源交换所必需的软硬件设施，包括网络、计算机、操作系统等。

（2）交换服务层：为跨部门信息资源交换提供基本的认证、授权、信息处理、传送、路由管理和系统监控等基本服务。

（3）扩展服务层：为信息资源交换提供的扩展业务服务，包括数据压缩、加解密、适配、流程管理等。

（4）业务应用层：提出交换请求或接收交换请求的业务应用系统或业务应用终端。

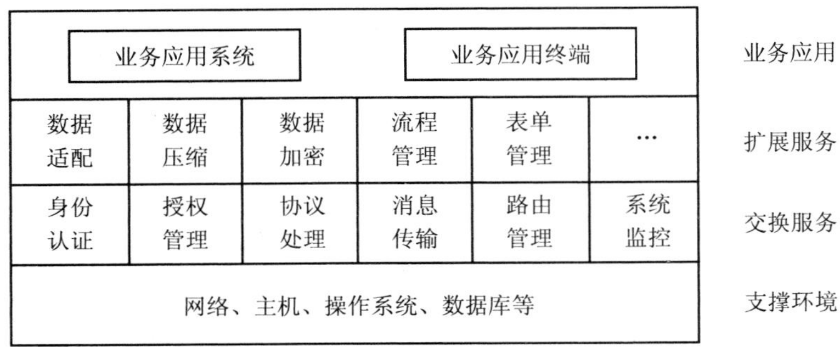

图 4-9 交换体系技术参考模型

4.5.2.1 交换体系应用参考模型

信息资源交换体系应用参考模型给出了一个交换域内可选择的主要交换模式，例如前置交换模式、邮件交换模式、网站交换模式等，为各部门的业务协同应用、公共服务应用和辅助决策应用提供基础的信息交换服务和信息共享服务，见图 4-10。

4.5.2.2 业务应用系统

业务应用系统是指利用信息资源交换体系参与跨部门信息交换的各部门业务应用系统。

参与信息交换的部门业务系统应是交换信息和（或）公共信息的提供者，或者交换信息和（或）公共信息的使用者，或者同时具备两种角色者。

部门业务应用系统部署在部门业务专网上，同时通过信息资源交换平台进行信息交换。

作为信息提供者时，部门业务应用系统应将需要交换的信息通过信息资源交换平台发送信息；作为信息使用者时，部门业务应用系统可从信息资源交换平台接收来自其他部门的信息。

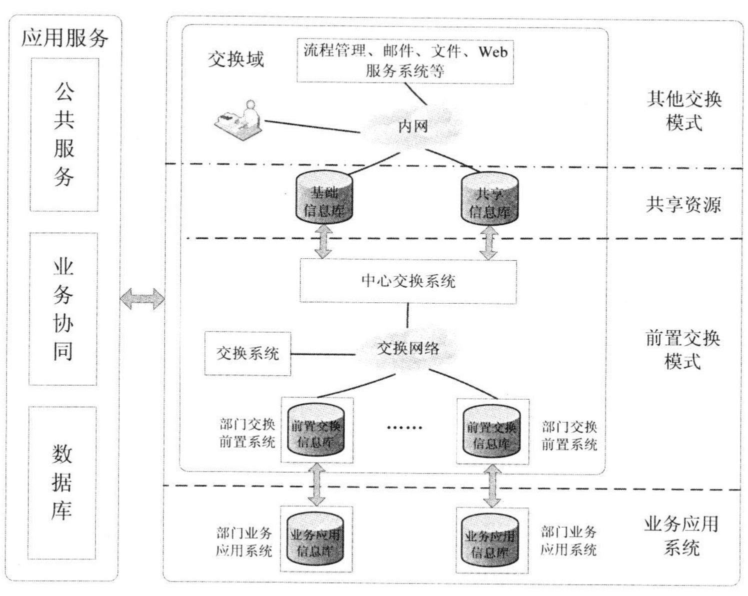

图 4-10　交换体系应用参考模型

4.5.2.3　共享资源

共享资源可以包括基础信息库和共享信息库等资源。

（1）基础信息库是由各级业务部门统一建设和维护的，为各部门共享使用的信息库，例如，人口基础信息库、法人单位基础信息库、自然资源和空间地理基础信息库等。

（2）共享信息库是根据特定应用的需要通过交换形成的、供相关部门共享使用的主题信息库，例如，企业基础信息库、企业信用信息库等。

4.5.2.4　前置交换模式

前置交换模式由交换网络、交换前置系统、中心交换系统和交换管理系统组成，见图 4-11。

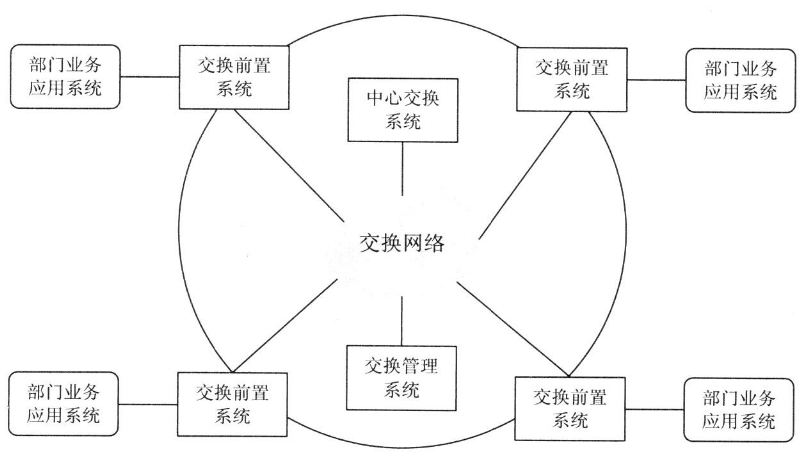

图 4-11　前置交换模式

交换网络是建立在国家电子政务网络上的具有安全保证的网络。

交换前置系统是部门业务应用系统接入交换平台的接入系统。交换前置系统与部门业务应用系统进行信息交换，处理需要发送或接收的信息。

中心交换系统是交换域内实现各部门信息交换的交换枢纽，与各交换前置系统进行通信。交换前置系统可经由中心交换系统与其他交换前置系统进行信息交换。

交换管理系统是交换域内的中心管理系统，监控和管理各交换节点的运行状态。

4.5.2.5 其他交换模式

其他交换模式主要通过网站系统、邮件系统、文件系统、工作流系统等方式实现。

（1）网站交换模式通过在网站上发布信息资源实现信息资源的交换与共享。

（2）邮件交换模式通过发送和接收邮件的方式实现信息资源的交换与共享。

（3）文件交换模式通过在文件服务器上传和下载文件实现信息资源的交换与共享。

（4）工作流交换模式采用流程控制机制实现信息的流转和业务协同。

4.5.2.6 跨交换域的信息交换

对于跨交换域的远程信息访问，应通过不同交换域的中心交换节点之间的信息交换实现远程信息访问和获取，见图 4-12。

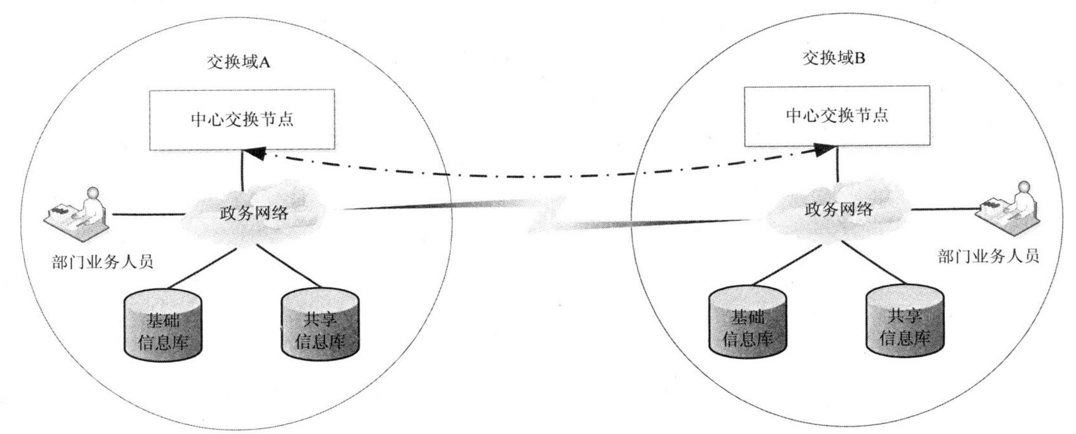

图 4-12 跨交换域的信息交换模式

4.5.3 信息交换流程

4.5.3.1 交换域内信息交换流程

（1）前置交换模式的信息交换流程

部门业务应用系统之间的信息交换有以下 4 种流程：

① 经由中心交换系统进行信息交换的流程，如图 4-13 所示。

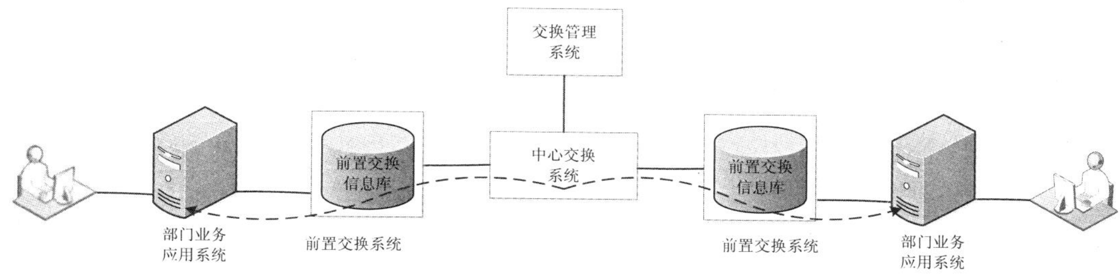

图 4-13　经由中心交换系统进行信息交换的流程

② 前置交换系统之间直接进行交换的流程，如图 4-14 所示。

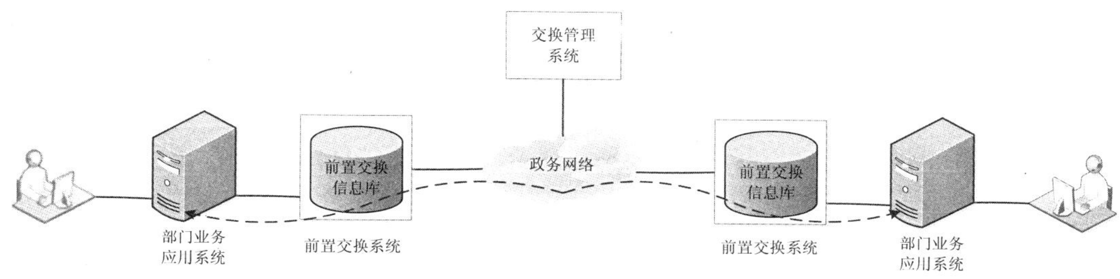

图 4-14　前置交换系统之间直接进行交换的流程

③ 形成中心基础信息库和共享信息库的信息交换流程，如图 4-15 所示。

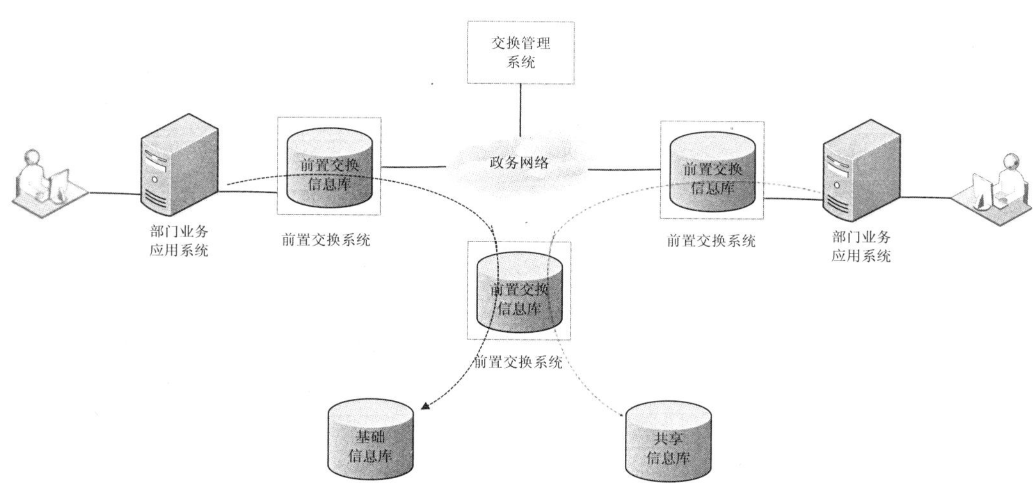

图 4-15　形成中心基础信息库和共享信息库的信息交换流程

④ 其他交换模式的信息交换流程，如图 4-16 所示。

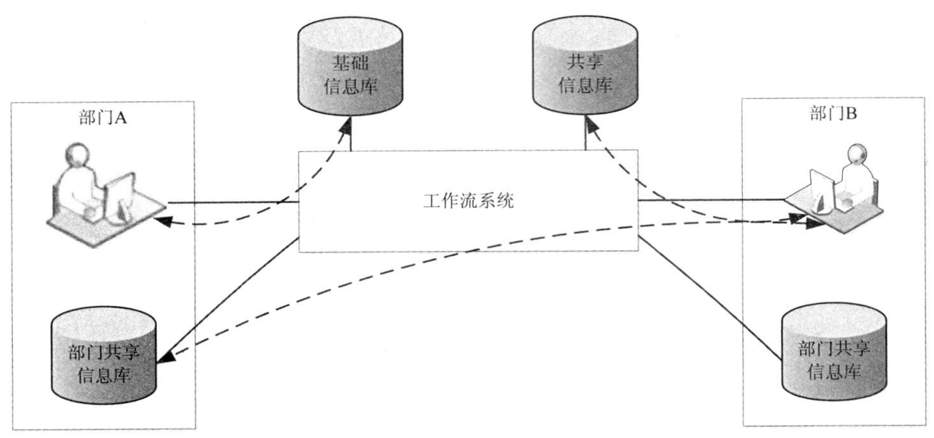

图 4-16 其他交换模式的信息交换流程

交换域内跨部门信息共享可以通过终端访问方式实现。通过与共享管理服务器直接相连的业务部门终端访问基础信息库、共享信息库或者部门共享信息库，跨部门的信息共享应由交换域内的共享管理服务器管理控制，通过在共享管理服务器上配置和部署工作流程和访问授权控制跨部门信息共享访问流程。见图 4-17。

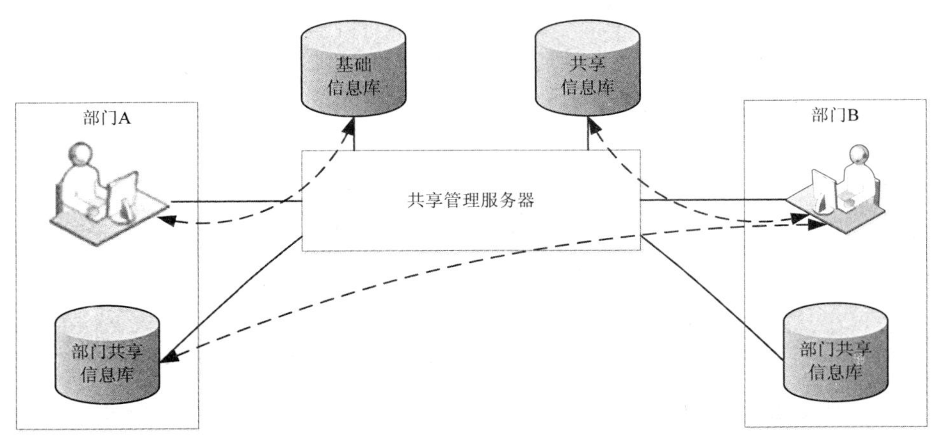

图 4-17 交换域内信息共享流程

（2）交换域内人员之间的信息交换

交换域内人员之间的信息交换可以通过两种方式实现，一种是邮件交换方式，另一种是工作流协同方式。图 4-18 是基于工作流的交换域内跨部门业务协同实现信息交换的方式，工作流的配置和控制应由共享管理服务器实现，交换界面可通过在共享管理服务器上定制表单实现。

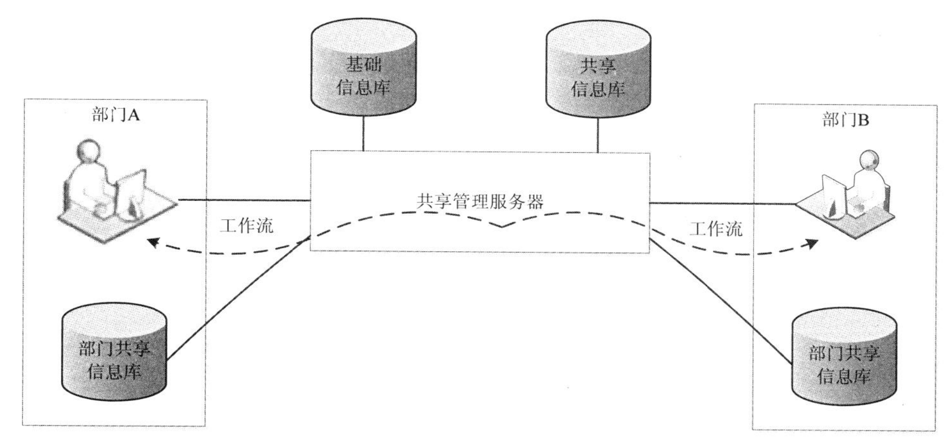

图 4-18　交换域内业务协同流程

4.5.3.2　交换域间跨部门信息交换与共享流程

需要进行跨交换域的信息共享时，可按照以下流程进行，流程见图 4-19。

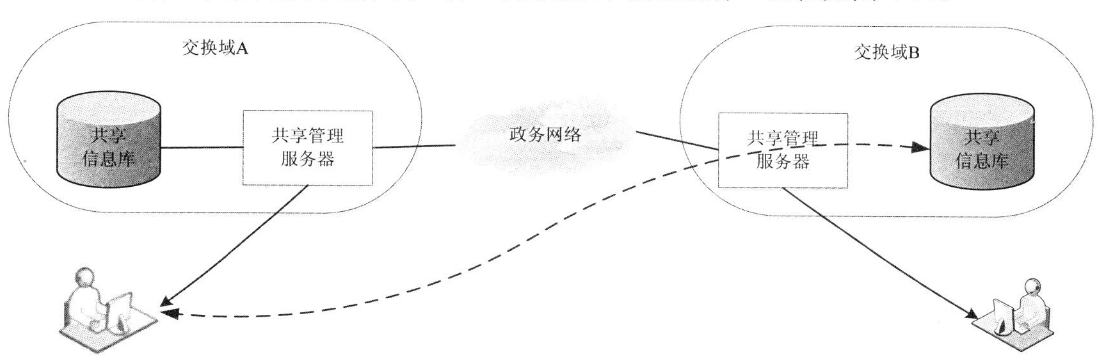

图 4-19　不同交换域信息共享流程

（1）首先在两个交换域各自的共享管理服务器上配置共享工作流程。

（2）共享信息使用方首先访问本地共享管理服务器，本地共享管理服务器根据配置的流程自动把共享请求发送至共享信息提供方交换域的共享管理服务器。

（3）共享信息提供方交换域的共享管理服务器执行相应的流程，从公共信息库或部门共享信息提供方获取共享信息，经由共享信息使用方本地的共享管理服务器把共享信息传递给共享信息使用方。

4.5.4　交换和共享信息资源类型

交换体系应支持下列类型的信息资源交换与共享。

（1）文本

文本分为非格式化文本与格式化文本。非格式化文本又称为纯文本，没有任何有关格式的信息；格式化文本带有各种文本排版信息等格式信息，如段落格式、字体格式、文章的编号、分栏、边框等格式信息。

文本传输支持格式包括 txt、word、rtf、xml、html、htm、pdf 等。

（2）图形

图形文件只记录生成图的算法和图上的某些特征点，因此也称为矢量图。

对用计算机辅助设计或绘图等设备获得的图形电子文件，传输时应注明其软硬件环境和相关信息。

矢量图形文件传输支持类型：dwg、dxf、dwt、dwf 等。

（3）图像

对于非通用文件格式的图像电子文件，传输时应尽可能将其转换成通用格式，否则，应将相关处理软件的信息如名称、版本号等一并标明。

图像文件的格式可以分为位图和压缩存储格式两种，从图像的色彩还可分为黑白图像、灰度图像和彩色图像。

常见的图像文件类型有：bmp、gif、jpg、png 等。

（4）视频

视频由若干有联系的图像数据连续播放而形成。数字化视频有 rgb、yuv、his 等常用的彩色空间表示方法，在视频中需要着重考虑帧速、数据量、图像质量、数据压缩等技术参数。在传输时，应注明视频文件格式、压缩算法及相关软件信息。

常用视频文件从格式上分为影像格式（Video Format）和流格式（Stream Video Format）。影像格式主要是 mpeg 格式和 avi 格式，以 mpg、mpe、mpa、m15、m1v、mp2 等为后缀名的视频文件都属于 mpeg 视频这一类，mpeg 视频包括 mpeg-1、mpeg-2 和 mpeg4 三种主要压缩格式。流格式主要有 rm、asf 和 wmv 三种。常用的视频文件类型包括：mpeg、mpg、avi、wma、wmv 等。

（5）音频

数字音频可分为波形声音、语音和音乐。对声音的处理主要是编辑声音和声音不同存储格式之间的转换。

常用的音频文件格式有 mp3 和 wav，对应的文件类型为：mp3、wav。

（6）复合型

复合型文件是由以上若干种资源组合而成的文件，例如：包含文本和图像的 word 文件。

常见的复合型文件类型包括 html、word、pdf 等。

4.6 信息交换的关键技术问题

（1）多种数据库适配问题

Oracle、Sqlserver、DB2、Sybase、KingBase、Mysql 等关系型数据库产品一般采用原生 C（native C）语言开发，在进行数据访问时，各厂商产品之间的数据结构、格式、定义存在诸多差异，因此，在不同厂商开发的数据库之间，甚至同一厂商开发的不同版本数据库之间进行信息交换时，需要有多种类型的数据适配器，以实现异构数据库的适配。

多种适配器的开发会加大工作量，同时会出现适配器的管理问题，以及数据同步问题。

（2）数据转换问题

由于信息资源所有方提供的信息资源与不同的资源使用方在数据格式、数据结构、数据类型、数据编码标准以及对业务数据加工要求等方面存在较大差异，导致大量共享的信息资源因达不到使用方的应用要求，而不能被直接利用，甚至成为“垃圾数据”。因此，需要对共享、交换的数据进行转换以适应数据使用方的需要。

（3）数据的可靠交换

由于信息交换运行环境的不确定性，如各种网络传输的差异性及应用服务器、操作系统的稳定性等，在传输大容量数据时，如果应用程序产生异常、网络连接突然中断、操作系统发生崩溃等故障时，需要保证发送方的所有消息都能够被完整地传递到接收方，并确保数据的安全保存，为此需要在信息交换的过程中加入事务处理机制。

（4）数据安全交换

信息交换的常规安全需求包括数据保密、数据完整性和数据交换的不可抵赖性需求。为满足这三方面需求，需要采用基于 PKI 的加密、解密、签名等多种安全服务实现。

（5）信息交换性能

数据的交换性能是交换管理平台的一个重要指标，由于网络带宽、交换服务器处理能力、数据库读写速度等环节的速度差别，需要充分考虑在大数据量交换时的速度问题。

（6）快速扩展到其他业务的信息交换

通过对污染源自动监控信息交换模式的研究，需要满足能够方便、快速地扩展到其他业务的信息交换的要求，根据新的业务信息交换需求，完成相应的数据映射后，借助污染源自动监控信息交换平台的通道、软硬件环境，迅速实现新的业务信息交换。

4.7　省级污染源自动监控信息交换的典型模式

4.7.1　江苏省污染源自动监控信息交换模式

江苏省污染源自动监控信息交换同时使用分布式的数据集成和集中式的数据共享技术模式，以此为代表，选择混合模式作为实现部、省污染源自动监控信息交换的模式。

4.7.1.1　设计场景总体架构

总体架构见图 4-20。

4.7.1.2　纵向数据传输模式

江苏省各地市的数据通过环境保护业务专网传输到省环保厅污染源自动监控中心数据库，在中心数据库为生产库与交换数据库间建立数据映射关系，通过 ODI 将污染源自动监控中心的数据传输到交换数据库。从省到部的数据传输过程采用 WLS 和 OSB 实现（图 4-21），数据的可靠传输通过在省使用 SAF 的消息实现。

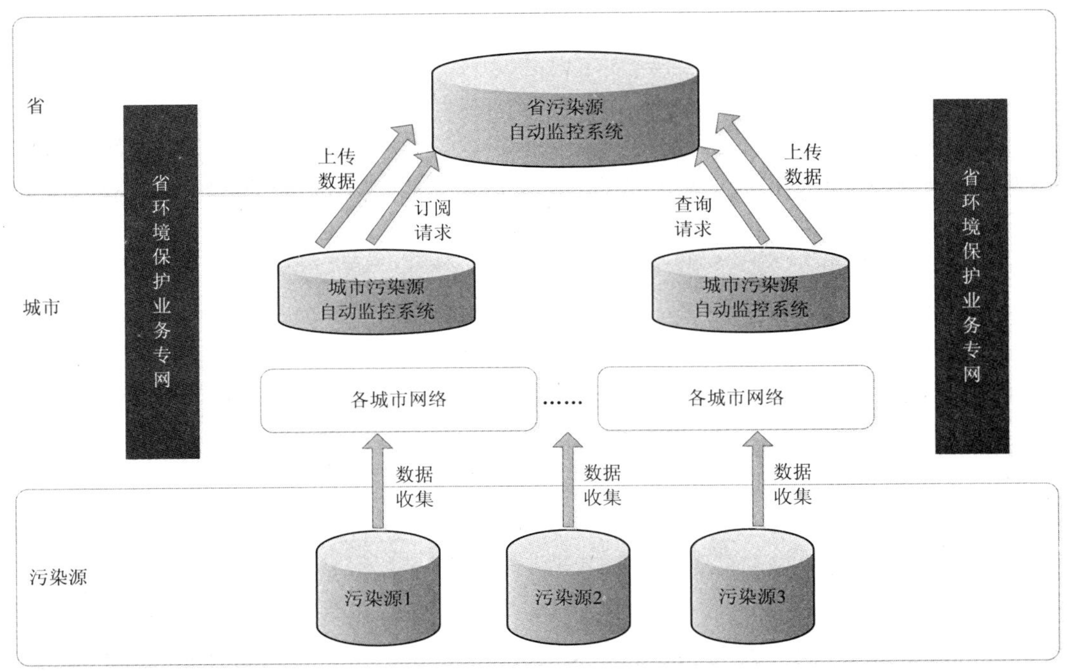

图 4-20 江苏污染源自动监控系统信息交换总体架构

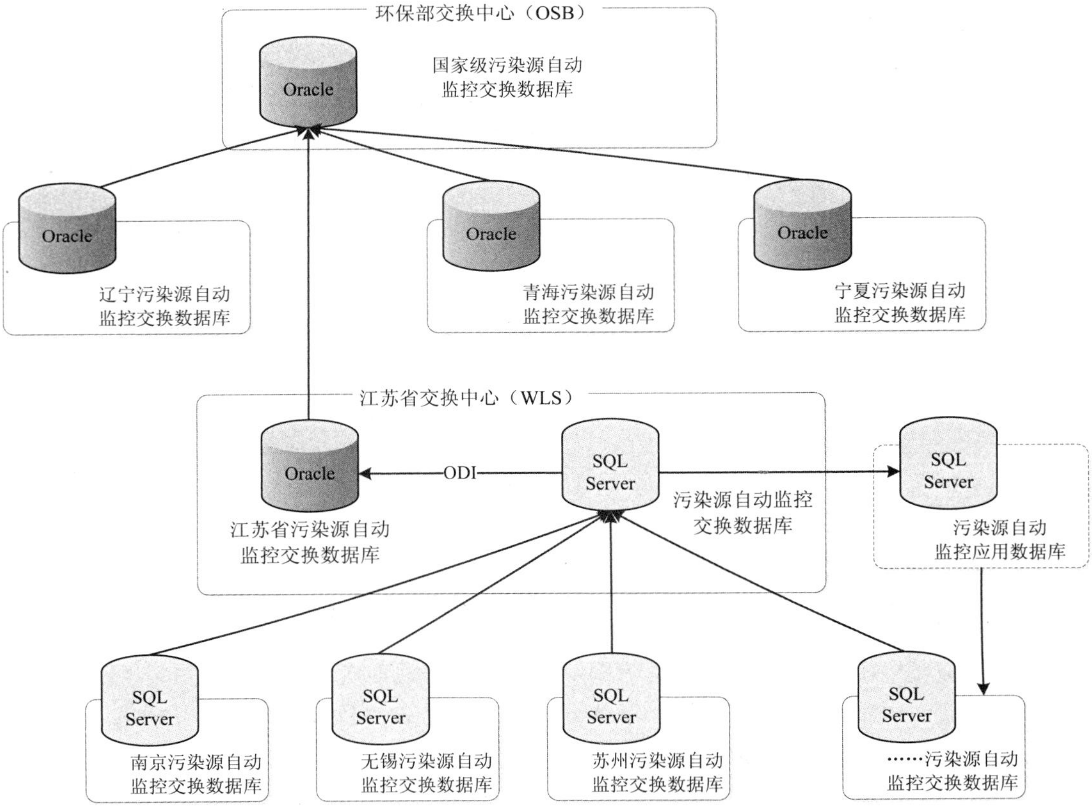

图 4-21 江苏省污染源自动监控数据传输模式

4.7.1.3　省市节点信息交换模型

信息交换中心采用 Web Service 技术进行组件和应用系统的包装，将系统的数据展示和需求都看作一种服务，通过服务的请求和调用实现系统间的信息交换和共享。

应用系统所能提供的数据并不需要先复制到信息交换中心的中心数据库，而只是以 Web Service 的形式发布出来，只有当用户发出服务请求的时候，数据才从应用系统经过信息交换中心传递到用户（图 4-22）。这样，用户可以得到最新的信息。

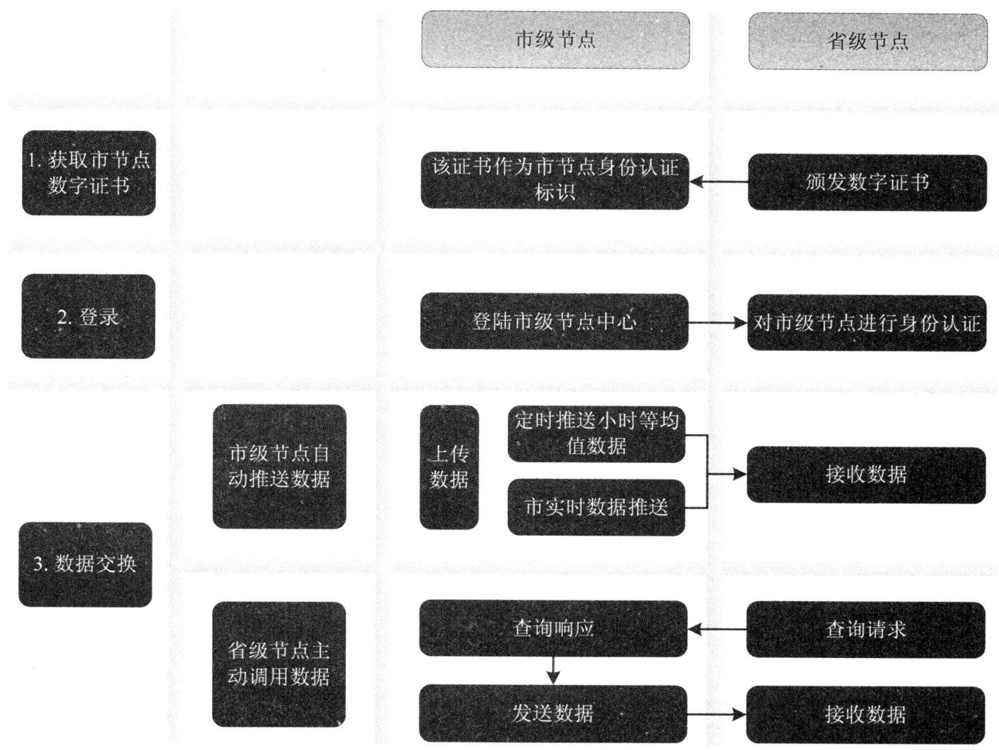

图 4-22　江苏省级节点与市级节点之间信息交换模型

当应用系统中的数据格式变更或增加了新的数据，只需要以新的 Web Service 发布出来，用户通过信息交换中心使用服务并获得相应数据。信息交换中心和客户端，都不需要做任何改动，这样就实现了系统之间的低耦合性。

信息交换中心利用电子政务安全平台所提供的安全机制来保证系统和数据的安全。当应用系统申请进行数据查询和更新操作时，必须通过安全可信的 Web Service 在权限管理的控制下来进行信息交换和数据传输，提高了系统和数据的安全性。

利用信息交换中心，可以只在一个最相关的系统中存储数据，其他系统通过信息交换中心提供的数据服务来获取相应的数据，从而实现数据的集成与整合，并且最大限度地保证数据的一致性以及安全性。利用信息交换中心，能够更好地支持一站式服务，通过数据的交换和集成实现各业务系统的业务集成。

4.7.1.4 信息交换情景介绍

对于省控重点污染源采用集中式的结构，直接从现场监测点位报送数据到省监控中心，而对于其他的污染源，采用分布式的结构，先由城市收集数据，再统一报送到省监控中心（图 4-23）。

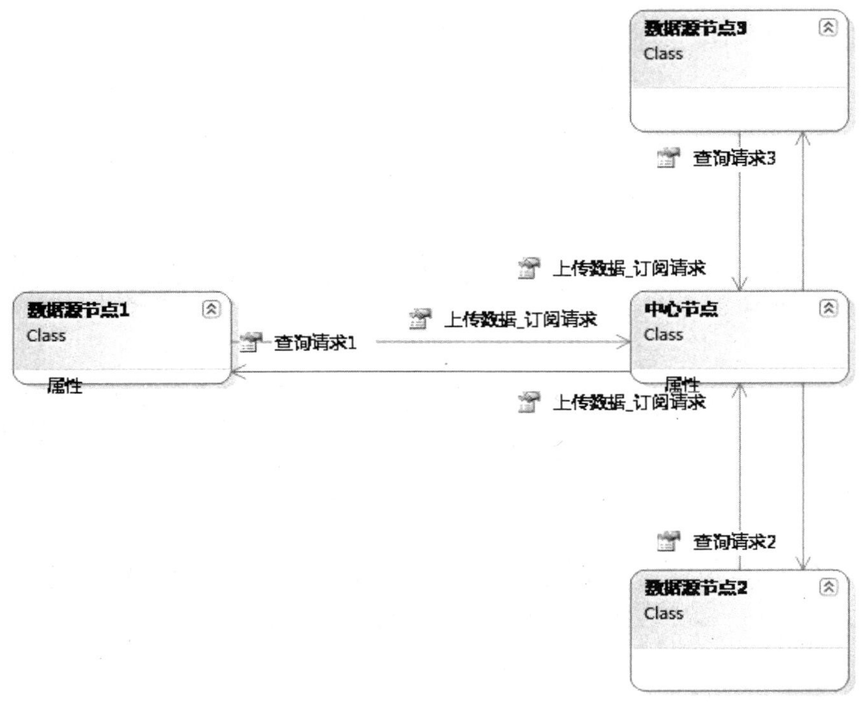

图 4-23 江苏省信息交换场景

中心节点与数据源节点的信息交换主要包括经常性的实时数据和历史信息交换以及非经常性的基础数据的同步，工作模型如下：

（1）基础数据同步

基础数据的统一是信息交换的基础，虽然监测点位、监测因子等这些数据变化的频度不高，但是需要中心节点和数据源节点同时进行。

监测因子的命名、编号、单位等由中心节点的信息管理部门统一规定，并在整个系统中实施。

污染源以及水、气的监测点位的基础数据同步流程见图 4-24。

① 数据源节点向中心节点提交监测点位变更的信息和内容；

② 中心节点审核变更，并产生新的编码，发送给数据源节点；

③ 数据源节点使用新的编码更新自己的系统，并在信息交换中使用新的编码。

（2）主动报送方式

是指数据由数据源节点主动报送到中心节点。例如地市环保局自动上传自动监控信息到省环保厅；或现场监测仪器运营单位主动上传自动监控信息到省监控中心。

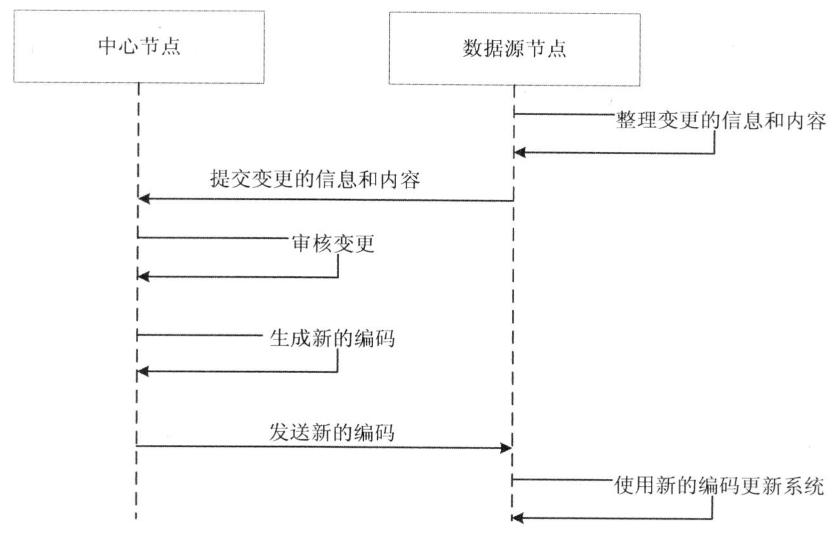

图 4-24　江苏省基础数据同步流程

实时数据和历史数据都采用主动报送的方式由数据源节点主动报送到中心节点。

1）主动报送的频度如下：

① 实时数据：每 30 秒一次，过时不补。

② 历史数据：每天若干次，由中心节点管理部门确定，例如每天的 1:00 和 13:00 主动报送一次。

2）主动报送的步骤包括：

① 数据源节点从现场收集数据；

② 数据源节点按照统一的接口规范生成 XML 文件或者流；

③ 数据源节点向中心节点的入口报送 XML；

④ 中心节点接收并解释报送过来的 XML，生成结果，返回；

⑤ 数据源节点接收返回的结果。

3）实时数据主动报送的流程见图 4-25。

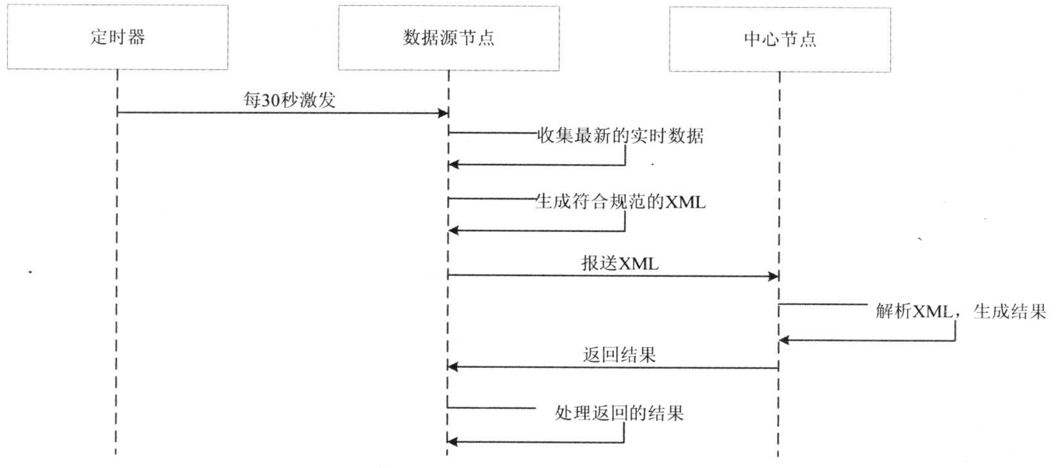

图 4-25　江苏省实时数据主动报送的流程

4）历史数据主动报送的流程，见图 4-26。

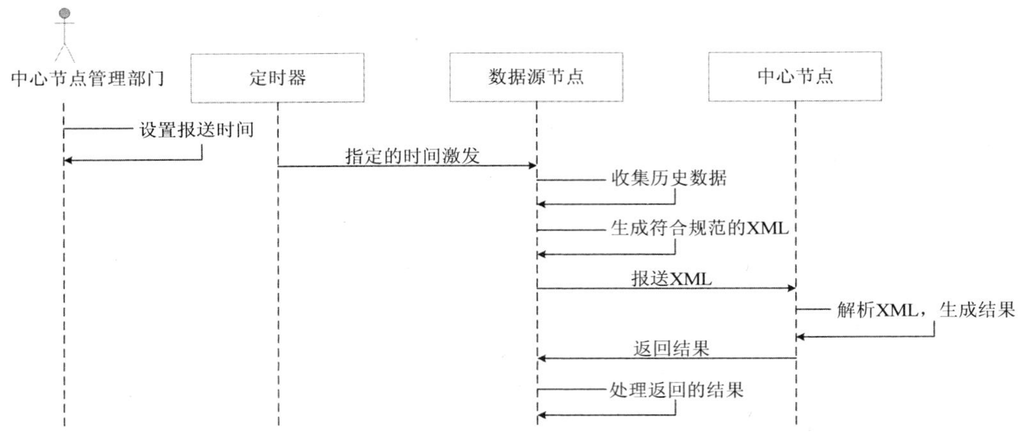

图 4-26　江苏省历史数据主动报送的流程

（3）数据补足方式

是指中心节点向数据源节点发出补足的要求，再由数据源节点向中心节点报送相应的数据。例如省环保厅要求地市环保局上传指定的自动监控信息，地市环保局上传；或省监控中心要求现场监测仪器运营单位上传指定的自动监控信息，由现场监测仪器运营单位上传。

中心节点会定期扫描缺失的历史数据，并要求数据源节点补足。数据源节点不需要补足实时数据。数据源节点需在接收到历史数据的补足要求后，及时上报相应的数据。

数据补足的流程见图 4-27。

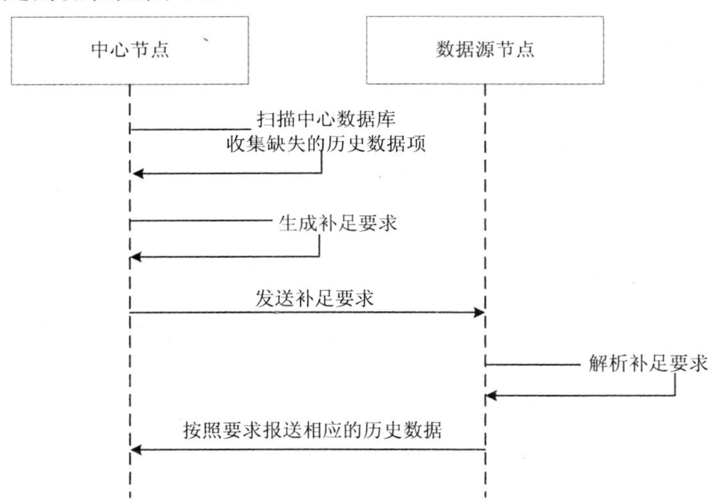

图 4-27　江苏省数据补足的流程

① 中心节点扫描中心数据库，收集缺失的历史数据项；

② 中心节点根据缺失情况，生成补足要求；

③ 中心节点发送补足要求到对应的数据源节点；

④ 数据源节点接收并返回已接收信息；

⑤ 数据源节点解释补足要求；

⑥ 数据源节点向中心节点报送相应的数据，报送的流程与主动报送一致。

（4）仪器控制指令

中心节点会根据用户的需要，定期或不定期向数据源节点发送仪器控制的指令。数据源节点收到中心节点发过来的仪器控制指令以后，需要将其转成响应的格式，并发送到相应的现场监测仪器。数据源节点需要把仪器控制的结果返回给中心节点见图 4-28。

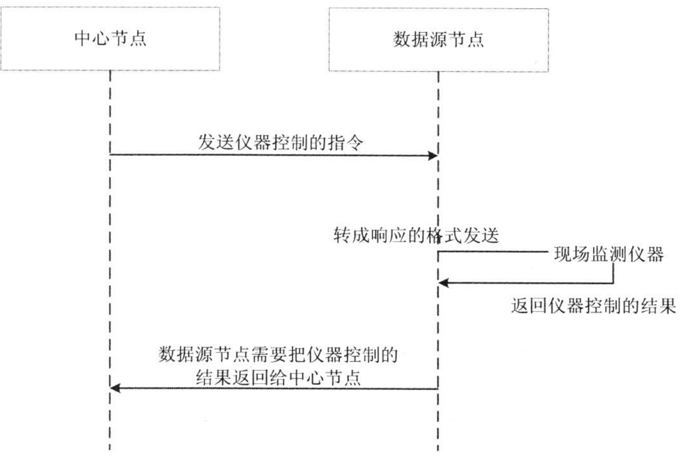

图 4-28　江苏省返回仪器控制的指令

4.7.2　广东省污染源自动监控信息交换模式

4.7.2.1　分布式数据传输模式

将污染源自动监控数据首先集中到各个城市的污染源自动监控系统中，各个城市可以使用各自原有的相互独立的污染源自动监控系统，并按照统一的数据标准要求把数据报送到省污染源自动监控系统见图 4-29。

4.7.2.2　集中式数据传输模式

将污染源自动监控数据从现场通过网络直接报送到省污染源在线监测系统，省和城市的用户都通过省污染源自动监控系统来监控省内的污染源见图 4-30。

4.7.2.3　基础数据同步

基础数据的统一是信息交换的基础，虽然监测点位、监测因子等这些数据变化的频度不高，但是需要中心节点和数据源节点同时进行变化。

监测因子的命名、编号、单位等由中心节点的信息管理部门统一规定，并在整个系统中实施。

污染源水、气监测点位的基础数据同步流程见图 4-31。

① 数据源节点向中心节点提交监测点位变更的信息和内容；

② 中心节点审核变更，并产生新的编码，发送给数据源节点；

③ 数据源节点使用新的编码更新自己的系统，并在信息交换中使用新的编码。

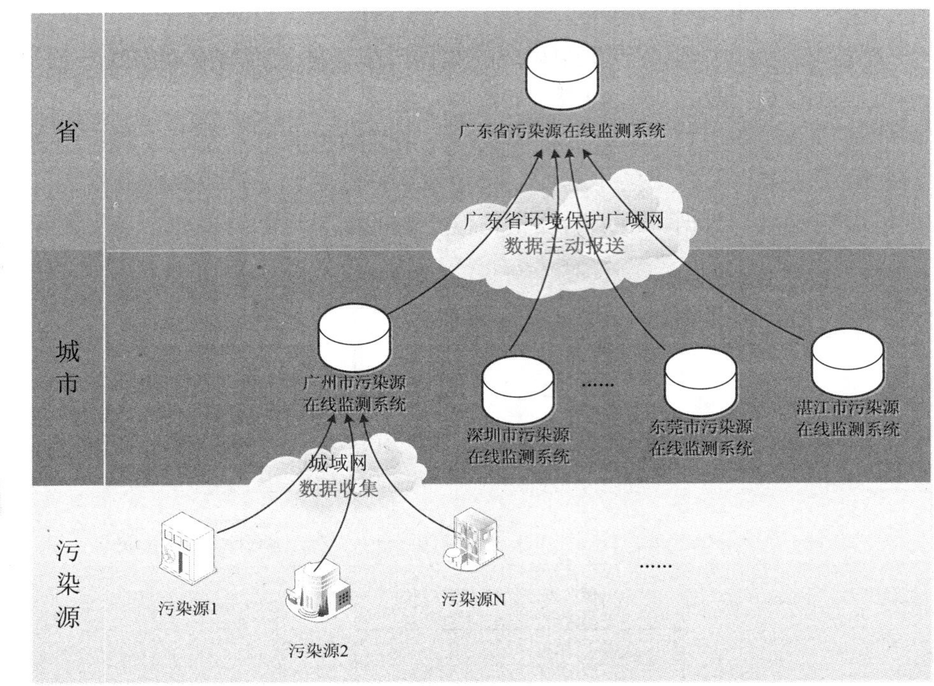

图 4-29 广东省污染源自动监控信息分布式传输模式

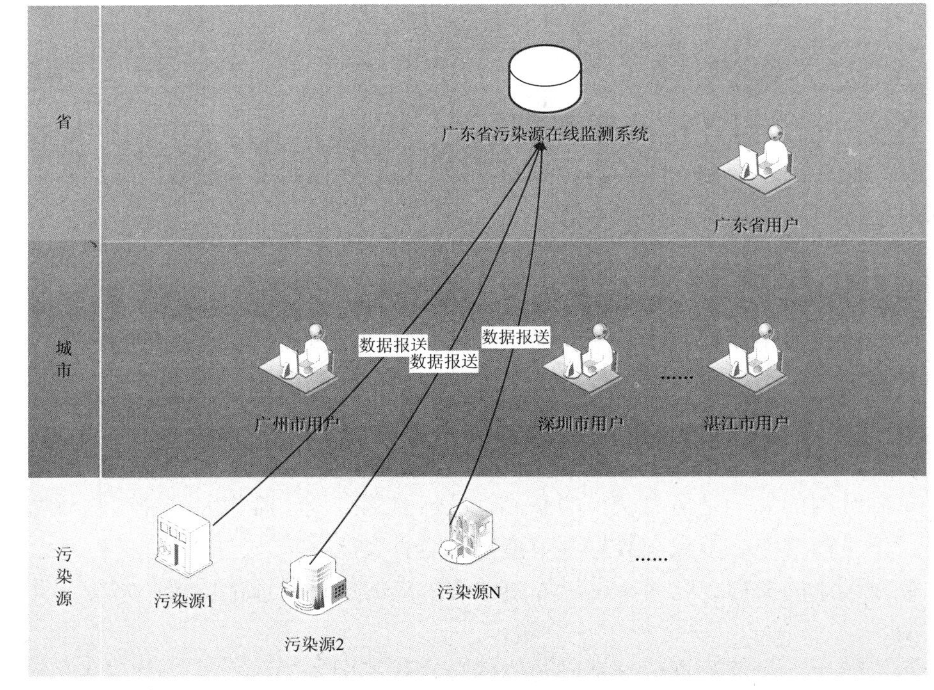

图 4-30 广东省污染源自动监控信息集中式传输模式

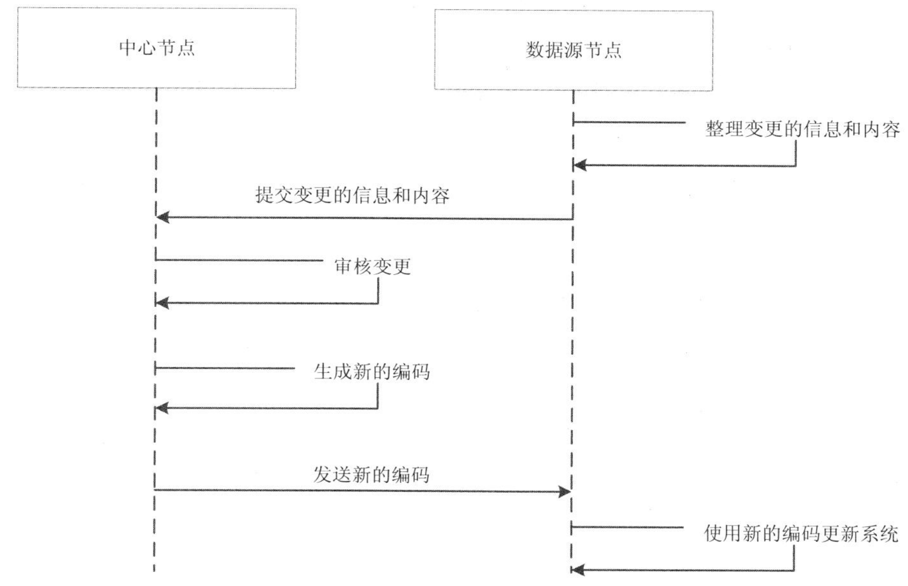

图 4-31　广东省污染源自动监控基础数据同步流程

4.7.2.4　信息交换

（1）主动报送的频度

① 实时数据：每 30 秒一次，过时不补。

② 历史数据：每天若干次，由中心节点管理部门确定，例如每天的 1:00 和 13:00 主动报送一次。

（2）主动报送的流程见图 4-32 和图 4-33。

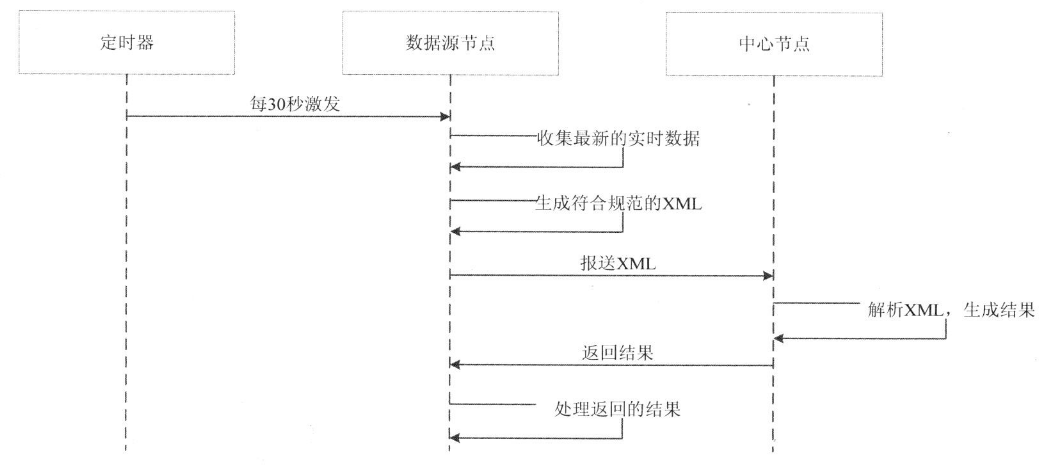

图 4-32　广东省实时数据主动报送的流程

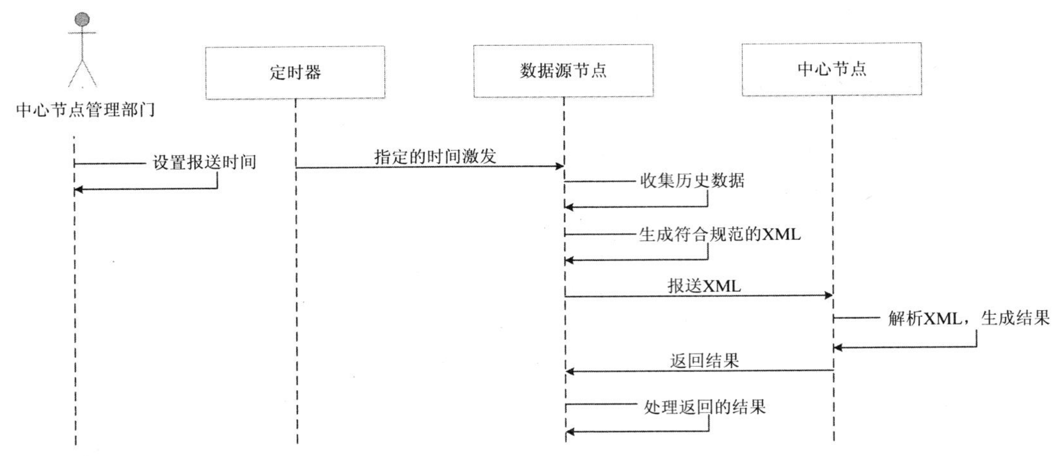

图 4-33　广东省历史数据主动报送的流程

① 数据源节点从现场收集数据；

② 数据源节点按照统一的接口规范生成 XML 文件或者流；

③ 数据源节点向中心节点的入口报送 XML 文件；

④ 中心节点接收并解释报送过来的 XML 文件，生成结果，返回；

⑤ 数据源节点接收返回的结果。

4.7.2.5　数据补足

中心节点会定期扫描缺失的历史数据，并要求数据源节点补足。数据源节点不需要补足实时数据。数据源节点需在接收到历史数据的补足要求后，及时上报相应的数据。

历史数据补足的流程见图 4-34。

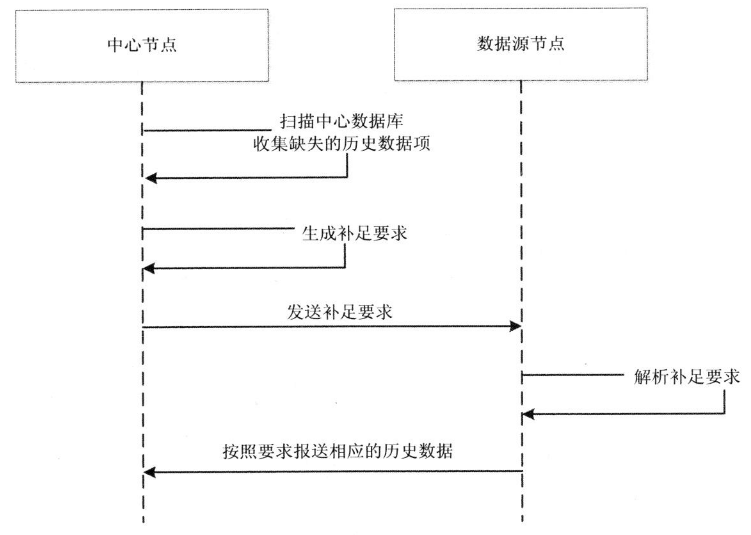

图 4-34　广东省历史数据补足流程

① 中心节点扫描中心数据库，收集缺失的历史数据项；

② 中心节点根据缺失情况，生成补足要求；
③ 中心节点发送补足要求到对应的数据源节点；
④ 数据源节点接收并返回已接收信息；
⑤ 数据源节点解释补足要求；
⑥ 数据源节点向中心节点报送相应的数据，报送的流程与主动报送一致。

4.7.2.6　仪器控制指令

中心节点会根据用户的需要，定期或不定期向数据源节点发送仪器控制的指令。

数据源节点收到中心节点发过来的仪器控制指令以后，需要将其转成响应的格式，并发送到相应的现场监测仪器。

数据源节点需要把仪器控制的结果返回给中心节点。

4.7.2.7　交换方式

（1）主动报送方式

数据由数据源节点主动报送到中心节点。例如地市环保局自动上传自动监控信息到省环保厅；或现场监测仪器运营单位主动上传自动监控信息到监控中心。

实时数据和历史数据都采用主动报送的方式，由数据源节点主动报送到中心节点。

（2）数据补足方式

中心节点向数据源节点发出数据补足的要求，再由数据源节点向中心节点报送相应的数据。例如省环保厅要求地市环保局上传指定的自动监控信息，地市环保局上传；或监控中心要求现场监测仪器运营单位上传指定的自动监控信息，由现场监测仪器运营单位上传。

中心节点会定期扫描缺失的历史数据，并要求数据源节点补足数据。

4.7.3　青海省污染源自动监控信息交换模式

青海省采用集中模式实现州（地、市）污染源自动监控中心到省污染源自动监控中心的污染源自动监控信息交换。

4.7.3.1　总体架构

青海省环保厅污染源自动监控中心和 4 个州（地、市）级环保局污染源自动监控中心统一部署了“国控重点污染源监控中心核心应用软件[1]”（简称，核心应用软件），由于青海省环保业务专网尚未建立，目前通过互联网进行污染源自动监控数据的传输和交换。核心应用软件包括 7 个子系统：管理门户、重点污染源基础数据库系统、重点污染源自动监控系统、数据交换平台、现场数据传输通信平台、地理信息系统和打印系统。对青海省辖范围内的重点污染源废水、废气等污染状况实施自动监控，可以科学、准确、实时地掌握重点污染源的主要污染物排放数据、污染治理设施运行情况等与污染物排放相关的各类信息，及时发现并查处违法排污行为。

---

1 国控污染源能力建设项目统一设计开发的软件。

管理门户系统与基础数据库系统、自动监控系统之间可以统一授权认证；基础数据库系统通过数据交换平台将污染源企业基本信息同步到污染源自动监控系统；污染源自动监控系统通过数据交换平台将企业端污染源的排放数据同步到基础数据库系统，通信服务器是将前端数采仪采集到的数据通过《污染源在线自动监控（监测）系统数据传输标准》（HJ/T 212—2005）解析并传输到污染源自动监控系统的数据库中，以实现通过污染源自动监控系统软件平台查看各污染源企业排放情况，系统总体架构见图 4-35。

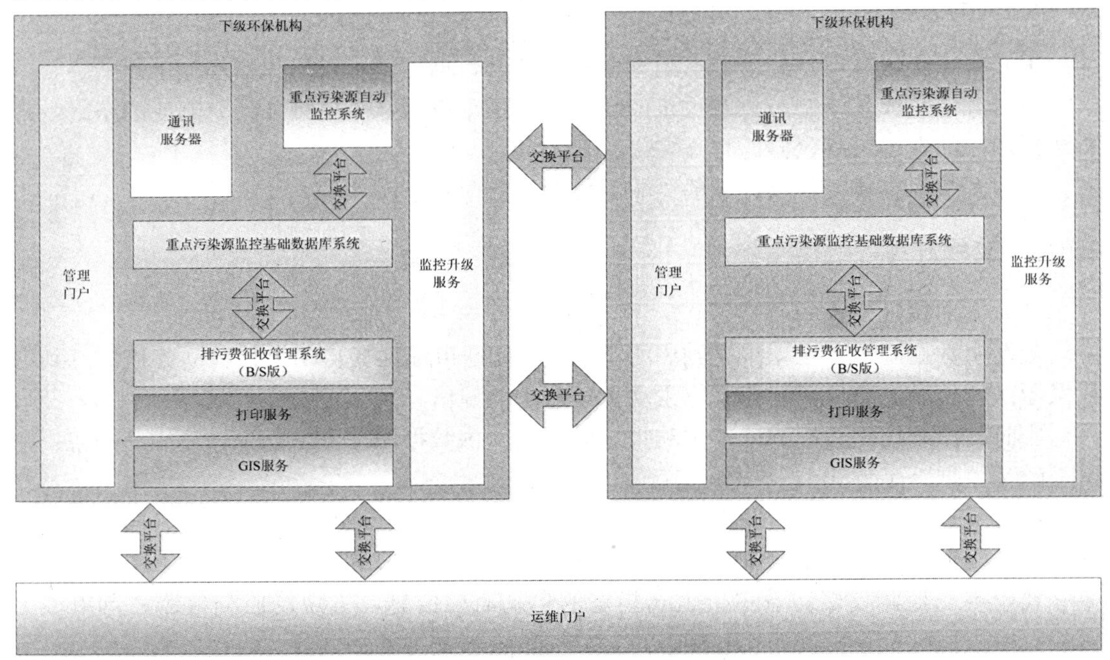

图 4-35 青海省信息交换系统总体架构

4.7.3.2 数据传输模式

由于青海省内统一部署核心应用软件，省环保厅污染源自动监控中心与 4 个州（地、市）环保局污染源自动监控中心之间的数据交换也由绑定在核心应用软件中的数据交换平台实现，包括数据传输交换和数据订阅。同时还实现本级监控中心各子系统之间的数据交换，总体数据流程如图 4-36 所示。

数据传输技术采用后台智能传输服务（BITS）技术实现，首先数据交换的发送方将污染源自动监控数据写入文本文件中加密并进行压缩，然后利用 BITS 在网络上传送，数据交换的接收方收到数据压缩文件后解密、解压，从文本文件中提取污染源自动监控数据并写入到目的数据库。这种方式的优点是数据传输效率高，缺点是缺乏安全保障和数据验证，今后扩展的工作量较大。

4.7.3.3 数据交换

（1）数据格式

符合《环境污染源自动监控信息传输、交换技术规范（试行）》（HJ/T 352—2007）要求。

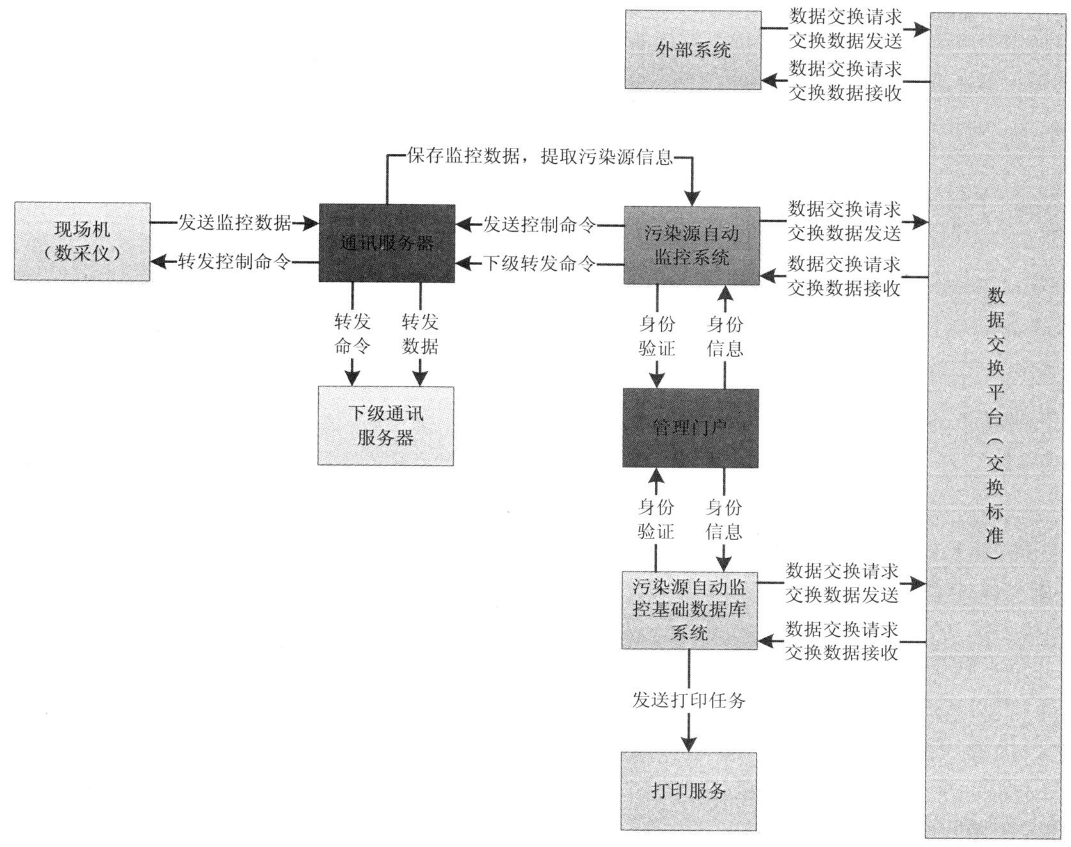

图 4-36　青海省总体数据流程图

（2）数据频次

① 实时数据，15～30 s；

② 10 分钟数据，10 min；

③ 小时数据，60 min；

④ 日数据，24 h。

（3）数据处理目的及方式

采用主动、被动或手动方式交换污染源自动监控数据，交换的主要数据包括经常性的实时数据和缺失的历史数据。

（4）实时数据的交换

1）实时数据采用主动报送的方式，报送的频度为每 15～30 s 一次，过时不补。

2）主动报送的步骤：

① 数据源节点从现场收集数据；

② 数据源节点按照统一的接口规范生成流；

③ 数据源节点向中心节点的入口报送流；

④ 中心节点接收并解释报送过来的流，生成结果，返回；

⑤ 数据源节点接收返回的结果。

3）实时数据主动报送的流程，见图 4-37。

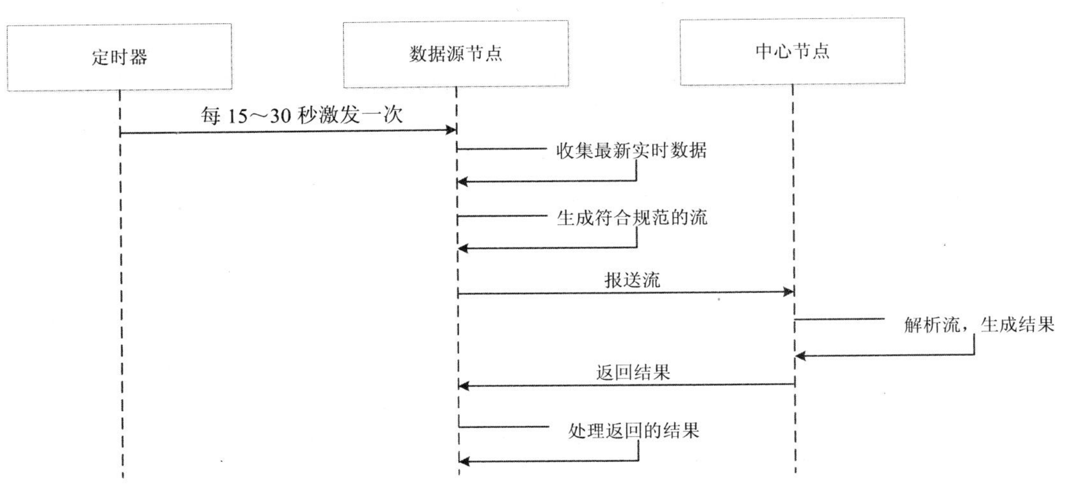

图 4-37　青海省实时数据主动报送的流程

4）缺失历史数据报送的流程

省环保厅污染源自动监控中心节点和州地市环保局污染源自动监控中心节点均会定期扫描缺失的历史数据，并要求数据源节点补足。

数据源节点不需要补足实时数据。数据源节点自动保存一年内的历史数据。数据源节点需在接收到历史数据的补足要求后，及时上报相应的数据。

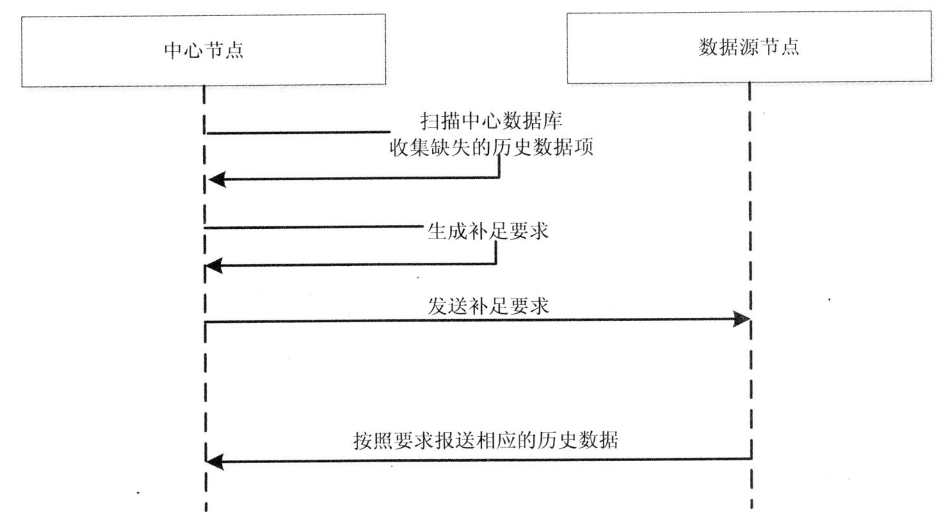

图 4-38　青海省数据补足流程

数据补足的流程：

① 污染源自动监控中心节点定期扫描数据库，收集缺失的历史数据项；

② 污染源自动监控中心节点根据缺失情况，生成补足要求；

③ 污染源自动监控中心节点发送补足要求到对应的数据源节点；

④ 省污染源监控中心节点接收并返回已接收信息。

4.7.4　辽宁省污染源自动监控信息交换模式

污染源自动监控信息靠人工处理，不但工作量庞大，而且由于人为因素造成数据失实和缺乏实时性的事件时有发生，严重影响了国家进行环境管理决策的可靠性。为此，解决国家及省市现有和将建的各类污染源自动监控系统相互独立、互不兼容和条块分割造成环境监控信息综合处理困难及信息交换障碍问题，以确保各级环保部门及时了解当地环境状况并及时向上级部门传送有关监测数据成为紧迫的国家需求。

污染源自动监控信息交换原型系统是应运而生的一套信息交换平台，主要实现省自动监控系统与部业务系统的污染源自动监控数据的自动传输，为全国污染信息的统一监控提供基础数据。

4.7.4.1　设计场景总体架构

污染源自动监控数据从现场端直接通过网络报送到省污染源自动监控系统、市污染源自动监控系统。辽宁省污染源自动监控系统总体架构见图 4-39。

目前辽宁省所运行的污染源自动交换系统存储和交换的数据包括污染企业基本情况，实时排污情况和各种汇总分析报表。监测范围涵盖了 159 家固定烟气污染源，134 家地表水污染源和污水处理厂，共有 531 个监测点位。现有原始数据 1 亿 6 000 万余条，估计两年采集数据将达到 3 亿条，采用 Oracle11g 数据库系统存储和交换数据。

辽宁省采用内外网物理隔离的方式部署网络。外网连接 Internet 互联网和电子政务外网，采用星线混合型的网络拓扑结构；内网连接电子政务内网和党政信息网，也采用星线混合型拓扑结构。内外网使用联想网闸进行物理隔离。

目前监控中心外网使用数据传输与应用服务器一台，主要部署数据接收、数据处理计算和数据发布程序；使用 Oracle 数据库服务器一台，运行主监控数据库服务程序；使用数据库冷备服务器一台，实现数据库的冷备；采用 Oracle11g 数据库系统。

以实现数据按照 HJ/T 352—2007 规范生成报文，将不同的数据格式统一到交换库数据格式。目前辽宁省数据交换主要采用两种模式：一是利用异构系统已有的接口进行数据的交换同步；二是利用 ODI 工具进行数据交换。与环境保护部的数据交换采用的是后者。

4.7.4.2　纵向数据传输模式

辽宁省厅自主开发了污染源自动监控系统平台，用于省厅及各市的污染源自动监控数据的接收、实时监测、管理使用数据。除大连市外，包括沈阳等 13 座城市、地级市都是省市双向传输，即前端数采仪点位同时向省厅和各市环保局污染源自动监控中心传送数据。同时，辽宁省环保厅及各市环保局也安装了核心应用软件，大连市的污染源自动监控数据首先传送到大连市环保局污染源自动监控中心，然后通过核心应用软件的数据交换平台将污染源自动监控数据传至省厅污染源自动监控中心。省厅及各市接收自动监控数据后，可以用系统平台进行实时监控、统计分析等，同时，将接收到的数据同步交换到本地的核心应用软件数据库中。

各市的自动监控数据被交换到本地的核心应用软件数据库中后，再上传交换到省厅安装的核心应用软件数据库中（各市接收到的省直管电厂和污水处理厂数据不在这里实施交换）。辽宁省的纵向数据传输模式见图 4-40。

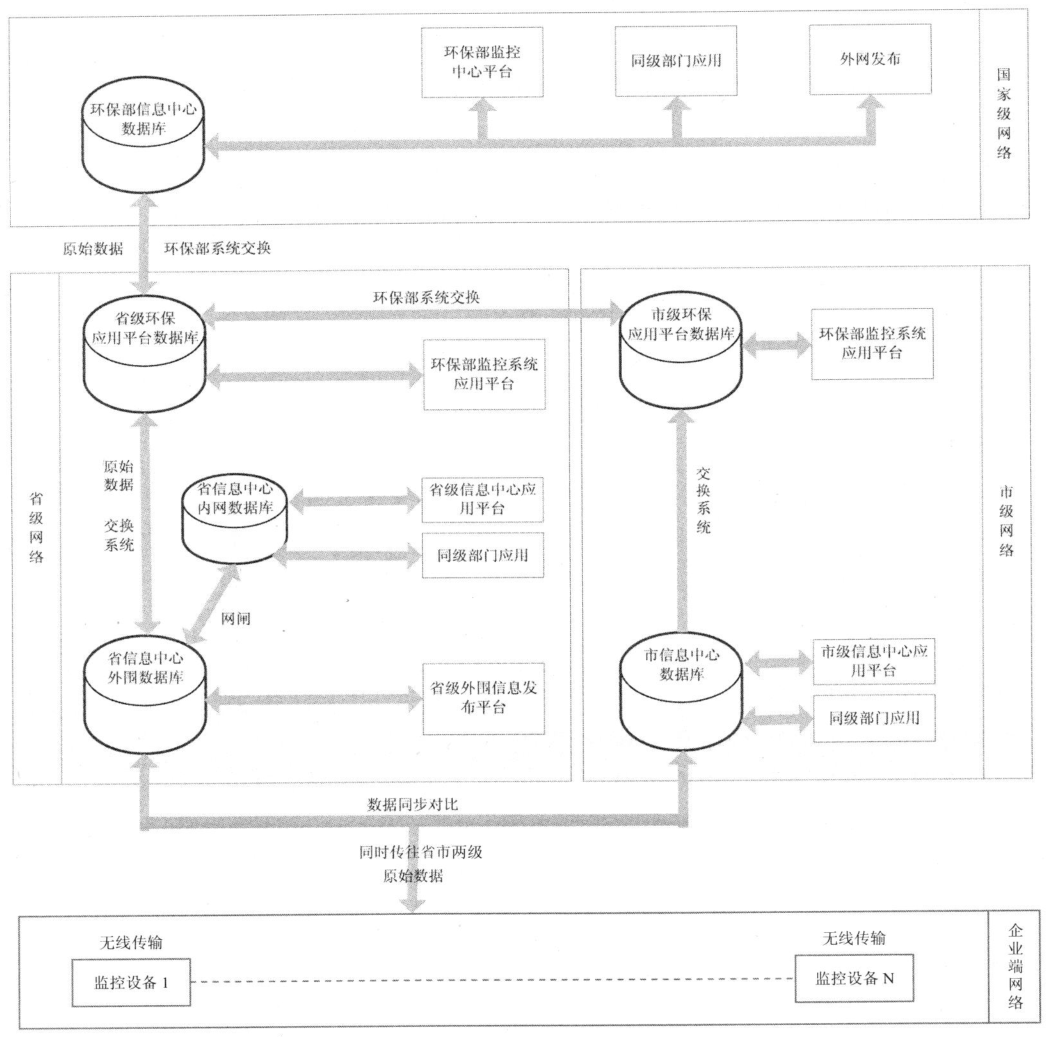

图 4-39 设计场景总体架构

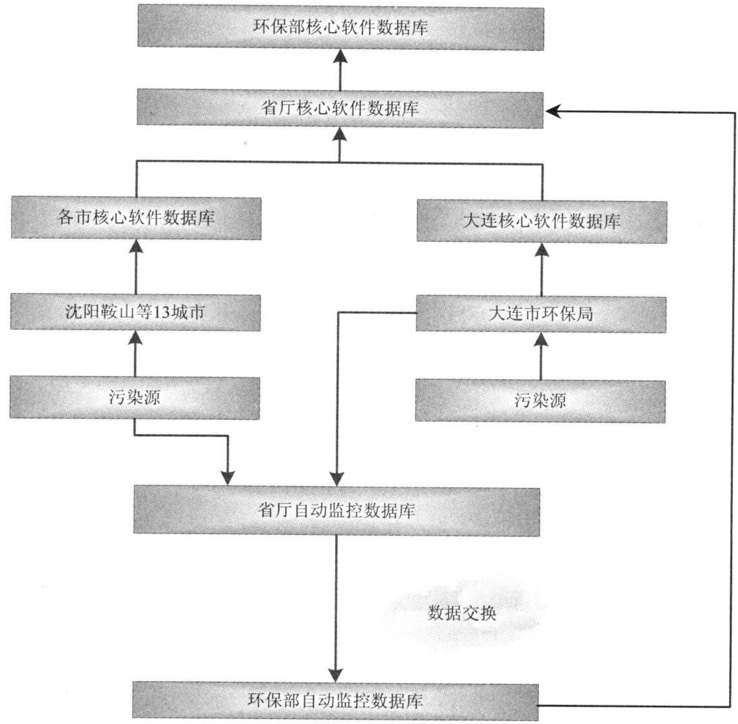

图 4-40　辽宁省纵向数据传输模式

4.7.4.3　数据交换

数据格式：符合《环境污染源自动监控信息传输、交换技术规范（试行）》（HJ/T 352—2007）要求；

数据频次：实时数据间隔 15～30 s；

分钟数据：间隔 5 min、10 min；

技术协议：《环境污染源自动监控信息传输、交换技术规范（试行）》（HJ/T 352—2007）；

接口程序：自研发软件或采用环保部统一配发软件；

用户要求：按用户要求实施；

处理方式：采用主动或被动方式与上级、下级或其他监控中心交换污染源自动监控数据。

污染源自动监控数据的交换主要包括经常性的实时数据和缺失的历史数据：

（1）实时数据

1）实时数据采用主动报送的方式，报送的频度如下：每 15～30 秒 1 次，过时不补。

2）主动报送的步骤

① 数据源节点从现场收集数据；

② 数据源节点按照统一的接口规范生成流；

③ 数据源节点向中心节点的入口报送流；

④ 中心节点接收并解释报送过来的流，生成结果，返回；

⑤ 数据源节点接收返回的结果。

3）实时数据主动报送的流程，见图 4-41。

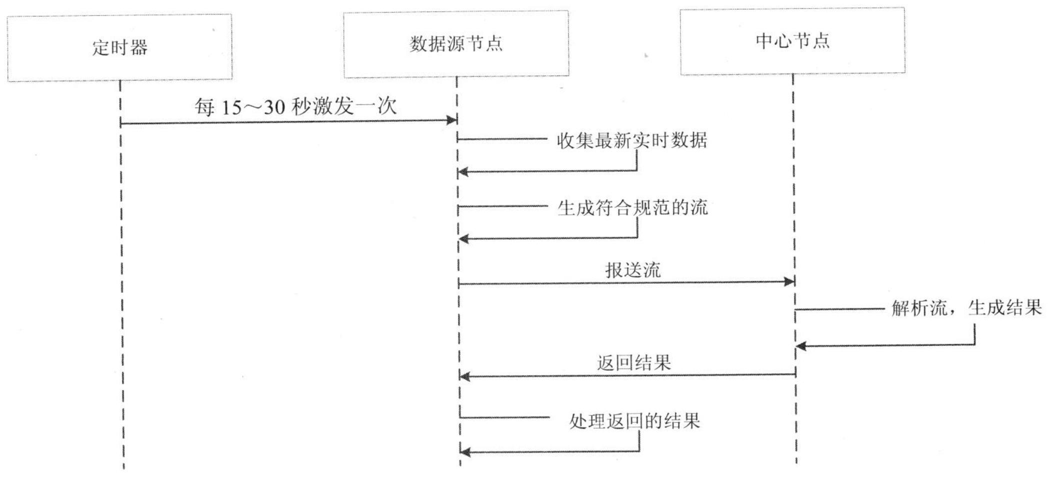

图 4-41 辽宁省实时数据主动报送的流程

（2）缺失历史数据报送的流程

省污染源监控中心节点、市污染源监控中心节点均会定期扫描缺失的历史数据，并要求数据源节点补足数据。

数据源节点不需要补足实时数据。数据源节点自动保存一年内的历史数据。数据源节点需在接收到历史数据的补足要求后，及时上报相应的数据。

数据补足的流程见图 4-42。

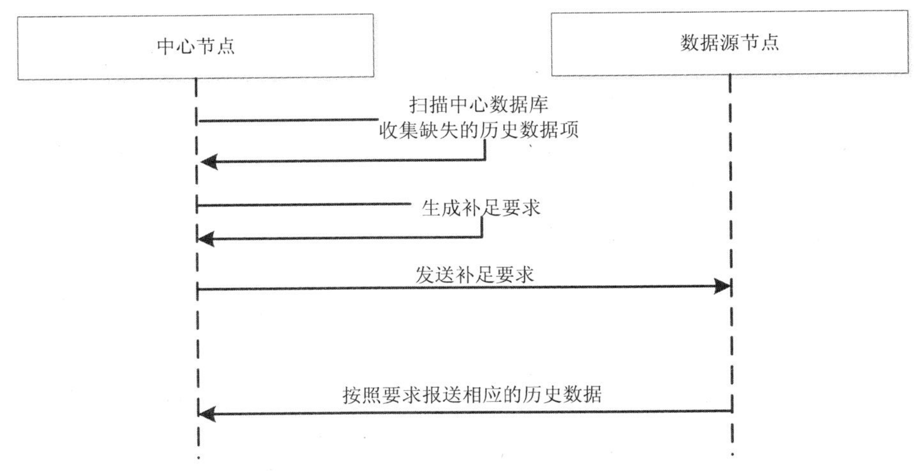

图 4-42 辽宁省数据补足流程

① 监控中心节点定期扫描数据库，收集缺失的历史数据项；

② 监控中心节点根据缺失情况，生成补足要求；

③ 监控中心节点发送补足要求到对应的数据源节点；

④ 省污染源监控数据源节点接收并返回已接收信息。

中心节点会根据用户的需要，定期或不定期向数据源节点发送仪器控制的指令（图 4-43）。数据源节点收到中心节点发过来的仪器控制指令以后，需要将其转成响应的命令格式，并发送到相应的现场监测仪器。数据源节点需要把仪器控制的结果返回给中心节点。

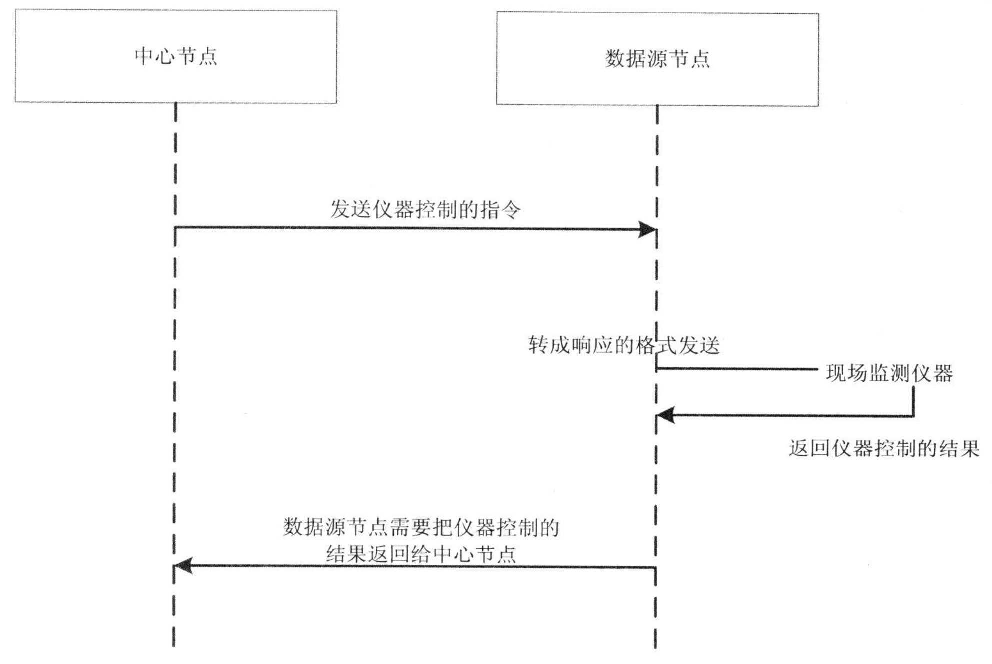

图 4-43 辽宁省中心节点与数据源节点交互

4.8 污染源自动监控信息交换模式建议

4.8.1 污染源自动监控信息交换的特点

（1）交换覆盖面广：包括上万个国控重点污染源企业、3 000 多个地市级，以及 32 个省级、国家级污染源监控中心。

（2）业务内容多，包括：污染源基本信息；污染源申报登记；污染源自动监控信息；废气排放口基本信息；废水排放口基本信息；污水处理厂基本信息；污水处理厂废气排放口基本信息；污水处理厂进出水口基本信息；污水处理厂自动监控信息；污水处理厂申报登记。

（3）数据量大：按 6 066 家国控重点污染源（每家 2 个水排放口，3 个气排放口），每个口 10 个指标；每个指标 80 B（其中：流量等 3 项数据，指标要求 10 min 传 1 次；其他 7 项数据指标，要求每小时传 1 次）；每年的数据量为 494.89 GB。

包括：废气小时均值、日均值、月均值、年均值；

废水小时均值、日均值、月均值、年均值；

废气实时数据；

废水实时数据；

数采仪设备状态数据。

（4）交换频度多样：10 min（视为实时）、小时（h）、日、月度、年度等。

（5）应急交换：国家级节点向省级节点发出调用数据传输请求（查询请求），或一个省级节点向另一个省级节点发出数据传输请求（订阅请求），省级节点向国家级节点传输交换请求的数据。

（6）数据格式不一：尽管推出了《环境污染源自动监控信息传输、交换技术规范（试行）》（HJ/T 352—2007）作为污染源自动监控数据传输交换的技术标准，但各地在具体执行过程中，尚未能够真正将数据格式统一起来，各地建成或拟建的污染源自动监控系统采用的污染源、污染物代码和数据格式不标准、不一致，污染源自动监控数据难以发挥基础数据的作用。

（7）交换流程各异：大致有三种方式。

逐级上传：从企业端传至地市，再到省、国家污染源自动监控中心；

多点传输：从企业端同时向地市、省传输，然后再传到国家污染源自动监控中心；

集中分发：从企业端传至省污染源自动监控中心，分发到地市，同时分发到国家污染源自动监控中心。

（8）异构系统：各省有各自的系统，系统架构功能各不相同。

（9）建设管理模式：各省探索了不同的模式，主要有：① 分布式架构。即污染源自动监控数据首先集中到各个城市的污染源自动监控系统中，各个城市可以使用各自原有的相互独立的污染源自动监控系统。各城市的污染源自动监控系统再按照统一的标准要求把数据报送到省污染源自动监控系统。② 集中式架构。即污染源自动监控数据从现场直接通过网络报送到省污染源自动监控系统，省和城市的用户都通过省污染源自动监控系统监控这些污染源。

4.8.2 污染源自动监控信息交换建议模式

4.8.2.1 集中管理分级交换模式

（1）污染源自动监控信息交换方式

包括自动推送方式和主动调用方式：

① 自动推送方式：省环保厅自动上传污染源信息到环保部。

② 主动调用方式：环保部主动调用省级环保数据或者查询省级环保数据。

污染源自动监控信息传输交换总体架构如图 4-44 所示。

（2）管理责任

① 环保部负责部级污染源自动监控信息交换平台的建设管理工作，负责部内各部门的污染源自动监控信息交换，以及各省污染源自动监控信息到部平台的交换工作。

② 各省环保厅（局）负责省级污染源自动监控信息交换平台的建设管理工作，负责省内污染源自动监控信息交换、汇集与管理工作，负责接入部级污染源自动监控信息交换平台，按时更新省内污染源自动监控信息。

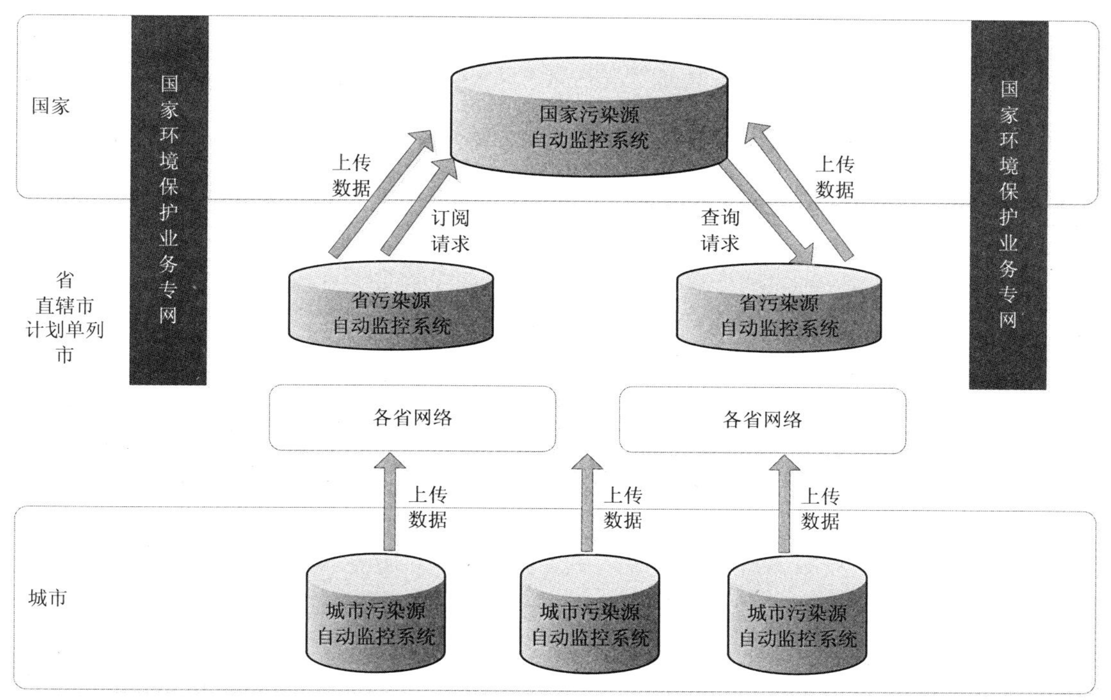

图 4-44　污染源自动监控信息交换模式

4.8.2.2　各省级平台接入方式

（1）前置机接入方式

在各接入节点建立独立于现有业务系统的交换前置机，实现信息的上传和接收。各接入点通过前置机与平台连接，平台实现各接入点前置机上的共享数据库（文件目录）之间的信息交换和共享，在各个接入点部署的接口模块实现共享数据库（文件目录）和业务系统数据库（文件目录）之间的信息交换和转换。

由于各个接入节点的前置机部署在政务外网，接入系统和数据库部署在接入单位的局域网，两个网络之间的连接采取或是逻辑隔离，或者是物理隔离，或者两者断开方式。因此，在系统接入时，应根据实际的连接情况，选择接口模块、系统工具或是通过存储介质利用数据的导入导出的手段实现业务数据库与共享数据库之间的信息交换和转换。

1）这种方式的优点：

① 接入点是通过前置机上的共享数据库（或文件目录）实现与其他接入点的数据共享与交换，使得业务数据库中的数据安全性得到了保障；

② 接入系统与平台在数据接口上耦合性较弱；

③ 由于在接入点前置机上部署了平台节点服务器软件，解决了中心效率瓶颈和单点故障问题；

④ 数据在传输过程中安全性得到保障，不会出现数据丢失的现象。

2）这种方式的缺点：

① 需要购买硬件设备、平台节点服务器软件和数据库软件等，增加了项目成本；

② 需要开发接口模块实现共享数据库（或文件目录）与业务数据库（或文件目录）之间的交换和转换。

（2）直接接入方式

应用系统数据库或文件目录与信息共享与交换平台直接相连，平台通过数据库、文件、Web Services 等适配器组件直接访问运行库或服务器文件目录，或是通过 API/Web Services 调用，完成读、写数据的操作。方式如应用系统接入方式。

1）优点：

不需要购买硬件设备、平台软件和数据库等软件，可以降低项目成本。

2）缺点：

① 运行库业务数据完全暴露在平台上，数据的安全性得不到保障；

② 接入系统与平台的数据接口耦合性强，例如数据库结构发生变化时，平台适配器组件也要重新设置；

③ 由于在接入点没有部署平台节点服务器软件，对平台接入系统数据的读取、转换、写入操作，由中心节点服务器软件完成，增大了中心节点服务器的负担，易产生中心的效率瓶颈和单点故障问题；

④ 不能完全发挥 MQ 在数据传输的优势，数据在传输过程中的安全性得不到保障，数据可能会出现丢失的现象。

（3）平台对接模式

通过两级平台对接形成多级平台管理模式。这种模式的前提是部、省均建立了交换平台。

4.8.3 交换技术设计

4.8.3.1 交换信息描述语言

交换信息的 XML 描述包括字符集、命名空间以及污染源自动监控信息交换的一些 Schema 描述。

污染源自动监控信息交换使用的字符集符合 GB 13000.1—1993 的规定，也可以采用符合 GB 2312—1980 规定的字符集。

污染源自动监控信息 XML 描述使用的命名空间为“http：//www.sepa.gov.cn/epiDATA”。交换规范 XML 描述使用的命名空间为“http：//www.sepa.gov.cn/epixml/operation”。污染源自动监控信息交换接口规范 XML 描述使用的命名空间为“http：//www.sepa.gov.cn/epixml”。

污染源自动监控信息交换的主要 Schema 描述包括污染源自动监控信息 Schema 描述、数据类型 Schema 描述、污染源自动监控信息 XML 文件、交换信息 Schema 描述。对交换信息的 XML 描述可以在此基础上作扩展，但不得与现有内容冲突。

4.8.3.2 信息交换方式

污染源自动监控信息交换方式包括自动推送方式和主动调用方式：① 自动推送方式。省环保厅（局）自动上传污染源信息到环保部；② 主动调用方式。环保部主动调用省环保厅（局）数据或者查询省环保厅（局）数据。

4.8.3.3　信息交换频度

污染源自动监控信息交换频度描述的内容包括省环保厅（局）向环保部报送信息和国家级调用省级实时数据的频度。

省环保厅（局）向环保部报送的信息频度为气小时均值、日均值、月均值、年均值和水小时均值、日均值、月均值、年均值。

国家级调用省级实时数据频度为 10 min 气数据和 10 min 水数据。其中：气小时均值、日均值、月均值、年均值的描述见《固定污染源排放烟气连续监测系统技术规范》（HJ/T 75—2001）和《固定污染源排放烟气连续监测系统技术要求及检测方法》（HJ/T 76—2001）；水的均值描述见《水污染源在线监测系统数据有效性判别技术规范》（HJ/T 356—2007）。

4.8.3.4　信息交换模型

污染源自动监控信息交换的流程见图 4-45。

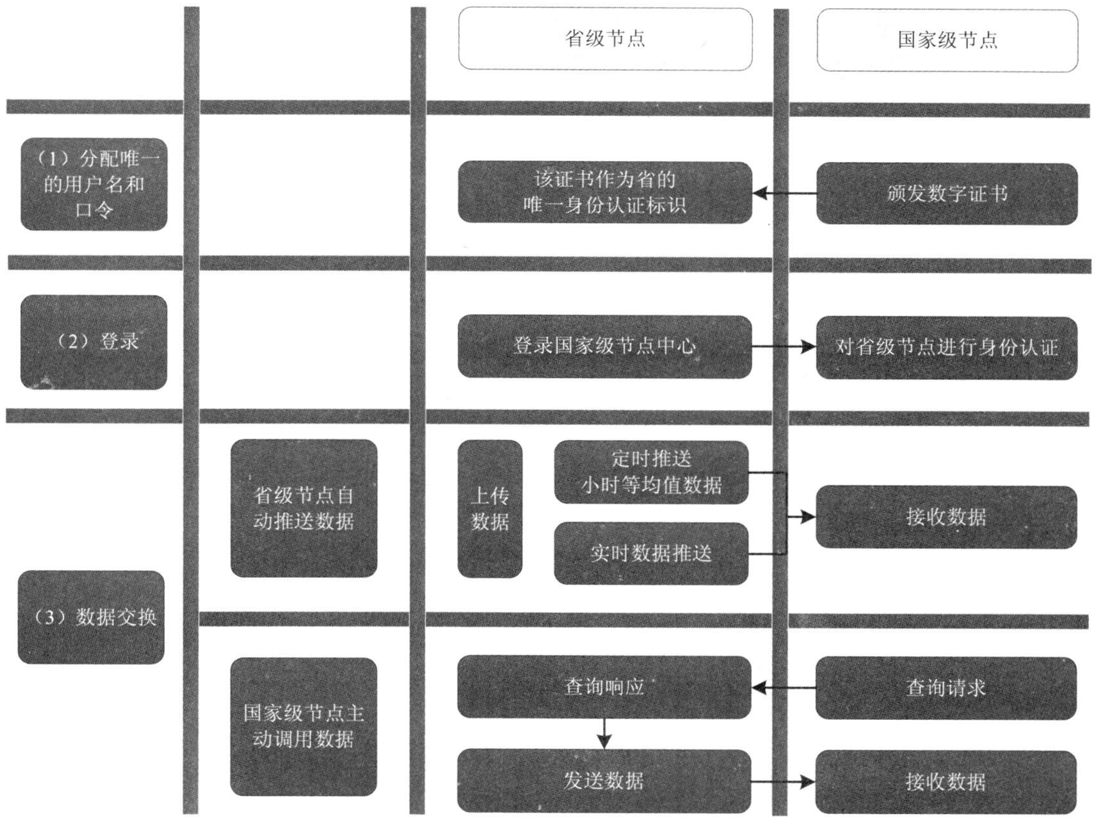

图 4-45　污染源自动监控信息交换流程

（1）各省级节点登录国家级节点中心，省级节点使用中心为其发放的唯一的数字证书登录，确认节点身份。

（2）双方节点之间采用如下方式进行信息交换：

① 省级节点通过定时或实时的方式将数据传输到国家级节点。定时是指省级节点定时

将污染源自动监控的小时均值、日均值等信息传输至国家级节点；实时是指当国家级节点向省级节点发出调用数据请求时，由省级节点将当前实时数据传输至国家级节点。

② 国家级节点主动向省级节点发出数据传输请求，双方通过节点确认身份后，由省级节点将国家级节点所请求的数据传输至国家级节点。

4.8.3.5 信息交换流程

污染源自动监控信息交换的操作包括上传数据、查询请求、查询响应、订阅请求、订阅响应。

上传数据是指省级节点向国家级节点传输数据，传输数据可以是一个或多个数据对象；查询请求是指国家级节点向省级节点发出的数据传输请求；查询响应是指省级节点对查询请求的应答；订阅请求是指一个省级节点向另一个省级节点发出的数据传输请求；订阅响应是指省级节点对订阅请求的应答。污染源自动监控信息交换的操作可以根据实际需要在现有基础上进行扩展。

污染源自动监控信息交换的流程包括数据上传的流程、数据查询与响应的流程、数据订阅与响应的流程。同样，污染源自动监控信息交换的流程可以根据实际需要扩展。

污染源自动监控信息交换的错误信息包括操作错误信息和数据错误信息。操作错误是指信息交换过程中发生的操作错误信息，包括操作错误编码和操作错误描述。数据错误是指数据内容相关的错误信息，如接收方接收到一个格式不正确的数据包，则需要向发送方返回数据错误信息，同样包括数据错误编码和数据错误描述信息。错误信息同样可以根据实际需要扩展。

4.8.3.6 信息交换接口

污染源自动监控信息交换报文采用 XML 定义，包括报文头和报文体两部分（图 4-46）。报文头的作用是在国家级与省级节点或者省级与省级节点之间进行信息交换时，将数据包正确地传送到目的地址。报文头中定义的主要内容包括发送方、接收方、消息序号、服务时间、服务时限、服务优先级、回执要求、服务类型。

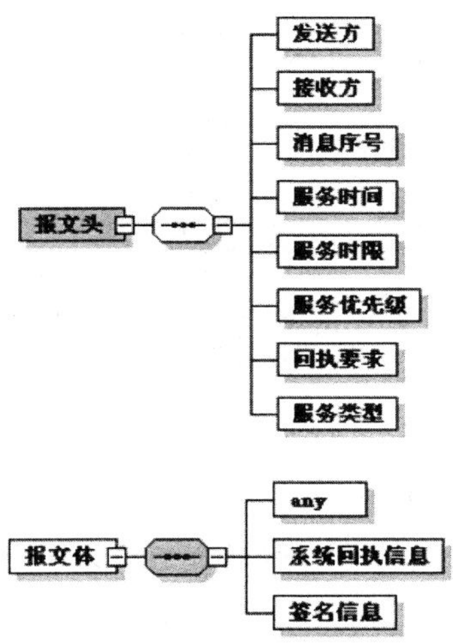

图 4-46 污染源自动监控信息交换报文

报文体的主要内容是污染源自动监控数据发送方需要接收方处理的数据内容，包括污染源自动监控数据信息、系统回执信息和签名信息。其中，系统回执信息是指接收方正确收到数据包时，发送给发送方正确接收的确认数据包。

签名信息包括五个元素：摘要算法、签名算法信息、签名值、签名时间、签名备注。摘要算法取值为：0，1，2。“0”表示 SHA-1 算法，“1”表示 MD5，“2”表示 MD2，可以根据实际需要进行扩充。签名算法信息包括签名算法名和公钥证书两个元素。签名算法名取值为：0，1，2。“0”表示 RSA 算法，“1”表示 DSS 算法，“2”表示 ECC 算法（可以根据实际需要扩充）。公钥证书为签名者所持的公钥证书。

信息交换接口信息可以根据实际需要进行扩展。

4.8.3.7 数据安全保障

污染源自动监控数据安全保障主要从身份认证和签名两个方面体现。

身份认证采用颁发数字证书的方式进行身份认证。国家级节点中心采用 SSL 配置的方式，要求省级节点使用 HTTPS 的方式登录到国家级节点中心，由国家级节点中心为省级节点颁发数字证书，省级节点通过该证书信息登录，完成身份认证。签名是指在数据上报过程中，要求上报节点加入数据签名信息。签名信息元素表示对数据元素内容的摘要进行签名。

规范中对数据的完整性做了相应的要求，当出现同一条数据重复传输时，以最后一条数据为准。

4.8.3.8 污染源自动监控信息结构

污染源自动监控信息结构如图 4-47 所示。

上述信息中又包含了相应的子信息。如污染源基本信息所包含的内容如图 4-48 所示。

这些信息组成了污染源自动监控信息结构，该信息结构可以根据实际需要进行扩充，在扩充时不得与已有的内容相冲突。

4.8.3.9 数据代码

对于国家已经有相关标准的，则遵循国家已有的标准规范，如行政区划编码遵循《中华人民共和国行政区划代码》(GB/T 2260—2002)、行业类别编码遵循《国民经济行业分类》(GB/T 4754—2002)、污染物代码（废水污染物编码、废气污染物编码）遵循《环境信息标准化手册》第 3 卷。有些代码使用原环保总局文件要求的代码。计量单位代码采用《国际贸易用计量单位代码》(GB/T 17295—1998)，增编 M00-万标立方米、H00-色度单位、T00-万吨代码。对于一些国家尚无标准规范的代码，则需要另行制定。

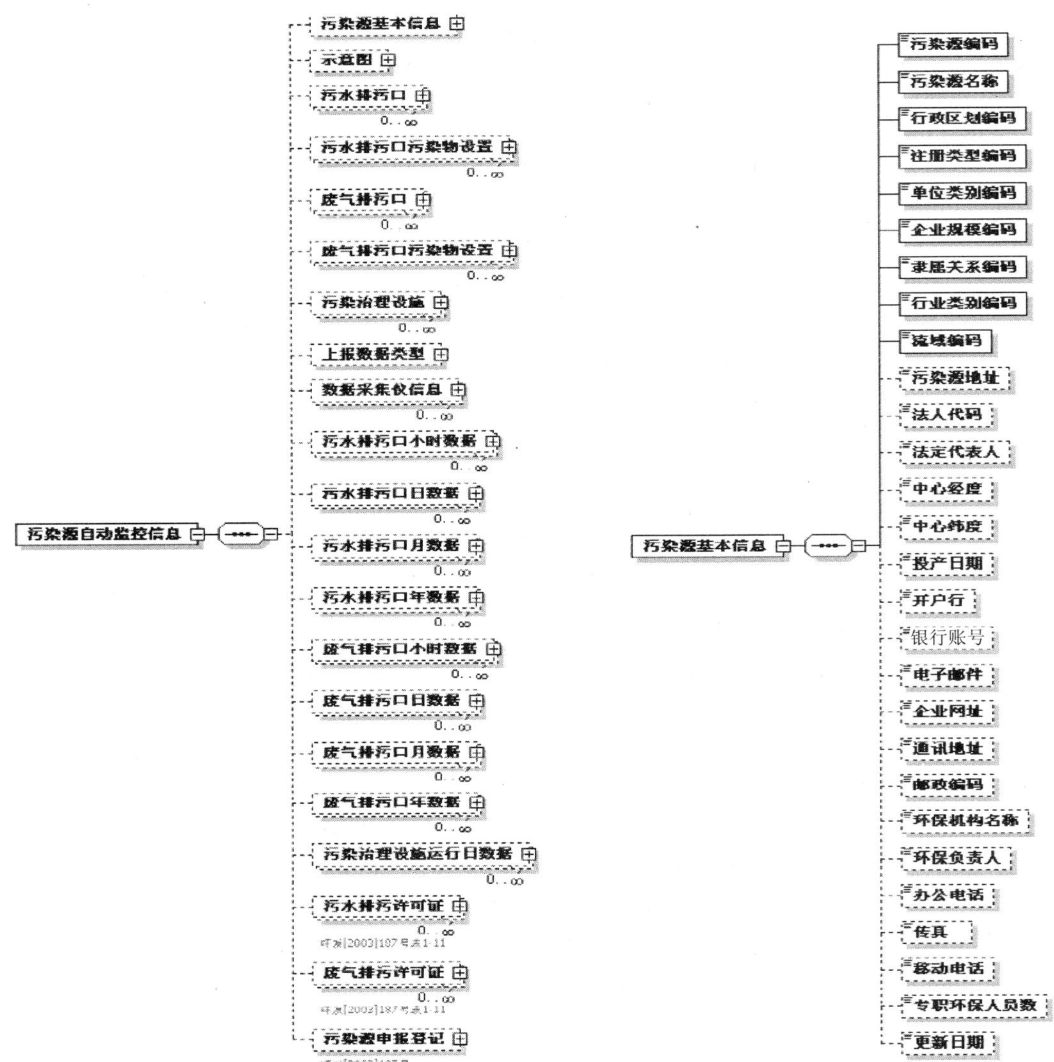

图 4-47 污染源自动监控信息结构

图 4-48 污染源基本信息

第 5 章　污染源自动监控数据交换标准体系

5.1　研究背景

为了完成“十一五”规划中到 2010 年主要污染物削减 10%约束性指标要求，2007 年，原国家环境保护总局启动了国控重点污染源自动监控系统（以下简称“国控污染源项目”）建设，对占全国主要污染物负荷 65%的国家重点监控企业的污染物排放情况实施自动监控，通过自动化、信息化等技术手段更加科学、准确、实时地掌握重点污染源的主要污染物排放数据、污染治理设施运行情况等与污染物排放相关的各类信息。系统建设内容为在国家重点监控企业安装污染源监控自动设备，建设国家、各省（自治区、直辖市）、地市三级污染源监控中心并联网。

污染源自动监控系统的建设和管理是一项复杂的系统工程，需要依托环境监测、自动控制、计算机、电子和网络通信等多个领域的技术加工以实现。虽然部统一开发并下发了“国控重点污染源自动监控系统及重点污染源基础数据库系统软件”，但部分省、地市沿用前期建立的一些系统，有的省、地市使用统一下发的软件，有的省、地市仅用统一下发软件作为数据传输的前置机，在系统建设中暴露了联网、数据传输和数据交换等问题。除其他管理、技术因素外，数据交换已经成为“国控污染源项目”实现既定目标的瓶颈。

为了解决这些问题，国内外普遍采用的方法就是标准化，这也是信息化建设的经验总结。环境信息化建设需要标准化，对于“国控污染源项目”建设更是如此。

尽管已有《环境污染源自动监控信息传输、交换技术规范（试行）》（HJ/T 352—2007）等标准规范作为“国控污染源项目”的技术标准，对于规范数据、传输起到了积极的作用，但由于国家重点监控企业遍及全国各省，数量众多，加之前期建设水平参差不齐、数据基础各异，已经形成了不同省份、不同地区、不同企业有着不同的数据项、数据格式、软件平台的局面，而从项目任务要求、时间进度、经费投入等方面都需要在现有基础上不断完善。为了实现“国控污染源项目”科学、准确、实时地掌握重点污染源的主要污染物排放数据的目标，迫切需要研究建立污染源自动监控信息交换的标准规范体系，整合省级、国家级污染源监控中心数据，为“国控污染源项目”集成各地数据提供技术支撑，实现全国数据的统一性和全面性。

通过建立污染源自动监控信息交换的标准规范体系，实现全国污染源自动监控系统的数据共享、业务协同，为上下级环保部门之间统一高效的信息沟通共享通道提供基础支撑，实现数据传输和交换方式的可靠性、易维护性要求。

5.2 国内外现状

我国各领域、各行业信息化工程在信息交换标准方面做了大量工作，并取得了很好的成果。在国外，美国环境保护局在数据交换标准方面的经验值得我们借鉴。

5.2.1 国外情况

美国环境保护局（EPA）制定了一系列数据标准，明确公用数据的表示、格式和定义，用于实现环境状态数据的收集和报表，统一国家、州、县级使用的术语和概念，以支撑信息的交换、汇总和比较，增加对环境数据的理解以及做出更好的决策。EPA 数据标准包括：数据结构和语义（数据元素、有含义的数据块）、数据格式、代码集（国家代码，注册状态：标准；EDR 标识：13936：1；代码集样例参见表 5-1）等，可以分为：

（1）数据元素：语义、表示、代码集。

数据含义是什么？概念、参考、术语、定义，语义的表示模型（概念、参考、术语、定义之间的关系，概念系统的分类结构），环境术语、可控词汇表、叙词表和分类法（条款及含义）；语法规则如何表示？如何交流？

与代码集相关的 EPA 数据标准（许可值和含义），EPA 系统和数据资源的数据字典信息。

（2）数据信息，数据如何打包？业务规则和数据元素/XML 标引结构和格式。

（3）数据传输，数据移动，如何发送？交换网络的 XML 模板（模板内使用的术语已经定义）。

（4）数据管理，数据管理-注册，管理上述内容。

表 5-1 代码集样例

美国各州编码	EDR 代码含义
AL	阿拉巴马州（The state of Alabama.）
AK	阿拉斯加州（The state of Alaska.）
AZ	亚利桑那州（The state of Arizona.）
AR	阿肯色州（The state of Arkansas.）

登录环境数据注册网页（Environmental Data Register，EDR www.epa.gov/edr）查找环境数据标准、数据字典、代码集、代码集映射、代码集之间交叉引用；查询数据元素和组件。通过数据标准处 DSB（Data Standards Branch）服务和注册，进入 EDR 代码集管理、XML 标引和注册、动态元数据/Web 服务、环境术语系统和服务（ETSS）；环境数据标准的复用方式见图 5-1。

标准数据元素和数据块-术语和含义，结构和格式；

代码集；

CDX/交换网-数据流，使用共享模板组件（SSCs），无需重写常用数据元素的 XML 模板。

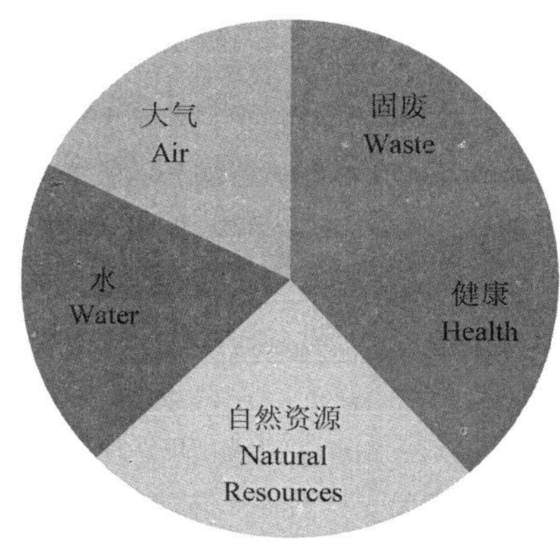

图 5-1　交换网络结构

5.2.2　国内情况

我国各行业领域信息化工程在数据交换标准方面也做了大量的工作，有电子政务领域的政务信息资源交换体系系列标准（GB/T 21062 系列），地理空间领域的《地理空间数据交换格式》（GB/T 17798—2007），交通运输领域的《基于 XML 的道路客运结算数据交换》（GB/T 20925—2007）和《运输与仓储业务数据交换应用规范》，国土行业的《矿产资源规划数据库标准》和《县（市）级土地利用数据库标准》等。在工程建设方面，有科学数据共享工程的《数据交换格式设计规则》、金宏工程的《数据交换格式》和金财工程的《基于金财工程应用支撑平台的数据交换规范》等。此外，我国各地方也积极开展了数据交换标准的研究，如北京市的《地下管线数据共享与交换》标准等。

（1）政务信息资源交换体系系列标准

政务信息资源交换体系系列标准（GB/T 21062 系列）从政务信息资源交换体系总体框架、技术要求、数据接口规范、技术管理要求四个方面对政务信息资源交换体系进行规范，由中国电子技术标准化研究所等单位负责起草。其中，《政务信息资源交换体系　第 1 部分：总体框架》提出了政务信息资源交换体系的总体技术架构，规定了政务信息资源交换体系技术支撑环境的组成。《政务信息资源交换体系　第 2 部分：技术要求》规范了政务信息资源交换体系技术支撑环境的功能组成及要求，规定了信息交换系统间互连互通的技术要求。《政务信息资源交换体系　第 3 部分：数据接口规范》规定了在信息交换时封装业务数据采用的数据接口规范，提出了交换指标项。《政务信息资源交换体系　第 4 部分：技术管理要求》规定了政务信息资源交换体系的技术管理总体架构、管理角色的职责、交换体系各环节的技术管理要求。政务信息资源交换体系系列标准有助于政务信息资源交换体系的规划、设计、建设以及管理。

（2）《地理空间数据交换格式》

《地理空间数据交换格式》（GB/T 17798—2007）由国家测绘局测绘标准化研究所、武汉大学测绘遥感信息工程国家重点实验室编写，本标准规定了矢量和栅格两种空间数据的交换格式，适用于多种矢量数据、影像数据和格网 GIS 数据以及数字高程模型（DEM）等的数据交换。

（3）《基于 XML 的道路客运结算数据交换》

《基于 XML 的道路客运结算数据交换》（GB/T 20925—2007）由交通部公路科学研究院等单位负责起草。标准规定了道路客运经营业户间“站、运”双方客运结算的数据交换文件的命名规则和结构；适用于道路客运经营业户间“站、运”双方客运收入结算数据处理与交换。

（4）《运输与仓储业务数据交换应用规范》

《运输与仓储业务数据交换应用规范》由交通公路科学研究院、中储物流在线有限责任公司编写。该标准规定了运输与仓储两个作业环节中数据交换的基本流程、所涉及的数据信息共享与交换的相关单证和数据内容以及平台要求、数据要求和接口要求。适用于物流企业之间信息系统中的运输与仓储业务数据交换、物流企业与物流公共信息平台之间以及物流公共信息平台之间的运输与仓储业务数据交换的设计、开发与应用。

（5）《矿产资源规划数据库标准》

《矿产资源规划数据库标准》由国土资源部信息中心负责起草。本标准规定了矿产资源规划信息的分类与代码、数据文件的命名规则、要素的层次划分、数据的结构、数据的交换格式及元数据格式等，适用于省、市、县级矿产资源规划数据建库及数据交换。

（6）《县（市）级土地利用数据库标准》

《县（市）级土地利用数据库标准》由中国土地勘测规划院、国土资源部信息中心负责起草。标准规定了土地利用要素的分类代码、数据分层、数据文件命名规则、空间几何数据与属性数据的结构、交换格式等，适用于县（市）级土地利用数据建库及数据交换。

（7）科学数据共享工程技术标准《数据交换格式设计规则》

《数据交换格式设计规则》规定了科学数据共享过程中，设计数据交换格式的完整流程以及如何按照统一方法对交换数据进行结构化处理、如何通过规范化使用 XML，用 XML Schema 来定义结构化数据的方法和规则。适用于科学数据共享工程各建设单位用 XML Schema 来定义科学数据的采集、加工、处理、汇交、分发、交换和共享。

（8）金宏工程《数据交换格式》标准

金宏工程《数据交换格式》标准由中国电子技术标准化研究所、国家信息中心等单位共同起草。标准规定了宏观经济管理信息系统数据交换的编码规则，适用于金宏工程中 9 个共享数据库（分别是由财政部建设的国家财政预算收支数据库，由中国人民银行建设的金融共享数据库，由国家统计局建设的经济统计数据库，由商务部建设的外经共享数据库，海关建设的外贸进出口数据库，同时有国家外汇管理局建设的国际收支数据库、国家发改委建设的重要商品价格数据库、国资委建设的国有重点企业数据库以及由国家发改委建设的国民经济发展规划与计划数据库）之间的数据交换编码以及业务系统之间的数据交换编码。标准可用于脱机数据交换，也可用于通过网络以服务的形式进行数据的交换和共享。标准对宏观经济管理信息系统的具体数据交换格式进行了规定，能够保证所交换的信息被准确的理解和应用。

（9）《基于金财工程应用支撑平台的数据交换规范》

《基于金财工程应用支撑平台的数据交换规范》由财政部信息网络中心负责起草，规范由技术规范、业务规范和维护与管理规范三个部分组成。技术规范给出了使用数据交换规范的技术约束，定义了数据交换组件的模型和框架，重点描述了数据交换文档的 XML 模式，对根结构、控制信息元素、业务数据元素、安全策略等进行了详细说明。业务规范结合具体的业务数据交换要求，给出了财政系统与预算单位系统、非税收入系统、商业银行系统、人民银行系统和上下级财政系统进行交换数据的内容和格式；为数据交换组件、各个业务系统之间进行数据传输的接口提供了开发标准和依据。维护与管理规范是结合财政业务管理制度改革和金财工程建设的发展趋势，对后续产生的交换子系统、交换单据进行管理与维护而制定。

（10）《地下管线数据共享与交换》

《地下管线数据共享与交换》由北京市经济和信息化委员会、北京市信息资源管理中心等单位合作起草。标准规定了地下管线信息资源共享与交换管线资源分类及编码、数据元素要求、元数据要求、资源目录组成及指标项要求、数据交换格式等内容，适用于跨地区（市、区）、跨行业间管线数据的共享与交换。

5.3　污染源自动监控信息相关标准

5.3.1　已有标准

与污染源自动监控相关的 8 项标准，见表 5-2。

表 5-2　污染源自动监控相关标准列表

标准编号	标准名称	标准主要内容
HJ/T 212—2005	污染源在线自动监控（监测）系统数据传输标准	规定了数据传输的过程及系统对参数命令、交互命令、数据命令和控制命令的数据格式和代码定义，不限制系统扩展其他的信息内容 适用于污染源在线自动监控（监测）系统自动监控设备和监控中心之间的数据交换传输
HJ/T 352—2007	环境污染源自动监控信息传输、交换技术规范	描述了国家级、省级之间的交换流程、交换模型，适用于国家级和省级之间的污染源自动监控信息交换活动；省级范围内的污染源自动监控信息交换可参照执行。同时还规定了环境污染源自动监控系统信息的内容和报文格式 适用于各级环境保护部门之间的污染源自动监控信息交换活动
HJ/T 353—2007	水污染源在线监测系统安装技术规范	规定了水污染源在线监测系统中仪器设备的主要技术指标和安装技术要求，监测站房建设的技术要求，仪器设备的调试和试运行技术要求 适用于安装于水污染源的化学需氧量（COD_{Cr}）水质在线自动监测仪、总有机碳（TOC）水质自动分析仪、紫外（UV）吸收水质自动在线监测仪、氨氮水质自动分析仪、总磷水质自动分析仪、pH 水质自动分析仪、温度计、流量计、水质自动采样器、数据采集传输仪的设备选型、安装、调试、试运行和监测站房的建设
HJ/T 354—2007	水污染源在线监测系统验收技术规范	规定了水污染源在线监测系统的验收方法和验收技术要求 适用于已安装于水污染源的化学需氧量（COD_{Cr}）在线自动监测仪、总有机碳（TOC）水质自动分析仪、紫外（UV）吸收水质自动在线监测仪、pH 水质自动分析仪、氨氮水质自动分析仪、总磷水质自动分析仪、超声波明渠污水流量计、电磁流量计、水质自动采样器、数据采集传输仪等仪器的验收监测

标准编号	标准名称	标准主要内容
HJ/T 355—2007	水污染源在线监测系统运行与考核技术规范	规定了运行单位为保障水污染源在线监测设备稳定运行所要达到的日常维护、校验、仪器检修、质量保证与质量控制、仪器档案管理等方面的要求，并规定了运行的监督核查和技术考核的具体内容 适用于水污染源在线监测系统中的化学需氧量（COD_{Cr}）水质在线自动监测仪、总有机碳（TOC）水质自动分析仪、氨氮水质自动分析仪、总磷水质自动分析仪、紫外（UV）吸收水质自动在线监测仪、pH 水质自动分析仪、温度计、流量计等仪器设备运行和考核的技术要求
HJ/T 356—2007	水污染源在线监测数据有效性判别技术规范	规定了水污染源排水中化学需氧量（COD_{Cr}）、氨氮（NH_3-N）、总磷（TP）、pH 值、温度和流量等监测数据的质量要求，数据有效性判别方法和缺失数据的处理方法 适用于水污染源排水中化学需氧量（COD_{Cr}）、氨氮（NH_3-N）、总磷（TP）、pH 值、温度和流量等监测数据的有效性判别
HJ/T 75—2007	固定污染源烟气排放连续监测技术规范	规定了固定污染源烟气排放连续监测系统（Continuous Emissions Monitoring Systems，CEMS）中的颗粒物 CEMS、气态污染物（含 SO_2、NO_x 等）CEMS 和有关排气参数（含氧量等）连续监测系统（Continuous Monitoring Systems，CMS）的主要技术指标、检测项目、安装位置、调试检测方法、验收方法、日常运行管理、日常运行质量保证、数据审核和上报数据的格式 适用于以固体、液体为燃料或原料的火电厂锅炉、工业/民用锅炉以及工业炉窑等固定污染源的烟气 CEMS
HJ/T 76—2007	固定污染源烟气排放连续监测系统技术要求及检测方法	规定了固定污染源烟气排放连续监测系统的主要技术指标、检测项目、检测方法和检测时的质量保证措施 适用于监测固定污染源烟气参数，烟气中颗粒物、二氧化硫、氮氧化物浓度和排放总量的 CEMS

5.3.2 存在的问题及建议

污染源自动监控信息交换需要数据规范、技术规范、业务规范的支撑。当前污染源自动监控信息交换只有部分标准规范，难以全面支撑污染源自动监控信息交换工作（如表 5-3 所示）。

表 5-3 污染源自动监控信息交换标准编制情况

	标准	发布情况
数据规范	环保系统数据元编制原则和方法	提出建议
	污染源自动监控数据元规范	已发布（环办[2012]92 号附件 3）
	污染源自动监控信息数据字典规范	提出建议
	污染源自动监控信息元数据规范	提出建议
	污染源自动监控数据分类编码规范	部分制定
	代码规范（系列）	部分制定
	污染源自动监控数据交换格式规范	未制定

	标准	发布情况
技术规范	污染源自动监控信息交换平台技术规范	未制定
	污染源自动监控信息交换平台对接技术规范	未制定
	环境污染源自动监控信息传输、交换技术规范	已制定 HJ/T 352—2007
业务规范	污染源在线自动监控（监测）系统数据传输标准	已制定 HJ/T 212—2005
	污染源自动监控数据交换系统运行与考核要求	未制定

（1）加快制定污染源自动监控信息交换数据规范

污染源自动监控信息交换数据规范主要包括污染源自动监控信息数据元规范、污染源自动监控信息数据字典规范、污染源自动监控信息元数据规范、污染源自动监控数据分类编码规范、代码规范（系列）、污染源自动监控数据交换格式规范等。要加快制定相关数据规范。

（2）进一步丰富完善污染源自动监控信息交换技术规范

在《环境污染源自动监控信息传输、交换技术规范》（HJ/T 352—2007）和《污染源在线自动监控（监测）系统数据传输标准》（HJ/T 212—2005）的基础上，制定污染源自动监控信息交换平台技术规范、污染源自动监控信息交换平台对接技术规范等。

（3）加快制定污染源自动监控信息交换业务规范

主要包括污染源自动监控数据交换管理办法和污染源自动监控数据交换系统运行与考核要求等。

5.4　污染源自动监控信息交换标准体系

企业到地市、地市到省、各省到国家级的污染源自动监控数据的交换，都需要大量的数据梳理、行政协调支持、资金和技术保障，而数据的梳理、传输与交换技术保障需要建立相应的标准体系，才能很好地支撑多级、多点的污染源自动监控数据的交换。为此，需要尽快构建污染源自动监控数据交换标准体系框架，统一规范交换数据的内容范围、数据格式、交换频度、接口规范和管理制度，改变端到端的多点交换模式，通过统一的交换平台实现高效的数据交换。

5.4.1　污染源自动监控信息交换标准体系

通过对污染源信息交换标准的研究，可以为建设污染源信息传输交换平台提供平台实施过程、交换数据内容、交换方式等方面的指导，以满足业务应用系统内部数据传输和系统之间数据交换的需要。污染源信息交换标准应将针对环境数据传输交换的应用集成需求，根据已经制定和正在制定的各项环境信息标准内容，结合各个业务应用工作的实际情况进行编制。

污染源自动监控数据交换标准体系如图 5-2 所示。

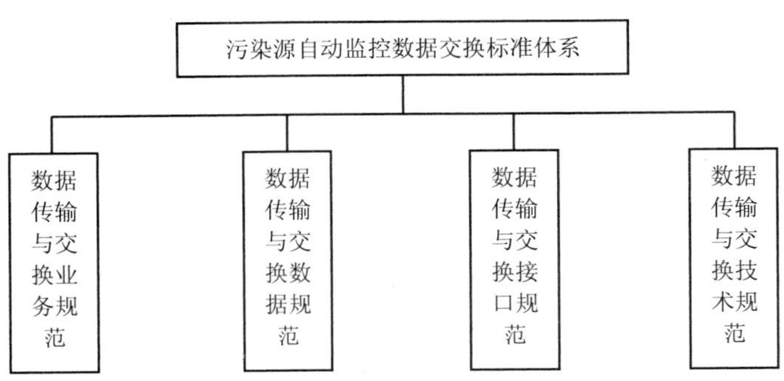

图 5-2 污染源自动监控数据交换标准体系

（1）数据传输与交换业务规范

规定平台在实施过程中应遵循的业务规范。对数据传输与交换平台业务进行描述与规范，如交换频度、交换方式、交换流程等。

（2）数据传输与交换数据规范

整合并制定平台所涉及业务系统的传输与交换的数据规范，内容包括数据组成、数据格式、数据流程等各方面的详细设计。

数据规范是对数据传输交换平台上传输数据的内容进行描述与规范，规定了数据的分类、内容和编码格式，从数据组成和语义等方面约束数据交换的内容。

（3）数据传输与交换技术规范

规定数据传输交换平台在实施过程中应遵循的技术规范，包括交换体系、XML 描述规范、适配器设计规范、交换模式规范、信息资源规范及数据安全保障技术规范等。

（4）数据传输与交换接口规范

为数据传输与交换平台提供接口的基本原则、指南和框架，以及基础性的信息化术语。

5.4.2 数据交换标准体系逻辑框架

污染源自动监控数据交换标准体系逻辑框架如图 5-3 所示，数据规范是实现交换的基本元素，处于下位，业务规范是定义数据规范和接口规范的依据，而技术规范支撑数据规范、接口的实现，相互作用相互支撑，构成了污染源自动监控数据交换标准体系逻辑框架。数据规范、技术规范、接口规范和业务规范间紧密联系，对污染源自动监控信息交换的各个环节起到重要指导作用。

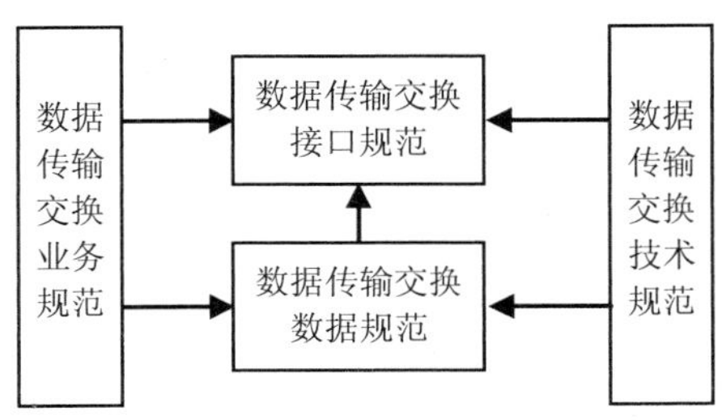

图 5-3 污染源自动监控数据交换标准体系逻辑框架

在进行污染源自动监控信息内容和代码的设计时，数据规范应符合业务规范确定的污染源自动监控信息交换的数据范围；技术规范在进行污染源自动监控信息交换技术的设计时，应符合业务规范所规定的污染源自动监控信息交换的业务流程，遵循数据规范所确立的数据元、代码和信息编码规定。

数据规范是对污染源自动监控数据内容的描述与规范，规定了数据的分类、内容和编码格式，从数据组成和语义等方面约束数据交换的内容；技术规范规定了污染源自动监控数据的交换技术，提出数据交换的技术要求及规程；业务规范针对污染源自动监控数据交换的各环节提出具体的管理要求。

各类规范中，数据规范中各标准间的关系较为复杂，如图5-4所示。

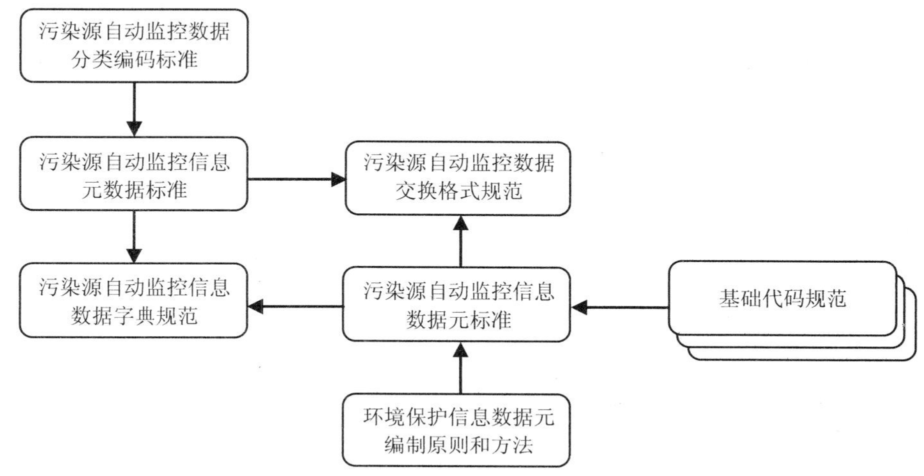

图5-4 数据规范中各标准间关系

污染源自动监控数据交换格式规范规定数据的具体的交换格式，其数据内容应遵循污染源自动监控信息数据元规范和污染源自动监控信息元数据规范。污染源自动监控信息数据元规范中数据的取值代码应遵循相应的代码规范。污染源自动监控信息元数据标准规范了数据集的说明信息，其涉及的数据集分类应遵循污染源自动监控数据分类编码规范。

污染源自动监控信息数据字典规范以数据集为粒度组织和分析污染源自动监控信息的所有数据元素，其中，各数据集的元数据信息遵循污染源自动监控信息元数据规范，数据元信息遵循污染源自动监控信息数据元规范。

污染源自动监控信息涉及多类代码，如行政区划编码遵循《中华人民共和国行政区划代码》（GB/T 2260—2002）、行业类别编码遵循《国民经济行业分类》（GB/T 4754—2002）、污染物代码遵循《水污染物名称代码》（HJ 525—2009）和《大气污染物名称代码》（HJ 524—2009）。有些代码使用环境保护部文件要求的代码。计量单位代码采用《国际贸易用计量单位代码》（GB/T 17295—1998），增编M00-万标立方米、H00-色度单位、T00-万吨代码。

5.4.3 数据规范

数据规范对传输数据的内容进行描述与规范，规定了数据的分类、内容和编码格式，从数据组成和语义等方面约束数据交换的内容。制定各业务系统数据传输交换的数据规范，可以保证将各业务系统数据转换成统一的标准数据格式，进而实现与其他业务应用系统的数据共享。

数据规范主要是规定业务数据元定义的编写规则以及数据元的命名和标识原则，给出业务基础数据元分类和目录。

数据规范适用于业务数据通过数据传输交换平台实现数据传输与共享的场景。数据规范的主要内容是各个业务数据的数据元。从数据的内容及编码等角度考虑，数据规范应包括下列七个方面的内容。

（1）污染源自动监控信息数据元规范

确定污染源自动监控信息的数据元，规定污染源自动监控数据元定义的编写规则以及数据元的命名和标识原则，明确污染源自动监控数据元的登记方法和登记流程，对数据元进行规范化定义和描述，形成污染源自动监控基础数据元目录，对需要进一步枚举取值的所有数据元素，给出取值及代码。

（2）污染源自动监控信息数据字典规范

规定污染源自动监控信息数据字典的编制原则和方法：规定污染源自动监控信息数据字典的组成框架，包括名称、短名、数据类型、约束、备注信息，并对每个组成元素进行详细说明；提供常用数据字典模板。

（3）污染源自动监控信息元数据规范

给出了描述污染源自动监控信息数据集的元数据集合，用以描述各数据集的标识、内容、分发、质量、限制和维护等信息；适用于污染源自动监控信息数据集的描述，以及数据库的建库、维护和更新改造。

（4）污染源自动监控数据分类编码规范

根据污染源自动监控数据的属性或特征，从应用主题、信息来源等多个分类面，按一定的规则对其进行区分和归类，给出污染源自动监控数据的分类组织方式，明确分类目录结构，以方便信息资源的组织、管理、查询和访问。该标准应当与《环境信息分类与代码》（HJ/T 417—2007）相一致。

（5）代码规范（系列）

针对各数据元标准中需要进一步枚举取值的所有数据元，给出其取值代码。包括污染源代码（编制中，相关研究见附录 2 污染源数据与组织机构代码数据比对报告）、《燃料分类代码》（HJ 517—2009）、《燃烧方式代码》（HJ 518—2009）、《废水类别代码（试行）》（HJ 520 —2009）、《废水排放规律代码（试行）》（HJ 521—2009）、《地表水环境功能区类别代码（试行）》（HJ 522—2009）、《废水排放去向代码》（HJ 523—2009）、《大气污染物名称代码》（HJ 524—2009）、《水污染物名称代码》（HJ 525—2009）等。代码取值可采用三类模式：一是已有国家、行业标准且完全满足需求的，直接采用；二是已有国家、行业标准但不能完全满足需求的，采纳并进行修订；三是没有国家、行业标准的，需要按照国家分类编码的相关规范，制定相应的代码标准。

（6）污染源自动监控数据交换格式规范

规定在不同层次、节点和子系统间，传输数据所遵循的内容及编码规范，采用 XML 进行设计。适用于通过网络以服务的形式进行数据交换和共享，也适用于离线的数据交换。

（7）环境保护信息数据元编制原则和方法

为了规范包括“污染源自动监控信息数据元”在内的环保其他业务数据元规范的编制工作，需要先制定“环境保护数据元编制原则和方法”，明确数据元的提取和定义方式，规定数据元的表达格式、数据元命名、数据元标识符、数据元值域等内容，同时给出代码表的值域范围，用以指导污染源自动监控数据元规范的编制工作。

5.4.4　接口规范

数据接口规范用来定义由数据传输交换平台适配器访问业务数据时的接口，适用于业务系统访问接口的设计。业务系统适配器可以分成文件适配器和数据库适配器两种，通过嵌入到业务系统的访问接口获取数据。

主要包括文件接口规范、数据库接口规范。

（1）文件接口规范

文件接口采用共享目录方式的工作原理。当交换任务开始时，为确保文件交换，业务系统将需要发送的文件上传至业务系统的交换文件目录，存入规定的待发送文件夹中。数据传输交换平台按照业务要求通过业务系统文件适配器定时定期将数据取走。反之，数据传输交换平台将业务系统所需的文件放入业务系统数据传输交换接口的接收文件夹中。文件接口规范的具体内容包括：

1）交换文件目录规范

文件夹命名：包括待发送文件夹、已发送文件夹和接收文件夹的命名规范。

文件存取：包括文件/文件夹的存取规则。

交换文件的命名。

2）应用系统标准化接口工作流程

发送文件的流程。

接收文件的流程。

（2）数据库接口规范

数据库接口规范定义的是由数据传输与交换平台通过适配器访问业务系统数据时的接口规范。

数据库接口规范的具体内容包括：

1）标准交换数据库

业务系统需要根据数据标准，准备标准的交换数据库，保证标准交换数据库中的数据表符合数据传输与交换标准。

2）中间表结构

在被访问的业务系统标准交换数据库中建立数据库接口的中间表，用于存放相关触发器和临时交换记录。中间表记录的是业务数据的新增和修改情况，以及数据的传输交换情况，是适配器提取需交换数据的索引和依据。

3）中间表存储过程

该存储过程把触发器监测到的数据变化信息保存到中间表中，除了记录对应的传入参数内容外，还记录创建时间、状态（待推送）。

4）触发器设计

针对中间表建立新增和修改两个触发器，监测数据表的新增操作和修改操作，调用中间表存储过程，记录数据变化信息。触发器传送给存储过程的信息包括：操作类型（ADD表示新增，UPD表示更新）、表名、主键字段名和对应记录的主键值。

（3）污染源自动监控信息交换平台接口规范

为了方便、统一使各省自动监控系统的数据快速、高效的上传，规范环保部与省之间的信息交互接口，确保系统的规范性和开放性，特提出信息交换平台接口规范。

本规范以《污染源在线自动监控（监测）系统数据传输标准》为依据，总结了环保部以往各系统建设经验，并充分采纳广大厂家的建议，经过反复讨论初步制订完成。本接口规范将与《污染源在线自动监控（监测）系统数据传输标准》一起对环保部自动监控系统的建设起到指导和约束的作用。

5.4.5 技术规范

技术规范以业务规范为基础，支撑数据交换、接口的实现。污染源自动监控信息是通过信息交换平台应具备国家、省、市、县环保部门纵向数据传输交换的能力，能够支撑环境保护部与省级环境保护厅（局）、地市级环保局、区县级环保局的各类应用系统进行数据传输和交换。

技术规范包括平台管理技术规范、节点管理技术规范、数据传输技术规范、数据适配技术规范。

（1）平台管理技术规范

平台管理技术规范通过对部级交换中心、省级交换中心、部级交换节点、省级交换节点、地市级交换节点的平台管理技术进行规定，实现平台管理技术的规范化。平台管理技术规范对数据传输交换平台的注册管理、部署管理、运行监控、交换统计分析、平台日志管理和安全管理技术进行规定。

（2）节点管理技术规范

节点管理技术规范通过对部级交换中心、省级交换中心、部级交换节点、省级交换节点、地市级交换节点的节点管理技术内容进行规定，实现节点管理技术的规范化。节点管理技术规范对数据传输交换平台的流程管理、任务管理、节点日志、用户权限管理和配置管理技术进行规定。

（3）数据传输技术规范

数据传输技术规范通过对部级交换中心、省级交换中心、部级交换节点、省级交换节点、地市级交换节点之间的数据传输技术进行规定，实现数据传输的规范化。

数据传输技术规范的内容包括数据传输基础设施规范、网络规范、队列管理技术规范和消息中间件技术规范等。其中，数据传输基础设施规范包括数据传输交换服务器、前置机等方面的技术规范；数据传输网络设施规范包括网络建设、网络设备、网络安全、网络管理等方面的技术规范；队列管理技术规范对本地队列、持久队列、远程队列、集群队列的技术内容进行规定；消息中间件技术规范对消息中间件消息的发送和接收以及消息格式转换技术进行规定。

（4）数据适配技术规范

数据适配技术规范通过对部级交换中心、省级交换中心、部级交换节点、省级交换节点、地市级交换节点的数据适配技术进行规定，实现适配器与应用系统的标准化对接，并把抽取的数据发送到数据传输交换平台实现数据传输和交换。

在技术规范方面，考虑到污染源自动监控信息是通过信息交换平台、基于环境保护业务专网进行传输的，应当包含表 5-4 所示标准。

表 5-4　数据适配技术规范

序号	规范名称	主要内容
1	污染源自动监控信息交换平台技术规范	根据污染源自动监控信息交换的需求，描述污染源自动监控信息交换平台的应用场景。明确污染源自动监控信息交换平台的总体框架，给出平台的功能体系、技术要求、接口规范等，并结合应用场景，说明各组件的功能和相互间的关系，用于指导各省开展平台建设
2	污染源自动监控信息交换平台对接技术规范	规定污染源自动监控信息交换两级平台对接的概念模型、结构框架、动态模型和数据访问接口定义内容。概念模型应阐明两级平台对接的功能和实现机制；结构框架应给出两级平台对接服务的组成和环境，并说明各部分之间的关系；动态模型应基于信息交换的应用场景，给出相应的交互过程；数据访问接口定义规定了两级平台对接应实现的技术接口及各接口的消息内容和格式，具体包括初始化、结束、服务自描述、数据类型描述、数据操作等
3	《环境污染源自动监控信息传输、交换技术规范》（HJ/T 352—2007）	该规范描述国家级、省级之间的交换流程、交换模型，适用于国家级和省级之间的污染源自动监控信息交换活动；省级范围内的污染源自动监控信息交换可参照执行。描述了环境污染源自动监控系统信息的内容和报文格式，适用于各级环保部门
4	《污染源在线自动监控（监测）系统数据传输标准》（HJ/T 212—2005）	本标准适用于污染源在线自动监控（监测）系统自动监控设备和监控中心之间的数据传输。标准规定了数据传输的过程及系统对参数命令、交互命令、数据命令和控制命令的数据格式和代码定义，该标准不限制系统扩展其他的信息内容，在扩展内容时不得与本标准中所使用或保留的控制命令相冲突

5.4.6　业务规范

为了提供基础数据传输服务，保证污染源自动监控信息通过信息交换平台传输交换。使信息交换平台能够成为环保系统内部数据传输、交换与汇交的主渠道，需要充分结合和考虑各个业务的实际情况，设定数据传输交换平台的业务规范。

环境数据传输交换业务规范的编制目的是规定各个环境数据传输交换的业务标准，保证业务数据传输交换规范性。在业务方面，污染源自动监控信息交换涉及市、省、部三级单位，交换方式有上传、订阅、查询等，由于数据敏感程度较高，因此必须进行有效的管理。

环境数据传输交换业务规范适用于业务数据传输交换工作，指导各个业务数据交换时的交换频度、方式和流程等。

环境数据传输交换业务规范包含四部分内容：

（1）业务数据类型：对业务数据类型进行规定，包括数据表、报告（文本）等。

（2）业务数据交换频度。

（3）业务数据交换方式：包括推送方式和主动调用方式等。

（4）业务数据交换流程，针对污染源自动监控信息交换的业务需求，明确污染源自动监控信息交换的业务流程。包括：地市级系统向省级系统上报数据流程，省级系统向部级系统上报数据流程等。

5.5 污染源自动监控信息交换规范明细表

污染源自动监控信息交换需要的标准规范见表 5-5，附录 2、附录 3、附录 4、附录 5、附录 6 列出了部分规范节选内容，未标注标准编号的需要逐步研究编制。

表 5-5 污染源自动监控信息交换相关标准规范

类型	标准、规范名称
数据传输交换数据标准	污染源自动监控信息数据元规范（见附录 3）
	污染源自动监控信息数据字典规范（见附录 4）
	污染源自动监控信息元数据规范（见附录 5）
	污染源自动监控数据分类编码规范
	污染源自动监控数据交换格式规范
	环境保护信息数据元编制原则和方法（见附录 6）
	代码规范（系列）
	《污染源编码规则（试行）》（HJ 608—2011）
	污染源代码（动态维护）
	《燃料分类代码》（HJ 517—2009）
	《燃烧方式代码》（HJ 518—2009）
	《废水类别代码（试行）》（HJ 520—2009）
	《废水排放规律代码（试行）》（HJ 521—2009）
	《地表水环境功能区类别代码（试行）》（HJ 522—2009）
	《废水排放去向代码》（HJ 523—2009）
	《大气污染物名称代码》（HJ 524—2009）
	《水污染物名称代码》（HJ 525—2009）
	行政区划代码《中华人民共和国行政区划代码》（GB/T 2260—2007）
	行业类别代码《国民经济行业分类》（GB/T 4754—2002）
	单位类别代码
	企业规模代码
	《隶属关系代码》（GB/T 12404—1997）
	注册类型代码
	《环境污染类别代码》（GB/T 16705—1996）
	气功能区类别代码《环境空气质量功能区划分原则与技术方法》（HJ/T 14—1996）
	计量单位代码
	污染源监测数据状态代码
	执行标准类别代码
	污水处理设施类型代码
	污水处理级别代码
	运营类别代码
	采样方式代码
	二氧化硫分析原理代码

类型	标准、规范名称
数据传输交换数据标准	COD 自动监测设备原理代码
	氨氮自动监测设备原理代码
	受纳水体代码（见《全国环境系统河流代码》（征求意见稿））
	产品名称代码（见《统计上使用的产品分类目录》）
	两控区类别代码
数据传输交换接口标准	交换文件目录规范
	应用系统标准化接口工作流程
	《环境污染源自动监控信息传输、交换技术规范》（HJ/T 352—2007）
	污染源自动监控信息交换平台接口规范（见附录 7）
数据传输交换技术规范	传输与交换平台管理技术规范
	传输与交换节点管理技术规范
	传输与交换数据传输技术规范
	传输与交换数据适配技术规范
	传输与交换平台技术白皮书
	《污染源在线自动监控（监测）系统数据传输标准》（HJ/T 212—2005）
数据传输交换业务规范	污染源自动监控数据传输交换业务规范

5.6 小结

污染源自动监控信息传输与交换标准框架主要由传输交换的业务规范、数据规范、接口规范和交换技术规范 4 部分构成。结合环境管理具体业务需求，分析了标准框架每一部分标准规范编制的目的和内容，并提出了需要编制标准规范的清单。设计了基于数据库和文件两种接入方式的数据传输与交换框架，明确了传输交换平台与应用系统的关联关系和技术界面，使平台设计具备足够的开放性。

在已经发布的污染源自动监控相关标准的基础上，尤其是以《环境污染源自动监控信息传输、交换技术规范》（HJ/T 352—2007）为基础，逐步构建污染源自动监控数据交换标准体系，着力对基础代码、格式、内容、技术以及管理进行规范，对于涉及交换过程的技术、方式、方法等做出规范性的要求，通过体系的完善，借助国家环境信息与统计能力建设项目搭建的统一数据交换平台，解决系统在交换中出现的瓶颈问题，实现数据的顺利交换，为国控污染源自动监控信息交换提供技术保障，促进系统的不断完善。

在建设顺序方面，业务规范因其基础性作用，应当是最先建设的；数据规范是技术规范的基础，也是业务中急需的规范，需要优先建设；技术规范的建设，可按照信息交换技术系统的建设需要逐步开展，并根据信息交换技术的发展持续改进。

附录 5-1 现有国家标准

表 1 数据元标准

序号	编 号	项 目 名 称	对应国际标准
1	GB/T 18391.1—2002	信息技术 数据元的规范和标准化 第 1 部分：数据元规范和标准化框架	ISO/IEC 11179-1：1999
2	GB/T 18391.2—2003	信息技术 数据元的规范和标准化 第 2 部分：数据元分类	ISO/IEC 11179-2：2000
3	GB/T 18391.3—2001	信息技术 数据元的规范和标准化 第 3 部分：数据元的基本属性	ISO/IEC 11179-3：1994
4	GB/T 18391.4—2001	信息技术 数据元的规范和标准化 第 4 部分：数据定义格式的规则和指南	ISO/IEC 11179-4：1995
5	GB/T 18391.5—2001	信息技术 数据元的规范和标准化 第 5 部分：数据元命名和标识规则	ISO/IEC 11179-5：1995
6	GB/T 18391.6—2001	信息技术 数据元的规范和标准化 第 6 部分：数据元的注册	ISO/IEC 11179-6：1997
7	GB/T 15191—1997	贸易数据元目录 标准数据元	idt ISO 7372
8	GB/T 15635—1995	用于行政、商业和运输业电子数据交换的复合数据元目录	Eqv UN/EDIFACT（S93A）
9	GB/T 15635.1—2001	用于行政、商业和运输业电子数据交换的复合数据元目录 第 1 部分：批式电子数据交换复合数据元目录	eqv UN/EDIFACT（D97B）
10	GB/T 15635.2—2001	用于行政、商业和运输业电子数据交换的复合数据元目录 第 2 部分：交互式电子数据交换复合数据元目录	UN/EDIFACT（D97B）

表 2 代码标准

序号	编 号	项 目 名 称	对应国际标准
1	GB/T 20001.3—2001	标准编写导则 第 3 部分：信息分类编码	
2	GB 7027—1986	标准化工作导则 信息分类编码的基本原则和方法	
3	GB/T 17710—1999	数据处理 校验码系统	ISO 7064—1983
4	GB/T 14946—2000	全国干部、人事管理信息系统指标体系分类与代码	
5	GB 11643—1999	公民身份号码	
6	GB/T 2261—1980	人的性别代码	
7	GB/T 14658—1984	文化程度代码	
8	GB 4767—1984	健康状况代码	
9	GB 4766—1984	婚姻状况代码	
10	GB/T 6565—1999	职业分类与代码	

序号	编　号	项　目　名　称	对应国际标准
11	GB/T 8561—2001	专业技术职务代码	
12	GB 4762—1984	政治面貌代码	
13	GB 4763—1984	党、派代码	
14	GB 12403—1990	干部职务名称代码	
15	GB 12407—1990	干部职务级别代码	
16	GB 6865—1986	语种熟练程度代码	
17	GB 6864—1986	中华人民共和国学位代码	
18	GB 12408—1990	社会兼职代码	
19	GB/T 8563—1988	奖励代码	
20	GB 8560—1988	荣誉称号和荣誉奖章代码	
21	GB 8562—1988	纪律处分代码	
22	GB 4761—1984	家庭关系代码	
23	GB 10301—1988	出国目的代码	
24	GB/T 16502—1996	劳动合同制用人形式分类与代码	
25	GB 12405—1990	单位增员减员种类代码	
26	GB 12462—1990	世界海洋名称代码	
27	GB/T 15628.1—1995	中国动物分类代码 脊椎动物	
28	GB/T 14467—1993	中国植物分类与代码	
29	GB/T 15161—1994	林业资源分类与代码　林木病害	
30	GB/T 14721.1—1993	林业资源分类与代码　森林类型	
31	GB/T 15775—1995	林业资源分类与代码　林木害虫	
32	GB/T 15778—1995	林业资源分类与代码　自然保护区	
33	GB/T 16705—1996	环境污染类别与代码	
34	GB/T 17296—1998	中国土壤分类与代码　土纲　亚纲　土类和亚类分类与代码	
35	GB11714—1997	全国组织机构代码编制规则	
36	GB/T 4657—1995	中央党政机关、人民团体及其他机构名称代码	
37	GB 13497—1992	全国清算中心代码	
38	GB 13496—1992	银行行别和保险公司标识代码	
39	GB/T 12404—1997	单位隶属关系代码	
40	GBT 7635.1—2002	全国主要产品分类与代码 第 1 部分：可运输产品	
41	GB/T 7635.2—2002	全国主要产品分类与代码 第 2 部分：不可运输产品	
42	GB/T ×××××	中华人民共和国进出口商品分类与代码	
43	GB/T 14885—1994	固定资产分类与代码	
44	GB 6944—1986	危险货物分类和品名编号	
45	GB/T 2260—1999	中华人民共和国行政区划代码	
46	GB 10114—1988	县以下行政区划代码编制规则	
47	GB/T 2659—2000	世界各国和地区名称代码	

序号	编　号	项　目　名　称	对应国际标准
48	GB/T 15514—1998	中华人民共和国口岸及有关地点代码	
49	GB/T 7407—1997	中国及世界主要海运贸易港口代码	
50	GB 10302—1988	中华人民共和国铁路车站站名代码	
51	GB 917.1—1989	公路线路命名编号和编码规则	
52	GB/T 917.2—1989	国家干线公路路线名称和编码规则编号	
53	GB 11708—1989	公路桥梁命名和编码规则编号	
54	GB/T 15281—1994	中国油、气田名称代码	
55	GB/T 16792—1997	中国含油气盆地及次级构造单元名称代码	
56	GB/T 17297—1998	中国气候区划名称与代码　气候带和气候大区	
57	GB/T 17734—1999	水路信息分类与代码	
58	GB/T 17735—1999	公路信息分类与代码	
59	GB/T 7408—1994	数据元和交换格式 信息交换　日期和时间的表示法	egv ISO 8601：1988
60	GB 9648—1988	国际单位制代码	neq ISO 2955-83
61	GB/T 12406—1996	表示货币和资金的代码	idt ISO 4217：1990
62	GB/T 17295—1998	国际贸易用计量单位代码	idt UN/ECE Rec.20
63	GB 4880—1991	语种名称代码	eqv ISO 639-88
64	GB 4881—1985	中国语种代码	
65	GB 3304—1982	中国各民族名称的罗马字母拼写法和代码	
66	GB/T 7056—1987	文献保密等级代码	
67	GB 3469—1983	文献类型与文献载体代码	
68	GB/T 13959—1992	文件格式分类与代码编制方法	
69	GB/T 15418—1994	档案分类标引规则	
70	GB/T 13745—1992	学科分类与代码	
71	GB/T 15416—1994	中国科学技术报告编号	
72	GB/T 16835—1997	高等学校本科、专科专业名称代码	
73	GB 10022—1988	信息技术 图片编码方法 第 1 部分：标识	
74	GB 12402—1990	经济类型代码	
75	GB/T 4754—1994	国民经济行业分类与代码	
76	GB/T 18298—2001	税务信息分类与代码集	
77	GB/T 14396—1993	疾病分类与代码	
78	GB/T 15657—1995	中医病症分类与代码	
79	GB/T 16711—1996	银行业　银行电信报文　银行识别代码	idt ISO 9362：1994
80	GB/T 15421—1994	国际贸易方式代码	
81	GB/T 16963—1997	国际贸易合同代码规范	
82	GB/T 16962—1997	国际贸易付款方式代码	
83	GB/T 6512—1998	运输方式代码	
84	GB/T 17152—1997	运费代码（FCC）—运费和其他费用的统一描述	eqv UN/ECE No.23—1990

序号	编　号	项　目　名　称	对应国际标准
85	GB/T 15420—1994	国际航运　货物装卸费用和船舶租赁方式条款代码	
86	GB/T 15424—1994	电子数据交换用支付方式代码	
87	GB/T 16472—1996	货物类型、包装类型和包装材料类型代码	
88	GB/T 15119—1994	集装箱常用残损代码	eqv ISO 9897-1-90
89	GB/T 14945—1994	货物运输常用残损代码	
90	GB/T 16833—1997	用于行政、商业和运输业电子数据交换的代码表	eqv UN/EDIFACT（D94B）
91	GB 7635—89	全国工农业产品（商品、物资）分类与代码	

表 3　文件格式标准

序号	编　号	项　目　名　称	对应国际标准
1	GB/T 9704—2012	国家行政机关公文格式	
2	GB 826—1989	发文稿纸格式	
3	GB 9705—1988	文书档案案卷格式	
4	GB/T 17298—1998	单证标准编制规则	
5	GB/T 14392—1993	贸易单证样式	eqv ISO 6422：UN/ECE R.1
6	GB/T 17305—1998	一般商品和机电产品进口管理证明格式	
7	GB/T 15310.1—1994	外贸出口单证格式　商业发票	
8	GB/T 15310.2—1994	外贸出口单证格式　装箱单	
9	GB/T 15310.3—1994	外贸出口单证格式　装运声明	
10	GB/T 15310.4—1994	外贸出口单证格式　中华人民共和国出口货物原产地证明书	
11	GB/T 15311.1—1994	中华人民共和国进口许可证格式	
12	GB/T 15311.2—1994	中华人民共和国出口许可证格式	
13	电子政务标准	基于 XML 的电子公文格式	

表 4　业务流程标准

序号	编　号	项　目　名　称	对应国际标准
1	GB/T 19487—2004	电子政务业务流程设计方法通用规范	参考 IDEF、UML 等

附录 5-2 污染源数据与组织机构代码数据比对报告（节选）

……

二、研究任务与方法

（一）主要任务

受环保部信息中心的委托，全国组织机构代码管理中心利用“全国组织机构代码数据库”对环保部提供的宁夏、青海、江苏、辽宁四个试点省100多万条污染源企业数据进行主体查询比对工作。

（二）研究方法

本次比对的是宁夏、青海、江苏、辽宁试点省100多万条污染源企业数据，采取的比对方式为“机器比对+人工核查”相结合的方式。具体方法：

1．分析源数据情况

接收到数据以后，为便于确定数据核查比对关联词，首先对源数据信息进行了系统分析，源数据信息项包括“污染源代码”、“污染源名称”及一些环保专业数据信息项。

通过对源数据信息项与代码数据信息项对比研究，确定在数据核查比对中首先以污染源数据项中“污染源代码”和代码数据项中的“组织机构代码”数据项作为首选对比索引关键字。

选择的原因：

一是根据《污染源编码规则》（HJ 608—2011）规定“污染源代码”由“组织机构代码”+“顺序码（内部编码）”组成，通过进行程序处理，对“污染源代码”中的内部编码剥离，就可以转化成“组织机构代码”。

二是根据以往完成的数据核查比对经验，说明在源数据项提供“组织机构代码”的条件下，比对核准率较高。

三是由于污染源数据项中只有部分数据具有“污染源代码”数据项，而其他数据项中能与代码数据项进行关联的只有“污染源名称”数据项。因此确定在没有提供“污染源代码”的情况下以“污染源名称”数据项和“组织机构名称”数据项作为次要索引关联字段项。

2．根据源数据情况，开展数据查询比对

首先，以污染源企业数据中的污染源代码及污染源名称作为为关键字段，通过程序与代码数据库中数据的组织机构代码及组织机构名称字段进行比对，查到污染源代码与组织机构代码完全一致或污染源名称与组织机构名称完全一致（机构名称项为人名的除外）即判定为查到数据。

其次，在未查到数据中，通过人工核查的方式，对数据未查到的原因进行了分析与预判。另外，对已查找到的数据，也进行了人工核查，确保数据比对的正确性与严谨性。

最后，在数据比对核查结束后，召开了数据比对研讨会，就试点地区数据的特点与问题进行了总结与分析，并根据数据比对的结果，形成了数据比对报告。

（三）污染源数据比对工作流程

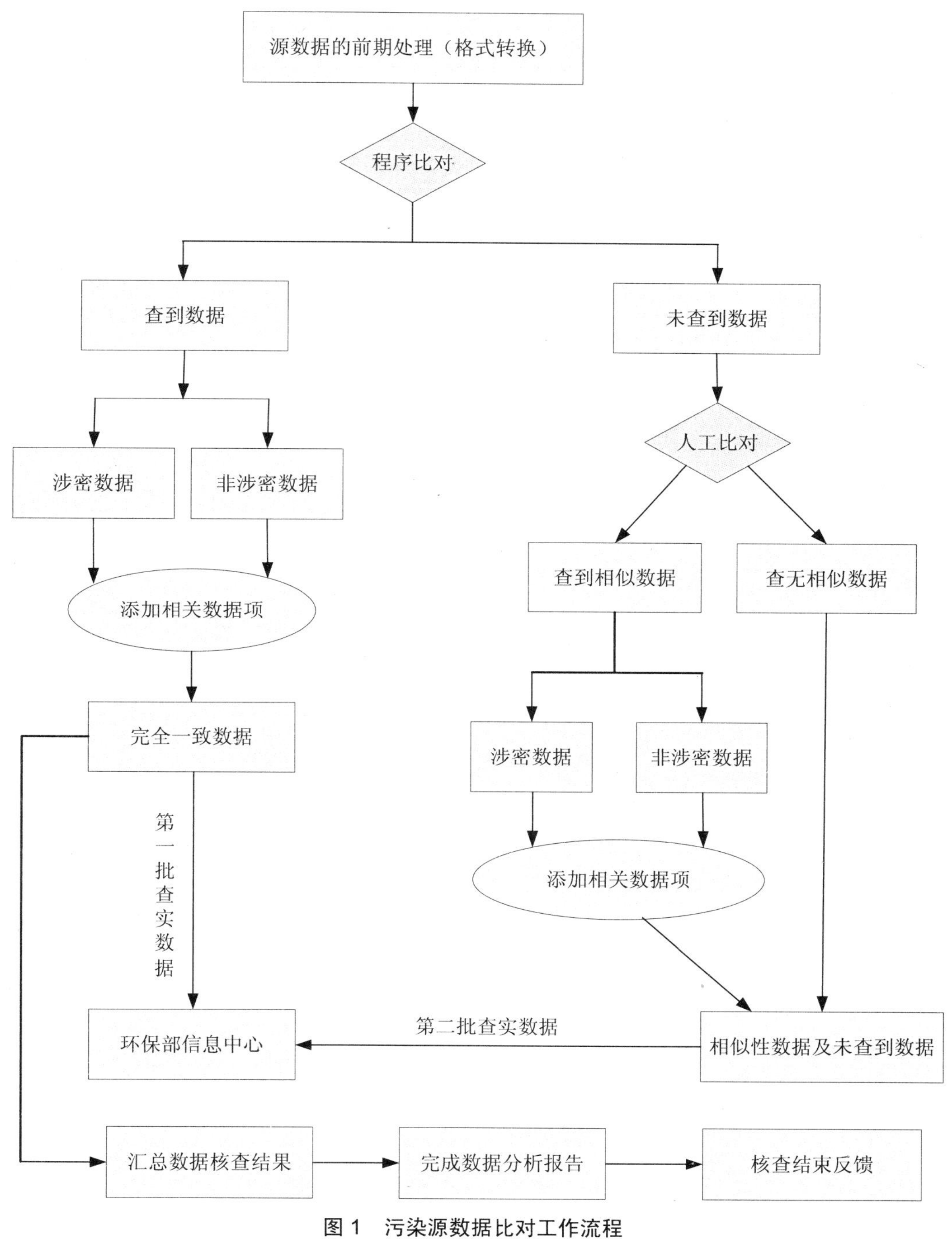

图 1　污染源数据比对工作流程

……

四、污染源数据比对结果

为了便于了解四个试点省污染源数据比对结果，以宁夏、青海、辽宁、江苏试点四省为例，采用图表方式详细展示污染源数据的各项比对结果情况。

（一）试点四省市污染源企业数据比对结果汇总表

表 1　四个试点省污染源企业数据比对结果汇总表

省份名称	数据总量	未查到	查到数据			查到率
			查到	有效库	废置库	
宁夏	42 081	37 729	4 352	3 313	1 039	10.34%
青海	18 732	16 234	2 498	2 215	283	13.34%
辽宁	364 697	314 729	49 968			13.70%
江苏	595 543	434 684	160 859			27.01%
总计	1 021 053	803 376	217 677			21%

（二）四个试点省污染源企业总体情况分布

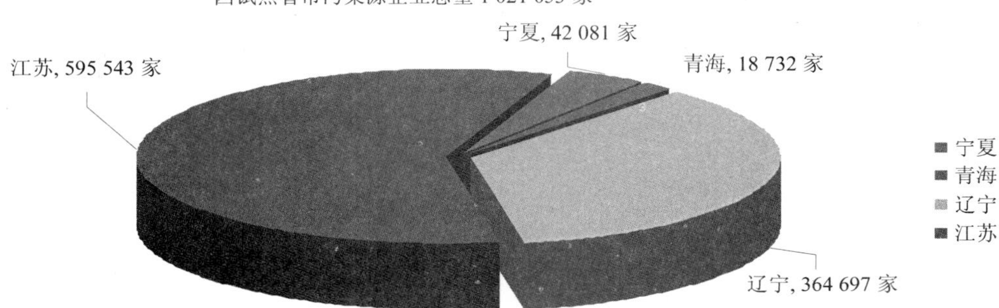

图 2　试点四省污染源企业总体分布图

（三）试点四省污染源企业查询到的情况分布

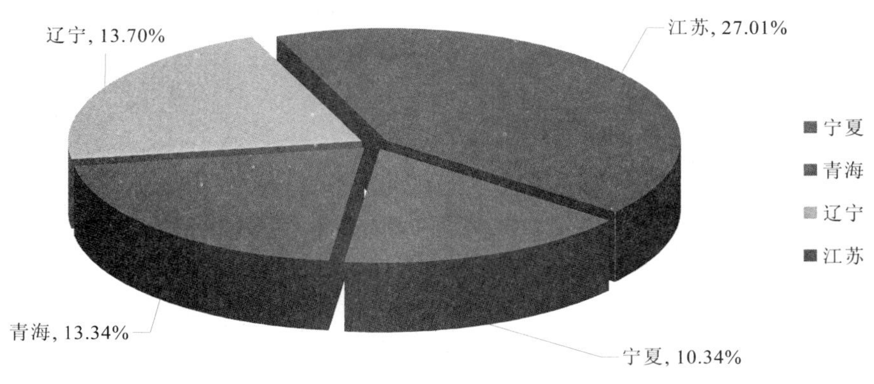

图 3　试点四省污染源企业查到情况分布图

（四）试点四省污染源企业未查到的情况分布

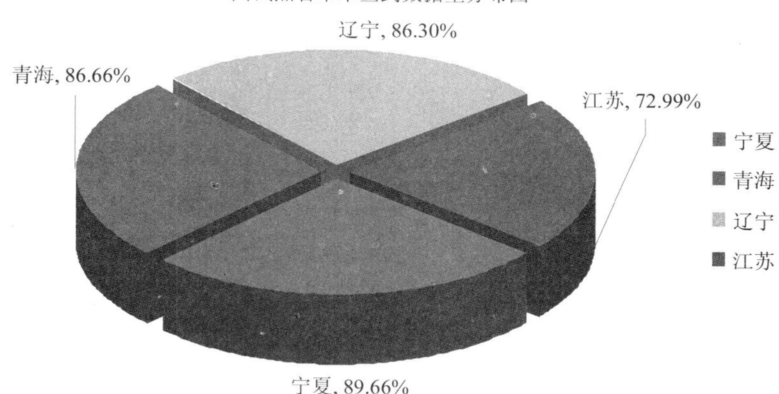

图 4　试点四省污染源企业未查到的情况分布图

（五）宁夏查到的污染源企业的有效与废置情况分布

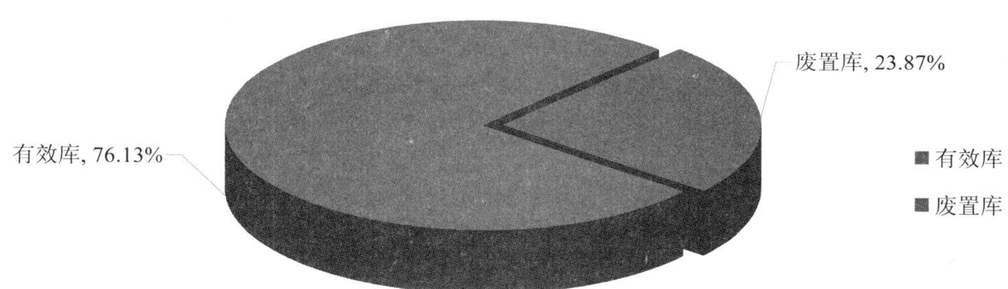

图 5　宁夏省查到的污染源企业的有效与废置情况分布图

（六）青海省查到的污染源企业有效与废置情况分布

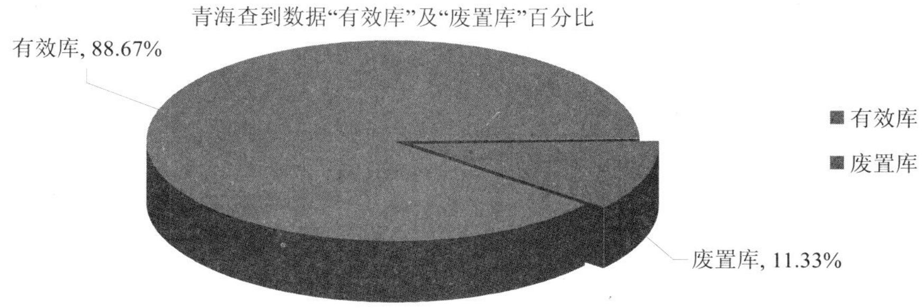

图 6　青海省查到的污染源企业有效与废置情况分布图

（七）试点四省总体核准比率

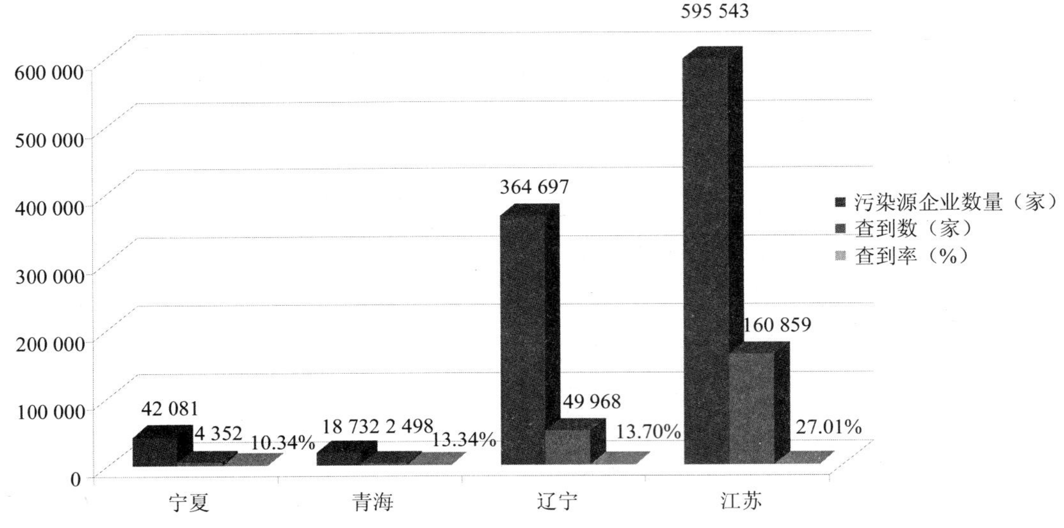

图 7　试点四省核准比率图

根据上面的具体数据比对结果，不难看出，试点四省污染源企业数量差异较大，总体比对核准率不高。其中最高为江苏，核准率为 27.01%，最低为宁夏，核准率为 10.34%。试点四省污染源企业数据总体核准率为 21%。

五、污染源数据比对结果分析

通过对宁夏、青海、辽宁、江苏四省污染源数据分析发现，造成污染源数据未查到的原因可以归纳为以下几种情况：

（1）所提供的污染源企业数据项中绝大部分没有提供污染源代码（可以转化成机构代码）或提供的污染源代码因格式转换出现乱码

从以往和其他应用部门进行数据比对工作中，发现与应用部门数据大批量对比中最重要的关键字段是“机构代码项”和“机构名称项”。如果源数据项中不包括机构代码项，则比对关键字选择上就只能以“机构名称项”作为唯一基准。也就是说凡是应用部门提供的源数据中包含有组织机构代码项的数据，比对核准率相对较高。例如：代码中心曾经和国家知识产权局进行的数据比对工作，由于国家知识产权局方面的源数据信息包括组织机构代码项，其数据比对核准率接近 100%。以宁夏数据为例，如表 2 所示。

表 2　源数据代码信息表

年度	污染源代码	行政区划代码	行政区划名称	污染源名称	省份	污染源类型
2007	64010420635a	640104	银川市兴庆区	金中苑餐厅	宁夏回族自治区	生活污染源
2007	64010420636a	640104	银川市兴庆区	诚诚汉餐厅	宁夏回族自治区	生活污染源
2007	64010420637a	640104	银川市兴庆区	林峰园涮羊肉	宁夏回族自治区	生活污染源
2007	64010420638a	640104	银川市兴庆区	林峰特色园	宁夏回族自治区	生活污染源
2007	64010420639a	640104	银川市兴庆区	银川市靓车坊汽车装饰中心	宁夏回族自治区	生活污染源

年度	污染源代码	行政区划代码	行政区划名称	污染源名称	省份	污染源类型
2007	64010420640a	640104	银川市兴庆区	众艺理容	宁夏回族自治区	生活污染源
2007	64010420641a	640104	银川市兴庆区	镜中缘	宁夏回族自治区	生活污染源
2007	64010420642a	640104	银川市兴庆区	吴代余洗浴	宁夏回族自治区	生活污染源
2007	64010420643a	640104	银川市兴庆区	梦玲理发店	宁夏回族自治区	生活污染源
2007	64010420644a	640104	银川市兴庆区	起点美容美发	宁夏回族自治区	生活污染源
2007	64010420645a	640104	银川市兴庆区	阿海美容美发	宁夏回族自治区	生活污染源
2007	64010420646a	640104	银川市兴庆区	理容经典	宁夏回族自治区	生活污染源
2007	64010420647a	640104	银川市兴庆区	东和宾馆	宁夏回族自治区	生活污染源
2007	64010420648a	640104	银川市兴庆区	飞翔酒店	宁夏回族自治区	生活污染源
2007	64010420649a	640104	银川市兴庆区	林老大乳鸽香	宁夏回族自治区	生活污染源
2007	64010420650a	640104	银川市兴庆区	小吕面馆	宁夏回族自治区	生活污染源
2007	64010420651a	640104	银川市兴庆区	砂锅宴	宁夏回族自治区	生活污染源
2007	64010420652a	640104	银川市兴庆区	红都火锅	宁夏回族自治区	生活污染源
2007	64010420653a	640104	银川市兴庆区	兴隆商务宾馆	宁夏回族自治区	生活污染源
2007	64010420654a	640104	银川市兴庆区	大丰收鱼庄	宁夏回族自治区	生活污染源
2007	64010420655a	640104	银川市兴庆区	胖子面馆	宁夏回族自治区	生活污染源
2007	64010420656a	640104	银川市兴庆区	胖眼睛烧烤	宁夏回族自治区	生活污染源
2007	64010420657a	640104	银川市兴庆区	田园家常菜馆	宁夏回族自治区	生活污染源
2007	64010420658a	640104	银川市兴庆区	大辛小汉餐	宁夏回族自治区	生活污染源
2007	64010420659a	640104	银川市兴庆区	杨子烧烤	宁夏回族自治区	生活污染源
2007	64010420660a	640104	银川市兴庆区	宝林轩海鲜楼	宁夏回族自治区	生活污染源
2007	64010420661a	640104	银川市兴庆区	马平羊羔肉	宁夏回族自治区	生活污染源
2007	64010420662a	640104	银川市兴庆区	小吕家常菜馆	宁夏回族自治区	生活污染源
2007	64010420663a	640104	银川市兴庆区	玉莲小火锅	宁夏回族自治区	生活污染源
2007	64010420664a	640104	银川市兴庆区	莹莹特色火锅	宁夏回族自治区	生活污染源
2007	64010400801a	640104	银川市兴庆区	白师傅牛肉拉面	宁夏回族自治区	生活污染源
2007	64010400802a	640104	银川市兴庆区	小付烧烤店	宁夏回族自治区	生活污染源
2007	64010400803a	640104	银川市兴庆区	艺花源饭店	宁夏回族自治区	生活污染源
2007	64010400804a	640104	银川市兴庆区	正阳火锅	宁夏回族自治区	生活污染源
2007	64010400805a	640104	银川市兴庆区	吴忠马记餐厅	宁夏回族自治区	生活污染源
2007	64010400806a	640104	银川市兴庆区	新兰州香八里牛肉	宁夏回族自治区	生活污染源
2007	64010400807a	640104	银川市兴庆区	吴忠清真餐厅	宁夏回族自治区	生活污染源
2007	64010400808a	640104	银川市兴庆区	新疆老回民	宁夏回族自治区	生活污染源

（2）源数据中的污染源主体为自然人

污染源名称对应的主体可以分为两大类，一类为产生污染的机构，另一类为自然人。而组织机构代码数据针对的主体只有在大陆境内依法由相关部门批准成立的组织机构，以自然人（个人姓名）为机构名称的组织机构数据极少且会出现重名现象，造成仅靠机构名称无法判定的情况发生。

以试点四省中宁夏比对后未查到数据中提取 10 000 条为例，其中，机构名称为个人姓名数据占到 56%，进一步证实了此次污染源数据中自然人名称作为主体名称的比例相当高，这也成为总体核准率不高的主要原因。以宁夏数据为例，如表 3 所示。

表 3　源数据机构名称为自然人信息表

年度	污染源代码	行政区划代码	行政区划名称	污染源名称	省份	污染源类型
2007	6401220081	640122	银川市贺兰县	马洪云	宁夏回族自治区	农业污染源
2007	6401220081	640122	银川市贺兰县	杨涛	宁夏回族自治区	农业污染源
2007	6401220081	640122	银川市贺兰县	马鹏	宁夏回族自治区	农业污染源
2007	6401220081	640122	银川市贺兰县	丁孝	宁夏回族自治区	农业污染源
2007	6401220081	640122	银川市贺兰县	马荣	宁夏回族自治区	农业污染源
2007	6401220081	640122	银川市贺兰县	侯建宁	宁夏回族自治区	农业污染源
2007	6401220082	640122	银川市贺兰县	赵亭茹	宁夏回族自治区	农业污染源
2007	6401220082	640122	银川市贺兰县	赵夺	宁夏回族自治区	农业污染源
2007	6401220082	640122	银川市贺兰县	王化兵	宁夏回族自治区	农业污染源
2007	6401220082	640122	银川市贺兰县	马永	宁夏回族自治区	农业污染源
2007	6401220082	640122	银川市贺兰县	马海军	宁夏回族自治区	农业污染源
2007	6401220082	640122	银川市贺兰县	马海龙	宁夏回族自治区	农业污染源
2007	6401220082	640122	银川市贺兰县	王瑞宝	宁夏回族自治区	农业污染源
2007	6401220082	640122	银川市贺兰县	赵明	宁夏回族自治区	农业污染源
2007	6401220082	640122	银川市贺兰县	徐万山	宁夏回族自治区	农业污染源
2007	6401220083	640122	银川市贺兰县	王学平	宁夏回族自治区	农业污染源
2007	6401220083	640122	银川市贺兰县	孙成丁	宁夏回族自治区	农业污染源
2007	6401220083	640122	银川市贺兰县	张占山	宁夏回族自治区	农业污染源
2007	6401220083	640122	银川市贺兰县	王金贵	宁夏回族自治区	农业污染源
2007	6401220083	640122	银川市贺兰县	张永峰	宁夏回族自治区	农业污染源
2007	6401220083	640122	银川市贺兰县	魏宽	宁夏回族自治区	农业污染源
2007	6401220083	640122	银川市贺兰县	王明	宁夏回族自治区	农业污染源
2007	6401220083	640122	银川市贺兰县	梁宗宝	宁夏回族自治区	农业污染源
2007	6401220083	640122	银川市贺兰县	梁宗山	宁夏回族自治区	农业污染源
2007	6401220083	640122	银川市贺兰县	刘贵	宁夏回族自治区	农业污染源
2007	6401040102	640104	银川市兴庆区	金文成	宁夏回族自治区	农业污染源
2007	6401040102	640104	银川市兴庆区	王自安	宁夏回族自治区	农业污染源
2007	6401040102	640104	银川市兴庆区	那学仁	宁夏回族自治区	农业污染源
2007	6401040103	640104	银川市兴庆区	李志胜	宁夏回族自治区	农业污染源
2007	6401040103	640104	银川市兴庆区	王世林	宁夏回族自治区	农业污染源
2007	6401040103	640104	银川市兴庆区	纳学成	宁夏回族自治区	农业污染源
2007	6401040103	640104	银川市兴庆区	李治强	宁夏回族自治区	农业污染源
2007	6401040103	640104	银川市兴庆区	纳生云	宁夏回族自治区	农业污染源
2007	6401040103	640104	银川市兴庆区	马金柱	宁夏回族自治区	农业污染源
2007	6401040103	640104	银川市兴庆区	纳玉成	宁夏回族自治区	农业污染源
2007	6401040103	640104	银川市兴庆区	韩自愿	宁夏回族自治区	农业污染源

（3）源数据机构名称不完整或不规范

组织机构代码数据库中的机构名称均为该机构批准成立部门登记注册的全称，污染源数据中存在机构简称或机构名称不规范、不完整造成了未查到情况的出现。以宁夏数据为例，如表 4 所示。

表 4　不规范源数据机构名称

年度	污染源代码	行政区划代码	行政区划名称	污染源名称	省份	污染源类型
2007	2276820340	640122	银川市贺兰县	暖泉农场	宁夏回族自治区	生活污染源
2007	2276820770	640104	银川市兴庆区	宁夏外文书店	宁夏回族自治区	生活污染源
2007	2276824210	640105	银川市西夏区	南梁物业公司	宁夏回族自治区	生活污染源
2007	6401040135	640104	银川市兴庆区	马保伏奶牛养殖场	宁夏回族自治区	农业污染源
2007	6401050026	640105	银川市西夏区	宁夏银川市建工集团	宁夏回族自治区	生活污染源
2007	6401050027	640105	银川市西夏区	农四队八号地第 22 条		农业污染源
2007	6401050027	640105	银川市西夏区	农九队 0 号地第 1 条		农业污染源
2007	6401050027	640105	银川市西夏区	农九队 1 号地第 4 条		农业污染源
2007	6401050027	640105	银川市西夏区	农六队西 2 号第 5 条		农业污染源
2007	6401050027	640105	银川市西夏区	农七队 2 号地第 3 条		农业污染源
2007	6401050027	640105	银川市西夏区	农四队 8 号地第 31 条		农业污染源
2007	6401050027	640105	银川市西夏区	农八队 4 号地第 12 条		农业污染源
2007	6401050027	640105	银川市西夏区	农八队三号地第 1 条		农业污染源
2007	6401050027	640105	银川市西夏区	农四队 8 号地第 17 条		农业污染源
2007	6401050028	640105	银川市西夏区	农九队一号地第 7 条		农业污染源
2007	6401050028	640105	银川市西夏区	农四队七号地第 27 条		农业污染源
2007	6401050028	640105	银川市西夏区	农四队七号地第 6 条		农业污染源
2007	6401050028	640105	银川市西夏区	农八队四号地第 11 条		农业污染源
2007	6401050028	640105	银川市西夏区	农九队一号地第 9 条		农业污染源
2007	6401050028	640105	银川市西夏区	农六场西三号地第 25 条		农业污染源
2007	6401050028	640105	银川市西夏区	农六队西二号地第 2 条		农业污染源
2007	6401050028	640105	银川市西夏区	农七队西三号 5 条		农业污染源
2007	6401050028	640105	银川市西夏区	农五队五号第 20 条		农业污染源
2007	6401050028	640105	银川市西夏区	农五队 4 号地第 10 条		农业污染源
2007	6401040008	640104	银川市兴庆区	小田园	宁夏回族自治区	生活污染源
2007	6401042086	640104	银川市兴庆区	重庆 1、2、3 火锅	宁夏回族自治区	生活污染源
2007	6401050000	640105	银川市西夏区	宁夏回族自治区银川市西夏区		生活污染源

（4）个体工商户名称及非机构名称现象

个体工商户和一般企业相比，具有规模小、变化性强、数量多的特点。目前代码中心的赋码范围并没有完全包含全部个体工商户企业，只对符合一定规模以上的个体工商户企业进行了赋码。此外，由于个体工商户基本信息变化性强，生命周期相对较短，因此不易进行统计及比对。以宁夏数据为例，如表 5 所示。

表5 源数据机构名称非机构名称表

年度	污染源代码	行政区划代码	行政区划名称	污染源名称	省份	污染源类型
2007	6401064036	640106	银川市金凤区	银川市金凤区个体经营娟子理发店	宁夏回族自治区	生活污染源
2007	6401064036	640106	银川市金凤区	银川市金凤区个体经营贵夫人理容店	宁夏回族自治区	生活污染源
2007	6401064037	640106	银川市金凤区	银川市金凤区个体经营换了瘦身坊	宁夏回族自治区	生活污染源
2007	6401064037	640106	银川市金凤区	银川市金凤区个体经营毛毛理容店	宁夏回族自治区	生活污染源
2007	6401064037	640106	银川市金凤区	银川市金凤区个体经营凤城佳人美容店	宁夏回族自治区	生活污染源
2007	6401064037	640106	银川市金凤区	银川市金凤区个体经营圣伊芳美容美体生活馆	宁夏回族自治区	生活污染源
2007	6401064037	640106	银川市金凤区	银川市个体经营不老美形象设计室	宁夏回族自治区	生活污染源
2007	6401064037	640106	银川市金凤区	银川市金凤区个体经营顺翔川菜馆	宁夏回族自治区	生活污染源
2007	6401064037	640106	银川市金凤区	银川市金凤区个体经营九九香拉面	宁夏回族自治区	生活污染源
2007	6401064037	640106	银川市金凤区	银川市金凤区个体经营天天看酿皮麻辣烫分店	宁夏回族自治区	生活污染源
2007	6401064037	640106	银川市金凤区	银川市金凤区个体经营玉苑餐厅	宁夏回族自治区	生活污染源
2007	6401064037	640106	银川市金凤区	银川市金凤区个体经营聚源餐厅	宁夏回族自治区	生活污染源
2007	6401064038	640106	银川市金凤区	银川市金凤区个体经营伊香源饭庄	宁夏回族自治区	生活污染源
2007	6401064038	640106	银川市金凤区	银川市金凤区个体经营杨一碗小揪面丰农店	宁夏回族自治区	生活污染源
2007	6401064038	640106	银川市金凤区	银川市金凤区个体经营祁老大餐厅	宁夏回族自治区	生活污染源
2007	6401054032	640105	银川市西夏区	银川市西夏区个体经营凌波足浴店	宁夏回族自治区	生活污染源
2007	6401054032	640105	银川市西夏区	银川市西夏区个体经营天源招待所	宁夏回族自治区	生活污染源
2007	6401054032	640105	银川市西夏区	银川市西夏区个体经营永福拉面馆	宁夏回族自治区	生活污染源
2007	6401054032	640105	银川市西夏区	银川市西夏区个体经营泰和园餐厅	宁夏回族自治区	生活污染源
2007	6401054032	640105	银川市西夏区	银川市西夏区个体经营杨智牛羊肉面馆	宁夏回族自治区	生活污染源
2007	6401054033	640105	银川市西夏区	银川市西夏区个体经营眼镜面馆	宁夏回族自治区	生活污染源
2007	6401054033	640105	银川市西夏区	银川市西夏区个体经营惠友面菜馆	宁夏回族自治区	生活污染源
2007	6401054033	640105	银川市西夏区	银川市西夏区个体经营玉真面菜馆	宁夏回族自治区	生活污染源
2007	6401054033	640105	银川市西夏区	银川市西夏区个体经营丽丽酸菜刀削面	宁夏回族自治区	生活污染源
2007	6401054033	640105	银川市西夏区	银川市西夏区个体经营甫田饭馆	宁夏回族自治区	生活污染源
2007	6401054033	640105	银川市西夏区	银川市西夏区个体经营黄子雄火锅店	宁夏回族自治区	生活污染源
2007	6401054033	640105	银川市西夏区	银川市西夏区个体经营依思哈特色园	宁夏回族自治区	生活污染源
2007	6401054033	640105	银川市西夏区	银川市西夏区个体经营兰州马记清汤牛肉拉面馆	宁夏回族自治区	生活污染源
2007	6401054033	640105	银川市西夏区	银川市西夏区个体经营德丰洗涤部	宁夏回族自治区	生活污染源
2007	6401054033	640105	银川市西夏区	银川市西夏区个体经营小伟名人发艺屋	宁夏回族自治区	生活污染源

年度	污染源代码	行政区划代码	行政区划名称	污染源名称	省份	污染源类型
2007	6401054034	640105	银川市西夏区	银川市西夏区个体经营自然之水美容店	宁夏回族自治区	生活污染源
2007	6401054034	640105	银川市西夏区	银川市西夏区个体经营李月琴美容店	宁夏回族自治区	生活污染源
2007	6401054034	640105	银川市西夏区	银川市西夏区个体经营科美美容女子会所	宁夏回族自治区	生活污染源
2007	6401054034	640105	银川市西夏区	银川市西夏区个体老鸭棚餐厅	宁夏回族自治区	生活污染源
2007	6401054034	640105	银川市西夏区	银川市西夏区个体三峡火锅	宁夏回族自治区	生活污染源

（5）因数据信息动态变化造成数据未查到

国家代码中心数据库为每日动态更新数据库，数据采集为省级集中上报模式，代码系统在全国成立的 46 个分支机构负责各地、市、县一级代码数据信息采集及质量监控工作，再统一汇总上报国家代码中心，以此实现国家代码中心组织机构代码数据库与各省市代码分支机构数据库的统一与动态更新。

鉴于污染源数据是从 2007 年 10 月开始采集，如今已过去几年时间，部分污染源企业会发生改变（包括更名、注销等情况），因此产生污染源企业信息与组织机构代码数据库信息不匹配，造成数据未查到现象。以宁夏数据为例，如表 6 所示。

表 6　源数据企业信息发生变化表

年度	污染源代码	行政区划代码	行政区划名称	污染源名称	省份	污染源类型
2007	6401042063	640104	银川市兴庆区	银川市靓车坊汽车保养	宁夏回族自治区	生活污染源
2007	6401040084	640104	银川市兴庆区	宁夏银川雅豪汽车	宁夏回族自治区	生活污染源
2007	6401040084	640104	银川市兴庆区	宁夏东方八里桥奶牛场	宁夏回族自治区	农业污染源
2007	6401040085	640104	银川市兴庆区	银川湖城万头养殖有限公司	宁夏回族自治区	农业污染源
2007	6401040073	640104	银川市兴庆区	富源酒店管理有限公司	宁夏回族自治区	生活污染源
2007	6401042079	640104	银川市兴庆区	青铜峡铝业集团经济开发有限公司	宁夏回族自治区	生活污染源
2007	6401042080	640104	银川市兴庆区	银川市百斯特餐饮有限公司	宁夏回族自治区	生活污染源
2007	6401042080	640104	银川市兴庆区	宁夏石嘴山东方市政建设公司	宁夏回族自治区	生活污染源
2007	6401040002	640104	银川市兴庆区	银川市澜彬商务宾馆	宁夏回族自治区	生活污染源
2007	6401042082	640104	银川市兴庆区	银川市西麦餐饮有限公司	宁夏回族自治区	生活污染源
2007	6401040006	640104	银川市兴庆区	宁夏波斯湾美容美发店	宁夏回族自治区	生活污染源
2007	6401040009	640104	银川市兴庆区	宁夏大坝发电有限公司	宁夏回族自治区	生活污染源
2007	6401040009	640104	银川市兴庆区	银川市品芳彩色冲印有限公司	宁夏回族自治区	生活污染源
2007	6401040009	640104	银川市兴庆区	宁夏天豹物业有限公司	宁夏回族自治区	生活污染源
2007	6401040010	640104	银川市兴庆区	银川市兴庆区建新塑钢型材销售有限公司	宁夏回族自治区	工业污染源

年度	污染源代码	行政区划代码	行政区划名称	污染源名称	省份	污染源类型
2007	6401042085	640104	银川市兴庆区	银川市兴庆区万通商贸有限公司	宁夏回族自治区	生活污染源
2007	6401042086	640104	银川市兴庆区	红玫瑰美容美发专业中心	宁夏回族自治区	生活污染源
2007	6401064036	640106	银川市金凤区	银川车之娱服务有限公司	宁夏回族自治区	生活污染源
2007	6401040015	640104	银川市兴庆区	银川市五星宾馆有限公司	宁夏回族自治区	生活污染源
2007	6401054037	640105	银川市西夏区	宁夏邮电职业中专学校	宁夏回族自治区	生活污染源
2007	6401040023	640104	银川市兴庆区	银川市兴庆区装饰有限公司	宁夏回族自治区	工业污染源
2007	6401040024	640104	银川市兴庆区	银川世纪荣威汽车用品有限公司	宁夏回族自治区	工业污染源
2007	6401040024	640104	银川市兴庆区	银川现代林众汽车纺织用品有限公司	宁夏回族自治区	工业污染源
2007	6401040025	640104	银川市兴庆区	银川立新顺达汽车销售有限公司	宁夏回族自治区	工业污染源
2007	6401210144	640121	银川市永宁县	银川市四季园食品厂	宁夏回族自治区	工业污染源
2007	6401210149	640121	银川市永宁县	永宁县望洪新华精米厂	宁夏回族自治区	工业污染源
2007	6401210149	640121	银川市永宁县	永宁县顺平机械配件有限公司	宁夏回族自治区	工业污染源
2007	6401210152	640121	银川市永宁县	永宁县农行增岗营业厅	宁夏回族自治区	生活污染源
2007	6401210153	640121	银川市永宁县	永宁县供电局	宁夏回族自治区	生活污染源

六、下一步应用建议

结合污染源数据查询比对试点工作经验，对全国污染源数据的应用提出以下两点建议：

一是在全国环保系统推广使用组织机构代码信息平台。发挥组织机构代码共享桥梁作用，使组织机构代码成为环保业务系统与其他政务系统，或者环境保护部与省市级环保部门进行数据交换的桥梁。发挥组织机构代码对全国性或重点区域、流域、海域的污染源进行污染源统计调查功能，以及对申请环境行政许可的企业身份与资质进行核查，使各级环保部门能够及时、便捷地了解该区域污染源或者企业的基本情况，降低各级环保部门行政监管的成本，提高各级环保部门的行政监管效率。

二是建立环保信息与组织机构代码信息共享长效机制。国家代码中心将根据环保部的业务与管理的需要，分两步与环保部建立信息共享长效机制。

首先，推广使用全国组织机构代码信息共享平台。全国地市或县以上环保业务部门通过专线连网（或互联网）及专用 KEY 登录“全国组织机构代码信息共享平台”，比对查询有关污染源单位的基本信息，同时可查询本辖区内污染源单位分布情况，进一步扩大污染源监控范围，对不一致信息进行在线反馈等。专用 KEY 可由代码中心负责配发，环保部信息中心负责管理。

之后，推动全国污染源数据集中共享与发布。将环保所需共享数据集中存储、管理。环保部信息中心将组织机构代码信息分发到部机关、直属单位、省厅/局。如图 8 所示，分发的数据将保存到部数据中心、省厅/局数据中心，然后通过定期数据同步方式将增量信息同步到业务系统中。

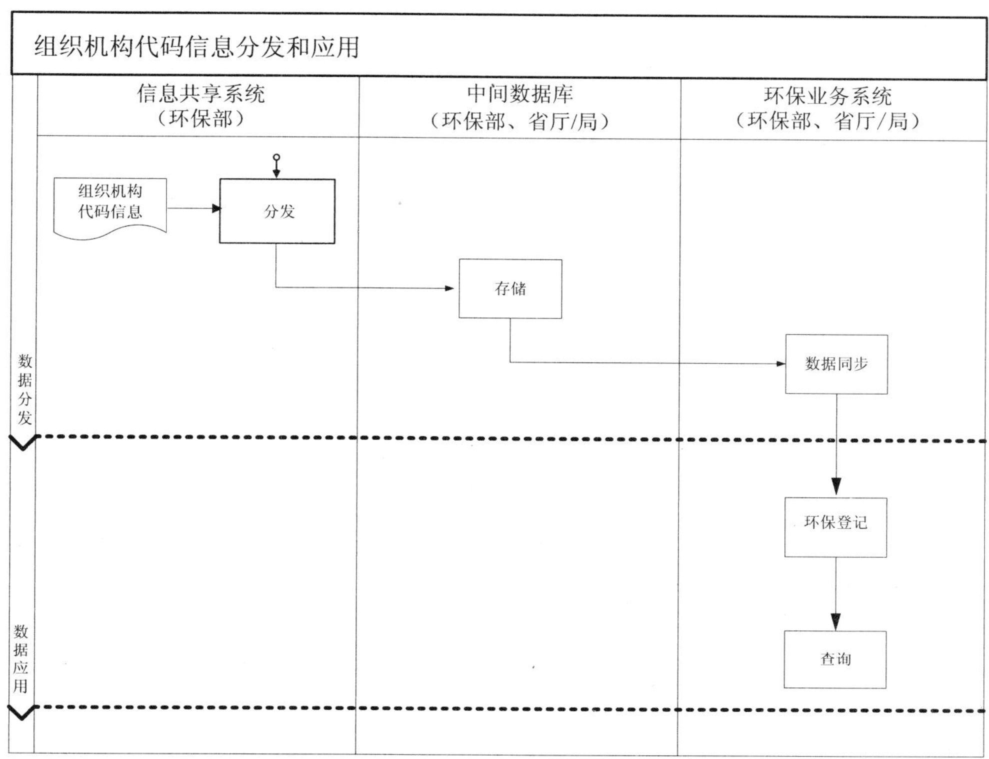

图 8　组织机构代码的分发和应用

通过污染源数据的查询比对试点工作发现，全国污染源数据信息是提高环保信息化管理的基础数据，在污染源数据信息服务、污染源企业监管、科学决策等方面是非常大的创新。相信基于组织机构代码信息动态更新核准的全国污染源数据信息，必将为污染源监管、污染防治提供很好的技术支撑。

附录 5-3　污染源自动监控信息数据元规范（节选）

……

4　污染源自动监控数据元列表

4.1　概述

污染源自动监控数据包括污染源自动监控信息、污水处理厂自动监控信息、自动监测设备信息，根据不同子业务信息划分数据集，见表 3。

表 3　污染源自动监控数据集

业务领域	子业务	数据集
污染源自动监控业务	污染源自动监控信息见 4.2	污染源自动监控信息
		污染源基本信息
		废水排放口基本信息
		废气排放口基本信息
		污染源申报登记信息
	污水处理厂自动监控信息见 4.3	污水处理厂自动监控信息
		污水处理厂基本信息
		污水处理厂进出水口基本信息
		污水处理厂废气排放口基本信息
		污水处理厂申报登记信息
	自动监测设备信息见 4.4	企业填报信息
		自动监测设备现场验收信息
		自动监测设备监督考核信息

本技术规定的 4.2～4.4 分别给出了表 3 所列各数据集的完整数据元列表。

本技术规定的附录 A 定义了环保业务公用的数据元，即公共数据元全集；附录 B 给出了污染源自动监控数据元的详细定义；附录 C 规定了污染源自动监控数据元所使用的代码表。

本技术规定所定义的数据元，如无特殊说明，其版本均为“1.0”，状态均为“标准”，附录 A 中对此不再重复定义。

4.2　污染源自动监控信息数据元

4.2.1　污染源自动监控信息数据元

污染源自动监控信息数据元列表见表 4。

表 4　污染源自动监控信息数据元

序号	中文名称	标识符
1	污染源代码	0000_000071
2	污染源名称	0000_000070
3	废水排放口代码	0001_000213
4	废水监测时间	0001_000204
5	废水流量	0001_000205

序号	中文名称	标识符
6	废水污染物监测时间	0001_000241
7	水污染物名称	0000_000068
8	水污染物名称代码	0000_000069
9	废水污染物浓度	0001_000249
10	废水污染物实时排放量	0001_000259
11	废水污染物监测状态	0001_000242
12	数据采样日期时间	0001_000557
13	废水每小时最小流量	0001_000208
14	废水每小时平均流量	0001_000206
15	废水每小时最大流量	0001_000207
16	废水污染物每小时最小浓度	0001_000247
17	废水污染物每小时平均浓度	0001_000243
18	废水污染物每小时最大浓度	0001_000245
19	废水污染物每小时最小排放量	0001_000248
20	废水污染物每小时平均排放量	0001_000244
21	废水污染物每小时最大排放量	0001_000246
22	数据采样日期	0001_000556
23	废水日排放量	0001_000235
24	废水日最大排放量	0001_000236
25	废水日最小排放量	0001_000237
26	废水污染物日最小浓度	0001_000257
27	废水污染物日平均浓度	0001_000253
28	废水污染物日最大浓度	0001_000255
29	废水污染物日最小排放量	0001_000258
30	废水污染物日平均排放量	0001_000254
31	废水污染物日最大排放量	0001_000256
32	超标标识	0001_000023
33	数据采样月份	0001_000558
34	废水月排放量	0001_000261
35	废水污染物月排放量	0001_000260
36	废水年排放量	0001_000209
37	数据采样年份	0001_000555
38	废水污染物年排放量	0001_000250
39	废气排放口代码	0001_000127
40	废气监测时间	0001_000118
41	废气流量	0001_000119
42	废气污染物监测时间	0001_000163
43	大气污染物名称	0000_000004
44	大气污染物名称代码	0000_000005
45	废气污染物浓度	0001_000173
46	废气污染物实时排放量	0001_000188
47	废气污染物数据监测状态	0001_000191
48	废气污染物实时折算浓度	0001_000189

序号	中文名称	标识符
49	废气污染物每小时最小浓度	0001_000170
50	废气污染物每小时平均浓度	0001_000164
51	废气污染物每小时最大浓度	0001_000167
52	废气污染物每小时最小排放量	0001_000171
53	废气污染物每小时平均排放量	0001_000165
54	废气污染物每小时最大排放量	0001_000168
55	废气污染物每小时最小折算浓度	0001_000172
56	废气污染物每小时平均折算浓度	0001_000166
57	废气污染物每小时最大折算浓度	0001_000169
58	废气日排放量	0001_000157
59	废气日最大排放量	0001_000158
60	废气日最小排放量	0001_000159
61	废气污染物日最小浓度	0001_000186
62	废气污染物日平均浓度	0001_000179
63	废气污染物日最大浓度	0001_000181
64	废气污染物日最小排放量	0001_000187
65	废气污染物日平均排放量	0001_000180
66	废气污染物日最大排放量	0001_000182
67	废气污染物日折算最小折算浓度	0001_000185
68	废气污染物日折算平均折算浓度	0001_000183
69	废气污染物日折算最大折算浓度	0001_000184
70	废气月排放量	0001_000193
71	废气污染物月排放量	0001_000190
72	废气年排放量	0001_000122
73	废气污染物年排放量	0001_000176
74	污染治理设施代码	0001_000646
75	污染治理设施运行时间	0001_000650

4.2.2 污染源基本信息数据元

污染源基本信息数据元列表见表5。

表5 污染源基本信息数据元

序号	中文名称	标识符
1	污染源代码	0000_000071
2	污染源名称	0000_000070
3	行政区划名称	0000_000078
4	行政区划代码	0000_000079
5	企业注册类型代码	0000_000039
6	企业注册类型	0000_000038
7	单位类别代码	0000_000008
8	企业规模	0000_000040
9	企业规模代码	0000_000041
10	隶属关系代码	0000_000024

序号	中文名称	标识符
11	行业类别代码	0000_000077
12	关注程度	0001_000310
13	污染源地址	0000_000072
14	企业中心经度	0000_000028
15	企业中心纬度	0000_000029
16	企业环保管理部门名称	0001_000316
17	环保联系人传真	0000_000022
18	环保联系人电话	0000_000021
19	环保联系人姓名	0000_000020
20	企业专职环保人数	0000_000046
21	污染治理设施代码	0001_000646
22	污染治理设施名称	0001_000647
23	环境污染类别	0000_000023
24	污染治理设施处理方法	0001_000645
25	废水治理设施设计处理能力	0001_000264
26	脱硫治理设施设计处理能力	0001_000602
27	脱硝治理设施设计处理能力	0001_000605
28	排向的排放口编号	0001_000441
29	污染治理设施投入使用日期	0001_000648
30	数采仪序号	0001_000532
31	终端服务地址码	0001_000731
32	数据采集仪访问密码	0001_000549
33	数据上报间隔	0001_000575
34	上报日数据标识	0001_000522
35	上报小时数据标识	0001_000524
36	数据传输方式	0001_000554
37	数据采集传输仪生产厂商	0001_000545
38	数据采集传输仪厂商联系人	0001_000543
39	数据采集传输仪厂商联系电话	0001_000542
40	单位平面示意图	0001_000082
41	企业组织机构代码	0000_000037
42	法人代表姓名	0000_000009
43	企业投产日期	0000_000044
44	企业开户行	0000_000042
45	企业银行账号	0000_000043
46	企业网址	0000_000036
47	企业办公电话	0001_000032
48	企业传真	0000_000034
49	企业移动电话	0000_000033
50	企业电子邮件	0000_000035
51	企业邮政编码	0000_000031
52	企业详细地址	0000_000027

4.2.3 废水排放口基本信息数据元

废水排放口基本信息数据元列表见表 6。

表 6 废水排放口基本信息数据元

序号	中文名称	标识符
1	污染源代码	0000_000071
2	污染源名称	0000_000070
3	废水排放口代码	0001_000213
4	废水排放口名称	0001_000214
5	废水排放去向	0000_000014
6	废水排放去向代码	0000_000015
7	受纳水体功能区类别代码	0000_000065
8	废气排放口位置	0001_000147
9	排口经度	0001_000420
10	排口纬度	0001_000421
11	标志牌安装形式	0001_000020
12	废水排放规律	0000_000012
13	废水排放规律代码	0000_000013
14	数采仪序号	0001_000532
15	废水排放口示意图	0001_000216
16	水污染物名称	0000_000068
17	水污染物名称代码	0000_000069
18	浓度报警下限	0001_000405
19	浓度报警上限	0001_000404
20	水排放标准	0000_000066
21	水排放标准编号	0000_000067
22	水排放标准值	0001_000411

4.2.4 废气排放口基本信息数据元

废气排放口基本信息数据元列表见表 7。

表 7 废气排放口基本信息数据元

序号	中文名称	标识符
1	污染源代码	0000_000071
2	污染源名称	0000_000070
3	废气排放口代码	0001_000127
4	废气排放口名称	0001_000131
5	气功能区类别代码	0000_000052
6	废气排放口位置	0001_000147
7	废气排放口高度	0001_000128
8	废气排放口出口内径	0001_000126
9	排口经度	0001_000420
10	排口纬度	0001_000421

序号	中文名称	标识符
11	废气排放规律	0000_000010
12	废气排放规律代码	0000_000011
13	燃料分类代码	0000_000054
14	燃料分类	0000_000053
15	燃烧方式	0000_000055
16	燃烧方式代码	0000_000056
17	标志牌安装形式	0001_000020
18	两控区类别	0000_000025
19	废气排放口类型	0001_000130
20	数采仪序号	0001_000532
21	废气排放口示意图	0001_000138
22	废气污染物浓度报警下限	0001_000175
23	废气污染物浓度报警上限	0001_000174
24	大气污染物排放标准	0000_000006
25	大气污染物排放标准编号	0000_000007
26	大气污染物排放标准值	0001_000073

4.2.5　污染源申报登记信息数据元

污染源申报登记信息数据元列表见表 8。

表 8　污染源申报登记信息数据元列表

序号	中文名称	标识符
1	污染源代码	0000_000071
2	污染源名称	0000_000070
3	排污申报年度	0001_000435
4	排污申报填表人	0001_000436
5	排污申报报出日期	0001_000429
6	排污申报经办人意见	0001_000434
7	排污申报经办人	0001_000432
8	排污申报经办日期	0001_000433
9	环境监察机构审核意见	0001_000315
10	环境监察机构审核负责人	0001_000321
11	环境监察机构审核日期	0001_000322
12	生产天数	0001_000531
13	企业职工人数	0000_000045
14	企业总产值	0000_000047
15	利税金额	0001_000395
16	“三废”综合利用产品产值	0001_000536
17	固定资产原值	0001_000401
18	环保设施原值	0001_000320
19	废水治理设施数量	0001_000265
20	废水治理设施处理能力	0001_000263
21	废水治理设施运行费用	0001_000266

序号	中文名称	标识符
22	锅炉费	0001_000270
23	锅炉总蒸吨数	0001_000273
24	烟尘排放达标锅炉数量	0001_000688
25	烟尘排放达标蒸吨数量	0001_000690
26	二氧化硫排放达标锅炉数量	0001_000101
27	二氧化硫排放达标锅炉蒸吨数量	0001_000103
28	工业炉窑数量	0001_000309
29	烟尘排放达标炉窑数量	0001_000689
30	二氧化硫排放达标炉窑数量	0001_000102
31	废气治理设施数量	0001_000196
32	废气治理设施处理能力	0001_000195
33	废气治理设施运行费用	0001_000197
34	脱硫设施数量	0001_000601
35	脱硫设施处理能力	0001_000600
36	缴纳排污费总额	0001_000354
37	环境违法罚款	0001_000323
38	重点污染源标识	0001_000733
39	排污许可证编号	0001_000439
40	排污许可证发证日期	0001_000440
41	废水允许排放总量	0001_000262
42	废气允许排放总量	0001_000194
43	水污染物排放许可证	0001_000592
44	大气污染物排放许可证	0001_000074
45	水污染物名称	0000_000068
46	水污染物名称代码	0000_000069
47	大气污染物名称	0000_000004
48	大气污染物名称代码	0000_000005
49	单位产品中主要污染物排放量	0001_000080
50	污染治理设施代码	0001_000646
51	污染治理设施处理量	0001_000644
52	污染治理设施运行天数	0001_000651
53	污染治理设施运行费用	0001_000649
54	主要产品计量单位	0000_000090
55	设计年产量	0001_000564
56	年产量	0001_000403
57	单位产品用水量	0001_000079
58	单位产品能耗量	0001_000078
59	单位产品煤耗量	0001_000077
60	单位产品废水排放量	0001_000076
61	单位产品废气排放量	0001_000075
62	主要原辅材料代码	0000_000092
63	主要原辅材料名称	0000_000091
64	主要原辅材料计量单位	0000_000093

序号	中文名称	标识符
65	原辅料年用量	0001_000699
66	燃料煤消费量	0001_000489
67	原料煤消费量	0001_000710
68	其他固体燃料消费量	0001_000444
69	重油消费量	0001_000757
70	柴油消费量	0001_000062
71	其他油类燃料消费量	0001_000455
72	其他液体燃料消费量	0001_000456
73	天然气消费量	0001_000603
74	其他气体燃料消费量	0001_000452
75	排污申报自来水用量	0001_000438
76	排污申报地下水抽取量	0001_000431
77	排污申报地表水抽取量	0001_000430
78	其他水量	0001_000453
79	重复用水量	0001_000027
80	重复用水率	0001_000026
81	废水排放口数量	0001_000215
82	废水排放量	0001_000229
83	废水达标排放量	0001_000203
84	直接排入海量	0001_000737
85	直接排入江河湖库量	0001_000738
86	废水超标排放量	0001_000200
87	排入城市管网量	0001_000422
88	排入城镇废水处理厂量	0001_000423
89	废水其他去向量	0001_000234
90	废水污染物去除量	0001_000252
91	废水污染物当年新增设施去除量	0001_000240
92	废水污染物达标排放量	0001_000239
93	废水污染物超标排放量	0001_000238
94	废气排放口数量	0001_000137
95	工艺废气排放口数量	0001_000304
96	燃烧废气排放口数量	0001_000494
97	废气排放量	0001_000155
98	工艺废气排放量	0001_000305
99	燃烧废气排放量	0001_000502
100	废气污染物去除量	0001_000178
101	废气污染物当年新增设施去除量	0001_000162
102	燃烧废气去除量	0001_000503
103	工艺废气去除量	0001_000306
104	废气污染物达标排放量	0001_000161
105	废气污染物超标排放量	0001_000160
106	燃烧废气污染物达标排放量	0001_000505
107	燃烧废气污染物超标排放量	0001_000504

序号	中文名称	标识符
108	工艺废气污染物达标排放量	0001_000308
109	工艺废气污染物超标排放量	0001_000307
110	固体废物产生量	0001_000280
111	主要有害成分	0001_000762
112	固体废物综合利用量	0001_000301
113	综合利用往年贮存量	0001_000735
114	固体废物符合环保标准处置量	0001_000284
115	固体废物不符合环保标准处置量	0001_000278
116	固体废物运往集中处置厂量	0001_000298
117	固体废物处置往年贮存量	0001_000282
118	固体废物符合环保标准贮存量	0001_000283
119	固体废物不符合环保标准贮存量	0001_000277
120	历年累计贮存量	0001_000386
121	固体废物排放量	0001_000285
122	办理转移联单标识	0001_000019
123	污染治理项目名称	0001_000652
124	治理类型代码	0001_000748
125	开工年月	0001_000371
126	建成投产年月	0001_000348
127	计划总投资	0001_000350
128	累计完成投资	0001_000375
129	完成投资国家预算内资金	0001_000608
130	完成投资环境保护专项资金	0001_000610
131	完成投资国内贷款	0001_000609
132	完成投资利用外资	0001_000611
133	完成投资企业自筹	0001_000612
134	竣工项目设计及新增处理能力	0001_000349
135	废水污染物排放量	0001_000251
136	燃烧废气工艺废气类别	0001_000493
137	废气污染物排放量	0001_000177
138	固体废物处置量	0001_000281
139	固体废物贮存量	0001_000279
140	废水排放口代码	0001_000213
141	废水年排放量	0001_000209
142	废水达标年排放量	0001_000202
143	废水超标年排放量	0001_000199
144	废水排放天数	0001_000233
145	废水排放时间	0001_000232
146	执行标准类别代码	0000_000087
147	污染源自动监控仪器名称	0001_000643
148	排放月份	0001_000417
149	最近一次建设项目名称	0001_000741
150	申报单位项目建设日期	0001_000516

序号	中文名称	标识符
151	废水排放口污染物年排放量	0001_000219
152	废水排放口污染物年达标排放量	0001_000218
153	废水排放口污染物年超标排放量	0001_000217
154	废气排放口代码	0001_000127
155	废气排放口年排放量	0001_000134
156	废气排放口年达标排放量	0001_000133
157	废气排放口年超标排放量	0001_000132
158	废气排放口年排放天数	0001_000136
159	废气排放口年排放时间	0001_000135
160	设备名称	0000_000057
161	装机容量	0001_000739
162	燃料耗量	0001_000484
163	车间工段名称	0001_000030
164	燃烧设备用途	0001_000509
165	废气排放口污染物年排放量	0001_000141
166	废气排放口污染物年达标排放量	0001_000140
167	废气排放口污染物年超标排放量	0001_000139
168	排污申报月份	0001_000437
169	废水排放口月废水排放量	0001_000228
170	数据来源	0001_000562
171	废水排放口污染物月排放浓度	0001_000224
172	废水排放口污染物排放标准	0001_000220
173	废水排放口污染物月排放量	0001_000223
174	废水排放口污染物月达标排放量	0001_000222
175	废水排放口污染物月超标排放量	0001_000221
176	废气排放口月废气排放量	0001_000151
177	燃料名称	0001_000488
178	燃料产地	0001_000481
179	燃料用量	0001_000492
180	燃料硫分	0001_000485
181	燃料灰分	0001_000483
182	燃料热值	0001_000490
183	废气排放口月排放时间	0001_000152
184	林格曼黑度	0001_000374
185	废气排放口污染物月排放浓度	0001_000146
186	废气排放口污染物月排放标准	0001_000144
187	废气排放口污染物月排放量	0001_000145
188	废气排放口污染物月达标排放量	0001_000143
189	废气排放口污染物月超标排放量	0001_000142
190	废气排放速率	0001_000156
191	排放速率排放标准值	0001_000415
192	固体废物月产生量	0001_000294
193	固体废物月综合利用量	0001_000300

序号	中文名称	标识符
194	固体废物月符合环保标准处置量	0001_000296
195	固体废物月不符合环保标准处置量	0001_000292
196	固体废物月运往集中处置厂量	0001_000299
197	固体废物月贮存量	0001_000293
198	固体废物月符合环保标准贮存量	0001_000295
199	固体废物月不符合环保标准贮存量	0001_000291
200	固体废物月排放量	0001_000297
201	主要产品名称	0000_000088
202	主要产品代码	0000_000089
203	噪声测点名称	0001_000749
204	噪声测点位置	0001_000750
205	对应噪声源及编号	0001_000093
206	噪声源性质代码	0000_000084
207	噪声功能区类别	0000_000085
208	昼间噪声排放开始时间	0001_000746
209	昼间噪声排放结束时间	0001_000745
210	昼间噪声排放标准	0001_000747
211	昼间噪声排放等效声级	0001_000744
212	昼间噪声排放超标分贝数	0001_000742
213	昼间噪声排放超标天数	0001_000743
214	昼间边界长度超标标识	0001_000736
215	夜间噪声排放开始时间	0001_000707
216	夜间噪声排放结束时间	0001_000706
217	夜间噪声排放标准	0001_000708
218	夜间噪声排放等效声级	0001_000705
219	夜间噪声排放超标分贝数	0001_000703
220	夜间噪声排放超标天数	0001_000704
221	夜间边界长度超标标识	0001_000702

4.3 污水处理厂自动监控信息数据元

4.3.1 污水处理厂自动监控信息数据元

污水处理厂自动监控信息数据元列表见表 9。

表 9 污水处理厂自动监控信息数据元

序号	中文名称	标识符
1	污水处理厂代码	0000_000074
2	污水处理厂名称	0000_000073
3	废水排放口代码	0001_000213
4	废水监测时间	0001_000204
5	废水流量	0001_000205

序号	中文名称	标识符
6	废水污染物监测时间	0001_000241
7	水污染物名称	0000_000068
8	水污染物名称代码	0000_000069
9	废水污染物浓度	0001_000249
10	废水污染物实时排放量	0001_000259
11	废水污染物监测状态	0001_000242
12	数据采样日期时间	0001_000557
13	废水每小时最小流量	0001_000208
14	废水每小时平均流量	0001_000206
15	废水每小时最大流量	0001_000207
16	废水污染物每小时最小浓度	0001_000247
17	废水污染物每小时平均浓度	0001_000243
18	废水污染物每小时最大浓度	0001_000245
19	废水污染物每小时最小排放量	0001_000248
20	废水污染物每小时平均排放量	0001_000244
21	废水污染物每小时最大排放量	0001_000246
22	数据采样日期	0001_000556
23	废水日排放量	0001_000235
24	废水日最大排放量	0001_000236
25	废水日最小排放量	0001_000237
26	废水污染物日最小浓度	0001_000257
27	废水污染物日平均浓度	0001_000253
28	废水污染物日最大浓度	0001_000255
29	废水污染物日最小排放量	0001_000258
30	废水污染物日平均排放量	0001_000254
31	废水污染物日最大排放量	0001_000256
32	超标标识	0001_000023
33	数据采样月份	0001_000558
34	废水月排放量	0001_000261
35	废水污染物月排放量	0001_000260
36	废水年排放量	0001_000209
37	数据采样年份	0001_000555
38	废水污染物年排放量	0001_000250
39	废气排放口代码	0001_000127
40	废气监测时间	0001_000118
41	废气流量	0001_000119
42	废气污染物监测时间	0001_000163
43	大气污染物名称	0000_000004
44	大气污染物名称代码	0000_000005
45	废气污染物浓度	0001_000173
46	废气污染物实时排放量	0001_000188
47	废气污染物数据监测状态	0001_000191
48	废气污染物实时折算浓度	0001_000189

序号	中文名称	标识符
49	废气污染物每小时最小浓度	0001_000170
50	废气污染物每小时平均浓度	0001_000164
51	废气污染物每小时最大浓度	0001_000167
52	废气污染物每小时最小排放量	0001_000171
53	废气污染物每小时平均排放量	0001_000165
54	废气污染物每小时最大排放量	0001_000168
55	废气污染物每小时最小折算浓度	0001_000172
56	废气污染物每小时平均折算浓度	0001_000166
57	废气污染物每小时最大折算浓度	0001_000169
58	废气日排放量	0001_000157
59	废气日最大排放量	0001_000158
60	废气日最小排放量	0001_000159
61	废气污染物日最小浓度	0001_000186
62	废气污染物日平均浓度	0001_000179
63	废气污染物日最大浓度	0001_000181
64	废气污染物日最小排放量	0001_000187
65	废气污染物日平均排放量	0001_000180
66	废气污染物日最大排放量	0001_000182
67	废气污染物日折算最小折算浓度	0001_000185
68	废气污染物日折算平均折算浓度	0001_000183
69	废气污染物日折算最大折算浓度	0001_000184
70	废气月排放量	0001_000193
71	废气污染物月排放量	0001_000190
72	废气年排放量	0001_000122
73	废气污染物年排放量	0001_000176
74	污染治理设施代码	0001_000646
75	污染治理设施运行时间	0001_000650

4.3.2 污水处理厂基本信息数据元

污水处理厂基本信息数据元列表见表 10。

表 10 污水处理厂基本信息数据元

序号	中文名称	标识符
1	污水处理厂代码	0000_000074
2	污水处理厂名称	0000_000073
3	行政区划名称	0001_000678
4	行政区划代码	0001_000679
5	企业注册类型	0000_000038
6	企业注册类型代码	0000_000039
7	单位类别代码	0000_000008
8	企业规模	0000_000040
9	企业规模代码	0000_000041
10	隶属关系代码	0000_000024

序号	中文名称	标识符
11	行业类别代码	0000_000077
12	污染治理设施运行时间	0001_000650
13	污染治理设施名称	0001_000647
14	环境污染类别	0000_000023
15	污染治理设施处理方法	0001_000645
16	废水治理设施设计处理能力	0001_000264
17	脱硫治理设施设计处理能力	0001_000602
18	脱硝治理设施设计处理能力	0001_000605
19	排入污水处理厂的排放口编号	0001_000424
20	污水处理厂排出口编号	0001_000656
21	污染治理设施投入使用日期	0001_000648
22	数采仪序号	0001_000532
23	污水处理厂地址	0000_000075
24	企业中心经度	0000_000028
25	企业中心纬度	0000_000029
26	企业环保管理部门名称	0001_000316
27	环保联系人传真	0000_000022
28	环保联系人电话	0000_000021
29	环保联系人姓名	0000_000020
30	企业专职环保人数	0000_000046
31	终端服务地址码	0001_000731
32	数据采集仪访问密码	0001_000549
33	数据上报间隔	0001_000575
34	上报日数据标识	0001_000522
35	上报小时数据标识	0001_000524
36	数据传输方式	0001_000554
37	数据采集传输仪生产厂商	0001_000545
38	数据采集传输仪厂商联系人	0001_000543
39	数据采集传输仪厂商联系电话	0001_000542
40	单位平面示意图	0001_000082
41	污水处理工艺示意图	0001_000668
42	其他污染治理工艺示意图	0001_000454
43	企业组织机构代码	0000_000037
44	法人代表姓名	0000_000009
45	企业投产日期	0000_000044
46	企业开户行	0000_000042
47	企业银行账号	0000_000043
48	企业网址	0000_000036
49	企业办公电话	0000_000032
50	企业传真	0000_000034
51	企业移动电话	0000_000033
52	企业电子邮件	0000_000035
53	企业邮政编码	0000_000031
54	企业详细地址	0000_000027

4.3.3 污水处理厂进出水口基本信息数据元

污水处理厂进出水口基本信息数据元列表见表 11。

表 11 污水处理厂进出水口基本信息数据元

序号	中文名称	标识符
1	污水处理厂代码	0000_000074
2	污水处理厂名称	0000_000073
3	出水口名称	0001_000042
4	废水排放去向	0000_000014
5	废水排放去向代码	0000_000015
6	受纳水体功能区类别代码	0000_000065
7	出水口编号	0001_000039
8	出水口位置	0001_000057
9	排口经度	0001_000420
10	排口纬度	0001_000421
11	标志牌安装形式	0001_000020
12	数采仪序号	0001_000532
13	自动监控仪器名称	0001_000732
14	废气排放规律	0000_000010
15	废气排放规律代码	0000_000011
16	废水排放规律	0000_000012
17	废水排放规律代码	0000_000013
18	出水口示意图	0001_000044
19	水污染物名称	0000_000068
20	水污染物名称代码	0000_000069
21	出水口污染物浓度报警下限	0001_000048
22	出水口污染物浓度报警上限	0001_000047
23	出水口污染物排放标准	0001_000049
24	出水口污染物排放标准值	0001_000050
25	进水口编号	0001_000357
26	进水口名称	0001_000359
27	进水口位置	0001_000368
28	集纳范围	0001_000353
29	进水口示意图	0001_000360
30	进水口污染物浓度报警下限	0001_000363
31	进水口污染物浓度报警上限	0001_000362
32	进水口污染物排放标准	0001_000364
33	进水口污染物排放标准值	0001_000365

4.3.4 污水处理厂废气排放口基本信息数据元

污水处理厂废气排放口基本信息数据元列表见表 12。

表 12　污水处理厂废气排放口基本信息数据元

序号	中文名称	标识符
1	污水处理厂代码	0000_000074
2	污水处理厂名称	0000_000073
3	废气排放口代码	0001_000127
4	废气排放口名称	0001_000131
5	气功能区类别代码	0000_000052
6	废气排放口位置	0001_000147
7	废气排放口高度	0001_000128
8	废气排放口出口内径	0001_000126
9	排口经度	0001_000420
10	排口纬度	0001_000421
11	废气排放规律	0000_000010
12	废气排放规律代码	0000_000011
13	废水排放规律	0000_000012
14	废水排放规律代码	0000_000013
15	燃料分类代码	0000_000054
16	燃料分类	0000_000053
17	燃烧方式	0000_000055
18	燃烧方式代码	0000_000056
19	标志牌安装形式	0001_000020
20	两控区类别	0000_000025
21	废气排放口类型	0001_000130
22	数采仪序号	0001_000532
23	废气排放口示意图	0001_000138
24	废气污染物浓度报警下限	0001_000175
25	废气污染物浓度报警上限	0001_000174
26	大气污染物排放标准	0000_000006
27	大气污染物排放标准编号	0000_000007
28	大气污染物排放标准值	0001_000073

4.3.5　污水处理厂申报登记信息数据元

污水处理厂申报登记信息数据元列表见表 13。

表 13　污水处理厂申报登记信息数据元

序号	中文名称	标识符
1	污染源代码	0000_000071
2	污染源名称	0000_000070
3	排污申报年度	0001_000435
4	排污申报填表人	0001_000436
5	排污申报报出日期	0001_000429
6	排污申报经办人意见	0001_000434
7	排污申报经办人	0001_000432

序号	中文名称	标识符
8	排污申报经办日期	0001_000433
9	环境监察机构审核意见	0001_000315
10	环境监察机构审核负责人	0001_000321
11	环境监察机构审核日期	0001_000322
12	总占地面积	0001_000763
13	污水处理设施类型	0000_000076
14	污水处理级别	0001_000669
15	污水处理方法	0001_000657
16	污水处理能力	0001_000670
17	污水再用量	0001_000674
18	最近一次建设的项目名称	0001_000740
19	申报单位项目建设日期	0001_000516
20	新增处理能力	0001_000675
21	处理费用收入	0001_000034
22	运行费用	0001_000721
23	缴纳排污费总额	0001_000355
24	环境违法罚款	0001_000323
25	未固定资产原值	0001_000402
26	生产天数	0001_000531
27	企业职工人数	0000_000045
28	排污许可证编号	0001_000439
29	排污许可证发证日期	0001_000440
30	废水允许排放总量	0001_000262
31	废气允许排放总量	0001_000194
32	水污染物排放许可证	0001_000592
33	大气污染物排放许可证	0001_000074
34	进水口进水总量	0001_000358
35	进水口达标水量	0001_000356
36	进水口超标水量	0001_000355
37	进水口编号	0001_000357
38	各进水口进水量	0001_000269
39	各进水口达标量	0001_000268
40	各进水口超标量	0001_000267
41	水污染物名称	0000_000068
42	水污染物名称代码	0000_000069
43	大气污染物名称	0000_000004
44	大气污染物名称代码	0000_000005
45	进水口污染物浓度	0001_000361
46	日均进水量	0001_000480
47	执行标准级别代码	0000_000086
48	出水口排放量	0001_000043
49	出水口达标排放量	0001_000041
50	出水口超标排放量	0001_000040

序号	中文名称	标识符
51	出水口污染物执行标准值	0001_000056
52	平均浓度	0001_000419
53	出水口污染物排放量	0001_000051
54	出水口污染物达标排放量	0001_000046
55	出水口污染物超标排放量	0001_000045
56	废气排放口代码	0001_000127
57	废气排放量	0001_000155
58	工艺废气排放量	0001_000305
59	燃烧废气排放量	0001_000502
60	执行标准类别代码	0000_000087
61	设备名称	0000_000057
62	林格曼黑度	0001_000374
63	排放浓度	0001_000414
64	排放速率执行标准值	0001_000416
65	废气排放速率	0001_000156
66	数据来源	0001_000562
67	燃烧废气污染物排放量	0001_000506
68	污泥产生量	0001_000616
69	污泥综合利用量	0001_000635
70	污泥综合利用往年贮存量	0001_000636
71	污泥处置量	0001_000617
72	污泥符合环保标准处置量	0001_000619
73	污泥不符合环保标准处理量	0001_000613
74	污泥运往集中处置厂量	0001_000629
75	污泥处置往年贮存量	0001_000618
76	污泥贮存量	0001_000634
77	污泥符合环保标准贮存量	0001_000620
78	污泥不符合环保标准贮存量	0001_000614
79	污泥历年累计贮存量	0001_000621
80	污泥排放量	0001_000622
81	污水处理改建项目名称	0001_000662
82	污水处理改建项目开工年月	0001_000661
83	污水处理改建项目建成投产年月	0001_000658
84	污水处理改建项目计划总投资	0001_000660
85	污水处理改建项目累计完成投资	0001_000667
86	污水处理改建项目完成投资国家预算内资金	0001_000663
87	污水处理改建项目完成投资国内贷款	0001_000664
88	污水处理改建项目完成投资利用外资	0001_000665
89	污水处理改建项目完成投资企业自筹	0001_000666
90	污水处理改建项目竣工项目设计及新增处理能力	0001_000659
91	废气固体废物噪声污染治理项目名称	0001_000113
92	治理类型代码	0001_000748
93	废气固体废物噪声污染治理项目开工年月	0001_000111

序号	中文名称	标识符
94	废气固体废物噪声污染治理项目建成投产年月	0001_000109
95	废气固体废物噪声污染治理项目计划总投资	0001_000110
96	废气固体废物噪声污染治理项目累计完成投资	0001_000112
97	废气固体废物噪声污染治理项目完成投资国家预算内资金	0001_000114
98	废气固体废物噪声污染治理项目完成投资国内贷款	0001_000115
99	废气固体废物噪声污染治理项目完成投资利用外资	0001_000116
100	废气固体废物噪声污染治理项目完成投资企业自筹	0001_000117
101	废气固体废物噪声污染治理竣工项目设计及新增处理能力	0001_000108
102	污水排放量	0001_000673
103	污染物排放年排放量	0001_000638
104	固体废物排放年产生量	0001_000286
105	固体废物排放年综合利用量	0001_000290
106	固体废物排放年处置量	0001_000287
107	固体废物排放年贮存量	0001_000289
108	固体废物排放年排放量	0001_000288
109	排污申报月份	0001_000437
110	进水口月进水量	0001_000369
111	进水口污染物执行标准值	0001_000367
112	进水口污染物月浓度	0001_000366
113	出水口月污水再用量	0001_000059
114	出水口月污水排放量	0001_000058
115	出水口污染物月浓度	0001_000054
116	出水口污染物月排放量	0001_000055
117	出水口污染物月达标量	0001_000053
118	出水口污染物月超标量	0001_000052
119	燃烧废气排放口月排放量	0001_000500
120	燃烧废气排放口月排放时间	0001_000501
121	燃料名称	0001_000488
122	燃料产地	0001_000481
123	燃料用量	0001_000492
124	燃料硫分	0001_000485
125	燃料灰分	0001_000483
126	燃料值	0001_000491
127	燃烧废气排放口污染物月排放浓度	0001_000498
128	燃烧废气排放口污染物月排放速率	0001_000499
129	燃烧废气排放口污染物月排放量	0001_000497
130	燃烧废气排放口污染物月达标量	0001_000496
131	燃烧废气排放口污染物月超标量	0001_000495
132	废气浓度最高监测点代码	0001_000120
133	废气浓度最高监测点位置	0001_000121
134	废气处理工艺	0001_000107
135	废气污染物执行标准值	0001_000192
136	厂界废气污染物排放超标浓度	0001_000028

序号	中文名称	标识符
137	厂界废气污染物排放超标天数	0001_000029
138	污泥月污泥产生量	0001_000630
139	污泥月综合利用量	0001_000633
140	污泥月处置量	0001_000625
141	污泥月符合环保标准处置量	0001_000626
142	污泥月不符合环保标准处置量	0001_000623
143	污泥月运往集中处置厂量	0001_000631
144	污泥月贮存量	0001_000632
145	污泥月符合环保标准贮存量	0001_000627
146	污泥月不符合环保标准贮存量	0001_000624
147	污泥月排放量	0001_000628
148	噪声测点名称	0001_000749
149	噪声测点位置	0001_000750
150	对应噪声源及编号	0001_000093
151	噪声源性质代码	0000_000084
152	噪声功能区类别	0000_000085
153	昼间噪声排放开始时间	0001_000746
154	昼间噪声排放结束时间	0001_000745
155	昼间噪声排放标准	0001_000747
156	昼间噪声排放等效声级	0001_000744
157	昼间噪声排放超标分贝数	0001_000742
158	昼间噪声排放超标天数	0001_000743
159	昼间边界长度超标标识	0001_000736
160	夜间噪声排放开始时间	0001_000707
161	夜间噪声排放结束时间	0001_000706
162	夜间噪声排放标准	0001_000708
163	夜间噪声排放等效声级	0001_000705
164	夜间噪声排放超标分贝数	0001_000703
165	夜间噪声排放超标天数	0001_000704
166	夜间边界长度超标标识	0001_000702

4.4　自动监测设备信息数据元

4.4.1　企业填报信息数据元

企业填报信息数据元列表见表 14。

表 14　企业填报信息数据元

序号	中文名称	标识符
1	企业详细名称	0000_000026
2	企业组织机构代码	0000_000037
3	企业所属城市	0000_000030
4	企业详细地址	0000_000027
5	企业邮政编码	0000_000031

序号	中文名称	标识符
6	企业中心经度	0000_000028
7	企业中心纬度	0000_000029
8	法人代表姓名	0000_000009
9	环保负责人	0000_000016
10	环保负责人电话	0000_000017
11	环保负责人手机	0000_000018
12	环保负责人电子邮件	0000_000019
13	企业管理负责人	0000_000048
14	企业管理负责人电话	0000_000049
15	企业管理负责人手机	0000_000050
16	企业管理负责人邮箱	0000_000051
17	污染治理设施名称	0001_000647
18	对应机组装机容量	0001_000370
19	对应锅炉台数	0001_000271
20	对应锅炉总吨位	0001_000272
21	全年设计发电量	0001_000443
22	设计处理风量	0001_000550
23	设计年燃煤量	0001_000565
24	设计年燃油量	0001_000566
25	实际平均年燃煤量	0001_000573
26	实际平均年燃油量	0001_000574
27	脱硫设计单位	0001_000599
28	脱硫工艺	0001_000598
29	设计脱硫效率	0001_000576
30	设计煤质含硫率	0001_000563
31	实际平均煤质含硫率	0001_000572
32	除尘工艺	0001_000024
33	设计除尘效率	0001_000539
34	脱硝工艺	0001_000604
35	设计脱销效率	0001_000577
36	处理工艺图	0001_000035
37	治污设施照片	0001_000754
38	投用时间	0001_000606
39	治污设施类型	0001_000753
40	设计单位	0001_000559
41	废水处理工艺	0001_000201
42	污泥处理工艺	0001_000615
43	设计处理水量	0001_000551
44	实际平均处理水量	0001_000567
45	设计进水 COD 值	0001_000561
46	实际平均进水 COD 值	0001_000571
47	设计出水 COD 浓度	0001_000553
48	实际平均出水 COD 浓度	0001_000569

序号	中文名称	标识符
49	设计进水氨氮值	0001_000560
50	实际平均进水氨氮浓度	0001_000570
51	设计出水氨氮浓度	0001_000552
52	实际平均出水氨氮浓度	0001_000568
53	废气排放口序号	0001_000150
54	废气排放口名称	0001_000131
55	废气排放口经度	0001_000149
56	废气排放口纬度	0001_000148
57	对应排污设施	0001_000092
58	二氧化硫排放标准值	0001_000100
59	氮氧化物排放标准值	0001_000088
60	烟尘排放标准值	0001_000687
61	执行标准类别代码	0000_000087
62	废气排放口照片	0001_000153
63	废水排放口序号	0001_000227
64	废水排放口名称	0001_000214
65	废水排放口经度	0001_000226
66	废水排放口纬度	0001_000225
67	污水处理厂代码	0000_000074
68	污水处理厂名称	0000_000073
69	受纳水体代码	0000_000063
70	受纳水体名称	0000_000062
71	受纳水体水功能区类别	0000_000064
72	堰槽类型	0001_000686
73	流量计类型	0001_000383
74	COD 排放标准值	0001_000038
75	氨氮排放标准值	0001_000006
76	pH 排放标准值	0001_000418
77	仪器编号	0001_000511
78	设备型号	0000_000058
79	对应排口	0001_000091
80	投运时间	0001_000607
81	安装位置	0001_000015
82	所处排气头截面积	0001_000765
83	SO_2 监测模块标识	0001_000581
84	NO_x 监测模块标识	0001_000407
85	烟粉尘监测模块标识	0001_000694
86	流速监测模块标识	0001_000394
87	含氧量监测模块标识	0001_000339
88	SO_2 设定量程最大值	0001_000582
89	NO_x 设定量程最大值	0001_000408
90	烟粉尘设定量程最大值	0001_000695
91	流速设定量程最大值	0001_000396

序号	中文名称	标识符
92	含氧量设定量程最大值	0001_000340
93	SO_2设定量程最小值	0001_000583
94	NO_x设定量程最小值	0001_000409
95	烟粉尘设定量程最小值	0001_000696
96	流速设定量程最小值	0001_000397
97	含氧量设定量程最小值	0001_000341
98	SO_2采样方式	0001_000579
99	NO_x采样方式	0001_000410
100	烟粉尘采样方式	0001_000697
101	流速采样方式	0001_000398
102	含氧量采样方式	0001_000342
103	SO_2分析原理	0001_000580
104	NO_x分析原理	0001_000406
105	烟粉尘分析原理	0001_000693
106	流速分析原理	0001_000392
107	含氧量分析原理	0001_000338
108	排污口尺寸标识	0001_000428
109	设置过剩空气系数标识	0001_000275
110	设置校准系数标识	0001_000679
111	设置速度场系数标识	0001_000534
112	设置皮托管系数标识	0001_000426
113	排污口尺寸	0001_000427
114	过剩空气系数	0001_000274
115	校准系数	0001_000678
116	速度场系数	0001_000533
117	皮托管系数	0001_000425
118	厂家名称	0000_000001
119	厂家联系人	0000_000002
120	厂家联系电话	0000_000003
121	计量器具型式批准证书或生产许可证标识	0001_000352
122	计量器具有效期截止日	0001_000351
123	环境监测仪器质量检验中心适用性监测证书标识	0001_000593
124	适用性监测证书有效期截止日	0001_000594
125	运营类别	0000_000083
126	运维单位	0000_000080
127	运维单位资质类型	0000_000081
128	运维单位资质有效期限	0000_000082
129	持证人员姓名	0001_000064
130	验收合格标志编号	0001_000712
131	验收标志核发日期	0001_000711
132	有效性审核标志编号	0001_000724
133	审核标志核发日期	0001_000537
134	考核单位	0001_000372

序号	中文名称	标识符
135	标志有效期	0001_000022
136	设备站房照片	0000_000060
137	设备照片	0000_000061
138	设备验收合格证照片	0001_000525
139	采样点照片	0001_000061
140	安装 COD 自动监测设备标识	0001_000010
141	COD 自动监测设备原理	0001_000036
142	安装氨氮自动监测设备标识	0001_000011
143	氨氮自动监测设备原理	0001_000008
144	安装污水流量计标识	0001_000014
145	安装总磷水质自动分析仪标识	0001_000016
146	安装 pH 值水质自动分析仪标识	0001_000012
147	安装温度计标识	0001_000013

4.4.2　自动监测设备现场验收信息数据元

自动监测设备现场验收信息数据元列表见表 15。

表 15　自动监测设备现场验收信息数据元

序号	中文名称	标识符
1	设备操作记录	0001_000513
2	设备操作记完善标识	0001_000514
3	岗位责任制	0001_000302
4	岗位责任制完善标识	0001_000303
5	设备故障预防与处置制度	0001_000517
6	设备故障预防与处置制度完善标识	0001_000518
7	运行、巡检记录	0001_000722
8	运行、巡检记录完善标识	0001_000723
9	定期校准校验记录	0001_000067
10	定期校准校验记录完善标识	0001_000068
11	易耗品定期更换记录	0001_000700
12	易耗品定期更换记录完善标识	0001_000701
13	设备故障状况及处理记录	0001_000519
14	设备故障状况及处理记录完善标识	0001_000520
15	废气排放口规范标识	0001_000129
16	废气排放口标志牌安装	0001_000125
17	设施运行及日常现场监督检查记录	0001_000346
18	设备安装规范标识	0001_000510
19	CEMS 操作平台设置规范标识	0001_000063
20	CEMS 取样点取样孔规范标识	0001_000025
21	数据一致标识	0001_000578
22	排放口安装独立数据采集传输设备标识	0001_000413
23	数据采集传输仪性能符合规范要求	0001_000548

序号	中文名称	标识符
24	数据采集传输仪安装符合规范要求	0001_000541
25	数据采集传输仪与监控中心通信畅通	0001_000547
26	数据采集传输仪通信方式符合标准要求	0001_000546
27	数据采集传输仪上报 IP 地址与应用系统对应	0001_000540
28	数据采集传输仪代码与监控中心应用系统对应	0001_000544
29	数据标记	0001_000538
30	处理标识	0001_000033
31	污染物排放浓度记录标识	0001_000637
32	流量记录标识	0001_000382
33	污染物排放总量记录标识	0001_000639
34	日报标识	0001_000479
35	月报标识	0001_000680
36	季报标识	0001_000345
37	污水采样系统安装符合规范要求	0001_000672
38	COD 分析废液专用容器回收标识	0001_000037
39	比对监测单位	0001_000065
40	设备监测日期	0001_000347
41	设备点位名称	0001_000515
42	制造单位	0001_000764
43	二氧化硫比对方法	0001_000096
44	二氧化硫自动监测方法	0001_000104
45	氮氧化物比对方法	0001_000084
46	氮氧化物自动监测方法	0001_000089
47	含氧量比对方法	0001_000334
48	含氧量自动监测方法	0001_000343
49	烟尘比对方法	0001_000682
50	烟尘自动监测方法	0001_000691
51	流速比对方法	0001_000388
52	流速自动监测方法	0001_000399
53	烟温比对方法	0001_000715
54	烟温自动监测方法	0001_000719
55	二氧化硫比对监测数据	0001_000097
56	氮氧化物比对监测数据	0001_000085
57	含氧量比对监测数据	0001_000335
58	烟尘比对监测数据	0001_000683
59	流速比对监测数据	0001_000389
60	烟温比对监测数据	0001_000716
61	二氧化硫自动监测数据	0001_000105
62	氮氧化物自动监测数据	0001_000090
63	含氧量自动监测数据	0001_000344
64	烟尘自动监测数据	0001_000692
65	流速自动监测数据	0001_000400
66	烟温自动监测数据	0001_000720

序号	中文名称	标识符
67	二氧化硫标准限值	0001_000095
68	氮氧化物标准限值	0001_000083
69	含氧量标准限值	0001_000333
70	烟尘标准限值	0001_000681
71	流速标准限值	0001_000387
72	烟温标准限值	0001_000714
73	二氧化硫比对结果	0001_000098
74	氮氧化物比对结果	0001_000086
75	含氧量比对结果	0001_000336
76	烟尘比对结果	0001_000684
77	流速比对结果	0001_000390
78	烟温比对结果	0001_000717
79	二氧化硫达标情况	0001_000099
80	氮氧化物达标情况	0001_000087
81	含氧量达标情况	0001_000337
82	烟尘达标情况	0001_000685
83	流速达标情况	0001_000391
84	烟温达标情况	0001_000718
85	比对监测结论	0001_000066
86	通过比对监测标识	0001_000595
87	比对监测日期	0001_000017
88	化学需氧量比对方法	0001_000327
89	化学需氧量自动监测方法	0001_000330
90	氨氮比对方法	0001_000003
91	氨氮自动监测方法	0001_000007
92	流量计比对方法	0001_000379
93	流量计自动监测方法	0001_000384
94	其他监测项目比对方法	0001_000447
95	其他监测项目自动监测方法	0001_000450
96	化学需氧量比对监测数据	0001_000329
97	氨氮比对监测数据	0001_000005
98	流量计比对监测数据	0001_000381
99	其他监测项目比对监测数据	0001_000449
100	化学需氧量自动监测数据	0001_000331
101	氨氮自动监测数据	0001_000009
102	流量计自动监测数据	0001_000385
103	其他监测项目自动监测数据	0001_000451
104	化学需氧量标准限值	0001_000326
105	氨氮标准限值	0001_000002
106	流量计标准限值	0001_000378
107	其他监测项目标准限值	0001_000446
108	化学需氧量比对结果	0001_000325
109	氨氮比对结果	0001_000001

序号	中文名称	标识符
110	流量计比对结果	0001_000377
111	其他监测项目比对结果	0001_000445
112	化学需氧量达标情况	0001_000328
113	氨氮达标情况	0001_000004
114	流量计达标情况	0001_000380
115	其他监测项目达标情况	0001_000448
116	验收结论	0001_000713
117	排污申报经办人	0001_000432
118	设备验收审核人	0001_000527
119	设备验收结论日期	0001_000526
120	通过验收标识	0001_000597

4.4.3　自动监测设备监督考核信息数据元

自动监测设备监督考核信息数据元列表见表16。

表16　自动监测设备监督考核信息数据元

序号	中文名称	标识符
1	设备操作记录	0001_000513
2	设备操作记录完善标识	0001_000514
3	运行、巡检记录	0001_000722
4	运行、巡检记录完善标识	0001_000723
5	定期校准校验记录	0001_000067
6	定期校准校验记录完善标识	0001_000068
7	易耗品定期更换记录	0001_000700
8	易耗品定期更换记录完善标识	0001_000701
9	设备故障状况及处理记录	0001_000519
10	设备故障状况及处理记录完善标识	0001_000520
11	二级门禁管理系统	0001_000094
12	氧量	0001_000709
13	校准系数	0001_000678
14	速度场系数	0001_000533
15	排污口尺寸	0001_000427
16	排放口尺寸现场核查值	0001_000412
17	过剩空气系数	0001_000274
18	过剩空气系数现场核查值	0001_000276
19	校准系数现场核查值	0001_000021
20	速度场系数现场核查值	0001_000535
21	数据标记	0001_000538
22	处理标识	0001_000033
23	设备运转率	0000_000059
24	数据传输率	0001_000512
25	污染物排放浓度记录标识	0001_000637

序号	中文名称	标识符
26	流量记录标识	0001_000382
27	污染物排放总量记录标识	0001_000639
28	日报标识	0001_000479
29	月报标识	0001_000680
30	季报标识	0001_000345
31	二氧化硫比对方法	0001_000096
32	二氧化硫自动监测方法	0001_000104
33	氮氧化物比对方法	0001_000084
34	氮氧化物自动监测方法	0001_000089
35	含氧量比对方法	0001_000334
36	含氧量自动监测方法	0001_000343
37	烟尘比对方法	0001_000682
38	烟尘自动监测方法	0001_000691
39	流速比对方法	0001_000388
40	流速自动监测方法	0001_000399
41	烟温比对方法	0001_000715
42	烟温自动监测方法	0001_000719
43	二氧化硫比对监测数据	0001_000097
44	氮氧化物比对监测数据	0001_000085
45	含氧量比对监测数据	0001_000335
46	烟尘比对监测数据	0001_000683
47	流速比对监测数据	0001_000389
48	烟温比对监测数据	0001_000716
49	二氧化硫自动监测数据	0001_000105
50	氮氧化物自动监测数据	0001_000090
51	含氧量自动监测数据	0001_000344
52	烟尘自动监测数据	0001_000692
53	流速自动监测数据	0001_000400
54	烟温自动监测数据	0001_000720
55	二氧化硫标准限值	0001_000095
56	氮氧化物标准限值	0001_000083
57	含氧量标准限值	0001_000333
58	烟尘标准限值	0001_000681
59	流速标准限值	0001_000387
60	烟温标准限值	0001_000714
61	二氧化硫比对结果	0001_000098
62	氮氧化物比对结果	0001_000086
63	含氧量比对结果	0001_000336
64	烟尘比对结果	0001_000684
65	流速比对结果	0001_000390
66	烟温比对结果	0001_000717
67	二氧化硫达标情况	0001_000099
68	氮氧化物达标情况	0001_000087

序号	中文名称	标识符
69	含氧量达标情况	0001_000337
70	烟尘达标情况	0001_000685
71	流速达标情况	0001_000391
72	烟温达标情况	0001_000718
73	比对监测结论	0001_000066
74	通过比对监测标识	0001_000595
75	比对监测日期	0001_000017
76	化学需氧量比对方法	0001_000327
77	化学需氧量自动监测方法	0001_000330
78	氨氮比对方法	0001_000003
79	氨氮自动监测方法	0001_000007
80	流量计比对方法	0001_000379
81	流量计自动监测方法	0001_000384
82	其他监测项目比对方法	0001_000447
83	其他监测项目自动监测方法	0001_000450
84	化学需氧量比对监测数据	0001_000329
85	氨氮比对监测数据	0001_000005
86	流量计比对监测数据	0001_000381
87	其他监测项目比对监测数据	0001_000449
88	化学需氧量自动监测数据	0001_000331
89	氨氮自动监测数据	0001_000009
90	流量计自动监测数据	0001_000385
91	其他监测项目自动监测数据	0001_000451
92	化学需氧量标准限值	0001_000326
93	氨氮标准限值	0001_000002
94	流量计标准限值	0001_000378
95	其他监测项目标准限值	0001_000446
96	化学需氧量比对结果	0001_000325
97	氨氮比对结果	0001_000001
98	流量计比对结果	0001_000377
99	其他监测项目比对结果	0001_000445
100	化学需氧量达标情况	0001_000328
101	氨氮达标情况	0001_000004
102	流量计达标情况	0001_000380
103	其他监测项目达标情况	0001_000448
104	考核结论	0001_000373
105	排污申报经办人	0001_000432
106	设备验收审核人	0001_000527
107	设备验收结论日期	0001_000526
108	通过考核标识	0001_000596

……

附录 5-4　污染源自动监控信息数据字典规范（节选）

……

C.1　污染源数据字典管理信息

数据字典编写人：×××

数据字典编写日期：2010 年 8 月 31 日

数据字典的状态：已完成

数据字典审核单位：×××单位

数据字典审核人：×××

审核日期：2011 年 4 月 15 日

C.2　污染源管理数据表

序号	数据表名称	中文	描述	监管机构	联系人	联系电话	E-mail	联系地址及邮编	更新单位	更新日期	记录数	容量（MB）	触发器描述	索引描述
1	T_Bas_EnterList	污染源基本信息	污染源基本信息都记录在本数据表中	×××	×××	××××-××××××××	××××@×××.×××	×××	×××	××××-××-××	1 000	100	无	无
2	T_Bas_EnterListEnvironment	企业环境属性	记录企业环境属性信息	×××	×××	××××-××××××××	××××@×××.×××	×××	×××	××××-××-××				
3	T_Bas_EnterListManagement	企业管理属性	记录企业管理属性信息	×××	×××	××××-××××××××	××××@×××.×××	×××	×××	××××-××-××				
4	T_Bas_DataPrimProduct	各产品生产情况	记录各产品生产情况	×××	×××	××××-××××××××	××××@×××.×××	×××	×××	××××-××-××				
5	T_Bas_DataProdMaterials	各原辅材料消耗	记录各原辅材料消	×××	×××	××××-××	××××@×	×××	××	××××-				

序号	数据表名称	中文	描述	监管机构	联系人	联系电话	E-mail	联系地址及邮编	更新单位	更新日期	记录数	容量（MB）	触发器描述	索引描述
		情况	耗情况			××××××	××.×××		×	××-××				
6	T_Bas_DataUnProPolluteOut	单位产品污染物排放情况	记录单位产品污染物排放情况	×××	×××	××××-×××××××	××××@×××.×××	×××	×××	××××-××-××				
7	T_Bas_MaterialsInfo	原辅材料	记录原辅材料信息	×××	×××	××××-×××××××	××××@×××.×××	×××	×××	××××-××-××				
8	T_Bas_ProductsInfo	主要产品	记录主要产品信息	×××	×××	××××-×××××××	××××@×××.×××	×××	×××	××××-××-××				
9	T_Bas_BoilerInfo	锅炉信息	记录锅炉信息	×××	×××	××××-×××××××	××××@×××.×××	×××	×××	××××-××-××				
10	T_Bas_KilnInfo	炉窑信息	记录炉窑信息	×××	×××	××××-×××××××	××××@×××.×××	×××	×××	××××-××-××				
11	T_Bas_EnterGasOutEquipmentTotal	废气产污设备汇总表	记录废气产污设备汇总表	×××	×××	××××-×××××××	××××@×××.×××	×××	×××	××××-××-××				
12	T_Bas_EnterProductionProcess	生产工艺	记录生产工艺信息	×××	×××	××××-×××××××	××××@×××.×××	×××	×××	××××-××-××				
13	T_Bas_EnterGasOutPoint	废气排口	记录废气排口信息	×××	×××	××××-×××××××	××××@×××.×××	×××	×××	××××-××-××				
14	T_Bas_EnterSewaFarmInfallPoint	污水处理厂进水口	记录污水处理厂进水口信息	×××	×××	××××-×××××××	××××@×××.×××	×××	×××	××××-××-××				
15	T_Bas_EnterWaterOutPoint	废水排口	记录废水排口信息	×××	×××	××××-×××××××	××××@×××.×××	×××	×××	××××-××-××				
16	……													

C.3　污染源管理数据项

工业重点污染源对象基本信息

基本信息

污染源基本信息

表名：T_BAS_ENTERLIST　解释：T_Bas_EnterList 污染源基本信息

序号	字段名称	中文名称	数据类型	长度	精度	单位	取值范围	是否可空	是否主键	是否为外键	外键表名称	默认值	备注
1	YEAR	年份	INT										年份
2	CODE_POLLUTE	污染源编码	NVARCHAR	12					是				
3	ENTERNAME	企业名称	NVARCHAR	255									企业名称
4	HISTORYENTERNAME	曾用名	NVARCHAR	255				是					曾用名
5	CORPCODE	法人代码	NVARCHAR	50				是					法人代码，格式：××××××××-×（××） 前八位数字，后一位数字和 X，最后两位编号：为数字，如未领法人代码的，临时代码的编码原则按污染源普查规定的原则
6	CORPNAME	法人代表姓名	NVARCHAR	50				是					法人代表姓名
7	GROUPENTERCODE	所属集团公司企业编码	NVARCHAR	50				是					所属集团公司企业编码
8	ENTERADDRESS	企业地址	NVARCHAR	255									企业地址
9	LONGITUDE	经度	DECIMAL（9，6）	9				是					经度

序号	字段名称	中文名称	数据类型	长度	精度	单位	取值范围	是否可空	是否主键	是否为外键	外键表名称	默认值	备注
10	LATITUDE	纬度	DECIMAL（9，6）	9				是					纬度
11	TELEPHONE	电话	NVARCHAR（50）	50				是					电话
12	FAX	传真	NVARCHAR（50）	50				是					传真
13	POSTALCODE	邮编	NVARCHAR（6）	6				是					邮编
14	EMAIL	邮箱地址	NVARCHAR（100）	100				是					邮箱地址
15	WEBSITE	网址	NVARCHAR（100）	100				是					网址
16	CODE_REGION	行政区	NVARCHAR（50）	50									行政区
17	CODE_WSYSTEM	所属流域	NVARCHAR（50）	50									所属流域
18	CODE_TRADE	所属行业	NVARCHAR（50）	50				是					所属行业
19	CODE_ENTERTYPE	企业类型	NVARCHAR（50）	50									企业类型：1. 工业污染源；2. 污水处理厂；3. 固（危）废处理厂；4. 住宿、餐饮服务业；5. 居民服务及其他行业；6. 医院；7. 机关、事业单位独立燃烧；8. 垃圾处理厂；9. 医疗废物处理厂
20	CODE_ENTERRELATION	隶属关系	NVARCHAR（50）	50				是					隶属关系
21	CODE_INDUSTRYAREANAME	所在工业园区名称	NVARCHAR（100）	100				是					所在工业园区名称：（441102 国家级经济技术开发区）广州经济技术开发区
22	CODE_REGISTERTYPE	登记注册类型	NVARCHAR（50）	50				是					登记注册类型

序号	字段名称	中文名称	数据类型	长度	精度	单位	取值范围	是否可空	是否主键	是否为外键	外键表名称	默认值	备注
23	CODE_QUALIFICATION	单位资质	NVARCHAR（50）	50				是					单位资质
24	CODE_CONTROLLEVEL	污染源监管类型	NVARCHAR（50）	50				是					污染源监管类型：国控、省控、市控、县控、企业群、市直属、其他
25	CREATETIME	开业时间（建成时间）	NVARCHAR（50）	50				是					开业时间（建成时间）
26	STOPTIME	停业时间	NVARCHAR（50）	50				是					停业时间
27	LATEUPDATETIME	最新改扩建时间	NVARCHAR（50）	50				是					最新改扩建时间
28	ENVIRONLINKMEN	环保联系人	NVARCHAR（50）	50				是					环保联系人
29	ENVIRONTEL	环保联系人电话	NVARCHAR（50）	50				是					环保联系人电话
30	ENVIRONFAX	环保联系人传真	NVARCHAR（50）	50				是					环保联系人传真
31	ENVIRONPHONE	环保联系人手机	NVARCHAR（50）	50				是					环保联系人手机
32	BANKNAME	银行名称	NVARCHAR（100）	100				是					银行名称
33	BANKCODE	银行账户	NVARCHAR（50）	50				是					银行账户
34	ENABLESTATE	是否有效	BIT					是					是否有效
35	PRODUCTIONSTATE	生产状态	NVARCHAR（50）	50				是					生产状态
36	CHANGEORDERSID	变更单号	NVARCHAR（50）	50				是					变更单号
37	VALIDTIME	生效时间	DATETIME					是					生效时间
38	INVALIDTIME	失效时间	DATETIME					是					失效时间
39	DECLARECODE	排污申报登记号	NVARCHAR（50）	50				是					排污申报登记号
40	OUTPERMITCODE	排污许可证编号	NVARCHAR（50）	50				是					排污许可证编号

序号	字段名称	中文名称	数据类型	长度	精度	单位	取值范围	是否可空	是否主键	是否为外键	外键表名称	默认值	备注
41	CODE_REGION_SHENG	所属省份	NVARCHAR（200）	200				是					所属省份
42	CODE_REGION_SHI	所属地市	NVARCHAR（200）	200				是					所属地市
43	CODE_REGION_XIAN	所属区县	NVARCHAR（200）	200				是					所属区县
44	CODE_STREET	所属街道	NVARCHAR（50）	50				是					所属街道：需要初始化
45	MONEYTYPE	投资币种	NVARCHAR（50）	50				是					
46	ENVINVESTMONEYTYPE	环保总投资币种	NVARCHAR（50）	50				是					环保总投资币种
47	CODE_ENTERSIZE	企业规模	NVARCHAR（200）	200				是					企业规模

……

附录 5-5　污染源自动监控信息元数据规范（节选）

……

F.2　污染源自动监控数据集元数据框架

F.2.1　概述

污染源自动监控信息元数据由环境信息核心元数据和污染源自动监控数据特有的元数据组成。污染源自动监控数据集元数据框架符合《环境信息元数据规范》（环境保护标准报批稿）中定义的环境信息元数据框架，如图 F.1 所示。

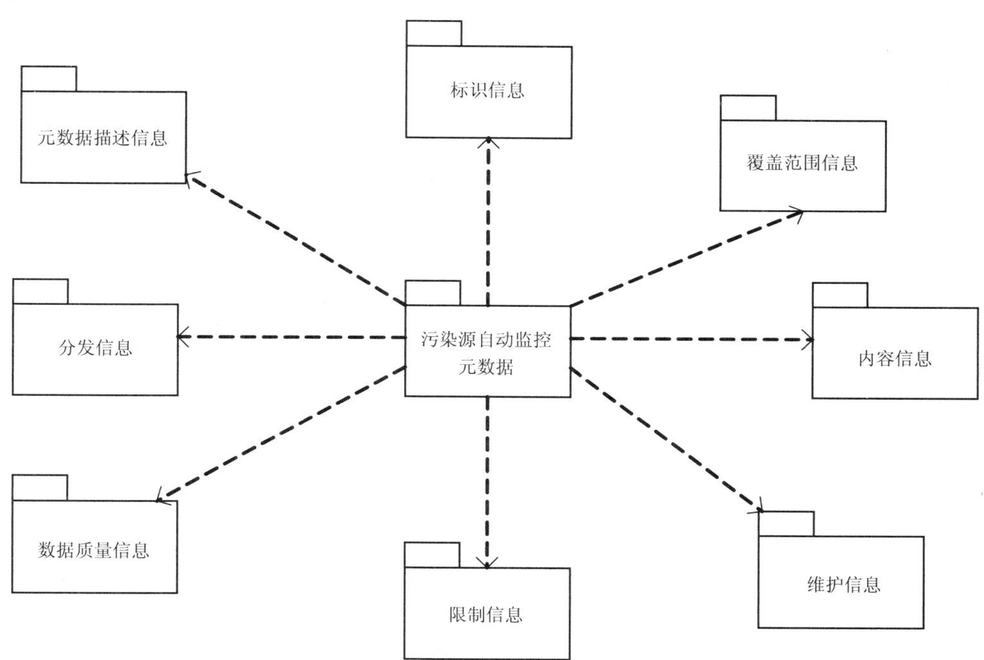

图 F.1　污染源自动监控数据集元数据框架

污染源自动监控数据集元数据框架包括 8 个元数据子集：标识信息、数据质量信息、覆盖范围信息、分发信息、限制信息、维护信息、内容信息和元数据描述信息。

F.2.2　污染源自动监控数据集 UML 模型

F.2.2.1　标识信息

标识信息 UML 模型，如图 F.2 所示：

F.2.2.2　覆盖范围信息

覆盖范围信息 UML 模型，如图 F.3 所示：

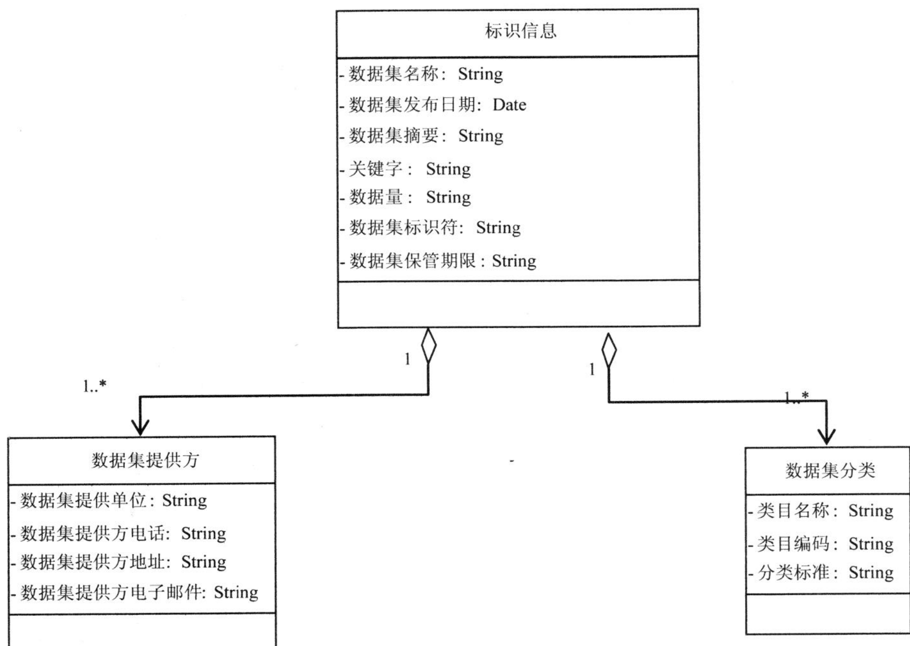

图 F.2 标识信息 UML 模型

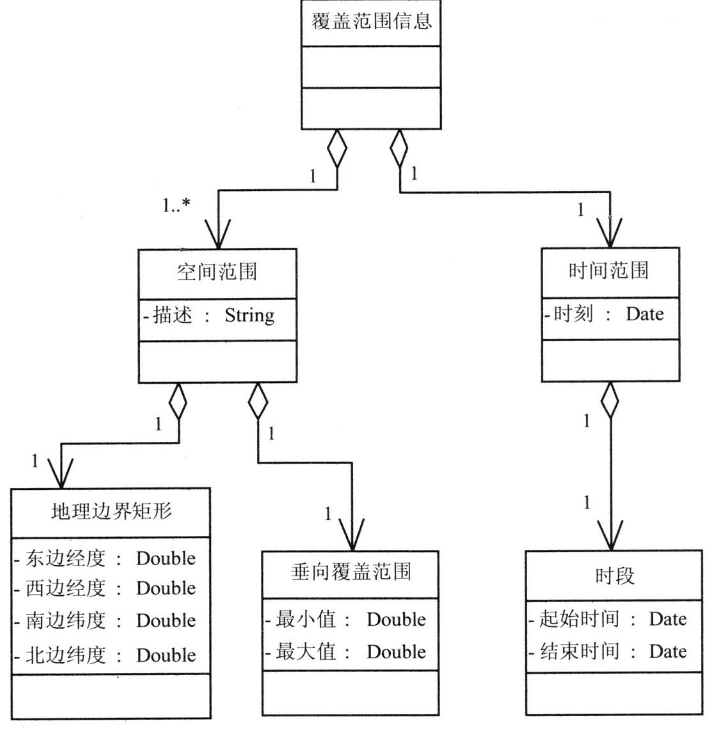

图 F.3 覆盖范围信息 UML 模型

F.2.2.3　内容信息

内容信息 UML 模型，如图 F.4 所示：

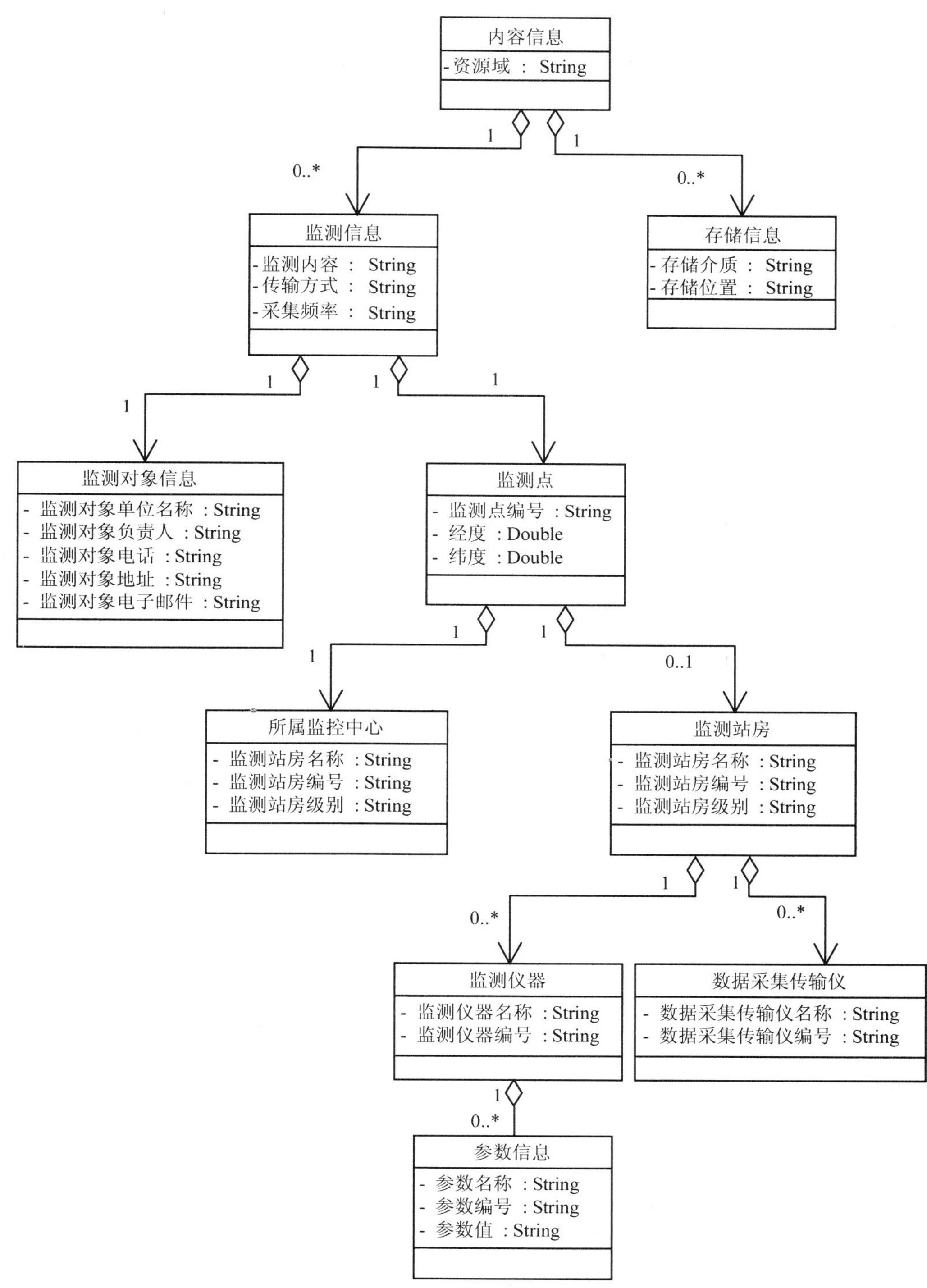

图 F.4　内容信息 UML 模型

F.2.2.4 维护信息

维护信息 UML 模型，如图 F.5 所示：

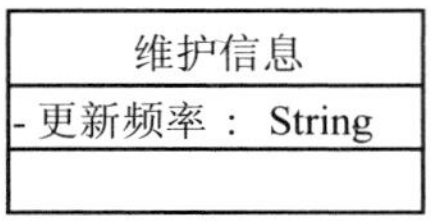

维护信息
- 更新频率 ： String

图 F.5 维护信息 UML 模型

F.2.2.5 限制信息

限制信息 UML 模型，如图 F.6 所示：

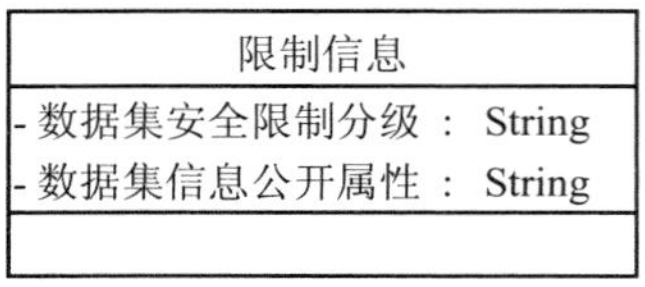

限制信息
- 数据集安全限制分级 ： String
- 数据集信息公开属性 ： String

图 F.6 限制信息 UML 模型

F.2.2.6 数据质量信息

数据质量信息 UML 模型，如图 F.7 所示：

数据质量信息
1
1
1
1
数据志
- 数据志说明 ： String
- 数据源说明 ： String
- 处理步骤 ： String
数据质量报告
- 度量说明 ： String
- 数据质量评价 ： String

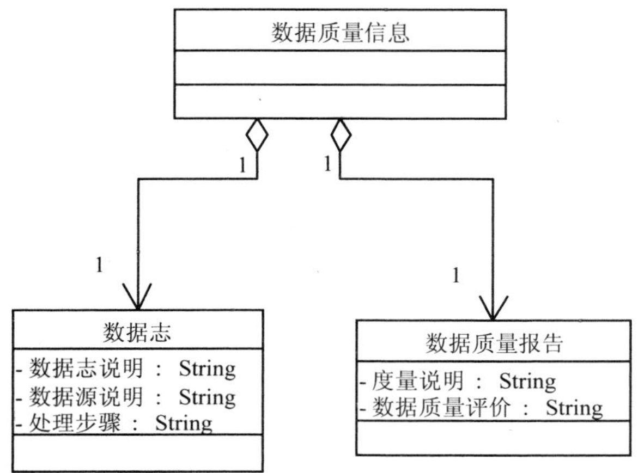

图 F.7 数据质量信息 UML 模型

F.2.2.7 分发信息

分发信息 UML 模型，如图 F.8 所示：

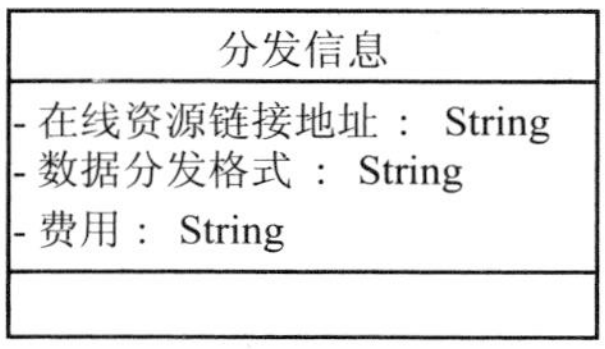

分发信息
- 在线资源链接地址 ： String
- 数据分发格式 ： String
- 费用 ： String

图 F.8 分发信息 UML 模型

F.2.2.8　元数据描述信息

元数据描述信息 UML 模型，如图 F.9 所示：

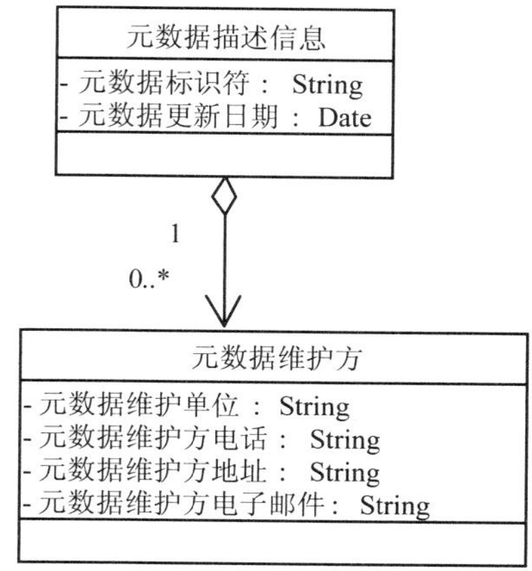

图 F.9　元数据描述信息 UML 模型

F.3　污染源自动监控数据集元数据内容

F.3.1　概述

污染源自动监控数据集元数据由 8 个元数据子集、共 25 个元数据实体和元数据元素组成，可用于污染源自动监控信息数据集的编目、数据交换活动和对数据集的描述。

污染源自动监控数据集元数据包含 10 个必选的元数据实体和元数据元素，分别是：

a）数据集名称（F.3.2.1.1）

b）数据集发布日期（F.3.2.1.2）

c）数据集摘要（F.3.2.1.3）

d）数据集提供方（F.3.2.1.4）

e）关键字（F.3.2.1.5）

f）数据集分类（F.3.2.1.6）

g）数据集标识符（F.3.2.1.8）

h）资源域（F.3.2.3.1）

i）数据分发格式（F.3.2.7.2）

j）元数据标识符（F.3.2.8.1）

污染源自动监控数据集元数据还包括 15 个可选和条件必选的元数据实体和元数据元素。

……

附录 5-6 环境保护信息数据元编制原则和方法

1 概述

1.1 范围

本文用于指导《污染源自动监控数据元技术规定》、《污染源监督性监测数据元技术规定》、《环境统计数据元技术规定》的编制工作。

1.2 数据元的概念

对客观世界通过一系列属性进行描述，对这些属性进行抽象后得到的概念即数据元。数据元在特定的语义环境中被认为是不可再分的最小数据单元，例如：水污染物名称、水污染物代码、废水排放去向、仪器名称。

数据元可通过一组属性进行描述，如名称、定义、数据格式和值域等属性。两个名称相同但值域不同的数据元，被认为是两个不同的数据元。

以“排放浓度”为例：当作为废水排放浓度时，其取值单位是“ML（毫克每升）”；而作为废气排放浓度时，其取值单位是“GP（毫克每立方米）”。因此，取值单位为“ML”的“排放浓度”和取值单位为“GP”的“排放浓度”是两个含义不同的、独立的数据元。

1.3 数据元的作用

数据元是一个组织管理数据的基本单元，它是数据库和文件设计、数据交换的组成部分。通过数据元的定义，对数据的基本组成元素进行规范化描述，消除数据命名、描述和分类编码在语义层面的不一致性，确保对数据的无歧义理解。

数据元的规范化对于信息的集成、整合和开发利用具有重要意义。

2 数据元的形成

2.1 编制思路

根据各业务数据情况制定各环境业务数据元，具体编制思路如图 1 所示。

2.2 业务调研，资料分析

全面调研污染源自动监控、污染源监督性监测、环境统计业务情况，对于已有业务信息化建设基础的，可广泛搜集与业务相关的资料，包括已有的相关数据标准、业务信息系统设计文档、业务数据库设计文档（数据模型、数据字典）等；对于业务信息化尚不具备条件的，需对业务数据进行分析，建立数据实体-关系模型，明确该业务数据所包含的数据实体及其属性。

对调研资料进行系统分析，结合污染源自动监控、污染源监督性监测、环境统计等业务需求，确定业务数据范围，明确标准规范的对象。

2.3 提取数据元

分析各类业务数据，梳理已有的数据标准或业务信息系统设计文档、业务数据库设计文档、数据模型，提取数据字段，并进行筛选、排重，分别整理形成数据元列表。

a）筛选：对数据字段进行筛选，排除部分为数据库设计和系统建设而增加的数据字段，保留属于业务数据范畴的数据字段；

b）排重：对重复的数据字段进行分析和判断，名称、语义完全一致的可作为一个数据元；名称一致但语义不一致的则应分别定义为不同的数据元。

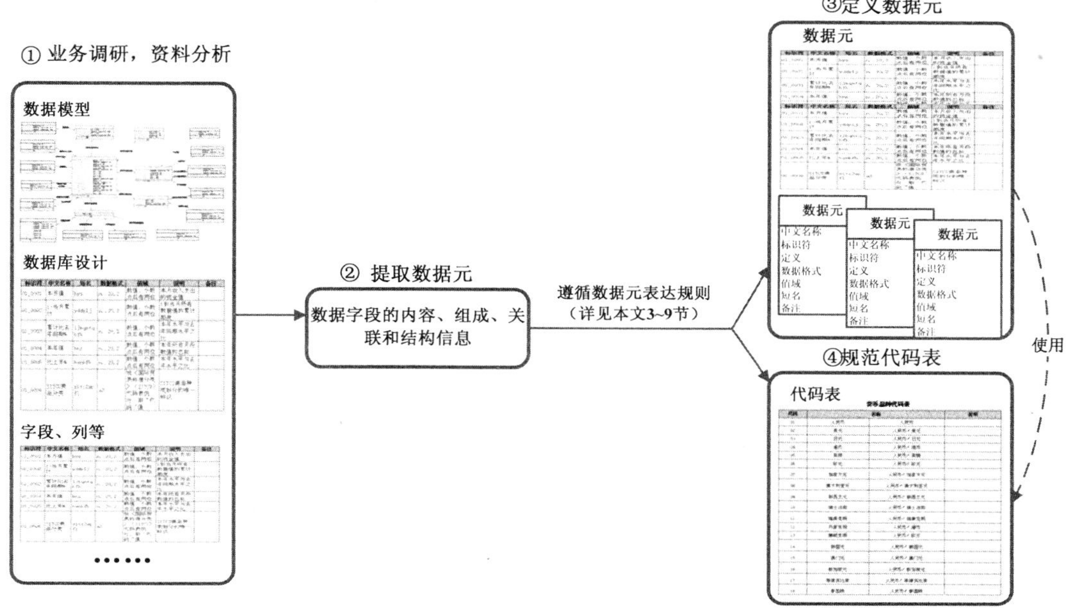

图 1　环境信息数据元标准编制思路

如果业务数据较为简单，则可直接列出该业务数据的数据元列表，如表 1 所示。

表 1　污染源自动监控数据元列表

数据元中文名称	数据元标识符
……	……
废水排放去向	A_0006
废水排放口监测时间	A_0007
废水排放口流量	A_0008
……	……

如果业务数据较为复杂，并有稳定的分类，则可进一步划分数据类别，并按照此分类对数据元进行分类；对于各类数据元再进一步分析，可提炼出各类业务数据共同使用的数据元，即公共数据元，如表 2 所示。

表 2　污染源自动监控数据元列表

序号	数据元类别	数据元中文名称	数据元标识符
1	公共数据元	排放口编码	A01_0001
		时间	A01_0002
		……	……

序号	数据元类别	数据元中文名称	数据元标识符
2	废水排放口信息数据元	废水排放去向	A02_0001
		废水排放口监测时间	A02_0002
		废水排放口流量	A02_0003
		……	……
3	废气排放口信息数据元	废气排放规律	A03_0001
		废气排放口监测时间	A03_0002
		废气排放口流量	A03_0003
		……	……
4	污染治理设施运行信息数据元	日期	A04_0001
		污染治理设施编码	A04_0002
		运行时间	A04_0003
5	……	……	……

注：数据元标识符的规则详见第 5 节。

2.4 定义数据元

按照本文第 3～9 节规定的数据元表达格式的要求，规范描述各数据元的中文名称、标识符、定义、数据格式、值域、短名、备注等属性，形成各数据元定义。

例如：

中文名称：废水排放去向
标 识 符：A01_0001
定　　义：废水排放的去向
数据格式：a1
值　　域：按“废水排放去向代码表”执行，取“代码”值
短　　名：fspfqx
备　　注：适用于污染源自动监控数据库
中文名称：废水排放口监测时间
标 识 符：A01_0002
定　　义：数据统计截止日期，指时钟上、日历上的具体的分、小时、天或年；准确的时刻或日期。
数据格式：CCYYMMDDhhmmss
值　　域：“CCYY”表示年份，“MM”表示月份，“DD”表示日期，“hh”表示小时，“mm”表示分钟，“ss”表示秒，可以视实际情况组合使用。
短　　名：wspfkjcsj
备　　注：适用于污染源自动监控数据库
中文名称：废气排放规律
标 识 符：A02_0001
定　　义：废气排放的规律。
数据格式：a1
值　　域：按“废气排放规律代码表”执行，取“代码”值
短　　名：fqpfgl
备　　注：适用于污染源自动监控数据库

中文名称：污染治理设施编码
标 识 符：A03_0002
定　　义：污染治理设施的唯一标识
数据格式：a20
值　　域：定长为 20 的字母字符
短　　名：wrzlssbm
备　　注：适用于污染源自动监控数据库

2.5　规范代码表

对需要进一步枚举取值的所有数据元素给出相关代码。代码的取值采取 3 类模式：

a）已有国家、行业标准且完全满足需求的，直接采标；

b）已有国家、行业标准且不能完全满足需求的，采标并进行修订；

c）没有国家、行业标准的，需要按照国家分类编码的相关规范，制定相应的代码标准。

自定义的代码表示例见表 3、表 4。

表 3　废水排放去向代码表

代码	名称
1	直接进入海域
2	直接进入江河湖、库等水环境
3	进入城市地下水（再入江河、湖、库）
4	进入城市地下水（再入沿海海域）
5	进入城市污水处理厂或工业废水集中处理厂
6	直接灌溉农田
7	进入地渗或蒸发地
8	进入其他单位
9	其他

表 4　废气排放规律代码表

代码	名称
1	稳定连续排放
2	周期性连续排放
3	不规律连续排放
4	有规律间断排放
5	不规律间断排放

3　数据元表达格式

3.1　数据元属性

数据元是通过一系列的属性进行描述和定义的，这些属性反映了数据元的基本特征。数据元的属性见表 5。

表 5　数据元属性列表

序号	属性名称
1	中文名称
2	标识符
3	定义
4	数据格式
5	值域
6	短名
7	备注

3.2　数据元属性定义

数据元属性的具体含义为：

中文名称：赋予数据元的单个或多个中文字词的指称。具体要求见第 4 节；

标识符：数据元的唯一标识代码。具体要求见第 5 节；

定义：表达一个数据元的本质特性并使其区别于所有其他数据元的陈述。具体要求见第 6 节；

数据格式：从业务的角度规定的数据元值的格式要求，包括所允许的最大和/或最小字符长度、数据元值的表示格式等。具体要求见第 7 节；

值域：根据相应属性中所规定的数据类型、数据格式而决定的数据元的允许值的集合。具体要求见第 8 节；

短名：数据元中文名称的首字母缩拼。具体要求见第 9 节；

备注：数据元的附加注释，可标明数据元的来源等内容。

4　数据元命名

数据元的中文名称应是唯一的，应尽量采用环保业务已有名称或环保行业习惯用语，方便数据元的使用。

数据元命名一般使用一个词语，要求用词精准，能够准确传达要表示的含义。

5　数据元标识符

5.1　标识符组成

数据元标识符是各数据元的唯一标识，由前段码和后段码组成。

5.2　前段码

为数据元分类序号码。

按照各业务数据的分类，规定数据元的一级分类见表 6。

表 6　数据元一级分类列表

分类序号	分类名称
A	污染源自动监控数据元
B	环境统计数据元
C	污染源监督性监测数据元

若某类业务数据可进一步划分数据类别，即对数据元进行二级分类，二级分类序号由英文大写字母和两位数字组成，如“A02”。

5.3　后段码

为该数据元在该类数据元中的流水号，由四位数字组成，前段码和后段码之间用“_”分隔符隔开。如图 2 和图 3 所示。

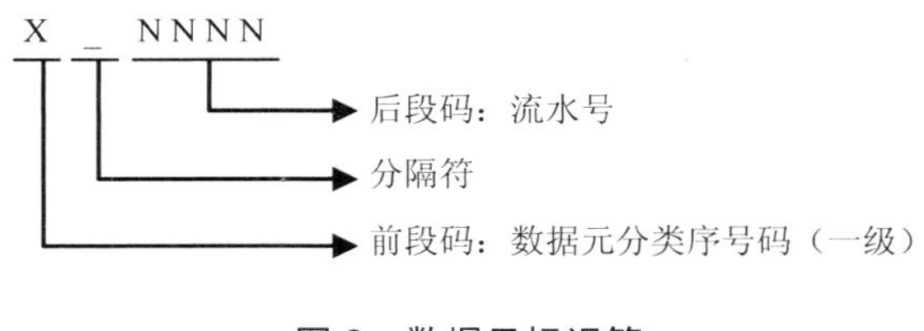

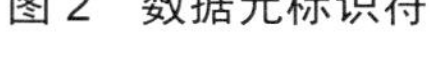

图 2　数据元标识符

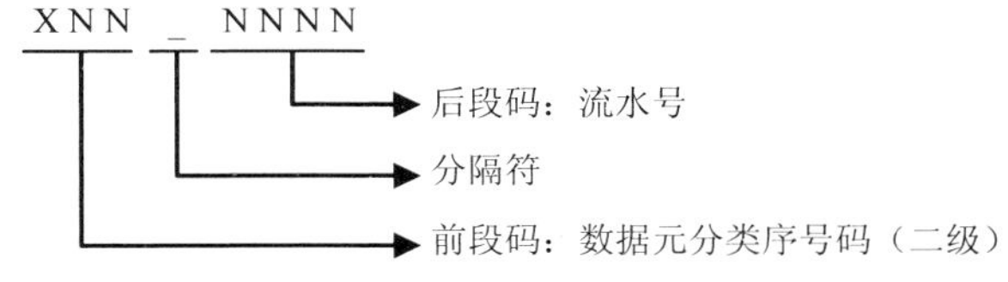

图 3　数据元标识符

例如：数据元“废气排放口流量”的数据元标识符为“A03_0003”，其中 A03 为数据元分类序号，0003 是该数据元在该类数据元中的流水号。

6　数据元定义

环保数据元定义应尽量采用环保业务已有定义或环保行业习惯用语对数据元进行定义。数据元的定义应阐述概念的基本含义，准确、简练、逻辑一致。

数据元的定义应具有唯一性，定义中所表述的一个或多个特性必须使被定义的概念与其他概念相区别。数据元的定义要阐述其概念是什么，而不是阐述其概念不是什么。必须使用短语来形成包含概念的基本特性的准确定义。不能简单地陈述一个或几个同义词，也不能以不同的顺序简单地重复这些名称。如果一个描述性短语不够，则应使用完整的、语法正确的句子。所有简称在第一次出现时，必须予以说明。

7　数据格式

数据元数据格式具体见表 7。

表 7　数据元数据格式

序号	属性名称	属性描述
1	a	字母字符
2	n	数字字符
3	m（m 为自然数）	定长 m 个字符（字符集默认为 GB 2312）
4	..p，q（p，q 均为自然数）	最长 p 个数字字符，小数点后 q 位
5	CCYYMMDDhhmmss	“CCYY”表示年份，“MM”表示月份，“DD”表示日期，“hh”表示小时，“mm”表示分钟，“ss”表示秒，可以视实际情况组合使用

例 1：“a10”表示定长为 10 的字母字符；

例 2：“n5”表示定长为 5 的数字字符；

例 3：“n..20，2”表示最长 20 个数字字符，小数点后 2 位。

8 数据元值域

数据元属性的表示形式，数据元通常有一个允许值的集合，这个允许值的集合被称之为值域。

数据元的值域定义存在以下三种情况：

a）描述数据格式。数据元值域取值可以用描述数据格式的形式表示，如：定长为 10 的字母字符；

b）引用国标。当有国标可以引用时则引用国标，如：《数据元和交换格式　信息交换　日期和时间表示法》（GB/T 7408—94）中对于时间表示法的规定；

c）代码表。数据元的值域是一个由所有允许值组成的列表，即代码表。用代码表表示数据元的值域须遵照以下原则：

1）已有国家、行业标准且完全满足需求的，直接采标；

2）已有国家、行业标准且不能完全满足需求的，采标并进行修订；

3）没有国家、行业标准的，需要按照国家分类编码的相关规范，制定相应的代码标准。

自定义的代码表内容包括代码和名称。代码由若干位阿拉伯数字构成，所取位数可根据内容调整，并按顺序排列。为满足未来业务扩充需要，可预留部分扩充空间，如用代码“9”或“99”表示“其他”。代码表模板见表 8。

表 8　代码表模板

代码	名称
1	×××
2	×××
3	×××
4	×××
9	其他

代码表可以被多个数据元使用，即可被再利用。

9 短名

数据元的短名遵循以下命名规则：

a）采用该数据元中文名称的首字母缩拼；

b）当遇有无法避免重复短名时，应采用数据元中文名称的首汉字全拼加剩余汉字首字母组合的附加规则，以此类推，直至短名无重复：

例：姓名　短名：xingm；

项目　短名：xiangm。

c）遇有数据元中文名称中带有阿拉伯数字的，其短名命名中直接采用该阿拉伯数字；

d）短名的最大长度为 30 个字符。

附录 5-7　污染源自动监控信息交换平台接口规范（节选）

……

1　概述

1.1　背景

为了贯彻《中华人民共和国环境保护法》，加强对环境污染源的监督管理，提高对环境污染源的自动监控水平，规范污染源自动监控的数据传输流程，保证污染源自动监控数据的实时、有效、可靠传输，构建统一的污染源自动监控信息交换平台，实现污染源自动监控数据资源信息安全、有效的传递、信息共享，为环境保护管理和决策提供信息服务。

为了规范各省污染源自动监控系统的数据快速、高效的上传，规范环保部与省之间的信息交互接口，确保系统的规范性和开放性，提出本规范。

本接口规范以《污染源在线自动监控（监测）系统数据传输标准》（HJ 212—2005）为依据，总结环保部以往各系统建设经验，充分采纳相关厂家的建议，反复讨论后初步制定。

本接口规范将与《污染源在线自动监控（监测）系统数据传输标准》（HJ 212—2005）一起对污染源自动监控系统的建设起到指导和约束的作用。

1.2　接口定义原则

为了保证信息交换平台与自动监控系统间接口的规范性、开放性和灵活性，接口定义遵循易理解、易使用、易交流的原则。

2　术语定义

2.1　污染源自动监控系统

对污染源排放进行自动监测与监视的设施和系统。

注：它由自动监控设备和监控中心组成。自动监控设备是在污染源现场安装的用于监控、监测污染物排放的流量（速）计、污染治理设施运行记录仪和数据采集传输仪等仪器、仪表，是污染防治设施的组成部分；监控中心是环境保护部门通过通信传输线路与自动监控设备连接用于对污染源实施自动监控的计算机软件和设备等。

[HJ/T 416—2007 7.33]

2.2　信息交换平台

采用消息队列技术实现分布的、跨地域的不同应用系统之间的信息交换，主要实现环保部与各省之间的污染源数据的传输，以实现全国范围污染源数据的传输与信息共享。

2.3　发送信息

将信息发送到信息交换平台。

2.4　接收信息

从信息交换平台接收信息，存入本地的应用系统。

2.5　回执

信息从发送方到接收方传递过程中需要经过若干个路由节点，信息每到一个路由节点，向信息发送方反馈的确认消息。

2.6 应用适配器

部署在应用系统一端，作为应用系统与信息交换平台的前置服务，负责提供应用的数据接口，应用系统发送数据给适配服务、从适配服务接收数据，应用适配器进行数据的格式转换、数据的传输、发送。应用适配器针对不同应用系统提供了多种方式：包括数据库的应用适配器、文件适配器、WebService 接口服务。

2.7 JMS

Java Message Service，是访问企业消息系统的一套标准 API，能够使应用系统之间交换数据；简化应用系统的开发。

2.8 SOAP

Simple Object Access Protocol，简单对象访问协议是在分散或分布式的环境中交换信息的简单的协议，是一个基于 XML 的协议，包括四个部分：SOAP 封装（envelop），封装定义了一个描述消息中的内容是什么，是谁发送的，谁应当接受并处理它以及如何处理它们的框架；SOAP 编码规则（encoding rules），用于表示应用程序需要使用的数据类型的实例；SOAP RPC 表示（RPC representation），表示远程过程调用和应答的协定；SOAP 绑定（binding），使用底层协议交换信息。

2.9 WSDL

Web Services Definition Language，用于描 述 Web 服务的技术调用语法。WSDL 定义了一套基于 XML 的语法，将 Web 服务描述为能够进行消息交换的服务访问点的集合。

3 信息交换平台系统功能及架构

3.1 信息交换平台

信息交换平台实现省污染源自动监控系统与部污染源自动监控系统的污染源数据的自动传输，为全国污染信息的统一监控提供基础数据。

信息交换平台实现污染源自动监测数据实时、小时、天、月、年污染源数据传输交换，包括基础信息以及自动监控信息。

在数据交换中遵循《污染源在线自动监控（监测）系统数据传输标准》（HJ 212—2005）和《环境污染源自动监控信息传输、交换技术规范》（HJ/T 352—2007）。

3.2 系统技术架构

信息交换平台技术架构如图 1 所示。

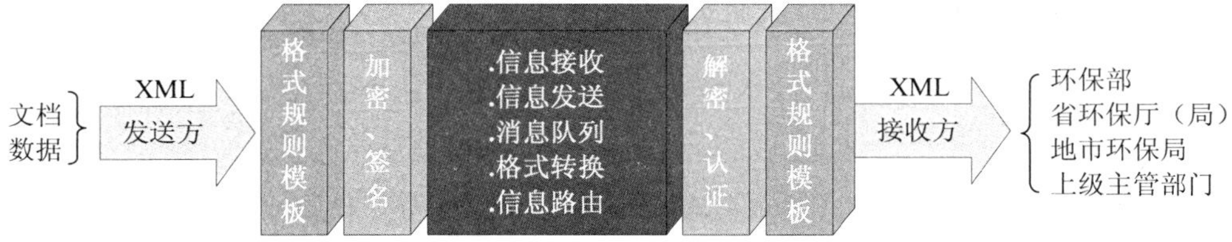

图 1 信息交换平台技术架构

信息交换平台采用消息队列技术实现分布的、跨地域的不同应用系统之间的信息交换。目前阶段主要实现环保部与各省环保局之间的污染源数据的传递，以实现全国范围污染源数据的完全自动化流转与信息共享。

信息交换平台采用消息队列机制。发送方的应用系统根据接口规范自动地把信息发送到交换平台的数据接口（应用适配器），通过数据接口发送信息到信息交换平台的输入队列，通过信息交换平台的数据转换、解析、路由等处理，把信息发送到输出队列，接收方的应用系统自动地从输出队列接收信息。

3.3　系统网络架构

信息交换平台采用集中建设的方式，在环保部集中建设，通过内部局域网实现与环保部自动监控系统的连接，通过环保部传输网实现与各省自动监控系统的连接。

信息交换平台内部主要由数据库服务器和应用服务器构成，环保部及省自动监控系统通过交换平台的适配器进行数据收发。

系统网络架构如图 2 所示。

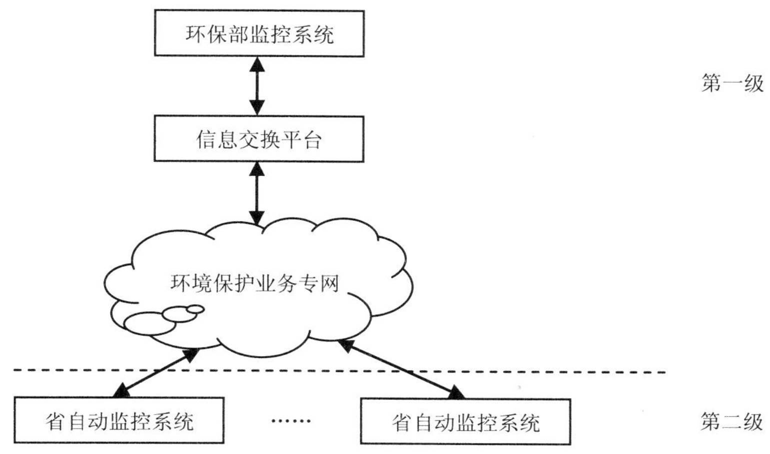

图 2　信息交换平台网络架构示意图

3.4　系统功能

a）信息规范：信息交换平台定义统一的数据交换要求、数据规则、模板、统一的命名要求，以便与不同省、部门、应用的统一识别信息；

b）数据传输、交换：

- 信息的路由、分发、中继转发功能；
- 数据的格式转换、数据的可靠传输；
- 应用适配器，使应用系统快速接入进行数据传输交换；
- 不同阶段的信息流转日志跟踪。

c）信息统计查询：

- Web 方式的查询统计信息交换的数据；
- 统一管控各个交换节点的服务。

d）安全：

- 信息传输过程中的加密；
- 通过证书签名保证信息的完整性；
- 信息存储的安全性。

信息交换平台的系统功能见图 3。

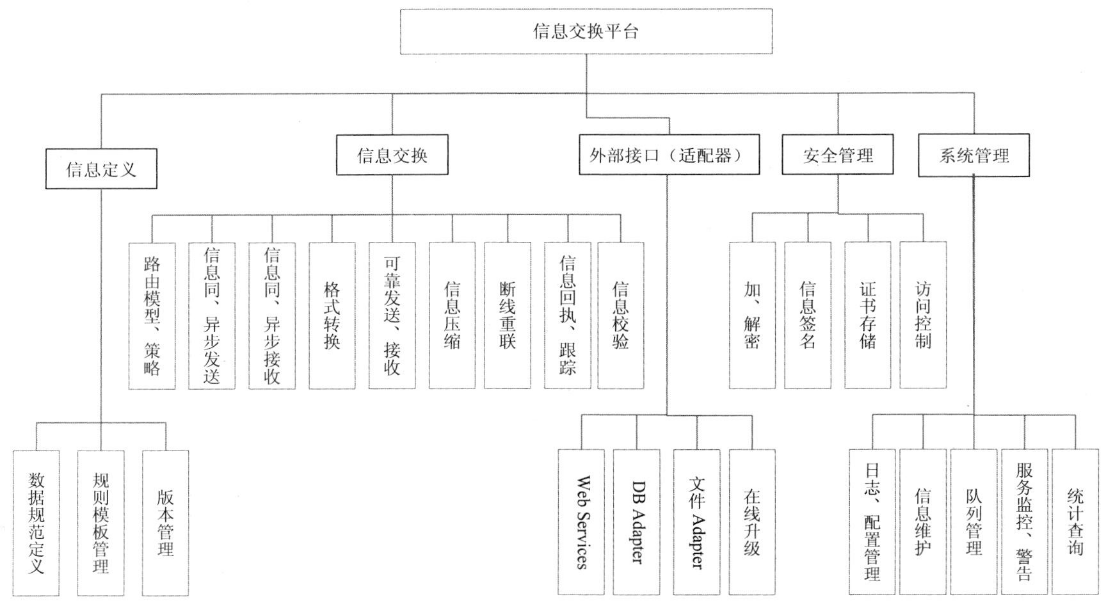

图 3　信息交换平台功能

4　信息交换内容与格式

4.1　污染源自动监控信息

通过信息交换平台交换的信息在本期为污染源自动监测信息。污染源监测信息包括 10 种信息，见表 1。

表 1　污染源自动监控信息分类

1	污染源基本信息
2	污染源申报登记
3	污染源自动监控信息
4	废气排放口基本信息
5	废水排放口基本信息
6	污水处理厂废气排放口基本信息
7	污水处理厂基本信息
8	污水处理厂进出水口基本信息
9	污水处理厂申报登记
10	污水处理厂自动监控信息

每种信息中数据长度的要求、是否可以为空，或者采用的编码规范等格式要求，具体内容参见《环境污染源自动监控信息传输、交换技术规范》（HJ/T 352—2007）。

4.2　订阅请求数据

本期暂不处理此类数据交换。

4.3　查询请求数据

本期暂不处理此类数据交换。

4.4　错误信息

信息交换过程中发生的各种错误信息均可以发送错误信息给发送方，及时了解错误的原因，进行处理。

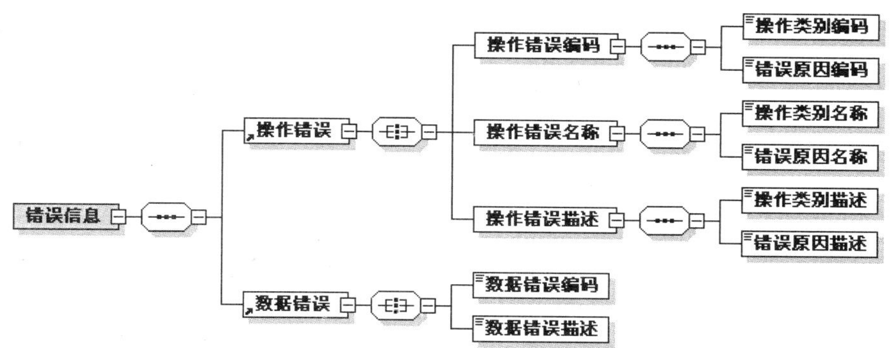

图 4　错误信息结构

具体错误的种类、编码、描述等错误信息格式要求，参见《环境污染源自动监控信息传输、交换技术规范》（HJ/T 352—2007）。

4.5　命名规划

在数据交换中涉及很多数据代码，如各省行政区划、污染源、污染物代码等，详见《环境污染源自动监控信息传输、交换技术规范》（HJ/T 352—2007）。

信息交换平台应用适配服务器中还需要统一队列命名，环保部以及省发送、接收数据时采用消息队列，队列需要在省、部进行配置，队列的命名见表 2。

表 2　队列的命名

发送队列名称		接收队列名称		交换节点名称
Local	Remote	Local	Remote	
—	—	Router.Queue		交换节点
LiaoNing.Queue	DataExchange.InQueue	—	—	交换节点——辽宁
JiangSu.Queue	DataExchange.InQueue	—	—	交换节点——江苏
NingXia.Queue	DataExchange.InQueue	—	—	交换节点——宁夏
QingHai.Queue	DataExchange.InQueue	—	—	交换节点——青海
DataExchange.OutQueue	Router.Queue	DataExchange.InQueue	—	环保部
DataExchange.OutQueue	Router.Queue	DataExchange.InQueue	—	辽宁
DataExchange.OutQueue	Router.Queue	DataExchange.InQueue	—	江苏
DataExchange.OutQueue	Router.Queue	DataExchange.InQueue	—	宁夏
DataExchange.OutQueue	Router.Queue	DataExchange.InQueue	—	青海

4.6　数据传输关系

污染源数据的传递路径为：

a）省上报数据→部；

b）部查询省数据→省→上报到部；

c）省订阅其他省数据→部→省。

详细的数据传输关系以及业务流程参见《环境污染源自动监控信息传输、交换技术规范》（HJ/T 352—2007）。

5 接口总体描述

5.1 接口定义

信息交换平台对外的接口主要有以下 3 种：

a）污染源自动监控系统发送信息到信息交换平台；

b）污染源自动监控系统接收信息的到达确认（回执、错误）信息；

c）污染源自动监控系统从信息交换平台接收信息（查询请求、订阅请求、业务数据）。

5.2 接口实现机制

信息交换平台接口的实现主要采用"客户请求—服务应答"的机制及同步或异步的通信方式。具体实现方式为采用消息中间件。

5.2.1 通信协议

接口主要采用 TCP/IP 标准协议，同时支持 HTTP、SOAP 协议。

接口支持同步、异步通信方式。

5.2.2 接口方式

接口方式有三种，本期只采用应用适配器方式：

- 数据库应用适配器：部署数据库应用适配器，简化污染源自动监控系统的开发工作，与污染源自动监控系统松散集成。数据库适配器主要采用中间数据库作为业务系统与信息交换平台的接口，通过中间数据库进行数据的发送、收取。
- 文件应用适配器：与中间数据库接口类似，部署文件应用适配器，简化污染源自动监控系统的开发工作，与污染源自动监控系统松散集成。文件适配器主要采用文件系统目录作为业务系统与信息交换平台的接口，通过文件进行数据的发送、收取；
- Web Services：通过 WSDL 进行数据发送、收取。

5.2.3 认证机制

通过信息交换平台进行信息的发送和接收，均要求进行发送端和接收端的认证，只有具有相应权限的应用或用户才能从信息交换平台中发送和接收信息。

针对中间数据库接口、文件目录接口方式，采用数据库以及文件系统的安全机制；对于 Web Service 方式通过用户名、口令认证。

5.2.4 安全机制

数据的传输可以采用 SSL 加密通道。

数据的完整性可以采用数字签名方式保证。

5.3 接口要求

污染源自动监控系统应严格按照本接口规范定义的命名规则、交换格式以及不同交换内容的要求提供数据，使用信息交换平台定义的接口方式连接到信息交换平台。

5.4 使用平台

各种接口使用平台见表 3。

表 3　接口使用平台

接口类型	JAVA 环境	应用服务器	操作系统	提供形式
数据应用适配器	JDK1.5 以上	WebLogic Server	Win2003	安装包
文件应用适配器	JDK1.5 以上	WebLogic Server	Win2003	安装包
Web 服务	JDK1.5 以上	WebLogic Server	Win2003	WSDL

5.5　接口格式定义

5.5.1　格式标准——XML

XML 是 eXtensible Markup Language（可扩展的标记语言）的缩写，是 W3C 组织于 1998 年 2 月发布的标准。W3C 组织制定 XML 标准的初衷是，定义一种互联网上交换数据的标准。

XML 的优势：

- 系统间数据交换的通用标准；
- 与展现模板（组件）配合使展现与业务逻辑彻底分离；
- 无线应用的扩展。

信息交换平台采用 XML 作为数据交换的格式。

5.5.2　格式规范——Schema

为方便环保部、不同省及部门应用识别各自的信息，统一定义信息交换的规范、标准，采用当前业界标准——XML，作为数据传输、组织的格式，即信息交换平台定义数据 XML Schema，需要交换数据的业务系统按照此规范组织数据，或进行数据格式转换。

为保证信息的可扩展性，信息的定义由两部分组成，如图 5 所示。

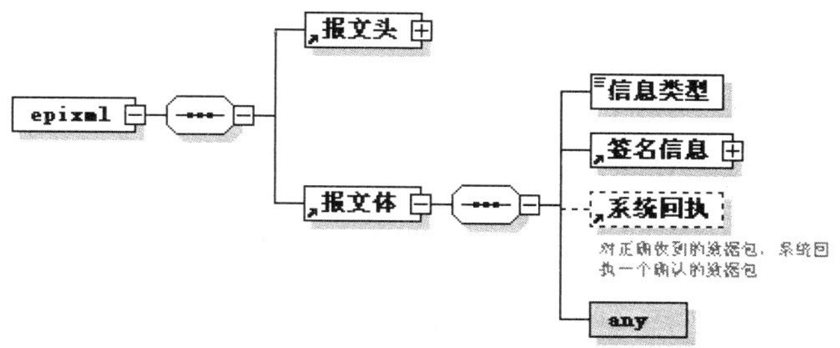

图 5　污染源自动监控信息

a）报文头、报文体、数据签名等格式要求参见《环境污染源自动监控信息传输、交换技术规范》（HJ/T 352—2007）；

b）Any 为存储不同信息类型的数据体。

6　接口方式详细定义

本期信息交换平台对外提供的调用接口主要采用应用适配器（Adapter）方式，通过部署专有应用适配器，与污染源自动监控系统集成。

信息交换平台同时提供 Web Services 接口，但本期先不采用。

6.1 文件应用适配器——Adapter

通过 Adapter，应用系统不直接与信息交换平台交互，应用系统只需将发送信息写入对应的文件目录即可；同样接收信息只需从文件目录中收取信息，Adapter 会自动把数据发送到信息交换平台，同时把接收到的数据写入文件目录中。

6.1.1 文件适配规范约束

文件适配的规范约束见表 4。

表 4 文件适配规范约束

目录	子目录	子目录	子目录	规范约束
交换报文				根目录
	各个省			省、直辖市、新疆兵团
		业务类型		污染源基本信息、污染源自动监控信息、废气排放口基本信息、废水排放口基本信息、污水处理厂废气排放口基本信息、污水处理厂基本信息、污水处理厂进出水口基本信息、污水处理厂自动监控信息
			交换频率	“实时”、“小时”、“天”、“月”、“年”

a）目录级别：

1）根目录-交换报文：不直接存储交换报文，仅包含与各省对应的子目录；

2）子目录-××省：不直接存储交换报文，仅包含与各业务类型对应的子目录；

3）子目录-业务类型：各类基本信息报文存储在本级目录下（包括污染源基本信息），同时包含与各交换频率对应的子目录；

4）子目录-交换频率：存储各类与目录相匹配的交换报文。

b）文件命名约束：以“业务类型”+“_”+“日期”+“_”+ “时间”_+“序号”方式定义各交换业务对应的 XML 文件；

c）文件按照不同的业务数据按照《环境污染源自动监控信息传输、交换技术规范》（HJ/T 352—2007）生成 XML 文件。

6.1.2 Adapter 安装

6.1.2.1 安装内容

- Weblogic Server 10.3 安装：安装 Weblogic Server 作为 Adapter 的运行环境；
- ODI，提供污染源自动监控系统数据直接输出 XML 文件工具；
- Adapter 服务：通过 WLS 部署 Adapter 服务。

6.1.2.2 安装要求

- 硬盘：10G 以上；
- 内存：2G 以上。

6.1.3 配置

6.1.3.1 WLS 队列配置

按照队列定义的规范名称创建并配置数据收发队列。

6.1.3.2 适配服务配置

属性文件配置，包括用户名、队列名、证书目录等，如图 6 所示。

```
department.name=JiangSu

server.user=weblogic
server.password=weblogic
server.host=localhost
server.port=7001

jdbc.datasource=DataExchange.DataSource
log.file.path=c:\\temp
signature.certificate.file=D:\\user_projects\\workspaces\\WLS103\\Demc
signature.certificate.password=passwd1234
signature.entry.name=test1nx
signature.entry.password=passwd1234
Verify.certificate.file=D:\\user_projects\\workspaces\\WLS103\\DemoWar
Verify.certificate.password=passwd1234
Verify.entry.name=cert

jms.out.queue=SAFReceiver.Queue
#DataExchange.OutQueue
jms.in.queue=DataExchange.InQueue
jms.queue.connectionfactory=OSBDemo.ConnectionFactory
#DataExchange.QueueConnectionFactory
jms.message.compress=false

job.size=1

job0.classname=mep.job.WasteResourceAutoMonitorInfoHourJob
job0.name=AAA
job0.interval=1000
job0.run=false

#job1.classname=mep.job.HourJob
#job1.name=BBB
#job1.interval=2000
#job1.run=false
```

图 6　文件应用适配器适配服务配置

6.1.3.3　文件目录访问权限设置

提供访问文件应用适配器的用户名/密码，该用户至少拥有对文件应用适配器的读取权限。

6.1.4　信息发送

各省根据表 5 中信息分类目录的设置，将交换信息发送至对应目录。

表 5　信息分类目录

根目录	一级目录	二级目录	三级目录	信息
交换报文	××省	污染源基本信息		污染源企业基本信息
				污染源企业联系方式
				污染源基本信息
				污染源治理设施
				污染源相关信息示意图
				污染源数据采集仪器信息

根目录	一级目录	二级目录	三级目录	信息
交换报文	××省	废气排放口基本信息		污染源废气排放口基本信息
				污染源废气排放口污染物设置
		废水排放口基本信息		污染源废水排放口基本信息
				污染源废水排放口污染物设置
		污染源自动监控信息	年	污染源自动监控-废气排放口年数据
				污染源自动监控-废气污染物年数据
				污染源自动监控-废水排放口年数据
				污染源自动监控-废水排放口污染物年数据
			月	污染源自动监控-废气排放口月数据
				污染源自动监控-废气污染物月数据
				污染源自动监控-废水排放口污染物月数据
				污染源自动监控-废水排放口月数据
			日	污染源自动监控-废气排放口日数据
				污染源自动监控-废气污染物日数据
				污染源自动监控-废气污染物日折算数据
				污染源自动监控-废水排放口日数据
				污染源自动监控-废水排放口污染物日数据
				污染源自动监控-污染治理设施运行日数据
			小时	污染源自动监控-废气排放口小时数据
				污染源自动监控-废气污染物小时数据
				污染源自动监控-废气污染物小时折算数据
				污染源自动监控-废水排放口污染物小时数据
				污染源自动监控-废水排放口小时数据
				污染源自动监控-废气排放口小时数据
			实时	污染源自动监控-废气排放口实时数据
				污染源自动监控-废气污染物实时数据
				污染源自动监控-废气污染物实时折算数据
				污染源自动监控-废水排放口实时数据
				污染源自动监控-废水排放口污染物实时数据
		污水处理厂基本信息		污水处理厂基本信息
				污水处理厂企业基本信息
				污水处理厂企业联系方式
				污水处理厂数据采集仪信息
				污水处理厂污染治理设施
				污水处理厂相关信息示意图
		污水处理厂废气排放口基本信息		污水处理厂废气排放口基本信息
				污水处理厂废气排放口污染物设置
		污水处理厂进出水口基本信息		污水处理厂废水出水口基本信息
				污水处理厂废水出水口污染物设置
				污水处理厂废水进水口基本信息
				污水处理厂废水进水口污染物设置

根目录	一级目录	二级目录	三级目录	信息
交换报文	××省	污水处理厂自动监控信息	年	污水处理厂自动监控-废气排放口年数据
				污水处理厂自动监控-废气污染物年数据
				污水处理厂自动监控-废水出水口年数据
				污水处理厂自动监控-废水出水口污染物年数据
			月	污水处理厂自动监控-废气排放口月数据
				污水处理厂自动监控-废气污染物月数据
				污水处理厂自动监控-废水出水口污染物月数据
				污水处理厂自动监控-废水出水口月数据
			日	污水处理厂自动监控-废气排放口日数据
				污水处理厂自动监控-废气污染物日数据
				污水处理厂自动监控-废气污染物日折算数据
				污水处理厂自动监控-废水出水口日数据
				污水处理厂自动监控-废水出水口污染物日数据
				污水处理厂自动监控-污染治理设施运行日数据
			小时	污水处理厂自动监控-废气排放口小时数据
				污水处理厂自动监控-废气污染物小时数据
				污水处理厂自动监控-废气污染物小时折算数据
				污水处理厂自动监控-废水出水口污染物小时数据
				污水处理厂自动监控-废水出水口小时数据
			实时	污水处理厂自动监控-废气排放口实时数据
				污水处理厂自动监控-废气污染物实时数据
				污水处理厂自动监控-废气污染物实时折算数据
				污水处理厂自动监控-废水出水口实时数据
				污水处理厂自动监控-废水出水口污染物实时数据

6.1.5　信息接收

信息交换平台根据上述设置（1.5 信息发送），接收交换的报文信息。

6.2　数据库应用适配器——Adapter

通过 Adapter，应用系统不直接与信息交换平台交互，应用系统只需将发送信息写入中间接口库即可；同样接收信息只需从中间接口数据库中收取信息。

6.2.1　数据库适配规范约束

包括如下数据库存储实体（实体结构及关系见附录 3）见表 6。

表 6　数据库存储实体

实体描述	实体名称
污染源企业基本信息	T_WRY_COMPANY
污染源企业联系方式	T_WRY_CONTACT
污染源基本信息	T_WRY_BASE
污染源废气排放口基本信息	T_WRY_GAS_OUTLET
污染源废气排放口污染物设置	T_WRY_GAS_OUTLET_PL
污染源废水排放口基本信息	T_WRY_WTR_OUTLET

实体描述	实体名称
污染源废水排放口污染物设置	T_WRY_WTR_OUTLET_PL
污染源数据采集仪器信息	T_WRY_COLLECTOR
污染源治理设施	T_WRY_BASE_EQUIPMENT
污染源相关信息示意图	T_WRY_MAP
污染源自动监控-废气排放口实时数据	T_WRY_AUTO_GAS_RT
污染源自动监控-废气排放口小时数据	T_WRY_AUTO_GAS_HOUR
污染源自动监控-废气排放口年数据	T_WRY_AUTO_GAS_YEAR
污染源自动监控-废气排放口日数据	T_WRY_AUTO_GAS_DAY
污染源自动监控-废气排放口月数据	T_WRY_AUTO_GAS_MTH
污染源自动监控-废气污染物实时折算数据	T_WRY_AUTO_GAS_RT_PLC
污染源自动监控-废气污染物实时数据	T_WRY_AUTO_GAS_RT_PL
污染源自动监控-废气污染物小时折算数据	T_WRY_AUTO_GAS_HOUR_PLC
污染源自动监控-废气污染物小时数据	T_WRY_AUTO_GAS_HOUR_PL
污染源自动监控-废气污染物年数据	T_WRY_AUTO_GAS_YEAR_PL
污染源自动监控-废气污染物日折算数据	T_WRY_AUTO_GAS_DAY_PLC
污染源自动监控-废气污染物日数据	T_WRY_AUTO_GAS_DAY_PL
污染源自动监控-废气污染物月数据	T_WRY_AUTO_GAS_MTH_PL
污染源自动监控-废水排放口实时数据	T_WRY_AUTO_WTR_RT
污染源自动监控-废水排放口小时数据	T_WRY_AUTO_WTR_HOUR
污染源自动监控-废水排放口年数据	T_WRY_AUTO_WTR_YEAR
污染源自动监控-废水排放口日数据	T_WRY_AUTO_WTR_DAY
污染源自动监控-废水排放口月数据	T_WRY_AUTO_WTR_MTH
污染源自动监控-废水排放口污染物实时数据	T_WRY_AUTO_WTR_RT_PL
污染源自动监控-废水排放口污染物小时数据	T_WRY_AUTO_WTR_HOUR_PL
污染源自动监控-废水排放口污染物年数据	T_WRY_AUTO_WTR_YEAR_PL
污染源自动监控-废水排放口污染物日数据	T_WRY_AUTO_WTR_DAY_PL
污染源自动监控-废水排放口污染物月数据	T_WRY_AUTO_WTR_MTH_PL
污染源自动监控-污染治理设施运行日数据	T_WRY_AUTO_EQUIP_DAY
污水处理厂企业基本信息	T_SUL_COMPANY
污水处理厂企业联系方式	T_SUL_CONTACT
污水处理厂基本信息	T_SUL_BASE
污水处理厂废气排放口基本信息	T_SUL_GAS_OUTLET
污水处理厂废气排放口污染物设置	T_SUL_GAS_OUTLET_PL
污水处理厂废水出水口基本信息	T_SUL_WTR_OUTLET
污水处理厂废水出水口污染物设置	T_SUL_WTR_OUTLET_PL
污水处理厂废水进水口基本信息	T_SUL_WTR_INLET
污水处理厂废水进水口污染物设置	T_SUL_WTR_INLET_PL
污水处理厂数据采集仪信息	T_SUL_COLLECTOR
污水处理厂污染治理设施	T_SUL_BASE_EQUIPMENT
污水处理厂相关信息示意图	T_SUL_MAP
污水处理厂自动监控-废气排放口实时数据	T_SUL_AUTO_GAS_RT
污水处理厂自动监控-废气排放口小时数据	T_SUL_AUTO_GAS_HOUR
污水处理厂自动监控-废气排放口年数据	T_SUL_AUTO_GAS_YEAR

实体描述	实体名称
污水处理厂自动监控-废气排放口日数据	T_SUL_AUTO_GAS_DAY
污水处理厂自动监控-废气排放口月数据	T_SUL_AUTO_GAS_MTH
污水处理厂自动监控-废气污染物实时折算数据	T_SUL_AUTO_GAS_RT_PLC
污水处理厂自动监控-废气污染物实时数据	T_SUL_AUTO_GAS_RT_PL
污水处理厂自动监控-废气污染物小时折算数据	T_SUL_AUTO_GAS_HOUR_PLC
污水处理厂自动监控-废气污染物小时数据	T_SUL_AUTO_GAS_HOUR_PL
污水处理厂自动监控-废气污染物年数据	T_SUL_AUTO_GAS_YEAR_PL
污水处理厂自动监控-废气污染物日折算数据	T_SUL_AUTO_GAS_DAY_PLC
污水处理厂自动监控-废气污染物日数据	T_SUL_AUTO_GAS_DAY_PL
污水处理厂自动监控-废气污染物月数据	T_SUL_AUTO_GAS_MTH_PL
污水处理厂自动监控-废水出水口实时数据	T_SUL_AUTO_WTR_RT
污水处理厂自动监控-废水出水口小时数据	T_SUL_AUTO_WTR_HOUR
污水处理厂自动监控-废水出水口年数据	T_SUL_AUTO_WTR_YEAR
污水处理厂自动监控-废水出水口日数据	T_SUL_AUTO_WTR_DAY
污水处理厂自动监控-废水出水口月数据	T_SUL_AUTO_WTR_MTH
污水处理厂自动监控-废水出水口污染物实时数据	T_SUL_AUTO_WTR_RT_PL
污水处理厂自动监控-废水出水口污染物小时数据	T_SUL_AUTO_WTR_HOUR_PL
污水处理厂自动监控-废水出水口污染物年数据	T_SUL_AUTO_WTR_YEAR_PL
污水处理厂自动监控-废水出水口污染物日数据	T_SUL_AUTO_WTR_DAY_PL
污水处理厂自动监控-废水出水口污染物月数据	T_SUL_AUTO_WTR_MTH_PL
污水处理厂自动监控-污染治理设施运行日数据	T_SUL_AUTO_EQUIP_DAY

6.2.2　Adapter 安装

6.2.2.1　安装内容

- Weblogic Server 10.3 安装：安装 Weblogic Server 作为 Adapter 的运行环境；
- ODI，提供污染源自动监控系统数据直接输出 XML 文件工具；
- Adapter 服务：通过 WLS 部署 Adapter 服务。

6.2.2.2　安装要求

- 硬盘：10G 以上；
- 内存：2G 以上；

6.2.3　配置

6.2.3.1　WLS 队列配置

按照队列定义的规范名称创建并配置数据收发队列。

6.2.3.2　适配服务配置

属性文件配置，包括用户名、队列名、证书目录等，见图 7。

6.2.3.3　业务数据库创建 ODI 使用的账号

提供访问数据库应用适配器的用户名/密码，该用户拥有用于交换数据 Schema 的读、写、创建表、创建视图、创建触发器的权限。

6.2.4　信息发送

各省根据数据库适配规范约束，提供数据库应用适配器，并根据各类交换业务要求将信息发送到数据库应用适配器。

6.3 Web Services 接口

Web Services 接口方式通用、跨平台、与开发语言无关。

信息交换平台提供的 WSDL 的查询、调用。

本期不提供 Web Services 调用接口，详细规范以后下发。

```
department.name=JiangSu

server.user=weblogic
server.password=weblogic
server.host=localhost
server.port=7001

jdbc.datasource=DataExchange.DataSource
log.file.path=c:\\temp
signature.certificate.file=D:\\user_projects\\workspaces\\WLS103\\Demc
signature.certificate.password=passwd1234
signature.entry.name=test1nx
signature.entry.password=passwd1234
Verify.certificate.file=D:\\user_projects\\workspaces\\WLS103\\DemoWar
Verify.certificate.password=passwd1234
Verify.entry.name=cert

jms.out.queue=SAFReceiver.Queue
#DataExchange.OutQueue
jms.in.queue=DataExchange.InQueue
jms.queue.connectionfactory=OSBDemo.ConnectionFactory
#DataExchange.QueueConnectionFactory
jms.message.compress=false

job.size=1

job0.classname=mep.job.WasteResourceAutoMonitorInfoHourJob
job0.name=AAA
job0.interval=1000
job0.run=false

#job1.classname=mep.job.HourJob
#job1.name=BBB
#job1.interval=2000
#job1.run=false
```

图 7　数据库应用适配器适配服务配置

……

第 6 章　污染源自动监控信息交换原型系统

6.1　原型系统建设的背景和目标

近年来，各级环保管理部门根据原国家环境保护总局第 28 号令《污染源自动监控管理办法》的要求，陆续建立了一批污染源自动监控系统，为各级环保管理部门提供了实时的污染源排放信息，为污染源监督管理提供了依据。由于各地在系统建设中采用了不同的监控和传输技术，缺乏统一的标准，为了实现全国污染源信息的交换和共享，环保部发布了《环境污染源自动监控信息传输交换技术规范（试行）》（HJ/T 352—2007），对污染源信息的交换机制和信息格式作了规范性要求，为国家及各地污染源自动监控系统信息传输提供了标准化技术支持。由于“国控重点污染源自动监控能力建设项目”对规范编制完成时间要求紧，任务周期过短，该技术规范并没有经过试点实施验证，因此作为试行标准发布。

2008 年，作为 HJ/T 352—2007 规范主编单位的环保部信息中心申请并获得批复科技部公益科研课题“污染源自动监控信息交换机制与技术研究”。在研究中，包含了“污染源自动监控信息交换原型系统”开发和试点示范任务。

原型系统主要内容是集中建设一套信息交换原型平台，以实现江苏、辽宁、青海、宁夏 4 个试点省污染源自动监控系统与环保部（模拟）业务系统的污染源数据（包括实时、小时、天、月、年污染源数据）的自动传输和交换。同时实现对《环境污染源自动监控信息传输与交换技术规范（试行）》（HJ/T 352—2007）的符合性检查，发现标准中存在的问题，提出修订意见，并为课题的研究内容和标准的实施提供实践基础。

6.2　原型系统总体框架

污染源自动监控信息交换原型系统是一套信息交换平台，实现省自动监控系统与部业务系统的污染源数据的自动传输，为全国污染信息的统一监控提供基础数据。

6.2.1　系统架构

环保部污染源自动监控信息交换原型系统可实现分步的、跨地域的不同应用系统之间的信息交换，实现环保部与各省环保厅/局之间的污染源数据的传递，进而实现全国范围污染源数据的完全自动化流转与信息共享。系统架构见图 6-1。

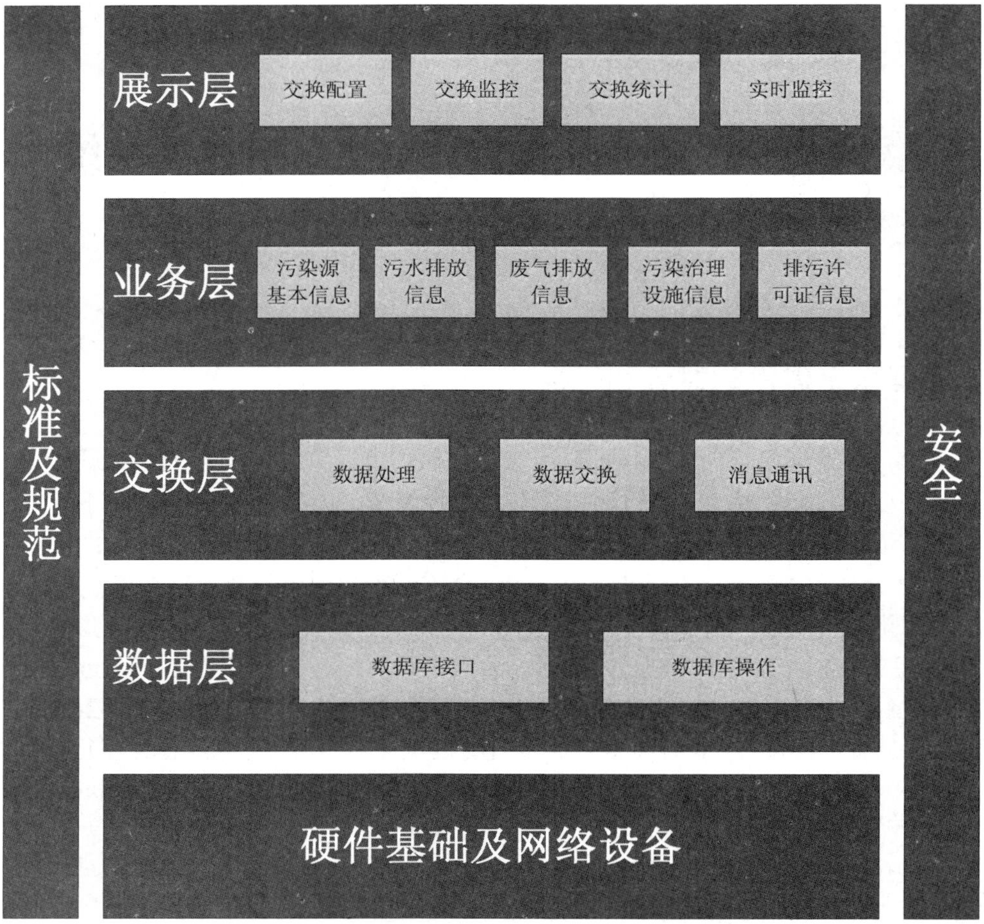

标准及规范
展示层
交换配置
交换监控
交换统计
实时监控
业务层
污染源基本信息
污水排放信息
废气排放信息
污染治理设施信息
排污许可证信息
交换层
数据处理
数据交换
消息通讯
数据层
数据库接口
数据库操作
硬件基础及网络设备
安全

图 6-1　污染源自动监控信息交换原型系统架构

信息交换平台采用消息队列机制。发送方的应用系统按照接口规范自动把信息发送至交换平台的数据接口（应用适配器），通过数据接口发送信息到信息交换平台的输入队列，通过信息交换平台的数据转换、解析、路由等处理，把信息发送到输出队列，接收方的应用系统自动从输出队列接收信息（图 6-2）。

文档
数据
XML
发送方
格式规则模板
加密、签名
• 信息接收
• 信息发送
• 消息队列
• 格式转换
• 信息路由
解密、认证
格式规则模板
XML
接收方
• 环保部
• 省环保局
• 地市环保局
• 上级主管单位

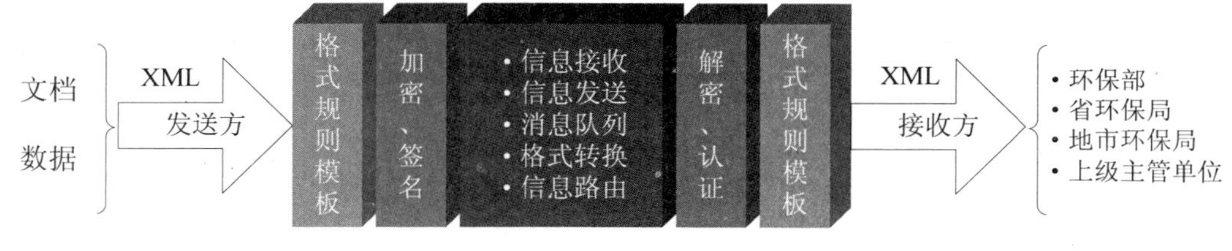

图 6-2　信息交换过程

6.2.2　网络架构

污染源自动监控信息交换原型系统采用集中建设的方式，在环保部集中建设，通过内部局域网实现与环保部自动监控系统的连接，通过环保部传输网实现与各省自动监控系统的连接。

污染源自动监控信息交换原型系统内部主要由数据库服务器和应用服务器构成，环保部及省污染源自动监控系统通过交换平台的适配器进行数据收发。

信息交换网络架构如图 6-3 所示。

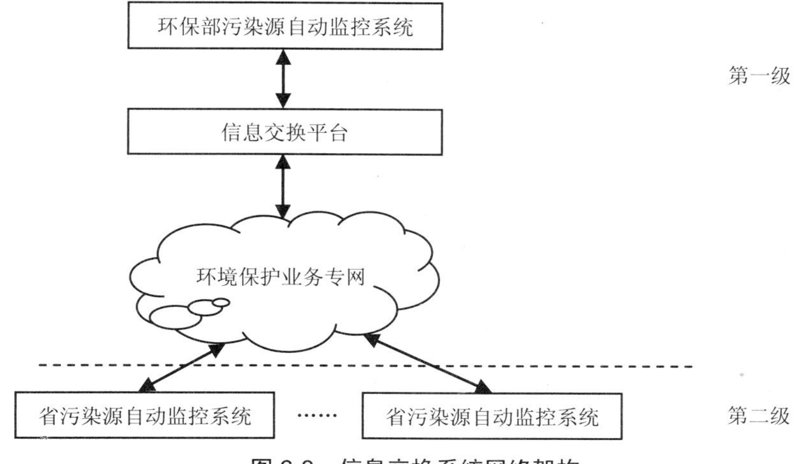

图 6-3　信息交换系统网络架构

6.3　原型系统建设思路

污染源自动监控信息交换原型系统开发和试点工作将按照软件工程要求，实现从需求、设计、编码、测试、集成、部署的全过程跟踪和有效控制，保证原型系统能够高质量地满足研究目标的需要。

6.3.1　原型系统功能设计

为满足对污染源自动监控信息的采集、传输、存储及监控需求，原型系统包括以下功能模块：

（1）交换配置

提供交换平台的部署配置功能，包括交换节点配置、交换资源配置、交换策略配置等。

（2）交换监控

提供交换平台运行时的监控管理功能，包括节点状态监控、交换资源状态监控等。

（3）交换统计

根据业务规则对交换数据进行统计、分析，并提供基本的导出功能。

（4）实时监控

针对污染源、排放口、污染物提供实时数据监控功能，以满足有实时性要求的业务场景。

（5）系统管理

提供用户管理、权限分配等系统基础功能。

6.3.2 原型系统技术模式

原型系统分别应用了业界主流的 ESB 技术（Enterprise Service Bus，即企业服务总线，以下简称为 ESB 版原型系统）及消息中间件技术（以下简称为 MQ 版原型系统）进行开发，并探索两种技术模式形成的原型系统的适用场景，为大范围的应用和推广提供可行的实施方案，技术模式分别为：

（1）ESB 版原型系统

1）运行环境

① 应用服务器：

操作系统：Windows Server 2003；

系统软件：Oracle Service Bus 103、Oracle Data Integrator 10.1.3.4.0；

Java 环境：JDK1.5 及以上（Sun）。

② 数据库服务器

操作系统：Windows Server 2003；

数据库：Oracle 10g；

Java 环境：JDK1.5 及以上（Sun）。

2）开发环境

操作系统：Windows Server 2003；

数据库：Oracle 10g；

系统软件：Oracle WebLogic Server 103；

Java 环境：JDK1.5 及以上（Sun）。

（2）MQ 版原型系统

1）运行环境

① 应用服务器：

操作系统：Windows Server 2003；

系统软件：Tomcat6.0、TongIntegrator2.5.5.1；

Java 环境：JDK1.5 及以上（Sun）。

② 数据库服务器：

操作系统：Windows Server 2003；

数据库：Oracle 10g；

Java 环境：JDK1.5 及以上（Sun）。

2）开发环境

操作系统：Windows Server 2003；

数据库：Oracle 10g；

系统软件：Tomcat6.0、TongIntegrator2.5.5.1、Eclipse；

Java 环境：JDK1.5 及以上（Sun）。

6.4 原型系统技术路线

6.4.1 MQ 版原型系统

MQ 版污染源自动监控信息交换原型系统技术实现如图 6-4 所示。

6.4.1.1 数据映射

在实现数据映射时使用应用集成中间件 TongIntegrator（东方通公司产品，以下简称 TI），作为企业应用集成产品，TI 的主要功能是在两个或更多的异构系统（如不同的数据库、消息中间件、ERP 或 CRM 等）之间进行资源整合，实现互连互通、数据共享、业务流程协调统一等功能，构建灵活、可扩展的分布式企业应用。

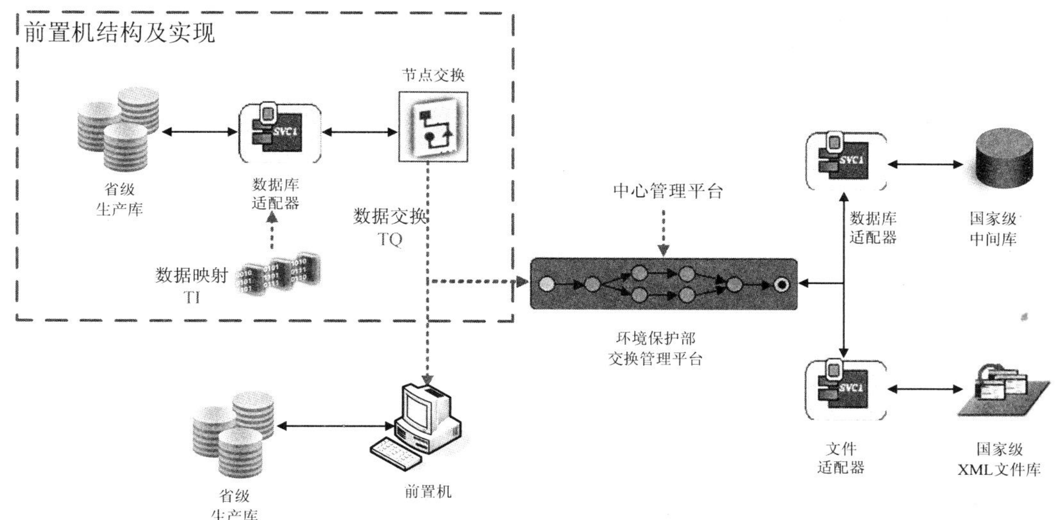

图 6-4 MQ 版污染源自动监控信息交换原型系统技术实现

6.4.1.2 数据交换

在实现数据传输时使用了消息中间件 TongLINK/Q（东方通公司产品，以下简称 TLQ），TLQ 具有先进的队列、消息及路由等处理机制，能够为应用系统提供高效、灵活的同步和异步传输处理、存储转发、消息路由等技术支持，确保消息在任何情况下都能够安全、可靠地送达。通过使用 TLQ，应用系统无需担心消息传递过程中可能遇到的各种障碍（机器故障、网络故障等）和异常。

TLQ 提供点对点、发布订阅、路由、集群等多种方式的消息传递模式。同时，TLQ 通过对核心、进程管理、队列管理等各层面的优化和改进，能够更加充分地利用硬件和网络资源，极大地提高传输效率，为各种不同应用模式、不同系统规模、不同消息传输量的系统提供强有力的后台支撑。

TLQ 为系统的管理人员提供了丰富易用的管理工具，以满足不同的管理习惯和管理需求。通过基于浏览器模式的可视化监控管理中心，用户可以在任何运行 IE 的远端对系统进行远程集中管理，包括系统的启动、停止、配置和监控等，极大地方便了系统的维护和管理。MQ版信息交换原型系统功能点及实现技术见表6-1。

表6-1　MQ版信息交换原型系统

功能点	实现技术
数据映射	TI（TongIntegrator）
数据传输	TLQ（TongLINK/Q）
交换平台配置	信息交换平台
交换节点配置	信息交换平台
交换业务配置	信息交换平台
交换节点监控	信息交换平台
交换业务监控	信息交换平台
污染源自动监测业务统计	信息交换平台
污染源自动监测业务实时监控	信息交换平台
污染源自动监测命令监控	信息交换平台
交换数据明细查看	信息交换平台

6.4.2　ESB版原型系统

ESB版污染源自动监控信息交换原型系统技术实现如图6-5所示。

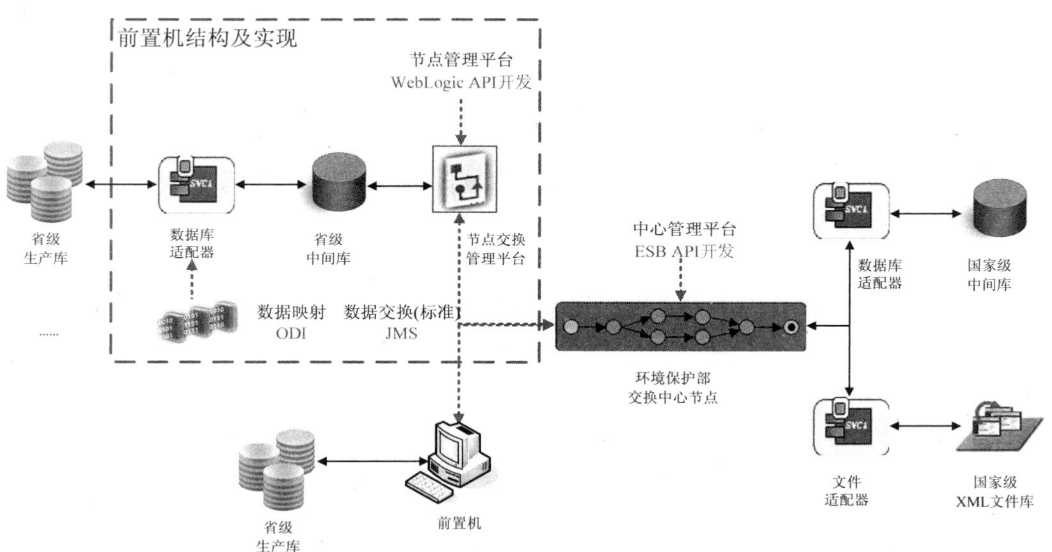

图6-5　ESB版污染源自动监控信息交换原型系统技术实现

6.4.2.1 数据映射

在现实数据映射时使用数据集成中间件 Oracle Data Integrator（甲骨文公司产品，以下简称 ODI），ODI 属于 Oracle 融合中间件产品系列，它解决了异构程度日益增加的环境中的数据集成需求。ODI 是一个基于 Java 的应用程序，可以使用数据库来执行基于集合的数据集成任务，也可以将该功能扩展到多种数据库平台以及 Oracle 数据库。此外，ODI 还可以通过 Web 服务和消息提取并提供转换数据，以及创建在面向服务的体系结构中响应和创建事件的集成过程。

6.4.2.2 数据传输

在实现数据传输时使用 WebLogic 应用服务器的消息队列（甲骨文公司产品），WebLogic 是用于开发、集成、部署和管理大型分布式 Web 应用、网络应用和数据库应用的 Java 应用服务器。将 Java 的动态功能和 Java Enterprise 标准的安全性引入大型网络应用的开发、集成、部署和管理之中。ESB 版信息交换原型系统功能点及实现技术见表 6-2。

表 6-2 ESB 版信息交换原型系统

功能点	实现技术
数据映射	ODI（Oracle Data Integrator）
数据传输	Oracle Weblogic
交换配置	信息交换平台
交换监控	信息交换平台
交换统计	信息交换平台
实时监控	信息交换平台

6.5 污染源自动监控信息交换原型系统功能

6.5.1 MQ 版原型系统功能

6.5.1.1 交换平台配置

（1）组织机构配置（图 6-6，图 6-7）

功能名称	组织机构配置
功能说明	为了方便管理交换节点，先要为节点进行所属机构关系设置
功能路径	“系统管理”→“新建”
输　　入	名称：环境保护部 标题：环境保护部
备　　注	创建“环境保护部”的下属机构“辽宁省” 操作详见“组织机构配置二”（图 6-7）

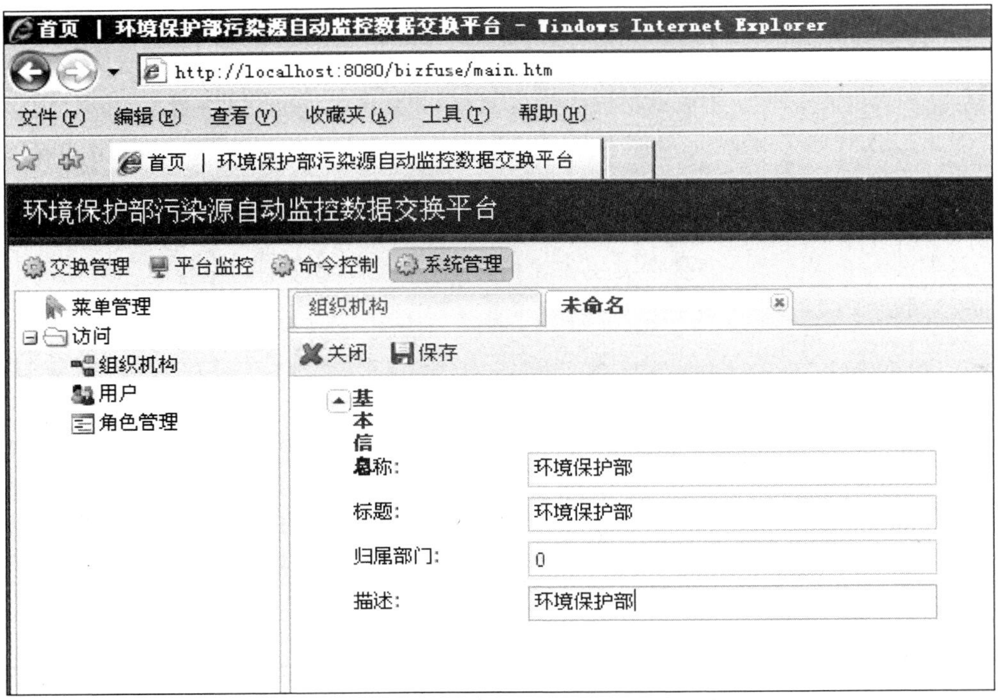

图 6-6　组织机构配置一

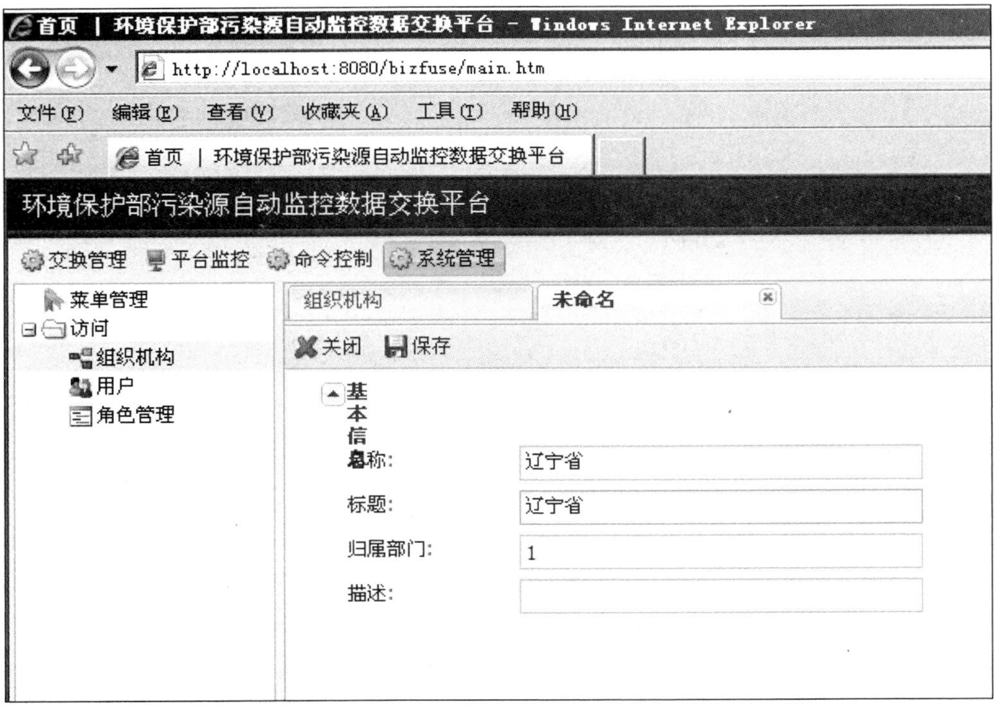

图 6-7　组织机构配置二

（2）交换节点管理（图 6-8，图 6-9）

功能名称	交换节点管理
功能说明	将节点在系统进行注册后，才能进行管理等各种应用
功能路径	“交换节点管理”→“新建”
输　　入	名称：环境保护部——污染源自动监控信息 IP 地址：10.200.100.11 端口：10238 账号：ti（Watcher 默认访问账号） 密码：ti（Watcher 默认访问密码） 名称：环境保护部（在菜单中选择）
备　　注	创建“辽宁省——污染源自动监控信息”节点 操作详见“交换节点管理二”（图 6-9）

（3）交换业务管理（图 6-10）

功能名称	交换业务管理
功能说明	通过交换业务管理模块进行交换业务维护 交换业务是交换状态管理与监控的基本单元
功能路径	“交换业务管理”→“环境保护部——污染源自动监控信息”→“新建”
输　　入	名称：废气污染物日数据 流程文件名：GasDayPL.props 交换节点：123（自动生成） TI 服务名：A（默认）
备　　注	

图 6-8　交换节点管理一

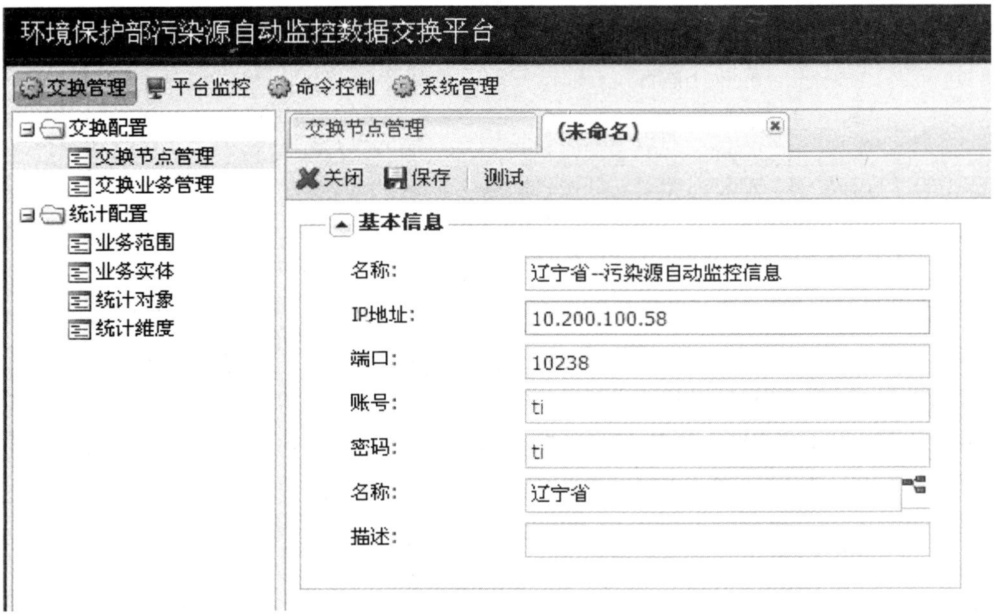

环境保护部污染源自动监控数据交换平台

交换管理 平台监控 命令控制 系统管理

交换配置
交换节点管理
交换业务管理
统计配置
业务范围
业务实体
统计对象
统计维度

交换节点管理 (未命名)

关闭 保存 测试

基本信息

名称: 辽宁省--污染源自动监控信息
IP地址: 10.200.100.58
端口: 10238
账号: ti
密码: ti
名称: 辽宁省
描述:

图 6-9　交换节点管理二

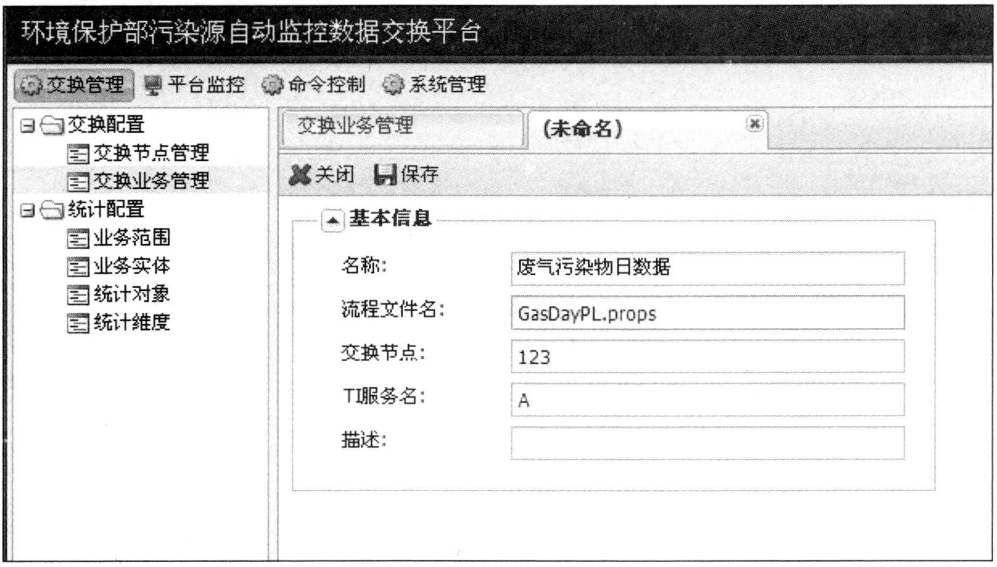

环境保护部污染源自动监控数据交换平台

交换管理 平台监控 命令控制 系统管理

交换配置
交换节点管理
交换业务管理
统计配置
业务范围
业务实体
统计对象
统计维度

交换业务管理 (未命名)

关闭 保存

基本信息

名称: 废气污染物日数据
流程文件名: GasDayPL.props
交换节点: 123
T服务名: A
描述:

图 6-10　交换业务管理

（4）业务范围配置（图 6-11）

功能名称	业务范围配置
功能说明	通过业务范围配置模块进行交换业务维护 交换范围是交换信息统计的基础
功能路径	“交换配置”→“业务范围”→“新建”
输　　入	业务名称：污染源自动监控信息 服务名称：污染源自动监控信息 用户：U_EXPL（数据库用户名）
备　　注	

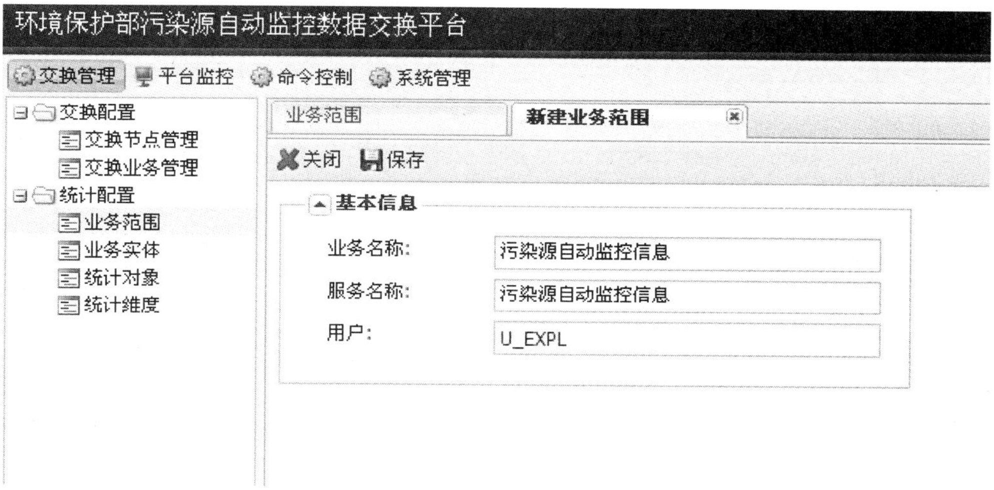

图 6-11　业务范围配置

（5）业务实体配置（图 6-12）

功能名称	业务实体配置
功能说明	通过业务实体配置模块进行业务实体维护 交换实体标示交换信息统计的数据来源
功能路径	“交换配置”→“业务实体”→“新建”
输　　入	业务范围：污染源自动监控信息（菜单中选择） 表　　名：T_COD_STANDAR（菜单中选择）
备　　注	

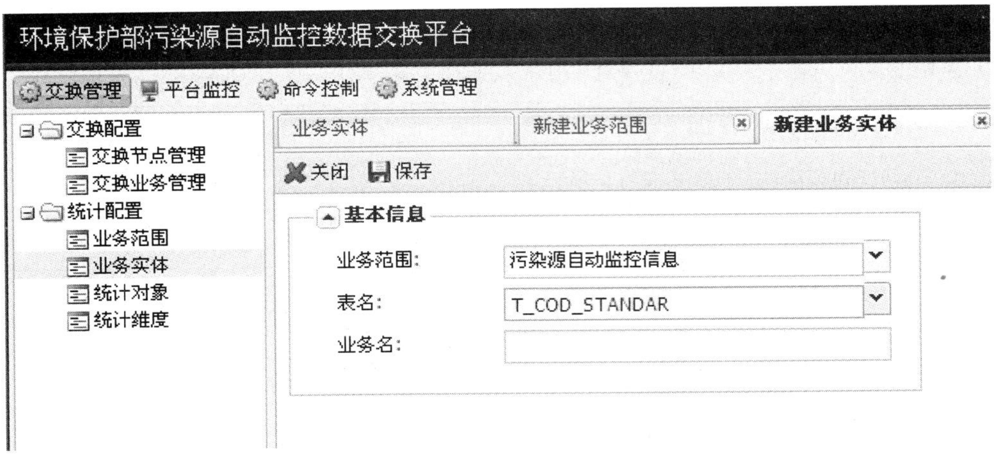

图 6-12 业务实体配置

（6）统计对象配置（图 6-13）

功能名称	统计对象配置
功能说明	通过统计对象配置模块进行统计对象维护 统计对象是可进行交换统计的度量值
功能路径	“交换配置”→“统计对象”→“新建”
输　　入	统计范围：污染源自动监控信息（菜单中选择） 关联用户：废气—排放口—日数据（菜单中选择） 关联字段：OUTLET（菜单中选择）
备　　注	

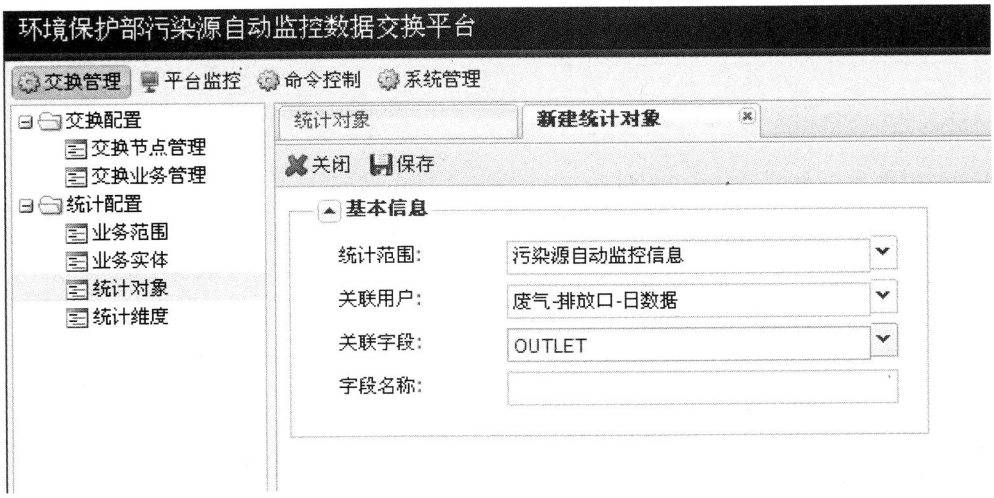

图 6-13 统计对象配置

（7）统计维度配置（图 6-14）

功能名称	统计维度配置
功能说明	通过统计维度配置模块进行统计维度维护 统计维度是进行交换统计的分组信息
功能路径	“交换配置” → “统计维度” → “新建”
输　　入	统计范围：污染源自动监控信息（菜单中选择） 关联用户：废气—排放口—日数据（菜单中选择） 统计维度：WRY_CODE（菜单中选择）
备　　注	

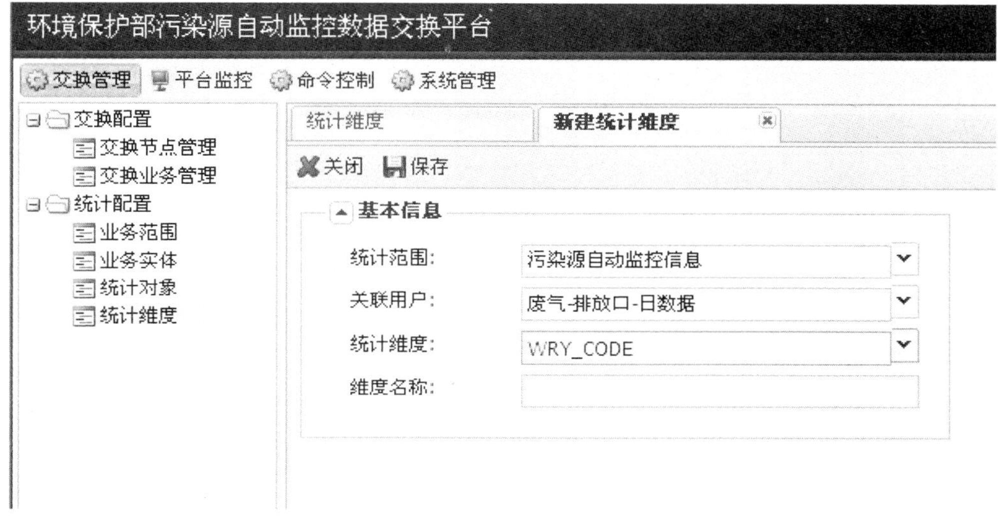

图 6-14　统计维度配置

6.5.1.2　交换监控

（1）交换节点监控（图 6-15、图 6-16）

通过交换节点监控模块进行交换节点的状态监控和管理。

交换节点的状态包括交换前置机状态（正常 Alive/异常 Unknowed）和交换队列状态（启动中 Alive/停止中 Dead）。

TLQ配置　TLQ日志　刷新

	节点	所属部门	状态	TLQ状态
1	环境保护部--污染源自动监控信息 192.168.1.130:10238	环境保护部	Alive	Dead
2	辽宁省--污染源自动监控信息 192.168.1.131:10238	辽宁省	Alive	Dead

图 6-15　交换监控一

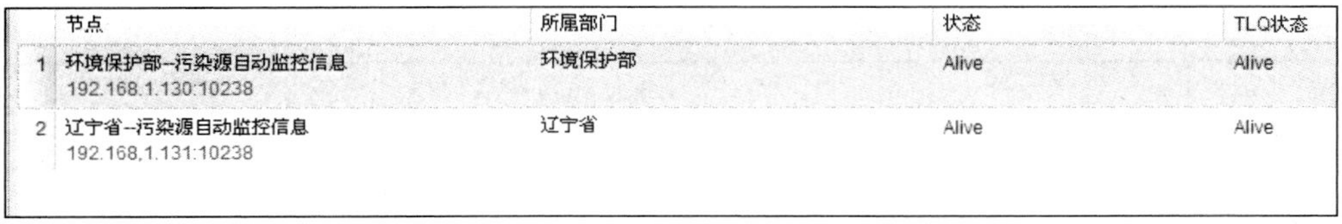

	节点	所属部门	状态	TLQ状态
1	环境保护部--污染源自动监控信息 192.168.1.130:10238	环境保护部	Alive	Alive
2	辽宁省--污染源自动监控信息 192.168.1.131:10238	辽宁省	Alive	Alive

图 6-16 交换监控二

交换节点的管理包括启动 TLQ、停止 TLQ、查看 TLQ 配置和查看 TLQ 日志(图 6-17)。

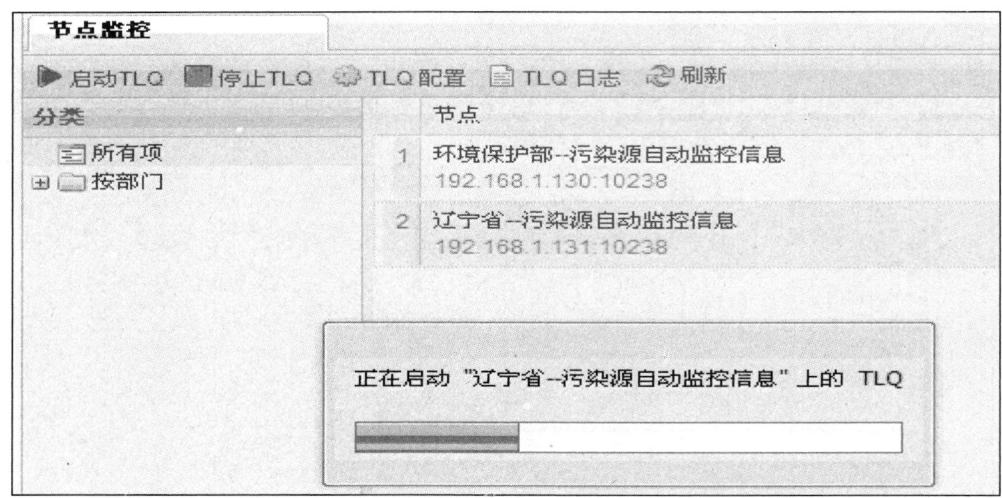

图 6-17 启动 TLQ

如果发生异常，某节点的 TLQ 无法启动，可通过查看日志分析出现的问题（图 6-18）。

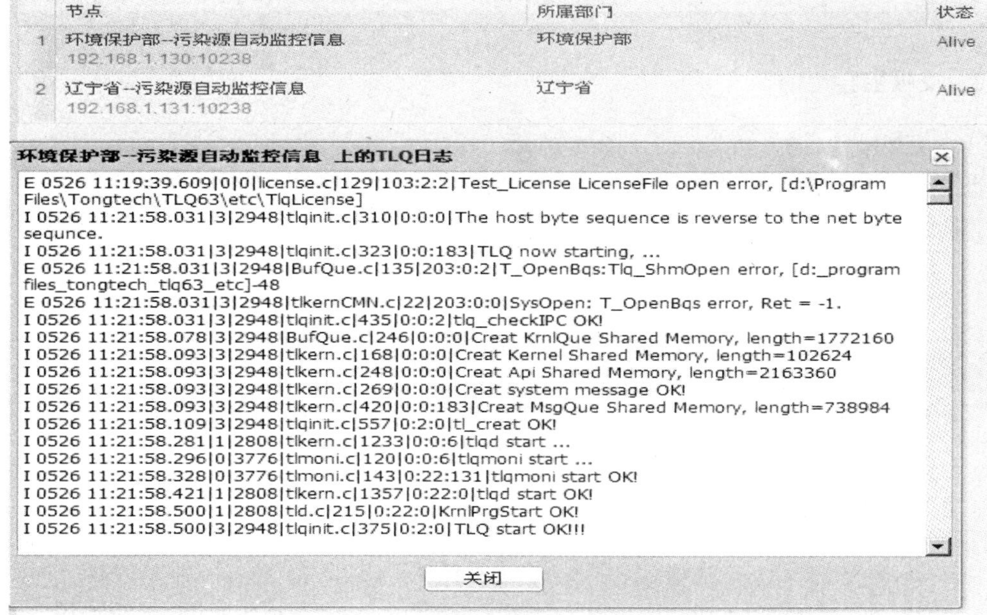

图 6-18 查看 TLQ 日志

找出问题后，可通过“TLQ 配置”远程的修改配置文件解决出现的问题、或进行更新（图 6-19）。

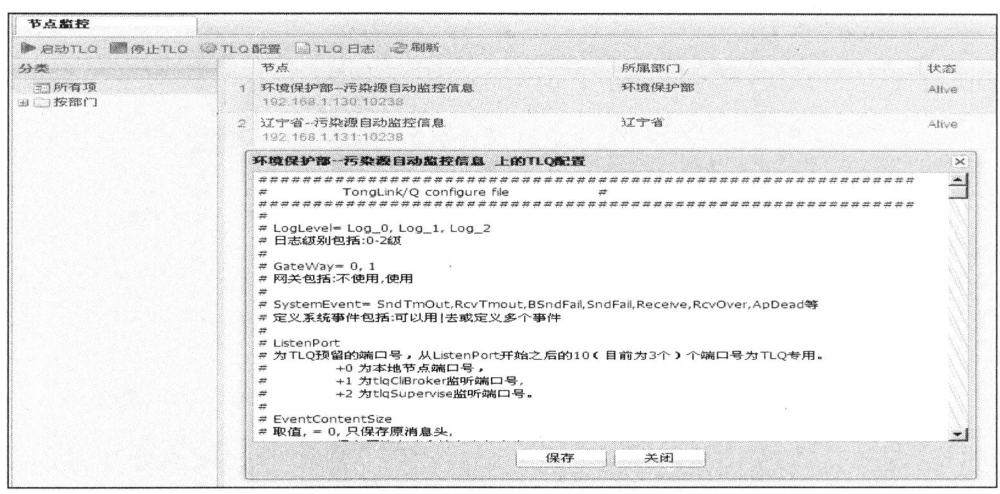

图 6-19　查看 TLQ 配置

（2）交换业务监控

通过交换业务监控模块进行交换业务的状态监控和管理。

交换业务的状态包括：启动中 Alive 和停止中 Dead（图 6-20）。

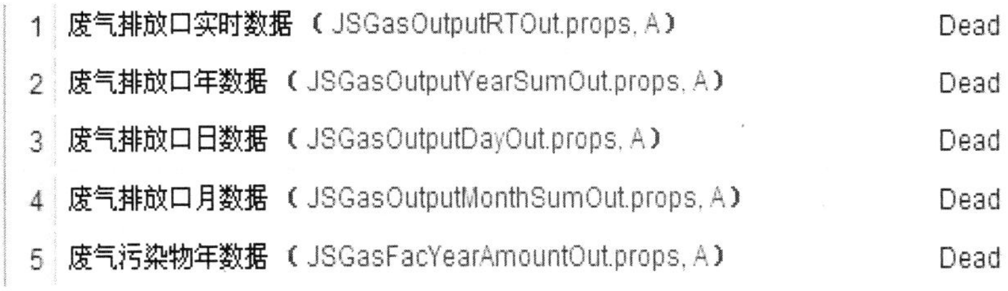

1	废气排放口实时数据（JSGasOutputRTOut.props, A）	Dead
2	废气排放口年数据（JSGasOutputYearSumOut.props, A）	Dead
3	废气排放口日数据（JSGasOutputDayOut.props, A）	Dead
4	废气排放口月数据（JSGasOutputMonthSumOut.props, A）	Dead
5	废气污染物年数据（JSGasFacYearAmountOut.props, A）	Dead

图 6-20　交换业务状态监控

交换业务的管理包括启动业务、停止业务、查看配置和查看日志。

对停止状态的交换业务，可通过“启动”触发交换业务使交换正常进行（图 6-21）。

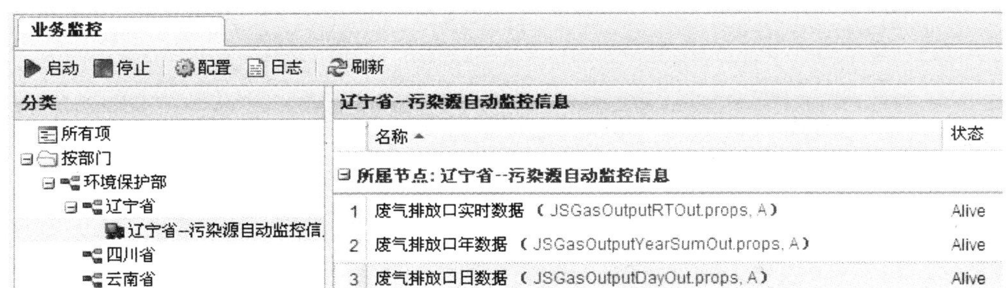

图 6-21　启动交换业务

如果交换业务发生异常，可通过查看日志分析出现的问题（图 6-22）。

废气排放口实时数据 日志

[09/06/15 11:10:09.718] INFO: Calling System.runFinalizersOnExit (true)
[[

]]

[09/06/15 11:10:09.765] INFO: Checking RemoteLogger
[09/06/15 11:10:09.765] INFO: Logger status=OutputLogger status: loggingTimeInfo = true loggingThreadInfo = false loggingPackageInfo = false
[09/06/15 11:10:09.765] INFO: A creating Controller as instance of com.tongtech.tongintegrator.adaptor.SimpleController
[09/06/15 11:10:09.781] INFO: A Initializing Controller
[09/06/15 11:10:09.781] INFO: A.Controller setting propsPrefix to A.Controller
[09/06/15 11:10:09.781] INFO: A.Controller creating instance of com.tongtech.tongintegrator.adaptor.standard.HTTPRemoteControl
[09/06/15 11:10:09.781] WARN: RemoteControl password is being set to null - NOT RECOMMENDED!
[09/06/15 11:10:09.781] INFO: RemoteControl setting HTTP port to 60010
[09/06/15 11:10:09.796] INFO: A creating PipelineController as instance of com.tongtech.tongintegrator.adaptor.STPipelineController
[09/06/15 11:10:09.796] INFO: No timeout for component initialization.
[09/06/15 11:10:09.859] INFO: SimpleComponent gasOutputRT NOT use Performance Trace.
[09/06/15 11:10:09.859] INFO: A.gasOutputRT.UsingTimer is set to false
[09/06/15 11:10:09.859] INFO: gasOutputRT OnPollError is -2.

关闭

图 6-22　查看交换业务日志

同样也可通过“配置”远程的修改配置文件解决出现的问题（图 6-23）。

废气排放口月数据

TI服务器A - TI服务器属性

# TI服务器A - TI服务器属性 - 用户添加属性
A.Controller.Monitor.Host = 127.0.0.1
A.Controller.Monitor.Password = 0x5a0xd30x2c0x740x350x0e0xe80x87
A.Controller.Monitor.Port = 10238
A.Controller.Monitor.User = ti
A.Controller.PropsName = JSGasOutputMthOut

# TI服务器A - 組件名
A.Controller.Name = Controller
A.Logging.Name = Logging
A.Component1.Name = gasOutputMonthSum
A.Component2.Name = C3

# TI服务器A - 組件类
A.Controller.ClassName = com.tongtech.tongintegrator.adaptor.SimpleController
A.gasOutputMonthSum.ClassName = com.tongtech.tongintegrator.adaptor.jdbc.JdbcSqlVisualSource
A.C3.ClassName = com.tongtech.tongintegrator.adaptor.tlq62.Tlq62Sink

TI服务器A - 組件连接

保存　关闭

图 6-23　交换业务配置修改

6.5.1.3　交换统计

通过交换统计功能对交换数据进行业务汇总和分析。

根据污染源自动监控信息的业务特征，系统原型提供小时数据统计分析、日数据统计分析、月数据统计分析及年数据统计分析功能。

统计分析过程中，统计实体、统计维度、统计对象可灵活选择（相应维护通过交换配置功能实现），以满足不断变化的应用需求。

（1）小时数据统计与分析（图 6-24）

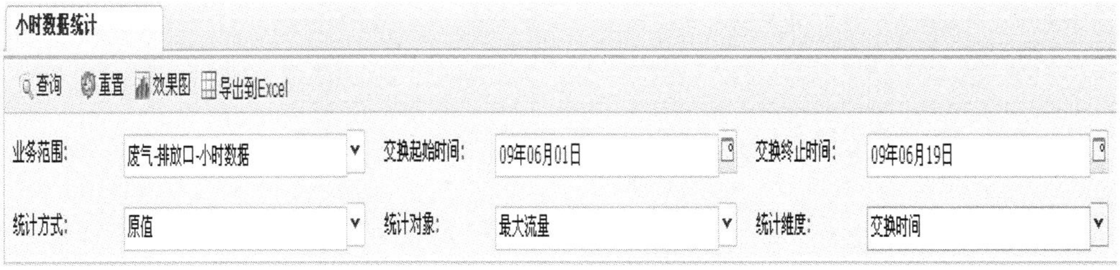

小时数据统计

查询　重置　效果图　导出到Excel

业务范围：废气-排放口-小时数据　交换起始时间：09年06月01日　交换终止时间：09年06月19日

统计方式：原值　统计对象：最大流量　统计维度：交换时间

图 6-24　小时数据统计与分析一

业务范围：废气—排放口—日数据（菜单中选择）；

交换起始时间：2009 年 6 月 1 日（菜单中选择）；

交换终止时间：2009 年 6 月 19 日（菜单中选择）；

统计方式：原值（菜单中选择）；

统计对象：最大流量（菜单中选择）；

统计维度：交换时间（菜单中选择）；

点击：“查询”。效果见图 6-25。

小时数据统计

查询　重置　效果图　导出到Excel

业务范围：废气-排放口-小时数据　交换起始时间：09年06月01日　交换终止时间：09年06月19日

统计方式：原值　统计对象：最大流量　统计维度：交换时间

	业务名称	交换时间	统计方式	最大流量
1	废气-排放口-小时数据	2009-06-03 17:51:01	MOST_FLUX	1
2	废气-排放口-小时数据	2009-06-03 17:51:01	MOST_FLUX	1
3	废气-排放口-小时数据	2009-06-03 17:52:54	MOST_FLUX	1
4	废气-排放口-小时数据	2009-06-05 11:49:09	MOST_FLUX	1
5	废气-排放口-小时数据	2009-06-03 17:41:42	MOST_FLUX	1
6	废气-排放口-小时数据	2009-06-03 17:41:42	MOST_FLUX	1
7	废气-排放口-小时数据	2009-06-08 15:00:20	MOST_FLUX	1
8	废气-排放口-小时数据	2009-06-09 09:50:48	MOST_FLUX	1
9	废气-排放口-小时数据	2009-06-09 11:13:01	MOST_FLUX	1
10	废气-排放口-小时数据	2009-06-09 09:50:25	MOST_FLUX	1
11	废气-排放口-小时数据	2009-06-03 17:41:05	MOST_FLUX	1
12	废气-排放口-小时数据	2009-06-03 17:41:05	MOST_FLUX	1

图 6-25　小时数据统计与分析二

点击：“效果图”。效果见图 6-26。

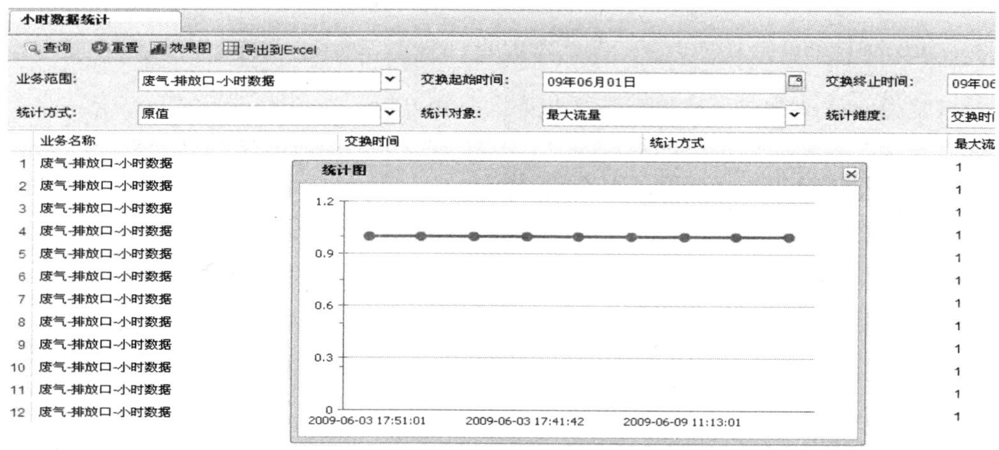

图 6-26 小时数据统计与分析三

点击："导出到 Excel"。效果见图 6-27。

图 6-27 小时数据统计与分析四

（2）日数据统计（图 6-28）

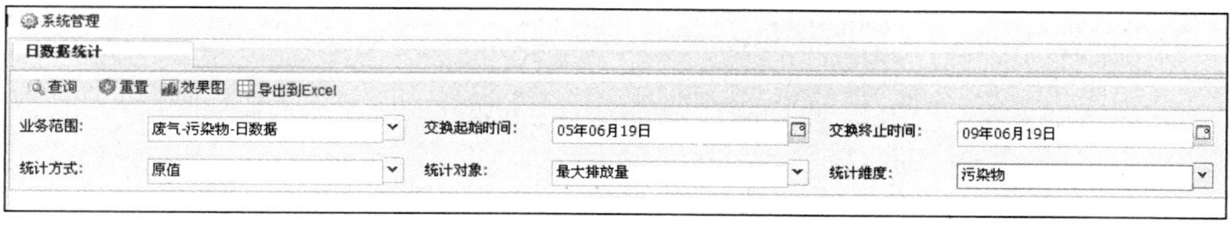

系统管理
日数据统计
查询 重置 效果图 导出到Excel
业务范围: 废气-污染物-日数据 交换起始时间: 05年06月19日 交换终止时间: 09年06月19日
统计方式: 原值 统计对象: 最大排放量 统计维度: 污染物

图 6-28 日数据统计与分析一

业务范围：废气—污染物—日数据（菜单中选择）；
交换起始时间：2005 年 6 月 19 日（菜单中选择）；
交换终止时间：2009 年 6 月 19 日（菜单中选择）；
统计方式：原值（菜单中选择）；
统计对象：最大排放量（菜单中选择）；
统计维度：污染物（菜单中选择）；
点击：“查询”。效果见图 6-29。

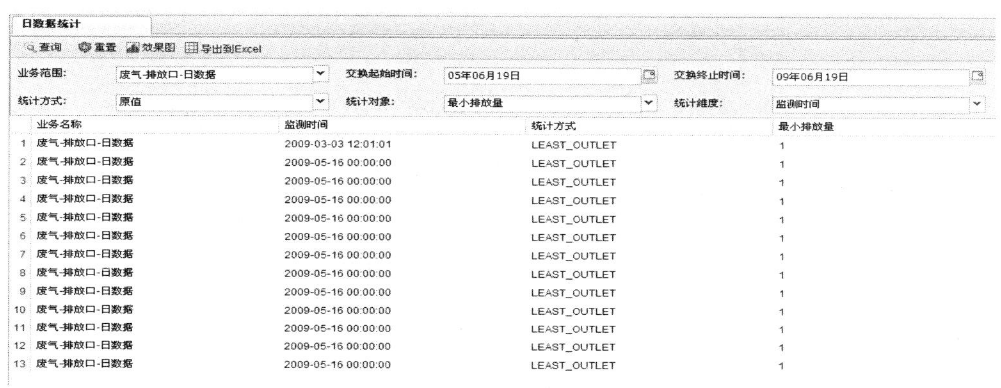

日数据统计

查询　重置　效果图　导出到Excel

业务范围：废气-排放口-日数据　交换起始时间：05年06月19日　交换终止时间：09年06月19日

统计方式：原值　统计对象：最小排放量　统计维度：监测时间

	业务名称	监测时间	统计方式	最小排放量
1	废气-排放口-日数据	2009-03-03 12:01:01	LEAST_OUTLET	1
2	废气-排放口-日数据	2009-05-16 00:00:00	LEAST_OUTLET	1
3	废气-排放口-日数据	2009-05-16 00:00:00	LEAST_OUTLET	1
4	废气-排放口-日数据	2009-05-16 00:00:00	LEAST_OUTLET	1
5	废气-排放口-日数据	2009-05-16 00:00:00	LEAST_OUTLET	1
6	废气-排放口-日数据	2009-05-16 00:00:00	LEAST_OUTLET	1
7	废气-排放口-日数据	2009-05-16 00:00:00	LEAST_OUTLET	1
8	废气-排放口-日数据	2009-05-16 00:00:00	LEAST_OUTLET	1
9	废气-排放口-日数据	2009-05-16 00:00:00	LEAST_OUTLET	1
10	废气-排放口-日数据	2009-05-16 00:00:00	LEAST_OUTLET	1
11	废气-排放口-日数据	2009-05-16 00:00:00	LEAST_OUTLET	1
12	废气-排放口-日数据	2009-05-16 00:00:00	LEAST_OUTLET	1
13	废气-排放口-日数据	2009-05-16 00:00:00	LEAST_OUTLET	1

图 6-29　日数据统计与分析二

点击：“效果图”。效果见图 6-30。

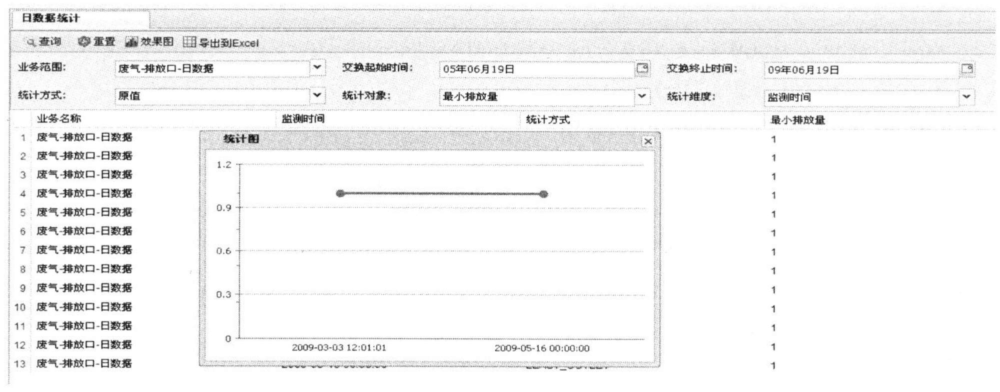

图 6-30　日数据统计与分析三

点击“导出 Excel”。效果见图 6-31。
（3）月数据统计（图 6-32）

图 6-31　日数据统计与分析四

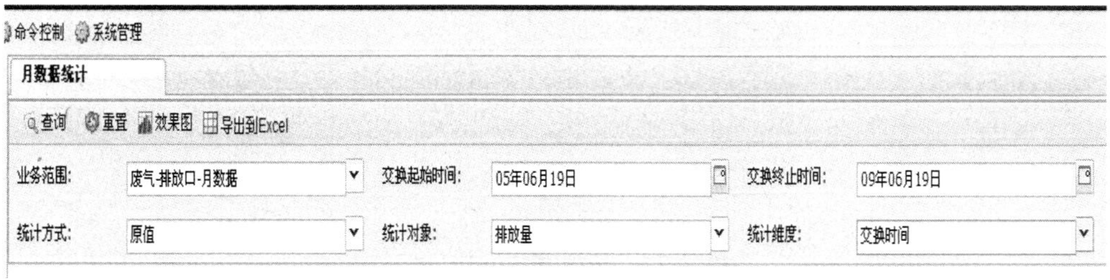

图 6-32　月数据统计与分析一

业务范围：废气—排放口—月数据（菜单中选择）；
交换起始时间：2005 年 6 月 19 日（菜单中选择）；
交换终止时间：2009 年 6 月 19 日（菜单中选择）；
统计方式：原值（菜单中选择）；
统计对象：排放量（菜单中选择）；
统计维度：交换时间（菜单中选择）；
点击："查询"。效果见图 6-33。

图 6-33　月数据统计与分析二

点击："效果图"。效果见图 6-34。

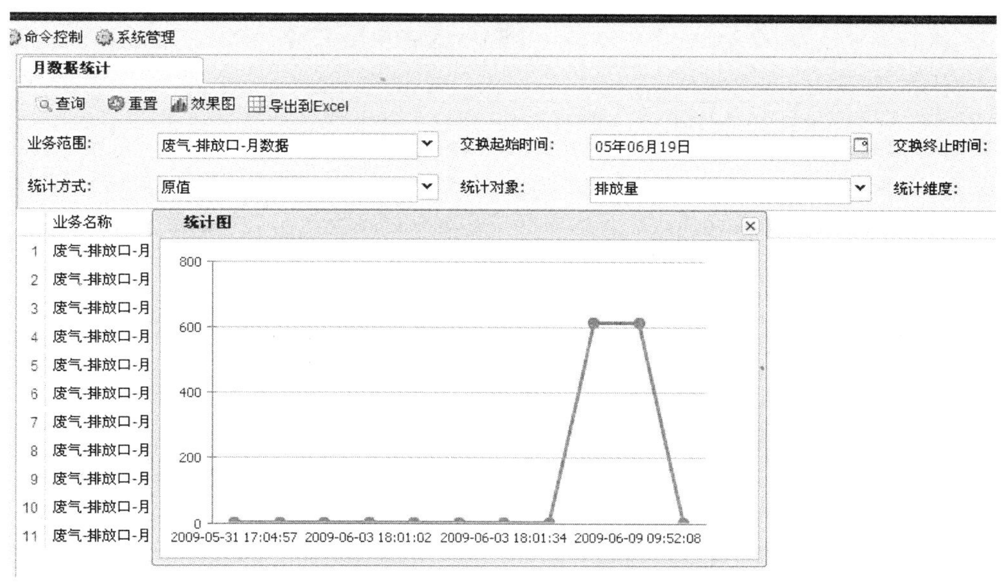

图 6-34　月数据统计与分析三

点击："导出到 Excel"。效果见图 6-35。

图 6-35　月数据统计与分析四

（4）年数据统计（图 6-36）

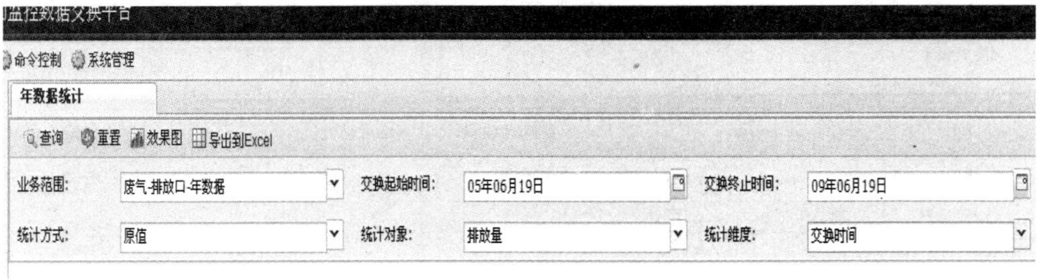

图 6-36　年数据统计与分析一

业务范围：废气—排放口—年数据（菜单中选择）；
交换起始时间：2005 年 6 月 19 日（菜单中选择）；
交换终止时间：2009 年 6 月 19 日（菜单中选择）；
统计方式：原值（菜单中选择）；
统计对象：排放量（菜单中选择）；
统计维度：交换时间（菜单中选择）；
点击："查询"。效果见图 6-37。

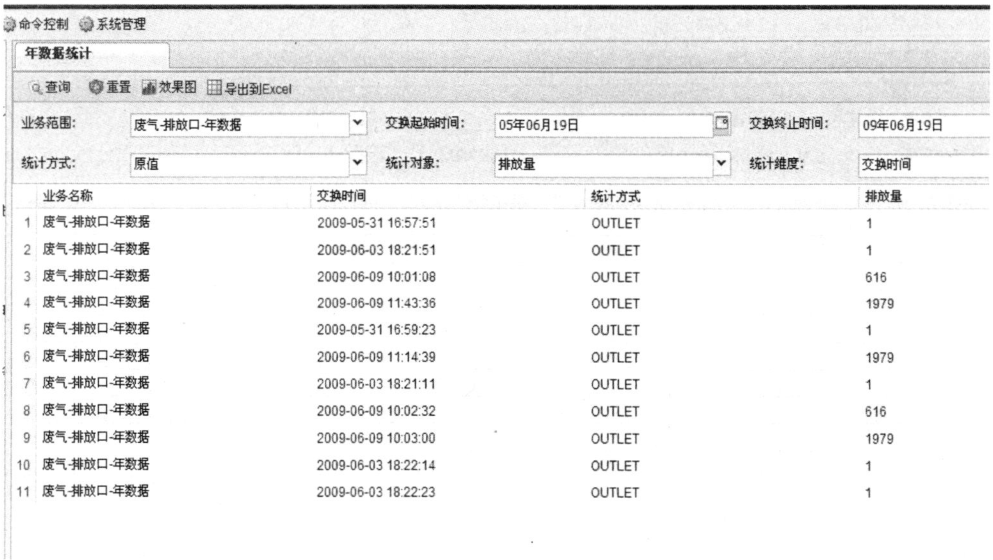

	业务名称	交换时间	统计方式	排放量
1	废气-排放口-年数据	2009-05-31 16:57:51	OUTLET	1
2	废气-排放口-年数据	2009-06-03 18:21:51	OUTLET	1
3	废气-排放口-年数据	2009-06-09 10:01:08	OUTLET	616
4	废气-排放口-年数据	2009-06-09 11:43:36	OUTLET	1979
5	废气-排放口-年数据	2009-05-31 16:59:23	OUTLET	1
6	废气-排放口-年数据	2009-06-09 11:14:39	OUTLET	1979
7	废气-排放口-年数据	2009-06-03 18:21:11	OUTLET	1
8	废气-排放口-年数据	2009-06-09 10:02:32	OUTLET	616
9	废气-排放口-年数据	2009-06-09 10:03:00	OUTLET	1979
10	废气-排放口-年数据	2009-06-03 18:22:14	OUTLET	1
11	废气-排放口-年数据	2009-06-03 18:22:23	OUTLET	1

图 6-37　年数据统计与分析二

点击："效果图"。效果见图 6-38。
点击："导出到 Excel"。效果见图 6-39。

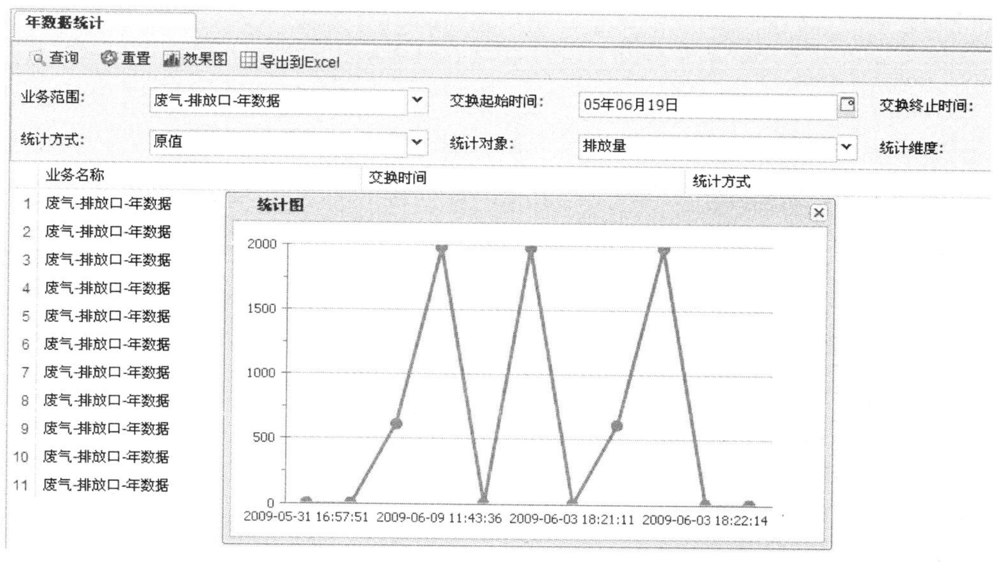

图 6-38　年数据统计与分析三

图 6-39　年数据统计与分析四

6.5.1.4　实时监控

通过实时监控模块实现对特点污染源、特点排口、特点污染业务实时数据的监控，并可对交换数据明细进行查询。

（1）信息实时监控

在这可以根据单个或多个条件来进行查询，如图 6-40 所示。

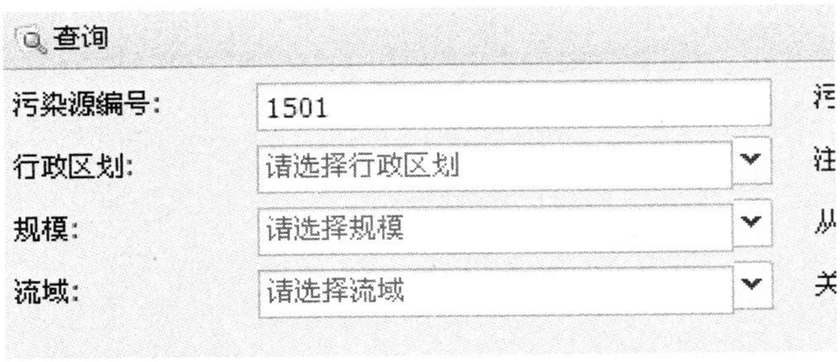

查询

污染源编号：1501

行政区划：请选择行政区划

规模：请选择规模

流域：请选择流域

图 6-40　信息实时监控（查询条件）

在查询条件中选择：

污染源编号：1501

点击“查询”。效果见图 6-41。

废气信息实时监控　查看废水信息　查看废气信息

查询

污染源编号：1501　污染源名称：　污染源地址：

行政区划：请选择行政区划　注册类型：请选择注册类型　单位类型：

规模：请选择规模　从属关系：请选择从属关系　行业：

流域：请选择流域　关注程度：请选择关注程度

查询结果

污染源编号	名称	地址	行政区划	注册类型	单位类型	关注程度	规模
150100000008	内蒙古北方联合...		呼和浩特市	内资企业	县以上工业企业	国控	特大型
150100000009	内蒙古蒙牛集团...		呼和浩特市	内资企业	县以上工业企业	国控	特大型
150100000010	和林格尔盛乐园...		呼和浩特市	内资企业	县以上工业企业	国控	特大型
150100000013	内蒙古丰泰发电...		呼和浩特市	内资企业	县以上工业企业	国控	特大型
150100000011	内蒙古中牧生物...		呼和浩特市	内资企业	县以上工业企业	国控	特大型
150100000012	中化三联塑胶内...		呼和浩特市	内资企业	县以上工业企业	国控	特大型
150100000014	内蒙古金宇生物...		呼和浩特市	内资企业	县以上工业企业	国控	特大型
150100000015	内蒙古阜丰生物...		呼和浩特市	内资企业	县以上工业企业	国控	特大型
150100000016	内蒙古冀东水泥...		呼和浩特市	内资企业	县以上工业企业	国控	特大型
150100000017	石药集团中润制...		呼和浩特市	内资企业	县以上工业企业	国控	特大型
150100000018	内蒙古三联化工...		呼和浩特市	内资企业	县以上工业企业	国控	特大型
150100000001	内蒙古金达威药...		呼和浩特市	内资企业	县以上工业企业	国控	特大型
150100000002	内蒙古金河实业...		呼和浩特市	内资企业	县以上工业企业	国控	特大型
150100000003	石药集团中兴源...		呼和浩特市	内资企业	县以上工业企业	国控	特大型
150100000004	内蒙古伊利集团...		呼和浩特市	内资企业	县以上工业企业	国控	特大型
150100000005	浙江升华拜克生...		呼和浩特市	内资企业	县以上工业企业	国控	特大型
150100000006	呼和浩特辛辛板...		呼和浩特市	内资企业	县以上工业企业	国控	特大型
150100000007	托县工业园区污...		呼和浩特市	内资企业	县以上工业企业	国控	特大型

图 6-41　信息实时监控（查询结果）

双击：“托县工业园区”项，可以看到排口的详细信息（图 6-42）。

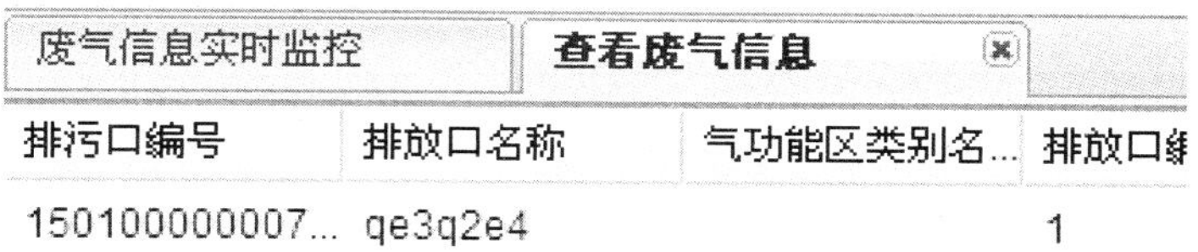

排污口编号	排放口名称	气功能区类别名...	排放口编
150100000007...	qe3q2e4		1

图 6-42　信息实时监控（选择排口）

双击排口信息，可以看到关这个排口的实时信息（图 6-43）。

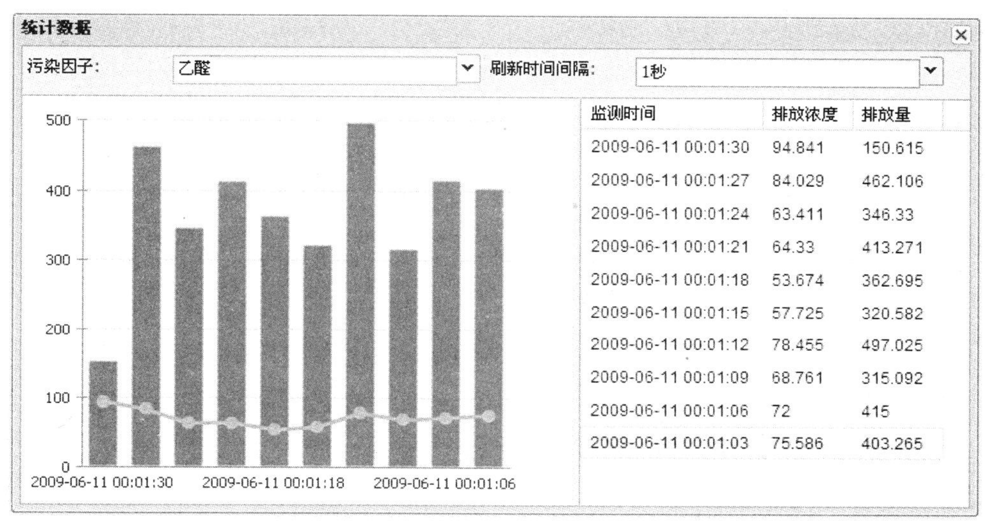

监测时间	排放浓度	排放量
2009-06-11 00:01:30	94.841	150.615
2009-06-11 00:01:27	84.029	462.106
2009-06-11 00:01:24	63.411	346.33
2009-06-11 00:01:21	64.33	413.271
2009-06-11 00:01:18	53.674	362.695
2009-06-11 00:01:15	57.725	320.582
2009-06-11 00:01:12	78.455	497.025
2009-06-11 00:01:09	68.761	315.092
2009-06-11 00:01:06	72	415
2009-06-11 00:01:03	75.586	403.265

图 6-43　信息实时监控（选择污染物查看结果）

（2）交换明细查看（图 6-44）

图 6-44　交换明细查询（查询条件）

业务范围：污染源自动监控信息；

统计业务：废气-排放口-日数据；

起始时间：2005 年 6 月 19 日；

终止时间：2009 年 6 月 19 日；

点击："查询"。效果如图 6-45。

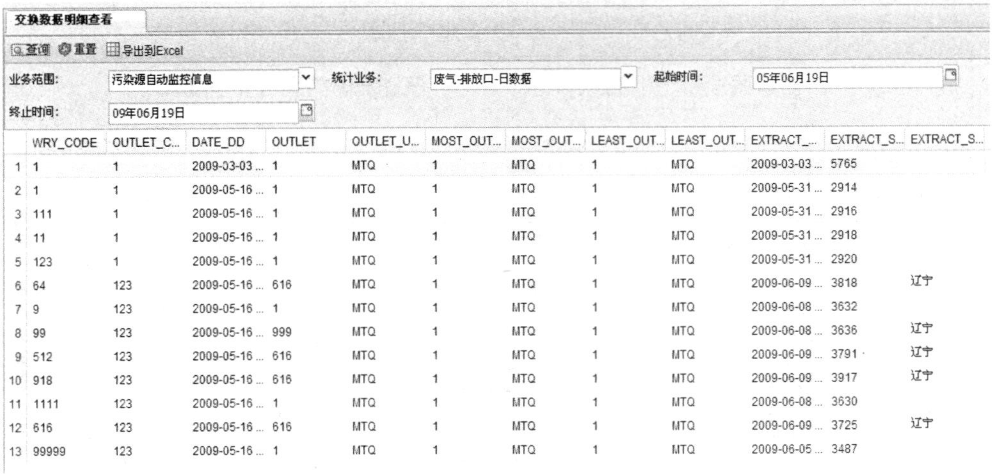
交换数据明细查看
查询 重置 导出到Excel
业务范围: 污染源自动监控信息
统计业务: 废气-排放口-日数据
起始时间: 05年06月19日
终止时间: 09年06月19日
WRY_CODE OUTLET_C... DATE_DD OUTLET OUTLET_U... MOST_OUT... MOST_OUT... LEAST_OUT... LEAST_OUT... EXTRACT_... EXTRACT_S... EXTRACT_S...
1 1 1 2009-03-03 ... 1 MTQ 1 MTQ 1 MTQ 2009-03-03 ... 5765
2 1 1 2009-05-16 ... 1 MTQ 1 MTQ 1 MTQ 2009-05-31 ... 2914
3 111 1 2009-05-16 ... 1 MTQ 1 MTQ 1 MTQ 2009-05-31 ... 2916
4 11 1 2009-05-16 ... 1 MTQ 1 MTQ 1 MTQ 2009-05-31 ... 2918
5 123 1 2009-05-16 ... 1 MTQ 1 MTQ 1 MTQ 2009-05-31 ... 2920
6 64 123 2009-05-16 ... 616 MTQ 1 MTQ 1 MTQ 2009-06-09 ... 3818 辽宁
7 9 123 2009-05-16 ... 1 MTQ 1 MTQ 1 MTQ 2009-06-08 ... 3632
8 99 123 2009-05-16 ... 999 MTQ 1 MTQ 1 MTQ 2009-06-08 ... 3636 辽宁
9 512 123 2009-05-16 ... 616 MTQ 1 MTQ 1 MTQ 2009-06-09 ... 3791 辽宁
10 918 123 2009-05-16 ... 616 MTQ 1 MTQ 1 MTQ 2009-06-09 ... 3917 辽宁
11 1111 123 2009-05-16 ... 1 MTQ 1 MTQ 1 MTQ 2009-06-08 ... 3630
12 616 123 2009-05-16 ... 616 MTQ 1 MTQ 1 MTQ 2009-06-09 ... 3725 辽宁
13 99999 123 2009-05-16 ... 1 MTQ 1 MTQ 1 MTQ 2009-06-05 ... 3487

图 6-45 交换明细查询（查询结果）

点击："导出到 Excel"。效果如图 6-46。

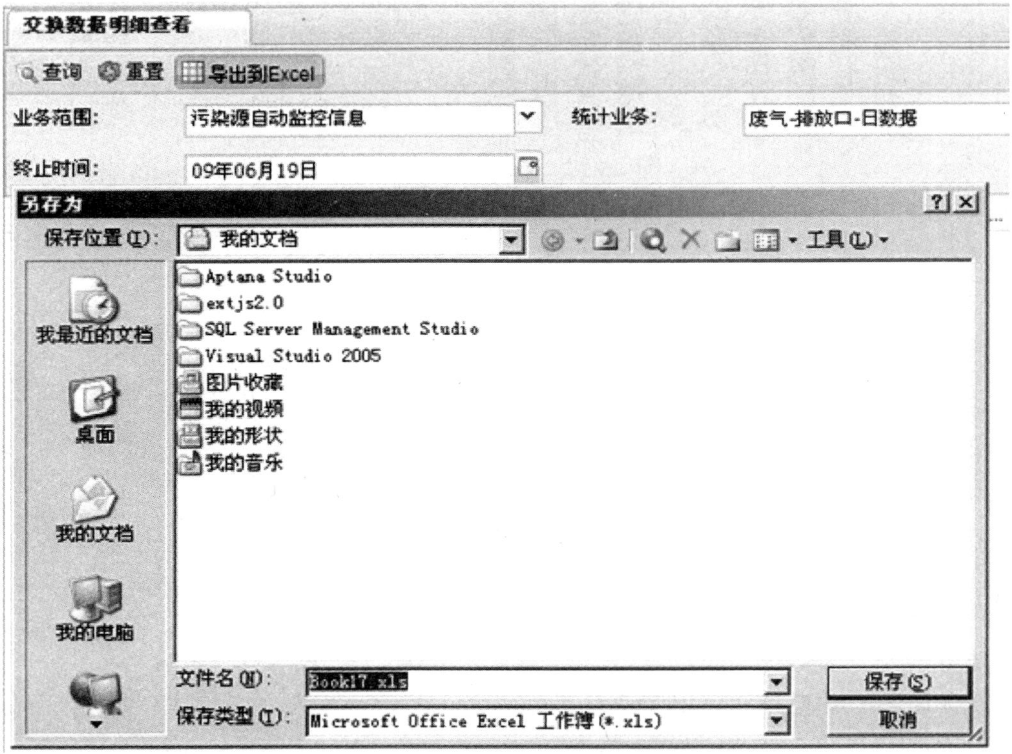
交换数据明细查看
查询 重置 导出到Excel
业务范围: 污染源自动监控信息
统计业务: 废气-排放口-日数据
终止时间: 09年06月19日
另存为
保存位置(I): 我的文档
工具(L)
Aptana Studio
extjs2.0
SQL Server Management Studio
Visual Studio 2005
图片收藏
我的视频
我的形状
我的音乐
我最近的文档
桌面
我的文档
我的电脑
文件名(N): Book17.xls
保存类型(T): Microsoft Office Excel 工作簿(*.xls)
保存(S)
取消

图 6-46 交换明细查询（结果导出）

6.5.2　ESB 版原型系统功能

6.5.2.1　交换配置

（1）节点管理

用以查看交换平台中各注册节点的当前状态（IP、断口号、是否在线）。

节点列表通过编辑配置文件方式进行维护，节点状态可定时更新（图 6-47）。

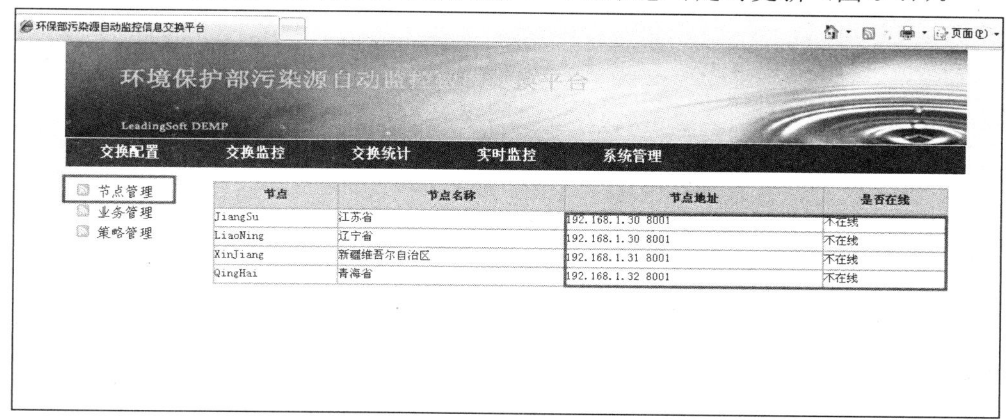

节点	节点名称	节点地址	是否在线
JiangSu	江苏省	192.168.1.30 8001	不在线
LiaoNing	辽宁省	192.168.1.30 8001	不在线
XinJiang	新疆维吾尔自治区	192.168.1.31 8001	不在线
QingHai	青海省	192.168.1.32 8001	不在线

图 6-47　节点列表

（2）业务管理（图 6-48）

当前平台中，可交换、统计的各交换业务描述。

业务列表的维护通过更新配置文件的方式进行。

序号	交换业务名称	注册时间
T_WRY_COMPANY	污染源企业基本信息	2008/12/30 15:38:02
T_WRY_CONTACT	污染源企业联系方式	2008/12/30 15:38:02
T_WRY_BASE	污染源基本信息	2008/12/30 15:38:02
T_WRY_GAS_OUTLET	污染源废气排放口基本信息	2008/12/30 15:38:02
T_WRY_GAS_OUTLET_PL	污染源废气排放口污染物设置	2008/12/30 15:38:02
T_WRY_WTR_OUTLET	污染源废水排放口基本信息	2008/12/30 15:38:02
T_WRY_WTR_OUTLET_PL	污染源废水排放口污染物设置	2008/12/30 15:38:02
T_WRY_COLLECTOR	污染源数据采集仪器信息	2008/12/30 15:38:02
T_WRY_BASE_EQUIPMENT	污染源治理设施	2008/12/30 15:38:02
T_WRY_AUTO_GAS_RT	污染源自动监控-废气排放口实时数据	2008/12/30 15:38:02
T_WRY_AUTO_GAS_HOUR	污染源自动监控-废气排放口小时数据	2008/12/30 15:38:02
T_WRY_AUTO_GAS_YEAR	污染源自动监控-废气排放口年数据	2008/12/30 15:38:02
T_WRY_AUTO_GAS_DAY	污染源自动监控-废气排放口日数据	2008/12/30 15:38:02
T_WRY_AUTO_GAS_MTH	污染源自动监控-废气排放口月数据	2008/12/30 15:38:02
T_WRY_AUTO_GAS_RT_PLC	污染源自动监控-废气污染物实时折算数据	2008/12/30 15:38:02
T_WRY_AUTO_GAS_RT_PL	污染源自动监控-废气污染物实时数据	2008/12/30 15:38:02
T_WRY_AUTO_GAS_HOUR_PLC	污染源自动监控-废气污染物小时折算数据	2008/12/30 15:38:02
T_WRY_AUTO_GAS_HOUR_PL	污染源自动监控-废气污染物小时数据	2008/12/30 15:38:02
T_WRY_AUTO_GAS_YEAR_PL	污染源自动监控-废气污染物年数据	2008/12/30 15:38:02
T_WRY_AUTO_GAS_DAY_PLC	污染源自动监控-废气污染物日折算数据	2008/12/30 15:38:02
T_WRY_AUTO_GAS_DAY_PL	污染源自动监控-废气污染物日数据	2008/12/30 15:38:02

图 6-48　业务列表

（3）策略管理（图 6-49）

在各节点正常传送数据的基础上，有选择地在某段时间范围内提取各类业务数据。

图 6-49 策略管理

6.5.2.2 交换监控

（1）交换量排名（图 6-50）

根据交换的字节量，统计某节点、某业务、在某段时间内的交换量。

图 6-50 交换排名

（2）最近更新（图 6-51）

根据时间，统计某节点、某业务的更新情况。

图 6-51　交换数据更新情况

（3）错误查询（图 6-52）

根据发送方、接收方，检查某节点、某业务的错误交换信息详情。

图 6-52　查看错误信息

点击错误连接，查看交换报文详情（图 6-53）。

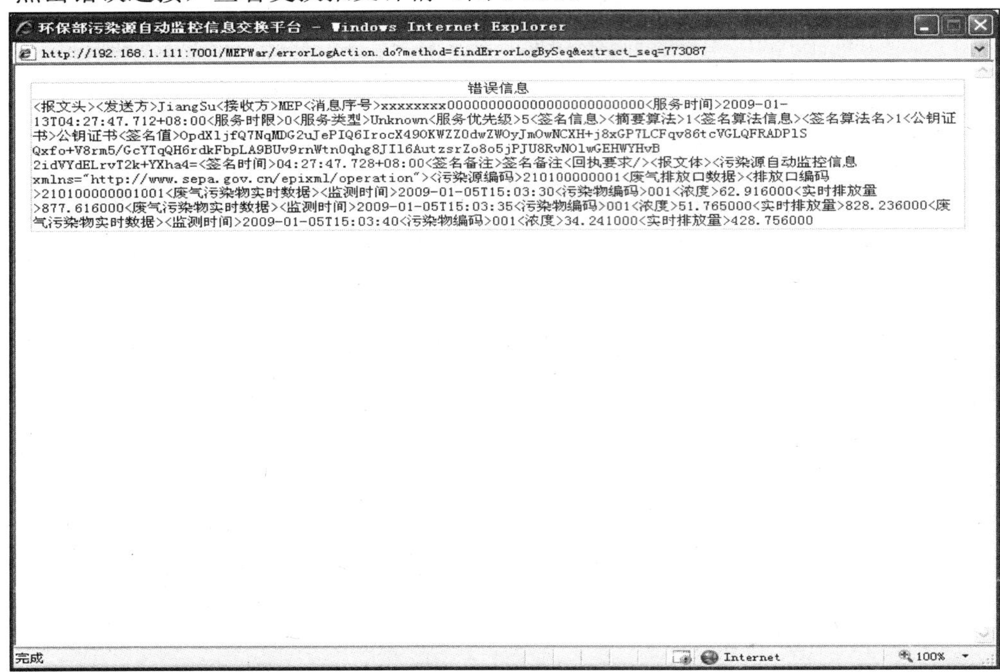

图 6-53 交换错误详情

6.5.2.3 交换统计

根据节点层次，逐级按照业务逻辑统计当月各类交换信息的记录数（图 6-54）。

图 6-54 交换数据统计

点击各业务类型，得到交换的详细信息。

6.5.2.4　实时监控

根据行政区划层次或其他条件，查询得到符合条件的污染源（图 6-55）。

图 6-55　查询污染源

选中某污染源，可得到当前污染源的排口信息（图 6-56）。

图 6-56　选择污染源排口

选中某排口，可得到当前排口的最近实时排放数据（小于等于 11 条）（图 6-57）。

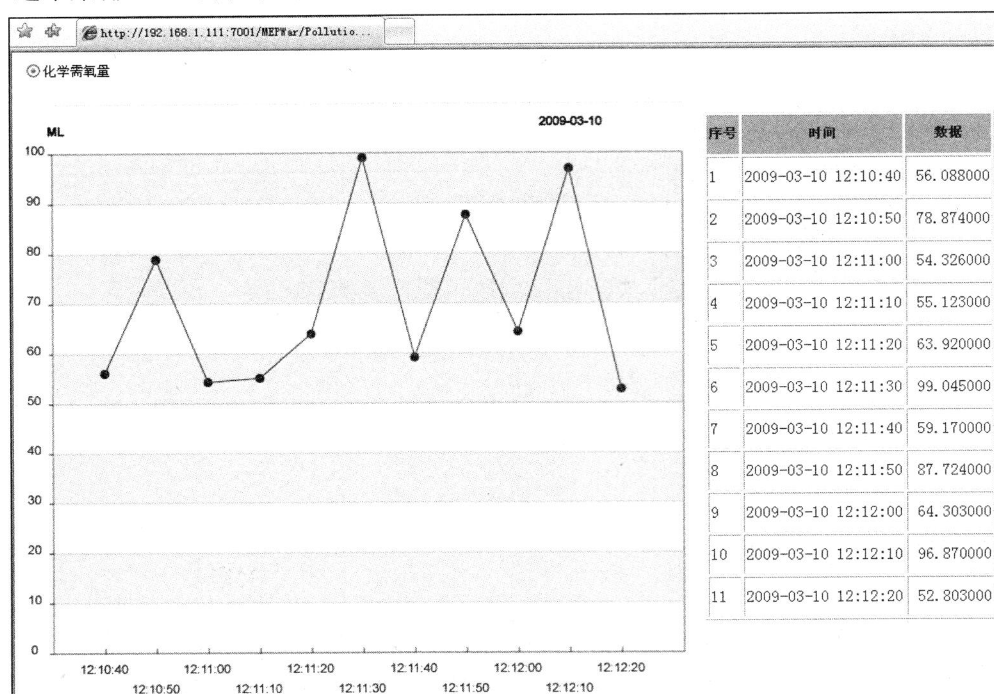

序号	时间	数据
1	2009-03-10 12:10:40	56.088000
2	2009-03-10 12:10:50	78.874000
3	2009-03-10 12:11:00	54.326000
4	2009-03-10 12:11:10	55.123000
5	2009-03-10 12:11:20	63.920000
6	2009-03-10 12:11:30	99.045000
7	2009-03-10 12:11:40	59.170000
8	2009-03-10 12:11:50	87.724000
9	2009-03-10 12:12:00	64.303000
10	2009-03-10 12:12:10	96.870000
11	2009-03-10 12:12:20	52.803000

图 6-57　实时监控污染源数据

6.5.2.5　系统管理

（1）密码修改

修改当前用户的密码（图 6-58）。

图 6-58　密码修改

（2）人员管理

增加系统用户（系统将阻止无用户身份的应用直接访问）（图 6-59）。

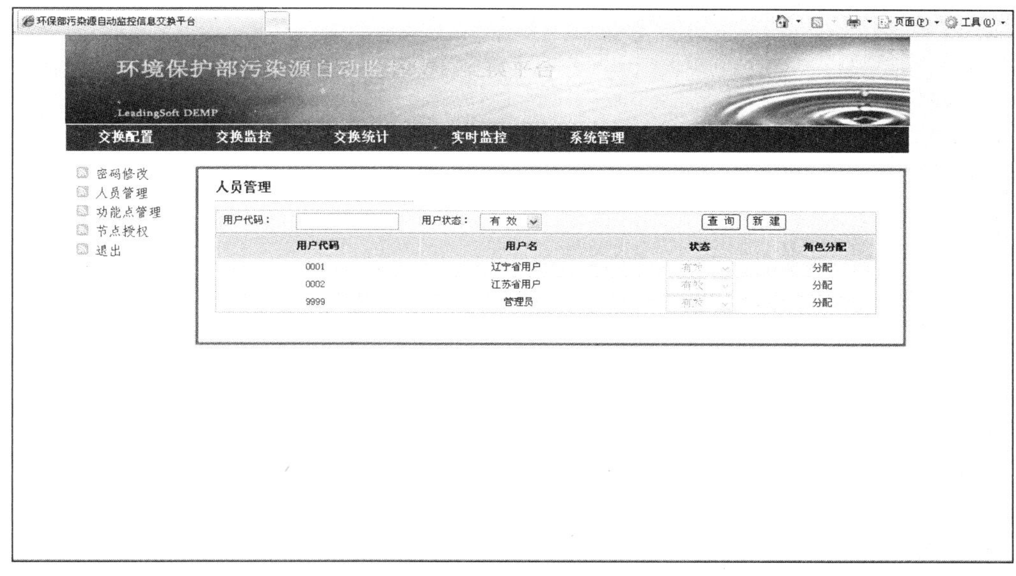

图 6-59　增加用户

同时维护该用户的访问权限（图 6-60）。

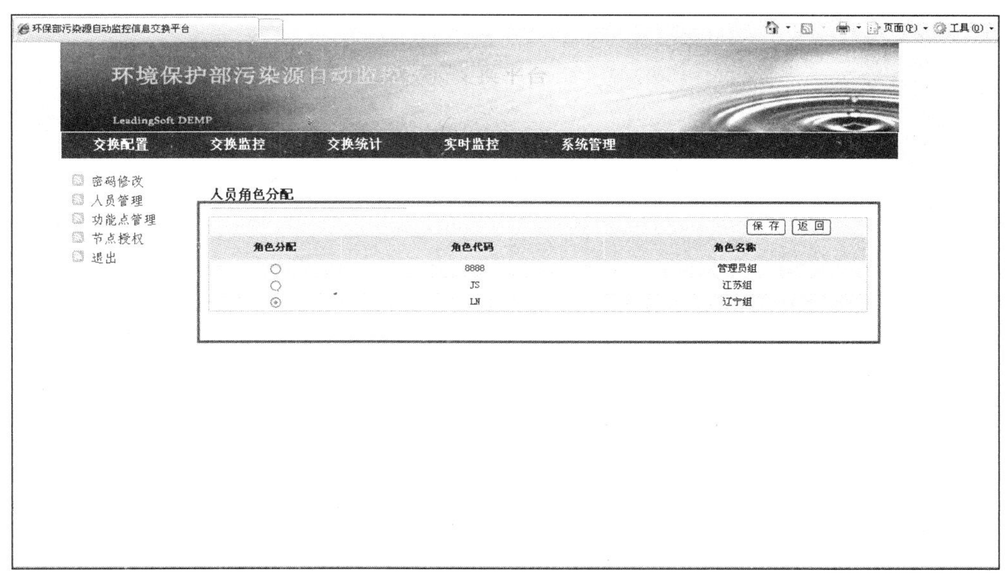

图 6-60　设置人员权限

（3）功能点管理

管理系统用户有哪些功能的访问权限（图 6-61）。

图 6-61　功能点管理

（4）节点授权

各角色所拥有的数据权限（图 6-62）。

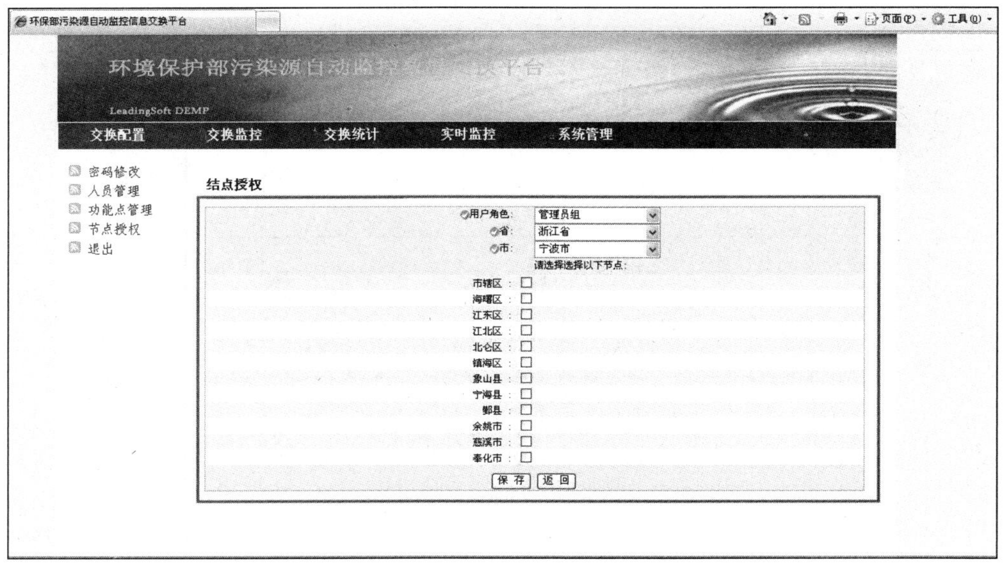

图 6-62　节点授权

（5）退出

安全退出当前应用，返回到登录界面（图 6-63）。

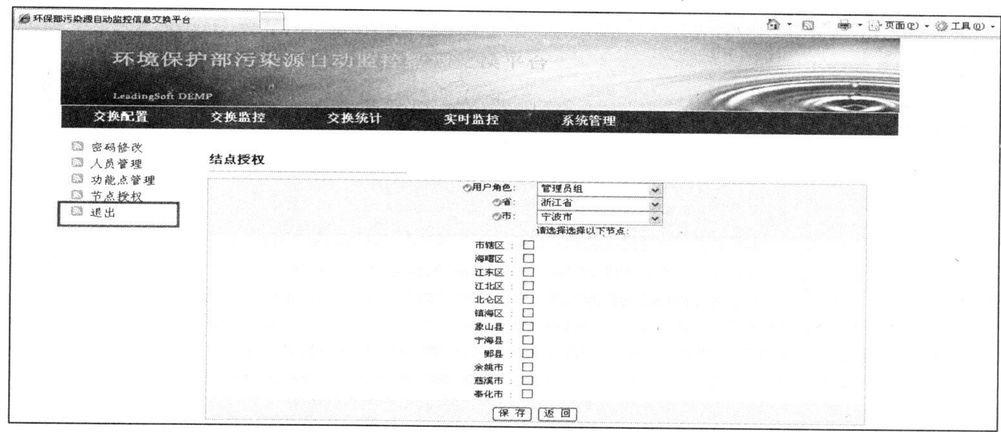

图 6-63　退出

6.5.3　污染源自动监控信息交换系统功能总结

6.5.3.1　数据交换配置

（1）数据适配

支持数据库数据的访问、抽取、传输与写入，包括文件适配和数据库适配；数据库适配应支持各种主流数据库的适配。

1）MQ 版交换原型系统

通过 TI 组件 DBMapping 工具实现数据适配（图 6-64）。

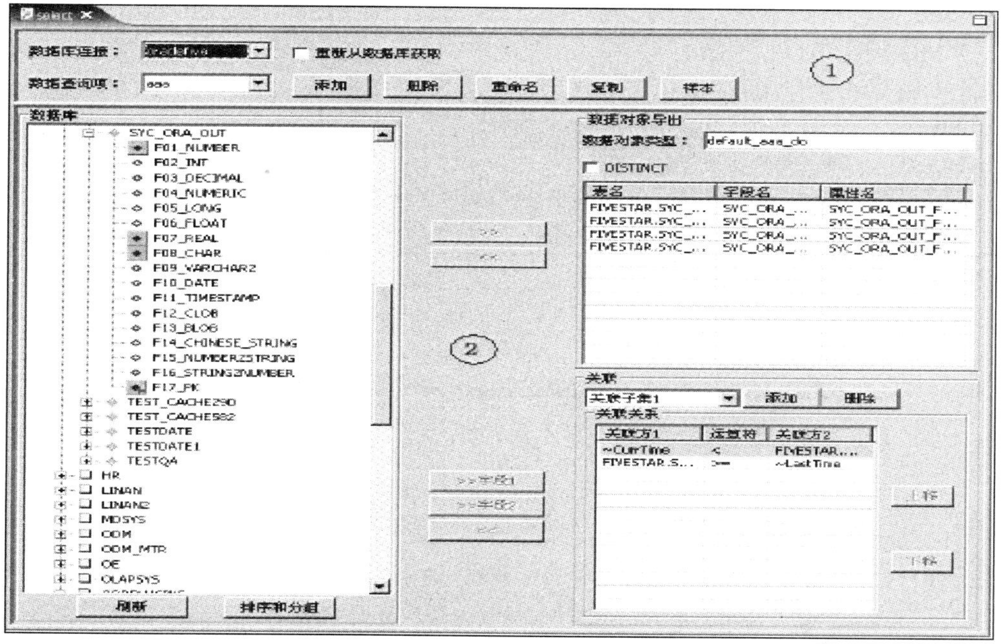

图 6-64　DBMapping 数据适配效果图

2）ESB 版交换原型系统

通过 ODI 实现数据适配（图 6-65）。

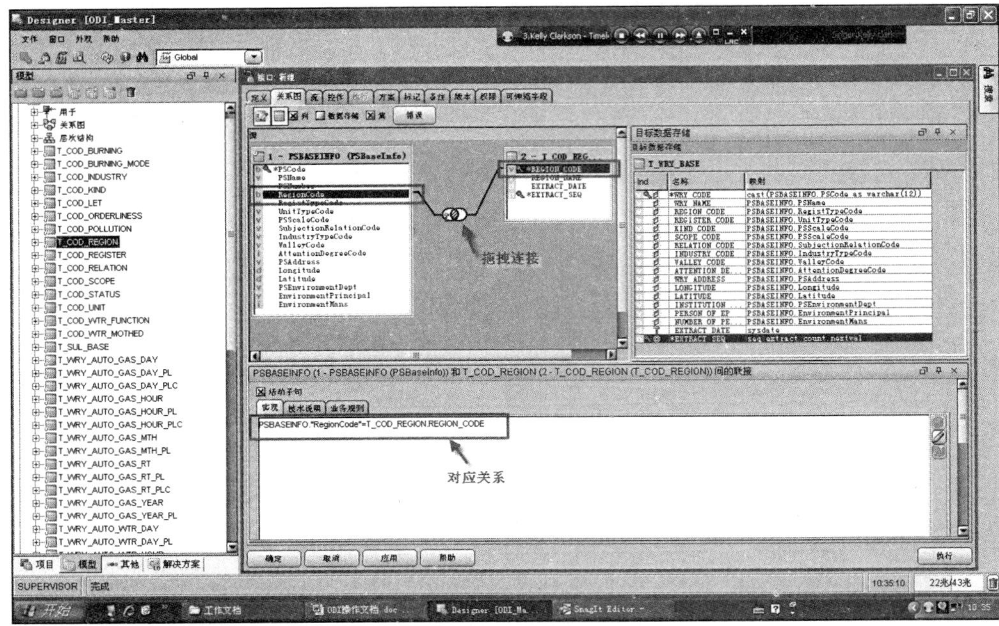

图 6-65 ODI 数据适配效果图

（2）数据转换

支持异构数据之间的格式、代码转换；

应提供数据转换规则定义接口和常用转换函数，并可自定义转换函数。

1）MQ 版交换原型系统

通过 TI 组件 DBMapping 工具实现数据转换（图 6-66）。

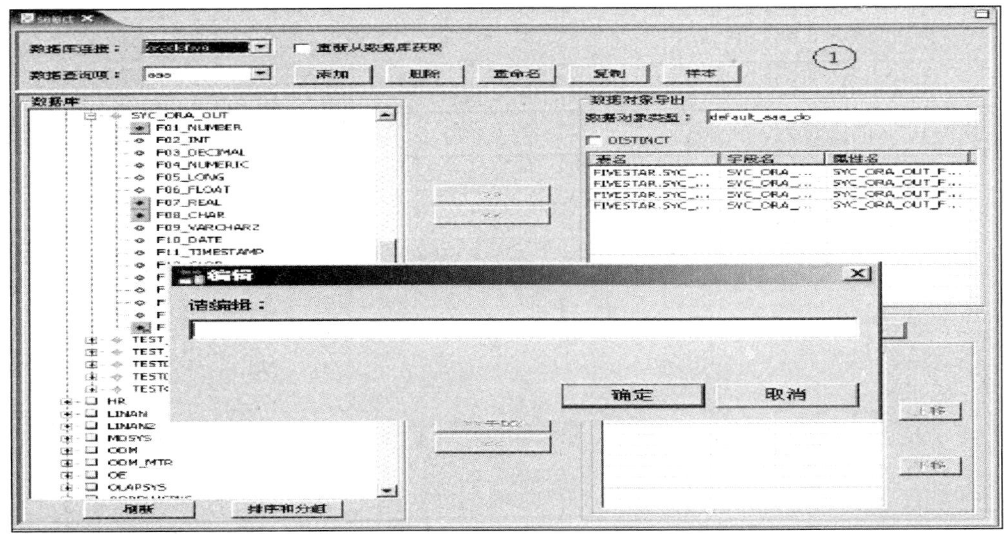

图 6-66 DBMapping 数据转换效果图

2）ESB 版交换原型系统

通过 ODI 实现数据转换（图 6-67）。

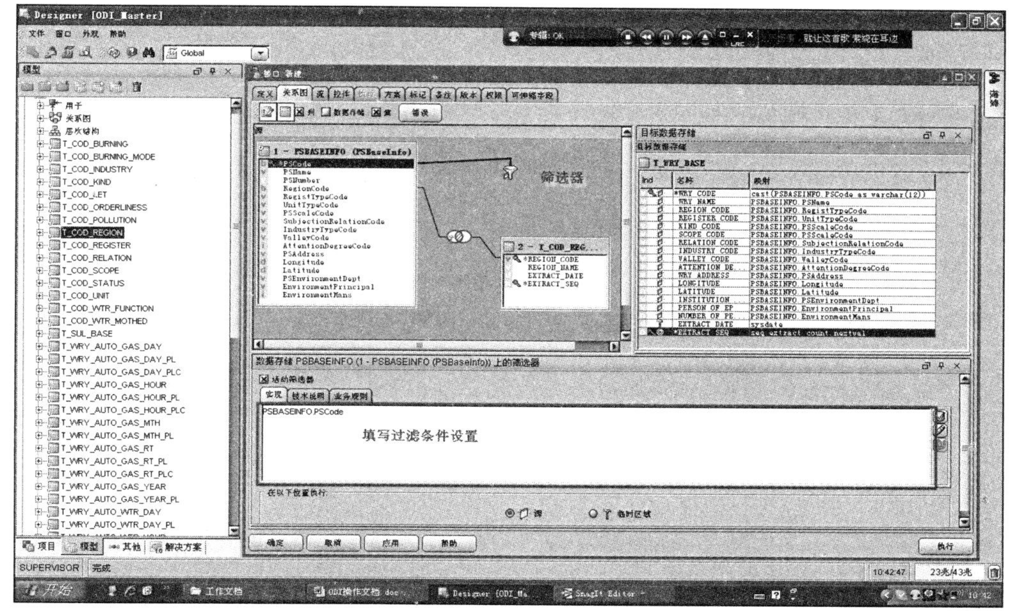

图 6-67　ODI 数据转换效果图

（3）数据传输

实现数据在网络中的可靠传输，并支持断点续传；

支持单表记录数 2 000 万条以上数据库数据的传输。

1）MQ 版交换原型系统

通过 TLQ 保证数据传输的稳定性与效率。

2）ESB 版交换原型系统

通过 JMS 协议保证数据传输的完整性。

6.5.3.2　交换节点管理

（1）交换节点注册

支持交换节点信息在交换中心的注册、更新等工作；

交换节点信息应包括交换节点 IP 地址、端口号、交换节点名称等信息。

1）MQ 版交换原型系统

通过节点注册功能进行节点信息的登记；通过配置文件保存节点信息。

2）ESB 版交换原型系统

通过配置文件保存节点信息；对节点信息的变更需通过修改配置文件实现。

（2）交换节点监控

支持交换节点运行状态监测和交换节点控制等工作；

包括交换节点状态信息记录、交换节点状态信息查看、错误信息监控、交换节点启动、交换节点停止等操作。

1）MQ 版交换原型系统

可对节点进行完整有效监控，即查看节点状态、队列状态、远程控制等，也可查看错误详情，以便快速定位并解决问题。

2）ESB 版交换原型系统

通过功能开发可监控节点状态，但无法有效快速定位错误。

6.5.3.3 交换业务管理

（1）交换业务配置

支持交换业务所涉及的时间规则、转换规则、日志记录规则等的配置工作；

提供可视化拖放配置方式，支撑数据适配、数据转换等功能和相关规则的可视化配置管理；

支持交换业务在交换节点的热部署和热切换功能。

1）MQ 版交换原型系统

通过 TI 组件 AFEditor 工具实现交换业务的灵活配置（图 6-68）。

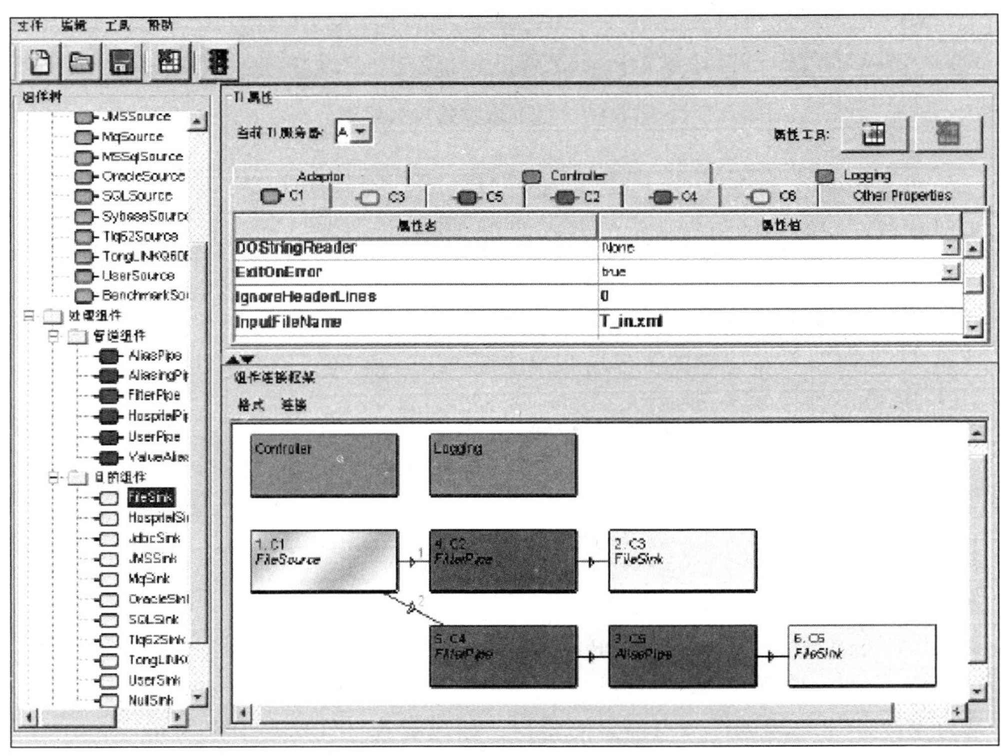

图 6-68 AFEditor 业务配置效果图

2）ESB 版交换原型系统

通过功能开发可提供部分交换配置功能，如时间策略配置等。

无法提供可视化交换业务配置功能。

（2）交换业务监控

支持交换业务运行状态监测和交换业务控制等工作；

包括交换业务状态信息记录、交换业务状态信息查看、交换业务启动和交换业务停止等操作；

交换业务状态信息应包括交换业务名称和运行状态等。

1）MQ 版交换原型系统

提供相对完整的交换业务监控功能，可满足基本交换业务监控的需求。

详细信息见 6.5.1.2 节——交换监控。

2）ESB 版交换原型系统

对交换业务过程监控有所缺失，但可对交换结果进行监控和统计。

详细信息见 6.5.2.2 节——交换监控。

6.5.3.4　交换系统管理

（1）日志管理

支持数据交换、交换节点监控、交换流程监控等过程所产生日志信息的记录与管理等工作；

数据交换日志信息主要包括发送节点名称、接收节点名称、资源名称、交换数据量、发送时间和接收时间等；

交换节点监控日志信息主要包括交换节点名称、状态变化、状态变化时间等；

交换业务监控日志信息主要包括交换流程名称、状态变化、状态变化时间等。

1）MQ 版交换原型系统

分别针对交换节点与交换业务提供完整日志信息。并可根据业务需要设置日志级别，用以调整日志记录的详细程度。

2）ESB 版交换原型系统

提供基于交换业务的日志功能。

无基于交换节点的日志功能。

（2）统计分析

支持系统运行状况、数据交换情况的统计和分析等工作；

包括错误统计、交换次数统计、交换数据量统计等。

1）MQ 版交换原型系统

通过交换统计模块提供对交换情况的统计和分析功能；

通过日志查询功能提供错误分析功能，但无错误统计功能。

2）ESB 版交换原型系统

通过交换监控的错误查询功能提供系统运行状况分析功能；

通过交换统计模块提供对交换情况的统计和分析功能。

（3）备份管理

应支持交换节点信息、交换节点状态信息、交换流程配置信息、交换流程状态信息和日志信息等数据的备份和恢复工作；

应包括手动备份、自动备份、手动恢复、自动恢复等操作；

应支持全量备份、增量备份两种备份策略，备份数据应能准确、完整、快速地恢复。

6.5.4 原型系统实现比较

6.5.4.1 技术路线比较

试点示范过程中，两版原型系统在成功实现污染源自动监控信息数据交换的基础上，同时在系统可靠性、可伸缩性、易用性、安全性、可配置性等方面进行了比较：

比较维度	MQ 版本	ESB 版本
可靠性	通过消息通道建立和维护、故障恢复、断点续传等机制以保障数据传输的可靠性	通过应用集群功能保证系统稳健可靠运行
可伸缩性	配置级交换应用扩展	编码级交换应用扩展
易用性	通过统一的管理平台实现分布式管理	各交换节点分别由各自配置平台进行管理
安全性	通过通信级、服务级、用户级合法性认证以及数据级加密等方式保证安全性	通过交换节点 Oracle Weblogic Server 之间配置 PKI 证书和 SSL 通道保证安全性
可配置性	在数据提取、数据转换、数据交换等方面提供配置工具	在数据提取、数据转换方面提供配置工具，数据交换层面通过 Oracle Weblogic Server 进行配置

通过比较发现，和 ESB 版基于 JMS 协议实现数据传输相比，MQ 版更符合本研究的需求和实际应用场景。鉴于污染源自动监控信息交换平台运行在一个复杂的、异构的、分层管理的三级两层网络环境中，MQ 的高可靠性、松耦合和自组织性的优势得以有效的发挥。和对网络依赖性更强的 ESB 技术相比，消息中间件以同步或异步方式提供了分布式应用方法；同时消息中间件又有别于 JMS 等单纯的消息接口方式，作为中间件，是一种独立的系统软件或服务程序，能够更有效地保证系统安全、可靠、高效地运行。

6.5.4.2 技术路线选择

鉴于 MQ 具有以下特点，建议污染源自动监控信息交换选择消息中间件技术路线。

（1）消息中间件技术是分布式应用间交换信息的一种技术。消息队列可驻留在内存或磁盘上，队列存储消息直到它们被应用程序读走。通过消息队列，应用程序可独立地执行——不需要知道彼此的位置，或在继续执行前不需要等待接收程序接收此消息。

（2）消息中间件是一种独立的系统软件或服务程序，分布式应用软件借助这种软件在不同的技术之间共享资源，管理计算资源和网络通信。它在计算机系统中是一个关键软件，能实现应用的互连和互操作性，能保证系统的安全、可靠、高效地运行。中间件位于用户应用和操作系统及网络软件之间，它为应用提供了公用的通信手段，并且独立于网络和操作系统。中间件为开发者提供了公用于所有环境的应用程序接口，当应用程序中嵌入其函数调用，它便可利用其运行的特定操作系统和网络环境的功能，为应用执行通信功能。消息中间件软件管理着客户端程序和数据库或者早期应用软件之间的通信。消息中间件在分布式的客户和服务之间扮演着承上启下的角色，如事务管理、负载均衡以及基于 Web 的计算等。

（3）消息中间件为构造以同步或异步方式实现的分布式应用提供了松耦合方法。消息中间件的 API 调用被嵌入到新的或现存的应用中，通过消息发送到内存或基于磁盘的队列或从它读出而提供信息交换。消息中间件可用在应用中以执行多种功能，比如要求服务、交换信息或异步处理等。

（4）消息中间件简化了应用之间数据的传输，屏蔽底层异构操作系统和网络平台，提供一致的通信标准和应用开发，确保分布式计算网络环境下可靠的、跨平台的信息传输和数据交换。它基于消息队列的存储-转发机制，并提供特有的异步传输机制，能够基于消息传输和异步事务处理实现应用整合与数据交换。

（5）消息中间件可运行于多种硬件和 OS 平台；支持分布式计算，提供跨网络、硬件和 OS 平台的透明性的应用或服务的交互功能；支持标准的协议；支持标准的接口。程序员通过调用中间件提供的大量 API，实现异构环境的通信，从而屏蔽异构系统中复杂的操作系统和网络协议。针对不同的操作系统和硬件平台，它们可以有符合接口和协议规范的多种实现。由于标准接口对于可移植性和标准协议对于互操作性的重要性，消息中间件已成为许多标准化工作的主要部分。对于应用软件开发，消息中间件远比操作系统和网络服务更为重要，消息中间件提供的程序接口定义了一个相对稳定的高层应用环境，不管底层的计算机硬件和系统软件怎样更新换代，只要将消息中间件升级更新，并保持消息中间件对外的接口定义不变，应用软件几乎不需任何修改，从而保护了在应用软件开发和维护中的重大投资。

6.6　标准符合性的检查

6.6.1　数据校验

交换原型系统将符合交换条件的数据组装成 XML 文档，并通过标准 Schema 验证数据的合法性。

6.6.1.1　数据结构合法性校验

交换原型系统实现四类污染源自动监控信息的交换——污染源基本信息、废气排放口基本信息、废水排放口基本信息、污染源自动监控信息，同时提供四类标准 Schema 对其数据结构合法性进行校验。

（1）污染源基本信息校验 Schema

```
<? xml version="1.0" encoding="GB2312"? >
<!-- edited with XMLSpy v2005 rel. 3 U（http：//www.altova.com） by （） -->
<xs：schema xmlns：xs="http：//www.w3.org/2001/XMLSchema" elementFormDefault ="qualified" attributeFormDefault="unqualified">
  <xs：include schemaLocation="datatype.xsd"/>
  <xs：element name="污染源基本信息">
    <xs：complexType>
```

```
        <xs：sequence>
            <xs：element name="污染源编码" type="污染源编码"/>
            <xs：element name="污染源名称">
                <xs：simpleType>
                    <xs：restriction base="xs：string">
                        <xs：maxLength value="200"/>
                    </xs：restriction>
                </xs：simpleType>
            </xs：element>
            <xs：element name="行政区划编码" type="行政区划编码"/>
            <xs：element name="注册类型编码" type="三位代码"/>
            <xs：element name="单位类别编码" type="一位代码"/>
            <xs：element name="企业规模编码" type="一位代码"/>
            <xs：element name="隶属关系编码" type="两位代码"/>
            <xs：element name="行业类别编码" type="行业类别编码"/>
            <xs：element name="流域编码" type="流域编码"/>
            <xs：element name="关注程度" type="关注程度"/>
            <xs：element name="污染源地址" minOccurs="0">
                <xs：simpleType>
                    <xs：restriction base="xs：string">
                        <xs：maxLength value="200"/>
                    </xs：restriction>
                </xs：simpleType>
            </xs：element>
            <xs：element name="中心经度" minOccurs="0">
                <xs：simpleType>
                    <xs：restriction base="xs：decimal">
                        <xs：totalDigits value="9"/>
                        <xs：fractionDigits value="6"/>
                    </xs：restriction>
                </xs：simpleType>
            </xs：element>
            <xs：element name="中心纬度" minOccurs="0">
                <xs：simpleType>
                    <xs：restriction base="xs：decimal">
                        <xs：totalDigits value="8"/>
                        <xs：fractionDigits value="6"/>
                    </xs：restriction>
                </xs：simpleType>
```

```
            </xs: element>
            <xs: element name="环保机构名称" type="编码名称" minOccurs="0"/>
            <xs: element name="环保负责人" type="姓名" minOccurs="0"/>
            <xs: element name="专职环保人员数" type="整数" minOccurs="0"/>
            <xs: element name="污染治理设施" minOccurs="0" maxOccurs="unbounded">
                <xs: complexType>
                    <xs: sequence>
                        <xs: element name="污染治理设施编码" type="三位代码"/>
                        <xs: element name="污染治理设施名称" type="编码名称"/>
                        <xs: element name="污染类别" type="污染类别" minOccurs="0"/>
                        <xs: element name="处理方法" type="编码名称" minOccurs="0"/>
                        <xs: element name="设计处理能力" type="吨" minOccurs="0">
                            <xs: annotation>
                                <xs: documentation>废水计量单位：吨/日；废气计量单位：标
立方米/时</xs: documentation>
                            </xs: annotation>
                        </xs: element>
                        <xs: element name="排向的排放口编号" type="排放口编码"
minOccurs="0"/>
                        <xs: element name="投入使用日期" type="日期类型" minOccurs="0"/>
                        <xs: element name="数采仪序号" type="数采仪序号"/>
                    </xs: sequence>
                </xs: complexType>
            </xs: element>
            <xs: element name="数据采集仪信息" minOccurs="0" maxOccurs="unbounded">
                <xs: complexType>
                    <xs: sequence>
                        <xs: element name="数采仪序号" type="数采仪序号"/>
                        <xs: element name="终端服务地址码">
                            <xs: simpleType>
                                <xs: restriction base="xs: string">
                                    <xs: maxLength value="40"/>
                                </xs: restriction>
                            </xs: simpleType>
                        </xs: element>
                        <xs: element name="访问密码" minOccurs="0">
                            <xs: simpleType>
                                <xs: restriction base="xs: string">
                                    <xs: length value="6"/>
```

```
                                    </xs：restriction>
                                </xs：simpleType>
                            </xs：element>
                            <xs：element name="数据上报间隔" type="xs：int" minOccurs="0"/>
                            <xs：element name="是否上报日数据" type="是否" minOccurs="0"/>
                            <xs：element name="是否上报小时数据" type="是否" minOccurs="0"/>
                            <xs：element name="数据传输方式" type="传输方式" minOccurs="0"/>
                            <xs：element name="生产厂家" minOccurs="0">
                                <xs：simpleType>
                                    <xs：restriction base="xs：string">
                                        <xs：maxLength value="200"/>
                                    </xs：restriction>
                                </xs：simpleType>
                            </xs：element>
                            <xs：element name="联系人" type="姓名" minOccurs="0"/>
                            <xs：element name="联系电话" type="电话号码" minOccurs="0"/>
                        </xs：sequence>
                    </xs：complexType>
                </xs：element>
                <xs：element name="示意图" minOccurs="0">
                    <xs：complexType>
                        <xs：sequence>
                            <xs：element name="单位平面示意图" type="xs：base64Binary"
minOccurs="0" maxOccurs="unbounded"/>
                            <xs：element name="生产工艺示意图" type="xs：base64Binary"
minOccurs="0" maxOccurs="unbounded"/>
                            <xs：element name="主要污染治理工艺示意图" type="xs：base64Binary"
minOccurs="0" maxOccurs="unbounded"/>
                        </xs：sequence>
                    </xs：complexType>
                </xs：element>
                <xs：element name="企业基本信息" minOccurs="0">
                    <xs：complexType>
                        <xs：sequence>
                            <xs：element name="法人代码" type="编码名称" minOccurs="0"/>
                            <xs：element name="法定代表人" type="姓名" minOccurs="0"/>
                            <xs：element name="投产日期" type="日期类型" minOccurs="0"/>
                            <xs：element name="开户行" minOccurs="0">
                                <xs：simpleType>
```

```
                        <xs：restriction base="xs：string">
                            <xs：maxLength value="200"/>
                        </xs：restriction>
                    </xs：simpleType>
                </xs：element>
                <xs：element name="银行账号" type="编码名称" minOccurs="0"/>
                <xs：element name="企业网址" type="编码名称" minOccurs="0"/>
            </xs：sequence>
        </xs：complexType>
    </xs：element>
    <xs：element name="联系方式" minOccurs="0">
        <xs：complexType>
            <xs：sequence>
                <xs：element name="办公电话" type="电话号码" minOccurs="0"/>
                <xs：element name="传真" type="电话号码" minOccurs="0"/>
                <xs：element name="移动电话" type="电话号码" minOccurs="0"/>
                <xs：element name="电子邮件" type="编码名称" minOccurs="0"/>
                <xs：element name="邮政编码" type="邮政编码" minOccurs="0"/>
                <xs：element name="通信地址" minOccurs="0">
                    <xs：simpleType>
                        <xs：restriction base="xs：string">
                            <xs：maxLength value="200"/>
                        </xs：restriction>
                    </xs：simpleType>
                </xs：element>
            </xs：sequence>
        </xs：complexType>
    </xs：element>
</xs：sequence>
</xs：complexType>
<xs：key>
    <xs：selector/>
    <xs：field/>
</xs：key>
<xs：key>
    <xs：selector/>
    <xs：field/>
</xs：key>
</xs：element>
```

```
</xs: schema>
```

（2）废气排放口基本信息校验 Schema

```
<? xml version="1.0" encoding="GB2312"? >
<!-- edited with XMLSpy v2005 rel. 3 U（http://www.altova.com） by （） -->
<xs: schema xmlns: xs="http: //www.w3.org/2001/XMLSchema" elementFormDefault="qualified"
attributeFormDefault="unqualified">
  <xs: include schemaLocation="datatype.xsd"/>
  <xs: element name="废气排放口基本信息">
    <xs: complexType>
      <xs: sequence>
        <xs: element name="污染源编码" type="污染源编码"/>
        <xs: element name="排放口编码" type="排放口编码"/>
        <xs: element name="排放口名称" type="编码名称"/>
        <xs: element name="废气排放口">
          <xs: complexType>
            <xs: sequence>
              <xs: element name="气功能区类别编码" type="一位代码"/>
              <xs: element name="排放口编号" type="编码名称" minOccurs="0"/>
              <xs: element name="排放口位置" minOccurs="0">
                <xs: simpleType>
                  <xs: restriction base="xs: string">
                    <xs: maxLength value="200"/>
                  </xs: restriction>
                </xs: simpleType>
              </xs: element>
              <xs: element name="排放口高度" type="xs: float" minOccurs="0"/>
              <xs: element name="出口内径" type="xs: float" minOccurs="0"/>
              <xs: element name="经度" minOccurs="0">
                <xs: simpleType>
                  <xs: restriction base="xs: decimal">
                    <xs: totalDigits value="9"/>
                    <xs: fractionDigits value="6"/>
                  </xs: restriction>
                </xs: simpleType>
              </xs: element>
              <xs: element name="纬度" minOccurs="0">
                <xs: simpleType>
```

```
                    <xs: restriction base="xs: decimal">
                        <xs: totalDigits value="8"/>
                        <xs: fractionDigits value="6"/>
                    </xs: restriction>
                </xs: simpleType>
            </xs: element>
            <xs: element name="排放规律编码" type="一位代码" minOccurs="0"/>
            <xs: element name="燃料分类编码" type="三位代码" minOccurs="0"/>
            <xs: element name="燃烧方式编码" type="一位代码" minOccurs="0"/>
            <xs: element name="标志牌安装形式" minOccurs="0">
                <xs: simpleType>
                    <xs: restriction base="xs: string">
                        <xs: maxLength value="200"/>
                    </xs: restriction>
                </xs: simpleType>
            </xs: element>
            <xs: element name="是否两控区" type="是否两控区" minOccurs="0">
                <xs: annotation>
                    <xs: documentation>0: 都不是; 1: 酸雨控制区; 2: 二氧化硫控
制区; 3: 都是</xs: documentation>
                </xs: annotation>
            </xs: element>
            <xs: element name="排放口类型" minOccurs="0">
                <xs: annotation>
                    <xs: documentation>1: 工艺废气 2: 燃烧废气</xs: documentation>
                </xs: annotation>
                <xs: simpleType>
                    <xs: restriction base="xs: string">
                        <xs: length value="1"/>
                        <xs: enumeration value="1"/>
                        <xs: enumeration value="2"/>
                    </xs: restriction>
                </xs: simpleType>
            </xs: element>
            <xs: element name="数采仪序号" type="数采仪序号" minOccurs="0"/>
            <xs: element name="废气排放口示意图" type="xs: base64Binary"
minOccurs="0" maxOccurs="unbounded"/>
            <!-- 1   工艺废气排放口
          2   燃烧废气排放口 -->
```

```
                    </xs: sequence>
                </xs: complexType>
            </xs: element>
            <xs: element name="废气排放口污染物设置" minOccurs="0" maxOccurs="unbounded">
                <xs: complexType>
                    <xs: sequence>
                        <xs: element name="污染物编码" type="三位代码"/>
                        <xs: element name="浓度报警下限" type="排放浓度" minOccurs="0"/>
                        <xs: element name="浓度报警上限" type="排放浓度" minOccurs="0"/>
                        <xs: element name="排放标准" minOccurs="0">
                            <xs: simpleType>
                                <xs: restriction base="xs: string">
                                    <xs: maxLength value="400"/>
                                </xs: restriction>
                            </xs: simpleType>
                        </xs: element>
                        <xs: element name="排放标准值" type="排放浓度" minOccurs="0"/>
                    </xs: sequence>
                </xs: complexType>
            </xs: element>
        </xs: sequence>
    </xs: complexType>
  </xs: element>
</xs: schema>
```

（3）废水排放口基本信息校验 Schema

```
<? xml version="1.0" encoding="GB2312"? >
<xs: schema xmlns: xs="http: //www.w3.org/2001/XMLSchema" elementFormDefault="qualified"
attributeFormDefault="unqualified">
  <xs: include schemaLocation="datatype.xsd"/>
  <xs: element name="废水排放口基本信息">
    <xs: complexType>
      <xs: sequence>
        <xs: element name="污染源编码" type="污染源编码"/>
        <xs: element name="排放口编码" type="排放口编码"/>
        <xs: element name="排放口名称" type="编码名称"/>
        <xs: element name="废水排放口">
          <xs: complexType>
```

```
<xs: sequence>
    <xs: element name="流域编码" type="流域编码"/>
    <xs: element name="排放去向编码" type="一位代码"/>
    <xs: element name="水域功能区类别编码" type="一位代码"/>
    <xs: element name="排放口编号" type="编码名称" minOccurs="0"/>
    <xs: element name="排放口位置" minOccurs="0">
        <xs: simpleType>
            <xs: restriction base="xs: string">
                <xs: maxLength value="200"/>
            </xs: restriction>
        </xs: simpleType>
    </xs: element>
    <xs: element name="经度" minOccurs="0">
        <xs: simpleType>
            <xs: restriction base="xs: decimal">
                <xs: totalDigits value="9"/>
                <xs: fractionDigits value="6"/>
            </xs: restriction>
        </xs: simpleType>
    </xs: element>
    <xs: element name="纬度" minOccurs="0">
        <xs: simpleType>
            <xs: restriction base="xs: decimal">
                <xs: totalDigits value="8"/>
                <xs: fractionDigits value="6"/>
            </xs: restriction>
        </xs: simpleType>
    </xs: element>
    <xs: element name="标志牌安装形式" minOccurs="0">
        <xs: simpleType>
            <xs: restriction base="xs: string">
                <xs: maxLength value="200"/>
            </xs: restriction>
        </xs: simpleType>
    </xs: element>
    <xs: element name="排放规律编码" type="一位代码" minOccurs="0"/>
    <xs: element name="数采仪序号" type="数采仪序号" minOccurs="0"/>
    <xs: element name="废水排放口示意图" type="xs: base64Binary"
minOccurs="0" maxOccurs="unbounded"/>
```

```
                    </xs：sequence>
                </xs：complexType>
            </xs：element>
            <xs： element name="废水排放口污染物设置" minOccurs="0" maxOccurs=
"unbounded">
                <xs：complexType>
                    <xs：sequence>
                        <xs：element name="污染物编码" type="三位代码"/>
                        <xs：element name="浓度报警下限" type="排放浓度" minOccurs="0"/>
                        <xs：element name="浓度报警上限" type="排放浓度" minOccurs="0"/>
                        <xs：element name="排放标准" minOccurs="0">
                            <xs：simpleType>
                                <xs：restriction base="xs：string">
                                    <xs：maxLength value="400"/>
                                </xs：restriction>
                            </xs：simpleType>
                        </xs：element>
                        <xs：element name="排放标准值" type="排放浓度" minOccurs="0"/>
                    </xs：sequence>
                </xs：complexType>
            </xs：element>
        </xs：sequence>
    </xs：complexType>
  </xs：element>
</xs：schema>
```

（4）污染源自动监控信息校验 Schema

```
<? xml version="1.0" encoding="GB2312"? >
<!-- edited with XMLSpy v2005 rel. 3 U（http：//www.altova.com） by （） -->
<xs：schema xmlns：xs="http：//www.w3.org/2001/XMLSchema" elementFormDefault="qualified">
  <xs：include schemaLocation="datatype.xsd"/>
  <xs：include schemaLocation="systemcode.xsd"/>
  <xs：element name="污染源自动监控信息">
      <xs：complexType>
          <xs：sequence>
              <xs：element name="污染源编码" type="污染源编码"/>
              <xs：element name="废水排放口数据" minOccurs="0" maxOccurs="unbounded">
                  <xs：complexType>
```

```
                    <xs：sequence>
                        <xs：element name="排放口编码" type="排放口编码"/>
                        <xs：element name="废水排放口实时数据" minOccurs="0"
maxOccurs="unbounded">
                            <xs：complexType>
                                <xs：sequence>
                                    <xs：element name="监测时间" type="日期时间类型"/>
                                    <xs：element name="流量" type="吨"/>
                                </xs：sequence>
                            </xs：complexType>
                        </xs：element>
                        <xs：element name="废水排放口污染物实时数据" minOccurs="0"
maxOccurs="unbounded">
                            <xs：complexType>
                                <xs：sequence>
                                    <xs：element name="监测时间" type="日期时间类型"/>
                                    <xs：element name="污染物编码" type="三位代码"/>
                                    <xs：element name="浓度">
                                        <xs：complexType>
                                            <xs：simpleContent>
                                                <xs：extension base="排放浓度">
                                                    <xs：attribute name="单位" type="数值单位"
default="ML"/>
                                                </xs：extension>
                                            </xs：simpleContent>
                                        </xs：complexType>
                                    </xs：element>
                                    <xs：element name="实时排放量">
                                        <xs：complexType>
                                            <xs：simpleContent>
                                                <xs：extension base="千克">
                                                    <xs：attribute name="单位" type="数值单位"
default="MGM"/>
                                                </xs：extension>
                                            </xs：simpleContent>
                                        </xs：complexType>
                                    </xs：element>
                                    <xs：element name="状态" minOccurs="0">
                                        <xs：annotation>
```

```
                          <xs：documentation>详细内容参见 systemcode.xsd-污染物监测数据状态</xs：documentation>
                      </xs：annotation>
                      <xs：simpleType>
                          <xs：restriction base="xs：string">
                              <xs：length value="1"/>
                          </xs：restriction>
                      </xs：simpleType>
                  </xs：element>
              </xs：sequence>
          </xs：complexType>
      </xs：element>
      <xs：element name="废水排放口小时数据" minOccurs="0" maxOccurs="unbounded">
          <xs：complexType>
              <xs：sequence>
                  <xs：element name="日期时间" type="日期时间类型"/>
                  <xs：element name="最小流量">
                      <xs：complexType>
                          <xs：simpleContent>
                              <xs：extension base="千克">
                                  <xs：attribute name="单位" type="数值单位" default="KGM"/>
                              </xs：extension>
                          </xs：simpleContent>
                      </xs：complexType>
                  </xs：element>
                  <xs：element name="平均流量">
                      <xs：complexType>
                          <xs：simpleContent>
                              <xs：extension base="千克">
                                  <xs：attribute name="单位" type="数值单位" default="KGM"/>
                              </xs：extension>
                          </xs：simpleContent>
                      </xs：complexType>
                  </xs：element>
                  <xs：element name="最大流量">
                      <xs：complexType>
```

```
                        <xs：simpleContent>
                            <xs：extension base="千克">
                                <xs：attribute name="单位" type="数值单位"
default="KGM"/>
                            </xs：extension>
                        </xs：simpleContent>
                    </xs：complexType>
                </xs：element>
            </xs：sequence>
        </xs：complexType>
    </xs：element>
    <xs：element name="废水排放口污染物小时数据" minOccurs="0"
maxOccurs="unbounded">
        <xs：complexType>
            <xs：sequence>
                <xs：element name="日期时间" type="日期时间类型"/>
                <xs：element name="污染物编码" type="三位代码"/>
                <xs：element name="最小浓度">
                    <xs：complexType>
                        <xs：simpleContent>
                            <xs：extension base="排放浓度">
                                <xs：attribute name="单位" type="数值单位"
default="ML"/>
                            </xs：extension>
                        </xs：simpleContent>
                    </xs：complexType>
                </xs：element>
                <xs：element name="平均浓度">
                    <xs：complexType>
                        <xs：simpleContent>
                            <xs：extension base="排放浓度">
                                <xs：attribute name="单位" type="数值单位"
default="ML"/>
                            </xs：extension>
                        </xs：simpleContent>
                    </xs：complexType>
                </xs：element>
                <xs：element name="最大浓度">
                    <xs：complexType>
```

```
                    <xs：simpleContent>
                        <xs：extension base="排放浓度">
                            <xs：attribute name="单位" type="数值单位"
default="ML"/>
                        </xs：extension>
                    </xs：simpleContent>
                </xs：complexType>
            </xs：element>
            <xs：element name="最小排放量">
                <xs：complexType>
                    <xs：simpleContent>
                        <xs：extension base="千克">
                            <xs：attribute name="单位" type="数值单位"
default="MGM"/>
                        </xs：extension>
                    </xs：simpleContent>
                </xs：complexType>
            </xs：element>
            <xs：element name="平均排放量">
                <xs：complexType>
                    <xs：simpleContent>
                        <xs：extension base="千克">
                            <xs：attribute name="单位" type="数值单位"
default="MGM"/>
                        </xs：extension>
                    </xs：simpleContent>
                </xs：complexType>
            </xs：element>
            <xs：element name="最大排放量">
                <xs：complexType>
                    <xs：simpleContent>
                        <xs：extension base="千克">
                            <xs：attribute name="单位" type="数值单位"
default="MGM"/>
                        </xs：extension>
                    </xs：simpleContent>
                </xs：complexType>
            </xs：element>
        </xs：sequence>
```

```
                </xs：complexType>
            </xs：element>
            <xs：element name="废水排放口日数据" minOccurs="0" maxOccurs="unbounded">
                <xs：complexType>
                    <xs：sequence>
                        <xs：element name="日期" type="日期类型"/>
                        <xs：element name="排放量">
                            <xs：complexType>
                                <xs：simpleContent>
                                    <xs：extension base="吨">
                                        <xs：attribute name="单位" type="数值单位" default="TNE"/>
                                    </xs：extension>
                                </xs：simpleContent>
                            </xs：complexType>
                        </xs：element>
                        <xs：element name="最大排放量">
                            <xs：complexType>
                                <xs：simpleContent>
                                    <xs：extension base="吨">
                                        <xs：attribute name="单位" type="数值单位" default="TNE"/>
                                    </xs：extension>
                                </xs：simpleContent>
                            </xs：complexType>
                        </xs：element>
                        <xs：element name="最小排放量">
                            <xs：complexType>
                                <xs：simpleContent>
                                    <xs：extension base="吨">
                                        <xs：attribute name="单位" type="数值单位" default="TNE"/>
                                    </xs：extension>
                                </xs：simpleContent>
                            </xs：complexType>
                        </xs：element>
                    </xs：sequence>
                </xs：complexType>
```

```
                    </xs：element>
                    <xs：element name="废水排放口污染物日数据" minOccurs="0"
maxOccurs="unbounded">
                        <xs：complexType>
                            <xs：sequence>
                                <xs：element name="日期" type="日期类型"/>
                                <xs：element name="污染物编码" type="三位代码"/>
                                <xs：element name="最小浓度">
                                    <xs：complexType>
                                        <xs：simpleContent>
                                            <xs：extension base="排放浓度">
                                                <xs：attribute name="单位" type="数值单位"
default="ML"/>
                                            </xs：extension>
                                        </xs：simpleContent>
                                    </xs：complexType>
                                </xs：element>
                                <xs：element name="平均浓度">
                                    <xs：complexType>
                                        <xs：simpleContent>
                                            <xs：extension base="排放浓度">
                                                <xs：attribute name="单位" type="数值单位"
default="ML"/>
                                            </xs：extension>
                                        </xs：simpleContent>
                                    </xs：complexType>
                                </xs：element>
                                <xs：element name="最大浓度">
                                    <xs：complexType>
                                        <xs：simpleContent>
                                            <xs：extension base="排放浓度">
                                                <xs：attribute name="单位" type="数值单位"
default="ML"/>
                                            </xs：extension>
                                        </xs：simpleContent>
                                    </xs：complexType>
                                </xs：element>
                                <xs：element name="最小排放量">
                                    <xs：complexType>
```

```
                        <xs: simpleContent>
                            <xs: extension base="千克">
                                <xs: attribute name="单位" type="数值单位"
default="MGM"/>
                            </xs: extension>
                        </xs: simpleContent>
                    </xs: complexType>
                </xs: element>
                <xs: element name="平均排放量">
                    <xs: complexType>
                        <xs: simpleContent>
                            <xs: extension base="千克">
                                <xs: attribute name="单位" type="数值单位"
default="MGM"/>
                            </xs: extension>
                        </xs: simpleContent>
                    </xs: complexType>
                </xs: element>
                <xs: element name="最大排放量">
                    <xs: complexType>
                        <xs: simpleContent>
                            <xs: extension base="千克">
                                <xs: attribute name="单位" type="数值单位"
default="MGM"/>
                            </xs: extension>
                        </xs: simpleContent>
                    </xs: complexType>
                </xs: element>
                <xs: element name="是否超标" type="是否" minOccurs="0"/>
            </xs: sequence>
        </xs: complexType>
    </xs: element>
    <xs: element name="废水排放口月数据" minOccurs="0"
maxOccurs="unbounded">
        <xs: complexType>
            <xs: sequence>
                <xs: element name="月份" type="年月"/>
                <xs: element name="排放量">
                    <xs: complexType>
```

```
                        <xs：simpleContent>
                            <xs：extension base="吨">
                                <xs：attribute name="单位" type="数值单位"
default="TNE"/>
                            </xs：extension>
                        </xs：simpleContent>
                    </xs：complexType>
                </xs：element>
            </xs：sequence>
        </xs：complexType>
    </xs：element>
    <xs：element name="废水排放口污染物月数据" minOccurs="0"
maxOccurs="unbounded">
        <xs：complexType>
            <xs：sequence>
                <xs：element name="月份" type="年月"/>
                <xs：element name="污染物编码" type="三位代码"/>
                <xs：element name="排放量">
                    <xs：complexType>
                        <xs：simpleContent>
                            <xs：extension base="千克">
                                <xs：attribute name="单位" type="数值单位"
default="KGM"/>
                            </xs：extension>
                        </xs：simpleContent>
                    </xs：complexType>
                </xs：element>
            </xs：sequence>
        </xs：complexType>
    </xs：element>
    <xs：element name="废水排放口年数据" minOccurs="0"
maxOccurs="unbounded">
        <xs：complexType>
            <xs：sequence>
                <xs：element name="年份" type="年度"/>
                <xs：element name="排放量">
                    <xs：complexType>
                        <xs：simpleContent>
                            <xs：extension base="万吨">
```

```
                                                <xs: attribute name="单位" type="数值单位"
default="TOO"/>
                                            </xs: extension>
                                        </xs: simpleContent>
                                    </xs: complexType>
                                </xs: element>
                            </xs: sequence>
                        </xs: complexType>
                    </xs: element>
                    <xs: element name="废水排放口污染物年数据" minOccurs="0"
maxOccurs="unbounded">
                        <xs: complexType>
                            <xs: sequence>
                                <xs: element name="年份" type="年度"/>
                                <xs: element name="污染物编码" type="三位代码"/>
                                <xs: element name="排放量">
                                    <xs: complexType>
                                        <xs: simpleContent>
                                            <xs: extension base="吨">
                                                <xs: attribute name="单位" type="数值单位"
default="TNE"/>
                                            </xs: extension>
                                        </xs: simpleContent>
                                    </xs: complexType>
                                </xs: element>
                            </xs: sequence>
                        </xs: complexType>
                    </xs: element>
                </xs: sequence>
            </xs: complexType>
        </xs: element>
        <xs: element name="废气排放口数据" minOccurs="0" maxOccurs="unbounded">
            <xs: complexType>
                <xs: sequence>
                    <xs: element name="排放口编码" type="排放口编码"/>
                    <xs: element name="废气排放口实时数据" minOccurs="0"
maxOccurs="unbounded">
                        <xs: complexType>
                            <xs: sequence>
```

```
                        <xs: element name="监测时间" type="日期时间类型"/>
                        <xs: element name="流量" type="标立方米"/>
                    </xs: sequence>
                </xs: complexType>
            </xs: element>
            <xs: element name="废气污染物实时数据" minOccurs="0"
maxOccurs="unbounded">
                <xs: complexType>
                    <xs: sequence>
                        <xs: element name="监测时间" type="日期时间类型"/>
                        <xs: element name="污染物编码" type="三位代码"/>
                        <xs: element name="浓度">
                            <xs: complexType>
                                <xs: simpleContent>
                                    <xs: extension base="排放浓度">
                                        <xs: attribute name="单位" type="数值单位"
default="GP"/>
                                    </xs: extension>
                                </xs: simpleContent>
                            </xs: complexType>
                        </xs: element>
                        <xs: element name="实时排放量">
                            <xs: complexType>
                                <xs: simpleContent>
                                    <xs: extension base="千克">
                                        <xs: attribute name="单位" type="数值单位"
default="MGM"/>
                                    </xs: extension>
                                </xs: simpleContent>
                            </xs: complexType>
                        </xs: element>
                        <xs: element name="状态" minOccurs="0">
                            <xs: annotation>
                                <xs: documentation>详细内容参见 systemcode.xsd-
污染物监测数据状态</xs: documentation>
                            </xs: annotation>
                            <xs: simpleType>
                                <xs: restriction base="xs: string">
                                    <xs: length value="1"/>
```

```
                        </xs: restriction>
                    </xs: simpleType>
                </xs: element>
            </xs: sequence>
        </xs: complexType>
    </xs: element>
    <xs: element name="废气污染物实时折算数据" minOccurs="0"
maxOccurs="unbounded">
        <xs: complexType>
            <xs: sequence>
                <xs: element name="监测时间" type="日期时间类型"/>
                <xs: element name="污染物编码" type="三位代码"/>
                <xs: element name="折算浓度">
                    <xs: complexType>
                        <xs: simpleContent>
                            <xs: extension base="排放浓度">
                                <xs: attribute name="单位" type="数值单位"
default="GP"/>
                            </xs: extension>
                        </xs: simpleContent>
                    </xs: complexType>
                </xs: element>
                <xs: element name="实时排放量">
                    <xs: complexType>
                        <xs: simpleContent>
                            <xs: extension base="千克">
                                <xs: attribute name="单位" type="数值单位"
default="MGM"/>
                            </xs: extension>
                        </xs: simpleContent>
                    </xs: complexType>
                </xs: element>
                <xs: element name="状态" minOccurs="0">
                    <xs: annotation>
                        <xs: documentation>详细内容参见 systemcode.xsd-
污染物监测数据状态</xs: documentation>
                    </xs: annotation>
                    <xs: simpleType>
                        <xs: restriction base="xs: string">
```

```
                    <xs：length value="1"/>
                </xs：restriction>
            </xs：simpleType>
        </xs：element>
    </xs：sequence>
</xs：complexType>
</xs：element>
<xs：element name="废气排放口小时数据" minOccurs="0"
maxOccurs="unbounded">
    <xs：complexType>
        <xs：sequence>
            <xs：element name="日期时间" type="日期时间类型"/>
            <xs：element name="最小流量">
                <xs：complexType>
                    <xs：simpleContent>
                        <xs：extension base="标立方米">
                            <xs：attribute name="单位" type="数值单位"
default="MTQ"/>
                        </xs：extension>
                    </xs：simpleContent>
                </xs：complexType>
            </xs：element>
            <xs：element name="平均流量">
                <xs：complexType>
                    <xs：simpleContent>
                        <xs：extension base="标立方米">
                            <xs：attribute name="单位" type="数值单位"
default="MTQ"/>
                        </xs：extension>
                    </xs：simpleContent>
                </xs：complexType>
            </xs：element>
            <xs：element name="最大流量">
                <xs：complexType>
                    <xs：simpleContent>
                        <xs：extension base="标立方米">
                            <xs：attribute name="单位" type="数值单位"
default="MTQ"/>
                        </xs：extension>
```

```
                                        </xs: simpleContent>
                                    </xs: complexType>
                                </xs: element>
                            </xs: sequence>
                        </xs: complexType>
                    </xs: element>
                    <xs: element name="废气污染物小时数据" minOccurs="0"
maxOccurs="unbounded">
                        <xs: complexType>
                            <xs: sequence>
                                <xs: element name="日期时间" type="日期时间类型"/>
                                <xs: element name="污染物编码" type="三位代码"/>
                                <xs: element name="最小浓度">
                                    <xs: complexType>
                                        <xs: simpleContent>
                                            <xs: extension base="排放浓度">
                                                <xs: attribute name="单位" type="数值单位"
default="GP"/>
                                            </xs: extension>
                                        </xs: simpleContent>
                                    </xs: complexType>
                                </xs: element>
                                <xs: element name="平均浓度">
                                    <xs: complexType>
                                        <xs: simpleContent>
                                            <xs: extension base="排放浓度">
                                                <xs: attribute name="单位" type="数值单位"
default="GP"/>
                                            </xs: extension>
                                        </xs: simpleContent>
                                    </xs: complexType>
                                </xs: element>
                                <xs: element name="最大浓度">
                                    <xs: complexType>
                                        <xs: simpleContent>
                                            <xs: extension base="排放浓度">
                                                <xs: attribute name="单位" type="数值单位"
default="GP"/>
                                            </xs: extension>
```

```
                        </xs：simpleContent>
                    </xs：complexType>
                </xs：element>
                <xs：element name="最小排放量">
                    <xs：complexType>
                        <xs：simpleContent>
                            <xs：extension base="标立方米">
                                <xs：attribute name="单位" type="数值单位"
default="MGM"/>
                            </xs：extension>
                        </xs：simpleContent>
                    </xs：complexType>
                </xs：element>
                <xs：element name="平均排放量">
                    <xs：complexType>
                        <xs：simpleContent>
                            <xs：extension base="标立方米">
                                <xs：attribute name="单位" type="数值单位"
default="MGM"/>
                            </xs：extension>
                        </xs：simpleContent>
                    </xs：complexType>
                </xs：element>
                <xs：element name="最大排放量">
                    <xs：complexType>
                        <xs：simpleContent>
                            <xs：extension base="标立方米">
                                <xs：attribute name="单位" type="数值单位"
default="MGM"/>
                            </xs：extension>
                        </xs：simpleContent>
                    </xs：complexType>
                </xs：element>
            </xs：sequence>
        </xs：complexType>
    </xs：element>
    <xs：element name="废气污染物小时折算数据" minOccurs="0"
maxOccurs="unbounded">
        <xs：complexType>
```

```
<xs:sequence>
    <xs:element name="日期时间" type="日期时间类型"/>
    <xs:element name="污染物编码" type="三位代码"/>
    <xs:element name="最小折算浓度">
        <xs:complexType>
            <xs:simpleContent>
                <xs:extension base="排放浓度">
                    <xs:attribute name="单位" type="数值单位"
default="GP"/>
                </xs:extension>
            </xs:simpleContent>
        </xs:complexType>
    </xs:element>
    <xs:element name="平均折算浓度">
        <xs:complexType>
            <xs:simpleContent>
                <xs:extension base="排放浓度">
                    <xs:attribute name="单位" type="数值单位"
default="GP"/>
                </xs:extension>
            </xs:simpleContent>
        </xs:complexType>
    </xs:element>
    <xs:element name="最大折算浓度">
        <xs:complexType>
            <xs:simpleContent>
                <xs:extension base="排放浓度">
                    <xs:attribute name="单位" type="数值单位"
default="GP"/>
                </xs:extension>
            </xs:simpleContent>
        </xs:complexType>
    </xs:element>
    <xs:element name="最小排放量">
        <xs:complexType>
            <xs:simpleContent>
                <xs:extension base="标立方米">
                    <xs:attribute name="单位" type="数值单位"
default="MGM"/>
```

```
                        </xs：extension>
                    </xs：simpleContent>
                </xs：complexType>
            </xs：element>
            <xs：element name="平均排放量">
                <xs：complexType>
                    <xs：simpleContent>
                        <xs：extension base="标立方米">
                            <xs：attribute name="单位" type="数值单位" default="MGM"/>
                        </xs：extension>
                    </xs：simpleContent>
                </xs：complexType>
            </xs：element>
            <xs：element name="最大排放量">
                <xs：complexType>
                    <xs：simpleContent>
                        <xs：extension base="标立方米">
                            <xs：attribute name="单位" type="数值单位" default="MGM"/>
                        </xs：extension>
                    </xs：simpleContent>
                </xs：complexType>
            </xs：element>
        </xs：sequence>
    </xs：complexType>
</xs：element>
<xs：element name="废气排放口日数据" minOccurs="0" maxOccurs="unbounded">
    <xs：complexType>
        <xs：sequence>
            <xs：element name="日期" type="日期类型"/>
            <xs：element name="排放量">
                <xs：complexType>
                    <xs：simpleContent>
                        <xs：extension base="标立方米">
                            <xs：attribute name="单位" type="数值单位" default="MTQ"/>
                        </xs：extension>
```

```
                                    </xs: simpleContent>
                                </xs: complexType>
                            </xs: element>
                            <xs: element name="最大排放量">
                                <xs: complexType>
                                    <xs: simpleContent>
                                        <xs: extension base="标立方米">
                                            <xs: attribute name="单位" type="数值单位"
default="MTQ"/>
                                        </xs: extension>
                                    </xs: simpleContent>
                                </xs: complexType>
                            </xs: element>
                            <xs: element name="最小排放量">
                                <xs: complexType>
                                    <xs: simpleContent>
                                        <xs: extension base="标立方米">
                                            <xs: attribute name="单位" type="数值单位"
default="MTQ"/>
                                        </xs: extension>
                                    </xs: simpleContent>
                                </xs: complexType>
                            </xs: element>
                        </xs: sequence>
                    </xs: complexType>
                </xs: element>
                <xs: element name="废气污染物日数据" minOccurs="0"
maxOccurs="unbounded">
                    <xs: complexType>
                        <xs: sequence>
                            <xs: element name="日期" type="日期类型"/>
                            <xs: element name="污染物编码" type="三位代码"/>
                            <xs: element name="最小浓度">
                                <xs: complexType>
                                    <xs: simpleContent>
                                        <xs: extension base="排放浓度">
                                            <xs: attribute name="单位" type="数值单位"
default="GP"/>
                                        </xs: extension>
```

```
            </xs：simpleContent>
        </xs：complexType>
    </xs：element>
    <xs：element name="平均浓度">
        <xs：complexType>
            <xs：simpleContent>
                <xs：extension base="排放浓度">
                    <xs：attribute name="单位" type="数值单位"
default="GP"/>
                </xs：extension>
            </xs：simpleContent>
        </xs：complexType>
    </xs：element>
    <xs：element name="最大浓度">
        <xs：complexType>
            <xs：simpleContent>
                <xs：extension base="排放浓度">
                    <xs：attribute name="单位" type="数值单位"
default="GP"/>
                </xs：extension>
            </xs：simpleContent>
        </xs：complexType>
    </xs：element>
    <xs：element name="最小排放量">
        <xs：complexType>
            <xs：simpleContent>
                <xs：extension base="千克">
                    <xs：attribute name="单位" type="数值单位"
default="MGM"/>
                </xs：extension>
            </xs：simpleContent>
        </xs：complexType>
    </xs：element>
    <xs：element name="平均排放量">
        <xs：complexType>
            <xs：simpleContent>
                <xs：extension base="千克">
                    <xs：attribute name="单位" type="数值单位"
default="MGM"/>
```

```
                                    </xs: extension>
                                </xs: simpleContent>
                            </xs: complexType>
                        </xs: element>
                        <xs: element name="最大排放量">
                            <xs: complexType>
                                <xs: simpleContent>
                                    <xs: extension base="千克">
                                        <xs: attribute name="单位" type="数值单位"
default="MGM"/>
                                    </xs: extension>
                                </xs: simpleContent>
                            </xs: complexType>
                        </xs: element>
                        <xs: element name="是否超标" type="是否" minOccurs="0"/>
                    </xs: sequence>
                </xs: complexType>
            </xs: element>
            <xs: element name="废气污染物日折算数据" minOccurs="0"
maxOccurs="unbounded">
                <xs: complexType>
                    <xs: sequence>
                        <xs: element name="日期" type="日期类型"/>
                        <xs: element name="污染物编码" type="三位代码"/>
                        <xs: element name="最小折算浓度">
                            <xs: complexType>
                                <xs: simpleContent>
                                    <xs: extension base="排放浓度">
                                        <xs: attribute name="单位" type="数值单位"
default="GP"/>
                                    </xs: extension>
                                </xs: simpleContent>
                            </xs: complexType>
                        </xs: element>
                        <xs: element name="平均折算浓度">
                            <xs: complexType>
                                <xs: simpleContent>
                                    <xs: extension base="排放浓度">
                                        <xs: attribute name="单位" type="数值单位"
```

```
default="GP"/>
                        </xs：extension>
                    </xs：simpleContent>
                </xs：complexType>
            </xs：element>
            <xs：element name="最大折算浓度">
                <xs：complexType>
                    <xs：simpleContent>
                        <xs：extension base="排放浓度">
                            <xs：attribute name="单位" type="数值单位"
default="GP"/>
                        </xs：extension>
                    </xs：simpleContent>
                </xs：complexType>
            </xs：element>
            <xs：element name="最小排放量">
                <xs：complexType>
                    <xs：simpleContent>
                        <xs：extension base="千克">
                            <xs：attribute name="单位" type="数值单位"
default="MGM"/>
                        </xs：extension>
                    </xs：simpleContent>
                </xs：complexType>
            </xs：element>
            <xs：element name="平均排放量">
                <xs：complexType>
                    <xs：simpleContent>
                        <xs：extension base="千克">
                            <xs：attribute name="单位" type="数值单位"
default="MGM"/>
                        </xs：extension>
                    </xs：simpleContent>
                </xs：complexType>
            </xs：element>
            <xs：element name="最大排放量">
                <xs：complexType>
                    <xs：simpleContent>
                        <xs：extension base="千克">
```

```
                                    <xs: attribute name="单位" type="数值单位"
default="MGM"/>
                                </xs: extension>
                            </xs: simpleContent>
                        </xs: complexType>
                    </xs: element>
                    <xs: element name="是否超标" type="是否" minOccurs="0"/>
                </xs: sequence>
            </xs: complexType>
        </xs: element>
        <xs: element name="废气排放口月数据" minOccurs="0"
maxOccurs="unbounded">
            <xs: complexType>
                <xs: sequence>
                    <xs: element name="月份" type="年月"/>
                    <xs: element name="排放量">
                        <xs: complexType>
                            <xs: simpleContent>
                                <xs: extension base="标立方米">
                                    <xs: attribute name="单位" type="数值单位"
default="MTQ"/>
                                </xs: extension>
                            </xs: simpleContent>
                        </xs: complexType>
                    </xs: element>
                </xs: sequence>
            </xs: complexType>
        </xs: element>
        <xs: element name="废气污染物月数据" minOccurs="0"
maxOccurs="unbounded">
            <xs: complexType>
                <xs: sequence>
                    <xs: element name="月份" type="年月"/>
                    <xs: element name="污染物编码" type="三位代码"/>
                    <xs: element name="排放量">
                        <xs: complexType>
                            <xs: simpleContent>
                                <xs: extension base="千克">
                                    <xs: attribute name="单位" type="数值单位"
```

```
default="KGM"/>
                                        </xs: extension>
                                    </xs: simpleContent>
                                </xs: complexType>
                            </xs: element>
                        </xs: sequence>
                    </xs: complexType>
                </xs: element>
                <xs: element name="废气排放口年数据" minOccurs="0"
maxOccurs="unbounded">
                    <xs: complexType>
                        <xs: sequence>
                            <xs: element name="年份" type="年度"/>
                            <xs: element name="排放量">
                                <xs: complexType>
                                    <xs: simpleContent>
                                        <xs: extension base="万标立方米">
                                            <xs: attribute name="单位" type="数值单位"
default="MOO"/>
                                        </xs: extension>
                                    </xs: simpleContent>
                                </xs: complexType>
                            </xs: element>
                        </xs: sequence>
                    </xs: complexType>
                </xs: element>
                <xs: element name="废气污染物年数据" minOccurs="0"
maxOccurs="unbounded">
                    <xs: complexType>
                        <xs: sequence>
                            <xs: element name="年份" type="年度"/>
                            <xs: element name="污染物编码" type="三位代码"/>
                            <xs: element name="排放量">
                                <xs: complexType>
                                    <xs: simpleContent>
                                        <xs: extension base="吨">
                                            <xs: attribute name="单位" type="数值单位"
default="TNE"/>
                                        </xs: extension>
```

```
                                    </xs: simpleContent>
                                </xs: complexType>
                            </xs: element>
                        </xs: sequence>
                    </xs: complexType>
                </xs: element>
            </xs: sequence>
        </xs: complexType>
    </xs: element>
    <xs : element name=" 污 染 治 理 设 施 运 行 日 数 据 " minOccurs="0"
maxOccurs="unbounded">
        <xs: complexType>
            <xs: sequence>
                <xs: element name="日期" type="日期类型"/>
                <xs: element name="污染治理设施编码" type="三位代码"/>
                <xs: element name="运行时间">
                    <xs: simpleType>
                        <xs: restriction base="xs: decimal">
                            <xs: totalDigits value="6"/>
                            <xs: fractionDigits value="3"/>
                        </xs: restriction>
                    </xs: simpleType>
                </xs: element>
            </xs: sequence>
        </xs: complexType>
    </xs: element>
  </xs: sequence>
 </xs: complexType>
</xs: element>
</xs: schema>
```

6.6.1.2　数据内容合法性校验

根据《环境污染源自动监控信息传输、交换技术规范（试行）》（HJ/T 352—2007）的要求，交换原型系统对四类污染源自动监控信息的内容合法性也通过 Schmea 进行了必要的校验，以保证交换数据符合业务要求。

```
<? xml version="1.0" encoding="GB2312"? >
<!-- edited with XMLSpy v2005 rel. 3 U（http: //www.altova.com） by （） -->
<xs: schema xmlns: xs="http: //www.w3.org/2001/XMLSchema" elementFormDefault="qualified"
```

```
attributeFormDefault="unqualified">
        <xs：simpleType name="年度">
            <xs：restriction base="xs：string">
                <xs：length value="4"/>
            </xs：restriction>
        </xs：simpleType>
        <xs：simpleType name="季度">
            <xs：annotation>
                <xs：documentation>1：第一季度 2：第二季度 3：第三季度 4：第四季度</xs：
documentation>
            </xs：annotation>
            <xs：restriction base="xs：string">
                <xs：length value="4"/>
                <xs：enumeration value="第一季度"/>
                <xs：enumeration value="第二季度"/>
                <xs：enumeration value="第三季度"/>
                <xs：enumeration value="第四季度"/>
            </xs：restriction>
        </xs：simpleType>
        <xs：simpleType name="旬">
            <xs：restriction base="xs：string">
                <xs：length value="2"/>
                <xs：enumeration value="上旬"/>
                <xs：enumeration value="中旬"/>
                <xs：enumeration value="下旬"/>
            </xs：restriction>
        </xs：simpleType>
        <xs：simpleType name="月">
            <xs：restriction base="xs：string">
                <xs：length value="2"/>
                <xs：enumeration value="01"/>
                <xs：enumeration value="02"/>
                <xs：enumeration value="03"/>
                <xs：enumeration value="04"/>
                <xs：enumeration value="05"/>
                <xs：enumeration value="06"/>
                <xs：enumeration value="07"/>
                <xs：enumeration value="08"/>
                <xs：enumeration value="09"/>
```

```
                <xs：enumeration value="10"/>
                <xs：enumeration value="11"/>
                <xs：enumeration value="12"/>
            </xs：restriction>
        </xs：simpleType>
        <xs：simpleType name="日期类型">
            <xs：annotation>
                <xs：documentation>表示日期</xs：documentation>
            </xs：annotation>
            <xs：restriction base="xs：date"/>
        </xs：simpleType>
        <xs：simpleType name="日期时间类型">
            <xs：annotation>
                <xs：documentation>表示日期和时间</xs：documentation>
            </xs：annotation>
            <xs：restriction base="xs：dateTime"/>
        </xs：simpleType>
        <xs：simpleType name="年月">
            <xs：annotation>
                <xs：documentation>前四位表示年，后两位表示月。如：200703 表示 2007 年 3 月</xs：
documentation>
            </xs：annotation>
            <xs：restriction base="xs：string">
                <xs：length value="6"/>
            </xs：restriction>
        </xs：simpleType>
        <xs：simpleType name="金额-万元">
            <xs：restriction base="xs：decimal">
                <xs：totalDigits value="14"/>
                <xs：fractionDigits value="4"/>
            </xs：restriction>
        </xs：simpleType>
        <xs：simpleType name="吨">
            <xs：restriction base="xs：decimal">
                <xs：totalDigits value="15"/>
                <xs：fractionDigits value="6"/>
            </xs：restriction>
        </xs：simpleType>
        <xs：simpleType name="吨每日">
```

```
        <xs：restriction base="xs：decimal">
            <xs：totalDigits value="15"/>
            <xs：fractionDigits value="6"/>
        </xs：restriction>
    </xs：simpleType>
    <xs：simpleType name="米">
        <xs：restriction base="xs：decimal">
            <xs：totalDigits value="15"/>
            <xs：fractionDigits value="6"/>
        </xs：restriction>
    </xs：simpleType>
    <xs：simpleType name="标立方米">
        <xs：restriction base="xs：decimal">
            <xs：totalDigits value="15"/>
            <xs：fractionDigits value="4"/>
        </xs：restriction>
    </xs：simpleType>
    <xs：simpleType name="万标立方米">
        <xs：restriction base="xs：decimal">
            <xs：totalDigits value="15"/>
            <xs：fractionDigits value="6"/>
        </xs：restriction>
    </xs：simpleType>
    <xs：simpleType name="千克">
        <xs：restriction base="xs：decimal">
            <xs：totalDigits value="15"/>
            <xs：fractionDigits value="6"/>
        </xs：restriction>
    </xs：simpleType>
    <xs：simpleType name="万吨">
        <xs：restriction base="xs：decimal">
            <xs：totalDigits value="15"/>
            <xs：fractionDigits value="4"/>
        </xs：restriction>
    </xs：simpleType>
    <xs：simpleType name="万千瓦">
        <xs：restriction base="xs：decimal">
            <xs：totalDigits value="15"/>
            <xs：fractionDigits value="4"/>
```

```
        </xs：restriction>
    </xs：simpleType>
    <xs：simpleType name="整数">
        <xs：restriction base="xs：int"/>
    </xs：simpleType>
    <xs：simpleType name="百分数">
        <xs：restriction base="xs：decimal">
            <xs：totalDigits value="6"/>
            <xs：fractionDigits value="3"/>
        </xs：restriction>
    </xs：simpleType>
    <xs：simpleType name="是否">
        <xs：annotation>
            <xs：documentation>1：是 0：否</xs：documentation>
        </xs：annotation>
        <xs：restriction base="xs：string">
            <xs：length value="1"/>
            <xs：enumeration value="1"/>
            <xs：enumeration value="0"/>
        </xs：restriction>
    </xs：simpleType>
    <xs：simpleType name="一位代码">
        <xs：annotation>
            <xs：documentation>一位代码</xs：documentation>
        </xs：annotation>
        <xs：restriction base="xs：string">
            <xs：length value="1"/>
        </xs：restriction>
    </xs：simpleType>
    <xs：simpleType name="两位代码">
        <xs：annotation>
            <xs：documentation>两位代码</xs：documentation>
        </xs：annotation>
        <xs：restriction base="xs：string">
            <xs：length value="2"/>
        </xs：restriction>
    </xs：simpleType>
    <xs：simpleType name="三位代码">
        <xs：annotation>
```

```
            <xs：documentation>三位代码</xs：documentation>
        </xs：annotation>
        <xs：restriction base="xs：string">
            <xs：length value="3"/>
        </xs：restriction>
    </xs：simpleType>
    <xs：simpleType name="姓名">
        <xs：restriction base="xs：string">
            <xs：maxLength value="30"/>
        </xs：restriction>
    </xs：simpleType>
    <xs：simpleType name="邮政编码">
        <xs：restriction base="xs：string">
            <xs：length value="6"/>
        </xs：restriction>
    </xs：simpleType>
    <xs：simpleType name="电话号码">
        <xs：restriction base="xs：string">
            <xs：maxLength value="20"/>
        </xs：restriction>
    </xs：simpleType>
    <xs：simpleType name="污染类别">
        <xs：restriction base="xs：string">
            <xs：enumeration value="废水"/>
            <xs：enumeration value="废气"/>
            <xs：enumeration value="噪声"/>
            <xs：enumeration value="固体废物"/>
        </xs：restriction>
    </xs：simpleType>
    <xs：simpleType name="编码名称">
        <xs：restriction base="xs：string">
            <xs：maxLength value="50"/>
        </xs：restriction>
    </xs：simpleType>
    <xs：simpleType name="污染源编码">
        <xs：annotation>
            <xs：documentation>前九位是行政区划编码，后三位是流水编号</xs：documentation>
        </xs：annotation>
        <xs：restriction base="xs：string">
```

```
            <xs: length value="12"/>
        </xs: restriction>
    </xs: simpleType>
    <xs: simpleType name="排放口编码">
        <xs: annotation>
            <xs: documentation>前十二位是污染源编码，后三位是排放口流水编号</xs:
documentation>
        </xs: annotation>
        <xs: restriction base="xs: string">
            <xs: length value="15"/>
        </xs: restriction>
    </xs: simpleType>
    <xs: simpleType name="排污许可证编号">
        <xs: restriction base="xs: string">
            <xs: maxLength value="15"/>
        </xs: restriction>
    </xs: simpleType>
    <xs: simpleType name="关注程度">
        <xs: restriction base="xs: string">
            <xs: enumeration value="1"/>
            <xs: enumeration value="2"/>
            <xs: enumeration value="3"/>
            <xs: enumeration value="4"/>
        </xs: restriction>
    </xs: simpleType>
    <xs: simpleType name="排放浓度">
        <xs: restriction base="xs: decimal">
            <xs: totalDigits value="12"/>
            <xs: fractionDigits value="6"/>
        </xs: restriction>
    </xs: simpleType>
    <xs: simpleType name="分贝">
        <xs: restriction base="xs: decimal">
            <xs: totalDigits value="12"/>
            <xs: fractionDigits value="4"/>
        </xs: restriction>
    </xs: simpleType>
    <xs: simpleType name="数据来源">
        <xs: restriction base="xs: string">
```

```
            <xs：enumeration value="污染物自动监控仪器"/>
            <xs：enumeration value="监督性数据"/>
            <xs：enumeration value="自测"/>
            <xs：enumeration value="物料衡算"/>
            <xs：enumeration value="排放系数"/>
        </xs：restriction>
    </xs：simpleType>
    <xs：simpleType name="数值单位">
        <xs：restriction base="xs：string">
            <xs：enumeration value="ML"/>
            <xs：enumeration value="GP"/>
            <xs：enumeration value="MGM"/>
            <xs：enumeration value="GRM"/>
            <xs：enumeration value="KGM"/>
            <xs：enumeration value="TNE"/>
            <xs：enumeration value="MTQ"/>
            <xs：enumeration value="MOO"/>
            <xs：enumeration value="TOO"/>
        </xs：restriction>
    </xs：simpleType>
    <xs：simpleType name="传输方式">
        <xs：restriction base="xs：string">
            <xs：enumeration value="GPRS"/>
            <xs：enumeration value="CDMA"/>
            <xs：enumeration value="LAN"/>
            <xs：enumeration value="ADSL"/>
            <xs：enumeration value="光纤"/>
            <xs：enumeration value="微波"/>
        </xs：restriction>
    </xs：simpleType>
    <xs：simpleType name="流域编码">
        <xs：annotation>
            <xs：documentation>流域编码</xs：documentation>
        </xs：annotation>
        <xs：restriction base="xs：string">
            <xs：length value="10"/>
        </xs：restriction>
    </xs：simpleType>
    <xs：simpleType name="行业类别编码">
```

```
            <xs：annotation>
                <xs：documentation>行业类别编码</xs：documentation>
            </xs：annotation>
            <xs：restriction base="xs：string">
                <xs：minLength value="1"/>
                <xs：maxLength value="5"/>
            </xs：restriction>
        </xs：simpleType>
        <xs：simpleType name="行政区划编码">
            <xs：annotation>
                <xs：documentation>行政区划编码</xs：documentation>
            </xs：annotation>
            <xs：restriction base="xs：string">
                <xs：length value="9"/>
            </xs：restriction>
        </xs：simpleType>
        <xs：simpleType name="数采仪序号">
            <xs：annotation>
                <xs：documentation>前七位是数采仪生产厂家组织机构代码证后七位；后七位是厂家定
义编号（只包含数字），保持唯一性</xs：documentation>
            </xs：annotation>
            <xs：restriction base="xs：string">
                <xs：length value="14"/>
            </xs：restriction>
        </xs：simpleType>
        <xs：simpleType name="是否两控区">
            <xs：annotation>
                <xs：documentation>0：都不是；1：酸雨控制区；2：二氧化硫控制区；3：都是</xs：
documentation>
            </xs：annotation>
            <xs：restriction base="xs：string">
                <xs：pattern value=""/>
                <xs：enumeration value="0"/>
                <xs：enumeration value="1"/>
                <xs：enumeration value="2"/>
                <xs：enumeration value="3"/>
            </xs：restriction>
        </xs：simpleType>
    </xs：schema>
```

6.6.1.3 数据调整

HJ/T 352—2007 规范试行以来，为国家级和省级环保部门之间污染源监控信息交换提供了有力的技术保障。但随着国家环境和减排面临的新形势、新问题，有必要对其进行修订。建议进行如下调整和完善：

（1）合并污水处理厂和污染源自动监控信息 Schema。鉴于污水处理厂也属于污染源范畴，且 HJ/T 352—2007 规范中污水处理厂自动监控信息 Schema 与污染源自动监控信息 Schema 结构基本一致，建议将两类 Schema 合并，并在污染源基本信息 Schema 中增加“是否污水处理厂”属性项。

（2）统一污染物代码。HJ/T 352—2007 规范中，污染物代码（附录 I 规范性附录）与《环境信息标准化手册》第三卷、《污染源在线自动监控（监测）系统数据传输标准》（HJ/T 212—2005）附录 B 中污染物代码不一致。建议在本技术规范中进一步明确污染物代码使用规则。

（3）调整数据类型。随着污染源自动监控业务的发展，原有数据类型也在不同程度上发生了变化，建议在本技术规范中根据目前业务实际、并综合未来业务发展，调整以下数据项属性：

Schema	Children	The original datatype	The proposed datatype
污染源基本信息	中心经度	Decimal（9，6）	Decimal（15，9）
	中心纬度	Decimal（9，6）	Decimal（15，9）
	环保机构名称	String（50）	String（500）
	办公电话	String（20）	String（50）
	传真	String（20）	String（50）
	移动电话	String（20）	String（50）
	通信地址	String（200）	String（250）
数据采集仪信息	联系人	String（10）	String（50）
	联系电话	String（20）	String（50）
污染治理设施	污染治理设施编码	String（3）	String（20）
	污染治理设施名称	String（50）	String（500）
	污染类别	String（10）	String（20）
	设计处理能力	Decimal（15，6）	Decimal（22，6）
污染源废水排放口	排放口编码	String（15）	String（20）
	排放口名称	String（50）	String（500）
	中心经度	Decimal（9，6）	Decimal（15，9）
污染源废水排放口污染物设置	排放口编码	String（15）	String（20）
	浓度报警下限	Decimal（12，6）	Decimal（22，6）
	浓度报警上限	Decimal（12，6）	Decimal（22，6）
	排放标准值	Decimal（12，6）	Decimal（22，6）
废气污染物日数据	排放口编码	String（15）	String（20）
	最小浓度（GP）	Decimal（12，6）	Decimal（22，6）
	平均浓度（GP）	Decimal（12，6）	Decimal（22，6）
	最大浓度（GP）	Decimal（12，6）	Decimal（22，6）

Schema	Children	The original datatype	The proposed datatype
废气污染物日数据	最小排放量（MGM）	Decimal（15，4）	Decimal（22，6）
	平均排放量（MGM）	Decimal（15，4）	Decimal（22，6）
	最大排放量（MGM）	Decimal（15，4）	Decimal（22，6）
废气污染物日折算数据	排放口编码	String（15）	String（20）
	最小折算浓度（GP）	Decimal（12，6）	Decimal（22，6）
	平均折算浓度（GP）	Decimal（12，6）	Decimal（22，6）
	最大折算浓度（GP）	Decimal（12，6）	Decimal（22，6）
	最小排放量（MGM）	Decimal（15，4）	Decimal（22，6）
	平均排放量（MGM）	Decimal（15，4）	Decimal（22，6）
	最大排放量（MGM）	Decimal（15，4）	Decimal（22，6）
废气污染物小时数据	排放口编码	String（15）	String（20）
	最小浓度（GP）	Decimal（12，6）	Decimal（22，6）
	平均浓度（GP）	Decimal（12，6）	Decimal（22，6）
	最大浓度（GP）	Decimal（12，6）	Decimal（22，6）
	最小排放量（MGM）	Decimal（15，4）	Decimal（22，6）
	平均排放量（MGM）	Decimal（15，4）	Decimal（22，6）
	最大排放量（MGM）	Decimal（15，4）	Decimal（22，6）
废气污染物 10 分钟数据	排放口编码	String（15）	String（20）
	最小浓度（GP）	Decimal（12，6）	Decimal（22，6）
	平均浓度（GP）	Decimal（12，6）	Decimal（22，6）
	最大浓度（GP）	Decimal（12，6）	Decimal（22，6）
	最小排放量（MGM）	Decimal（15，4）	Decimal（22，6）
	平均排放量（MGM）	Decimal（15，4）	Decimal（22，6）
废气污染物小时折算数据	排放口编码	String（15）	String（20）
	最小浓度（GP）	Decimal（12，6）	Decimal（22，6）
	平均浓度（GP）	Decimal（12，6）	Decimal（22，6）
	最大浓度（GP）	Decimal（12，6）	Decimal（22，6）
	最小排放量（MGM）	Decimal（15，4）	Decimal（22，6）
	平均排放量（MGM）	Decimal（15，4）	Decimal（22，6）
	最大排放量（MGM）	Decimal（15，4）	Decimal（22，6）
废气污染物月数据	排放口编码	String（15）	String（20）
	排放量	Decimal（15，6）	Decimal（22，6）
废气污染物实时数据	排放口编码	String（15）	String（20）
	浓度	Decimal（12，6）	Decimal（22，6）
	实时排放量	Decimal（15，4）	Decimal（22，6）
废气污染物实时折算数据	排放口编码	String（15）	String（20）
	浓度	Decimal（12，6）	Decimal（22，6）
	实时排放量	Decimal（15，4）	Decimal（22，6）
废气污染物年数据	排放口编码	String（15）	String（20）
	排放量	Decimal（15，4）	Decimal（22，6）
废气排放口日数据	排放口编码	String（15）	String（20）
	排放量	Decimal（15，4）	Decimal（22，6）
	最大排放量	Decimal（15，4）	Decimal（22，6）
	最小排放量	Decimal（15，4）	Decimal（22，6）

Schema	Children	The original datatype	The proposed datatype
废气排放口小时数据	排放口编码	String（15）	String（20）
	平均排放量	Decimal（15，4）	Decimal（22，6）
	最大排放量	Decimal（15，4）	Decimal（22，6）
	最小排放量	Decimal（15，4）	Decimal（22，6）
废气排放口 10 分钟数据	排放口编码	String（15）	String（20）
	平均排放量	Decimal（15，4）	Decimal（22，6）
	最大排放量	Decimal（15，4）	Decimal（22，6）
	最小排放量	Decimal（15，4）	Decimal（22，6）
废气排放口月数据	排放口编码	String（15）	String（20）
	排放量	Decimal（15，4）	Decimal（22，6）
废气排放口实时数据	排放口编码	String（15）	String（20）
	排放量	Decimal（15，4）	Decimal（22，6）
废气排放口年数据	排放口编码	String（15）	String（20）
	排放量	Decimal（15，4）	Decimal（22，6）
废水污染物日数据	排放口编码	String（15）	String（20）
	最小浓度（GP）	Decimal（12，6）	Decimal（22，6）
	平均浓度（GP）	Decimal（12，6）	Decimal（22，6）
	最大浓度（GP）	Decimal（12，6）	Decimal（22，6）
	最小排放量（MGM）	Decimal（15，4）	Decimal（22，6）
	平均排放量（MGM）	Decimal（15，4）	Decimal（22，6）
	最大排放量（MGM）	Decimal（15，4）	Decimal（22，6）
废水污染物小时数据	排放口编码	String（15）	String（20）
	最小浓度（GP）	Decimal（12，6）	Decimal（22，6）
	平均浓度（GP）	Decimal（12，6）	Decimal（22，6）
	最大浓度（GP）	Decimal（12，6）	Decimal（22，6）
	最小排放量（MGM）	Decimal（15，4）	Decimal（22，6）
	平均排放量（MGM）	Decimal（15，4）	Decimal（22，6）
	最大排放量（MGM）	Decimal（15，4）	Decimal（22，6）
废水污染物 10 分钟数据	排放口编码	String（15）	String（20）
	最小浓度（GP）	Decimal（12，6）	Decimal（22，6）
	平均浓度（GP）	Decimal（12，6）	Decimal（22，6）
	最大浓度（GP）	Decimal（12，6）	Decimal（22，6）
	最小排放量（MGM）	Decimal（15，4）	Decimal（22，6）
	平均排放量（MGM）	Decimal（15，4）	Decimal（22，6）
	最大排放量（MGM）	Decimal（15，4）	Decimal（22，6）
废水污染物月数据	排放口编码	String（15）	String（20）
	排放量	Decimal（15，6）	Decimal（22，6）
废水污染物实时数据	排放口编码	String（15）	String（20）
	浓度	Decimal（12，6）	Decimal（22，6）
	实时排放量	Decimal（15，4）	Decimal（22，6）
废水污染物年数据	排放口编码	String（15）	String（20）
	排放量	Decimal（15，4）	Decimal（22，6）

Schema	Children	The original datatype	The proposed datatype
废水排放口日数据	排放口编码	String（15）	String（20）
	排放量	Decimal（15，4）	Decimal（22，6）
	最大排放量	Decimal（15，4）	Decimal（22，6）
	最小排放量	Decimal（15，4）	Decimal（22，6）
废水排放口小时数据	排放口编码	String（15）	String（20）
	平均排放量	Decimal（15，4）	Decimal（22，6）
	最大排放量	Decimal（15，4）	Decimal（22，6）
	最小排放量	Decimal（15，4）	Decimal（22，6）
废水排放口 10 分钟数据	排放口编码	String（15）	String（20）
	平均排放量	Decimal（15，4）	Decimal（22，6）
	最大排放量	Decimal（15，4）	Decimal（22，6）
	最小排放量	Decimal（15，4）	Decimal（22，6）
废水排放口月数据	排放口编码	String（15）	String（20）
	排放量	Decimal（15，4）	Decimal（22，6）
废水排放口实时数据	排放口编码	String（15）	String（20）
	排放量	Decimal（15，4）	Decimal（22，6）
废水排放口年数据	排放口编码	String（15）	String（20）
	排放量	Decimal（15，4）	Decimal（22，6）

第 7 章　试点与示范

7.1　试点工作总体方案

为了推动污染源自动监控信息交换机制与技术研究，通过在试点省（自治区）部署污染源自动监控信息交换原型系统，协作验证和完善全国污染源自动监控信息的交换机制、数据交换技术模式、污染源相关数据标准，根据污染源自动监控系统建设硬件环境、系统软件环境、数据汇集方式，选择江苏省、辽宁省、青海省、宁夏回族自治区四个试点省（区）开展试点示范工作。

试点工作总体方案主要包括工作目标、试点内容、时间安排、工作要求和试点成果等。

7.1.1　工作目标

各试点省（自治区）结合本省（自治区）实际情况，部署污染源自动监控信息交换原型系统并完成与省级污染源自动监控系统的对接，与环境保护部开展污染源自动监控信息交换示范，为推动污染源自动监控信息交换机制与技术研究奠定基础。具体目标是：

（1）开展闭环的污染源信息交换过程测试，进而为提出污染源自动监控信息的交换模式提供经验；

（2）持续完善交换平台原型系统的框架和功能，找出污染源自动监控信息交换原型系统存在的不足，进一步提出升级改造的需求，优化和调整污染源自动监控数据交换业务流程，为污染源信息交换系统建设积累技术和实践经验；

（3）对 HJ/T 352—2007 规范进行修正，在污染源自动监控信息交换原型系统中验证 HJ/T 352—2007 规范，对规范修订提出意见和建议；

（4）为开展环境信息共享交换平台建设提供经验，通过试点、示范验证和完善全国污染源自动监控信息的交换机制、数据交换技术模式、污染源相关数据标准，为开展环境信息共享交换平台建设提供技术和管理经验。

7.1.2　试点省（自治区）选择原则和标准

（1）具有较好的工作基础、工作条件、管理水平，能够保障先进技术实施运行的需要，数据全面，也是国家层面污染源管理的重点地区。

（2）具备良好的污染源监控网络体系。具备良好的示范效应和代表性，在其他地区可以较好地推广，示范区具有省、市、区（县）三级网络、历史数据积累齐全、污染源信息较丰富、自动监测数据体系完整。

（3）环境信息化应用基础较好，形成较好的数据资源中心，传输网络较完整，能提供很好的网络保障、系统平台应用保证和数据整合保障。

7.1.3　试点内容

四省（自治区）污染源自动监控信息交换试点主要工作流程见图 7-1。

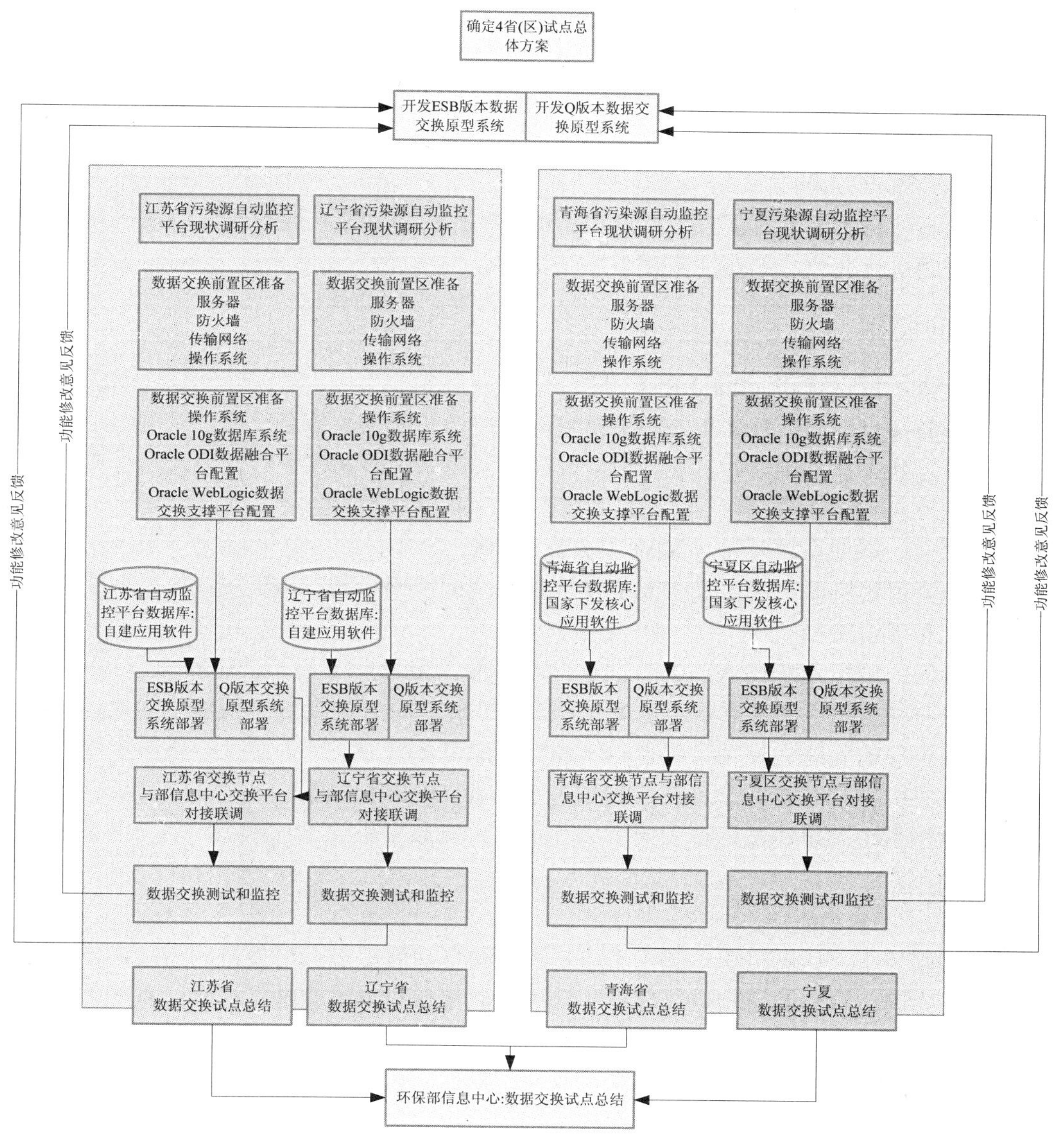

图 7-1　污染源自动监控信息交换试点工作流程

（1）提出污染自动监控信息交换需求

各试点省（自治区）根据国家污染源自动监控信息管理的总体需求，依托本省（自治区）自建污染源自动监控系统平台的现有基础，确定本省（自治区）污染源自动监控信息与环保部污染源自动监控平台间的信息交换需求，包括交换的数据类别、交换频率、交换过程的管理和监控等需求。

（2）部署污染源自动监控信息交换原型系统

各试点省（自治区）准备污染源自动监控信息交换原型系统部署环境，配合项目组开展污染源自动监控信息交换原型系统部署工作，包括系统部署、交换数据的准备、数据映射、交换流程的配置、交换安全支撑环境配置等工作。

（3）开展污染源自动监控信息交换

利用污染源自动监控信息交换原型系统，开展与环保部国控重点污染源自动监控系统间开展污染源自动监控信息交换，并在交换过程中发现相关问题，对原型系统的完善提出意见和建议。

（4）总结试点效果

各试点省（自治区）对试点工作过程、试点工作内容、试点取得成效以及试点过程中的经验、问题进行充分总结，完成试点总结报告。

7.1.4 时间安排

第一阶段：试点选择（2009 年 1 月）

开展各省（自治区、直辖市）污染源自动监控系统建设及信息交换现状调研，选择污染源管理信息化工作基础较好、现有污染源自动监控系统的架构和运行模式具有典型性的省份作为试点。

第二阶段：原型系统开发（2009 年 2 月至 2009 年 4 月）

项目组开展污染源自动监控信息交换原型系统的编码、测试、集成工作，形成可部署的软件系统和手册文档。

第三阶段：原型系统试点部署、试运行及完善（2009 年 5 月至 2010 年 3 月）

在试点省（自治区）开展试点原型系统部署工作，进行为期 6 个月以上的试运行，总结试运行中出现的问题，反馈给项目组不断完善原型系统。

第四阶段：原型系统试点总结（2010 年 4 月至 2010 年 6 月）

准备原型系统部署、试运行各类文档和材料，对原型系统试点示范工作充分总结。

7.1.5 工作要求

（1）加强领导，认真组织。试点工作是污染源自动监控信息交换机制与技术研究的重要环节，将为国控污染源自动监控信息的应用和环境信息共享交换工作奠定基础。各试点省（自治区）要加强试点工作的组织领导，明确责任部门、责任人及任务分工，认真组织好本省（自治区）的试点工作，避免走过场，走形式，要切实通过试点发现污染源自动监控信息交换存在的问题和解决方法。

（2）结合实际，细化方案。试点省（自治区）要结合本省（自治区）实际制定详细的试点工作实施方案，明确试点工作目标、内容及具体组织安排等。由于各省（区）情况不同，可根据实际研究确定本省（自治区）试点工作的侧重点，力求在试点过程中每个省（区）都在解决本省（区）实际问题上有所突破。

（3）沟通情况，及时反馈。试点省（自治区）要随时掌握试点工作进展情况，好的经验和做法要及时上报；结合实际、因地制宜，研究解决试点工作中的问题，对一时难以解决的、影响试点工作的困难或问题，要及时上报；根据试点工作总体安排开展并完成本省（自治区）试点工作。

（4）落实经费，加强保障。为全面启动试点工作，各试点省（自治区）作为协作单位有试点工作经费，试点省（自治区）要合理使用，做到专款专用，确保试点工作顺利进行。

7.1.6 试点成果

通过试点工作，形成如下成果：

（1）试点省（自治区）污染源自动监控信息交换试点工作方案；

（2）试点省（自治区）污染源自动监控信息交换试点系统部署方案；

（3）试点省（自治区）污染源自动监控信息交换试点工作总结。

7.2 江苏省试点示范

江苏省环境信息中心作为本项目的协作单位，在该项目研究中主要负责以江苏省已建成的污染源自动监控平台为基础，开展省自建平台与环保部污染源自动监控平台数据交换的需求分析，软件原型系统的部署、测试，江苏省 800 多家国控污染源自动监控数据交换示范等方面的工作。

7.2.1 污染源自动监控工作现状

江苏省污染源自动监控系统建设工作在环境保护部的指导下探索前行，始于 20 世纪 90 年代后期，是全国最早开展的省份之一，历时已经有十余年，其间不乏有自主研发的国内最早的 COD 在线检测仪器、联网远程传输系统、光纤视频传输系统、污染源自动监控信息平台软件等。江苏省及所辖市均建立了一定规模的污染源自动监控系统。但由于各市县经济水平、社会和环境等因素的差别，自动监控水平也存在一定的差异。近几年来，基于统一规划，夯实基础，分级管理，鼓励创新的指导思想，以太湖流域重点污染源自动监控系统项目实施为立足点，以自动监控数据应用为落脚点，全省污染源自动监控系统建设运行管理和数据应用方面均取新的突破，系统在实现环境监管科学化、高效化方面的作用日趋明显。

（1）监控中心建设状况

近年来，根据江苏省委、省政府《关于加快推进生态省建设全面提升生态文明水平的意见》第二十一条“按照统一规划、统一管理、统一标准的要求，加快建设环境要素更加齐全、技术设备更加先进、信息集成度更高的全省环境监控平台，整合现有力量，加强生态环境监控机构建设，提高对生态环境的自动监控能力”的要求，江苏省正在组织建设 1 个全省共享的生态环境监控平台，集成饮用水源地、流域水环境、大气环境、重点污染源、机动车尾气、辐射环境、危险废物、应急风险源 8 个环境监测监控子系统，组建省、市、县三级生态环境监控中心，统一归口管理自动监测监控系统，对监控数据质量实施“全生命周期”控制，建立完善的环境监控运行机制，出台 1 套环境监控管理办法，实现对全省生态环境的现代化监管，服务于生态省建设、管理和决策。

江苏省与全国其他省市现状情况类似，建有三级监控中心，全省建成省、市、县三级污染源自动监控机房 63 个，对污染源产生单位实行属地监控管理。目前，省、市、县监控中心均建有计算机网络系统。江苏省环境监控中心及各级环境监控中心体系结构见图 7-2、图 7-3。

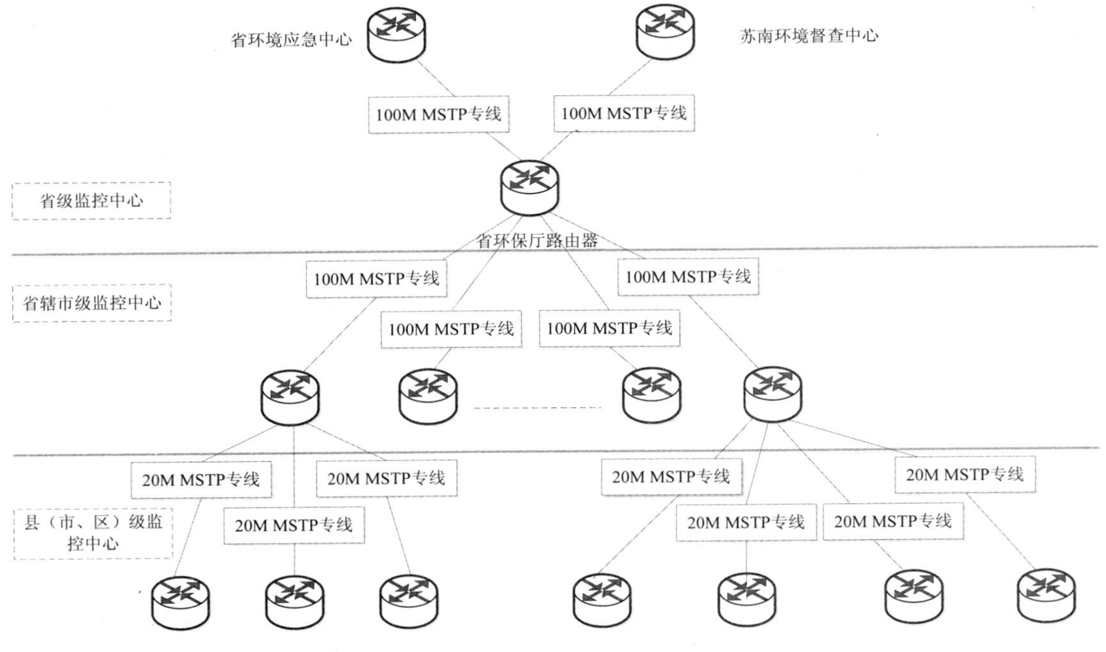

图 7-2　江苏省污染源自动监控传输网络

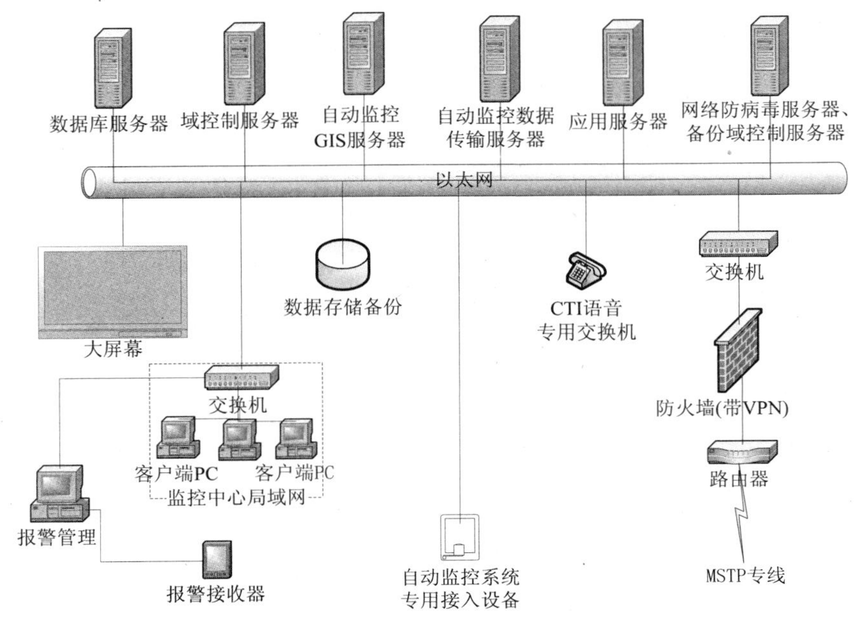

图 7-3　江苏省各级环境监控中心体系结构

（2）监控系统建设现状

江苏省污染源自动监控系统建设起步早，当时国家相关的管理办法、技术规范都还未出台，所以各地建设缺乏统一标准，无论是硬件配置还是软件平台都是各地自主实施，这样就造成各地发展不平衡，建设水准差异较大，给全省统一管理带来困难。

江苏全省各地已建成大量的水污染源自动监控系统。苏南常熟、张家港、江阴、宜兴等地先后投入巨资建设了县（市、区）级污染源自动监控系统，其他各地也结合实际组织自动监控系统建设。省环保厅也起步早，开展了重点污染源自动监控系统建设，基本实现省级联网。由于各地污染源监控平台技术路线、建成时间、管理和运维水平差异较大，难以从底层的通信网络和业务协同上统一标准规范、统一硬软件平台，目前采取了数据集成的模式来实现省级与省辖市自动监控平台的互联，省级污染源监控数据是基于各地市自动监控数据库的数据资源，对地市监控平台的数据库逐一进行抽取、映射等转换处理，通过 HJ/T 352—2007 数据规范交换到省自动监控平台，省级污染源自动监控系统未直接与现场自动监控装置进行联网。

（3）监控设备联网状况

截至 2012 年 2 月，江苏省已建成污染源自动监控中心 54 个，已对 2 631 家重点企业实施了联网监控，其中废水 1 930 家，废气 370 家，污水处理厂 331 家，分别占全省废水、废气总量的 70%和 65%，太湖流域甚至实现了对 90%以上污染负荷的监控。安装各类自动监控设备 5 300 台（套），其中，940 家国控重点企业安装了污染源自动监测设施，924 家实现了与环保部、省、市、县四级环保部门联网。目前正在开展以太湖流域污染源自动监控系统为基础的全省三级统一软件平台的部署工作，完成后将更有力地推进江苏省污染源自动监控一体化的进程。

（4）监控数据传输与交换现状

江苏省污染源自动监控数据传输与交换能力建设大致分为两个阶段。

第一阶段为 2008 年以前。2007 年 9 月，江苏省按照原国家环保总局的要求，开始实施省、市污染源自动监控数据的联网交换工作，采用中心到中心的数据交换方式，省厅系统平台不直接从现场数据采集仪采集数据，所有数据全部经市级系统平台转发至本地的一个中间数据库，再通过数据交换软件将中间数据库中的数据传输到省厅的接收服务器，从而实现全省污染源自动监控数据的集中。该项任务于 2007 年 12 月底初步完成，江苏全省 13 个地级市（南京市、无锡市、徐州市、常州市、苏州市、南通市、连云港市、淮安市、盐城市、扬州市、镇江市、泰州市、宿迁市）的污染源自动监控数据交换到省污染源自动监控系统。数据交换过程中记录了每条记录的交换时间，所有数据按年度存放，按日、月、年或指定日期范围进行统计。

第二阶段为基于独立的数据交换平台建设阶段。自 2008 年开始，为提高数据交换质量，江苏省推出了联网率、基础数据完整率、数据上传完整率、监控中心稳定运行率、达标率等细化的考核指标，并对每个市的综合指标进行汇总排名。各市为提高数据交换成效，纷纷借鉴省、市联网交换方式，实施市、县污染源联网。2011 年，江苏省开发了太湖流域污染源自动监控统一软件平台，并在省、市、县三级监控中心统一部署，系统采用 Biztalk 中间件开发实现了一个相对独立的数据交换平台，以代替原有的数据交换软件，在数据传输的安全性、可靠性方面实现了进一步的提升，并有效解决了数据的双向交换问题。目前，该数据交换平台已在太湖流域各市、县投入应用，其他地区则仍沿用原有的数据交换软件，自 2012 年起，将逐步使用新的数据交换平台。

由于污染源自动监控数据在采集、传输过程中，不可避免地会产生一些异常或错误，某些污染源企业还存在人工干预调整在线监测仪器数据等现象，使系统数据与实际情况有较大出入，降低了系统数据的可信度。因此，近几年，江苏省重点加强了数据传输涉及的省级及地方监控中心复合化建设，同时适应管理的新需求，不断增加更多的污染因子接入和监控，还把视频作为重要的为环境管理和执法服务的辅助信息。“数—图”传输、存储集成是江苏省污染监控系统建设的主要技术路线。

一是监控中心建设复合化。如今的各级污染源监控中心已成为集监测、监控、监管功能为一体的复合型环境监控中心，省级污染源监控中心可现场调取全省国控、省控污染源业务因子数据和监控视频，发生突发事件时可实现前后方实时对话。

二是监控因子方式多样化，有效适应环境管理的新需求。为加强“十二五”新增主要污染物自动监控能力建设，江苏省提前部署安装氨氮和氮氧化物自动监测设备，截至 2011 年底，已有 340 家国控重点涉水企业安装了氨氮在线监测仪，266 家废气重点企业安装了氮氧化物在线监测模块。此外，废水还扩展到总磷、总氮、pH 值、重金属、悬浮物、总酚等特征因子，废气扩展到烟尘等，同时安装视频监控装置 476 套，实现了监控数据与视频图像的有机结合。

数据交换内容：江苏省污染源自动监控数据交换的内容主要参照原国家环保总局《环境污染源自动监控信息传输、交换技术规范》（HJ/T 352—2007）进行制定，主要分为 10 个类别：污染源基本信息、污水处理厂基本信息、废水排放口基本信息、废气排放口基本信息、污水处理厂废气排放基本信息、污水处理厂进出水口基本信息、污染源自动监控信息、污水处理厂自动监控信息、污染源申报登记信息和污水处理厂申报登记信息，每类信息的内容严格按照 HJ/T 352—2007 的要求设定相关数据集及其字段。

2010 年，根据环保部对全国重点污染源自动监控联网的数据要求，江苏省还在信息内容中增加了污染源 10 分钟排放数据和污水处理厂 10 分钟排放数据，因此污染源信息采集密度在不断提高，实时、自动监控预警能力不断得到加强。

在污染源信息交换涉及的编码体系方面，为保证数据在交换过程中不产生歧义，必须对相关的编码体系进行统一。在江苏省污染源自动监控数据交换系统中，参照 HJ/T 352—2007 对污染源编码、排放口编码、行政区编码、流域编码、污染因子编码、计量单位编码等进行了统一规定，其中污染源编码采用法人代码表示，排放口编码采用污染源编码＋1 位、污染源类别码＋2 位流水号表示。

在污染源信息交换涉及的数据更新规则方面，支持新增和更新两种操作。每个信息集设定一个（或一组）关键字，目标系统在接收到一条信息后，先根据关键字判断该内容是否已存在，如存在，则用新的信息更新原有信息，否则新增一条信息。如在污染源基本信息集中，以污染源编码作为关键字，如发送方多次向目标系统发送某个特定编码的污染源基本信息，则目标系统只保留最后的一条信息，采用这种方式可有效实现数据的更新。2008 年以前的原有数据交换系统技术实现方式。

1）交换流程

2007 年开始实施的省—市间数据交换系统采用中间数据库方式进行数据中转，实现数据从下级监控中心到上级监控中心的传输。整体系统分为发送方和接收方两大部分，其中：

发送方包括自动监控数据库、中间数据库、数据转换软件、数据发送软件等，自动监控数据经现场数采仪采集后，进入所在地环保局自动监控数据库，然后经本地的数据转换软件（由各地监控系统开发商根据中间数据库格式单独开发）将数据写入中间数据库，数据发送软件定时调用接收方的数据传输服务将中间数据库中的内容向接收方发送。

接收方包括数据传输服务、中间数据库、数据解析软件、自动监控数据库等，数据传输服务是一个 Web 服务软件，提供登录验证及数据接收服务接口，将接收到的数据写入接收方的中间数据库，数据解析软件从中间数据库中读取数据后，更新接收方的自动监控数据库。

其流程如图 7-4 所示。

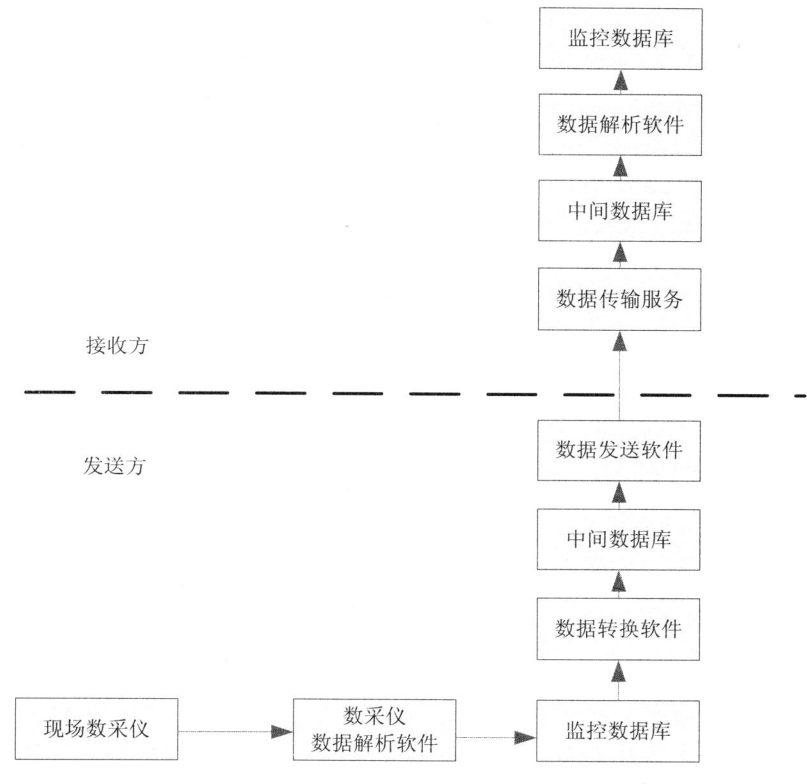

图 7-4　江苏省污染源自动监控数据交换流程

2）数据组织方式

在以上交换流程中，中间数据库是上下级污染源自动监控系统的交接界面，下级系统只需将待发送数据按既定规则和格式写入中间数据库，其余工作由上级部署的数据交换系统负责。

为提高数据传输效率，参照了 HJ/T 352—2007 规范中的数据交换格式，将数据按“包”的形式进行组织，为每个数据包建立一个报文头，标记包的生成时间、发送方和接收方等信息，在中间数据库中，建立一张报文信息表，利用自动增量 ID 作为报文的唯一标识，在每个信息集中，均有一个对应的报文 ID 与之对应，以便确定每个报文所应包含的内容。

为区分已发送和未发送的报文，在报文信息表中，还设计了一列交换状态，该状态由数据发送软件根据接收方传输服务返回的状态进行更新。

3）安全及可靠性设计

接收方的数据传输服务接口提供安全验证服务，发送方的数据发送软件须定时调用该接口，由该接口对发送方行政区编码、用户名、密码信息进行匹配验证。验证通过后，该接口将返回一串授权码，发送方在发送数据包时必须将该授权码一并发送，以避免跨区域或未经授权的数据交换。

数据发送软件采用 C/S 结构，需在发送方本地电脑上进行安装。为降低软件升级更新所需的大量工作，设计实现了软件的自动更新功能，发送方在登录接收方服务接口时，可取得最新软件的版本号及其下载位置，并与本地版本进行比较，如低于最新版本，则自动下载更新。

由于污染源自动监控的数据量比较庞大，中间数据库的体积会变得越来越大，导致对数据库访问速度急剧下降，为此，数据发送软件中设计了数据库体积自动维护功能，每天定时将三个月前生成的且已发送成功的报文数据进行清理，以保证数据交换速度。

4）部署实现

数据交换系统采用 VS.Net 开发，中间数据库采用 SQL Server 2005。

在省厅平台，利用 1 台 IBM X366 服务器作为专用的数据交换服务器，部署数据传输服务接口及中间数据库。各地市统一配备了 1 台 DELL PC 作为专用的数据发送服务器，安装数据发送软件和中间数据库。

由于当时环保专网尚未建成，采用了公网作为数据交换网络，系统架构上存在以下不足：

一是难以实现双向交换。以上数据交换系统具有分工较为明确的发送方和接收方，适用于下级向上级的单向传输，难以实现上级向下级的数据分发；

二是传输效率不高。由于利用了 Web 服务传输数据，在单次发送数据量较大时，系统不会自动分包，如果遇到网络拥堵，可能造成发送失败，导致效率下降；

三是缺乏灵活性。在以上方案中，各个发送方的数据从本地监控系统数据库中进入中间数据库需要原有开发商开发一个独立的数据转换软件，无法灵活适应不同的源系统。

为此，江苏省在新的全省污染源自动监控软件平台建设中，提出了采用成熟中间件构建数据交换平台的设想，并利用微软的 Biztalk Server 设计实现，见图 7-5。

数据交换平台的总体交换流程与原有系统类似，但存在以下三点明显的区别：

① 不再有固定的发送方和接收方，数据在各个环节的流动均可双向进行，使上级向下级的数据分发成为可能，在实际应用中，已通过该平台实现了公众举报信息、通知公告、督办单等信息的自动下发。

② 使用消息队列代替了原有的数据发送软件，利用消息队列具备的自动拆包、自动重发、数据压缩等功能，有效地提高了数据传输的效率和可靠性。

③ 使用数据适配/映射工具代替了原有的数据转换软件，利用 Biztalk 自带的数据适配器及数据映射工具，可在不编写程序的情况下，灵活配置各种异构数据库与中间数据库之间的对应关系，快速实现数据的交换任务。

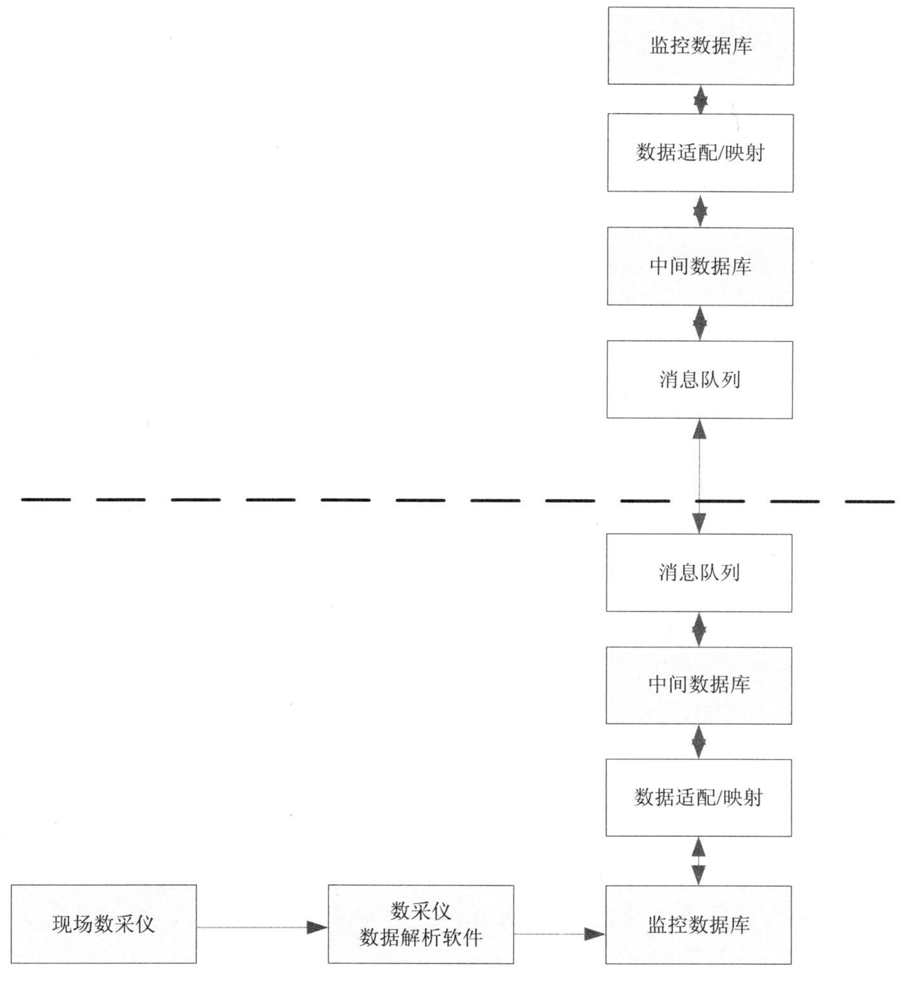

图 7-5　江苏省污染源自动监控数据交换平台

可见，独立的数据交换平台，为包括污染源监控在内的各类环境管理业务信息系统提供了“双向畅通”式数据交换服务，各业务系统不要过多考虑实现数据传输交换的细节、安全性等，主要精力放在实现自身的数据处理功能、业务逻辑。

（5）数据分析利用情况

江苏省污染源自动监控系统在数据分析应用方面取得了较好成效：

① 污染物总量减排。江苏省利用污染源自动监控数据测算并考核减排工程的削减量。全省列入减排计划并通过有效性审核的国控企业污染源均使用经过有效性审核的在线监测数据测算减排量。此外，对火电企业二氧化硫监管主要依靠自动监控，并依据自动监控数据对电力企业脱硫电价进行考核。2011 年，全省累计扣减脱硫补贴电价总金额约 1.3 亿元。

② 环境现场执法。江苏省基层环保部门实行 24 小时值班，一旦发现自动监控数据异常的，立即查明原因。发现涉嫌违法的，执法人员迅速赶赴现场取证。连续 2 日每日超标样本数超过 3 个的，省辖市环境保护部门即组织现场查处；连续 3 日每日超标样本数超过 3 个的，省环保厅组织现场查处。

③ 排污申报核定与收费。2006 年，江苏省环保厅印发了《关于加强电力企业脱硫设施的监管和利用烟气在线自动监控系统有效数据核定排污量、征收排污费的通知》，2008 年，印发了《关于做好太湖流域国控（省控）重点水污染源按自动监控数据核定征收污水排污费准备工作的通知》。重点水污染源的自动监控数据使用情况作为考评地方排污费征收工作的主要内容。从 2011 年第四季度开始，江苏省环保厅全面使用自动监控数据征收 30 万 kW 以上电厂二氧化硫排污费。

④ 江苏省小康社会环保指标考核。使用污染源自动监控数据对各地重点污染源环境监察系数进行校核。

⑤ 太湖流域排污权有偿使用。在太湖流域排污权交易平台上，用自动监控数据和监督监测数据同时核定企业排污量，自动监测数据权重占 60%。

存在的问题有：

① 对排污总量的高级统计及预测分析功能需要强化。污染物排放总量是污染减排工作的基础，现有系统大多只能对单点数据进行统计汇总，缺乏对区域、流域的总量统计分析和预测。同时，大量信息孤岛的存在也使得统计总量变得十分困难。

② 缺乏业务技术层面关联。在全省各地环境污染源自动监控系统建设中，目前还没有从区域或流域的环境容量出发，实现污染源自动监控系统集群网络各节点以环境容量为约束条件的污染物排放总量自适应、相互平衡的机制和功能，而这恰恰是我国环境污染减排考核、保障环境质量、确保环境安全最需要的环境自动监控功能。大量的环境污染源自动监控中心，只是单一地实现污染源自动监控装置（监控节点）与监控中心端的实时数据、历史数据、状态数据的上传，以及中心端极其简单的对现场检测仪器、污水处理设施控制指令的下发执行。

③ 缺乏对监控数据的深度挖掘和辅助分析。污染源监控的数据量较大，数据之间的关联度复杂多变，仅仅依靠人工去整理分析，将很难找出其内在规律，而现有系统没有用数据库技术来再次组织、管理数据，没有用面向主题的角度进行 OLAP 分析，均缺乏对数据深度挖掘的功能，不能充分发挥数据的价值。同时由于各个区域监控系统平台存在不同，造成数据异构，缺乏统一的标准和数据接口，这也增加了数据采集和挖掘分析的复杂性和难度。

（6）管理与运维情况

一是大力推行第三方运维。江苏省积极推进污染源自动监控第三方运行管理模式，全省共有 34 家第三方运行管理公司，1 642 家企业委托第三方运行管理，占总数的 62.4%，其中无锡、常州、苏州等重点市基本采用第三方运维模式，并且由地方财政承担全部或者大部分运行费用，保障设备的正常运行，省财政将第三方运行经费列入减排三大体系资金预算中，每年对国控省控重点源第三方运维经费给予 1.2 万元的资金补助。

二是全面开展数据有效性审核。一是加强现场监督检查，各级环境监察机构每月对国控重点污染源自动监控运行情况进行监督检查。二是落实比对监测，除按照环保部要求对国控省控重点污染源均做到每季度比对监测一次外，自 2009 年 7 月起，江苏省对太湖流域 COD 在线监控系统开展每季度一次加密比对监测。三是力推有效性审核合格标志发放，对不合格的下达限期整改通知书。

三是强化监控平台日常值守。2011 年 6 月，江苏省环保厅部署了新的污染源监控平台，全面加强信息更新，数据统计，异常情况预警等功能，建立完善值班制度，安排专人每日对监控平台进行值守，对发现的问题形成值班记录，对了连续超标或者数据异常的企业及时督办。

7.2.2 试点要求与目标

（1）数据交换需求

根据环保部对污染源自动监控的业务要求和江苏省实际情况，江苏省污染源自动监控数据具有国家—省—地市—县四级三界面数据交换的需求。监控点的数据和图像先经数据采集系统和网络传输系统传输到区县级监控中心，然后逐级上报。市控和省控污染源自动监控平台对纳入本级直管的重点污染源还应具备数据直采能力，即不通过下级监控中心交换得到在线数据，而是可绕开下级监控中心，将数据和图像传输到各自所属的监控中心。江苏省污染源监控中心可交换给国家污染源监控中心的数据包括 13 地级市国控重点污染源监控数据及省控重点污染源监控数据。

（2）试点目标

通过开展试点，在数据交换原型系统的支撑下，验证通过 HJ/T 352—2007 数据交换规范，把异构的江苏省自动监控平台数据库的国控自动污染源自动监控数据向环保部自动监控平台交换数据、接受上级监控平台调数的指令的可行性、可靠性和安全性，全面、系统地验证和完善全国污染源自动监控信息的交换机制、数据交换技术模式、污染源相关数据标准、污染源自动监控信息交换原型系统。

7.2.3 试点工作内容

江苏省示范交换的重点污染企业计 838 家，其中废水污染源 325 家、废气污染源 248 家、污水处理厂 265 家（见表 7-1）。

表 7-1 江苏省示范交换的重点污染源企业数量

行政区	废水污染源	废气污染源	污水处理厂	合计
南京市	19	27	10	56
无锡市	51	47	63	161
徐州市	19	22	10	51
常州市	36	18	33	87
苏州市	51	50	81	182
南通市	33	15	14	62
连云港市	6	6	6	18
淮安市	15	11	9	35
盐城市	15	11	8	34
扬州市	18	11	8	37
镇江市	18	12	5	35
泰州市	26	11	9	46
宿迁市	18	7	9	34
合计	325	248	265	838

（1）数据交换范围

数据交换的范围包括工业水污染点源自动监控数据、工业气污染点源自动监控数据和污水处理厂自动监控数据。

污染源监控基础信息包括：污染源企业基本信息、污染源企业联系方式、污染源基本信息、污染源废气排放口基本信息、污染源废气排放口污染物设置、污染源废水排放口基本信息、污染源废水排放口污染物设置、污染源数据采集仪器信息、污染源治理设施、污染源相关信息示意图。

废气污染源自动监控信息包括：排放口实时数据、排放口小时数据、排放口年数据、排放口日数据、排放口月数据、污染物实时折算数据、污染物实时数据、污染物小时折算数据、污染物小时数据、污染物年数据、污染物日折算数据、污染物日数据、污染物月数据。

废水污染源自动监控信息包括：排放口实时数据、排放口小时数据、排放口日数据、排放口月数据、排放口年数据；排放口污染物实时数据、排放口污染物小时数据、排放口污染物日数据、排放口污染物月数据、排放口污染物年数据；污染治理设施运行日数据。

污水处理厂自动监控信息包括：废水进水口基本信息、废水进水口污染物设置、数据采集仪信息、污染治理设施信息、废水出水口实时数据、废水出水口小时数据、废水出水口日数据、废水出水口月数据、废水出水口年数据；废水出水口污染物实时数据、废水出水口污染物小时数据、废水出水口污染物日数据、废水出水口污染物月数据、废水出水口污染物年数据；污染治理设施运行日数据。

（2）数据交换方式

数据交换平台由数据交换器、数据交换适配器和交换监控中心三部分组成。数据交换器处于核心位置，通过配置在数据交换器的数据交换服务器提供的标准化的适配器为每个数据交换节点提供服务。每个数据交换节点只需要与数据交换中心通过数据交换适配器进行交互，并通过 HJ/T 352—2007 进行自动监控数据 XML 转换，而不需要相互直接连接访问就可以获取到所需要的数据。数据交换适配器提供跨平台的应用系统和数据库接口。交换监控中心支持对自身和数据交换任务的监控和管理，对新增业务和交换系统进行定义和配置。实现整个数据交换系统的监控、维护和管理，也使应用系统的变化和发展可以得到有效的管理和控制。同时监控数据交换的事务并保证数据的完整性及错误补救。

7.2.4 预期成果

形成实际运行的污染源自动监控信息交换系统一套及其相关的设计文档、操作文档，包括需求分析报告、系统设计报告、数据字典、用户手册、系统管理手册等系统开发实施过程中形成的各种报告、文档。对数据交换原型系统试点运行情况进行总结，编写试点示范应用报告，提出改进交换原型系统设计的建议，提出污染源自动监控数据交换质量保证措施和管理机制。

7.2.5 试点工作方法

采用研发和试点应用相结合的实施方法，坚持以创新为核心的基本原则，把先进的管理思想与污染源监控信息交换实际需求紧密结合，以先进性和实用性为出发点，切实解决我国污染源管理中的实际问题，提高环境管理的精准性和高效性。

通过在江苏省建立符合环保部污染源数据交换标准规范的污染源自动监控信息交换系统，以系统内置的数据质量审核功能对数据进行逻辑校验，促进、提高污染源自动监控信息采集的规范化程度，在数据集内容、编码体系、交换频率等方面形成统一的业务规范。

（1）数据交换模式

现有的省—省辖市自动监控数据交换界面：江苏省各省辖市的污染源自动监控数据通过 Internet（今后切换到江苏省环境业务专网）传输到省环保厅污染源自动监控中心数据库。

现有的环保部—江苏省自动监控数据交换界面：江苏省环境自动监控中心安装部署了环保部下发的三个核心应用软件，有江苏省自建平台的开发商按照省环境监察局的要求开发了向国家核心应用软件的污染源基础数据库导入在线数据的自动化处理接口模块，再由国家核心应用软件直接通过部—省网络（基于 Internet）以数据库对数据库直传的方式完成数据传输上报。据西安长天的技术资料，主要是利用 Windows 操作系统的 BITS（Background Intelligent Transfer Service，BITS）技术完成污染源自动监控数据的传输。BITS 技术原理是使用空闲网络带宽在后台传送文件，是微软公司操作系统、OFFICE 等应用软件补丁分发的主要技术，尽量避免对用户使用电脑的速度干扰。如果该服务被禁用，则依赖于 BITS 的任何应用程序（如 Windows Update 或 MSN Explorer）将无法自动下载程序和传输其他信息。

为了试验基于平台在数据交换的可靠性和通用性，江苏省试点采用前置机方式，从国控重点污染源自动监控数据库将数据提取到前置区的交换数据库，再从前置区交换数据库交换到环保部自动监控交换平台中，最后，由环保部信息中心完成部交换平台中数据与环保部监察局的国控污染源自动监控平台数据库系统的数据对比、技术机制和交换绩效评价等工作。

为了使数据交换作为通用性、支撑性能力和服务，江苏省交换试点采用了基于 ESB（Enterprise Service Bus，企业服务总线）的交换技术建立交换原型系统（图 7-6）。具体采用 Oracle 的数据集成中间件软件平台 Data Integrator，Oracle Data Integrator（ODI）是基于 Java 的应用程序，属于 Oracle 融合中间件产品系列，解决异构程度日益增加的环境中的数据集成需求。它使用数据库来执行基于集合的数据集成任务，也可以将该功能扩展到多种数据库平台。将江苏省自建的污染源自动监控平台的中心数据库作为产生库，通过 ODI 与交换数据库间建立数据映射关系，将江苏省污染源自动监控平台的数据传输到交换数据库。从省到部的数据传输过程采用 WLS 和 OSB 实现，数据的可靠传输通过在省交换平台（前置区）使用 SAF 的消息实现。

（2）原型系统架构

在江苏省环境自动监控中心建立数据交换前置平台，安装本项目数据交换原型系统。交换原型系统通过 Oracle ODI 实现江苏省国控污染源自动监控数据 ETL 处理和 XML 格式规范化，通过 WebLogic 实现数据传输。在 Oracle ODI 中建立工作存储库，配置江苏省自动监控污染源自动监控中心数据库数据模型和前置机交换库数据模型，配置数据交换接口将江苏省污染源自动监控信息转换为符合 HJ/T 352—2007 标准的 XML 数据格式，最后通过 Oracle WebLogic 的 Web 应用实现环保部信息中心污染源自动监控数据交换平台与江苏省之间的污染源的数据传输（图 7-7）。

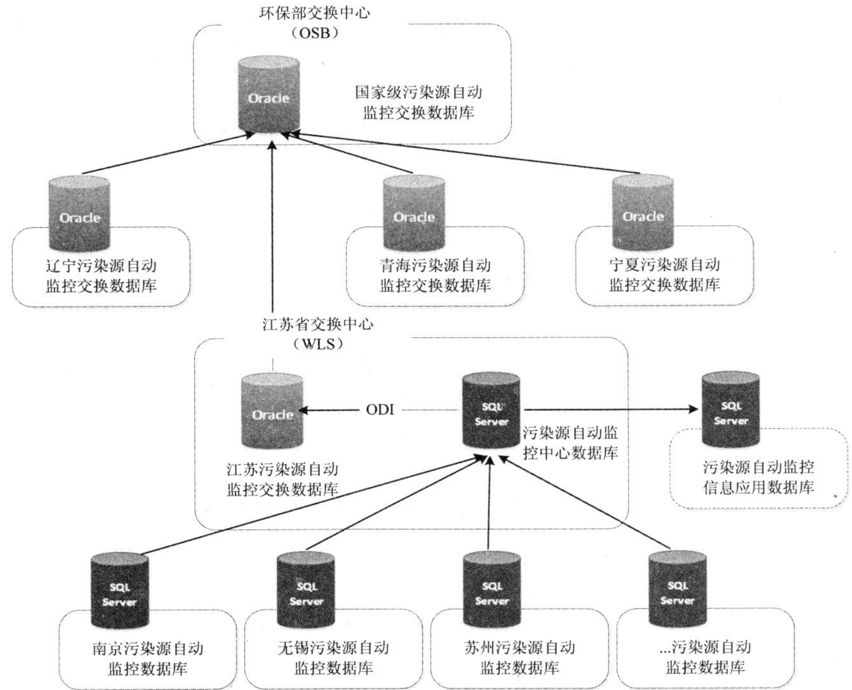

图 7-6　基于 ESB 的江苏省污染源自动监控数据交换模式

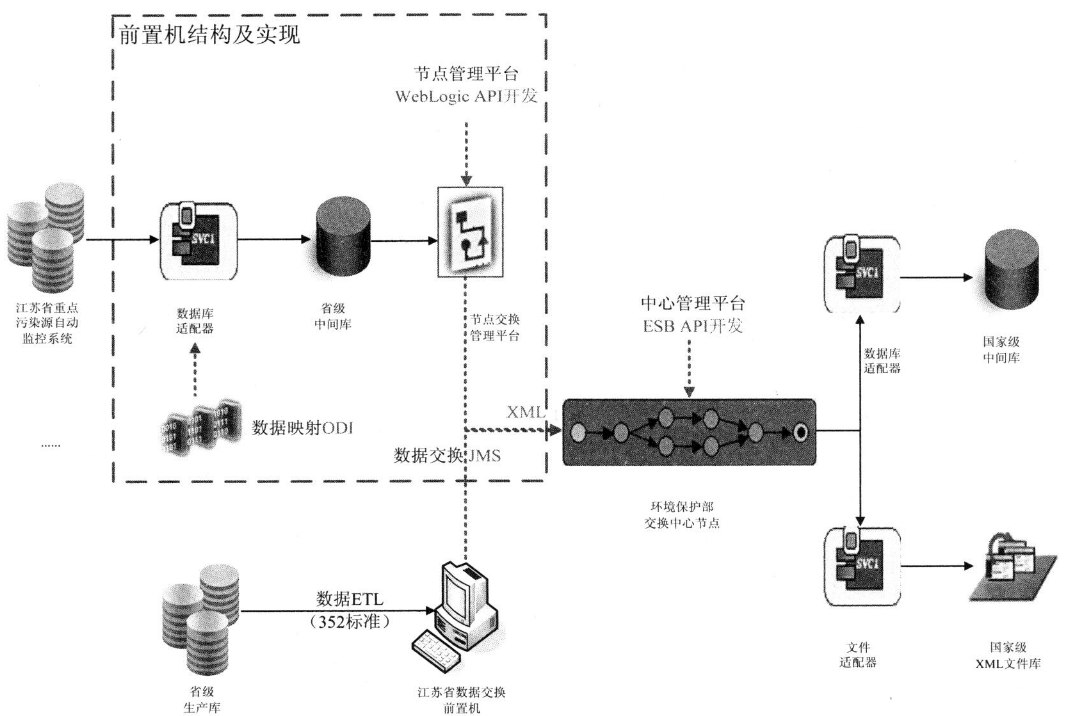

图 7-7　原型系统架构

（3）数据交换流程

污染源自动监控信息交换的流程包括数据上传流程（图 7-8）、数据查询与响应流程（图 7-9）、数据订阅与响应流程（图 7-10）。

1）数据上传

江苏省级节点向国家级节点传输数据的流程，数据上传之前江苏省级节点使用国家级节点颁发的数字证书进行身份认证，国家级节点对江苏省级节点进行身份认证并返回认证结果，认证通过后江苏省级节点上传数据到国家级节点，数据上传完毕后国家级节点返回数据接收结果信息完成数据交换。

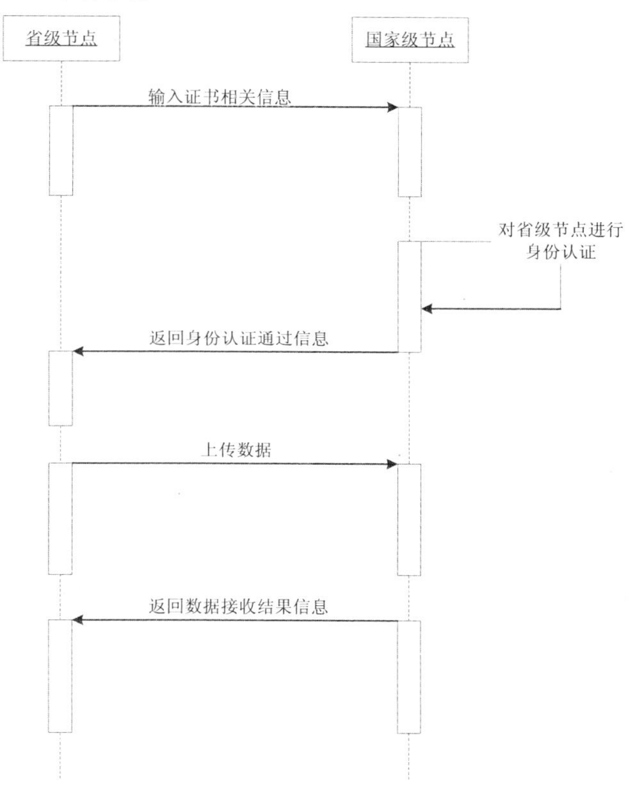

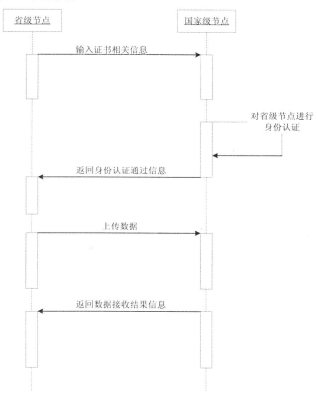

图 7-8　数据上传流程

2）数据查询与响应

国家级节点向江苏省级节点发出的数据传输请求，江苏省级节点对查询响应的流程。江苏省级节点返回国家级节点的查询请求，如果查询失败则返回错误信息，如果查询成果则向国家节点传输数据。

3）数据订阅与响应

当一个省级节点 A 向另一个省级节点 B 发出的数据传输请求，省级节点 B 对订阅请求相应的流程。国家级节点对省级节点进行身份认证，认证通过则将省级节点 A 的请求转发至省级节点 B；省级节点 B 处理请求并将相应数据发送至国家级节点；国家级节点接着把相应结果返回至省级节点 A。

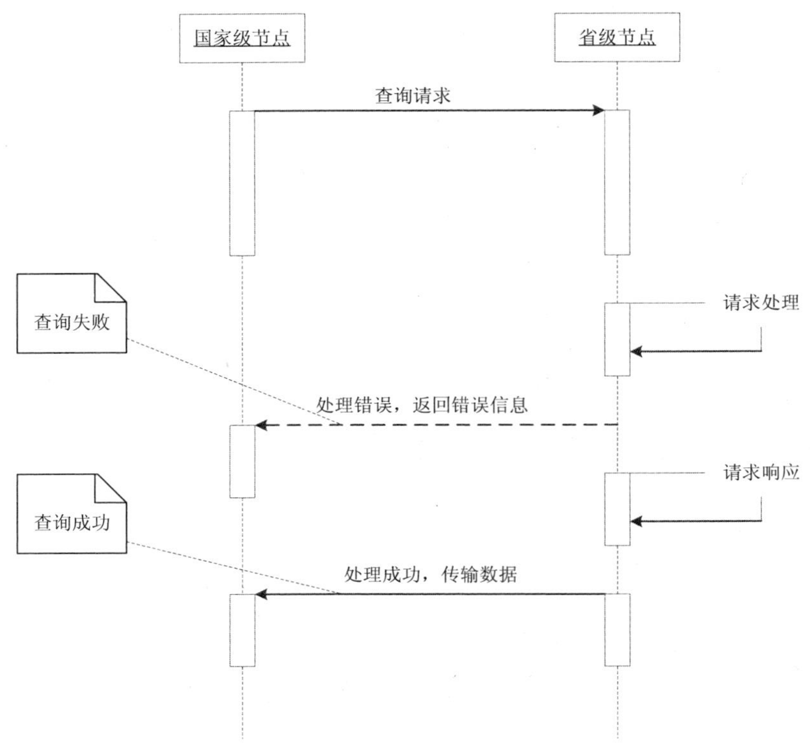

图 7-9 数据查询与响应流程

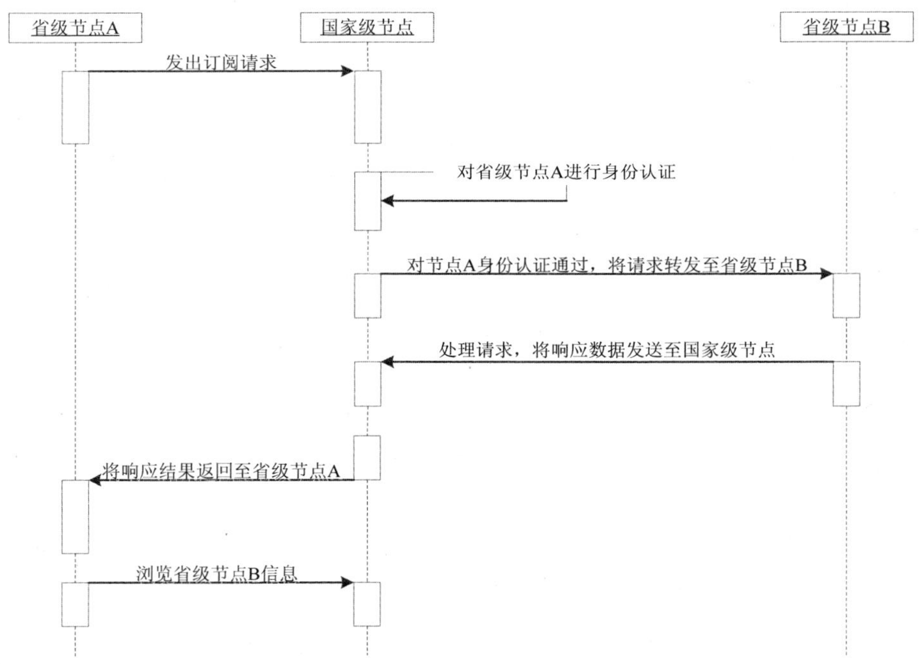

图 7-10 数据订阅与响应流程

7.2.6 组织管理

为加强对项目实施的组织管理，江苏省作为试点省份成立了项目组。确定负责人负责项目全过程的控制与决策，负责和参与各方协调，解决各种与项目实施有关的问题，确保本项目各项技术指标、经济指标的最终实现。

项目组由技术骨干、研究人员组成，组内各层次人员均明确其分工和所承担的责任，并据此考核其工作任务的完成情况。

本项目管理从项目管理、资源配置、资金保障、绩效考核等方面展开。将项目实施计划分解形成详细的任务分解书，详细规定了每一项相关工作的工作产品、完成期限及责任人，每个工作产品完成后必须得到批准，才标志着这个任务或活动的完成，确保每个任务的完成质量。项目组成员通过定期报告各自的活动结果，通报项目在进度、质量、技术、管理各个方面的进展和存在问题，分析实际工作与计划在工作量和质量方面的偏差。

7.2.7 江苏省原型系统部署

7.2.7.1 原型数据库及系统部署

江苏省试点了基于 ESB 和 Q 版本消息中间件技术的两种数据交换原型系统。

（1）数据库部署

在江苏省级交换节点的部署主要包括数据库服务器的部署和中间件服务器的部署，两个服务器也可以装在一台 PC 服务器上。

在数据库服务器安装 Oracle DB 10g 数据库和 Oracle Data Integrator 中间件。其中 Oracle DB 10g 保存所有需要交换的数据，Oracle Data Integrator 负责将数据从生产库抽取到交换数据库中。

在中间件服务器上安装 Oracle Weblogic Server 应用服务器。Oracle Weblogic Server 应用服务器负责和在环保部信息中心的数据交换平台进行双向数据交换。

（2）系统部署

系统部署主要包括 WebLogic 的部署、数据库部署以及 ODI 部署。Oracle ODI 和 OWB 一样，都是使用 ELT 的理念设计出来的数据抽取/数据转换工具。ODI 把一些场景（如把文件载到数据库，从 Mysql 数据库抓取数据放到 Oracle 数据库里，从 DB2 把数据抓取出来放在 Oracle 数据库里等）的详细的实现步骤作为若干知识模块并使用 Python 脚本语言结合数据库的 SQL 语句录制成一步一步的步骤忠实地记录下来，在 ODI 里共形成了 100 多个知识模块，基本上包含了所有普通应用所涉及的所有场景。

7.2.7.2 原型系统配置

（1）工作存储库建立

建立江苏省污染源自动监控信息交换工作存储库，创建污染源自动监控信息交换项目，为数据交换模型建立、接口配置及交换队列提供工作空间。江苏省污染源自动监控信息交换工作存储库分别建立了开发环境、测试环境和运行环境，用于项目进展过程中的不同生命周期。

（2）生产库数据模型配置

配置江苏省污染源自动监控信息交换生产库模型，指定源数据存储格式。生产数据库是江苏省环保厅污染源自动监控平台中心数据库，数据库平台是 SQL Server 2005，其中包括了江苏省 13 个省辖市多年以来累积的污染源自动监控数据。通过 Oracle ODI 的反向工程得到江苏省污染源自动监控信息交换生产库数据描述，反向工程的对象有数据表和视图两种。

（3）目标库数据模型配置

配置江苏省污染源自动监控信息交换目标库数据模型，指定目标数据存储格式。目标数据库安装在江苏省数据交换前置机上，数据库平台为 Oracle 10g，已按照 HJ/T 352—2007 规范建立水、气、污水处理厂污染源的基础及业务数据表。同样通过 Oracle ODI 的反向工程得到江苏省污染源自动监控信息交换目标库数据描述，反向工程的对象仅数据表一种。

（4）数据接口配置

通过 Oracle ODI 建立江苏省污染源自动监控数据接口，实现从生产库到目标库数据格式的转换。在 Oracle Interface 中创建多个接口应用，将江苏省已有的污染源自动监控数据库一个或多个数据表加载到江苏省数据交换前置机目标数据库中，在接口中通过接口映射、表连接、过滤条件和主键外键的设置实现数据转换，转换后的数据符合 HJ/T 352—2007 规范的数据格式要求，为江苏省污染源自动监控数据从江苏省数据交换前置数据库传输到国家级交换库做好准备。

（5）数据交换配置

使用 Oracle WebLogic 应用服务器的消息队列实现江苏省的污染源自动监控数据交换到环保部信息中心的数据交换平台。项目基于 Oracle WebLogic 开发污染源自动监控数据交换 Web 应用，该应用系统分别部署在国家级和省级服务器，实现分布的、跨地域的不同应用系统之间的信息交换。江苏省数据交换服务器安装省级交换 Web 应用，通过 Web 服务和消息提取并提供转换数据，基于 Internet 实现污染源数据交换。

7.2.7.3 数据交换示例

（1）数据交换 Schema（图 7-11）

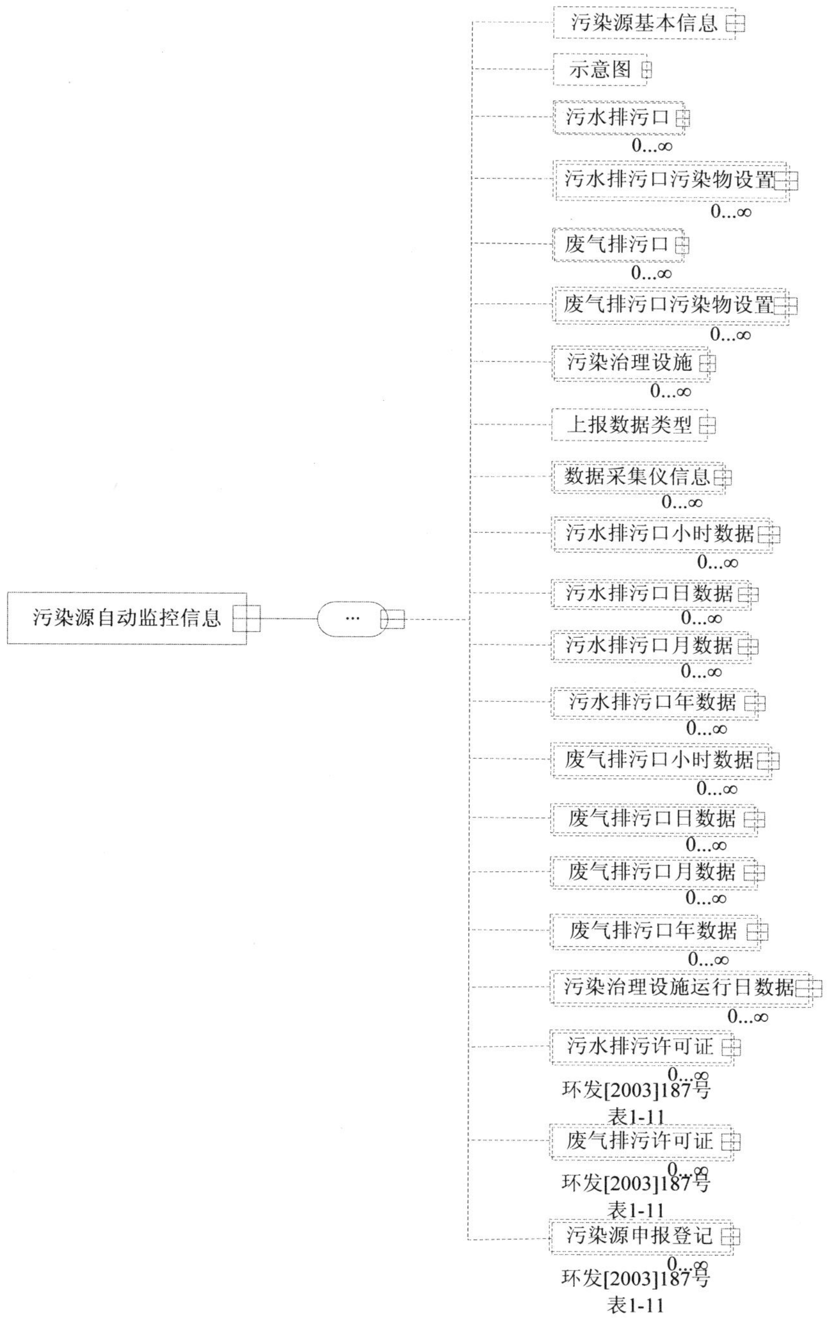

图 7-11 数据交换 Schema

（2）交换数据 XML 样例

<epiXML xsi：noNamespaceSchemaLocation="epiXML.xsd" xmlns：xsi="http：//www.w3.org/2001/XMLSchema-instance">
<污染源基本信息>
<污染源编码>320125000110</污染源编码>
<污染源名称>南京红宝丽股份有限公司</污染源名称>
<行政区划编码>320125</行政区划编码>
<注册类型编码>110</注册类型编码>
<单位类别编码>1</单位类别编码>
<企业规模编码>5</企业规模编码>
<隶属关系编码>40</隶属关系编码>
<行业类别编码>26261</行业类别编码>
<流域编码>FC</流域编码>
<污染源地址>太安路 128 号</污染源地址>
<法人代码>71235782-3</法人代码>
<法定代表人>严厉风</法定代表人>
<中心经度>118.73698</中心经度>
<中心纬度>32.2284</中心纬度>
<投产日期>1987-08-13</投产日期>
<开户行>南京市中国银行太安路支行</开户行>
<银行账号>2351710182200001655</银行账号>
<电子邮件>hbl@sina.com.cn</电子邮件>
<企业网址>www.hbl.com</企业网址>
<通信地址>太安路 128 号</通信地址>
<邮政编码>210302</邮政编码>
<环保机构名称>环保科</环保机构名称>
<环保负责人>芮敬功</环保负责人>
<办公电话>025-2212348</办公电话>
<传真>025-2212379</传真>
<移动电话>13919042365</移动电话>
<专职环保人员数>5</专职环保人员数>
<更新日期>2001-12-17T09：30：47.0Z</更新日期>
</污染源基本信息>
<示意图>
<污染源编码>320125000110</污染源编码>
<单位平面示意图>QWfHsM09 MbSdfZ0dTQUxILWVXMIUSAG1tQ1p0dd1 MZFuDOuir</单位平面示意图>
<生产工艺示意图>QWfHsM09 MbSdfZ0dTQUxILWVXMIUSAG1tQ1p0dd1 MZFuDOuir</生产工艺示意图>

<主要污染治理工艺示意图>QWfHsM09MbSdfZ0dTQUxILWVXMIUSAG1tQ1p0dd1MZFuDOuir</主要污染治理工艺示意图>
</示意图>
<污水排污口>
<污染源编码>320125000110</污染源编码>
<排污口编码>320125000110001</排污口编码>
<排污口名称>污水排污口-1</排污口名称>
<水域功能区类别编码>I</水域功能区类别编码>
<排放去向编码>C</排放去向编码>
<流域编码>26261</流域编码>
<排污口编号>WS001</排污口编号>
<排污口位置>水站旁</排污口位置>
<经度>118.73698</经度>
<纬度>32.2284</纬度>
<标志牌安装形式>平提</标志牌安装形式>
<数采仪编号>23517110603001</数采仪编号>
<污水排污口示意图>QWfHsM09 MbSdfZ0dTQUxILWVXMIUSAG1tQ1p0dd1MZFuDOuir</污水排污口示意图>
</污水排污口>
<污水排污口>
<污染源编码>320125000110</污染源编码>
<排污口编码>320125000110002</排污口编码>
<排污口名称>污水排污口-2</排污口名称>
<水域功能区类别编码>I</水域功能区类别编码>
<排放去向编码>C</排放去向编码>
<流域编码>26261</流域编码>
<排污口编号>WS001</排污口编号>
<排污口位置>水站旁</排污口位置>
<经度>118.73698</经度>
<纬度>32.2284</纬度>
<标志牌安装形式>平提</标志牌安装形式>
<数采仪编号>23517110603003</数采仪编号>
<污水排污口示意图>QWfHsM09MbSdfZ0dTQUxILWVXMIUSAG1tQ1p0dd1MZFuDOuir</污水排污口示意图>
</污水排污口>
<污水排污口污染物设置>
<污染源编码>320125000110</污染源编码>
<排污口编码>320125000110001</排污口编码>
<污染物编码>001</污染物编码>

<浓度报警下限>6</浓度报警下限>
<浓度报警上限>9</浓度报警上限>
<执行标准值>9</执行标准值>
</污水排污口污染物设置>
<污水排污口污染物设置>
<污染源编码>320125000110</污染源编码>
<排污口编码>320125000110002</排污口编码>
<污染物编码>011</污染物编码>
<浓度报警下限>0</浓度报警下限>
<浓度报警上限>95</浓度报警上限>
<执行标准值>80</执行标准值>
</污水排污口污染物设置>
<废气排污口>
<污染源编码>320125000110</污染源编码>
<排污口编码>320125000110003</排污口编码>
<排污口名称>废气排污口-1</排污口名称>
<气功能区类别编码>I</气功能区类别编码>
<废气排放规律编码>1</废气排放规律编码>
<燃料分类编码>110</燃料分类编码>
<燃烧方式编码>2</燃烧方式编码>
<排污口编号>FQ001</排污口编号>
<排污口位置>锅炉房</排污口位置>
<经度>118.73698</经度>
<纬度>32.2284</纬度>
<标志牌安装形式>平提</标志牌安装形式>
<数采仪编号>23517110603010</数采仪编号>
<是否二氧化硫控制区>1</是否二氧化硫控制区>
<是否酸雨控制区>1</是否酸雨控制区>
<排污口类型>1</排污口类型>
<废气排污口示意图>QWfHsM09 MbSdfZ0dTQUxILWVXMIUSAG1tQ1p0dd1MZFuDOuir
</废气排污口示意图>
</废气排污口>
<废气排污口>
<污染源编码>320125000110</污染源编码>
<排污口编码>320125000110004</排污口编码>
<排污口名称>废气排污口-2</排污口名称>
<气功能区类别编码>I</气功能区类别编码>
<废气排放规律编码>1</废气排放规律编码>
<燃料分类编码>110</燃料分类编码>

<燃烧方式编码>2</燃烧方式编码>
<排污口编号>FQ002</排污口编号>
<排污口位置>锅炉房</排污口位置>
<经度>118.73698</经度>
<纬度>32.2284</纬度>
<标志牌安装形式>平提</标志牌安装形式>
<数采仪编号>23517110603020</数采仪编号>
<是否二氧化硫控制区>1</是否二氧化硫控制区>
<是否酸雨控制区>1</是否酸雨控制区>
<排污口类型>1</排污口类型>
<废气排污口示意图>QWfHsM09 MbSdfZ0dTQUxILWVXMIUSAG1tQ1p0dd1MZFuDOuir </废气排污口示意图>
</废气排污口>
<废气排污口污染物设置>
<污染源编码>320125000110</污染源编码>
<排污口编码>320125000110003</排污口编码>
<污染物编码> 02</污染物编码>
<数采仪序号>23517110603020</数采仪序号>
<浓度报警下限>0</浓度报警下限>
<浓度报警上限>950</浓度报警上限>
<执行标准值>960</执行标准值>
</废气排污口污染物设置>
<废气排污口污染物设置>
<污染源编码>320125000110</污染源编码>
<排污口编码>320125000110004</排污口编码>
<污染物编码> 03</污染物编码>
<数采仪序号>23517110603022</数采仪序号>
<浓度报警下限>0</浓度报警下限>
<浓度报警上限>230</浓度报警上限>
<执行标准值>240</执行标准值>
</废气排污口污染物设置>
<污染治理设施>
<污染源编码>320125000110</污染源编码>
<污染治理设施编码>001</污染治理设施编码>
<污染治理设施名称>生物曝气机</污染治理设施名称>
<污染类别>1</污染类别>
<处理方法>曝气</处理方法>
<设计处理能力>3.14</设计处理能力>
<排向的排污口编号>320125000110001</排向的排污口编号>

<投入使用日期>1990-08-13</投入使用日期>
</污染治理设施>
<污染治理设施>
<污染源编码>320125000110</污染源编码>
<污染治理设施编码>002</污染治理设施编码>
<污染治理设施名称>生物曝气机</污染治理设施名称>
<污染类别>1</污染类别>
<处理方法>曝气</处理方法>
<设计处理能力>3.14</设计处理能力>
<排向的排污口编号>320125000110002</排向的排污口编号>
<投入使用日期>1990-08-13</投入使用日期>
</污染治理设施>
<污染治理设施>
<污染源编码>320125000110</污染源编码>
<污染治理设施编码>003</污染治理设施编码>
<污染治理设施名称>麻石水浴</污染治理设施名称>
<污染类别>2</污染类别>
<处理方法>水浴除尘</处理方法>
<设计处理能力>122</设计处理能力>
<排向的排污口编号>320125000110001</排向的排污口编号>
<投入使用日期>1992-08-13</投入使用日期>
</污染治理设施>
<污染治理设施>
<污染源编码>320125000110</污染源编码>
<污染治理设施编码>004</污染治理设施编码>
<污染治理设施名称>麻石水浴</污染治理设施名称>
<污染类别>2</污染类别>
<处理方法>水浴除尘</处理方法>
<设计处理能力>122</设计处理能力>
<排向的排污口编号>320125000110001</排向的排污口编号>
<投入使用日期>1992-08-13</投入使用日期>
</污染治理设施>
<数据采集仪信息>
<数采仪序号>23517110603001</数采仪序号>
<卡号>13890778907</卡号>
<访问密码>123456</访问密码>
<数据上报间隔>0</数据上报间隔>
<是否上报日数据>1</是否上报日数据>
<是否上报小时数据>1</是否上报小时数据>

<是否上报分钟数据>1</是否上报分钟数据>
<生产厂家>江苏神彩科技发展有限公司</生产厂家>
<联系人>秦晨</联系人>
<联系电话>029-82245879</联系电话>
</数据采集仪信息>
<数据采集仪信息>
<数采仪序号>23517110603010</数采仪序号>
<卡号>13890778909</卡号>
<访问密码>123456</访问密码>
<数据上报间隔>0</数据上报间隔>
<是否上报日数据>1</是否上报日数据>
<是否上报小时数据>1</是否上报小时数据>
<是否上报分钟数据>1</是否上报分钟数据>
<生产厂家>江苏神彩科技发展有限公司</生产厂家>
<联系人>秦晨</联系人>
<联系电话>0512-62717886</联系电话>
</数据采集仪信息>
<污水排污口小时数据>
<污染源编码>320125000110</污染源编码>
<排污口编码>320125000110001</排污口编码>
<污染物编码>011</污染物编码>
<时间日期>2006-12-17 09：00：00</时间日期>
<排放数据>77</排放数据>
</污水排污口小时数据>
<污水排污口小时数据>
<污染源编码>320125000110</污染源编码>
<排污口编码>320125000110001</排污口编码>
<污染物编码>011</污染物编码>
<时间日期>2006-12-17 10：00：00</时间日期>
<排放数据>84</排放数据>
</污水排污口小时数据>
<污水排污口日数据>
<污染源编码>320125000110</污染源编码>
<排污口编码>320125000110001</排污口编码>
<污染物编码>011</污染物编码>
<时间日期>2006-12-12</时间日期>
<排放数据>90</排放数据>
</污水排污口日数据>
<污水排污口日数据>

<污染源编码>320125000110</污染源编码>
<排污口编码>320125000110001</排污口编码>
<污染物编码>011</污染物编码>
<时间日期>2006-12-13</时间日期>
<排放数据>79</排放数据>
</污水排污口日数据>
<污水排污口月数据>
<污染源编码>320125000110</污染源编码>
<排污口编码>320125000110001</排污口编码>
<污染物编码>011</污染物编码>
<时间日期>200611</时间日期>
<排放数据>83</排放数据>
</污水排污口月数据>
<污水排污口月数据>
<污染源编码>320125000110</污染源编码>
<排污口编码>320125000110001</排污口编码>
<污染物编码>011</污染物编码>
<时间日期>200612</时间日期>
<排放数据>94</排放数据>
</污水排污口月数据>
<污水排污口年数据>
<污染源编码>320125000110</污染源编码>
<排污口编码>320125000110001</排污口编码>
<污染物编码>011</污染物编码>
<时间日期>2005</时间日期>
<排放数据>90</排放数据>
</污水排污口年数据>
<污水排污口年数据>
<污染源编码>320125000110</污染源编码>
<排污口编码>320125000110001</排污口编码>
<污染物编码>011</污染物编码>
<时间日期>2006</时间日期>
<排放数据>91</排放数据>
</污水排污口年数据>
<废气排污口小时数据>
<污染源编码>320125000110</污染源编码>
<排污口编码>320125000110003</排污口编码>
<污染物编码> 02</污染物编码>
<时间日期>2001-12-17 09：00：00</时间日期>

```
        <排放数据>855</排放数据>
    </废气排污口小时数据>
    <废气排污口小时数据>
        <污染源编码>320125000110</污染源编码>
        <排污口编码>320125000110003</排污口编码>
        <污染物编码> 02</污染物编码>
        <时间日期>2001-12-17 08：00：00</时间日期>
        <排放数据>799</排放数据>
    </废气排污口小时数据>
    <废气排污口日数据>
        <污染源编码>320125000110</污染源编码>
        <排污口编码>320125000110003</排污口编码>
        <污染物编码> 02</污染物编码>
        <时间日期>2001-12-17</时间日期>
        <排放数据>800</排放数据>
    </废气排污口日数据>
    <废气排污口日数据>
        <污染源编码>320125000110</污染源编码>
        <排污口编码>320125000110003</排污口编码>
        <污染物编码> 02</污染物编码>
        <时间日期>2001-12-18</时间日期>
        <排放数据>844</排放数据>
    </废气排污口日数据>
    <废气排污口月数据>
        <污染源编码>320125000110</污染源编码>
        <排污口编码>320125000110003</排污口编码>
        <污染物编码> 02</污染物编码>
        <时间日期>200601</时间日期>
        <排放数据>934</排放数据>
    </废气排污口月数据>
    <废气排污口月数据>
        <污染源编码>320125000110</污染源编码>
        <排污口编码>320125000110003</排污口编码>
        <污染物编码> 02</污染物编码>
        <时间日期>200602</时间日期>
        <排放数据>911</排放数据>
    </废气排污口月数据>
    <废气排污口年数据>
        <污染源编码>320125000110</污染源编码>
```

<排污口编码>320125000110003</排污口编码>
<污染物编码> 02</污染物编码>
<时间日期>2005</时间日期>
<排放数据>886</排放数据>
</废气排污口年数据>
<废气排污口年数据>
<污染源编码>320125000110</污染源编码>
<排污口编码>320125000110003</排污口编码>
<污染物编码> 02</污染物编码>
<时间日期>2006</时间日期>
<排放数据>881</排放数据>
</废气排污口年数据>
<污染治理设施运行日数据>
<污染源编码>320125000110</污染源编码>
<污染治理设施编码>001</污染治理设施编码>
<时间日期>2006-1-1</时间日期>
<运行时间>12</运行时间>
</污染治理设施运行日数据>
<污染治理设施运行日数据>
<污染源编码>320125000110</污染源编码>
<污染治理设施编码>002</污染治理设施编码>
<时间日期>2006-1-1</时间日期>
<运行时间>12</运行时间>
</污染治理设施运行日数据>
<污水排污许可证>
<污染源编码>320125000110</污染源编码>
<污染物编码>011</污染物编码>
<污染物允许排放量>54387</污染物允许排放量>
<最高允许排放浓度>100</最高允许排放浓度>
</污水排污许可证>
<污水排污许可证>
<污染源编码>320125000110</污染源编码>
<污染物编码>001</污染物编码>
<污染物允许排放量></污染物允许排放量>
<最高允许排放浓度>9</最高允许排放浓度>
</污水排污许可证>
<废气排污许可证>
<污染源编码>320125000110</污染源编码>

<污染物编码> 02</污染物编码>

<污染物允许排放量>6999694</污染物允许排放量>

<最高允许排放浓度>960</最高允许排放浓度>

</废气排污许可证>

<废气排污许可证>

<污染源编码>320125000110</污染源编码>

<污染物编码> 03</污染物编码>

<污染物允许排放量>1875973</污染物允许排放量>

<最高允许排放浓度>240</最高允许排放浓度>

</废气排污许可证>

</epiXML>

（3）数据映射关系

从生产库到交换库中数据表的映射关系十分关键。以污染源基本信息为例，数据映射关系见表 7-2 和图 7-12。

源数据视图：T_WRY_BASE，目标表：T_WRY_BASE。

源数据表：污染源基本信息。

表 7-2　污染源基本信息数据映射关系

中文描述	目标字段	源视图字段	源表字段
污染源编码	wry_code	wry_code	污染源编码
污染源名称	wry_name	wry_name	污染源名称
行政区划	region_code	region_code	行政区划
注册类型编码	register_code	register_code	注册类型编码
单位类别编码	kind_code	kind_code	单位类别编码
企业规模编码	scope_code	scope_code	企业规模编码
隶属关系编码	relation_code	relation_code	隶属关系编码
行业类别编码	industry_code	industry_code	行业类别编码
流域编码	valley_code	valley_code	流域编码
关注程度	attention_degree	attention_degree	关注程度
污染源地址	wry_address	wry_address	污染源地址
中心经度	longitude	longitude	中心经度
中心纬度	latitude	latitude	中心纬度
环保机构名称	institution_name	institution_name	环保机构名称
环保负责人	person_of_ep	person_of_ep	环保负责人
专职环保人员数	number_of_person_ep	number_of_person_ep	专职环保人员数
提取日期	extract_date		
提取序列	extract_seq		

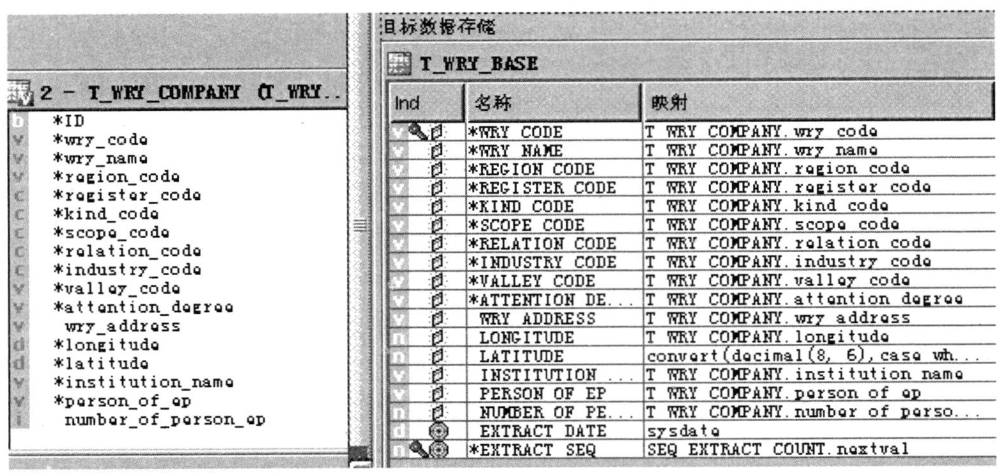

图 7-12 污染源基本信息数据映射

7.2.8 江苏省试点工作综述

江苏省同时部署了 Q 版本信息交换原型系统和 ESB 版本信息交换原型系统，开展了 Q 版原型系统和 ESB 版原型系统两种污染源自动监控数据交换试点工作。

污染源自动监控数据先集中到各个省辖市的污染源自动监控系统中，各个省辖市可以使用各自原有的相互独立的污染源自动监控系统。各城市的污染源自动监控系统再按照统一的标准要求把数据传送到省污染源自动监控系统。按照 HJ/T 352—2007 要求的数据项、格式，建立了数据交换的标准、规范和交换接口，同时建立了以 XML 格式文件为交换载体的数据交换引擎。

建立污染源自动监控数据映射关系 69 个，实现了水污染源、气污染源、污水处理厂自动监控信息的交换，具体映射情况见附录 1。

目前已有 13 个省辖市的数据交换到省污染源自动监控系统，每天交换的数据记录达 160 000 条。实现了既定的目标和性能指标。

试点与示范过程中，在建立交换模型数据映射关系时存在以下几种情况：

（1）数据标准化问题。在源数据库与目标数据库进行数据交换时，源数据库的数据类型、格式与目标库格式没有进行同步标准化。这样在实际交换的过程中，当源数据字段与目标数据字段长度、类型对应不上时，就会有数据丢失（包括数据的部分截取、数据存入错误等）的可能。

（2）数据统一规范化问题。源数据库的数据内容没有进行统一的规范化处理，需要对源数据库中的数据进行统一的梳理，保证数据的唯一性、完整性、规范性和一致性。当采集的数据内容存在复杂的关系（多表数据相互关联）或数据不完整、不唯一时，存在采集的数据无法准确快速地存入到目标数据库中。

（3）数据收集问题。源数据库对目标数据库数据需求的满足，是建立在源数据库数据收集规范及时准确的基础上的。在进行数据收集时需要对填入数据的准确性、规范性进行处理。这些数据是目标数据库的直接源头，保持统一、合理、正确的数据源头，提高源数据的质量是保障数据交换稳定、数据利用科学有效的有力手段。源头出现问题，就会导致目标库数据的一系列问题的发生，包括交换、传输及数据的使用。

具体问题如下：

（1）数据被截取

当源数据类型比目标数据类型的存储字长小时，存在数据被截取的情况。目前目标库严格按照 HJ/T 352—2007 标准建立，目标数据库的字段类型不根据源数据库的类型而改变，根据目标数据库的字段要求对源数据库中的数据做适当的取舍可解决该问题。适当修改目标数据库的范围和大小也可解决该问题。问题示意如图 7-13 所示。

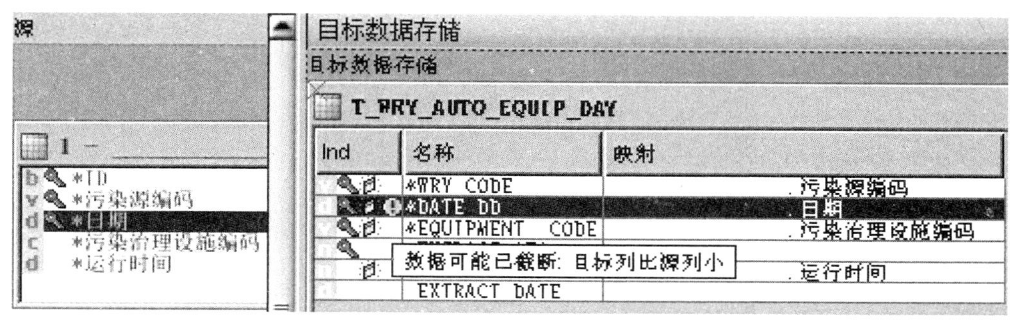

图 7-13　数据被截取情况

（2）数据类型不统一

目标数据库和源数据库存在数据类型不一致的情况，可通过函数做类型转换，将源数据库中相应的数据在交换的过程中转换为目标数据库可以接受的类型，实现数据的交换。存在这种情况的表格有以下 3 张：

TRG_T_WRY_GAS_OUTLET

TRG_T_WRY_LICENCE

TRG_T_WRY_WTR_OUTLET

数据存在关联关系。

当源数据存在于多张表格中，映射复杂或即使通过复杂的函数运算仍然很难建立与目标数据表之间的数据映射时，可在源数据库中建立结构与目标数据表一致的视图，在进行数据交换时，建立视图到目标数据表的映射实现数据交换。存在这种情况的表格有以下 3 张：

TRG_T_WRY_GAS_OUTLE

TRG_T_WRY_LICENCE

TRG_T_WRY_WTR_OUTLET

（3）前期企业基础信息填报不完整或不一致

前期因企业基础信息填报不完整或不一致，导致数据无法交换，对基础信息进行更新完善后，才能成功交换数据。

可以实行强约束与宽约束两种机制，前者有助于加强数据的质量控制，但影响交换效率，后者可优先保证数据先交换上来，再通过其他约束控制方法对数据进行审核与修正。

这两种机制在实行过程中各有优缺点，可以对数据交换平台进行更合理的设计，保证信息相对完整的数据优先交换上来，对于那些信息填报不完整的数据，可以在交换过程中进行标注，等信息填报完整后交换上来，再与之前的数据进行比对和审核，确保数据的正确性和完整性。在数据质效性和完整性之间找到一个相对的平衡点，能够最大限度地提高数据交换的质量和时效性。

综上所述，从目前的情况和实际存在的问题来看，交换采集存在质量问题（数据的完整性、一致性、有效性等）的源数据，不仅会影响交换的执行效率，而且基本不可能完成对所有数据相应的正确性处理，同时也是对交换资源的浪费。

实行数据采集（源数据的入口）时的标准化、统一规范化和及时有效梳理，目标数据库和源数据库数据结构的稳定性、一致性处理，是保证数据交换平台发挥作用、提高交换的质量和效率、最大限度杜绝数据错误的连锁反应、数据利用准确高效的必行之举。

7.3 辽宁省试点示范

7.3.1 数据交换的目标与实现

7.3.1.1 数据交换的目标

建立统一、标准、自动的信息交换平台，使数据交换这一通用性的功能从各种专业技术部门专业性强的环境业务系统中剥离出来，由网络及安全设施先进、系统维护能力强的专业技术部门进行统一规划、建设和运行管理，为各层级、各环境业务部门、单位提供标准化、统一规范的物流式环境信息传输交换服务，业务信息系统只要把精力和重点放在业务逻辑和流程的实现，而把数据向外部的报送、传输、共享交换等数据的“进出”工作完全“外包”给统一公用的数据交换平台去做，这一环境信息系统建设思想是从根本上提升我国环境信息系统应用成效的关键，体现了现代系统工程理论思想，即高度结构化的层级、分工与协作，下一层级向上一层级呈现标准化、自描述的各种“服务”，往上集成度越高，功能越加综合，下层是上层的功能“细胞”。这样的系统，才是强壮的、可持续的、可平稳演化递进的环境信息系统。

数据交换作为使用广泛、运行质量有可靠保障的服务，可以达到交换平台统一、数据格式的统一、数据编码的统一，数据交换技术非常成熟，实现了数据交换业务自动化，可监督、管控，可扩展、稳定可靠。更为重要的是，把数据交换能力基础设施作为环保系统信息化应用总体框架中的公共性、基础性、支撑性服务来构建，今后更多的包括污染源在内的各种环境业务应用系统将易于基于面向服务架构进行集成，系统间松耦合，但数据的交换、共享将更为密切而且建立严格逻辑约束的数据关联。通过数据交换试点示范，验证信息交换平台的可行性，检验其提供数据交换基础服务的能力和质量。

7.3.1.2 数据交换的主要需求

结合“污染源自动监控系统”的数据库，在省、部之间实现纵向的数据交换。

（1）适应性

适应于未采用“国控重点污染源监控中心核心应用软件”（简称“核心应用软件”，由西安交大长天软件股份有限公司开发）系统的省，实现与环保部之间的数据交换。

（2）灵活性

未采用“核心应用软件”系统的省，具有多种不同的系统，数据交换必须具有足够的灵活性，以适应不同系统与环保部之间的数据交换。

（3）交换场景

定时从省级污染源自动监控数据库将数据交换到环保部的数据库中。

根据环保部发送交换指令，将指定的数据从省交换到环保部的数据库中。

数据发布和订阅。

（4）数据交换量

以准实时的持续数据交换为主，定时数据交换以汇总数据为主。

准实时交换量：每小时的数据记录近 80 万条，数据量 100 M 左右。

网络带宽：2～6 M 环境保护业务专网。

数据交换要符合环保部制定的数据交换规范。

数据格式为多层嵌套的 XML 数据。

报文格式为指定的 XML 格式。

在交换过程中采用签名确保数据的安全。

（5）其他功能要求

可监控省级数据交换节点的运行情况。

可监控不同业务数据的交换情况。

7.3.2 辽宁省污染源监控及数据交换情况

7.3.2.1 辽宁省污染源监控现状

辽宁省环境信息中心在研究中主要负责污染源自动监控数据交换的需求分析、原型系统的测试、示范、软件原型系统的部署等方面的工作。

辽宁省环保厅于 2004 年建成空气环境质量自动监控、河流环境质量自动监控，2005 年建成重点工业水污染源自动监控以及燃煤电厂污染源自动监控，2008 年 6 月开始实施并于当年完成全省重点工业污染源自动监控平台建设。

除省环保厅外，辽宁省环保系统目前已有 14 个地、市建立并安装了污染源自动监控系统。全省已在 300 余家重点污染企业安装在线监测设备 500 余套，共安装在线传输设备 535 套，其中污水污染源 124 套，烟气污染源 218 套，省直管电厂 21 套，污水处理厂 72 套，监测数据全部上传到辽宁省环保厅及各市环保局，所有数据可以按年度存放，按日、月、年或指定日期范围进行统计、查询。

省直管的 21 座电厂全部完成自动监控系统安装并投入运行。主要监测指标包括烟尘流量、烟尘浓度、SO_2 浓度、NO_x 浓度、机组运行参数等，系统平台计算各机组标态浓度及流量、折算浓度、排放量等，具有数据判定、超标报警、故障报警功能，具有空间数据展示功能。

目前，省厅及各市除安装有“核心应用软件”外，还安装了辽宁省自行开发的污染源在线监测系统平台。

7.3.2.2 辽宁省污染源监控系统

辽宁省重点污染源自动监控系统包括“重点污染源自动监控系统”(图 7-14 和图 7-15)、“重点污染源自动监控基础数据库”、“现场数据传输接收通信平台”、“省、市之间数据交换平台”等。

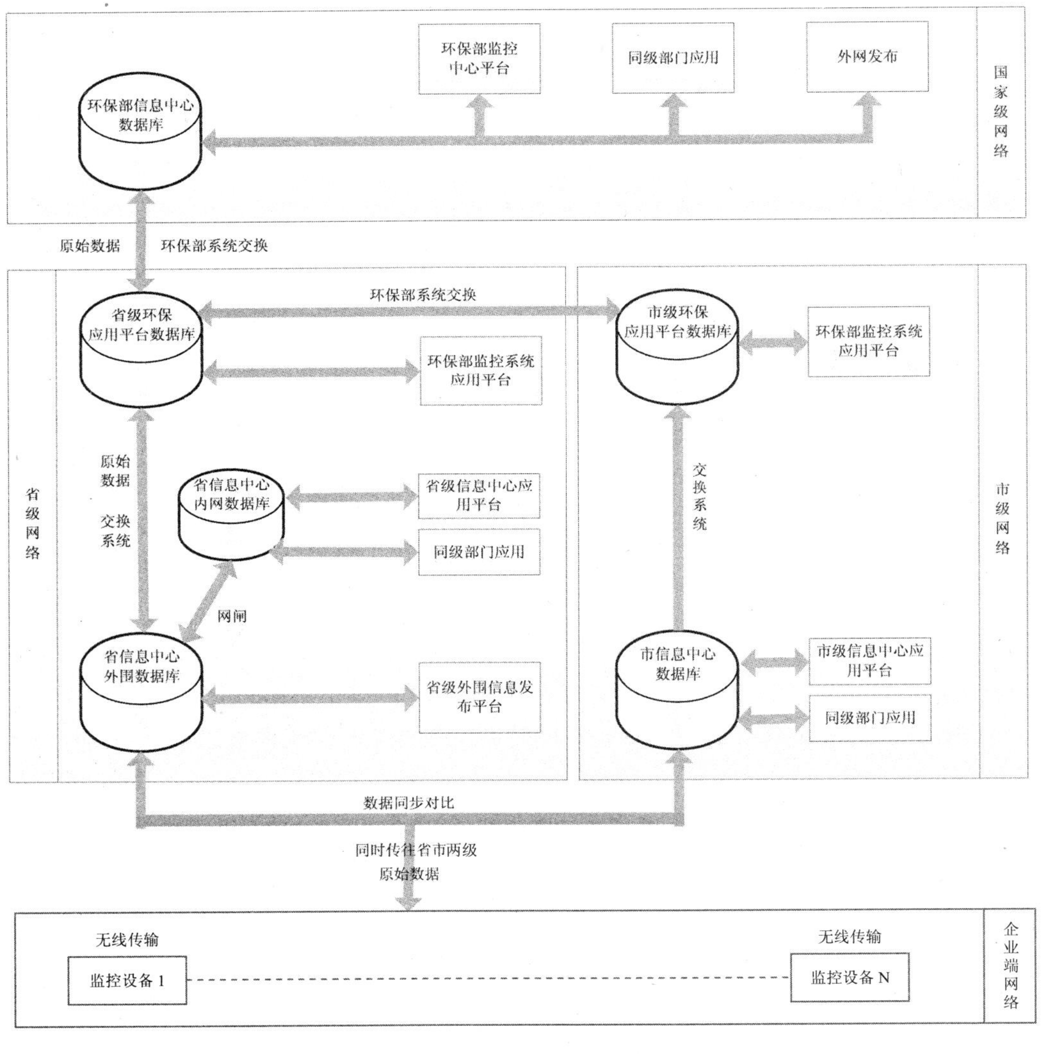

图 7-14 辽宁省重点污染源自动监控系统

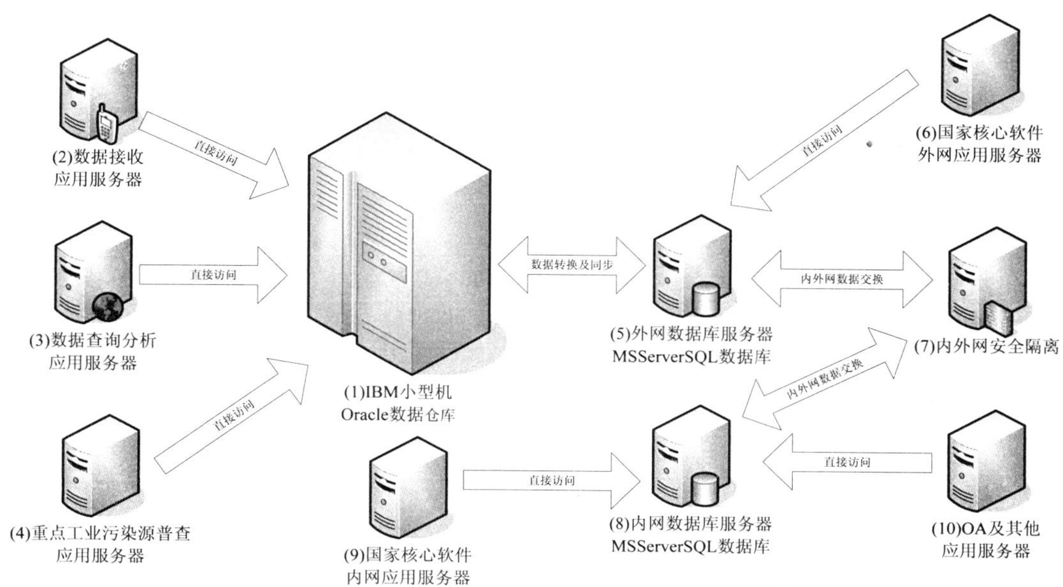

图 7-15　辽宁省重点污染源自动监控系统平台配置

7.3.2.3　辽宁省污染源监控数据交换现状

（1）数据交换现状

目前，辽宁省环保厅及各市环保局都安装有“核心应用软件”，作为省厅及各市局实现与环保部之间数据交换的接口（图 7-16）。省环保厅及部分市局安装了辽宁省自行开发的污染源自动监控系统平台，用于接收各污染源的自动监控数据，并依据省厅、各市环保局不同的管理需要，处理数据，实现管理功能。

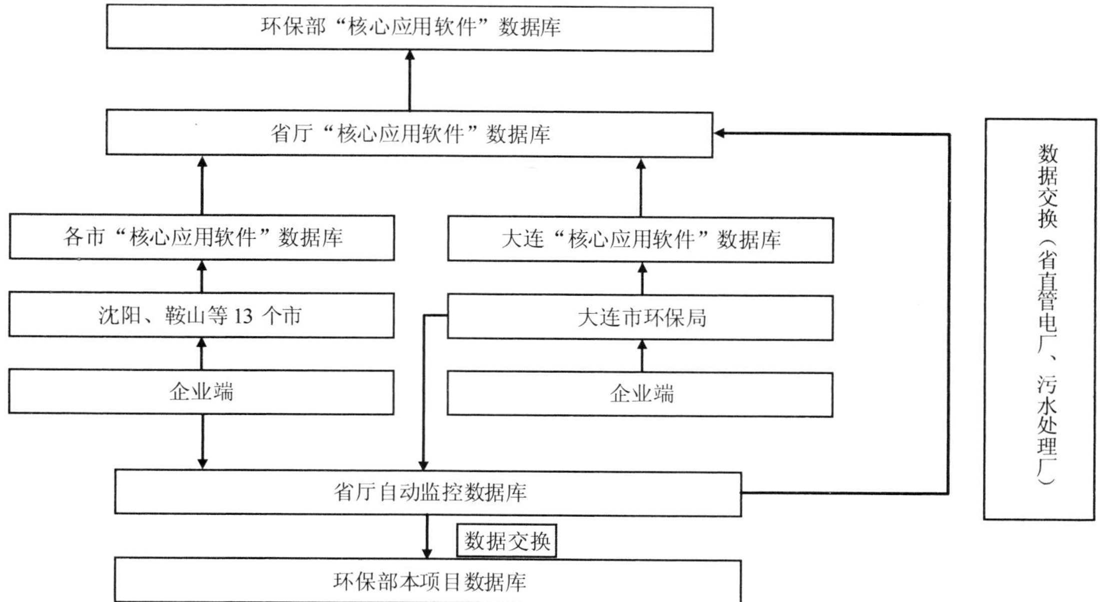

图 7-16　辽宁省污染源监控数据交换流程

除大连市环保局的监控数据先传送到大连市环保局，然后通过交换系统将监控数据传送给省厅外，其余包括沈阳等 13 个地、市都是省、市环保局双向传输监控数据，即由现场端设备同时向省厅和各市环保局传送数据。

省环保厅及各市环保局接收监控数据后，可以用系统平台同步交换到本地的 “核心应用软件”数据库中。按照“核心应用软件”系统的规则，上传交换到省厅“核心应用软件”数据库，再进一步上传交换到环保部“核心应用软件”数据库。其中，省环保厅接收到的监控数据，只有省直管电厂和污水处理厂的数据需经省环保厅“核心应用软件”数据库交换到环保部“核心应用软件”数据库。

（2）数据交换软件的逻辑流程

数据交换软件的逻辑流程见图 7-17。

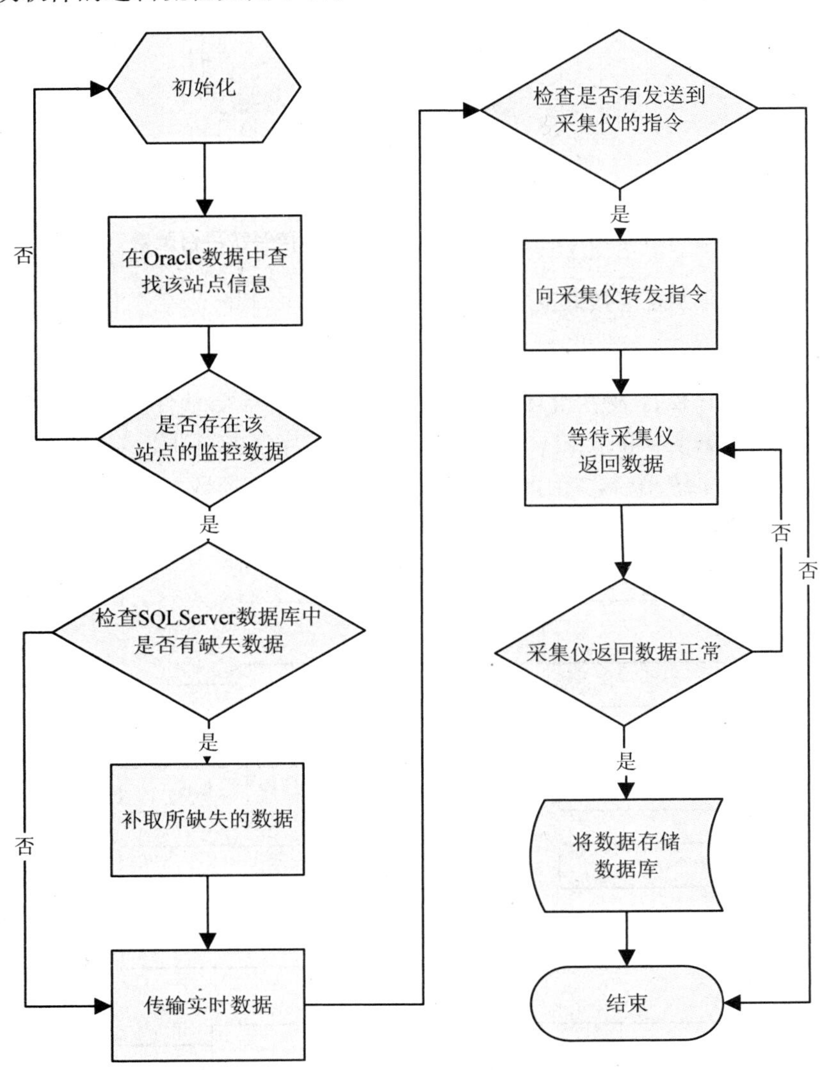

注：此数据流程图也适用于省环保厅、市环保局的数据交换。

图 7-17　数据交换的逻辑流程

① 初始化国控污染源列表，遍历输入数据交换系统。

② 在 Oracle 数据中查找该站点信息，检索数据库中已有的国控污染源。

③ 检查是否存在已存储的监控数据，准备传输数据。

④ 若存在监控数据，则检查 SQLServer 数据库中是否有缺失数据。

⑤ 补取缺失的历史数据，逐条检查补取。

⑥ 传输存在的实时数据。

⑦ 查看数据库中是否存在向数据采集仪发送的指令，如果存在则向数据采集仪转发。

⑧ 等待从数据采集返回数据，包括确认信息和数据，如果数据采集仪长时间没有反应，则重新发送指令。

⑨ 将接收到的数据存储到数据库，并入监控系统数据库。

7.3.3 数据交换研究

7.3.3.1 总体技术框架

（1）设计原则

不影响现有或其他相关信息系统的使用和信息安全。

采用先进成熟、稳定的技术和软硬件平台。

坚持开放性，易于技术更新。

采用国际通用标准，便于和国际接轨，易于系统扩展及升级。

建立一个坚实的系统应用平台，便于系统的管理和维护，技术易于更新，网络及业务规模可以逐步扩展，便于统一规划、分步实施。

（2）交换平台设计（图 7-18）

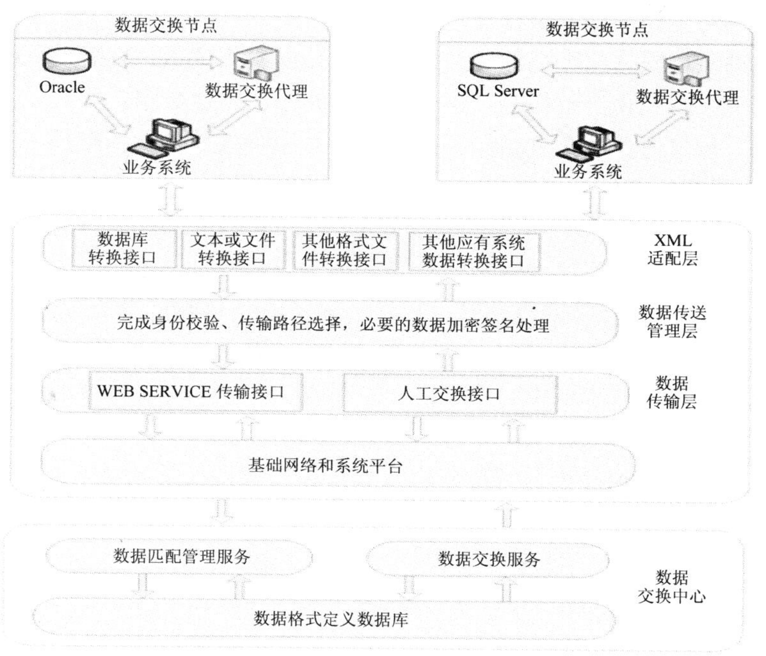

图 7-18 交换平台设计

结合辽宁省环保厅自动监控具体应用，流程如图 7-19 所示。

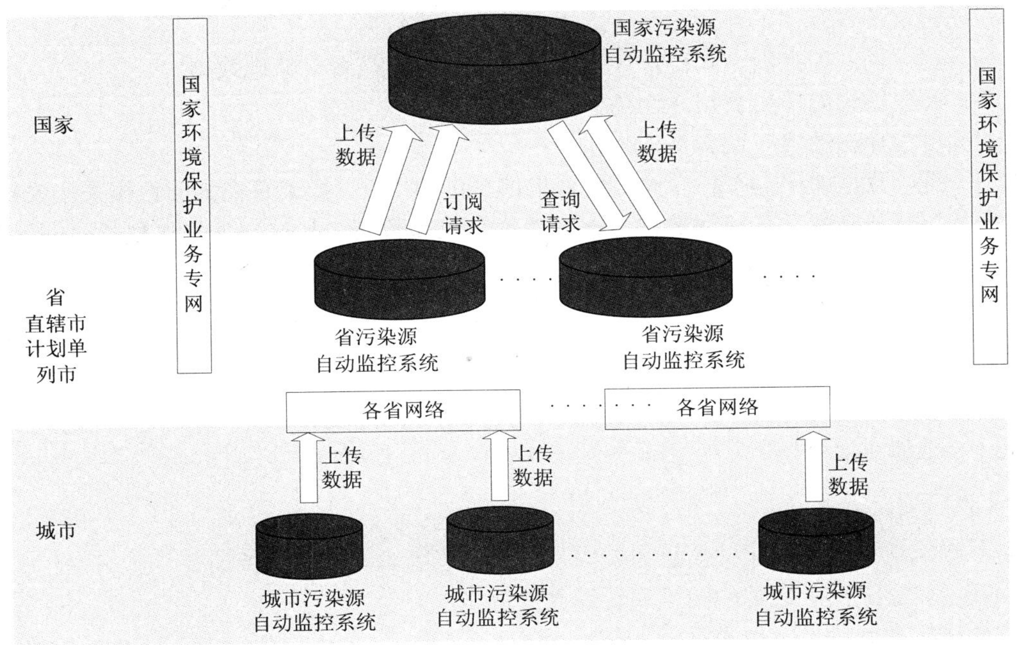

图 7-19　数据交换流程

7.3.3.2　数据交换机制与技术体系

（1）企业端与监控中心的数据交换

污染源自动监控数据从现场的在线仪器发给数据采集仪后，数据采集仪的无线通信模块向本地监控中心以及辽宁省厅监控中心按设定的频次发送数据。

数据格式：按《污染源在线自动监控（监测）系统数据传输标准》（HJ/T 212—2005）执行。

数据频次：实时数据 15～30 秒，分钟数据 5 分钟、10 分钟。

处理目的及方式：采用主动或被动方式上传监测数据。

技术协议：《污染源在线自动监控（监测）系统数据传输标准》（HJ/T 212—2005）。

接口程序：自研发软件或采用环保部统一配发软件。

用户要求：按用户要求实施。

（2）监控中心之间的数据交换

数据格式：按《环境污染源自动监控信息传输、交换技术规范（试行）》（HJ/T 352—2007）执行。

数据频次：实时数据 15～30 秒，分钟数据 5 分钟、10 分钟。

处理目的及方式：采用主动或被动方式与上级、下级或其他监控中心交换监测数据。

技术协议：《环境污染源自动监控信息传输、交换技术规范（试行）》（HJ/T 352—2007）。

接口程序：自研发软件或采用环保部统一配发软件。

用户要求：按用户要求实施。

（3）交换遵循的标准

HJ/T 76—2007《固定污染源烟气排放连续监测系统技术要求及检测方法（试行）》；

HJ/T 75—2007《固定污染源烟气排放连续监测系统技术规范（试行）》；

HJ/T 353—2007《水污染源在线监测系统安装技术规范（试行）》；

HJ/T 354—2007《水污染源在线监测系统验收技术规范（试行）》；

HJ/T 355—2007《水污染源在线监测系统运行与考核技术规范（试行）》；

HJ/T 356—2007《水污染源在线监测系统数据有效性判别技术规范（试行）》；

HJ/T 352—2007《环境污染源自动监控信息传输、交换技术规范（试行）》；

HJ/T 212—2005《污染源在线自动监控（监测）系统数据传输标准》；

《国控重点污染源自动监控能力建设项目污染源自动监控现场端建设规范（暂行）》环发[2008]25 号；

各种代码、编码规范。

7.3.3.3　技术方案

在系统交换机制研究的基础上，以辽宁省环保厅现有自动监控系统为基础，进行调整、改造和完善，研究重点污染源自动监控数据交换原型。该原型协同考虑污染源数据交换技术模式，遵循污染源自动监控相关数据标准，采用成熟、稳定的技术，支持分布式污染源数据的逐级共享和交换。

（1）核心数据交换步骤分解（图 7-20）

获取数据——获得被交换的数据；

生成报文——自动按照 HJ/T 352—2007 规范生成报文，或依据环保部指令生成报文；

数据传输——在省部之间传送报文；

数据入库——解析并处理接收到的报文数据。

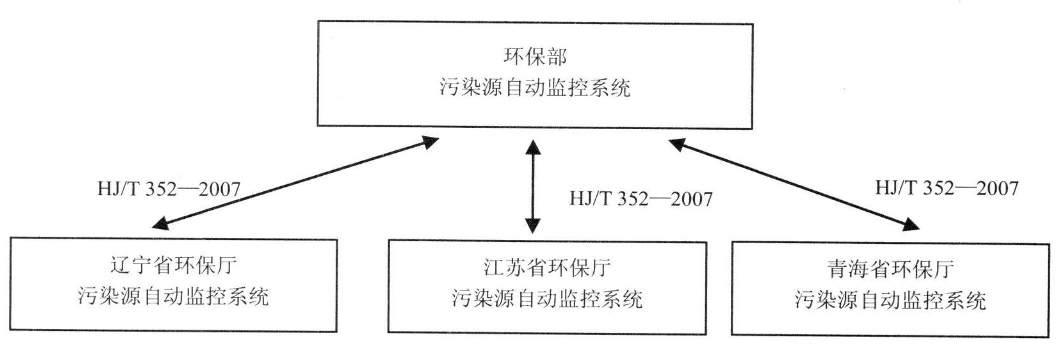

图 7-20　核心数据交换步骤

（2）技术方案重点考虑因素

更高适应性，能够比较简单地让交换平台适应各省不同类型的数据库和数据结构；

HJ/T 352—2007 规范 XML 报文比较复杂，统一生成 XML 报文；

更稳定、可靠地运行，要确保数据传输和交换的可靠性、高效率和可管理性。

（3）技术方案

1）满足数据交换更高的适应性

① 生产库——数据库不同、数据结构不同，不可能针对每个省数据库结构开发一套程序；

② 交换库——将生产库数据映射到交换库，HJ/T 352—2007 报文根据交换库统一生成。

2）从生产库到交换库

为了提高适应性，使用ODI通过图形化方式定义数据映射、实现搬移；将不同的数据格式统一到交换库数据格式，可以实现多种数据库之间的交换，如ORACLE、SQL-SERVER等。

（4）功能设计

1）数据映射——ODI

① 为了提高适应性，能通过图形化方式定义获取数据结构；

② 尽量降低对生产数据库运行环境的影响；

③ 部署中间的交换数据库，利用 ODI 将数据从生产库实时搬移到交换数据库中，并在此过程中完成数据加工。

2）交换传输、管理——WLS、OSB

① 要求按照符合规范的 XML 报文交换数据。

② 采用 OSB 并结合 WLS 开发。

3）运行监控——BAM

① 能集中、实时监控省级的交换节点状态、交换数量。

② 采用 BAM 实时展现交换节点状态信息。

（5）部署

① 部署 ODI，实现从生产库到交换库的数据映射和数据实时迁移；

② 部署 WLS，利用 SAF 消息队列，完成定时将交换库中的数据发给部交换平台。

7.3.3.4 原型系统的建立和系统验证、测试

基于辽宁省环保系统已有监控系统，协作验证和完善全国污染源自动监控信息的交换机制、数据交换技术模式、污染源相关数据标准、创建污染源自动监控信息交换原型系统。利用该原型系统，在原有监控系统的基础上，建立交换标准规范的测试环境和条件，并结合实际应用完成试运行，开展交换标准规范的分析和验证工作。

目前已进行了辽宁省环保厅监控中心到环保部监控中心的数据交换与验证工作。测试结果表明，数据交换准确、及时，各种交互命令稳定响应，自动监控系统数据采集的完整性达到 100%；数据转换的准确性达到 99.9%，测试结果良好。

表 7-3、表 7-4 分别为试点测试 18 个交换企业名单和监测点位交换数据量。

表 7-3　上传企业信息名单

序号	企业名称	序号	企业名称
1	鞍山轮胎厂	10	营口滨海热电厂
2	抚顺热电厂 3#汇总烟道	11	调兵山铁煤热电厂 1#
3	鞍钢新三烧 2#	12	沈阳中国一航 601 所
4	朝阳电厂 1#B	13	昌图供热公司 2#
5	盘锦富腾热电厂	14	辽河石油勘探局兴隆台公用事业处
6	鞍钢西区烧结 2#	15	灯塔盛盟焦化 2#
7	铁岭天信热源南厂 1#	16	沈阳石蜡化工
8	鞍钢第二热电厂 1，2#	17	沈阳东药总厂气
9	调兵山铁煤热电厂 2#	18	沈阳东药张士分厂

表 7-4　监测点位交换数据量

序号	交换时间	交换业务名称	发送方	数据量
1	2010-08-30	污染源自动监控信息	LiaoNing	186923
2	2010-08-27	污染源自动监控信息	LiaoNing	537844
3	2010-08-26	污染源自动监控信息	LiaoNing	564106
4	2010-08-26	污染源基本信息	LiaoNing	998
5	2010-08-25	污染源自动监控信息	LiaoNing	558018
6	2010-08-24	污染源自动监控信息	LiaoNing	120840164
7	2010-08-20	污染源自动监控信息	LiaoNing	573342
8	2010-08-19	污染源自动监控信息	LiaoNing	3587443
9	2010-08-18	污染源自动监控信息	LiaoNing	24535
10	2010-08-12	污染源自动监控信息	LiaoNing	81982
11	2010-03-31	污染源自动监控信息	LiaoNing	343664
12	2010-02-02	污染源自动监控信息	LiaoNing	80712
13	2010-01-28	污染源自动监控信息	LiaoNing	75491
14	2010-01-26	污染源自动监控信息	LiaoNing	62987
15	2010-01-25	污染源自动监控信息	LiaoNing	70122
16	2010-01-22	污染源自动监控信息	LiaoNing	256943
17	2010-01-16	污染源自动监控信息	LiaoNing	968112
18	2009-12-26	污染源自动监控信息	LiaoNing	52743
19	2009-12-25	污染源自动监控信息	LiaoNing	238577
20	2009-12-23	污染源自动监控信息	LiaoNing	173233
21	2009-12-22	污染源自动监控信息	LiaoNing	122731516
22	2009-11-11	污染源自动监控信息	LiaoNing	78689661
			总计	330699116

7.3.4 污染源自动监控数据映射关系

（1）WTR_DAY

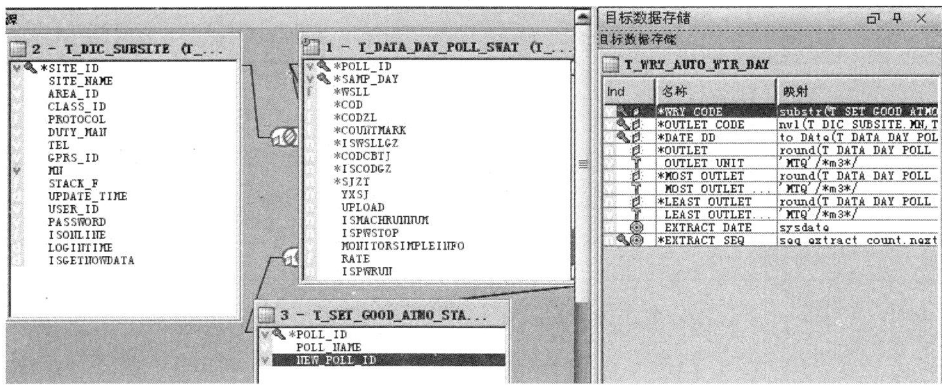

（2）GAS_MTH_PL_TSP

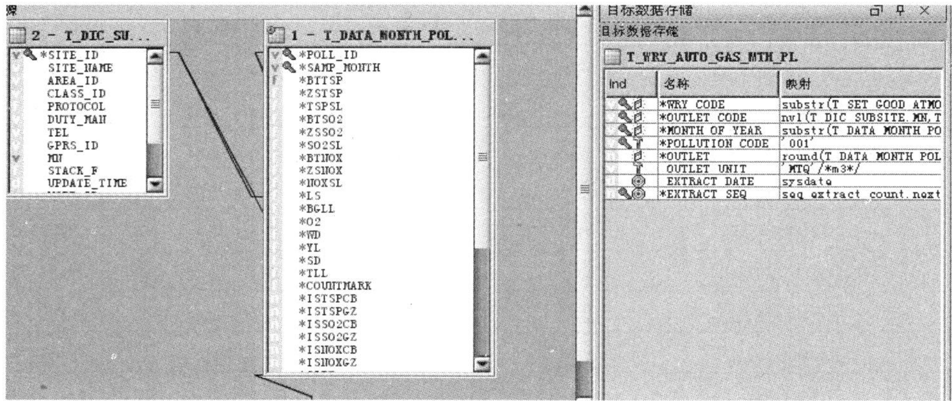

（3）GAS_MTH_PL_NO_x

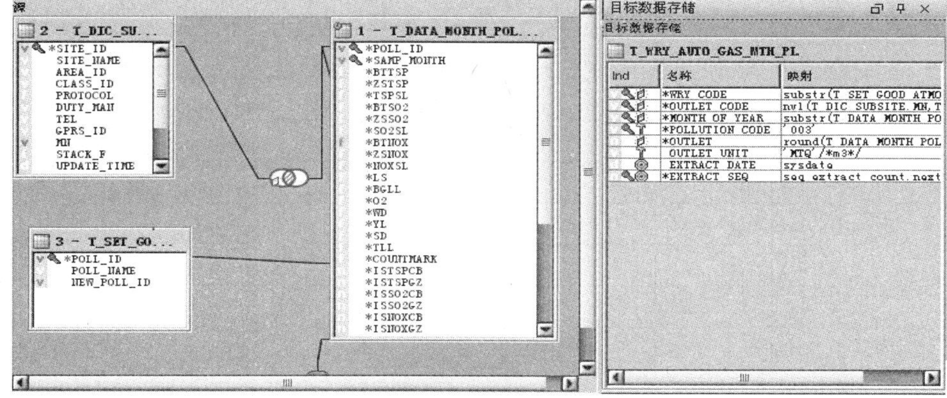

（4）GAS_MTH_PL_SO_2

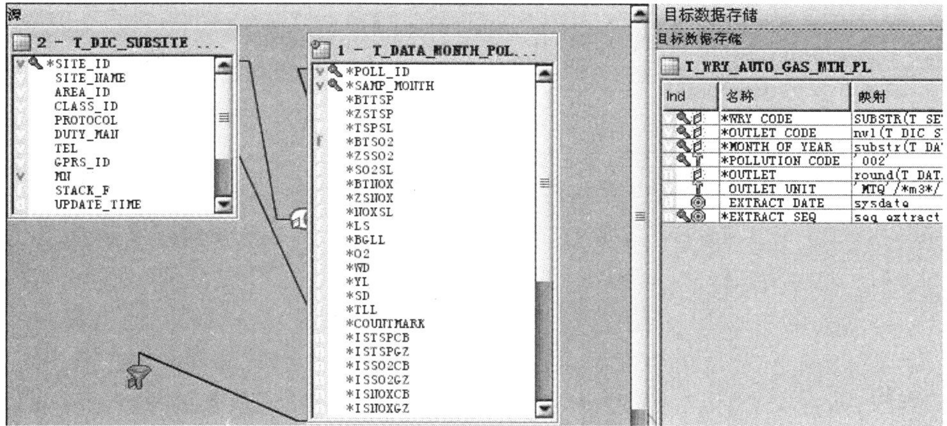

（5）GAS_DAY

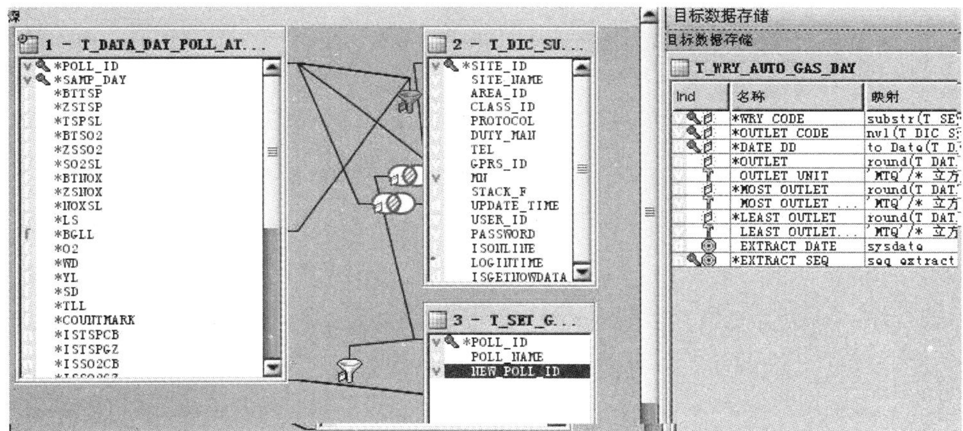

（6）GAS_DAY_PLC_NO_x

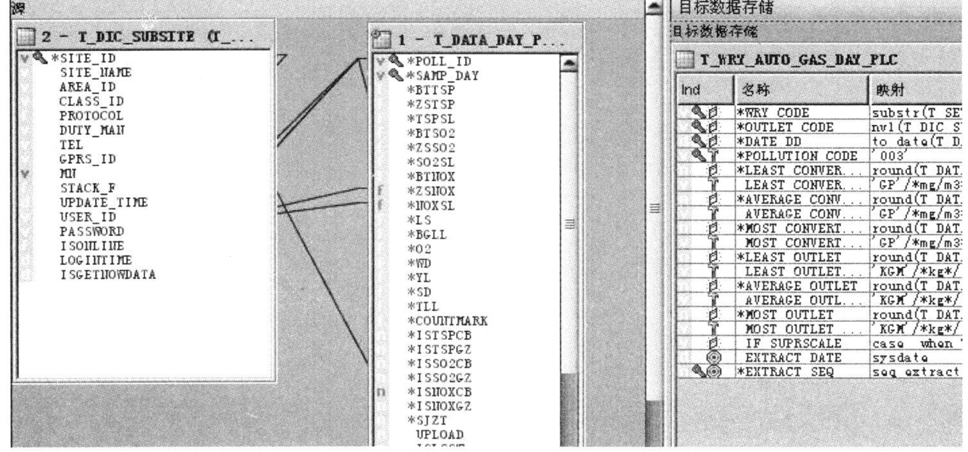

（7）GAS_DAY_PLC_TSP

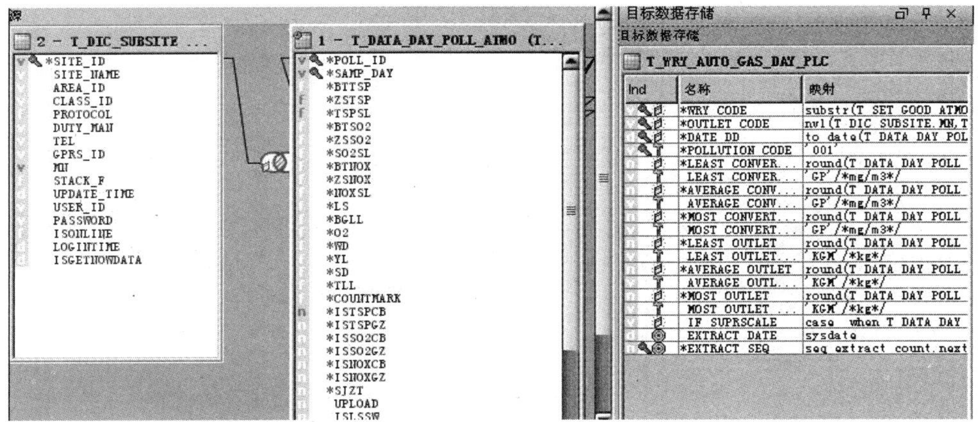

（8）GAS_DAY_PLC_SO_2

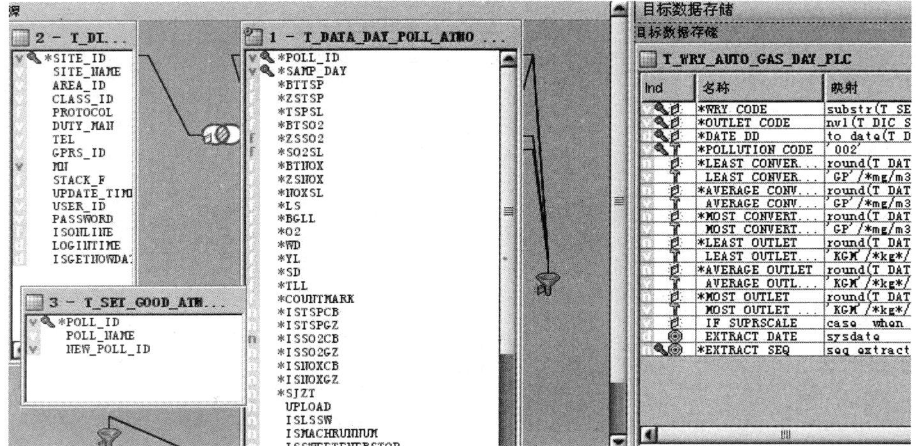

（9）GAS_DAY_PL_NO_x

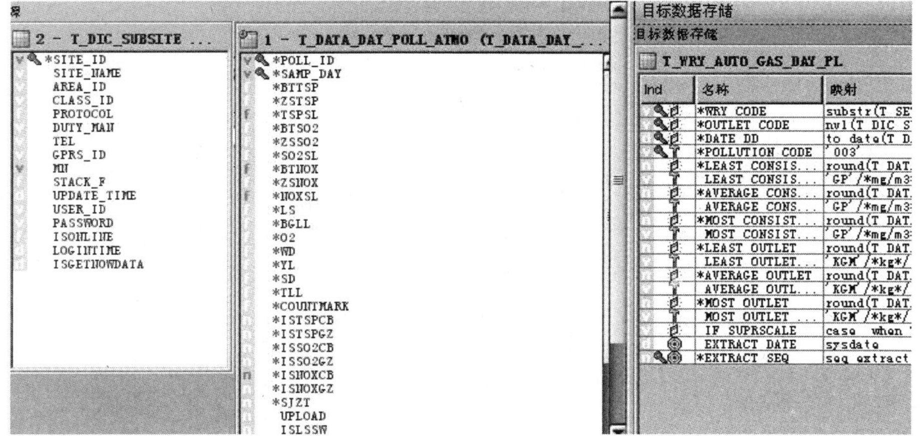

（10）GAS_DAY_PL_TSP

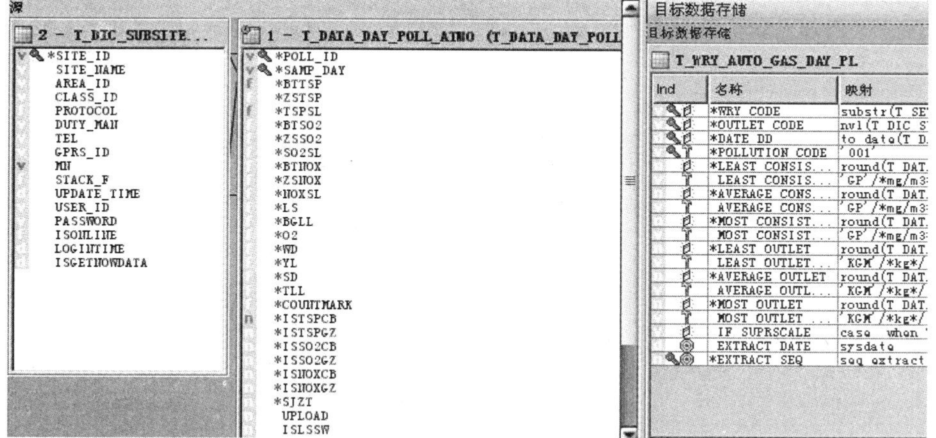

（11）GAS_DAY_PL_SO_2

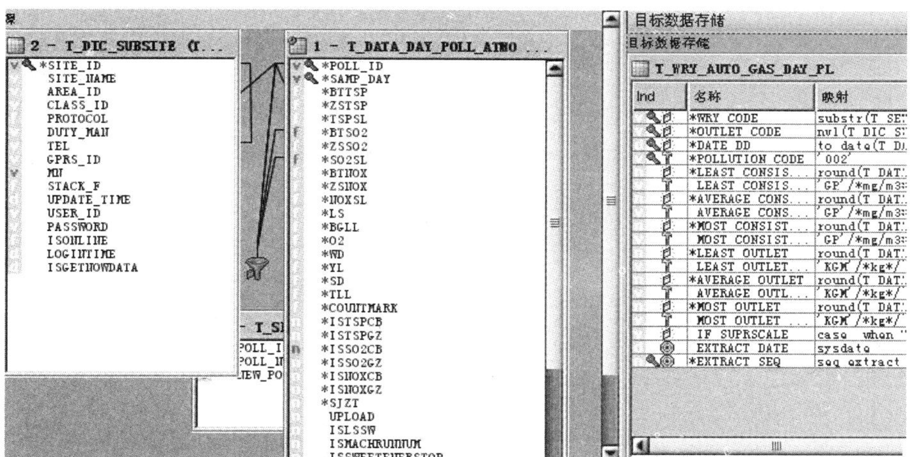

（12）GAS_HOUR

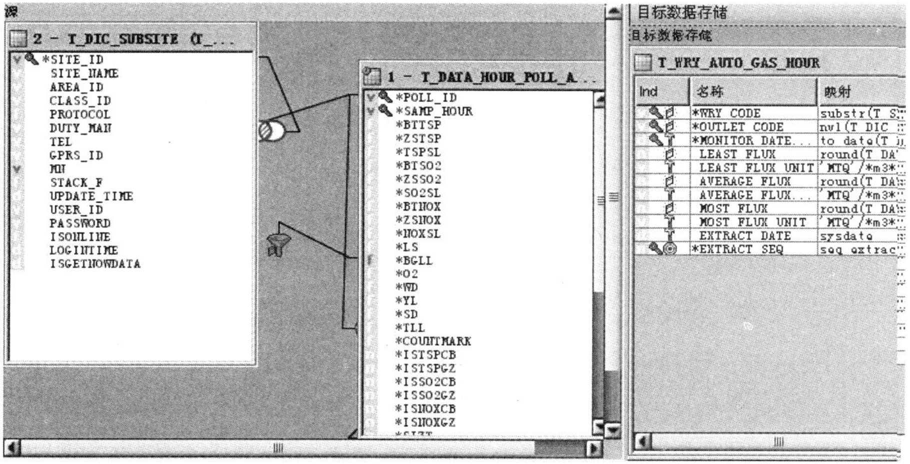

（13）GAS_HOUR_PLC_NO_x

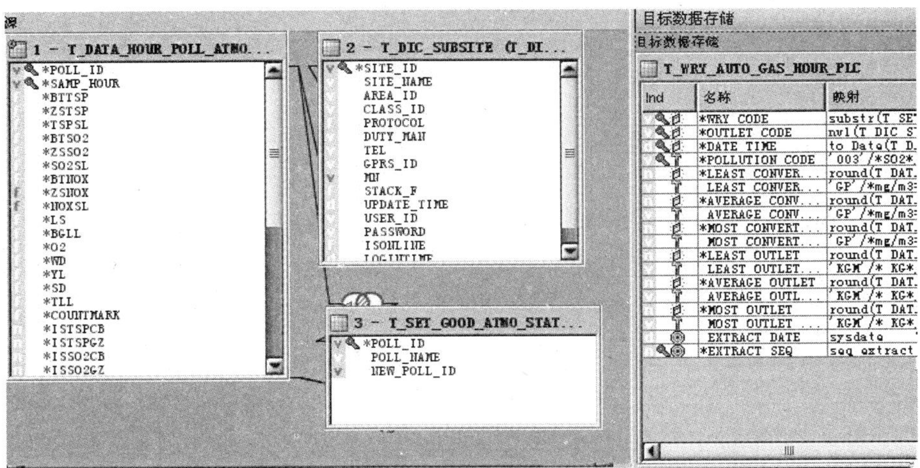

（14）GAS_HOUR_PLC_SO_2

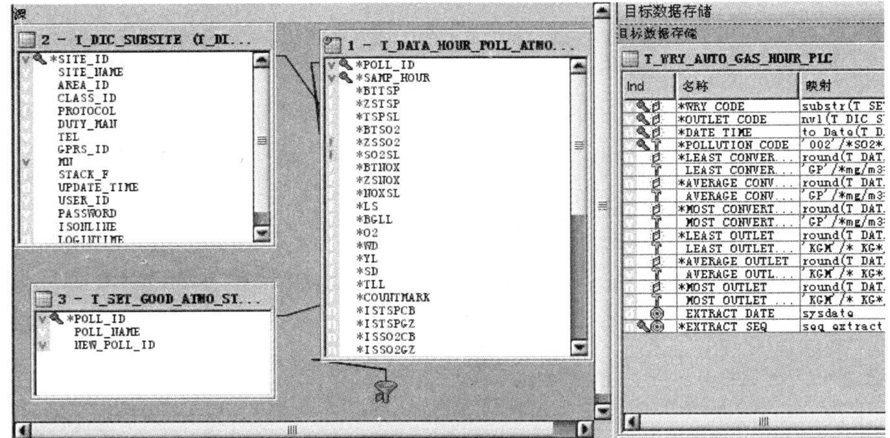

（15）GAS_HOUR_PLC_TSP

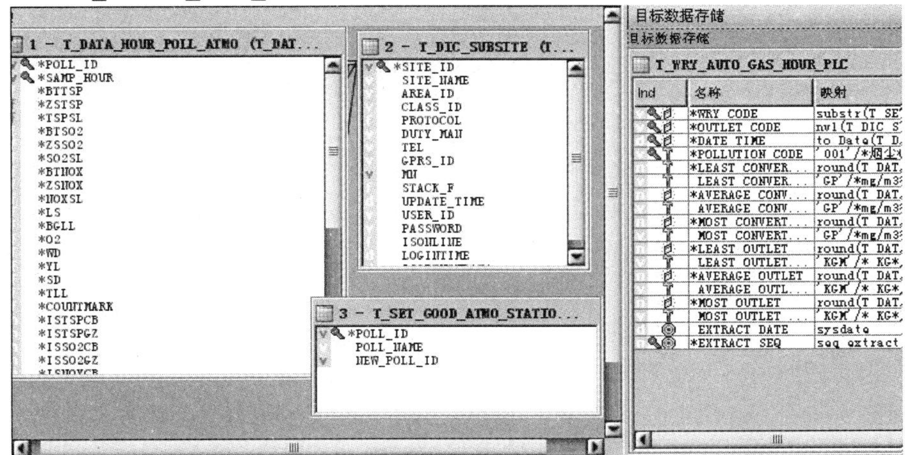

（16）GAS_HOUR_PL_NO_x

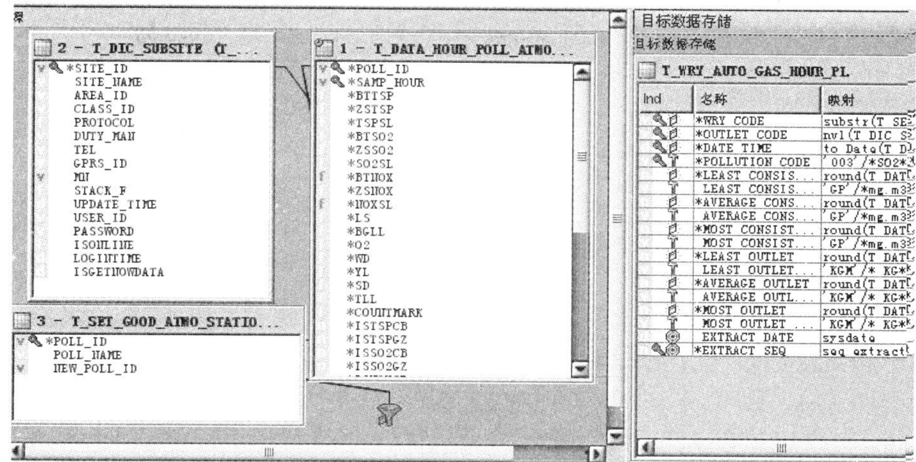

（17）GAS_HOUR_PL_SO_2

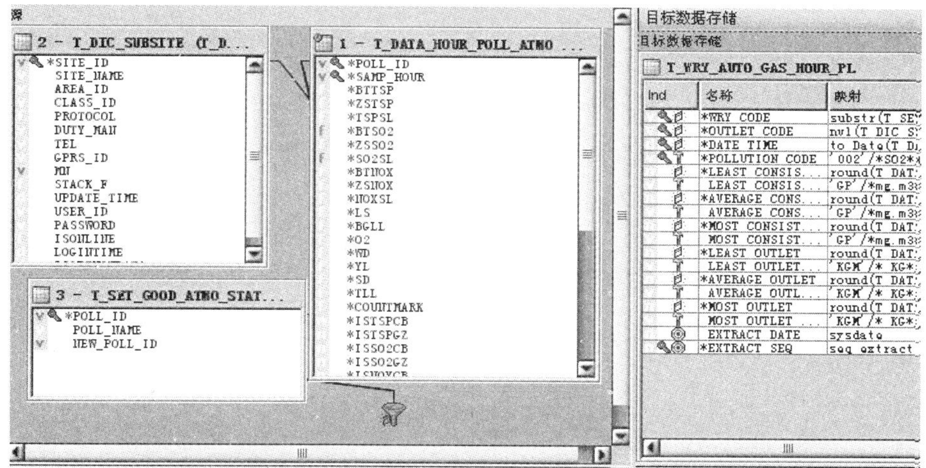

（18）GAS_HOUR_PL_TSP

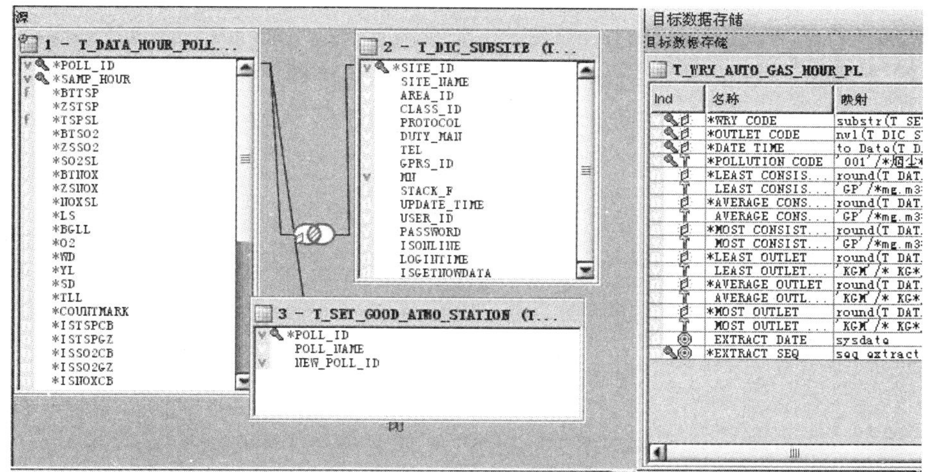

（19）GAS_HOUR_PL_O_2

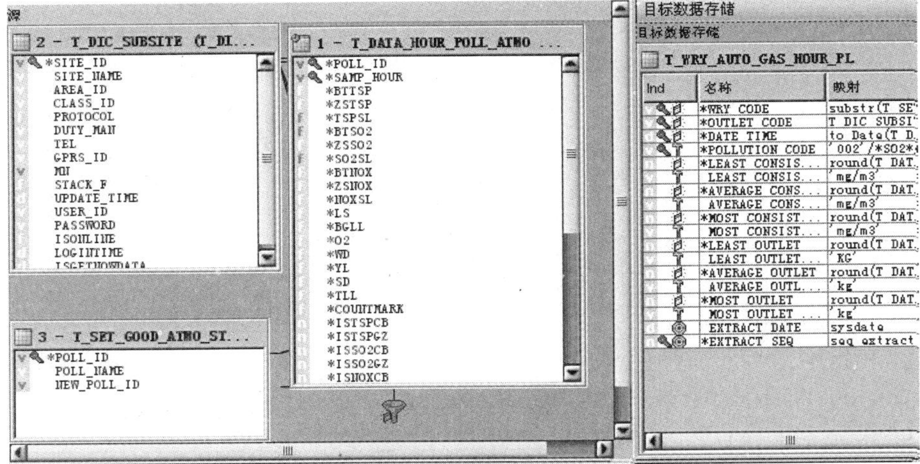

（20）GAS_HOUR_PL_SD

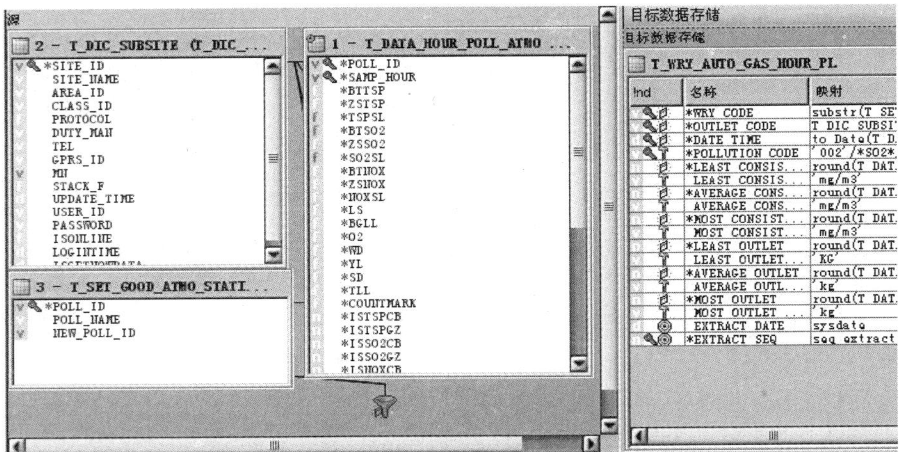

（21）GAS_HOUR_PL_WD

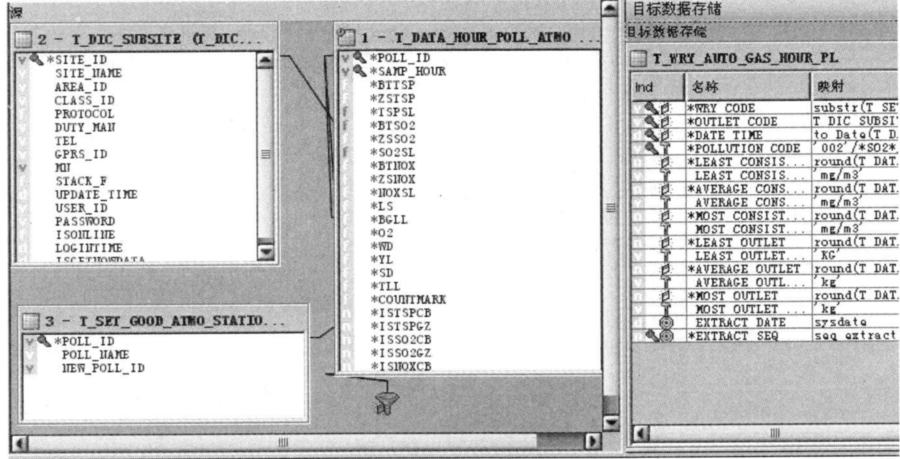

（22）AGAS_HOUR_PL_YL

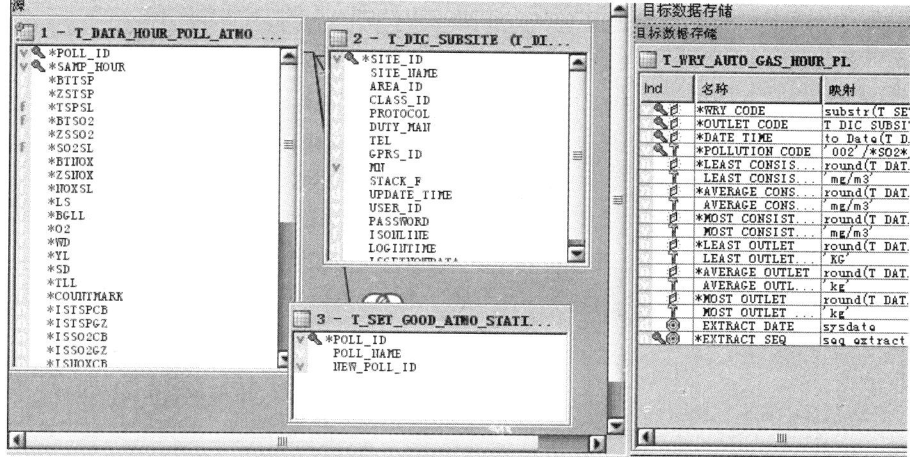

（23）GAS_MTH

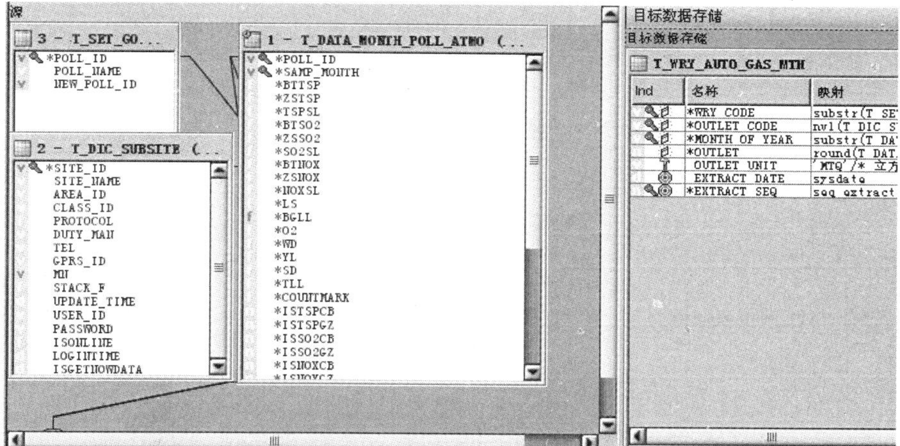

（24）WTR_DAY_PL

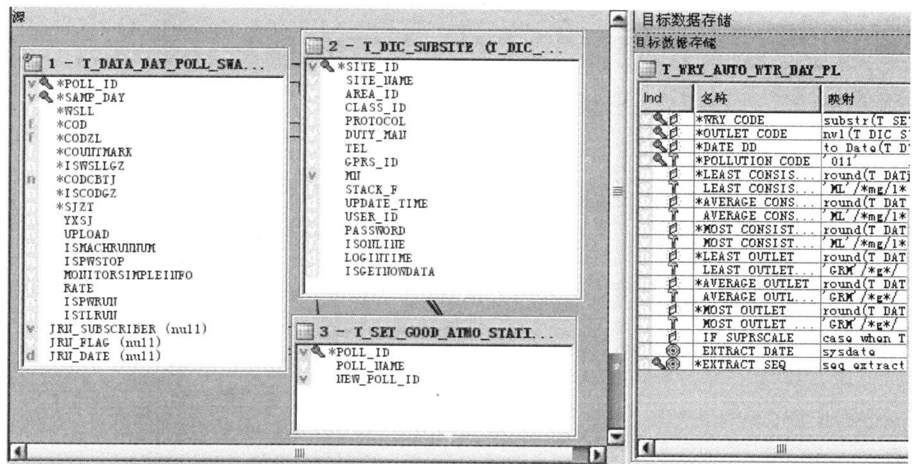

（25）WTR_HOUR

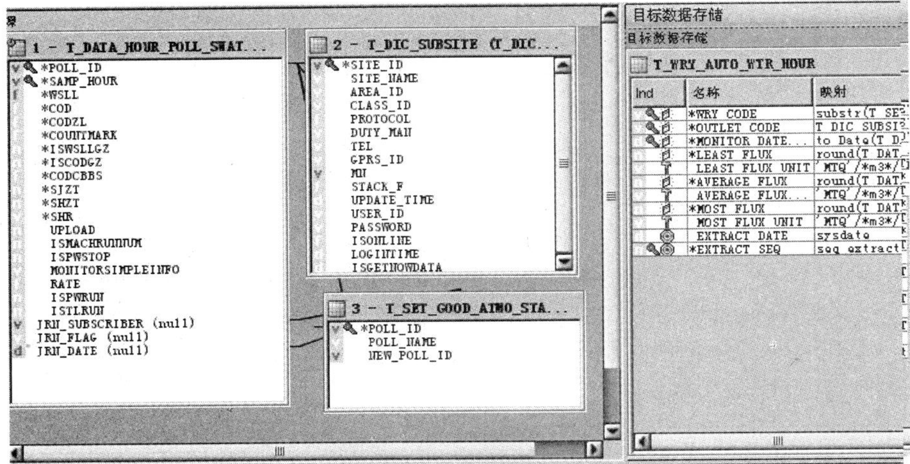

（26）WTR_HOUR_PL

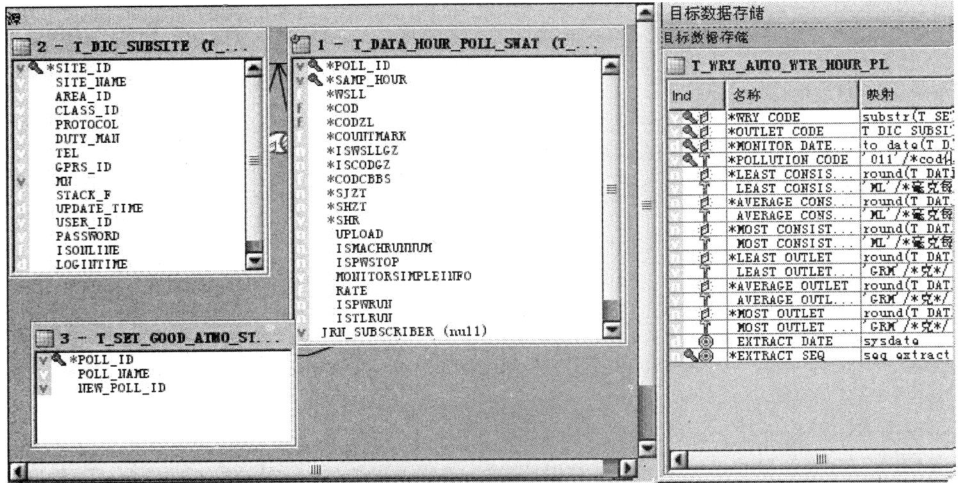

（27）WTR_MTH

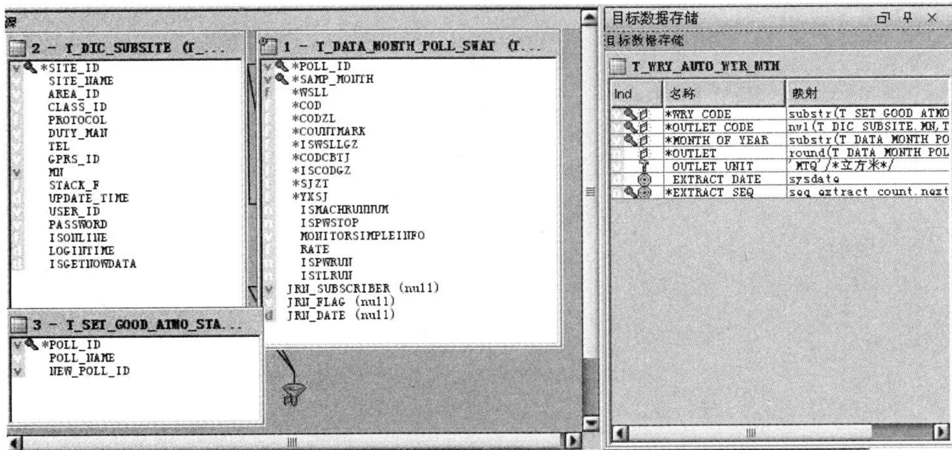

（28）WTR_MTH_PL

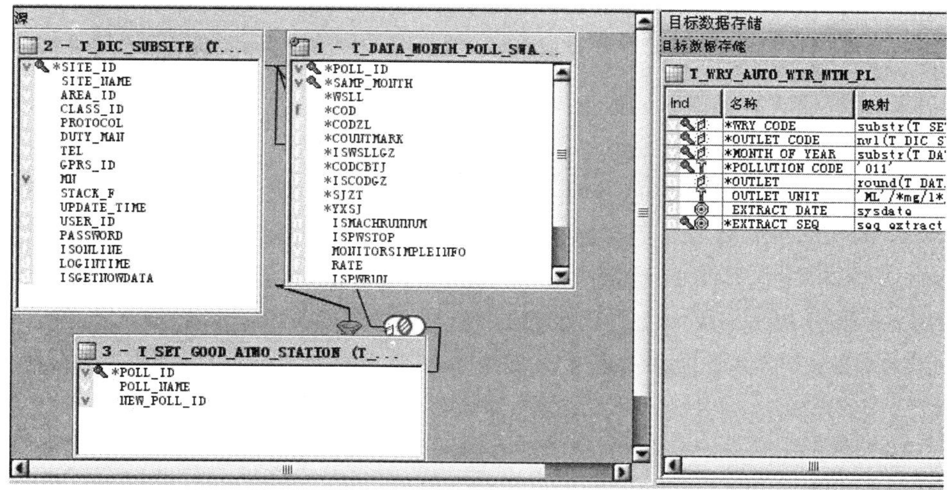

7.3.5 试点省工作总结

7.3.5.1 完成的工作内容

（1）与环保部数据中心的数据交换

基本实现了“污染源自动监控系统”的数据库在部、省之间实现纵向的数据交换。适用于大多数省“污染源自动监控系统”交换数据，在实施交换过程中能通过图形化方式从各自的数据库中取得被交换数据。

（2）传输网络

按照原定计划，与环保部之间的数据传输采用 2～6 M 环境保护业务专网进行网络的传输，但目前环境保护业务专网还在建设中，现在使用 Internet 网络进行网络传输，等环境保护业务专网投入运行后再切换到环境保护业务专网。

（3）数据交换量

定时数据以分钟、小时数据为主，辅助以日、月、年的汇总数据，平均每天约交换 2 000 万条数据记录，数据量大约 2G。

7.3.5.2 问题及建议

（1）对原有数据库系统的影响

ODI 配置之后对于原有数据库系统带来一定负担，占用 SGA 中的内存，所以太多存储过程会对服务器造成很大的压力，造成数据库性能的下降。建议建立中间库，优化与 ODI 有关的配置，再以定时抽取或空闲时抽取的方式转化中间库数据，这样既不影响原有数据库系统又能够利用 ODI 强大的数据交换功能。

（2）数据格式的不一致性

辽宁省原有系统将监控项目集成一行（横表方式）存储，以增强查询速度，而原型系统分列（长纵表方式）存储，转换时增加了配置和维护的工作量。建议原型系统以 ER 图或数据库原型图的形式分发，各系统按照原型生成中间表的形式交换数据，可以简化维护量和配置的难度。

（3）基础信息的推送

当污染源基础信息变更时，数据推送无法与监控数据同步，造成超标判定的错误。基础数据变更推送也缺乏有效的权限机制，只要能够连接ODI数据中心且通过验证的节点均可以交换变更信息。这对数据的完整性破坏比较大，即使有交换日志查询起来也比较麻烦。建议采用污染源基础信息与监控数据分级、分权限传输，污染源变更信息要有确认机制。

7.4 青海省试点示范

青海省使用国家下发的污染源自动监控核心应用软件，在软件内部已经实现与部环境监察局部署的同构软件的自动监控数据传输。为了试验通过通用数据交换机制上报数据的价值，也将青海省作为直接使用国家下发软件的典型省份进行试点评估。青海省在该项目研究中主要负责青海省污染源自动监控数据交换的需求分析，原型系统的测试、示范，软件原型系统的部署、测试、示范等方面的工作。

7.4.1 试点与示范工作方案

试点省份的污染源自动监控数据通过规范化、标准化的数据格式、验证体系、安全保证措施，高效地交换和上报到环保部数据中心（图7-21），主要包括污染源监控基础信息、废气污染源自动监控信息、废水污染源自动监控信息和污水处理厂自动监控信息。

图7-21 信息交换传输示意图

7.4.1.1 试点与示范工作要求

为验证和完善全国污染源自动监控信息的交换机制、数据交换技术模式、污染源相关数据标准、污染源自动监控信息交换原型系统，试点与示范省份的污染源信息交换平台必须遵循规范、统一、全面的原则，数据格式必须按照HJ/T 352—2007规范进行递交，数据递交必须及时、准确、连续和完整。此外，试点必须在设备、网络等条件上满足数据交换平台的基本要求。其交换过程能够通过闭环测试、支持交换平台的升级改造以及环境管理决策。

（1）能够经过闭环的污染源信息交换过程测试

该平台的污染源信息交换过程能够经过闭环测试，测试结果中的参数和性能等各项指标要能基本达到预期的要求。

（2）支持交换平台的升级改造

该平台在设计时就应考虑今后的系统升级改造问题，为今后的扩展预留了相应的接口，可在不影响现有平台结构的基础上进行平台的升级和改造。

（3）对 HJ/T 352—2007 规范进行修正

污染源自动监控信息交换系统安装运行后，试点省市可对 HJ/T 352—2007 规范提出修正意见。

（4）支持环境管理决策

通过该平台，能够将各地级市的数据收集上来进行统一管理，在此基础上可建立数据仓库，有助于今后的数据分析和数据挖掘，为环境信息管理和决策提供数据支持。

7.4.1.2　试点目标

试点省份的污染源自动监控数据可以交换到国家环保部数据中心，验证和完善全国污染源自动监控信息的交换机制、数据交换技术模式、污染源相关数据标准、污染源自动监控信息交换原型系统。

（1）建立统一、标准、自动的信息交换平台。

（2）验证信息交换平台的可行性。

（3）达到交换平台统一、数据格式的统一、数据编码的统一。

（4）业务自动，可监督、管控，可扩展、稳定可靠。

（5）应用系统松耦合。

7.4.1.3　试点省工作现状

青海省部分州（地、市）建立了一定规模的污染源自动监控系统，但由于各州（地、市）和县经济水平、社会和环境等因素的差别，自动监控水平存在一定的差异。

（1）数据传输现状

目前已有西宁市、海东地区、海西州和海北州 4 个州（地、市）的数据交换到省级污染源自动监控系统。数据交换过程中记录了每条记录的交换时间，所有数据可以按年度存放，按日、月、年或指定日期范围进行统计。

由于自动监控数据在采集、传输过程中，不可避免地会产生一些异常或错误，某些污染企业也存在篡改在线监测仪器数据等现象，使系统数据与实际情况有较大出入，降低了系统的可信度。

（2）监控中心建设状况

中央财政 2007 年 7 月下达了主要污染物减排专项资金第一批项目，主要用于国控重点污染源自动监控项目建设，其中包括青海省的省级重点污染源自动监控中心和西宁市、海东地区、海北州、海西州 4 个地级共 5 个监控中心项目建设，监控中心体系结构见图 7-22。

截至 2008 年底，5 个监控中心机房及网络、系统集成、基础支撑软件、应用软件平台等项目全部实施完成，并已投入正常运行，实现企业现场端自动监测设施与省和州（地、市）二级监控中心联网并上报自动监测数据。

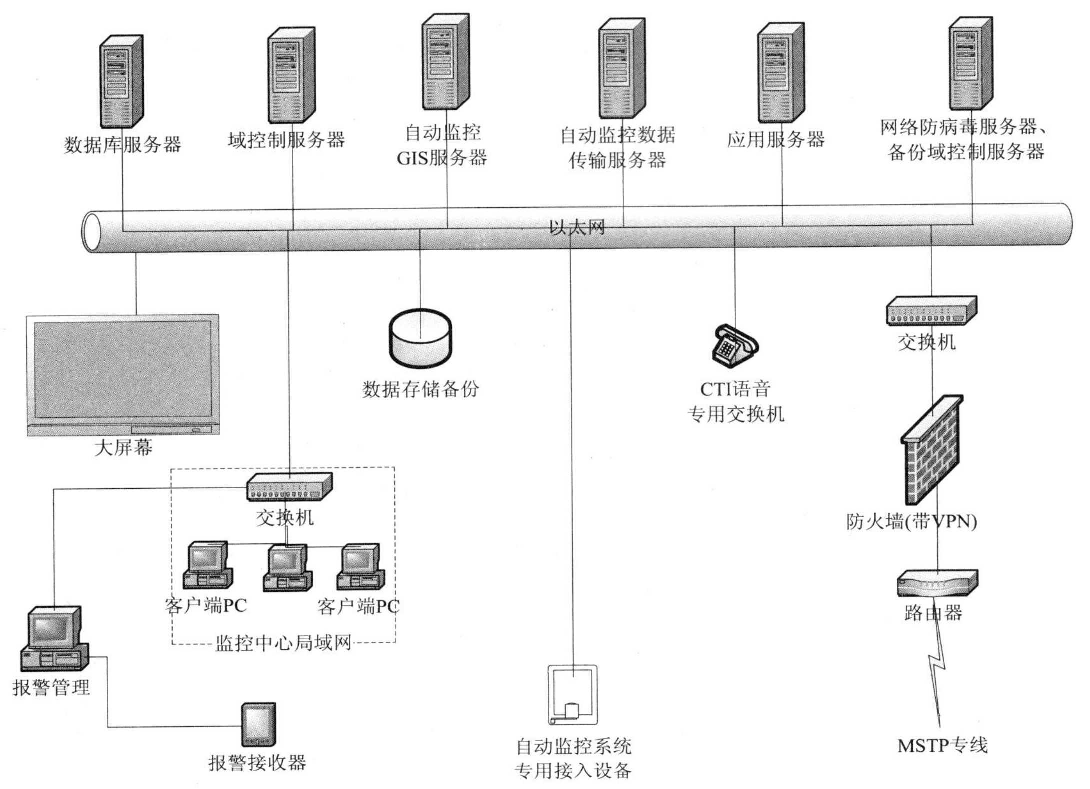

图 7-22 青海省重点污染源监控中心体系结构

（3）污染源现场端自动监控系统建设现状

青海省按照统一部署、分批实施的原则，2007 年、2008 年共计划安排重点排污企业 75 家，安装污染源自动监测设备。在项目实施过程中，因关停或工艺改造等原因，取消 10 家企业的安装计划，6 家排污企业因均为正压大布袋除尘后无组织排放的铁合金企业改装视频监控，实际实施自动监控企业数为 59 家，计划安装自动监测设备 80 套，其中废气排放企业 34 家，计划安装废气自动监测设备 55 套；废水排放企业 25 家，计划安装自动监测设备 25 套。

目前，全省 57 家企业现场端已安装自动监测设备 78 套。其中废水 24 家 24 套，废气 33 家 54 套，完成计划建设任务的 98%，并与二级污染源监控中心全部联网上报数据，其余 2 家企业 2 台自动监测设备由于企业停产等原因推迟建设。

（4）数据分析利用情况

目前青海省 5 个监控中心污染源自动监控系统只是单一地实现污染源自动监控装置（监控节点）与监控中心端的实时数据、历史数据、状态数据的上传和汇总查询，以及生成相关的报表，另外监控中心端软件平台利用《污染源在线自动监控（监测）系统数据传输标准》（HJ/T 212—2005）中规定的反控命令，简单地对现场检测仪器、污处设施下发控制指令和执行。目前在监控数据的深度挖掘和辅助分析方面目前还比较欠缺。

7.4.1.4 试点工作内容

试点的工作内容主要包括数据的交换范围、数据的交换方式等。

（1）数据交换范围

数据交换的范围包括工业水污染点源自动监控数据、工业气污染点源自动监控数据和污水处理厂自动监控数据。

污染源监控基础信息包括：污染源企业基本信息、污染源企业联系方式、污染源基本信息、污染源废气排放口基本信息、污染源废气排放口污染物设置、污染源废水排放口基本信息、污染源废水排放口污染物设置、污染源数据采集仪器信息、污染源治理设施、污染源相关信息示意图。

废气污染源自动监控信息包括：排放口实时数据、排放口小时数据、排放口年数据、排放口日数据、排放口月数据、污染物实时折算数据、污染物实时数据、污染物小时折算数据、污染物小时数据、污染物年数据、污染物日折算数据、污染物日数据、污染物月数据。

废水污染源自动监控信息包括：排放口实时数据、排放口小时数据、排放口年数据、排放口日数据、排放口月数据、排放口污染物实时数据、排放口污染物小时数据、排放口污染物年数据、排放口污染物日数据、排放口污染物月数据、污染治理设施运行日数据。

污水处理厂自动监控信息包括：废水进水口基本信息、废水进水口污染物设置、数据采集仪信息、污染治理设施信息、废水出水口实时数据、废水出水口小时数据、废水出水口年数据、废水出水口日数据、废水出水口月数据、废水出水口污染物实时数据、废水出水口污染物小时数据、废水出水口污染物年数据、废水出水口污染物日数据、废水出水口污染物月数据、污染治理设施运行日数据。

（2）数据交换方式

数据交换平台由数据交换器、数据交换适配器和数据监控中心三部分组成。数据交换器处于核心位置，通过配置在数据交换器的数据交换服务器提供的标准化的适配器为每个数据交换节点提供服务。每个数据交换节点只需要与数据交换中心通过数据交换适配器进行交互，并通过 XML 进行数据转换，而不需要相互直接连接访问就可以获取到所需要的数据。数据交换适配器提供跨平台的应用系统和数据库接口。数据监控中心支持对自身和数据交换任务的监控和管理，对新增业务和交换系统进行定义和配置。实现整个数据交换系统的监控、维护和管理，也使应用系统的变化和发展可以得到有效的管理和控制。同时监控数据交换的事务并保证数据的完整性及错误补救。

7.4.1.5 预期成果

本试点将形成实际运行的污染源自动监控信息交换系统一套及其相关的设计文档、操作文档，包括需求分析报告、系统设计报告、数据字典、用户手册、系统管理手册等系统开发实施过程中形成的各种报告、文档。

7.4.1.6 试点工作方法

本项目采用研发和试点应用相结合的实施方法，坚持以创新为核心的基本原则，把先进的管理思想与污染源监控信息交换实际需求紧密结合，以先进性和实用性为出发点，切实解决我国环保管理中的实际问题，提高环境管理的便捷性和高效性。

项目通过在试点省建立符合标准规范的污染源自动监控信息交换系统，以系统内置的数据质量审核功能对数据进行逻辑校验，促进提高污染源自动监控信息采集的规范化程度，在数据集内容、编码体系、交换频率等方面形成统一。

（1）数据交换模式

青海省各州（地、市）的数据目前通过互联网传输到省环保厅污染源监控中心数据库，将中心数据库作为产生库与交换数据库间建立数据映射关系，通过 ODI 将污染源监控中心的数据传输到交换数据库（图 7-23）。从省到部的数据传输过程采用 WLS 和 OSB 实现，数据的可靠传输通过在省使用 SAF 的消息实现。

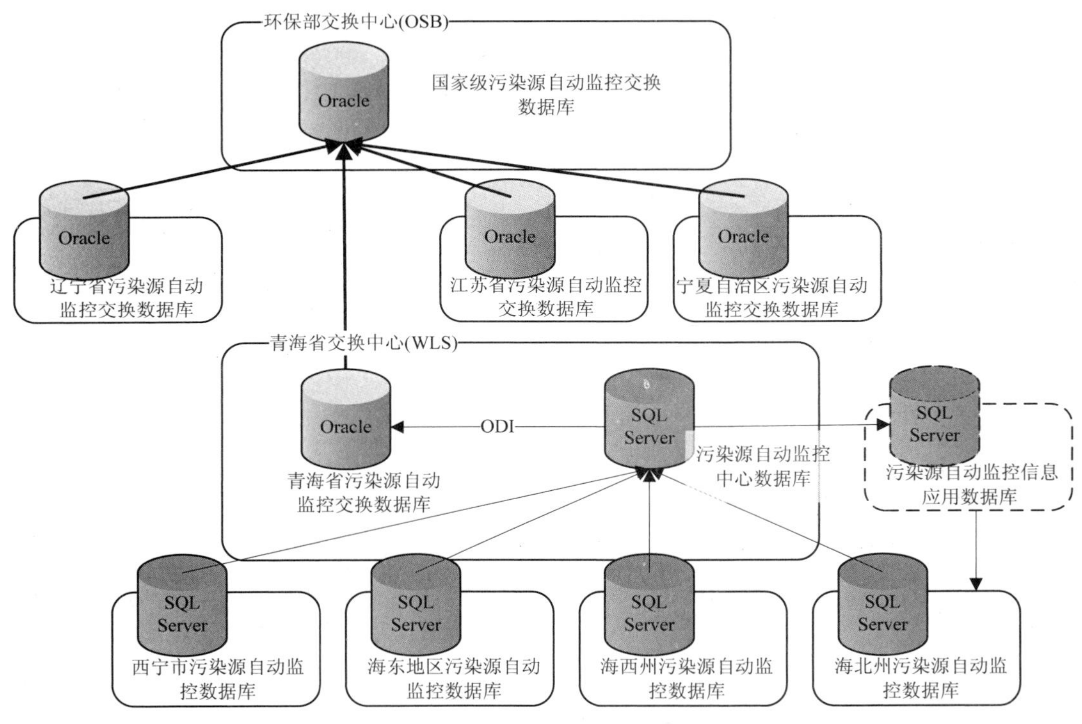

图 7-23 数据传输模式

（2）业务模式设计

青海省污染源自动监控系统采用分布式和集中式结合的结构。分布式方式是全省重点污染源现场端监测设备直接向省级监控中心上报实时监测数据，集中式方式是州（地、市）级监控中心向省级监控中心同步数据，主要包括污染源基础信息、现场端实时和历史汇总数据。两种方式同步向省级污染源监控中心自动监控系统数据库（省级自动监控数据源节点）写入数据。

省级污染源交换数据节点与省级自动监控数据源节点的数据交换主要包括经常性的实时数据和历史数据交换以及非经常性的基础数据的同步。

7.4.1.7　组织管理

为加强对项目实施的组织管理，成立了项目组。由单位技术骨干人员组成，组内各层次人员均明确其分工和所承担的责任，并据此考核其工作任务的完成情况。

项目组从项目管理、资源配置、绩效考核等方面将项目实施计划分解，规定了每一项相关工作的工作产品、完成期限及责任人，每项工作完成后必须得到确认，才标志着这个任务或活动的完成，以确保每个任务的完成质量。项目组成员通过每周报告各自的活动结果，通报项目在进度、质量、技术、管理各个方面的进展和存在问题，分析实际工作与计划在工作量和质量方面的偏差。

7.4.2　原型系统部署

7.4.2.1　原型系统部署

青海省原型系统部署在前置机上，前置机为 1 台 IBM HS21 刀片式服务器，部署交换数据库系统和 ESB 系统，并接入青海省污染源自动省级监控中心局域网络环境，见图 7-24 和图 7-25，服务器配置见表 7-5。

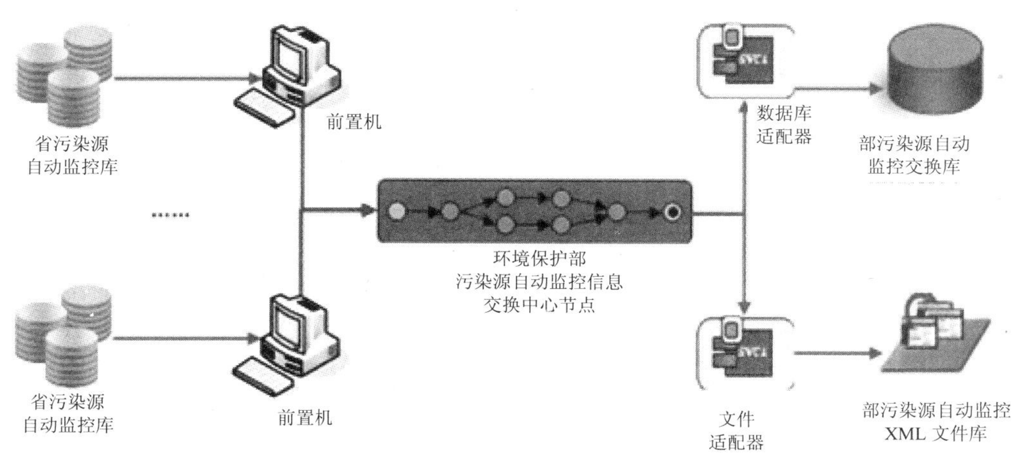

图 7-24　ESB 版原型系统部署结构

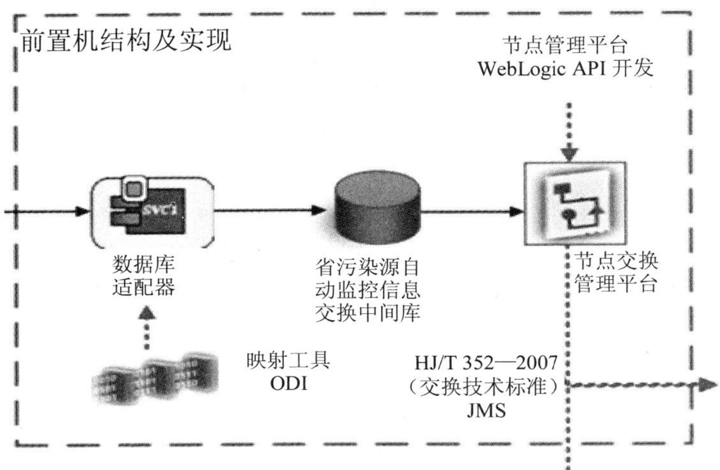

图 7-25　系统前置机

表 7-5　前置机服务器主要参数配置

CPU	2 个 Intel Xeon E5405 2.00GHz 四核处理器
内存	8GB PC2-5300 FB-DIMM 内存
操作系统	Windows Server 2003 企业版 R2 中文操作系统
IP 地址	局域网地址：192.168.2.7

7.4.2.2　交换数据库部署

安装部署 Oracle Data Integrator 中间件和 Oracle DB 10g 数据库管理系统。其中 ODI 负责将数据从生产库(青海省污染源自动监控系统数据库)转移到交换数据库中。Oracle DB 10g 保存所有需要交换的数据。

（1）交换数据库部署

数据库安装，见下表。

版本	10.2.0.3
Port	1521
代码集（codeset）	Zh16GBK
数据库名	Orcl
SID	Orcl
数据文件路径	D：\oracle\Db10203\oradata
管理用户/管理口令	Sys/orcl
应用用户/应用口令	u_expl/ u_expl

数据库配置，见下表。

数据文件	\oracle\product\10.2.0\oradata\orcl\TBS_EXPL01.DBF
表空间	TBS_EXPL
用户	U_EXPL
口令	U_EXPL
数据库实体	见附录 1：污染源自动监控交换数据库实体一览表

数据库监控，通过 http：//192.168.2.7：1158/em 访问数据库管理控制台登录信息，见下表。

用户	sys
密码	orcl
身份	SYSDBA/SYSOPER

（2）ODI 部署

1）ODI 安装

ODI 配置，见下表。

安装路径	E：\oracle\odi101340
安装介质	E：\install_media
版本	10.1.3.4.0
用户	Admin
口令	orcl
常用启动关闭命令	
Other	Reposotory name：Primary Hostname：province_odi
port	Reposotory 7600 Scheduler 7601 Odbc Adapter 7602

安装后，在“开始→所有程序”中可以看到的内容如下图所示：

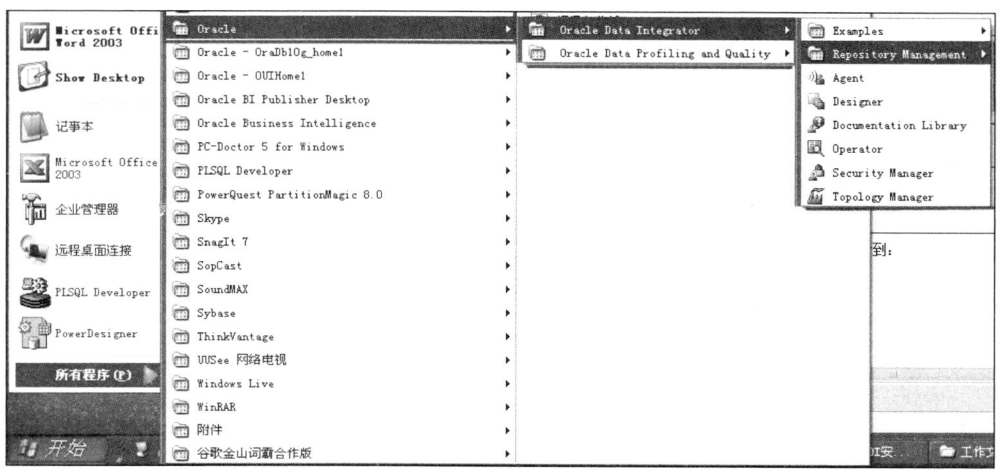

2）配置 Master Topology

通过开始→所有程序→Oracle→Oracle Data Integrator→Reposity Management→Master Repository Creation

3）配置上下文

通过开始→所有程序→Oracle→Oracle Data Integrator→Topology Manager，如下图所示。

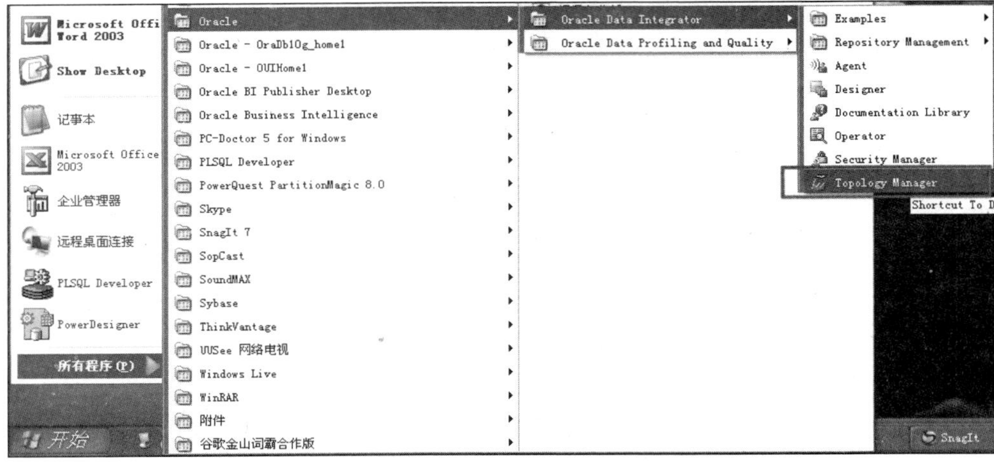

4）配置物理体系结构

登录 Topology Manager，如下图所示：

在物理体系结构标签页中插入数据服务器（在相关数据库技术上右键），填写数据服务器名称、用户、密码，如下图所示：

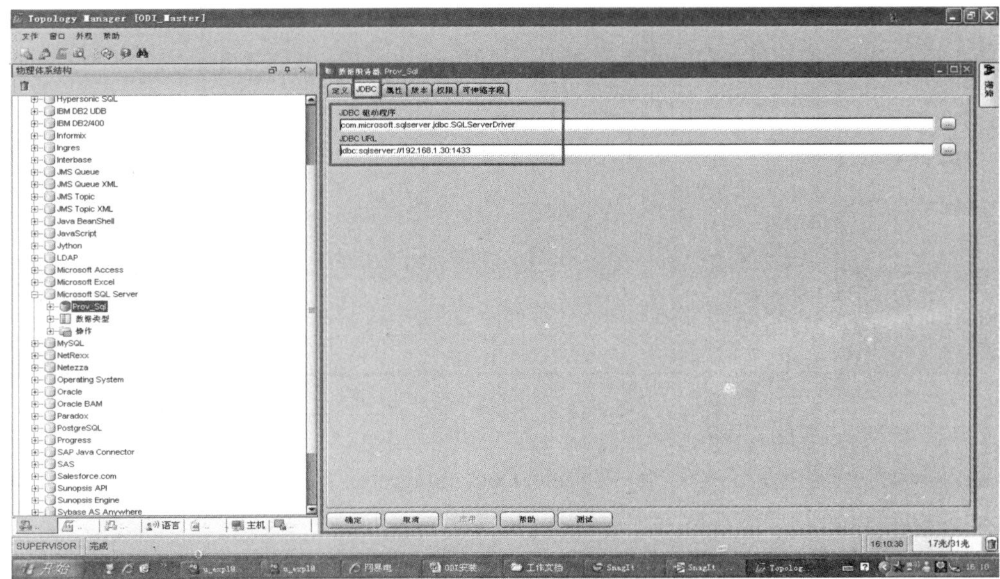

插入物理结构（在创建的数据服务器上右键），选择数据库及其架构（数据库架构决定进行数据集成时所能访问的数据库实体）。

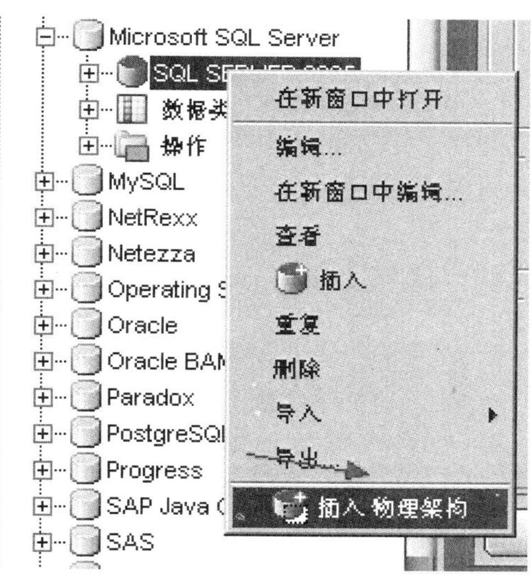

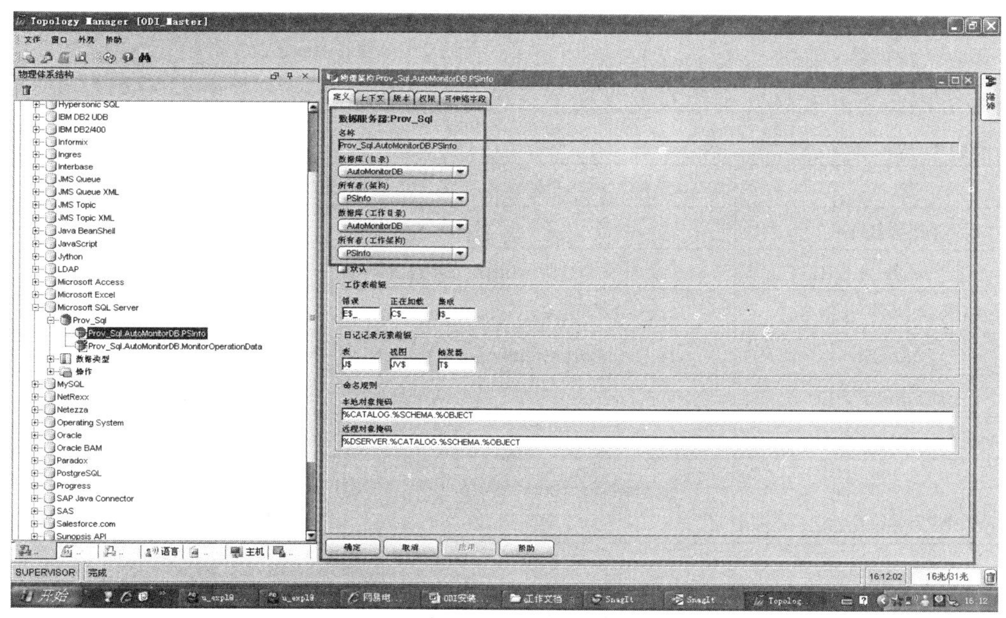

重复上述步骤创建各个数据库（源数据库与目标数据库）对应的物理体系结构。

5）配置逻辑架构

登录 Topology Manager，在逻辑体系结构标签页中插入逻辑体系架构，填写逻辑结构名称并选择上下文及对应的物理架构。

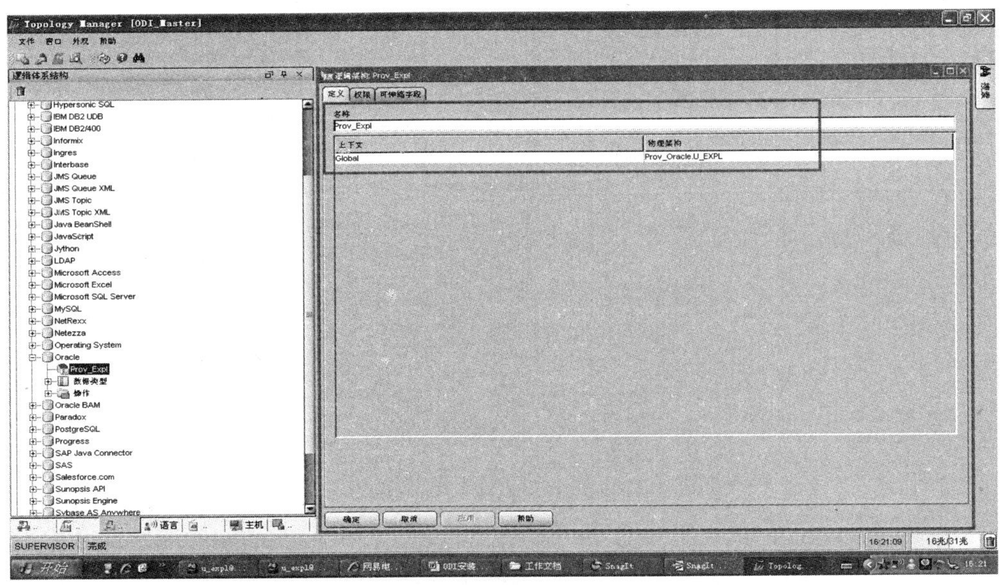

重复上述步骤创建各个数据源对应的逻辑体系结构。

7.4.2.3 ESB 系统部署

在中间件服务器上安装 Oracle WebLogic Server 应用服务器。Oracle WebLogic Server 应用服务器负责和在环保部的数据交换平台进行双向数据交换。

WebLogic 安装，见下表。

版本	10.3
配置 SSL	否
管理服务的 URL	http：//192.168.2.7：7001/console
常用启动关闭命令	\oracle\wls\user_projects\domains\province_domain \startweblogic.cmd
Domain	\oracle\wls\user_projects\domains\province_domain
User and PWD	WebLogic weblogic
Port	7001

WebLogic 配置，见下表。

Jms Server	MepJMSServer
Jms Path	Esb_domain/Services/Messaging/Jms Servers

WebLogic 监控通过 http:// 192.168.2.7:7001/console 访问数据库管理控制台登录信息，见下表。

用户	WebLogic
密码	WebLogic

7.4.3　系统配置

7.4.3.1　工作存储库建立

建立青海省污染源自动监控信息交换工作存储库，创建污染源自动监控信息交换项目，为数据交换模型建立、接口配置及交换队列提供工作空间。青海省污染源自动监控信息交工作存储库分别建立了开发环境、测试环境和运行环境，用于项目进展过程中的不同生命周期。

7.4.3.2　生产库数据模型配置

配置青海省污染源自动监控信息交换生产库模型，指定源数据存储格式。生产数据库是青海省环保厅污染源自动监控信息中心数据库，数据库管理平台是 Microsoft SQL Server 2005，其中包括了青海省 4 个州（地、市）级环保局监控中心从 2008 年底建设完成以来的污染源自动监控数据。通过 Oracle ODI 的反向工程得到青海省污染源自动监控信息交换生产库数据描述。反向工程的对象有数据表和视图两种。

7.4.3.3　目标库数据模型配置

配置青海省污染源自动监控信息交换目标库模型，指定目标数据存储格式。目标数据库安装在青海省数据交换前置机上，数据库平台是 Oracle 10g，已按照 HJ/T 352—2007 标准建立水、气、污水处理厂污染源的基础及业务数据表。同样通过 Oracle ODI 的反向工程得到青海省污染源自动监控信息交换目标库数据描述，反向工程的对象仅数据表一种。

7.4.3.4　数据接口配置

通过 Oracle ODI 建立青海省污染源自动监控数据接口，实现从生产库到目标库数据格式的转换。在 Oracle Interface 中创建多个接口应用，将青海省已有的污染源自动监控数据库一个或多个数据表加载到青海省数据交换前置机目标数据库中，在接口中通过接口映射、表连接、过滤条件和主键外键的设置实现数据转换，转换后的数据符合 HJ/T 352—2007 标准的数据格式要求，可直接从青海省数据交换前置数据库传输到国家级交换库。

7.4.3.5　数据交换配置

使用 Oracle WebLogic 应用服务器的消息队列实现青海省的污染源自动监控数据交换到环保部信息中心。项目基于 Oracle WebLogic 开发污染源自动监控数据交换 Web 应用，该应用系统分别部署在国家级和省级服务器，实现分布的、跨地域的不同应用系统之间的信息交换。青海省数据交换服务器安装省级交换 Web 应用，通过 Web 服务和消息提取并提供转换数据，基于 Internet 网实现污染源数据交换。

7.4.4　数据交换示例

（1）污染源自动监控信息交换数据映射关系汇总表，见附录 2。

（2）数据交换 Schema，见附录 3。

（3）数据映射关系（以 T_WRY_BASE 为例），见图 7-26。

2 - T_WRY_COMPANY (T_WRY..

*ID
*wry_code
*wry_name
*region_code
*register_code
*kind_code
*scope_code
*relation_code
*industry_code
*valley_code
*attention_degree
wry_address
*longitude
*latitude
*institution_name
*person_of_ep
number_of_person_ep

目标数据存储

T_WRY_BASE

Ind	名称	映射
	*WRY CODE	T WRY COMPANY. wry code
	*WRY NAME	T WRY COMPANY. wry name
	*REGION CODE	T WRY COMPANY. region code
	*REGISTER CODE	T WRY COMPANY. register code
	*KIND CODE	T WRY COMPANY. kind code
	*SCOPE CODE	T WRY COMPANY. scope code
	*RELATION CODE	T WRY COMPANY. relation code
	*INDUSTRY CODE	T WRY COMPANY. industry code
	*VALLEY CODE	T WRY COMPANY. valley code
	*ATTENTION DE...	T WRY COMPANY. attention degree
	WRY ADDRESS	T WRY COMPANY. wry address
	LONGITUDE	T WRY COMPANY. longitude
	LATITUDE	convert(decimal(8, 6), case wh...
	INSTITUTION ...	T WRY COMPANY. institution name
	PERSON OF EP	T WRY COMPANY. person of ep
	NUMBER OF PE...	T WRY COMPANY. number of perso...
	EXTRACT DATE	sysdate
	*EXTRACT SEQ	SEQ EXTRACT COUNT. nextval

图 7-26　数据映射关系 T_WRY_BASE

7.4.5　青海省试点工作总结

7.4.5.1　预定工作目标

（1）预定的研究目标和考核指标

试点省份可以使用各自原有的污染源自动监控系统。试点省份的污染源自动监控系统再按照统一的标准要求把数据报送到环保部污染源自动监控中心数据库。要求报送的各项污染源基础信息、实时和历史监测数据等高效准确。

（2）完成情况综述

目前青海省已将本省实施自动监测的 4 个州（地、市）级的所有基础数据和监测交换到环保部污染源自动监控中心，每天交换的数据记录达 40 000 条，基本实现了既定的目标和指标（图 7-27 和图 7-28）。

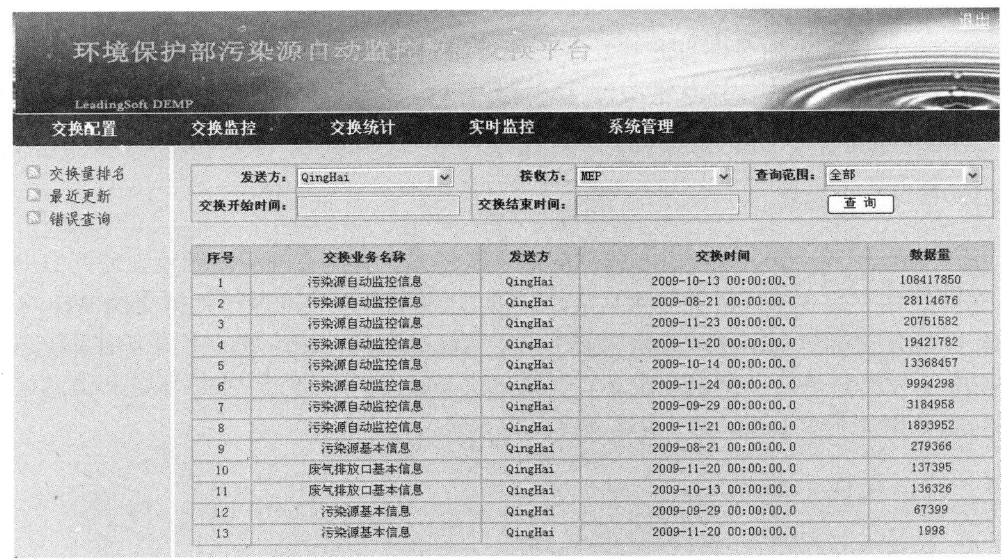

序号	交换业务名称	发送方	交换时间	数据量
1	污染源自动监控信息	QingHai	2009-10-13 00:00:00.0	108417850
2	污染源自动监控信息	QingHai	2009-08-21 00:00:00.0	28114676
3	污染源自动监控信息	QingHai	2009-11-23 00:00:00.0	20751582
4	污染源自动监控信息	QingHai	2009-11-20 00:00:00.0	19421782
5	污染源自动监控信息	QingHai	2009-10-14 00:00:00.0	13368457
6	污染源自动监控信息	QingHai	2009-11-24 00:00:00.0	9994298
7	污染源自动监控信息	QingHai	2009-09-29 00:00:00.0	3184958
8	污染源自动监控信息	QingHai	2009-11-21 00:00:00.0	1893952
9	污染源基本信息	QingHai	2009-08-21 00:00:00.0	279366
10	废气排放口基本信息	QingHai	2009-11-20 00:00:00.0	137395
11	废气排放口基本信息	QingHai	2009-10-13 00:00:00.0	136326
12	污染源基本信息	QingHai	2009-09-29 00:00:00.0	67399
13	污染源基本信息	QingHai	2009-11-20 00:00:00.0	1998

图 7-27　交换数据量统计

图 7-28　交换信息统计

7.4.5.2　成果及应用情况

按照 HJ/T 352—2007 要求的数据项、格式，建立了数据交换的标准、规范和交换接口，同时建立了以 XML 为交换介质的数据交换引擎。

目前已实现污染源自动监控数据映射关系 70 个，实现水污染源、气污染源、污水处理厂自动监控信息的交换。

7.4.5.3　发现问题及解决

试点与示范过程中，在建立交换模型数据映射关系时遇到了以下三类问题。目前数据被截取和数据类型不统一的问题都已得到解决。污水处理厂的数据表在整个数据映射中占一半工作量左右，青海省在数据映射过程中积极探索提高工作效率的方法，发现可以利用映射关系复制再修改的方法迅速地完成污水处理厂的数据映射工作，以提高工作效率。

（1）数据被截取

当源数据类型比目标数据类型小时，存在数据被截取的情况（表 7-6）。目前目标库严格按照 HJ/T 352—2007 标准建立，目标数据库的字段类型不会因源数据库的类型而改变，根据目标数据库的字段要求对源数据库中的数据做适当的取舍可解决该问题，问题示意图（图 7-29）。适当修改目标数据库的范围和大小也可解决该问题（图 7-30）。

表 7-6　存在数据被截取情况的数据表

ID	表名	ID	表名
1	T_WRY_AUTO_EQUIP_DAY	14	T_WRY_AUTO_WTR_HOUR
2	T_WRY_AUTO_GAS_DAY	15	T_WRY_AUTO_WTR_HOUR_PL
3	T_WRY_AUTO_GAS_DAY_PL	16	T_WRY_AUTO_WTR_RT
4	T_WRY_AUTO_GAS_DAY_PLC	17	T_WRY_AUTO_WTR_RT_PL
5	T_WRY_AUTO_GAS_HOUR	18	T_WRY_AUTO_WTR_YEAR
6	T_WRY_AUTO_GAS_HOUR_PL	19	T_WRY_BASE
7	T_WRY_AUTO_GAS_HOUR_PLC	20	T_WRY_BASE_EQUIPMENT
8	T_WRY_AUTO_GAS_MTH	21	T_WRY_COLLECTOR
9	T_WRY_AUTO_GAS_RT	22	T_WRY_COMPANY
10	T_WRY_AUTO_GAS_RT_PL	23	T_WRY_GAS_OUTLET
11	T_WRY_AUTO_GAS_RT_PLC	24	T_WRY_LICENCE
12	T_WRY_AUTO_WTR_DAY	25	T_WRY_MAP
13	T_WRY_AUTO_WTR_DAY_PL	26	T_WRY_WTR_OUTLET

目标数据存储
目标数据存储
T_WRY_AUTO_EQUIP_DAY
*ID
*污染源编码
*日期
*污染治理设施编码
*运行时间
Ind
名称
映射
*WRY_CODE
污染源编码
*DATE_DD
日期
*EQUIPMENT_CODE
污染治理设施编码
数据可能已截断: 目标列比源列小
运行时间
EXTRACT_DATE

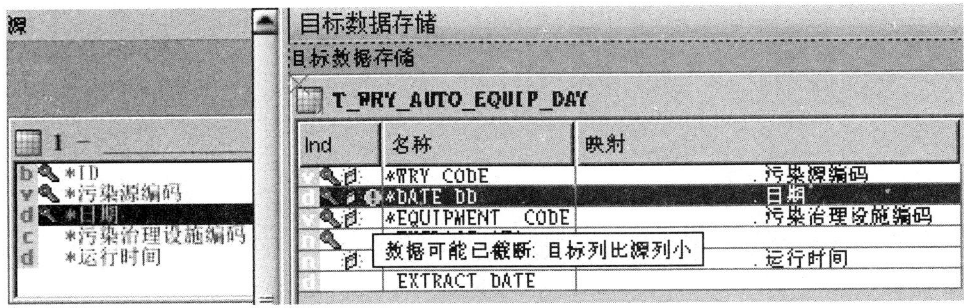

图 7-29　数据被截取情况

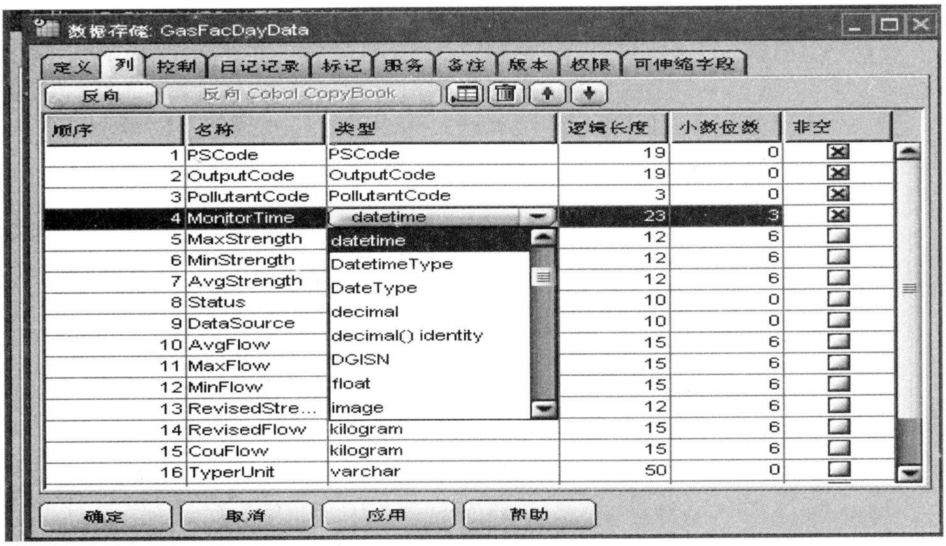

数据存储: GasFacDayData
定义
列
控制
日记记录
标记
服务
备注
版本
权限
可伸缩字段
反向
反向 Cobol CopyBook
顺序
名称
类型
逻辑长度
小数位数
非空
1 PSCode PSCode 19 0
2 OutputCode OutputCode 19 0
3 PollutantCode PollutantCode 3 0
4 MonitorTime datetime 23 3
5 MaxStrength 12 6
6 MinStrength 12 6
7 AvgStrength 12 6
8 Status 10 0
9 DataSource 10 0
10 AvgFlow 15 6
11 MaxFlow 15 6
12 MinFlow 15 6
13 RevisedStre... 12 6
14 RevisedFlow kilogram 15 6
15 CouFlow kilogram 15 6
16 TyperUnit varchar 50 0
datetime
DatetimeType
DateType
decimal
decimal() identity
DGISN
float
image
确定
取消
应用
帮助

图 7-30　修改目标数据库字段类型

（2）数据类型不统一

目标数据库和源数据库存在数据类型不一致的情况，可通过函数做类型转换，将源数据库中相应的数据在交换的过程中转换为目标数据库可以接受的类型，实现数据的交换。存在这种情况的表格有以下 3 张：

1）T_WRY_GAS_OUTLET

2）T_WRY_LICENCE

3）T_WRY_WTR_OUTLET

（3）污水处理厂快速映射方法

青海省省级监控中心自动监控系统采用国标软件平台，通过对平台数据库一般废水废气污染源与污水处理厂数据表结构对比分析，发现比较相似，这样在完成一般废水、废气污染源数据映射后，可以利用复制映射关系再进行少量修改来完成污水处理厂的数据映射。

以添加污水处理厂基本信息（T_SUL_BASE）接口为例，添加污水处理厂数据映射的快捷方法如下：

打开 ODI 的 Designer 并在已经添加的接口中找到污染源基本信息（T_WRY_BASE）接口，鼠标右击选择“重复”，会在接口中复制一个名为“副本 T_WRY_BASE”的接口，如下图所示：

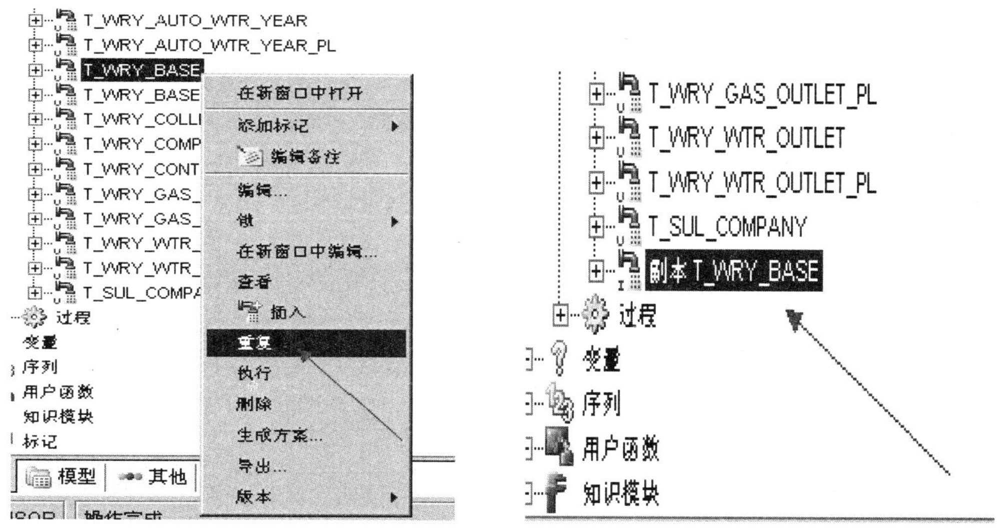

打开“副本 T_WRY_BASE”接口，在“定义”的 “名称”修改接口名称为“T_SUL_BASE”，如下图所示：

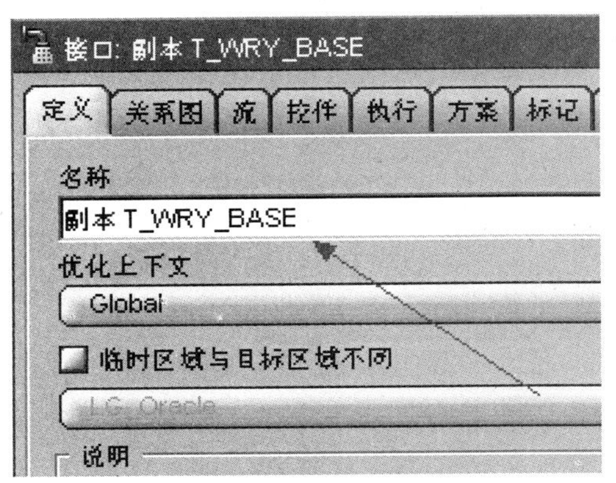

在“模型”中找到交换库的 T_SUL_BASE 表，替换已有的目标数据存储，并对空项进行补全，补全时注意空项为关键字时要加一些验证，如下图所示：

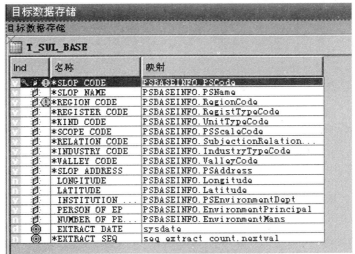

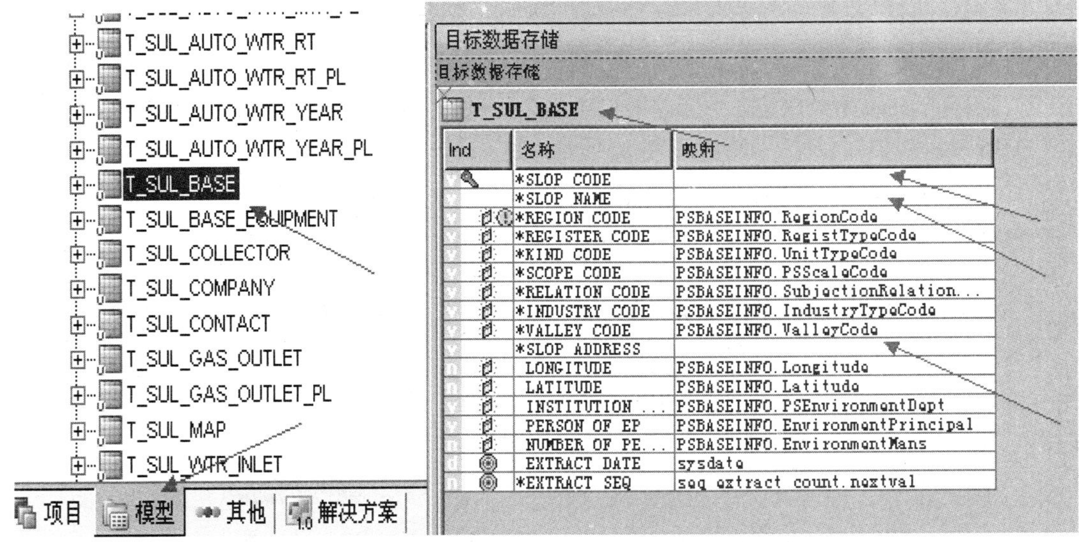

目标数据存储

T_SUL_BASE

Ind	名称	映射
	*SLOP CODE	PSBASEINFO.PSCode
	*SLOP NAME	PSBASEINFO.PSName
	*REGION CODE	PSBASEINFO.RegionCode
	*REGISTER CODE	PSBASEINFO.RegistTypeCode
	*KIND CODE	PSBASEINFO.UnitTypeCode
	*SCOPE CODE	PSBASEINFO.PSScaleCode
	*RELATION CODE	PSBASEINFO.SubjectionRelation...
	*INDUSTRY CODE	PSBASEINFO.IndustryTypeCode
	*VALLEY CODE	PSBASEINFO.ValleyCode
	*SLOP ADDRESS	PSBASEINFO.PSAddress
	LONGITUDE	PSBASEINFO.Longitude
	LATITUDE	PSBASEINFO.Latitude
	INSTITUTION ...	PSBASEINFO.PSEnvironmentDept
	PERSON OF EP	PSBASEINFO.EnvironmentPrincipal
	NUMBER OF PE...	PSBASEINFO.EnvironmentMans
	EXTRACT DATE	sysdate
	*EXTRACT SEQ	seq extract count.nextval

在“源”中“PSClassCode”字段添加一个筛选器，如下图所示：

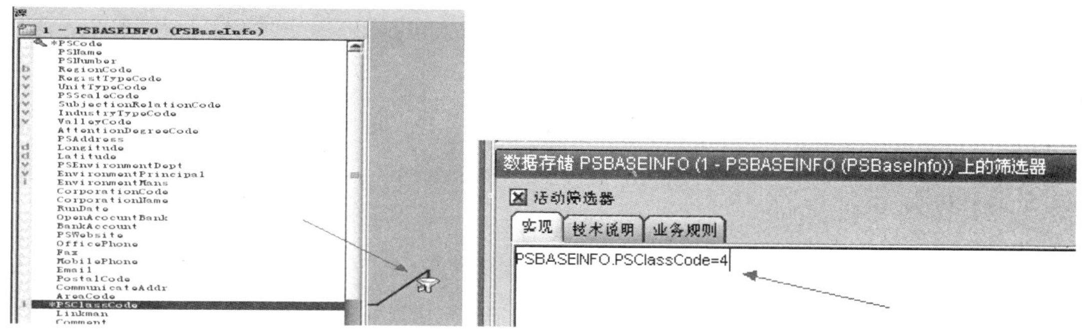

至此对接口修改已完成，点击“应用”保存接口，如下图所示：

点击接口“执行”进行测试，如执行有问题，再对接口进行修改。

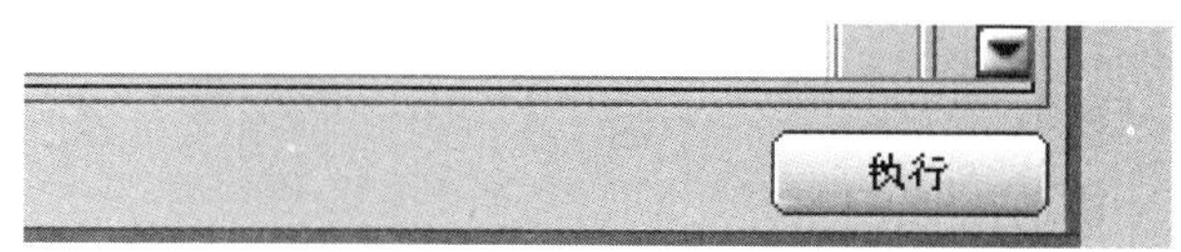

如果原接口中有“方案”，要修改方案的名称，如下图所示：

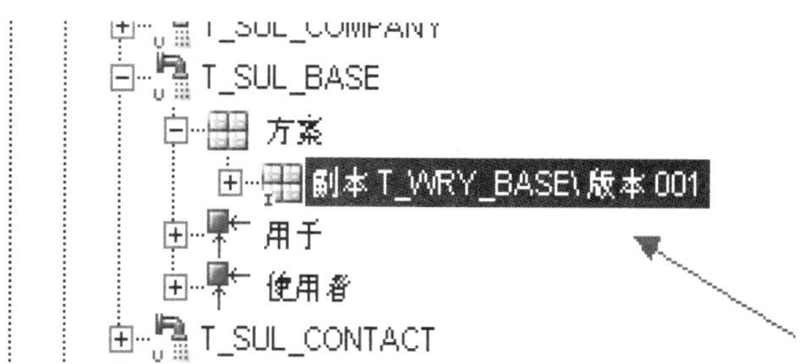

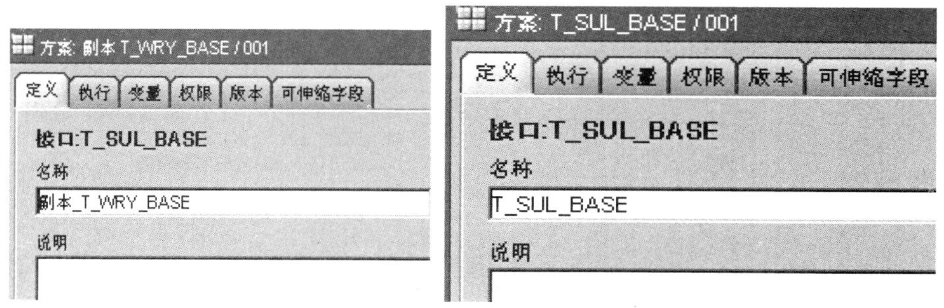

7.5 宁夏回族自治区试点示范工作

宁夏回族自治区环境信息中心、宁夏环境监察总队主要负责宁夏自治区污染源自动监控数据交换的需求分析、原型系统的测试、示范、软件原型系统的部署、测试、示范等方面的工作。

7.5.1 工作现状

宁夏回族自治区及所辖市均建立了一定规模的污染源自动监控系统，包括自治区、银川市、石嘴山市、吴忠市、固原市、中卫市 6 个监控中心。但由于各市经济水平、社会和环境等因素的差别，自动监控水平存在一定的差异。除银川市 2007 年 10 月先行建设外，自治区采取"统一规划、分步实施"的方式，由自治区公开招标选择项目集成商，统一建设自治区、石嘴山市、吴忠市、固原市、中卫市 5 个污染源监控中心，并按照《污染源监控中心建设规范（暂行）》（环函[2007]24 号）要求组织实施，基础硬件设施、应用系统环境、应用软件、监控端专用设备、显示系统环境、网络及安全系统、数据存储备份系统等符合环保部规定的相关规格、性能要求。

（1）数据传输现状

目前，宁夏 6 个污染源监控中心全部投入使用（图 7-31、图 7-32 和图 7-33）。各市监控中心完成了与自治区监控中心的联网工作，全区统一部署了环保部配发的"核心应用软件"系统。从试运行情况看，各中心监控系统功能完备，设备运转正常，各监控企业监控数据已能正确上报到各级监控平台。全区现阶段正组织监测比对验收，用于测试的监控数据已实现向环保部监控中心的联网报送。

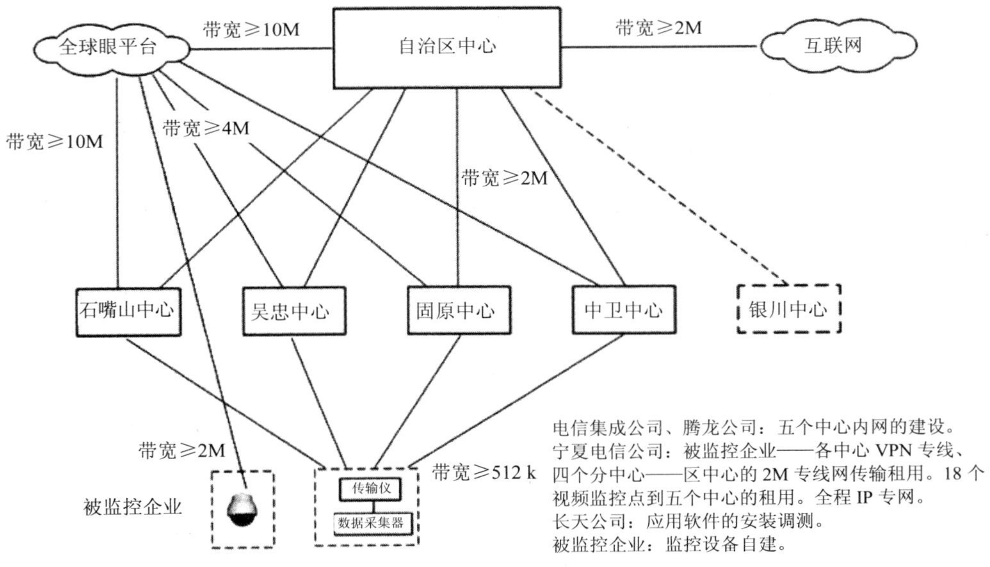

图 7-31　宁夏 6 个污染源监控中心数据传输体系架构

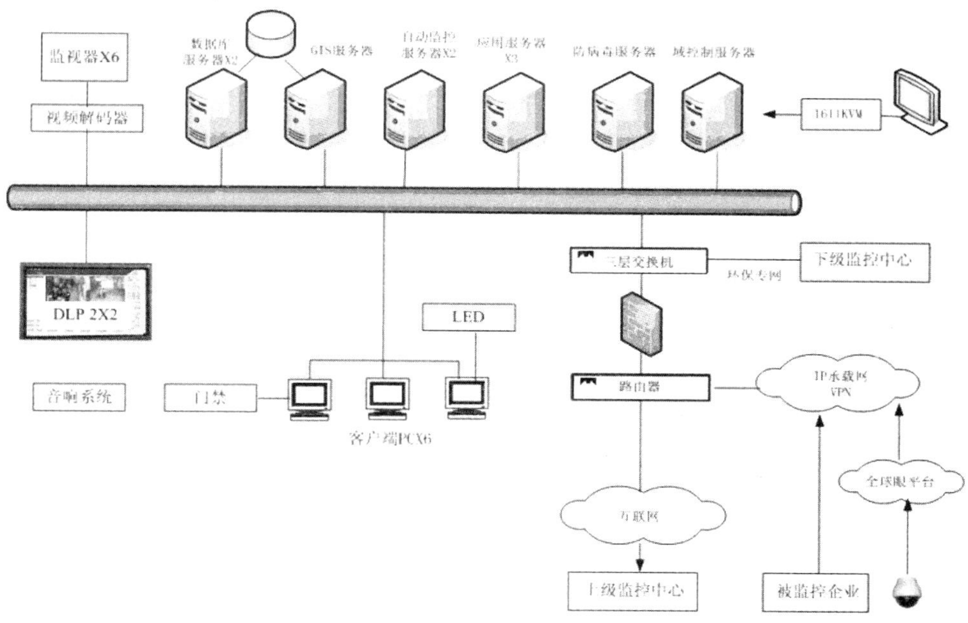

图 7-32　区中心拓扑图

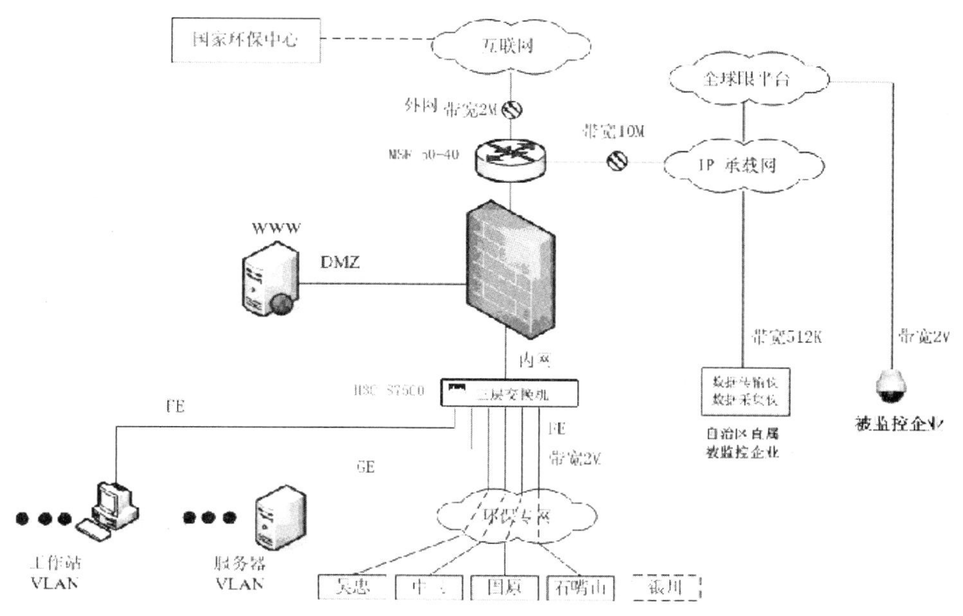

注：全程IP专网，内网IP地址。企业端传输设备要求具有组播功能，数据按规定的IP地址同时上传到地市中心、区中心、国家环保部。

图 7-33　宁夏自治区网络拓扑结构

宁夏国控重点污染源自动监控项目数据传输网络，主要采用有线宽带传输方式。除银川市部分企业以 GPRS 无线传输方式向银川市监控中心传输监控数据外，自治区及其他地市均利用中国电信有线宽带网络组织数据传输。按照宁夏电信提供的视频监控及数据传输整体解决方案，宁夏视频监控依托电信“全球眼”业务，以 2 M 光纤直接接入各监控点；重点监控企业现场端监测数据，按照环保部数据采集传输标准规范，以 2 M 光纤或 ADSL 方式接入各级监控中心。从检查情况看，全区数据传输网络较为稳定，监控数据能正确传送至各监控中心。

（2）监控中心建设状况

宁夏是我国结构性污染问题比较突出的省区之一。依托农业资源和煤炭资源发展的造纸、食品加工等轻工业和冶金、建材等高耗能工业是主要污染源。

宁夏是经济欠发达地区，是我国贫困人口较为集中的待开发省区之一。恶劣的自然条件和屡遭破坏的生态环境，制约着宁夏经济社会可持续发展。宁夏的经济建设、环境保护和民族区域发展，一直受到国务院和国家部委的重视与大力支持，被列为国家大江大河综合治理、黄土高原水土流失综合整治和北方土地沙漠化防治的重点区域，以及高耗能污染重点治理地带。

随着市场经济体制的建立和西部大开发战略的实施，宁夏环境管理和现场执法监督工作量逐年增大。在新形势下，各级人民政府十分重视环境保护行政执法机构的建设。目前宁夏环境保护机构已基本健全，已建立自治区、市（地）、县（市、区）环境保护局（办）29 个，环境监察机构 29 个（符合国家环境执法能力建设项目的环境监察机构 29 个），编制人数 319 人，实有人数 469 人。随着宁夏经济建设的发展，环境污染问题日益突出，污染物排放呈加剧的趋势，为实现宁夏“十一五”污染物减排任务目标，应对环境执法区域的显著加大，各级环保执法机构建设力度、编制规模正逐年扩大。

（3）监控系统建设现状

2008 年 5 月，由于国控重点污染源名单变化，宁夏依据《2006 年宁夏国控重点污染源自动监控名单》，下发了《自治区环境保护局关于限期安装污染源自动监控系统的通知》（宁环发[2008]100 号），要求全区 89 家企业（41 家废水、59 家废气）、8 家城市污水处理厂重点污染源企业安装污染源自动监控设施。

2008 年 9 月后，受全球性经济危机影响，宁夏部分重点行业出现大量企业经营困难，普遍出现停产或半停产状况，企业排污情况发生了较大变化，各地市针对出现的新情况，积极采取对策，调整增加了部分监控企业，使得现场端建设任务得以圆满完成。目前，全区已完成 96 家重点监控企业（52 家废水、50 家废气）自动监控设备安装与联网。其中，80 家企业（47 家废气、38 家废水）监控数据稳定传送至环保部监控中心，银川市因自动监控平台不同，还有 16 家联网企业（14 家废水、2 家废气）正组织数据交换调试，近期将全部联入环保部配发监控平台。

（4）监控设施运行中存在的问题

全区所有地市已完成国控重点污染源基础数据采集、录入工作，部分地市正结合污染源普查及排污申报工作数据，组织对国控重点污染源企业相关数据的整理及现场核查工作。存在的主要问题包括：

一是部分企业设备管理松懈。部分企业设备非停次数增加，尤其是个别企业经常出现长时间、频繁停运烟气在线监测设备，导致监控数据无法正常传送，影响监控结果。

二是设施出现故障。个别企业因技改、停产、污染源治理设施出现故障等原因停运设备时，不能及时填写 CEMS 报修申请登记表，上报区监控中心审核。

三是缺乏对总量的统计分析功能。污染物排放总量是污染减排工作的基础，现有系统大多只能对单点数据进行统计汇总，缺乏对区域、流域的总量统计分析。同时，大量信息孤岛的存在也使得统计总量变得十分困难。

四是缺乏业务技术层面关联。在全区各地环境自动监控系统建设中，目前还没有从区域或流域的环境容量出发，实现污染源监控系统集群网络各节点以环境容量为约束条件的污染物排放总量自适应、相互平衡的机制和功能，而这恰恰是我国环境污染减排考核、保障环境质量、确保环境安全最需要的环境自动监控功能。大量的环境监控中心，只是单一地实现污染源自动监控装置（监控节点）与监控中心端的实时数据、历史数据、状态数据的上传，以及中心端极其简单的对现场检测仪器、污处设施控制指令的下发执行。

五是缺乏对监控数据的深度挖掘和辅助分析。污染源监控的数据量较大，数据之间的关联度复杂多变，仅仅依靠人工去整理分析，将很难找出其内在规律，而现有系统均缺乏对数据深度挖掘的功能，不能充分发挥数据的价值。同时由于各个区域存在不同的监控系统平台，使得数据异构，缺乏统一的标准和数据接口，这也增加了数据采集和挖掘分析的复杂性。

7.5.2 试点要求与目标

（1）数据交换需求

现场数据采集传输仪与监控中心数据库服务器之间能通过通信网络进行数据交换，现场数据采集传输仪可以定时和出现异常情况时主动上传数据，也可响应监控中心的指令进行数据上传（图 7-34）。

图 7-34 数采仪与数据库服务器之间数据交换

（2）试点目标

试点省份的污染源自动监控数据可以交换到环保部数据中心，验证和完善全国污染源自动监控信息的交换机制、数据交换技术模式、污染源相关数据标准、污染源自动监控信息交换原型系统。

7.5.3 试点工作内容

试点的工作内容主要包括数据的交换范围、交换方式等。

（1）数据交换范围

数据交换的范围包括工业水污染点源自动监控数据、工业气污染点源自动监控数据和污水处理厂自动监控数据。

污染源监控基础信息包括：污染源企业基本信息、污染源企业联系方式、污染源基本信息、污染源废气排放口基本信息、污染源废气排放口污染物设置、污染源废水排放口基本信息、污染源废水排放口污染物设置、污染源数据采集仪器信息、污染源治理设施、污染源相关信息示意图。

废气污染源自动监控信息包括：排放口实时数据、排放口小时数据、排放口年数据、排放口日数据、排放口月数据、污染物实时折算数据、污染物实时数据、污染物小时折算数据、污染物小时数据、污染物年数据、污染物日折算数据、污染物日数据、污染物月数据。

废水污染源自动监控信息包括：排放口实时数据、排放口小时数据、排放口年数据、排放口日数据、排放口月数据、排放口污染物实时数据、排放口污染物小时数据、排放口污染物年数据、排放口污染物日数据、排放口污染物月数据、污染治理设施运行日数据。

污水处理厂自动监控信息包括：废水进水口基本信息、废水进水口污染物设置、数据采集仪信息、污染治理设施信息、废水出水口实时数据、废水出水口小时数据、废水出水口年数据、废水出水口日数据、废水出水口月数据、废水出水口污染物实时数据、废水出水口污染物小时数据、废水出水口污染物年数据、废水出水口污染物日数据、废水出水口污染物月数据、污染治理设施运行日数据。

（2）数据交换方式

数据交换平台由数据交换器、数据交换适配器和数据监控中心三部分组成。数据交换器处于核心位置，通过配置在数据交换器的数据交换服务器提供的标准化的适配器为每个数据交换节点提供服务。每个数据交换节点只需要与数据交换中心通过数据交换适配器进行交互，并通过 XML 进行数据转换，而不需要相互直接连接访问就可以获取到所需要的数据。数据交换适配器提供跨平台的应用系统和数据库接口。数据监控中心支持对自身和数据交换任务的监控和管理，对新增业务和交换系统进行定义和配置。实现整个数据交换系统的监控、维护和管理，也使应用系统的变化和发展可以得到有效的管理和控制。同时监控数据交换的事务并保证数据的完整性及错误补救。

7.6 原型系统试点工作总结

7.6.1 对工作调整的说明

之前准备采用 6 M 环境保护业务专网进行网络的传输，但在原型系统试点工作期间环境保护业务专网还在建设中，目前省—市—县污染源监控数据均通过 Internet 网进行网络传输，等环境保护业务专网投入运行后再切换到环境保护业务专网。

7.6.2 存在的问题

数据的容错性还需要建立相应的容错处理机制来完善。原型系统记录了数据错误信息，但未提供解决方法和数据错误修复功能；交换监控界面友好性有待提高，缺少数据传输进度监控和数据完整性监控；交换统计页面查询速度超过 5 秒，性能有待提高。

7.6.3　建议

（1）功能性能问题建议

系统可提供详细分析记录，对交换的数据量、成功率、重传率等进行详细分析记录。对交换过程的进度进行曲线分析，针对地区、企业等生成交换数据分析曲线。对数据上报情况提供定期的报告生成功能，如数据交换日报、月报等。

（2）与已有交换的对比

与已有的交换对比，现有的数据交换模式大大提高了数据交换的效率、完整性和稳定性。试点实践证明，系统运行 10 个月以来，数据交换可靠、通畅，很好地验证了 HJ/T 352—2007 规范的先进性和实用性，为以后全面有效地集成全国各地建设的污染源自动监控平台积累了成功应用经验。

（3）对人员、部署的建议

具备计算机及环境相关专业技术人员共同参与部署，可以更好地管理和维护该系统。

（4）对 HJ/T 352—2007 规范的修正建议

对 HJ/T 352—2007 规范中的部分元素，可以使用 XMLSchema 设计时的强约束技术，施加更为合理、严密的限制条件，一般称作数据“刻面”（facet），对数据的类型、值域、格式、与其他元素的关联引用进行更加严密的规范化约束。例如，可以通过正则表达式（Regex 语言）来为“邮政编码”自定义类型指定更明确的格式，HJ/T 352—2007 规范中原定义如下：

```
<xs：simpleType name="邮政编码">
<xs：restriction base="xs：string">
<xs：length value="6"/>
</xs：restriction>
</xs：simpleType>
```

修改为：

```
<xs：simpleType name="邮政编码">
<xs：restriction base="xs：string">
<xs：pattern value="\d{6}"/>
</xs：restriction>
</xs：simpleType>
```

对于在污染源自动监控数据交换时起主键和外键作用的元素，例如污染源编码，以及承载了用于分级分类统计信息的元素，例如行政区划编码、行业类别编码、流域编码等，也应设定更为具体的数据格式规则。此外，企业法人代码、组织机构代码等也要在今后的修订中纳入污染源基本信息结构中，这些元素是未来与其他部门（如统计、税务、金融、信用）交换和共享涉企信息时十分重要的桥梁。

（5）对交换机制、交换方式的建议

目前为明文交换，要从软件和硬件（网络）两方面考虑日后的安全保障措施。同时也要考虑实施了身份认证、传输加解密等安全措施后对系统交换性能可能带来的影响。

（6）其他建议

从江苏省污染源自动监控数据交换试点的效果来看，为了保证数据交换全面顺畅，没有遗漏和缺失，有必要建立贯穿我国环保系统4级纵向的污染源基础信息目录体系，让每一个排污对象、监管对象有一个能够被唯一标示的识别号（ID），污染源的“环保户籍”目录机制在环境数据交换平台得到统一的、中心式的动态管理和维护，通过复制同步等技术实现向直接下级和间接下级的环境自动监控中心传递和更新，通过“一码”，保证污染源信息“一数一源”。根据污染源的关注级别，确定由哪一级环境信息中心或数据交换平台负责新增污染源的注册申请、审核、登记并颁发具有全国范围唯一识别的污染源编码，通过数据交换平台各节点向下传递和动态更新，下级子孙节点收到新增污染源的监控信息后，能够顺畅地交换与传输，不会发生目前的数据交换原型系统中经常发生的由于污染源编码不匹配而导致数据丢失的问题。

今后可以考虑把污染源编码信息的查询实现为 Web Service 服务，参考全国组织机构代码查询的服务模式，各类环境业务系统在涉源（污染源）信息管理时，首要的一步就是在全国环境信息业务专网上向污染源目录服务器发出查询和审核污染源编码的服务调用，根据返回的结果继续后续的信息处理。通过污染源目录服务机制，将大大提升我国污染源信息本身及信息交换的质量。

提出我国污染源基础信息目录服务框架，见图7-35。

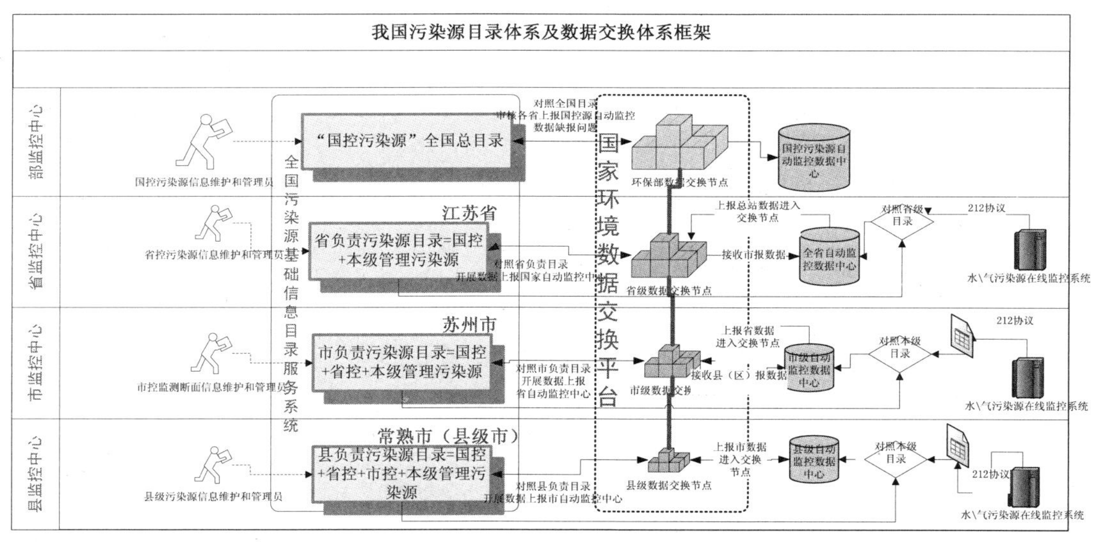

图7-35 污染源基础信息目录服务框架

7.6.4 小结

通过在4个省的试点示范，达到了以下几个目标：

（1）污染源自动监控信息交换是国控重点污染源自动监控信息汇集的重要手段，可以提高工作效率；

（2）开展 4 个试点省的数据交换，有效地支撑了国控污染源自动监控项目的实施；

（3）验证了基于《环境污染源自动监控信息传输、交换技术规范（试行）》（HJ/T 352—2007）建立的原型系统能够有效地支撑污染源自动监控信息交换工作；

（4）发现并改进了原型系统中存在的技术问题，为开展环保能力建设奠定了良好的基础。

附录 7-1 污染源自动监控交换数据库实体一览表

序号	实体描述	实体名称
1	污染源企业基本信息	T_WRY_COMPANY
2	污染源企业联系方式	T_WRY_CONTACT
3	污染源基本信息	T_WRY_BASE
4	污染源废气排放口基本信息	T_WRY_GAS_OUTLET
5	污染源废气排放口污染物设置	T_WRY_GAS_OUTLET_PL
6	污染源废水排放口基本信息	T_WRY_WTR_OUTLET
7	污染源废水排放口污染物设置	T_WRY_WTR_OUTLET_PL
8	污染源数据采集仪器信息	T_WRY_COLLECTOR
9	污染源治理设施	T_WRY_BASE_EQUIPMENT
10	污染源相关信息示意图	T_WRY_MAP
11	污染源自动监控-废气排放口实时数据	T_WRY_AUTO_GAS_RT
12	污染源自动监控-废气排放口小时数据	T_WRY_AUTO_GAS_HOUR
13	污染源自动监控-废气排放口年数据	T_WRY_AUTO_GAS_YEAR
14	污染源自动监控-废气排放口日数据	T_WRY_AUTO_GAS_DAY
15	污染源自动监控-废气排放口月数据	T_WRY_AUTO_GAS_MTH
16	污染源自动监控-废气污染物实时折算数据	T_WRY_AUTO_GAS_RT_PLC
17	污染源自动监控-废气污染物实时数据	T_WRY_AUTO_GAS_RT_PL
18	污染源自动监控-废气污染物小时折算数据	T_WRY_AUTO_GAS_HOUR_PLC
19	污染源自动监控-废气污染物小时数据	T_WRY_AUTO_GAS_HOUR_PL
20	污染源自动监控-废气污染物年数据	T_WRY_AUTO_GAS_YEAR_PL
21	污染源自动监控-废气污染物日折算数据	T_WRY_AUTO_GAS_DAY_PLC
22	污染源自动监控-废气污染物日数据	T_WRY_AUTO_GAS_DAY_PL
23	污染源自动监控-废气污染物月数据	T_WRY_AUTO_GAS_MTH_PL
24	污染源自动监控-废水排放口实时数据	T_WRY_AUTO_WTR_RT
25	污染源自动监控-废水排放口小时数据	T_WRY_AUTO_WTR_HOUR
26	污染源自动监控-废水排放口年数据	T_WRY_AUTO_WTR_YEAR
27	污染源自动监控-废水排放口日数据	T_WRY_AUTO_WTR_DAY
28	污染源自动监控-废水排放口月数据	T_WRY_AUTO_WTR_MTH
29	污染源自动监控-废水排放口污染物实时数据	T_WRY_AUTO_WTR_RT_PL
30	污染源自动监控-废水排放口污染物小时数据	T_WRY_AUTO_WTR_HOUR_PL
31	污染源自动监控-废水排放口污染物年数据	T_WRY_AUTO_WTR_YEAR_PL
32	污染源自动监控-废水排放口污染物日数据	T_WRY_AUTO_WTR_DAY_PL
33	污染源自动监控-废水排放口污染物月数据	T_WRY_AUTO_WTR_MTH_PL
34	污染源自动监控-污染治理设施运行日数据	T_WRY_AUTO_EQUIP_DAY
35	污水处理厂企业基本信息	T_SUL_COMPANY

序号	实体描述	实体名称
36	污水处理厂企业联系方式	T_SUL_CONTACT
37	污水处理厂基本信息	T_SUL_BASE
38	污水处理厂废气排放口基本信息	T_SUL_GAS_OUTLET
39	污水处理厂废气排放口污染物设置	T_SUL_GAS_OUTLET_PL
40	污水处理厂废水出水口基本信息	T_SUL_WTR_OUTLET
41	污水处理厂废水出水口污染物设置	T_SUL_WTR_OUTLET_PL
42	污水处理厂废水进水口基本信息	T_SUL_WTR_INLET
43	污水处理厂废水进水口污染物设置	T_SUL_WTR_INLET_PL
44	污水处理厂数据采集仪信息	T_SUL_COLLECTOR
45	污水处理厂污染治理设施	T_SUL_BASE_EQUIPMENT
46	污水处理厂相关信息示意图	T_SUL_MAP
47	污水处理厂自动监控-废气排放口实时数据	T_SUL_AUTO_GAS_RT
48	污水处理厂自动监控-废气排放口小时数据	T_SUL_AUTO_GAS_HOUR
49	污水处理厂自动监控-废气排放口年数据	T_SUL_AUTO_GAS_YEAR
50	污水处理厂自动监控-废气排放口日数据	T_SUL_AUTO_GAS_DAY
51	污水处理厂自动监控-废气排放口月数据	T_SUL_AUTO_GAS_MTH
52	污水处理厂自动监控-废气污染物实时折算数据	T_SUL_AUTO_GAS_RT_PLC
53	污水处理厂自动监控-废气污染物实时数据	T_SUL_AUTO_GAS_RT_PL
54	污水处理厂自动监控-废气污染物小时折算数据	T_SUL_AUTO_GAS_HOUR_PLC
55	污水处理厂自动监控-废气污染物小时数据	T_SUL_AUTO_GAS_HOUR_PL
56	污水处理厂自动监控-废气污染物年数据	T_SUL_AUTO_GAS_YEAR_PL
57	污水处理厂自动监控-废气污染物日折算数据	T_SUL_AUTO_GAS_DAY_PLC
58	污水处理厂自动监控-废气污染物日数据	T_SUL_AUTO_GAS_DAY_PL
59	污水处理厂自动监控-废气污染物月数据	T_SUL_AUTO_GAS_MTH_PL
60	污水处理厂自动监控-废水出水口实时数据	T_SUL_AUTO_WTR_RT
61	污水处理厂自动监控-废水出水口小时数据	T_SUL_AUTO_WTR_HOUR
62	污水处理厂自动监控-废水出水口年数据	T_SUL_AUTO_WTR_YEAR
63	污水处理厂自动监控-废水出水口日数据	T_SUL_AUTO_WTR_DAY
64	污水处理厂自动监控-废水出水口月数据	T_SUL_AUTO_WTR_MTH
65	污水处理厂自动监控-废水出水口污染物实时数据	T_SUL_AUTO_WTR_RT_PL
66	污水处理厂自动监控-废水出水口污染物小时数据	T_SUL_AUTO_WTR_HOUR_PL
67	污水处理厂自动监控-废水出水口污染物年数据	T_SUL_AUTO_WTR_YEAR_PL
68	污水处理厂自动监控-废水出水口污染物日数据	T_SUL_AUTO_WTR_DAY_PL
69	污水处理厂自动监控-废水出水口污染物月数据	T_SUL_AUTO_WTR_MTH_PL
70	污水处理厂自动监控-污染治理设施运行日数据	T_SUL_AUTO_EQUIP_DAY

附录 7-2 污染源自动监控数据映射关系汇总表

（1）TRG_T_WRY_AUTO_EQUIP_DAY

（2）TRG_T_WRY_AUTO_GAS_DAY

（3）TRG_T_WRY_AUTO_GAS_DAY_PL

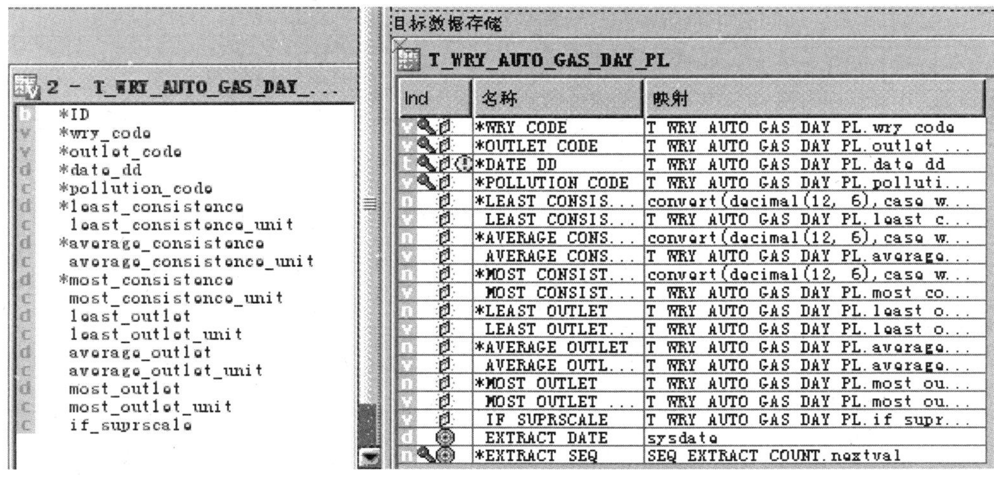

（4）TRG_T_WRY_AUTO_GAS_DAY_PLC

2 – T_WRY_AUTO_GAS_DAY_PLC (T_WR

*ID
*wry_code
*outlet_code
*date_dd
*pollution_code
*least_convert_consistence
least_convert_consistence_unit
*average_convert_consistence
average_convert_consistence_unit
*most_convert_consistence
most_convert_consistence_unit
least_outlet
least_outlet_unit
average_outlet
average_outlet_unit
most_outlet
most_outlet_unit
if_suprscale

目标数据存储

T_WRY_AUTO_GAS_DAY_PLC

Ind	名称	映射
	*WRY CODE	T WRY AUTO GAS DAY PLC. wry code
	*OUTLET CODE	T WRY AUTO GAS DAY PLC. outlet...
	*DATE DD	T WRY AUTO GAS DAY PLC. date dd
	*POLLUTION CODE	T WRY AUTO GAS DAY PLC. pollut...
	*LEAST CONVER...	T WRY AUTO GAS DAY PLC. least ...
	LEAST CONVER...	T WRY AUTO GAS DAY PLC. least ...
	*AVERAGE CONV...	T WRY AUTO GAS DAY PLC. averag...
	AVERAGE CONV...	T WRY AUTO GAS DAY PLC. averag...
	*MOST CONVERT...	T WRY AUTO GAS DAY PLC. most c...
	MOST CONVERT...	T WRY AUTO GAS DAY PLC. most c...
	*LEAST OUTLET	T WRY AUTO GAS DAY PLC. least ...
	LEAST OUTLET...	T WRY AUTO GAS DAY PLC. least ...
	*AVERAGE OUTLET	T WRY AUTO GAS DAY PLC. averag...
	AVERAGE OUTL...	T WRY AUTO GAS DAY PLC. averag...
	*MOST OUTLET	T WRY AUTO GAS DAY PLC. most o...
	MOST OUTLET ...	T WRY AUTO GAS DAY PLC. most o...
	IF SUPRSCALE	T WRY AUTO GAS DAY PLC. if sup...
	EXTRACT DATE	
	*EXTRACT SEQ	

（5）TRG_T_WRY_AUTO_GAS_HOUR

2 – T_WRY_AUTO...

*ID
*wry_code
*outlet_code
*monitor_datetime
*least_flux
*least_flux_unit
*average_flux
*average_flux_unit
*most_flux
*most_flux_unit

目标数据存储

T_WRY_AUTO_GAS_HOUR

Ind	名称	映射
	*WRY CODE	T WRY AUTO GAS HOUR. wry code
	*OUTLET CODE	T WRY AUTO GAS HOUR. outlet code
	*MONITOR DATE...	T WRY AUTO GAS HOUR. monitor d...
	LEAST FLUX	convert(decimal(15, 4), left(c...
	LEAST FLUX UNIT	T WRY AUTO GAS HOUR. least flu...
	AVERAGE FLUX	convert(decimal(15, 4), left(c...
	AVERAGE FLUX...	T WRY AUTO GAS HOUR. average f...
	MOST FLUX	convert(decimal(15, 4), left(c...
	MOST FLUX UNIT	T WRY AUTO GAS HOUR. most flux...
	EXTRACT DATE	sysdate
	*EXTRACT SEQ	seq extract count. nextval

（6）TRG_T_WRY_AUTO_GAS_HOUR_PL

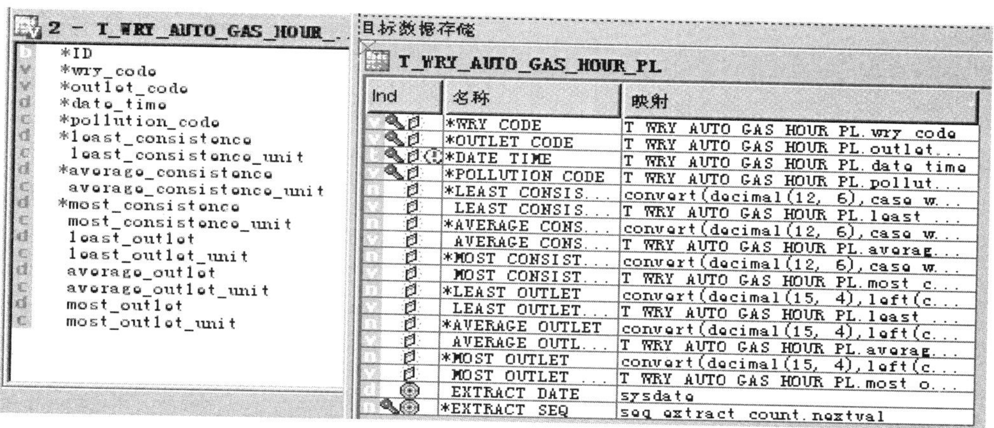

(7) TRG_T_WRY_AUTO_GAS_HOUR_PLC

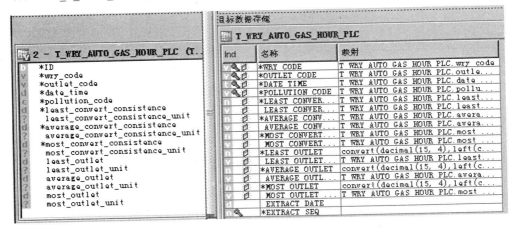

2 - T_WRY_AUTO_GAS_HOUR_PLC (T...

*ID
*wry_code
*outlet_code
*date_time
*pollution_code
*least_convert_consistence
least_convert_consistence_unit
*average_convert_consistence
average_convert_consistence_unit
*most_convert_consistence
most_convert_consistence_unit
least_outlet
least_outlet_unit
average_outlet
average_outlet_unit
most_outlet
most_outlet_unit

目标数据存储

T_WRY_AUTO_GAS_HOUR_PLC

Ind	名称	映射
	*WRY CODE	T WRY AUTO GAS HOUR PLC. wry code
	*OUTLET CODE	T WRY AUTO GAS HOUR PLC. outle...
	*DATE TIME	T WRY AUTO GAS HOUR PLC. date ...
	*POLLUTION CODE	T WRY AUTO GAS HOUR PLC. pollu...
	*LEAST CONVER...	T WRY AUTO GAS HOUR PLC. least...
	LEAST CONVER...	T WRY AUTO GAS HOUR PLC. least...
	*AVERAGE CONV...	T WRY AUTO GAS HOUR PLC. avera...
	AVERAGE CONV...	T WRY AUTO GAS HOUR PLC. avera...
	*MOST CONVERT...	T WRY AUTO GAS HOUR PLC. most ...
	MOST CONVERT...	T WRY AUTO GAS HOUR PLC. most ...
	*LEAST OUTLET	convert(decimal(15, 4), left(c...
	LEAST OUTLET...	T WRY AUTO GAS HOUR PLC. least...
	*AVERAGE OUTLET	convert(decimal(15, 4), left(c...
	AVERAGE OUTL...	T WRY AUTO GAS HOUR PLC. avera...
	*MOST OUTLET	convert(decimal(15, 4), left(c...
	MOST OUTLET ...	T WRY AUTO GAS HOUR PLC. most ...
	EXTRACT DATE	
	*EXTRACT SEQ	

(8) TRG_T_WRY_AUTO_GAS_MTH

2 - T_WRY_AUTO_GAS_MTH ...

*ID
*wry_code
*outlet_code
*month_of_year
*outlet
*outlet_unit

目标数据存储

T_WRY_AUTO_GAS_MTH

Ind	名称	映射
	*WRY CODE	T WRY AUTO GAS MTH. wry code
	*OUTLET CODE	T WRY AUTO GAS MTH. outlet code
	*MONTH OF YEAR	T WRY AUTO GAS MTH. month of year
	*OUTLET	convert(decimal(15, 4), left(c...
	OUTLET UNIT	T WRY AUTO GAS MTH. outlet unit
	EXTRACT DATE	sysdate
	*EXTRACT SEQ	SEQ EXTRACT COUNT. nextval

(9) TRG_T_WRY_AUTO_GAS_MTH_PL

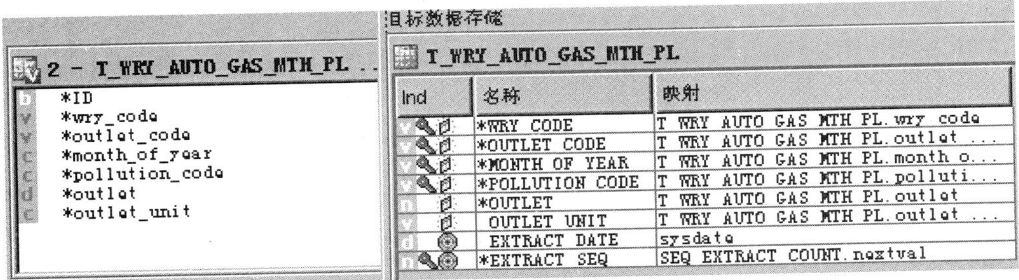

2 - T_WRY_AUTO_GAS_MTH_PL ...

*ID
*wry_code
*outlet_code
*month_of_year
*pollution_code
*outlet
*outlet_unit

目标数据存储

T_WRY_AUTO_GAS_MTH_PL

Ind	名称	映射
	*WRY CODE	T WRY AUTO GAS MTH PL. wry code
	*OUTLET CODE	T WRY AUTO GAS MTH PL. outlet ...
	*MONTH OF YEAR	T WRY AUTO GAS MTH PL. month o...
	*POLLUTION CODE	T WRY AUTO GAS MTH PL. polluti...
	*OUTLET	T WRY AUTO GAS MTH PL. outlet
	OUTLET UNIT	T WRY AUTO GAS MTH PL. outlet ...
	EXTRACT DATE	sysdate
	*EXTRACT SEQ	SEQ EXTRACT COUNT. nextval

(10) TRG_T_WRY_AUTO_GAS_RT

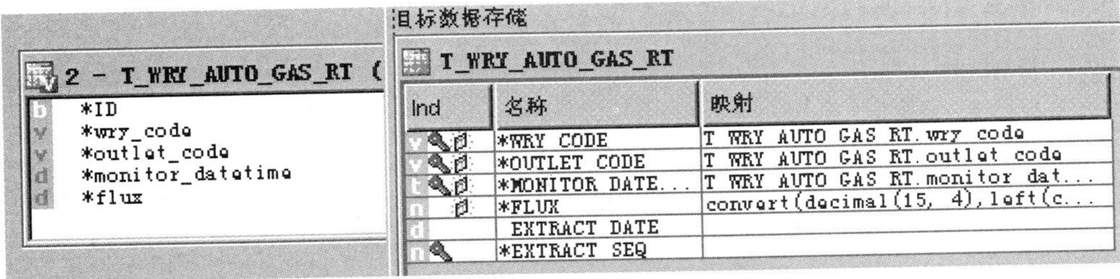

2 - T_WRY_AUTO_GAS_RT (

*ID
*wry_code
*outlet_code
*monitor_datetime
*flux

目标数据存储

T_WRY_AUTO_GAS_RT

Ind	名称	映射
	*WRY CODE	T WRY AUTO GAS RT. wry code
	*OUTLET CODE	T WRY AUTO GAS RT. outlet code
	*MONITOR DATE...	T WRY AUTO GAS RT. monitor dat...
	*FLUX	convert(decimal(15, 4), left(c...
	EXTRACT DATE	
	*EXTRACT SEQ	

（11）TRG_T_WRY_AUTO_GAS_RT_PL

2 - T_WRY_AUTO_GAS_RT_PL

*ID
*wry_code
*outlet_code
*monitor_datetime
*pollution_code
*consistence
consistence_unit
realtime_outlet
realtime_outlet_unit
status_code

目标数据存储

T_WRY_AUTO_GAS_RT_PL

Ind	名称	映射
	*WRY CODE	T WRY AUTO GAS RT PL. wry code
	*OUTLET CODE	T WRY AUTO GAS RT PL. outlet code
	*MONITOR DATE...	T WRY AUTO GAS RT PL. monitor ...
	*POLLUTION CODE	T WRY AUTO GAS RT PL. pollutio...
	*CONSISTENCE	T WRY AUTO GAS RT PL. consistence
	CONSISTENCE ...	T WRY AUTO GAS RT PL. consiste...
	*REALTIME OUTLET	T WRY AUTO GAS RT PL. realtime...
	REALTIME OUT...	T WRY AUTO GAS RT PL. realtime...
	STATUS CODE	T WRY AUTO GAS RT PL. status code
	EXTRACT DATE	sysdate
	*EXTRACT SEQ	SEQ EXTRACT COUNT. nextval

（12）TRG_T_WRY_AUTO_GAS_RT_PLC

2 - T_WRY_AUTO_GAS_RT_PLC...

*ID
*wry_code
*outlet_code
*monitor_datetime
*pollution_code
*convert_consistence
convert_consistence_unit
realtime_outlet
realtime_outlet_unit
status_code

目标数据存储

T_WRY_AUTO_GAS_RT_PLC

Ind	名称	映射
	*WRY CODE	T WRY AUTO GAS RT PLC. wry code
	*OUTLET CODE	T WRY AUTO GAS RT PLC. outlet ...
	*MONITOR DATE...	T WRY AUTO GAS RT PLC. monitor...
	*POLLUTION CODE	T WRY AUTO GAS RT PLC. polluti...
	*CONVERT CONS...	T WRY AUTO GAS RT PLC. convert...
	CONVERT CONS...	T WRY AUTO GAS RT PLC. convert...
	*REALTIME OUTLET	T WRY AUTO GAS RT PLC. realtim...
	REALTIME OUT...	T WRY AUTO GAS RT PLC. realtim...
	STATUS CODE	T WRY AUTO GAS RT PLC. status ...
	EXTRACT DATE	
	*EXTRACT SEQ	

（13）TRG_T_WRY_AUTO_GAS_YEAR

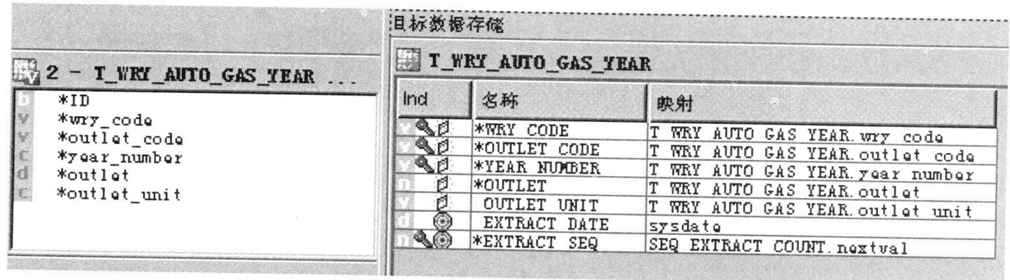

2 - T_WRY_AUTO_GAS_YEAR ...

*ID
*wry_code
*outlet_code
*year_number
*outlet
*outlet_unit

目标数据存储

T_WRY_AUTO_GAS_YEAR

Ind	名称	映射
	*WRY CODE	T WRY AUTO GAS YEAR. wry code
	*OUTLET CODE	T WRY AUTO GAS YEAR. outlet code
	*YEAR NUMBER	T WRY AUTO GAS YEAR. year number
	*OUTLET	T WRY AUTO GAS YEAR. outlet
	OUTLET UNIT	T WRY AUTO GAS YEAR. outlet unit
	EXTRACT DATE	sysdate
	*EXTRACT SEQ	SEQ EXTRACT COUNT. nextval

（14）TRG_T_WRY_AUTO_GAS_YEAR_PL

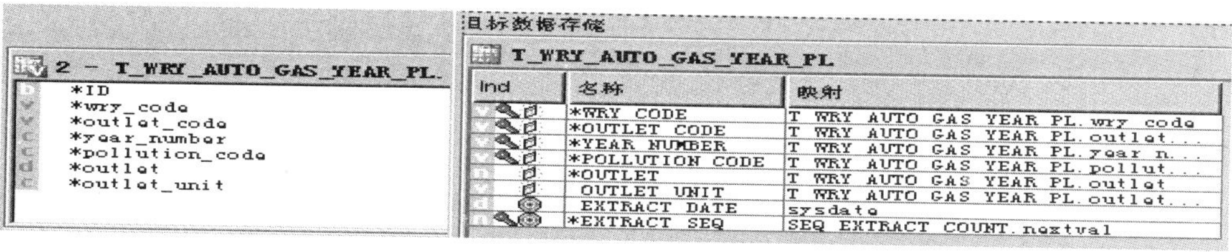

2 - T_WRY_AUTO_GAS_YEAR_PL.

*ID
*wry_code
*outlet_code
*year_number
*pollution_code
*outlet
*outlet_unit

目标数据存储

T_WRY_AUTO_GAS_YEAR_PL

Ind	名称	映射
	*WRY CODE	T WRY AUTO GAS YEAR PL. wry code
	*OUTLET CODE	T WRY AUTO GAS YEAR PL. outlet...
	*YEAR NUMBER	T WRY AUTO GAS YEAR PL. year n...
	*POLLUTION CODE	T WRY AUTO GAS YEAR PL. pollut...
	*OUTLET	T WRY AUTO GAS YEAR PL. outlet
	OUTLET UNIT	T WRY AUTO GAS YEAR PL. outlet...
	EXTRACT DATE	sysdate
	*EXTRACT SEQ	SEQ EXTRACT COUNT. nextval

（15）TRG_T_WRY_AUTO_WTR_DAY

2 - T_WRY_AUTO_WTR_DAY...

*ID
*wry_code
*outlet_code
*date_dd
*outlet
*outlet_unit
*most_outlet
*most_outlet_unit
*least_outlet
*least_outlet_unit

目标数据存储

T_WRY_AUTO_WTR_DAY

Ind	名称	映射
	*WRY CODE	T WRY AUTO WTR DAY. wry code
	*OUTLET CODE	T WRY AUTO WTR DAY. outlet code
	*DATE DD	T WRY AUTO WTR DAY. date dd
	*OUTLET	T WRY AUTO WTR DAY. outlet
	OUTLET UNIT	T WRY AUTO WTR DAY. outlet unit
	*MOST OUTLET	T WRY AUTO WTR DAY. most outlet
	MOST OUTLET ...	T WRY AUTO WTR DAY. most outle...
	*LEAST OUTLET	T WRY AUTO WTR DAY. least outlet
	LEAST OUTLET...	T WRY AUTO WTR DAY. least outl...
	EXTRACT DATE	sysdate
	*EXTRACT SEQ	SEQ EXTRACT COUNT. nextval

（16）TRG_T_WRY_AUTO_WTR_DAY_PL

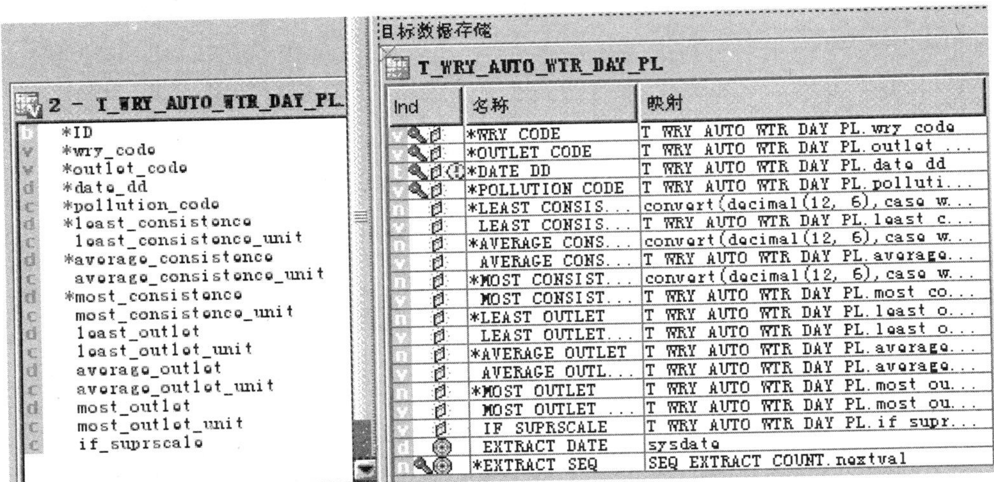

2 - T_WRY_AUTO_WTR_DAY_PL

*ID
*wry_code
*outlet_code
*date_dd
*pollution_code
*least_consistence
least_consistence_unit
*average_consistence
average_consistence_unit
*most_consistence
most_consistence_unit
least_outlet
least_outlet_unit
average_outlet
average_outlet_unit
most_outlet
most_outlet_unit
if_suprscale

目标数据存储

T_WRY_AUTO_WTR_DAY_PL

Ind	名称	映射
	*WRY CODE	T WRY AUTO WTR DAY PL. wry code
	*OUTLET CODE	T WRY AUTO WTR DAY PL. outlet ...
	*DATE DD	T WRY AUTO WTR DAY PL. date dd
	*POLLUTION CODE	T WRY AUTO WTR DAY PL. polluti...
	*LEAST CONSIS...	convert(decimal(12, 6), case w...
	LEAST CONSIS...	T WRY AUTO WTR DAY PL. least c...
	*AVERAGE CONS...	convert(decimal(12, 6), case w...
	AVERAGE CONS...	T WRY AUTO WTR DAY PL. average...
	*MOST CONSIST...	convert(decimal(12, 6), case w...
	MOST CONSIST...	T WRY AUTO WTR DAY PL. most co...
	*LEAST OUTLET	T WRY AUTO WTR DAY PL. least o...
	LEAST OUTLET...	T WRY AUTO WTR DAY PL. least o...
	*AVERAGE OUTLET	T WRY AUTO WTR DAY PL. average...
	AVERAGE OUTL...	T WRY AUTO WTR DAY PL. average...
	*MOST OUTLET	T WRY AUTO WTR DAY PL. most ou...
	MOST OUTLET ...	T WRY AUTO WTR DAY PL. most ou...
	IF SUPRSCALE	T WRY AUTO WTR DAY PL. if supr...
	EXTRACT DATE	sysdate
	*EXTRACT SEQ	SEQ EXTRACT COUNT. nextval

（17）TRG_T_WRY_AUTO_WTR_HOUR

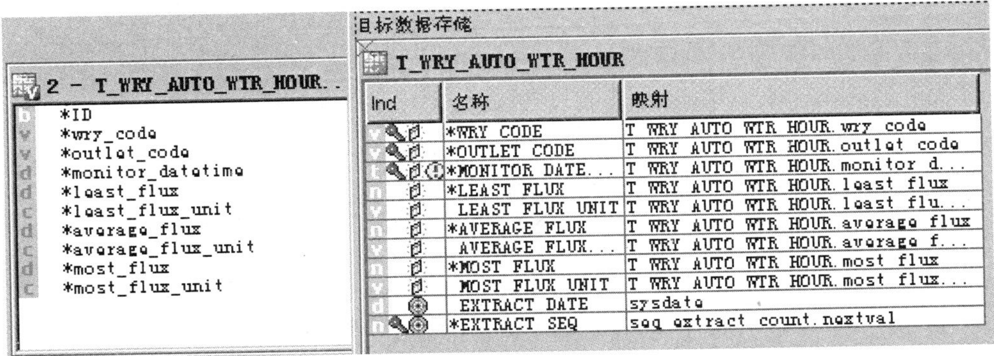

2 - T_WRY_AUTO_WTR_HOUR..

*ID
*wry_code
*outlet_code
*monitor_datetime
*least_flux
*least_flux_unit
*average_flux
*average_flux_unit
*most_flux
*most_flux_unit

目标数据存储

T_WRY_AUTO_WTR_HOUR

Ind	名称	映射
	*WRY CODE	T WRY AUTO WTR HOUR. wry code
	*OUTLET CODE	T WRY AUTO WTR HOUR. outlet code
	*MONITOR DATE...	T WRY AUTO WTR HOUR. monitor d...
	*LEAST FLUX	T WRY AUTO WTR HOUR. least flux
	LEAST FLUX UNIT	T WRY AUTO WTR HOUR. least flu...
	*AVERAGE FLUX	T WRY AUTO WTR HOUR. average flux
	AVERAGE FLUX...	T WRY AUTO WTR HOUR. average f...
	*MOST FLUX	T WRY AUTO WTR HOUR. most flux
	MOST FLUX UNIT	T WRY AUTO WTR HOUR. most flux...
	EXTRACT DATE	sysdate
	*EXTRACT SEQ	seq extract count. nextval

（18）TRG_T_WRY_AUTO_WTR_HOUR_PL

2 – T_WRY_AUTO_WTR_HOUR_PL...

*ID
*wry_code
*outlet_code
*monitor_datetime
*pollution_code
*least_consistence
least_consistence_unit
*average_consistence
average_consistence_unit
*most_consistence
most_consistence_unit
least_outlet
least_outlet_unit
average_outlet
average_outlet_unit
most_outlet
most_outlet_unit

目标数据存储

T_WRY_AUTO_WTR_HOUR_PL

Ind	名称	映射
	*WRY CODE	T WRY AUTO WTR HOUR PL.wry code
	*OUTLET CODE	T WRY AUTO WTR HOUR PL.outlet...
	*MONITOR DATE...	T WRY AUTO WTR HOUR PL.monito...
	*POLLUTION CODE	T WRY AUTO WTR HOUR PL.pollut...
	*LEAST CONSIS...	convert(decimal(12, 6),case w...
	LEAST CONSIS...	T WRY AUTO WTR HOUR PL.least ...
	*AVERAGE CONS...	convert(decimal(12, 6),case w...
	AVERAGE CONS...	T WRY AUTO WTR HOUR PL.averag...
	*MOST CONSIST...	convert(decimal(12, 6),case w...
	MOST CONSIST...	T WRY AUTO WTR HOUR PL.most c...
	*LEAST OUTLET	T WRY AUTO WTR HOUR PL.least ...
	LEAST OUTLET...	T WRY AUTO WTR HOUR PL.least ...
	*AVERAGE OUTLET	T WRY AUTO WTR HOUR PL.averag...
	AVERAGE OUTL...	T WRY AUTO WTR HOUR PL.averag...
	*MOST OUTLET	T WRY AUTO WTR HOUR PL.most o...
	MOST OUTLET ...	T WRY AUTO WTR HOUR PL.most o...
	EXTRACT DATE	sysdate
	*EXTRACT SEQ	seq extract count.nextval

（19）TRG_T_WRY_AUTO_WTR_MTH

2 – T_WRY_AUTO_WTR_MTH...

*ID
*wry_code
*outlet_code
*month_of_year
*outlet
*outlet_unit

目标数据存储

T_WRY_AUTO_WTR_MTH

Ind	名称	映射
	*WRY CODE	T WRY AUTO WTR MTH.wry code
	*OUTLET CODE	T WRY AUTO WTR MTH.outlet code
	*MONTH OF YEAR	T WRY AUTO WTR MTH.month of year
	*OUTLET	T WRY AUTO WTR MTH.outlet
	OUTLET UNIT	T WRY AUTO WTR MTH.outlet unit
	EXTRACT DATE	sysdate
	*EXTRACT SEQ	SEQ EXTRACT COUNT.nextval

（20）TRG_T_WRY_AUTO_WTR_MTH_PL

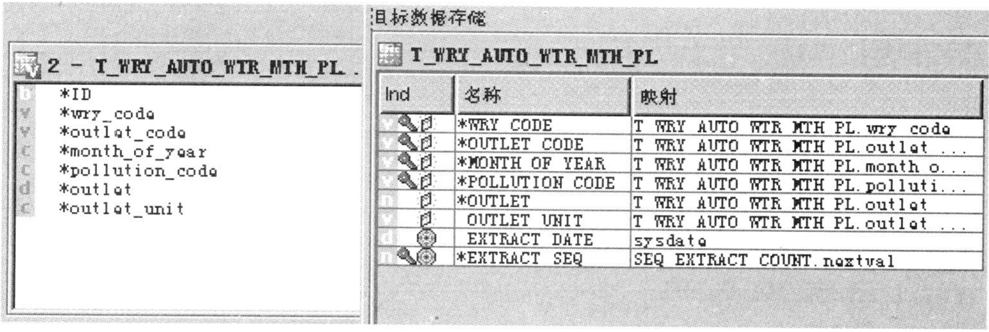

2 – T_WRY_AUTO_WTR_MTH_PL..

*ID
*wry_code
*outlet_code
*month_of_year
*pollution_code
*outlet
*outlet_unit

目标数据存储

T_WRY_AUTO_WTR_MTH_PL

Ind	名称	映射
	*WRY CODE	T WRY AUTO WTR MTH PL.wry code
	*OUTLET CODE	T WRY AUTO WTR MTH PL.outlet ...
	*MONTH OF YEAR	T WRY AUTO WTR MTH PL.month o...
	*POLLUTION CODE	T WRY AUTO WTR MTH PL.polluti...
	*OUTLET	T WRY AUTO WTR MTH PL.outlet
	OUTLET UNIT	T WRY AUTO WTR MTH PL.outlet ...
	EXTRACT DATE	sysdate
	*EXTRACT SEQ	SEQ EXTRACT COUNT.nextval

（21）TRG_T_WRY_AUTO_WTR_RT

2 – T_WRY_AUTO_WTR_RT...

*ID
*wry_code
*outlet_code
*monitor_datetime
*flux

目标数据存储

T_WRY_AUTO_WTR_RT

Ind	名称	映射
	*WRY CODE	T WRY AUTO WTR RT.wry code
	*OUTLET CODE	T WRY AUTO WTR RT.outlet code
	*MONITOR DATE...	T WRY AUTO WTR RT.monitor dat...
	*FLUX	T WRY AUTO WTR RT.flux
	EXTRACT DATE	sysdate
	*EXTRACT SEQ	SEQ EXTRACT COUNT.nextval

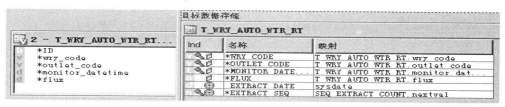

（22）TRG_T_WRY_AUTO_WTR_RT_PL

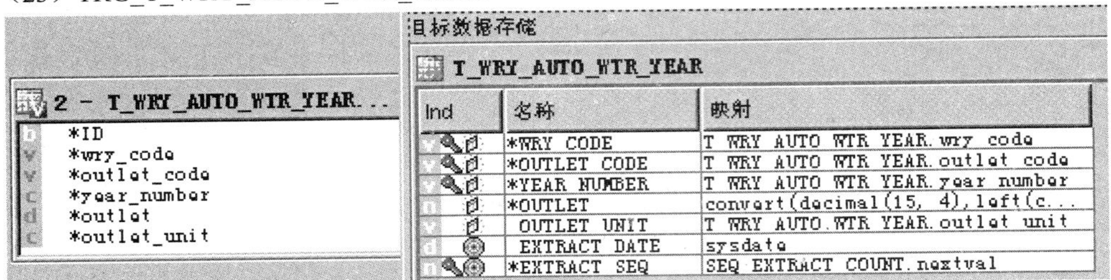

2 – T_WRY_AUTO_WTR_RT_PL ..

*ID
*wry_code
*outlet_code
*monitor_datetime
*pollution_code
*consistence
consistence_unit
realtime_outlet
realtime_outlet_unit
status_code

目标数据存储

T_WRY_AUTO_WTR_RT_PL

Ind	名称	映射
	*WRY CODE	T WRY AUTO WTR RT PL. wry code
	*OUTLET CODE	T WRY AUTO WTR RT PL. outlet code
	*MONITOR DATE. . .	T WRY AUTO WTR RT PL. monitor . . .
	*POLLUTION CODE	T WRY AUTO WTR RT PL. pollutio. . .
	*CONSISTENCE	T WRY AUTO WTR RT PL. consistence
	CONSISTENCE . . .	T WRY AUTO WTR RT PL. consiste. . .
	*REALTIME OUTLET	T WRY AUTO WTR RT PL. realtime. . .
	REALTIME OUT. . .	T WRY AUTO WTR RT PL. realtime. . .
	STATUS CODE	T WRY AUTO WTR RT PL. status code
	EXTRACT DATE	sysdate
	*EXTRACT SEQ	SEQ EXTRACT COUNT. nextval

（23）TRG_T_WRY_AUTO_WTR_YEAR

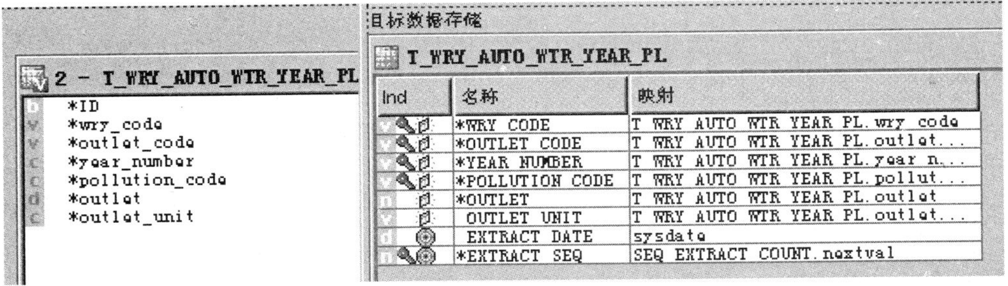

2 – T_WRY_AUTO_WTR_YEAR. . .

*ID
*wry_code
*outlet_code
*year_number
*outlet
*outlet_unit

目标数据存储

T_WRY_AUTO_WTR_YEAR

Ind	名称	映射
	*WRY CODE	T WRY AUTO WTR YEAR. wry code
	*OUTLET CODE	T WRY AUTO WTR YEAR. outlet code
	*YEAR NUMBER	T WRY AUTO WTR YEAR. year number
	*OUTLET	convert(decimal(15, 4), left(c. . .
	OUTLET UNIT	T WRY AUTO WTR YEAR. outlet unit
	EXTRACT DATE	sysdate
	*EXTRACT SEQ	SEQ EXTRACT COUNT. nextval

（24）TRG_T_WRY_AUTO_WTR_YEAR_PL

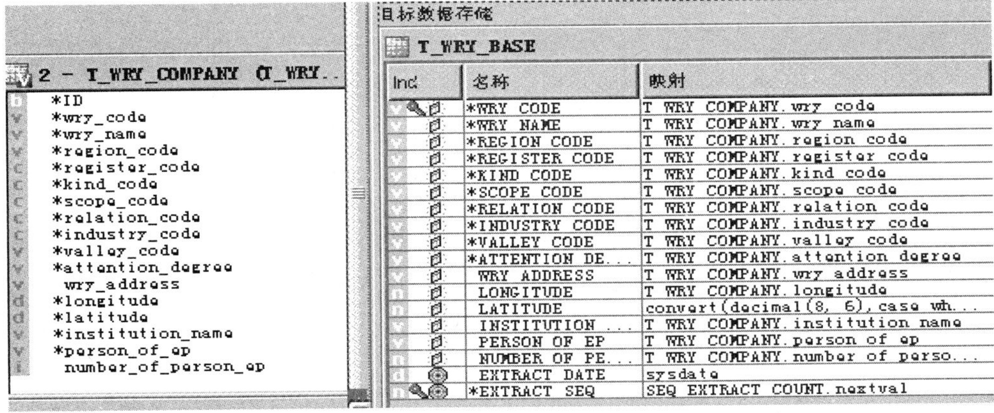

2 – T_WRY_AUTO_WTR_YEAR_PL

*ID
*wry_code
*outlet_code
*year_number
*pollution_code
*outlet
*outlet_unit

目标数据存储

T_WRY_AUTO_WTR_YEAR_PL

Ind	名称	映射
	*WRY CODE	T WRY AUTO WTR YEAR PL. wry code
	*OUTLET CODE	T WRY AUTO WTR YEAR PL. outlet. . .
	*YEAR NUMBER	T WRY AUTO WTR YEAR PL. year n. . .
	*POLLUTION CODE	T WRY AUTO WTR YEAR PL. pollut. . .
	*OUTLET	T WRY AUTO WTR YEAR PL. outlet
	OUTLET UNIT	T WRY AUTO WTR YEAR PL. outlet. . .
	EXTRACT DATE	sysdate
	*EXTRACT SEQ	SEQ EXTRACT COUNT. nextval

（25）TRG_T_WRY_BASE

2 – T_WRY_COMPANY (T_WRY. .

*ID
*wry_code
*wry_name
*region_code
*register_code
*kind_code
*scope_code
*relation_code
*industry_code
*valley_code
*attention_degree
wry_address
*longitude
*latitude
*institution_name
*person_of_ep
number_of_person_ep

目标数据存储

T_WRY_BASE

Ind	名称	映射
	*WRY CODE	T WRY COMPANY. wry code
	*WRY NAME	T WRY COMPANY. wry name
	*REGION CODE	T WRY COMPANY. region code
	*REGISTER CODE	T WRY COMPANY. register code
	*KIND CODE	T WRY COMPANY. kind code
	*SCOPE CODE	T WRY COMPANY. scope code
	*RELATION CODE	T WRY COMPANY. relation code
	*INDUSTRY CODE	T WRY COMPANY. industry code
	*VALLEY CODE	T WRY COMPANY. valley code
	*ATTENTION DE. . .	T WRY COMPANY. attention degree
	WRY ADDRESS	T WRY COMPANY. wry address
	LONGITUDE	T WRY COMPANY. longitude
	LATITUDE	convert(decimal(8, 6), case wh. . .
	INSTITUTION . . .	T WRY COMPANY. institution name
	PERSON OF EP	T WRY COMPANY. person of ep
	NUMBER OF PE. . .	T WRY COMPANY. number of perso. . .
	EXTRACT DATE	sysdate
	*EXTRACT SEQ	SEQ EXTRACT COUNT. nextval

（26）TRG_T_WRY_BASE_EQUIPMENT

2 – T_WRY_BASE_EQUIPMENT

*ID
*wry_code
*equipment_code
*equipment_name
pollution_kind
deal_method
deal_ability_plan
outlet_code
employ_date
*seq_apparatus

目标数据存储

T_WRY_BASE_EQUIPMENT

Ind	名称	映射
	*WRY CODE	T WRY BASE EQUIPMENT. wry code
	*EQUIPMENT CODE	T WRY BASE EQUIPMENT. equipmen...
	*EQUIPMENT NAME	T WRY BASE EQUIPMENT. equipmen...
	POLLUTION KIND	T WRY BASE EQUIPMENT. pollutio...
	DEAL METHOD	T WRY BASE EQUIPMENT. deal method
	DEAL ABILITY...	convert(decimal(9, 6), case wh...
	OUTLET CODE	T WRY BASE EQUIPMENT. outlet code
	EMPLOY DATE	T WRY BASE EQUIPMENT. employ date
	*SEQ APPARATUS	T WRY BASE EQUIPMENT. seq appa...
	EXTRACT DATE	
	*EXTRACT SEQ	

（27）TRG_T_WRY_COLLECTOR

2 – T_WRY_COLLECTOR ...

*ID
*wry_code
*seq_apparatus
*service_ip
password
interval_upload
if_upload_day
if_upload_houre
transfer_mode
product_company
com_person
com_tel

目标数据存储

T_WRY_COLLECTOR

Ind	名称	映射
	*WRY CODE	T WRY COLLECTOR. wry code
	*SEQ APPARATUS	T WRY COLLECTOR. seq apparatus
	*SERVICE IP	T WRY COLLECTOR. service ip
	PASSWORD	T WRY COLLECTOR. password
	INTERVAL UPLOAD	T WRY COLLECTOR. interval upload
	IF UPLOAD DAY	T WRY COLLECTOR. if upload day
	IF UPLOAD HOURE	T WRY COLLECTOR. if upload houre
	TRANSFER MODE	T WRY COLLECTOR. transfer mode
	PRODUCT COMPANY	T WRY COLLECTOR. product company
	COM PERSON	T WRY COLLECTOR. com person
	COM TEL	
	EXTRACT DATE	
	*EXTRACT SEQ	

（28）TRG_T_WRY_COMPANY

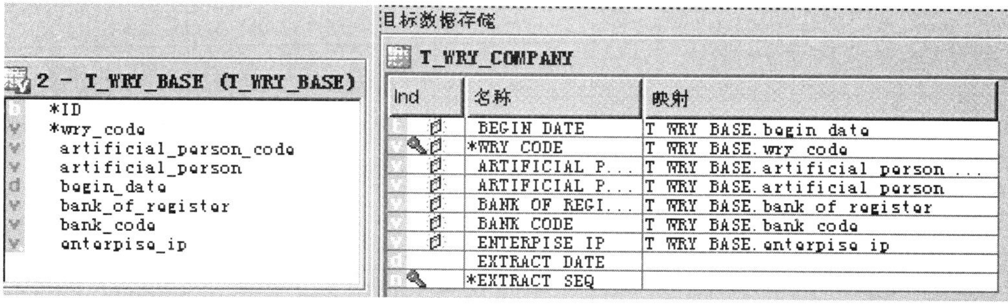

2 – T_WRY_BASE (T_WRY_BASE)

*ID
*wry_code
artificial_person_code
artificial_person
begin_date
bank_of_register
bank_code
enterpise_ip

目标数据存储

T_WRY_COMPANY

Ind	名称	映射
	BEGIN DATE	T WRY BASE. begin date
	*WRY CODE	T WRY BASE. wry code
	ARTIFICIAL P...	T WRY BASE. artificial person ...
	ARTIFICIAL P...	T WRY BASE. artificial person
	BANK OF REGI...	T WRY BASE. bank of register
	BANK CODE	T WRY BASE. bank code
	ENTERPISE IP	T WRY BASE. enterpise ip
	EXTRACT DATE	
	*EXTRACT SEQ	

（29）TRG_T_WRY_CONTACT

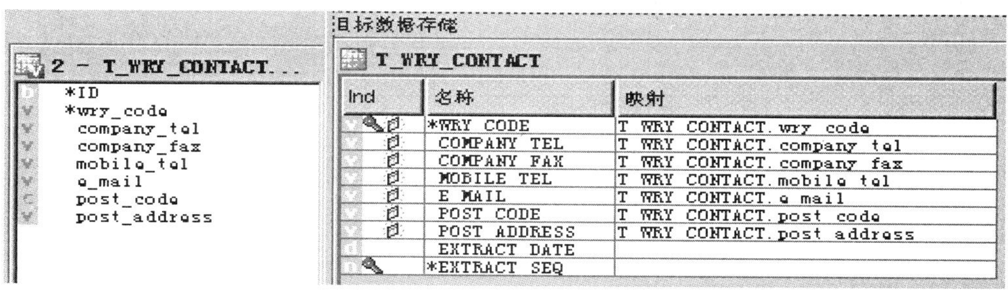

2 – T_WRY_CONTACT...

*ID
*wry_code
company_tel
company_fax
mobile_tel
e_mail
post_code
post_address

目标数据存储

T_WRY_CONTACT

Ind	名称	映射
	*WRY CODE	T WRY CONTACT. wry code
	COMPANY TEL	T WRY CONTACT. company tel
	COMPANY FAX	T WRY CONTACT. company fax
	MOBILE TEL	T WRY CONTACT. mobile tel
	E MAIL	T WRY CONTACT. e mail
	POST CODE	T WRY CONTACT. post code
	POST ADDRESS	T WRY CONTACT. post address
	EXTRACT DATE	
	*EXTRACT SEQ	

（30）TRG_T_WRY_GAS_OUTLET

2 - T_WRY_GAS_OUTLET.

*wry_code
*ID
*outlet_code
*outlet_name
air_function_code
outlet_number
outlet_location
outlet_highest
outlet_incenter
longitude
latitude
orderliness_code
burning_code
burning_mode_code
sign_fit
if_control
outlet_kind
seq_apparatus
map_of_gas_outlet

目标数据存储

T_WRY_GAS_OUTLET

Ind	名称	映射
v	*WRY CODE	T WRY GAS OUTLET.wry code
v	*OUTLET CODE	T WRY GAS OUTLET.outlet code
v	*OUTLET NAME	T WRY GAS OUTLET.outlet name
v	*AIR FUNCTION...	T WRY GAS OUTLET.air function...
v	OUTLET NUMBER	T WRY GAS OUTLET.outlet number
v	OUTLET LOCATION	T WRY GAS OUTLET.outlet location
n	OUTLET HIGHEST	T WRY GAS OUTLET.outlet highest
n	OUTLET INCENTER	T WRY GAS OUTLET.outlet incenter
n	LONGITUDE	T WRY GAS OUTLET.longitude
n	LATITUDE	T WRY GAS OUTLET.latitude
v	ORDERLINESS ...	T WRY GAS OUTLET.orderliness ...
v	BURNING CODE	T WRY GAS OUTLET.burning code
v	BURNING MODE...	T WRY GAS OUTLET.burning mode...
v	SIGN FIT	T WRY GAS OUTLET.sign fit
v	IF CONTROL	T WRY GAS OUTLET.if control
v	OUTLET KIND	T WRY GAS OUTLET.outlet kind
v	SEQ APPARATUS	T WRY GAS OUTLET.seq apparatus
d	EXTRACT DATE	sysdate
n	*EXTRACT SEQ	SEQ EXTRACT COUNT.nextval
v	MAP OF GAS O...	

（31）TRG_T_WRY_GAS_OUTLET_PL

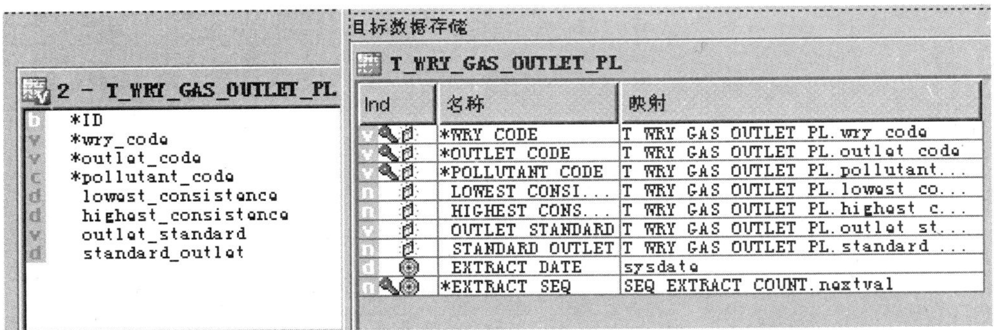

2 - T_WRY_GAS_OUTLET_PL

*ID
*wry_code
*outlet_code
*pollutant_code
lowest_consistence
highest_consistence
outlet_standard
standard_outlet

目标数据存储

T_WRY_GAS_OUTLET_PL

Ind	名称	映射
v	*WRY CODE	T WRY GAS OUTLET PL.wry code
v	*OUTLET CODE	T WRY GAS OUTLET PL.outlet code
v	*POLLUTANT CODE	T WRY GAS OUTLET PL.pollutant...
n	LOWEST CONSI...	T WRY GAS OUTLET PL.lowest co...
n	HIGHEST CONS...	T WRY GAS OUTLET PL.highest c...
v	OUTLET STANDARD	T WRY GAS OUTLET PL.outlet st...
n	STANDARD OUTLET	T WRY GAS OUTLET PL.standard ...
d	EXTRACT DATE	sysdate
n	*EXTRACT SEQ	SEQ EXTRACT COUNT.nextval

（32）TRG_T_WRY_MAP

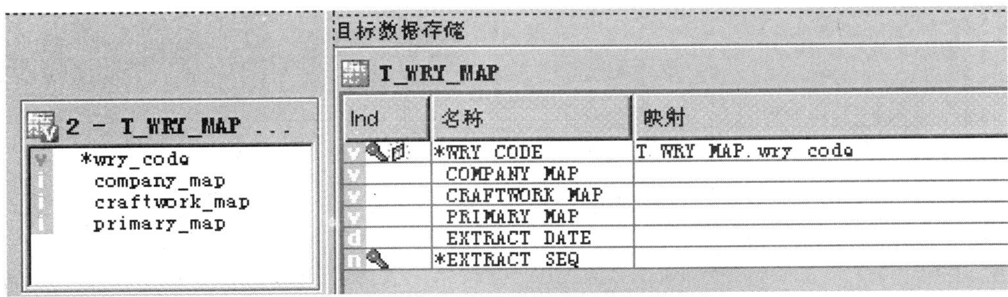

2 - T_WRY_MAP ...

*wry_code
company_map
craftwork_map
primary_map

目标数据存储

T_WRY_MAP

Ind	名称	映射
v	*WRY CODE	T WRY MAP.wry code
v	COMPANY MAP	
v	CRAFTWORK MAP	
v	PRIMARY MAP	
d	EXTRACT DATE	
n	*EXTRACT SEQ	

（33）TRG_T_WRY_WTR_OUTLET

2 - T_WRY_WTR_OUTLET...

*ID
*wry_code
*outlet_code
*outlet_name
valley_code
let_code
water_function_code
outlet_number
outlet_location
longitude
latitude
sign_fit
orderliness_code
seq_apparatus
map_of_water_outlet

目标数据存储

T_WRY_WTR_OUTLET

Ind	名称	映射
	*WRY CODE	T WRY WTR OUTLET.wry code
	*OUTLET CODE	T WRY WTR OUTLET.outlet code
	*OUTLET NAME	T WRY WTR OUTLET.outlet name
	*VALLEY CODE	T WRY WTR OUTLET.valley code
	*LET CODE	T WRY WTR OUTLET.let code
	OUTLET NUMBER	T WRY WTR OUTLET.outlet number
	*WATER FUNCTI...	T WRY WTR OUTLET.water functi...
	OUTLET LOCATION	T WRY WTR OUTLET.outlet location
	LONGITUDE	T WRY WTR OUTLET.longitude
	LATITUDE	T WRY WTR OUTLET.latitude
	SIGN FIT	T WRY WTR OUTLET.sign fit
	ORDERLINESS ...	T WRY WTR OUTLET.orderliness ...
	SEQ APPARATUS	T WRY WTR OUTLET.seq apparatus
	MAP OF WATER...	
	EXTRACT DATE	
	*EXTRACT SEQ	

（34）TRG_T_WRY_WTR_OUTLET_PL

2 - T_WRY_WTR_OUTLET_PL

*ID
*wry_code
*outlet_code
*pollution_code
lowest_consistence
highest_consistence
outlet_standard
standard_outlet

目标数据存储

T_WRY_WTR_OUTLET_PL

Ind	名称	映射
	*WRY CODE	T WRY WTR OUTLET PL.wry code
	*OUTLET CODE	T WRY WTR OUTLET PL.outlet code
	*POLLUTION CODE	T WRY WTR OUTLET PL.pollution...
	LOWEST CONSI...	T WRY WTR OUTLET PL.lowest co...
	HIGHEST CONS...	T WRY WTR OUTLET PL.highest c...
	OUTLET STANDARD	T WRY WTR OUTLET PL.outlet st...
	STANDARD OUTLET	T WRY WTR OUTLET PL.standard ...
	EXTRACT DATE	
	*EXTRACT SEQ	

（35）TRG_T_SUL_AUTO_EQUIP_DAY

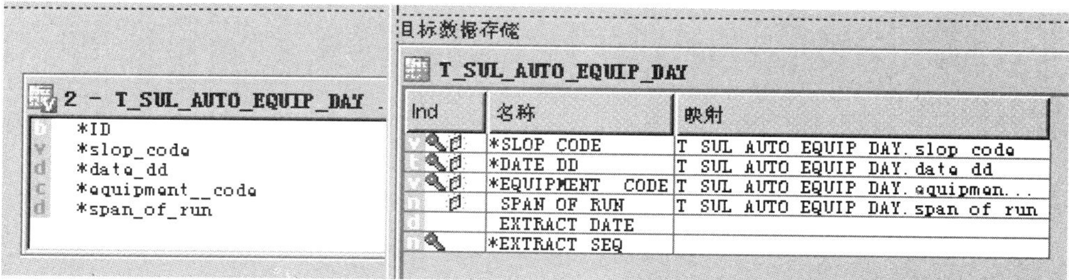

2 - T_SUL_AUTO_EQUIP_DAY

*ID
*slop_code
*date_dd
*equipment__code
*span_of_run

目标数据存储

T_SUL_AUTO_EQUIP_DAY

Ind	名称	映射
	*SLOP CODE	T SUL AUTO EQUIP DAY.slop code
	*DATE DD	T SUL AUTO EQUIP DAY.date dd
	*EQUIPMENT CODE	T SUL AUTO EQUIP DAY.equipmen...
	SPAN OF RUN	T SUL AUTO EQUIP DAY.span of run
	EXTRACT DATE	
	*EXTRACT SEQ	

（36）TRG_T_SUL_AUTO_GAS_DAY

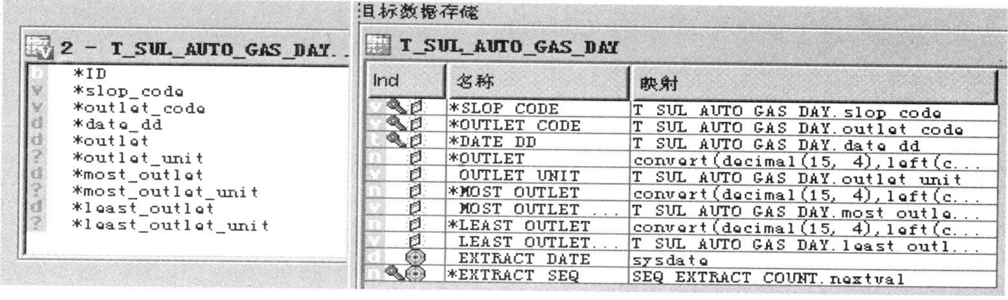

2 - T_SUL_AUTO_GAS_DAY...

*ID
*slop_code
*outlet_code
*date_dd
*outlet
*outlet_unit
*most_outlet
*most_outlet_unit
*least_outlet
*least_outlet_unit

目标数据存储

T_SUL_AUTO_GAS_DAY

Ind	名称	映射
	*SLOP CODE	T SUL AUTO GAS DAY.slop code
	*OUTLET CODE	T SUL AUTO GAS DAY.outlet code
	*DATE DD	T SUL AUTO GAS DAY.date dd
	*OUTLET	convert(decimal(15, 4),left(c...
	OUTLET UNIT	T SUL AUTO GAS DAY.outlet unit
	*MOST OUTLET	convert(decimal(15, 4),left(c...
	MOST OUTLET ...	T SUL AUTO GAS DAY.most outle...
	*LEAST OUTLET	convert(decimal(15, 4),left(c...
	LEAST OUTLET...	T SUL AUTO GAS DAY.least outl...
	EXTRACT DATE	sysdate
	*EXTRACT SEQ	SEQ EXTRACT COUNT.nextval

（37）TRG_T_SUL_AUTO_GAS_DAY_PL

2 - T_SUL_AUTO_GAS_DAY_PL ...

*ID
*slop_code
*outlet_code
*date_dd
*pollution_code
*least_consistence
least_consistence_unit
*average_consistence
average_consistence_unit
*most_consistence
most_consistence_unit
least_outlet
least_outlet_unit
average_outlet
average_outlet_unit
most_outlet
most_outlet_unit
if_suprscale

目标数据存储

T_SUL_AUTO_GAS_DAY_PL

Ind	名称	映射
	*SLOP CODE	T SUL AUTO GAS DAY PL. slop code
	*OUTLET CODE	T SUL AUTO GAS DAY PL. outlet ...
	*DATE DD	T SUL AUTO GAS DAY PL. date dd
	*POLLUTION CODE	T SUL AUTO GAS DAY PL. polluti...
	*LEAST CONSIS...	convert(decimal(12, 6), case w...
	LEAST CONSIS...	T SUL AUTO GAS DAY PL. least c...
	*AVERAGE CONS...	convert(decimal(12, 6), case w...
	AVERAGE CONS...	T SUL AUTO GAS DAY PL. average...
	*MOST CONSIST...	convert(decimal(12, 6), case w...
	MOST CONSIST...	T SUL AUTO GAS DAY PL. most co...
	*LEAST OUTLET	T SUL AUTO GAS DAY PL. least o...
	LEAST OUTLET...	T SUL AUTO GAS DAY PL. least o...
	*AVERAGE OUTLET	T SUL AUTO GAS DAY PL. average...
	AVERAGE OUTL...	T SUL AUTO GAS DAY PL. average...
	*MOST OUTLET	T SUL AUTO GAS DAY PL. most ou...
	MOST OUTLET ...	T SUL AUTO GAS DAY PL. most ou...
	IF SUPRSCALE	T SUL AUTO GAS DAY PL. if supr...
	EXTRACT DATE	
	*EXTRACT SEQ	

（38）TRG_T_SUL_AUTO_GAS_DAY_PLC

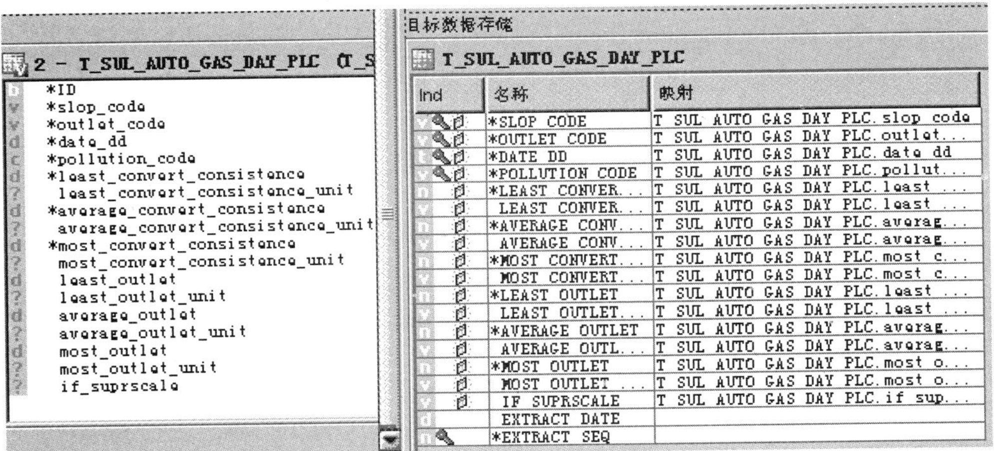

（39）TRG_T_SUL_AUTO_GAS_HOUR

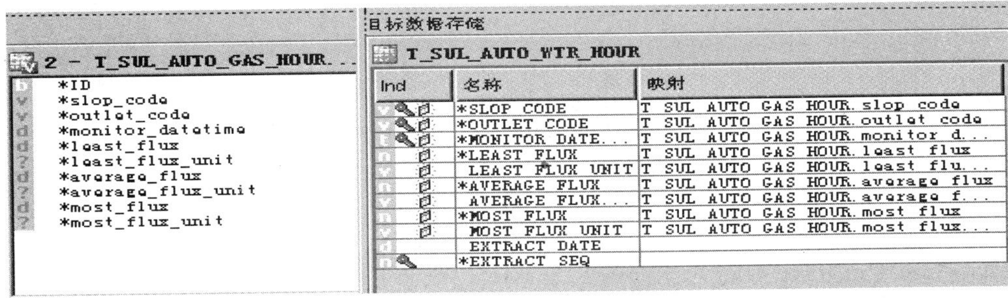

（40）TRG_T_SUL_AUTO_GAS_HOUR_PL

3 – T_SUL_AUTO_GAS_HOUR_PL.

*ID
*slop_code
*outlet_code
*date_time
*pollution_code
*least_consistence
least_consistence_unit
*average_consistence
average_consistence_unit
*most_consistence
most_consistence_unit
least_outlet
least_outlet_unit
average_outlet
average_outlet_unit
most_outlet
most_outlet_unit

目标数据存储

T_SUL_AUTO_GAS_HOUR_PL

Ind	名称	映射
	*SLOP CODE	T SUL AUTO GAS HOUR PL.slop code
	*OUTLET CODE	T SUL AUTO GAS HOUR PL.outlet...
	*DATE TIME	T SUL AUTO GAS HOUR PL.date time
	*POLLUTION CODE	T SUL AUTO GAS HOUR PL.pollut...
	*LEAST CONSIS...	convert(decimal(12, 6),case w...
	LEAST CONSIS...	T SUL AUTO GAS HOUR PL.least ...
	*AVERAGE CONS...	convert(decimal(12, 6),case w...
	AVERAGE CONS...	T SUL AUTO GAS HOUR PL.averag...
	*MOST CONSIST...	convert(decimal(12, 6),case w...
	MOST CONSIST...	T SUL AUTO GAS HOUR PL.most c...
	*LEAST OUTLET	convert(decimal(15, 4),left(c...
	LEAST OUTLET...	T SUL AUTO GAS HOUR PL.least ...
	*AVERAGE OUTLET	convert(decimal(15, 4),left(c...
	AVERAGE OUTL...	T SUL AUTO GAS HOUR PL.averag...
	*MOST OUTLET	convert(decimal(15, 4),left(c...
	MOST OUTLET ...	T SUL AUTO GAS HOUR PL.most o...
	EXTRACT DATE	
	*EXTRACT SEQ	

（41）TRG_T_SUL_AUTO_GAS_HOUR_PLC

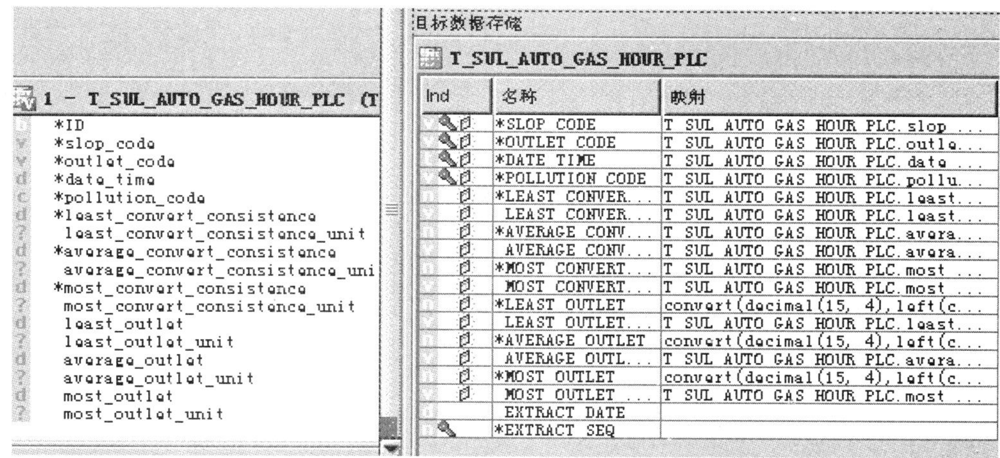

1 – T_SUL_AUTO_GAS_HOUR_PLC (T

*ID
*slop_code
*outlet_code
*date_time
*pollution_code
*least_convert_consistence
least_convert_consistence_unit
*average_convert_consistence
average_convert_consistence_uni
*most_convert_consistence
most_convert_consistence_unit
least_outlet
least_outlet_unit
average_outlet
average_outlet_unit
most_outlet
most_outlet_unit

目标数据存储

T_SUL_AUTO_GAS_HOUR_PLC

Ind	名称	映射
	*SLOP CODE	T SUL AUTO GAS HOUR PLC.slop ...
	*OUTLET CODE	T SUL AUTO GAS HOUR PLC.outle...
	*DATE TIME	T SUL AUTO GAS HOUR PLC.date ...
	*POLLUTION CODE	T SUL AUTO GAS HOUR PLC.pollu...
	*LEAST CONVER...	T SUL AUTO GAS HOUR PLC.least...
	LEAST CONVER...	T SUL AUTO GAS HOUR PLC.least...
	*AVERAGE CONV...	T SUL AUTO GAS HOUR PLC.avera...
	AVERAGE CONV...	T SUL AUTO GAS HOUR PLC.avera...
	*MOST CONVERT...	T SUL AUTO GAS HOUR PLC.most ...
	MOST CONVERT...	T SUL AUTO GAS HOUR PLC.most ...
	*LEAST OUTLET	convert(decimal(15, 4),left(c...
	LEAST OUTLET...	T SUL AUTO GAS HOUR PLC.least...
	*AVERAGE OUTLET	convert(decimal(15, 4),left(c...
	AVERAGE OUTL...	T SUL AUTO GAS HOUR PLC.avera...
	*MOST OUTLET	convert(decimal(15, 4),left(c...
	MOST OUTLET ...	T SUL AUTO GAS HOUR PLC.most ...
	EXTRACT DATE	
	*EXTRACT SEQ	

（42）TRG_T_SUL_AUTO_GAS_MTH

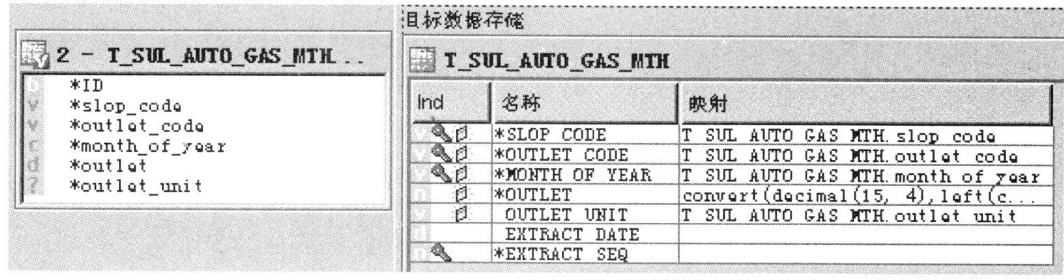

2 – T_SUL_AUTO_GAS_MTH ..

*ID
*slop_code
*outlet_code
*month_of_year
*outlet
*outlet_unit

目标数据存储

T_SUL_AUTO_GAS_MTH

Ind	名称	映射
	*SLOP CODE	T SUL AUTO GAS MTH.slop code
	*OUTLET CODE	T SUL AUTO GAS MTH.outlet code
	*MONTH OF YEAR	T SUL AUTO GAS MTH.month of year
	*OUTLET	convert(decimal(15, 4),left(c...
	OUTLET UNIT	T SUL AUTO GAS MTH.outlet unit
	EXTRACT DATE	
	*EXTRACT SEQ	

（43）TRG_T_SUL_AUTO_GAS_MTH_PL

2 - T_SUL_AUTO_GAS_MTH_PL

*ID
*slop_code
*outlet_code
*month_of_year
*pollution_code
*outlet
*outlet_unit

目标数据存储

T_SUL_AUTO_GAS_MTH_PL

Ind	名称	映射
	*SLOP CODE	T SUL AUTO GAS MTH PL.slop code
	*OUTLET CODE	T SUL AUTO GAS MTH PL.outlet ...
	*MONTH OF YEAR	T SUL AUTO GAS MTH PL.month o...
	*POLLUTION CODE	T SUL AUTO GAS MTH PL.polluti...
	*OUTLET	T SUL AUTO GAS MTH PL.outlet
	OUTLET UNIT	T SUL AUTO GAS MTH PL.outlet ...
	EXTRACT DATE	
	*EXTRACT SEQ	

（44）TRG_T_SUL_AUTO_GAS_RT

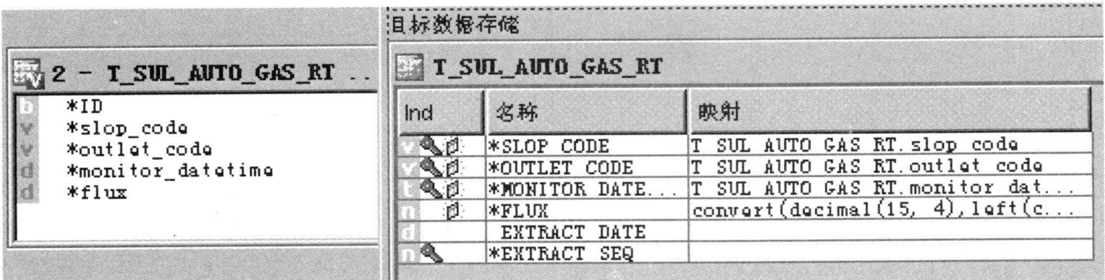

2 - T_SUL_AUTO_GAS_RT ..

*ID
*slop_code
*outlet_code
*monitor_datetime
*flux

目标数据存储

T_SUL_AUTO_GAS_RT

Ind	名称	映射
	*SLOP CODE	T SUL AUTO GAS RT.slop code
	*OUTLET CODE	T SUL AUTO GAS RT.outlet code
	*MONITOR DATE...	T SUL AUTO GAS RT.monitor dat...
	*FLUX	convert(decimal(15, 4),left(c...
	EXTRACT DATE	
	*EXTRACT SEQ	

（45）TRG_T_SUL_AUTO_GAS_RT_PL

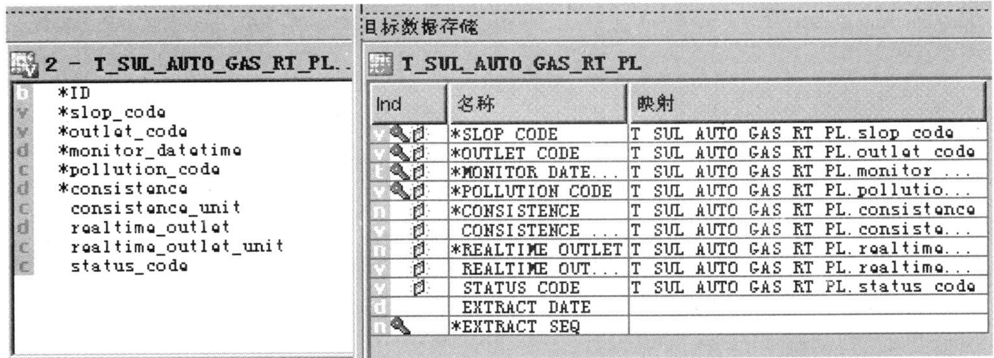

2 - T_SUL_AUTO_GAS_RT_PL..

*ID
*slop_code
*outlet_code
*monitor_datetime
*pollution_code
*consistence
consistence_unit
realtime_outlet
realtime_outlet_unit
status_code

目标数据存储

T_SUL_AUTO_GAS_RT_PL

Ind	名称	映射
	*SLOP CODE	T SUL AUTO GAS RT PL.slop code
	*OUTLET CODE	T SUL AUTO GAS RT PL.outlet code
	*MONITOR DATE...	T SUL AUTO GAS RT PL.monitor ...
	*POLLUTION CODE	T SUL AUTO GAS RT PL.pollutio...
	*CONSISTENCE	T SUL AUTO GAS RT PL.consistence
	CONSISTENCE ...	T SUL AUTO GAS RT PL.consiste...
	*REALTIME OUTLET	T SUL AUTO GAS RT PL.realtime...
	REALTIME OUT...	T SUL AUTO GAS RT PL.realtime...
	STATUS CODE	T SUL AUTO GAS RT PL.status code
	EXTRACT DATE	
	*EXTRACT SEQ	

（46）TRG_T_SUL_AUTO_GAS_RT_PLC

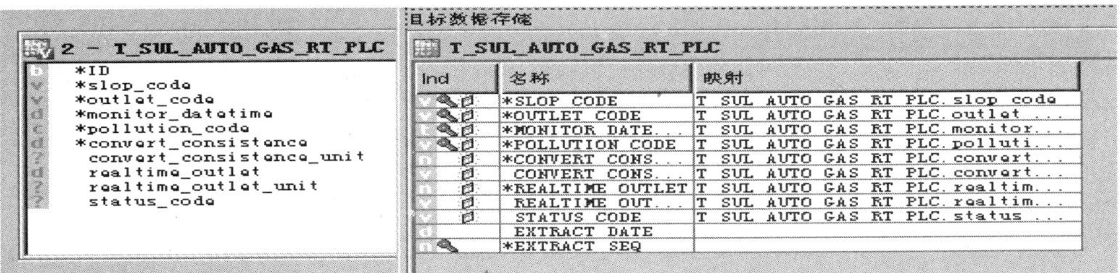

2 - T_SUL_AUTO_GAS_RT_PLC

*ID
*slop_code
*outlet_code
*monitor_datetime
*pollution_code
*convert_consistence
convert_consistence_unit
realtime_outlet
realtime_outlet_unit
status_code

目标数据存储

T_SUL_AUTO_GAS_RT_PLC

Ind	名称	映射
	*SLOP CODE	T SUL AUTO GAS RT PLC.slop code
	*OUTLET CODE	T SUL AUTO GAS RT PLC.outlet ...
	*MONITOR DATE...	T SUL AUTO GAS RT PLC.monitor...
	*POLLUTION CODE	T SUL AUTO GAS RT PLC.polluti...
	*CONVERT CONS...	T SUL AUTO GAS RT PLC.convert...
	CONVERT CONS...	T SUL AUTO GAS RT PLC.convert...
	*REALTIME OUTLET	T SUL AUTO GAS RT PLC.realtim...
	REALTIME OUT...	T SUL AUTO GAS RT PLC.realtim...
	STATUS CODE	T SUL AUTO GAS RT PLC.status ...
	EXTRACT DATE	
	*EXTRACT SEQ	

（47）TRG_T_SUL_AUTO_GAS_YEAR

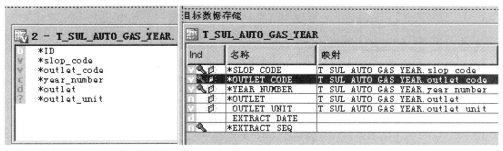

2 - T_SUL_AUTO_GAS_YEAR.

*ID
*slop_code
*outlet_code
*year_number
*outlet
*outlet_unit

目标数据存储

T_SUL_AUTO_GAS_YEAR

Ind	名称	映射
	*SLOP_CODE	T_SUL_AUTO_GAS_YEAR.slop_code
	*OUTLET_CODE	T_SUL_AUTO_GAS_YEAR.outlet_code
	*YEAR_NUMBER	T_SUL_AUTO_GAS_YEAR.year_number
	*OUTLET	T_SUL_AUTO_GAS_YEAR.outlet
	OUTLET_UNIT	T_SUL_AUTO_GAS_YEAR.outlet_unit
	EXTRACT_DATE	
	*EXTRACT_SEQ	

（48）TRG_T_SUL_AUTO_GAS_YEAR_PL

2 - T_SUL_AUTO_GAS_YEAR_PL

*ID
*slop_code
*outlet_code
*year_number
*pollution_code
*outlet
*outlet_unit

目标数据存储

T_SUL_AUTO_GAS_YEAR_PL

Ind	名称	映射
	*SLOP_CODE	T_SUL_AUTO_GAS_YEAR_PL.slop_code
	*OUTLET_CODE	T_SUL_AUTO_GAS_YEAR_PL.outlet...
	*YEAR_NUMBER	T_SUL_AUTO_GAS_YEAR_PL.year_n...
	*POLLUTION_CODE	T_SUL_AUTO_GAS_YEAR_PL.pollut...
	*OUTLET	T_SUL_AUTO_GAS_YEAR_PL.outlet
	OUTLET_UNIT	T_SUL_AUTO_GAS_YEAR_PL.outlet...
	EXTRACT_DATE	
	*EXTRACT_SEQ	

（49）TRG_T_SUL_AUTO_WTR_DAY

2 - T_SUL_AUTO_WTR_DAY...

*ID
*slop_code
*outlet_code
*date_dd
*outlet
*outlet_unit
*most_outlet
*most_outlet_unit
*least_outlet
*least_outlet_unit

目标数据存储

T_SUL_AUTO_WTR_DAY

Ind	名称	映射
	*SLOP_CODE	T_SUL_AUTO_WTR_DAY.slop_code
	*OUTLET_CODE	T_SUL_AUTO_WTR_DAY.outlet_code
	*DATE_DD	T_SUL_AUTO_WTR_DAY.date_dd
	*OUTLET	T_SUL_AUTO_WTR_DAY.outlet
	OUTLET_UNIT	T_SUL_AUTO_WTR_DAY.outlet_unit
	*MOST_OUTLET	T_SUL_AUTO_WTR_DAY.most_outlet
	MOST_OUTLET ...	T_SUL_AUTO_WTR_DAY.most_outle...
	*LEAST_OUTLET	T_SUL_AUTO_WTR_DAY.least_outlet
	LEAST_OUTLET...	T_SUL_AUTO_WTR_DAY.least_outl...
	EXTRACT_DATE	
	*EXTRACT_SEQ	

（50）TRG_T_SUL_AUTO_WTR_DAY_PL

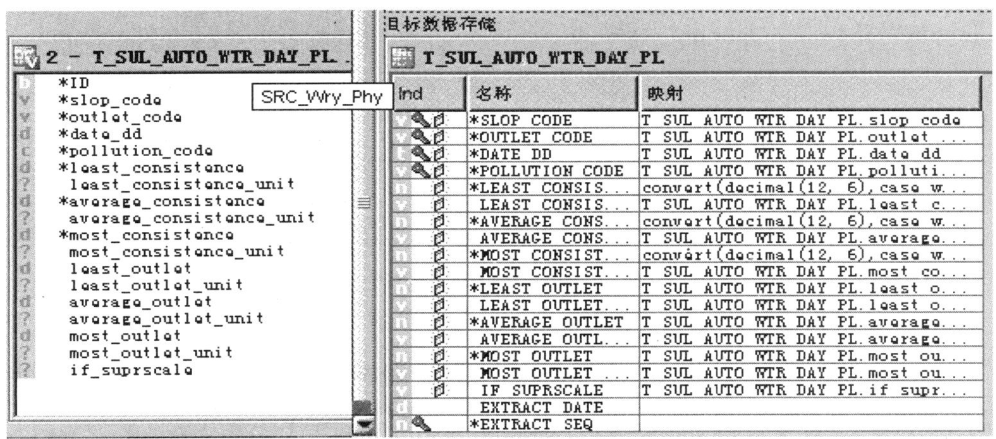

2 - T_SUL_AUTO_WTR_DAY_PL.

*ID
*slop_code
*outlet_code
*date_dd
*pollution_code
*least_consistence
least_consistence_unit
*average_consistence
average_consistence_unit
*most_consistence
most_consistence_unit
least_outlet
least_outlet_unit
average_outlet
average_outlet_unit
most_outlet
most_outlet_unit
if_suprscale

SRC_Wry_Phy

目标数据存储

T_SUL_AUTO_WTR_DAY_PL

Ind	名称	映射
	*SLOP_CODE	T_SUL_AUTO_WTR_DAY_PL.slop_code
	*OUTLET_CODE	T_SUL_AUTO_WTR_DAY_PL.outlet ...
	*DATE_DD	T_SUL_AUTO_WTR_DAY_PL.date_dd
	*POLLUTION_CODE	T_SUL_AUTO_WTR_DAY_PL.polluti...
	*LEAST_CONSIS...	convert(decimal(12, 6), case w...
	LEAST_CONSIS...	T_SUL_AUTO_WTR_DAY_PL.least_c...
	*AVERAGE_CONS...	convert(decimal(12, 6), case w...
	AVERAGE_CONS...	T_SUL_AUTO_WTR_DAY_PL.average...
	*MOST_CONSIST...	convert(decimal(12, 6), case w...
	MOST_CONSIST...	T_SUL_AUTO_WTR_DAY_PL.most_co...
	*LEAST_OUTLET	T_SUL_AUTO_WTR_DAY_PL.least_o...
	LEAST_OUTLET...	T_SUL_AUTO_WTR_DAY_PL.least_o...
	*AVERAGE_OUTLET	T_SUL_AUTO_WTR_DAY_PL.average...
	AVERAGE_OUTL...	T_SUL_AUTO_WTR_DAY_PL.average...
	*MOST_OUTLET	T_SUL_AUTO_WTR_DAY_PL.most_ou...
	MOST_OUTLET ...	T_SUL_AUTO_WTR_DAY_PL.most_ou...
	IF_SUPRSCALE	T_SUL_AUTO_WTR_DAY_PL.if_supr...
	EXTRACT_DATE	
	*EXTRACT_SEQ	

（51）TRG_T_SUL_AUTO_WTR_HOUR

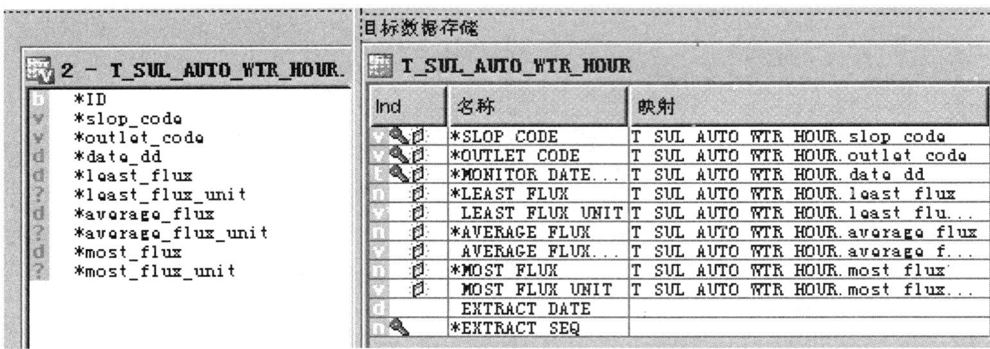

2 - T_SUL_AUTO_WTR_HOUR.

*ID
*slop_code
*outlet_code
*date_dd
*least_flux
*least_flux_unit
*average_flux
*average_flux_unit
*most_flux
*most_flux_unit

目标数据存储

T_SUL_AUTO_WTR_HOUR

Ind	名称	映射
	*SLOP CODE	T SUL AUTO WTR HOUR.slop code
	*OUTLET CODE	T SUL AUTO WTR HOUR.outlet code
	*MONITOR DATE...	T SUL AUTO WTR HOUR.date dd
	*LEAST FLUX	T SUL AUTO WTR HOUR.least flux
	LEAST FLUX UNIT	T SUL AUTO WTR HOUR.least flu...
	*AVERAGE FLUX	T SUL AUTO WTR HOUR.average flux
	AVERAGE FLUX...	T SUL AUTO WTR HOUR.average f...
	*MOST FLUX	T SUL AUTO WTR HOUR.most flux
	MOST FLUX UNIT	T SUL AUTO WTR HOUR.most flux...
	EXTRACT DATE	
	*EXTRACT SEQ	

（52）TRG_T_SUL_AUTO_WTR_HOUR_PL

2 - T_SUL_AUTO_WTR_HOUR_PL...

*ID
*slop_code
*outlet_code
*monitor_datetime
*pollution_code
*least_consistence
least_consistence_unit
*average_consistence
average_consistence_unit
*most_consistence
most_consistence_unit
least_outlet
least_outlet_unit
average_outlet
average_outlet_unit
most_outlet
most_outlet_unit

目标数据存储

T_SUL_AUTO_WTR_HOUR_PL

Ind	名称	映射
	*SLOP CODE	T SUL AUTO WTR HOUR PL.slop code
	*OUTLET CODE	T SUL AUTO WTR HOUR PL.outlet...
	*MONITOR DATE...	T SUL AUTO WTR HOUR PL.monito...
	*POLLUTION CODE	T SUL AUTO WTR HOUR PL.pollut...
	LEAST CONSIS...	convert(decimal(12, 6),case w...
	LEAST CONSIS...	T SUL AUTO WTR HOUR PL.least ...
	AVERAGE CONS...	convert(decimal(12, 6),case w...
	AVERAGE CONS...	T SUL AUTO WTR HOUR PL.averag...
	MOST CONSIST...	convert(decimal(12, 6),case w...
	MOST CONSIST...	T SUL AUTO WTR HOUR PL.most c...
	LEAST OUTLET	T SUL AUTO WTR HOUR PL.least ...
	LEAST OUTLET...	T SUL AUTO WTR HOUR PL.least ...
	AVERAGE OUTLET	T SUL AUTO WTR HOUR PL.averag...
	AVERAGE OUTL...	T SUL AUTO WTR HOUR PL.averag...
	MOST OUTLET	T SUL AUTO WTR HOUR PL.most o...
	MOST OUTLET ...	T SUL AUTO WTR HOUR PL.most o...
	EXTRACT DATE	
	*EXTRACT SEQ	

（53）TRG_T_SUL_AUTO_WTR_MTH

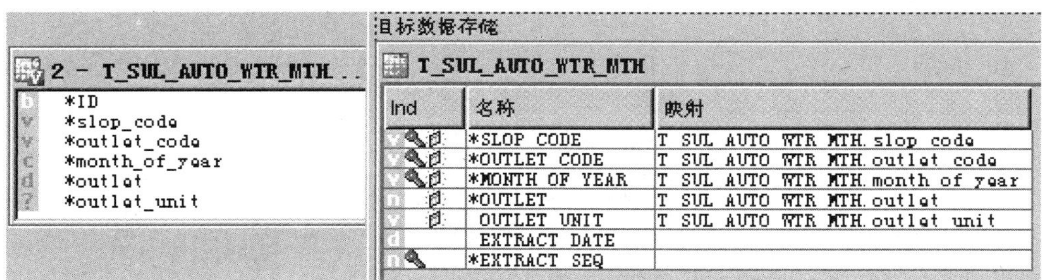

2 - T_SUL_AUTO_WTR_MTH...

*ID
*slop_code
*outlet_code
*month_of_year
*outlet
*outlet_unit

目标数据存储

T_SUL_AUTO_WTR_MTH

Ind	名称	映射
	*SLOP CODE	T SUL AUTO WTR MTH.slop code
	*OUTLET CODE	T SUL AUTO WTR MTH.outlet code
	*MONTH OF YEAR	T SUL AUTO WTR MTH.month of year
	*OUTLET	T SUL AUTO WTR MTH.outlet
	OUTLET UNIT	T SUL AUTO WTR MTH.outlet unit
	EXTRACT DATE	
	*EXTRACT SEQ	

（54）TRG_T_SUL_AUTO_WTR_MTH_PL

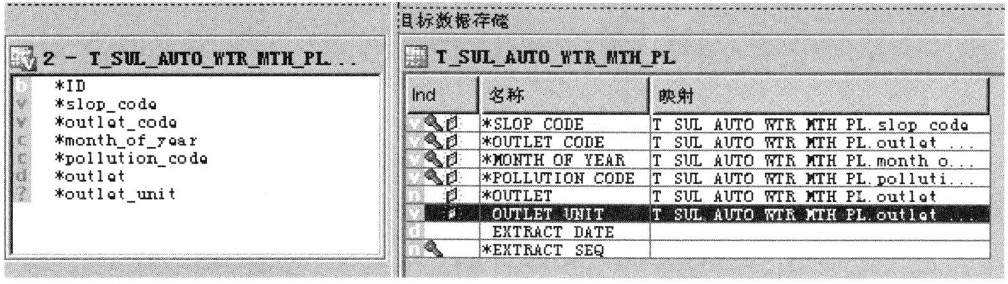

2 - T_SUL_AUTO_WTR_MTH_PL...

*ID
*slop_code
*outlet_code
*month_of_year
*pollution_code
*outlet
*outlet_unit

目标数据存储

T_SUL_AUTO_WTR_MTH_PL

Ind	名称	映射
	*SLOP CODE	T SUL AUTO WTR MTH PL.slop code
	*OUTLET CODE	T SUL AUTO WTR MTH PL.outlet ...
	*MONTH OF YEAR	T SUL AUTO WTR MTH PL.month o...
	*POLLUTION CODE	T SUL AUTO WTR MTH PL.polluti...
	*OUTLET	T SUL AUTO WTR MTH PL.outlet
	OUTLET UNIT	T SUL AUTO WTR MTH PL.outlet ...
	EXTRACT DATE	
	*EXTRACT SEQ	

（55）TRG_T_SUL_AUTO_WTR_RT

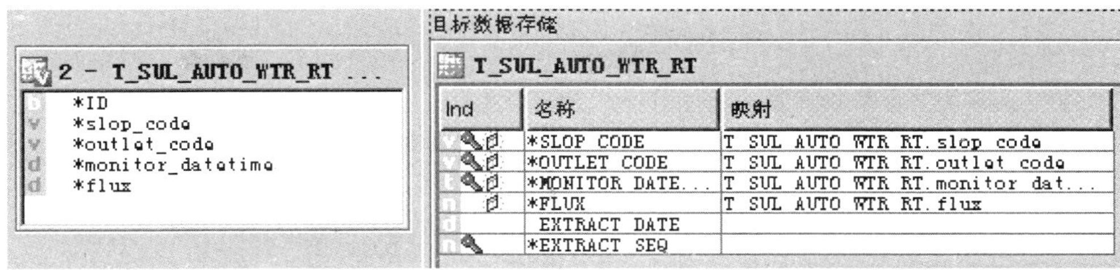

2 - T_SUL_AUTO_WTR_RT ...

*ID
*slop_code
*outlet_code
*monitor_datetime
*flux

目标数据存储

T_SUL_AUTO_WTR_RT

Ind	名称	映射
	*SLOP CODE	T SUL AUTO WTR RT.slop code
	*OUTLET CODE	T SUL AUTO WTR RT.outlet code
	*MONITOR DATE...	T SUL AUTO WTR RT.monitor dat...
	*FLUX	T SUL AUTO WTR RT.flux
	EXTRACT DATE	
	*EXTRACT SEQ	

（56）TRG_T_SUL_AUTO_WTR_RT_PL

2 - T_SUL_AUTO_WTR_RT...

*ID
*slop_code
*outlet_code
*monitor_datetime
*pollution_code
*consistence
consistence_unit
realtime_outlet
realtime_outlet_unit
status_code

目标数据存储

T_SUL_AUTO_WTR_RT_PL

Ind	名称	映射
	*SLOP CODE	T SUL AUTO WTR RT PL.slop code
	*OUTLET CODE	T SUL AUTO WTR RT PL.outlet code
	*MONITOR DATE...	T SUL AUTO WTR RT PL.monitor ...
	*POLLUTION CODE	T SUL AUTO WTR RT PL.pollutio...
	*CONSISTENCE	T SUL AUTO WTR RT PL.consistence
	CONSISTENCE ...	T SUL AUTO WTR RT PL.consiste...
	*REALTIME OUTLET	T SUL AUTO WTR RT PL.realtime...
	REALTIME OUT...	T SUL AUTO WTR RT PL.realtime...
	STATUS CODE	T SUL AUTO WTR RT PL.status code
	EXTRACT DATE	
	*EXTRACT SEQ	

（57）TRG_T_SUL_AUTO_WTR_YEAR

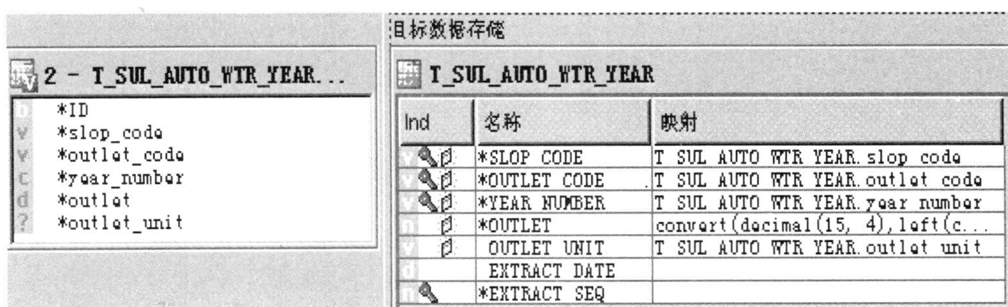

2 - T_SUL_AUTO_WTR_YEAR...

*ID
*slop_code
*outlet_code
*year_number
*outlet
*outlet_unit

目标数据存储

T_SUL_AUTO_WTR_YEAR

Ind	名称	映射
	*SLOP CODE	T SUL AUTO WTR YEAR.slop code
	*OUTLET CODE	T SUL AUTO WTR YEAR.outlet code
	*YEAR NUMBER	T SUL AUTO WTR YEAR.year number
	*OUTLET	convert(decimal(15, 4),left(c...
	OUTLET UNIT	T SUL AUTO WTR YEAR.outlet unit
	EXTRACT DATE	
	*EXTRACT SEQ	

（58）TRG_T_SUL_AUTO_WTR_YEAR_PL

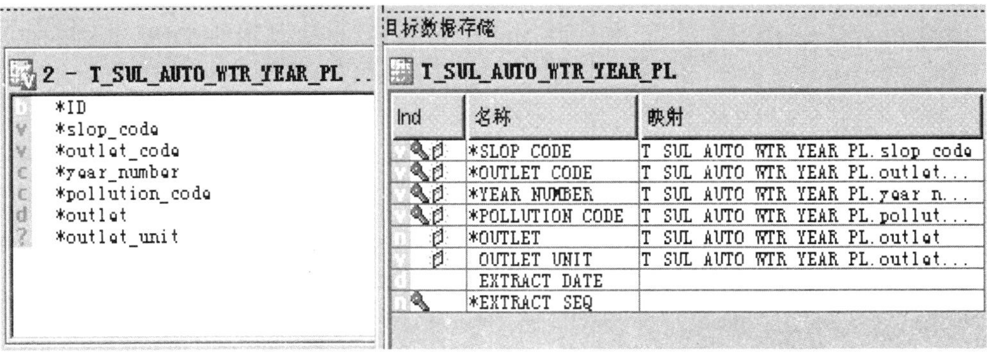

2 - T_SUL_AUTO_WTR_YEAR_PL ..

*ID
*slop_code
*outlet_code
*year_number
*pollution_code
*outlet
*outlet_unit

目标数据存储

T_SUL_AUTO_WTR_YEAR_PL

Ind	名称	映射
	*SLOP CODE	T SUL AUTO WTR YEAR PL.slop code
	*OUTLET CODE	T SUL AUTO WTR YEAR PL.outlet...
	*YEAR NUMBER	T SUL AUTO WTR YEAR PL.year n...
	*POLLUTION CODE	T SUL AUTO WTR YEAR PL.pollut...
	*OUTLET	T SUL AUTO WTR YEAR PL.outlet
	OUTLET UNIT	T SUL AUTO WTR YEAR PL.outlet...
	EXTRACT DATE	
	*EXTRACT SEQ	

（59）TRG_T_SUL_BASE

2 - T_SUL_BASE (T_SU

- b *ID
- v *slop_code
- v *slop_name
- v *region_code
- c *register_code
- c *kind_code
- c *scope_code
- c *relation_code
- c *industry_code
- v *valley_code
- v slop_address
- d longitude
- d latitude
- v *institution_name
- v *person_of_ep
- i number_of_person_ep

目标数据存储

T_SUL_BASE

Ind	名称	映射
v	*SLOP CODE	T SUL BASE. slop code
v	*SLOP NAME	T SUL BASE. slop name
v	*REGION CODE	T SUL BASE. region code
v	*REGISTER CODE	T SUL BASE. register code
v	*KIND CODE	T SUL BASE. kind code
v	*SCOPE CODE	T SUL BASE. scope code
v	*RELATION CODE	T SUL BASE. relation code
v	*INDUSTRY CODE	T SUL BASE. industry code
v	*VALLEY CODE	T SUL BASE. valley code
v	*SLOP ADDRESS	T SUL BASE. slop address
n	LONGITUDE	T SUL BASE. longitude
n	LATITUDE	convert(decimal(8, 6), case wh...
v	INSTITUTION ...	T SUL BASE. institution name
v	PERSON OF EP	T SUL BASE. person of ep
n	NUMBER OF PE...	T SUL BASE. number of person ep
d	EXTRACT DATE	
n	*EXTRACT SEQ	

（60）TRG_T_SUL_BASE_EQUIPMENT

2 - T_SUL_BASE_EQUIPMENT.

- b *ID
- v *slop_code
- c *equipment__code
- v *equipment__name
- v pollution_kind
- v deal_method
- d deal_ability_plan
- v outlet_code_of_out
- d employ_date
- c *seq_apparatus

目标数据存储

T_SUL_BASE_EQUIPMENT

Ind	名称	映射
v	*SLOP CODE	T SUL BASE EQUIPMENT. slop code
v	*EQUIPMENT CODE	T SUL BASE EQUIPMENT. equipmen...
v	EQUIPMENT NAME	T SUL BASE EQUIPMENT. equipmen...
v	POLLUTION KIND	T SUL BASE EQUIPMENT. pollutio...
v	DEAL METHOD	T SUL BASE EQUIPMENT. deal method
n	DEAL ABILITY...	T SUL BASE EQUIPMENT. deal abi...
v	OUTLET CODE ...	T SUL BASE EQUIPMENT. outlet c...
t	EMPLOY DATE	T SUL BASE EQUIPMENT. employ date
v	SEQ APPARATUS	T SUL BASE EQUIPMENT. seq appa...
v	OUTLET CODE ...	
d	EXTRACT DATE	
n	*EXTRACT SEQ	

（61）TRG_T_SUL_COLLECTOR

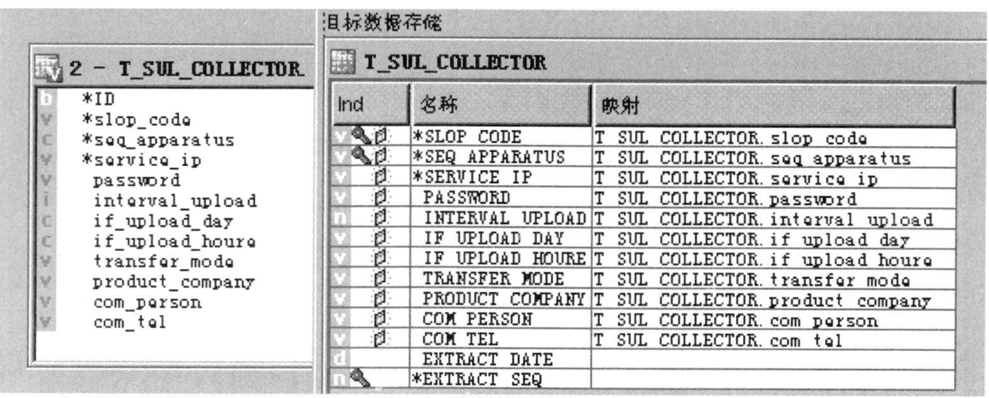

2 - T_SUL_COLLECTOR

- b *ID
- v *slop_code
- c *seq_apparatus
- v *service_ip
- v password
- i interval_upload
- c if_upload_day
- c if_upload_houre
- v transfer_mode
- v product_company
- v com_person
- v com_tel

目标数据存储

T_SUL_COLLECTOR

Ind	名称	映射
v	*SLOP CODE	T SUL COLLECTOR. slop code
v	*SEQ APPARATUS	T SUL COLLECTOR. seq apparatus
v	*SERVICE IP	T SUL COLLECTOR. service ip
v	PASSWORD	T SUL COLLECTOR. password
n	INTERVAL UPLOAD	T SUL COLLECTOR. interval upload
v	IF UPLOAD DAY	T SUL COLLECTOR. if upload day
v	IF UPLOAD HOURE	T SUL COLLECTOR. if upload houre
v	TRANSFER MODE	T SUL COLLECTOR. transfer mode
v	PRODUCT COMPANY	T SUL COLLECTOR. product company
v	COM PERSON	T SUL COLLECTOR. com person
v	COM TEL	T SUL COLLECTOR. com tel
d	EXTRACT DATE	
n	*EXTRACT SEQ	

（62）TRG_T_SUL_COMPANY

2 - T_SUL_COMPANY (T_S

*ID
*slop_code
artificial_person_code
artificial_person
begin_date
bank_of_register
bank_code
enterpise_ip

目标数据存储

T_SUL_COMPANY

Ind	名称	映射
	*SLOP CODE	T SUL COMPANY. slop code
	ARTIFICIAL P...	T SUL COMPANY. artificial pers...
	ARTIFICIAL P...	T SUL COMPANY. artificial person
	BEGIN DATE	T SUL COMPANY. begin date
	BANK OF REGI...	T SUL COMPANY. bank of register
	BANK CODE	T SUL COMPANY. bank code
	ENTERPISE IP	T SUL COMPANY. enterpise ip
	EXTRACT DATE	
	*EXTRACT SEQ	

（63）TRG_T_SUL_CONTACT

2 - T_SUL_CONTACT ...

*ID
*slop_code
company_tel
company_fax
mobile_tel
e_mail
post_code
post_address

目标数据存储

T_SUL_CONTACT

Ind	名称	映射
	*SLOP CODE	T SUL CONTACT. slop code
	COMPANY TEL	T SUL CONTACT. company tel
	COMPANY FAX	T SUL CONTACT. company fax
	MOBILE TEL	T SUL CONTACT. mobile tel
	E MAIL	T SUL CONTACT. e mail
	POST CODE	T SUL CONTACT. post code
	POST ADDRESS	T SUL CONTACT. post address
	EXTRACT DATE	
	*EXTRACT SEQ	

（64）TRG_T_SUL_GAS_OUTLET

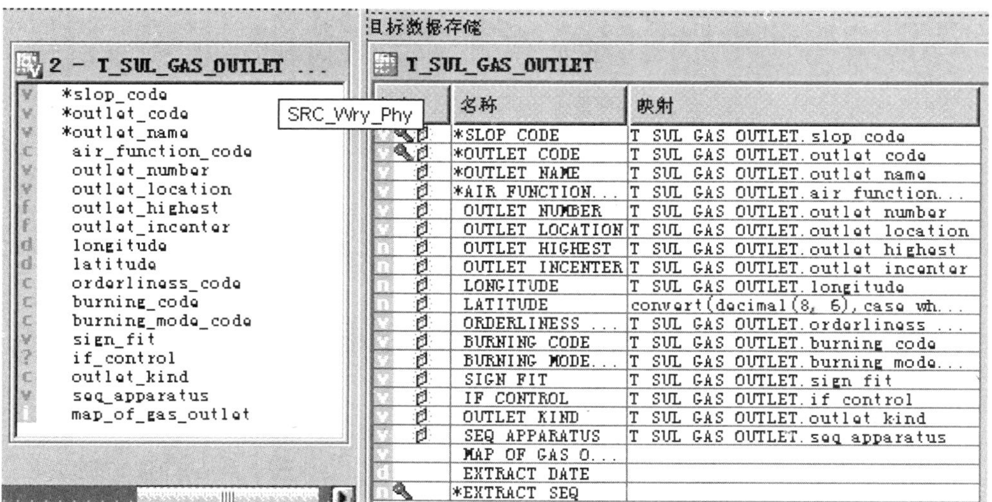

（65）TRG_T_SUL_GAS_OUTLET_PL

2 - T_SUL_GAS_OUTLET_PL ...

- *ID
- *slop_code
- *outlet_code
- *pollution_code
- lowest_consistence
- highest_consistence
- outlet_standard
- standard_outlet

目标数据存储

T_SUL_GAS_OUTLET_PL

Ind	名称	映射
v	*SLOP CODE	T SUL GAS OUTLET PL.slop code
v	*OUTLET CODE	T SUL GAS OUTLET PL.outlet code
v	*POLLUTION CODE	T SUL GAS OUTLET PL.pollution...
n	LOWEST CONSI...	T SUL GAS OUTLET PL.lowest co...
n	HIGHEST CONS...	T SUL GAS OUTLET PL.highest c...
v	OUTLET STANDARD	T SUL GAS OUTLET PL.outlet st...
n	STANDARD OUTLET	T SUL GAS OUTLET PL.standard ...
d	EXTRACT DATE	
n	*EXTRACT SEQ	

（66）TRG_T_SUL_MAP

2 - T_SUL_MAP ...

- *slop_code
- craftwork_map
- company_map
- primary_map

目标数据存储

T_SUL_MAP

Ind	名称	映射
v	*SLOP CODE	T SUL MAP.slop code
v	COMPANY MAP	
v	CRAFTWORK MAP	
v	PRIMARY MAP	
d	EXTRACT DATE	
n	*EXTRACT SEQ	

（67）TRG_T_SUL_WTR_INLET

2 - T_SUL_WTR_INLET

- *ID
- *slop_code
- *inlet_code
- *inlet_name
- inlet_location
- longitude
- latitude
- scope_collection
- seq_apparatus
- inlet_map

目标数据存储

T_SUL_WTR_INLET

Ind	名称	映射
v	*SLOP CODE	T SUL WTR INLET.slop code
v	*INLET CODE	T SUL WTR INLET.inlet code
v	*INLET NAME	left(T SUL WTR INLET.inlet na...
v	INLET LOCATION	T SUL WTR INLET.inlet location
n	LONGITUDE	T SUL WTR INLET.longitude
n	LATITUDE	convert(decimal(8, 6),case wh...
v	SCOPE COLLEC...	T SUL WTR INLET.scope collection
v	SEQ APPARATUS	T SUL WTR INLET.seq apparatus
v	INLET MAP	
d	EXTRACT DATE	
n	*EXTRACT SEQ	

（68）TRG_T_SUL_WTR_OUTLET

2 - T_SUL_WTR_OUTLET

*ID
*slop_code
*outlet_code
*outlet_name
*let_code
*valley_code
*water_function_code
outlet_num
outlet_location
longitude
latitude
sign_fit
seq_apparatus
apparatus_name
orderliness_code
outlet_map

目标数据存储

T_SUL_WTR_OUTLET

Ind	名称	映射
	*SLOP CODE	T SUL WTR OUTLET. slop code
	*OUTLET CODE	T SUL WTR OUTLET. outlet code
	*OUTLET NAME	left(T SUL WTR OUTLET. outlet ...
	*LET CODE	T SUL WTR OUTLET. let code
	*VALLEY CODE	T SUL WTR OUTLET. valley code
	*WATER FUNCTI...	T SUL WTR OUTLET. water functi...
	OUTLET NUM	T SUL WTR OUTLET. outlet num
	OUTLET LOCATION	T SUL WTR OUTLET. outlet location
	LONGITUDE	T SUL WTR OUTLET. longitude
	LATITUDE	convert(decimal(8, 6), case wh...
	SIGN FIT	T SUL WTR OUTLET. sign fit
	SEQ APPARATUS	T SUL WTR OUTLET. seq apparatus
	APPARATUS NAME	T SUL WTR OUTLET. apparatus name
	ORDERLINESS ...	T SUL WTR OUTLET. orderliness ...
	OUTLET MAP	
	EXTRACT DATE	
	*EXTRACT SEQ	

（69）TRG_T_SUL_WTR_OUTLET_PL

2 - T_SUL_WTR_OUTLET_PL.

*ID
*slop_code
*outlet_code
*pollution_code
lowest_consistence
highest_consistence
outlet_standard
standard_outlet

目标数据存储

T_SUL_WTR_OUTLET_PL

Ind	名称	映射
	*SLOP CODE	T SUL WTR OUTLET PL. slop code
	*OUTLET CODE	T SUL WTR OUTLET PL. outlet code
	*POLLUTION CODE	T SUL WTR OUTLET PL. pollution...
	LOWEST CONSI...	T SUL WTR OUTLET PL. lowest co...
	HIGHEST CONS...	T SUL WTR OUTLET PL. highest c...
	OUTLET STANDARD	T SUL WTR OUTLET PL. outlet st...
	STANDARD OUTLET	T SUL WTR OUTLET PL. standard ...
	EXTRACT DATE	
	*EXTRACT SEQ	

附录 7-3 数据交换 Schema

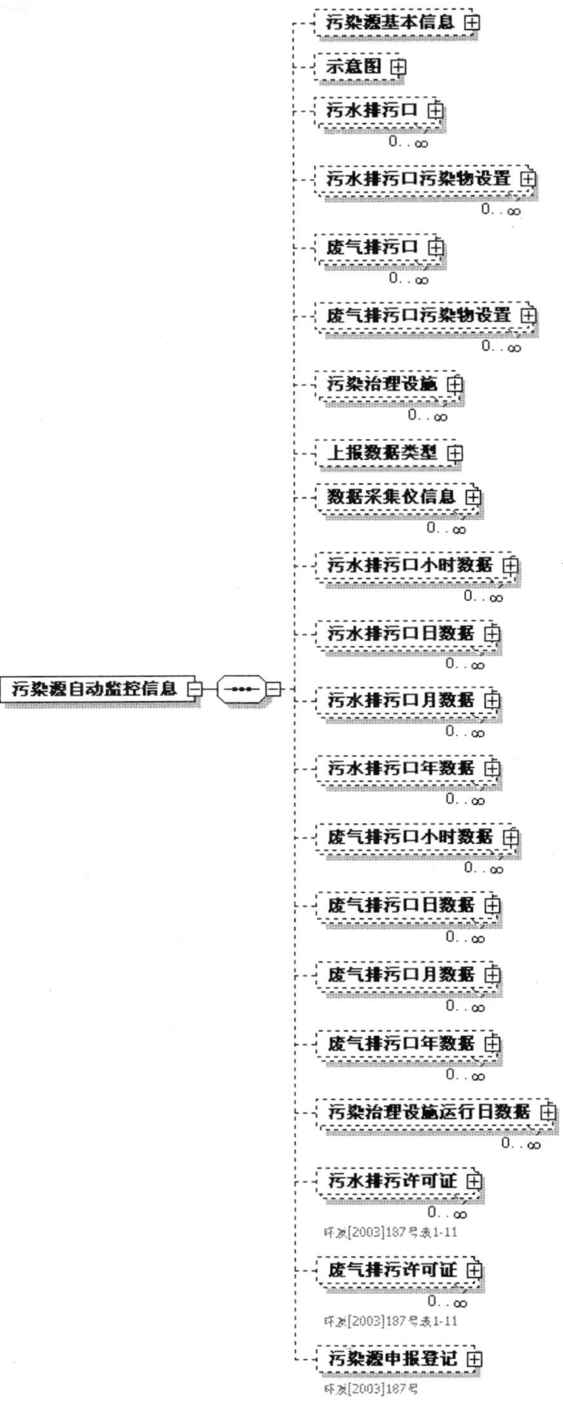